定量地球科学

数据分析、地质统计学及储层表征和建模方法

[美] Y.Z.Ma 著

尹志军 黄文松 马元哲 曹仁义 等译

李胜利 审校

石油工业出版社

内 容 提 要

本书介绍了定性一定量地球科学分析方法及其在储层表征与建模研究中的应用。在过去 30 年中，地球科学数据的定量分析显著增加。本书强调定量分析与传统定性描述地球科学相结合以便在应用地球科学中发挥最佳作用。

本书所涵盖的定量地球科学的方法和应用包括三个部分：数据分析、储层表征和储层建模。本书可以作为石油地球科学和工程从业人员，以及自然资源行业研究人员的参考书，还可用作定量地球科学、多学科储层表征和建模的研究生教材。

图书在版编目（CIP）数据

定量地球科学：数据分析、地质统计学及储层表征和建模方法／（美）马元哲著；尹志军等译 . — 北京：石油工业出版社，2021.8

书名原文：Quantitative Geosciences：Data Analytics，Geostatistics，Reservoir Characterization and Modeling

ISBN 978-7-5183-4650-9

Ⅰ . ①定… Ⅱ . ①马… ②尹… Ⅲ . ①地球科学-分析方法 Ⅳ . ①P

中国版本图书馆 CIP 数据核字（2021）第 166610 号

出版发行：石油工业出版社

（北京安定门外安华里 2 区 1 号 100011）

网　　址：www.petropub.com

编辑部：（010）64523707

图书营销中心：（010）64523633

经　　销：全国新华书店

印　　刷：北京中石油彩色印刷有限责任公司

2021 年 8 月第 1 版 2021 年 8 月第 1 次印刷

787×1092 毫米 开本：1/16 印张：29

字数：700 千字

定价：260.00 元

（如出现印装质量问题，我社图书营销中心负责调换）

翻译人员

尹志军　黄文松　马元哲　曹仁义　李胜利

杨冬雪　孙霓源　何启航　姜　川　郭冰如

刘嘉程　刘建伟　陈　辉　李　宁　常　可

赵一波　巩　强　张紫东　章　巧　尹　露

译者前言

本书是一本能为地球科学家和工程师提供很多有用信息的参考书。因为在数字化时代，地球科学越来越定量化；地学和工程问题的定量化是大数据和人工智能的体现。第四次工业革命的核心包括数字化和人工智能，这些都与定量化有着密切的关联。地球科学的定量分析不是要取代其中的描述性分析，而是强调把两者结合起来。比如，地质制图由过去的手工绘制演变为现在的数字模型，而且定量化可以整合各种地球科学的数据和方法。在大数据时代，每件事物告诉我们一些事情，但没有一件事能告诉我们全部。要使我们对地下地质体有综合性的深刻认识，正是需要地球科学的数字化和定量化。

大数据和定量方法的巨大潜力尚未在地球科学界得到普遍认可，这在一定程度上是由于不熟悉所致。本书提供了通向数字化时代的地球科学大门。本书所介绍的内容包括数据分析方法及其在地球科学中的应用，具体内容涵盖概率论、统计学、地质统计学、数据科学、地震数据集成、沉积模型整合、岩石物理分析、地层学多级别非均质性分析、储层表征和建模及综合性数字化的地球科学。本书不是单独使用定量方法，而是以连贯汇通的方式对各种地学学科的综合分析和应用。本书提供了利用大数据把地学多学科工作做好的方法。

以往关于数学地质的书籍都特别偏重于数学公式，而本书则强调数据分析，以及描述性和定量化的整合和集成。事实上，这是世界上第一本、也是目前唯一的综合而系统地把经典的地学描述和现代的定量化相结合的地球科学专著。其基本理念是让读者对相关理论有一个基本的了解，强调将其付诸实践，不要求很高的数学水平就能读懂。另外，本书写作平衡了理论和实用性，既富有哲理、又深入浅出。以统计学中有名的《辛普森悖论》为例，数学家一个多世纪以来把它看作一个谬论，而该书用地学中的实例说明并非总是这样；其重点是把多级次的非均质性用描述性和定量化相结合就可以深刻理解复杂系统多变量的内在物理关系和相关性，后者正是数字化的关键所在。简而言之，本书适用于来自不同背景的读者群，包括以分析研究为重点和以解决实际问题为重点的地球科学家和工程师。

为了让更多的中文读者深入了解和认识该书，本书的作者 Y. Z. Ma（马元哲）博士直接参与了中文版的翻译。这样可以更加准确地表达原书作者的意思，客观地呈现原书的风貌；让你感觉到其中的新颖和价值，因为它可以为你提供通向数字化时代的地球科学的大道。

前　言

"我们面临的重大问题无法以我们制造这些问题时的相同思维水平来解决。"

（出处未知）

本书介绍了定性（描述性）—定量地球科学分析方法及其在储层表征与建模研究中的应用。在过去 30 年中，地球科学数据的定量分析越来越多。然而，定量地球科学在文献中的表述程度参差不齐，因为定性地球科学和定量地球科学之间存在着巨大的鸿沟。定量分析只有在与传统定性描述地球科学相结合的情况下，才能在应用地球科学中发挥作用。有很多出版文献要么专注于描述性地球科学，要么专注于以数学为主导的定量地球科学，但它们之间存在着明显的鸿沟。本书试图通过更系统地、综合处理定性和定量地球科学的关系，以便弥补它们之间的鸿沟。定性方法和定量方法的许多主题可能看起来没有联系，但它们可以融合为地球科学应用中的综合方法，特别是对于储层表征和建模。本书所涵盖的定量地球科学的方法和应用包括三个部分：数据分析、地质统计、储层表征和建模。

传统地球科学通常是描述性的。在过去，地球科学家和研究地球的其他人员通过观察和描述地球科学现象，来解释事物是如何走到今天。这集中反映在统一主义的概念，即最早由自然科学家在 18 世纪晚期的一个表述："现在是过去的钥匙，即将今论古。"

与其他科学学科一样，由于数字革命，地球科学正越来越多地定量化。一些人认为，定量分析是现代研究工作的基础，就像一个世纪前的算术和更早的识字。许多人认为科学和技术问题的量化正在发生，这是第四次工业革命的核心，包括数字化和人工智能。例如，金融业的"量化者"在华尔街被称为"炼金术"。不过，地球科学的定量分析不是要取代其描述性，而是补充和增强它们。例如，地质模型，从过去的手工绘制，已经演变为数字表达的储层模型，可以集成各种地球科学信息，这种集成同时包含定性数据和定量数据。今天，不同学科专家与综合数据分析专家可以密切合作，以进行储层特征的定量研究。在大数据时代，每件事物可以告诉我们一些事情，但没有一件事能告诉我们一切；因果关系（科学研究的标志）及其相关性（某种关键的统计分析方法），都可以发挥重要作用。

大数据和定量方法的巨大潜力尚未在地球科学界得到普遍认可，这在一定程度上是由于不熟悉所致。因此，本书提供数据分析方法及其在地球科学中的应用，所介绍的有助于对储层表征和建模进行定量分析地球科学研究的学科包括概率论、统计学、地质统计学、数据科学和综合地球科学，目的是实现从使用单一定量方法向综合使用多种方法的转变。

事实上，为了最佳描述地下地层，学科整合往往是关键。不同学科在如何分析问题和制定方法方面存在着哲学和文化差异。单一学科专家有偏袒的自然倾向，解释是基于解释者的观点；这一点也许用作家 Anais Nin 的一句话描述来做最好的注解："我们看事情不是看事情本身，而是看我们自己。"地球科学家关注岩石，地球物理学家专注岩石物理学，岩石物理学家研究岩石特性，储层工程师关注流体特征。他们都是对的，但是当他们不结合（其他学科）时，他们的单个研究结果都是不完整的。尽管几十年来人们一直在说综合储层表征和建模，但很少有地球科学家同时接受过这两个领域的培训或精通两者。一个神话是：如果地球科学家、地球物理学家、岩石物理学家和储层工程师勤奋地做着自己的工作，地质建模者只要简单地使用一些规定的工作流程就可以建立一个不错的储层模型。此外，文献大多数是分别处理储层表征和建模，尽管二者有时可互换使用，但并不总是能准确使用。本书不仅介绍对二者都有用的数据分析方法，还分别介绍储层特征和储层建模。

希望本书能被不同背景的人深入阅读。虽然许多关于数学地质的书籍都特别偏向于数学公式，但本书强调数据分析，以及描述性和定量化的整合集成，而且不需要有很高的数学水平。本书专注于地球科学的多学科应用，以进行储层表征和建模。其基本理念是让读者对相关理论有一个基本的了解，并且强调将其付诸实践。本书存在平衡理论和实用性，适应来自不同背景的读者群，包括以分析为重点的和以解决实际问题为重点的地球科学家和工程师。定量地球科学家可能会发现数学方程不多，但应受益于涵盖范围的应用，综合地分析和解决问题。地球科学和工程级别的大学水平的数学知识，就足够能应对几乎所有的章节。我们把一些复杂的数学知识或特殊兴趣的材料放在附录或以知识箱形式进行讨论。大多数与地球科学有关的研究人员和工程师都可以理解。

本书可以作为石油地球科学和工程从业人员，以及自然资源行业研究人员的教科书或参考书，还可用作定量地球科学、多学科储层表征和建模的研究生教材。希望地球科学家和石油工程师会发现有用的方法，以及有一定的洞察力用于储层建模和表征项目的技术。石油地质和工程领域的研究人员和学生应该可以找到关于应用统计学、地质统计学和地球科学定量发展的分析见解。顺便说一句，地球科学及工程一体化是一个讨论了几十年的话题；虽然相比于工程，本书涵盖了更多的地球科学的材料，它仍有很多整合二者的内容，这可以作为一个向综合地球工程方向发展的步骤。

本书中介绍概率、统计和地质统计学的章节附有练习题。由于这本书强调数据分析和批判性思维，练习中的数学问题比较简单，它们更强调分析和解决实际问题。

Y. Z. Ma（马元哲）

美国丹佛（科罗拉多州）

致　谢

在定量地球科学、储层特征和建模方面进行多样化和文献分析并加以扩展并非易事。幸运的是，许多同事和合作者提供了各种富有成果的讨论和协助。我特别感谢欧内斯特·戈麦斯的技术讨论和各种支持，并感谢威廉·雷·摩尔、张团峰博士、大卫·菲利普斯、克里斯·多里安、安德鲁·马和苏珊·杜菲尔德，因为他们帮助编辑和校对本书。

感谢我的许多现任和前任同事及其他科学家，他们与我进行过讨论，就本书各章的早期手稿提出了有益的建议，或给予了各种帮助。下列同事和研究人员的讨论、评论和协助尤其受到赞赏：大卫·马奎斯博士、张俊峰、奥默·古尔皮纳尔、理查德·刘易斯博士、安东尼·布罗克曼、亚历克斯·威尔逊、安迪·贝克、扬·德克斯、威廉·贝利博士、李玲博士、大卫麦考密克克里斯·多里安博士、刘秋华博士、斯塔西·里德博士、卓金·郑博士、玛丽安·吉丁斯、彼得·蒂尔克博士、小王、丹尼斯·弗里德博士、杨佳琪博士、雷扎·加尔梅博士、丹山、亚辛·哈吉扎德博士、迈克尔·蒂尔博士、尼基塔·丘古诺夫博士、莱蒂蒂亚·梅斯博士、姜天民博士、戴安娜·谢兰德博士、周美博士、侯昌宇博士、詹姆斯·李博士、谢哈尔·辛哈王詹姆斯博士、穆罕默德·迈赫迪安萨里扎德、萨钦·夏尔马、雅各布·杜格、托尔莫德·斯莱特梅斯、伊莎贝尔·勒尼尔、大卫·帕多克、塞尔吉奥·考塔德、丹尼尔·特茨拉夫医生、丹尼斯·杰克逊艾利德·克拉克威廉·克拉克、芭芭拉·卢诺、安迪·贝克、马特·贝洛布雷迪奇、泰勒·伊日科夫斯基辛迪（郑）徐、塞莉娜威尔、严启燕、加里·福雷斯特托马斯杯科维克、迈克·多博士海伦娜·加梅罗·迪亚兹阿什利·卡斯塔多贾安特·克里希纳穆尔蒂卡尔蒂克·斯里尼瓦桑、岳大力博士、尹志军博士、王海洲博士、李庆博士、克里斯托弗·弗雷德博士、沃尔夫冈霍恩丰格、彼得·考夫曼博士、亚廷（蒂娜）王、香农·希金 s. 博尔查特、让-劳伦特·马莱特博士、丹尼斯博士·赫利奥特、汉斯·瓦克纳格尔博士、胡林颖博士、奥利弗·杜布勒博士、刘云龙和根纳季·马卡里切夫。

感谢以下其他出版物的合著者，这些出版物有助于分析书中的许多问题：让-雅克·罗伊尔博士、张旭博士、曹仁义博士、大卫·汉德沃格博士、杜长安博士、李胜利博士、王红亮博士、康永尚博士、杰森·西奇勒、奥斯曼·阿帕伊丁杰米·莫尔诺、安德鲁·塞托托马斯·琼斯博士、林肯·曼曼博士、卡扬布拉塔·达塔博士、穆罕默德·亚瑟张叶博士、纳赛尔·阿勒哈利法、苏尼尔·辛格、德雷克·邦德、弗罗博士·d. 里克·富尼耶、安德烈·哈斯博士和弗朗索瓦·辛德莱特博士；感谢大卫·菲利普斯为第 15 章做了几个图。

衷心感谢我的妻子刘慧芳和我的孩子——朱莉和安德鲁，感谢他们的爱、支持和耐心。

作者简介

    马元哲博士是斯伦贝谢公司的首席地球科学家和数学建模领域的科学顾问，专攻常规与非常规油气区带的综合储层建模、资源评价。马博士获得过多个学位，包括法国洛林大学数学地质和信息科学博士学位、地质工程硕士学位，巴黎国立高等矿业大学地质统计学硕士学位及中国地质大学（武汉）地质学学士学位。从业30多年来，他先后在多家欧美大型油企任职，为全球许多大型企业提供技术咨询和培训。马博士在能源及相关科学方面的国际著名期刊发表过一百多篇论文，涉及地质、地球物理、石油工程、地质统计学、应用数学、经济学和语言学等多个领域；其中在 SPE Journal 上发表的对油气储量的精准数学估算方法修正了业界一百多年以来不精准的估计技术。马博士获得过包括斯伦贝谢公司金奖、总裁奖及国际数学地球科学最佳论文等多项科技奖。

译者

2020. 7. 31

目　　录

第 1 章　引言

"幸运总是落在有准备的人身上。"

路易斯·巴斯德（Louis Pasteur）

摘要：随着成熟油田的深度开发和新油田陆续进入开发阶段，对能源的探索变得更加专注而又广泛。与此同时，制定最优化的油田油气开发方案需要对储层进行准确的描述，而后者需要通过综合应用所有相关数据开展储层表征和建模来实现。基于此，在过去的 20 多年里，储层建模有了飞跃的发展。它已经从零碎的分析发展成为地球科学应用的综合性学科；从大学研究课题到油田开发的增值应用；从储层属性二维制图到地下地层的三维数字化表征；从解决单独孤立的问题到综合多学科储层表征。但是，定量地球科学在文献中的曝光度仍然是不够的，在天然资源评价方面，描述性地球科学与定量地球科学之间存在巨大的鸿沟。本书试图通过介绍地球科学应用的定量方法及综合定性和定量地球科学来弥补这些鸿沟。

本书用三部分来涵盖定量地球科学：数据分析、地质统计学、储层表征和建模。第一部分介绍数据分析的各种定量方法，因为数据分析是定量和定性学科集成的关键，不管是对小型数据还是大数据都至关重要。第二部分介绍各种地球科学学科中使用数据分析的储层表征。第三部分讨论储层建模和不确定性分析。

第一部分包括第 2 章到第 7 章，介绍地球科学数据分析方法。其中包括概率数据分析（第 2 章）、统计数据分析（第 3 章）、相关性分析（第 4 章）、主成分分析（第 5 章），回归方法（第 6 章）及机器学习和神经网络（第 7 章）。

第二部分包括第 8 章到第 13 章，涵盖储层表征的相关内容，包括分析地下地层的不同级次非均质性（第 8 章）、测井岩石物理数据分析（第 9 章）、用测井数据进行岩相分类（第 10 章）、结合空间和频率进行岩相分析和建立岩相概率模型（第 11 章）、地震数据分析（第 12 章）及用于储层表征的地质统计变差函数分析（第 13 章）。

第三部分包括第 14 章至第 24 章，涵盖关于储层建模和不确定性分析的各种问题。第 14 章概述储层建模方法论，把不同级次储层非均质性和分层次建模从理论上有机地联系起来。第 15 章介绍构建模型框架以描述大尺度非均质性。第 16 章介绍各种用于地质空间属性估计的克里金方法。第 17 章介绍随机模拟，用于对岩石物理属性建模。第 18 章至第 24 章介绍各种储层建模方法和应用，包括岩相建模（第 18 章）、孔隙度建模（第 19 章）、渗透率建模（第 20 章）、流体饱和度建模（第 21 章）、计算油气体积和储量（第 22 章）、模型粗化、验证和历史拟合（第 23 章）及不确定性分析（第 24 章）。

1.1　把描述性地球科学与定量地球科学结合起来

地质学历来是描述性的。虽然地球科学的一些定量分支学科，包括地球物理学、数学地质和地质统计学，已经大大增加了地球科学的广度，但地球科学家大多接受的是描述性训练和较少的定量训练。在数字时代，几乎所有的学科，包括地球科学的各个分支，需要

1

一定程度的量化分析。高级定量分析有助于促进地球科学的进步以及带来生产效率的提高。描述性地球科学与定量地球科学具有很强的互补性，特别是在资源勘探和开发方面。大多数地球科学家可以从地下地层综合的描述性和定量性分析中受益。

通过进行定量分析和建模，地球科学家可以定量地测试其地质概念和假设。在此过程中，他们可使用概率分析来解决各种数据中的不一致性，并有机地把它们整合起来。以"相关"为例，数学家和地球科学家都使用相关性。尽管两个学科使用的相关性的基本含义相似，但所做的相关研究工作非常不同。地层相关性基于岩石沉积学或沉积特性的基本原理，统计相关性则定义为对不同变量之间关系的定量度量。两者都是各自学科的基本工具。在今天的大数据情况下，统计相关性几乎在所有科学和工程分支都变得司空见惯。我们将在多个章节中用丰富的实例展示如何把定性相关性与定量相关性结合起来使用。

从文献中可以看到，即使是定量分析领域的地球科学家，他们有时也忽略了巨大的数值差异，因为大多数定量地球科学的研究案例缺乏多学科整合。地质建模或储层建模有助于描述性分析与定量分析的整合。在这样的整合中，我们可以通过数据分析解决不一致问题，并通过多学科整合验证地质模型。定性和定量整合的最佳方式是对基于多尺度非均质性进行地质建模和储层建模。在使用这样的方法时，储层建模者可以超越数字模型流程驱动的工作范围，把建模作为了解储层的过程。第 14 章和第 18 章介绍多尺度非均质性及其综合描述性和定量分析的一些关键特性。多学科整合贯穿于整本书之中。

1.2 从二维制图和剖面分析到三维储层建模

地球科学家经常使用二维平面和剖面图来分析储层地质特征。这些方法适用于相对均质的储层，但它们不能准确刻画具有高非均质性的储层。三维储层建模可以更好地处理地下地层的非均质性。近二三十年来，随着越来越多的非均质性油藏投入开发，三维建模变得越发重要。

储层建模是一个通过集成各种地学和工程数据，来构建基于计算机的储层结构及其特性的三维地质模型的过程。实现油田的经济性最大化，要求精确的储层表征。三维储层模型可以通过描述性分析与定量分析相结合，以更详细地描述储层属性。在 20 世纪 80 年代中期以前，储层建模并没有起到地球科学与石油工程在油田开发规划中沟通的作用。自那时以来，其使用明显增加。作为在过去几年中迅速发展的学科，储层建模和模拟已成为油田资产团队不可或缺的一部分。对于大型资本密集型开发项目而言，储层建模和模拟几乎已成为一种必选项。即使对中小型油藏工程，储层建模和模拟也有助于其高效开发。

储层建模是整合不同数据和学科的最佳方式，也是把所有数据和解释汇集到一个三维数字表征中的唯一方式。建模也是通过集成各种数据并协调不一致来理解储层的过程。模型应该能很好地反映实际地质特征，使其与要解决的问题相关联。在建模中，利用结构分析和地层分析对储层体系结构和分块进行定义。储层特性，包括岩相、净毛比、孔隙度、渗透率、流体饱和度和断裂特性，需要通过地质、岩石物理、地震及工程数据一体化进行分析和建模。

作为一种三维数字的表达形式，储层模型可用作油藏模拟的输入，用于油藏性能研究、开发和生产规划、估算油气体积（储量）、储层监测，以及布井规划和设计，它还可以作为不同学科之间的协作工具，用于可视化、知识共享、全区地质和岩石属性的综合研究。它提供了地震解释和油藏模拟之间的关键性链接。

过去储层建模的成本非常高。在过去的二三十年中，随着功能强大的硬件和软件包的提供，储层建模变得更加高效且经济实惠。越来越多的地球科学家和工程师在研究生阶段学习中获得了许多基本的建模技能。储层建模培训是勘探和生产中最热门的课题之一。从勘探概念到勘探钻井，到成熟油田衰竭优化，三维储层建模可成为储层全活动周期的基础业务工具。在油田开发的所有阶段都可以构建储层模型。

建模的本质在于使用所有相关数据来构建适用于商业或研究需求的精准储层模型。储层建模有助于更好地了解储层并优化油田开发。图 1.1 显示了一个三维储层建模用于油田开发的例子。经过多年的石油生产，水窜成为重要的问题。储层建模和模拟有助于优化该区块的后续开发，包括井位优化（在更有利的位置打井），减少产水量，增加石油产量。在这个油田开发优化过程中，三维储层建模能够对地质、岩石物理和地震分析等多个学科整合以进行多尺度非均质性的储层属性的建模。与传统二维制图和横截面研究相比，三维建模能够对一系列平面图和横剖面进行系统分析。

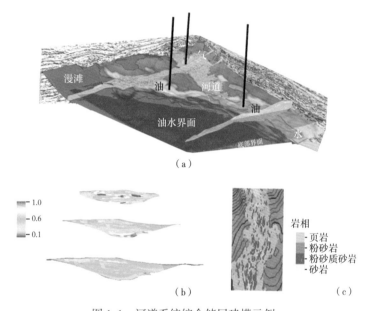

图 1.1　河道系统综合储层建模示例

（a）储层模型的综合显示，包括三维地震数据及地质和储层属性；（b）砂岩概率的三个横剖面（从上到下：上游到中游到下游）；（c）三维岩性模型的一层（仅显示主河道系统区域）；主河道延伸方向约为 11km，垂直方向为 8km

构建三维储层模型还有其他许多优点。例如，采样偏差是勘探和生产中经常出现的问题，与基于二维制图和横剖面相比，三维储层建模可以更轻松地校正垂直采样偏差。此外，与二维制图相比，三维建模能够更容易地忠实原始数据。地球科学家有时从岩心和测井中做出岩性解释，然后使用这些数据绘制岩性图。传统地质图件往往不能忠实所有解释的资料，因为如果不综合描述性数据和定量数据，就无法解决垂直方向强烈的非均质性。如在第 3 章、第 11 章、第 19 章和第 20 章中所阐述，这些问题可以使用整合和基于三维建模的方法得到恰当的处理。此外，与使用平均值的传统参数方法相比，油气储量可以更准确地进行估计（第 22 章和第 24 章）。

1.3 地质现象不是随机的，为什么可以在应用地球科学中使用概率方法？

虽然概率论在地球科学中已被应用，但概率方法的使用仍然比较缺乏。一种思想流派认为，地质学不是随机的，因此，不应使用随机方法来构建地质或储层模型。更进一步，对于给定的一个储层，它是一个独特的现象，具有多种实现的随机建模的应用可能是不合逻辑的。事实上，并不是因为地质现象是随机的或不确定的，因此要使用概率方法来构建地质或储层模型，而是因为我们对给定的具体储层的认知是有限的。换句话说，没有一个概率性质的或随机的储层。正像马特龙所说，"随机性绝不是现象本身唯一定义的甚至可定义的属性，它只是模型的一个特点"（Matheron，1989）。

随机一词不能以其字面的意思去理解。如果地质现象是（纯粹）随机的，就没有必要使用地质统计和许多其他概率方法。随机函数一般不是完全随机的，如果一个地质空间属性由随机函数描述，它通常包含更多的非随机性，因为它是根据沉积过程、岩石物理和地下流体流动而形成的。但是，通常很难用确定性函数来描述地质空间属性，因为它通常变化很大，且发生在多个尺度。图 1.2 比较随机函数的三个实现：纯随机函数，即无空间连续性的白噪声［图 1.2（a）和图 1.2（d）］；具有局部连续性的孔隙度图有特定的变差函

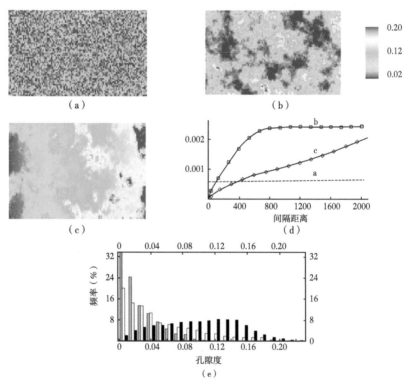

图 1.2 比较纯随机过程与空间相关过程的统计特征

（a）没有空间相关性的纯随机过程（白噪声）图，平均值为 0.026，方差为 0.00058；（b）具有（局部）空间相关性的孔隙度图，平均值为 0.052，方差为 0.00236；（c）显示（局部）空间相关性和东西横向趋势（趋势是全局连续性/空间相关性）的孔隙度图，平均值为 0.099，方差为 0.00239；（d）（a）到（c）中的三个图的变差函数；（e）（a）到（c）中的三个孔隙图的直方图，灰色表示（a），白色表示（b），黑色表示（c）；图的大小东西向约为 4.8km，南北向为 3.3km

数［图 1.2（b）和图 1.2（d）］描述；以及具有很强的空间连续性（东西方向的局部连续性和整体趋势）的孔隙度图是由非平稳的变差函数描述［图 1.2（c）和图 1.2（d）］。纯随机图具有数学意义，但不代表实际的储层属性。其他两个孔隙度图具有空间连续性，正如其变差函数图描述的那样。这些具有局部和/或全局连续性的图可以代表真实的储层属性。许多地球科学问题是有不确定性的，这意味着不可能用确定性函数来完美地描述它们。这是因为在地质时期发生的物理过程的复杂性，导致其分析和预测的不确定性。地下地层的复杂性是许多地质过程作用的结果，这些地质过程导致了地层在几何形态和地质属性高度的非均质性。更何况，我们获取的硬数据往往是有限的；软数据可能很多，但它们与储层属性的相关性及标定非常不唯一。

因此，即使储层是确定性的，它也不是唯一可确定的（可以说，不可确定的确定性储层）。随机函数和储层属性中的"确定性"和"不确定性"的双重特征支持对储层属性使用地质统计学和其他概率方法。概率论不仅可用于处理随机性，也可用于处理非随机性。概率论在地球科学的应用正是基于建模对两者处理的能力。随机性是最容易处理的部分；非随机性的准确处理是随机建模中最复杂的部分。可以说，随机建模主要是处理非随机性的，随机性应尽可能小。建模中处理非随机性部分需要使用科学推理、地质原理和物理定律的综合性方法。使用分层次建模和空间连续性分析相结合，能够处理由于物理定律而导致的规律性和随机性或小规模非均质性（第 8 章、第 11 章、第 13 章和第 14 章）。

1.4 在地球科学数据分析和建模中使用地质统计学和统计学方法

仅仅在几十年前，统计学是一门冷门的学科，主要由相关专家使用。在过去的几十年中，数据的爆炸式增长和计算的进步大大提高了统计学在科学和工程中的使用率。不过，尽管地球科学在定量分析方面取得了进展，但在定量多学科整合中仍缺乏使用统计学方法。许多地球科学问题是统计推理的核心问题。例如，孟（Meng，2014）提出了三个统计推理问题：多分辨率、多源和多相推理，这些都在地球科学数据分析中很常见。

传统的概率和统计以其频率解释和分析而闻名（Ma 等，2008）。大多数统计参数和工具，如平均值、方差、直方图和相关性，都是使用频率概率理论定义的。地质统计学是空间统计的一个分支，它涉及基于空间属性描述的空间现象的特征和建模。使用传统统计学和地质统计的组合对于分析储层属性及其建模至关重要。

频率统计学的一个缺点是对地质空间连续性和非均质性的疏忽或非显式考虑。这也是为什么有人说统计学是一门相对容易学但应用起来却很难的学科的部分原因。胡贝尔，在多所知名大学教授过统计学，他说教授基本统计方法很容易，但由于数据的差异性及学生和统计学家缺乏努力去了解物理问题的复杂性，很难教授统计建模的真正应用（Huber，2011）。地下地层中的非均质性是复杂的，有效地把统计学应用于地下，地球科学问题需要沉浸于应用主题中。

另一个实际问题是缺乏硬数据，正如凯恩斯（Keynes，1973）所言，"我们往往没有足够的信息来应用概率定律"。然而，在当今的数字世界中，大数据意味着大量软数据的可用性。关键的工作是建立软数据和硬数据之间的相关性。在地学应用上，这不像很多人想象的那么容易，因为软数据和硬数据之间的相关性经常是微弱的。最难对付的统计问题之一，被称为辛普森悖论，这与非均质性有很大的关系，它可能导致地球科学数据分析方面的困难。以物理定律、地质和岩石物理为准则，把相关性和因果关系结合起来研究，是辨别它及在地学应用中建立有意义的相关性的关键。我们将专门对相关分析进行特别分析，以便促进因果推理和数据条件化，也以便于将软数据与硬数据集成（第 4 章）。

其他问题包括难以在许多统计方法中为给定问题选择最合适的方法。选择方法可能会强烈影响结果。概率和统计应该用于帮助更好地了解科学调查，但它们有时被使用于支持事先已定的想法。后者称为确认偏差（Ma，2010）。当概率和统计用于调查分析，同时考虑物理属性的特征时，其应用通常可以提供洞察和改善预测分析的准确率。

地质统计学在地学中使用统计时促进客观地分析问题（Matheron，1989），这可以缓解信息缺乏和其他推理问题。最初应用于矿产资源评价（Krige，1951；Journel 和 Huijbregts，1978），过去几十年中，地质统计学也用于石油工业，主要用于储层表征和建模，这也要归功于 20 世纪 80 年代中期在斯坦福大学的石油地质统计研究与开发项目的启动（Deutsch 和 Journel，1992）。地质统计学基于地质空间现象的空间描述，从使用变差函数（图 1.2）描述空间变量的连续性/不连续性，到使用概率估计和随机模拟方法对地球科学现象的三维建模（Cao 等，2014）。本书介绍用地质统计方法中的变差函数、克里金和随机模拟对空间属性进行描述及对地质岩相和岩石物理属性建模（第 13 章、第 16 章、第 17 章、第 18 章、第 19 章、第 20 章和第 21 章）。

地质统计学提供了有关整合各种数据、分析与储层描述的不确定性的方法。地质统计学在其储层模型中的解释中可定量分析地质现象，也符合地质学概念。后一种属性非常重要，因为传统上关于确定性方法与概率方法的优越性有激烈的争论。事实上地质统计模型可以将确定性信息集成在其随机建模中。

可以肯定的是，储层建模中的大多数问题不能单靠地质统计学来解决。有时不同的方法（如统计和地质统计），在解决特定问题时各有所长。例如，在储层属性制图时可以选择克里金方法、移动平均或反向距离插值；可以选择线性回归或协同克里金用到相关变量作为约束的预测。选择何种方法取决于特定的应用（第 6 章、第 19 章和第 20 章）。

在其他情况下，不同学科的方法最好组合使用。例如，当地质统计学者没有对地下地层多尺度非均质性的深刻理解，他/她可能强加一个不恰当的（地质）统计建模方法于物理现实，天真地认为"理论"会处理这个问题的。事实上，只有当一个人完全了解应用的问题，才能一致性地开发一个整合各种学科的最佳建模工作流程和方法以便最佳地描述储层，包括描述性和定量化描述。例如，分层工作流程框架可以集成多尺度非均质性和（地质）统计方法，以便有效地处理大多数非平稳地质空间属性（第 14 章）。

即使在定量方法中，耦合地质统计和常规统计对于准确描述和模拟储层属性也具有重要意义。图 1.2（e）显示三个孔隙度图的直方图，在实际案例研究中，它们应该与变差函数分析 [图 1.2（d）] 一起使用。例如，平均孔隙度值是一个一阶统计参数，用于确定系统的整体孔隙度，方差确定全局非均质性，变差函数确定孔隙度的空间连续性/不连续性。一些理论分析和耦合经典统计和地质统计学实例已有介绍（Ma 等，2008）（第 16 章~第 20 章）。

1.5 大数据，不是为了更大，而是为了更好

在大数据中，我们常常被信息淹没。事实上，重要的不是信息本身，而是知晓处理信息方法。数据分析和信息集成是关键。虽然启发式地从数据中提取信息已经实行了几个世

纪，近几十年来统计学和人工智能方法的使用越来越多，显著地改进了知识提取方法。同时，大量数据在应用地球科学中产生，统计学习和数据挖掘已越来越多地用于处理大数据。计算能力的不断提高使得大规模数据得以存储，并提供了处理大数据的能力。一些人强烈推崇"让数据自己说话"。

只有使用数据分析方法，数据才能自己"说话"。在大数据中，所有数据都告诉我们一些事情，但是没有任何东西告诉我们一切。我们不应该完全专注于计算能力；相反，我们应该重视数据分析，包括数据质量查询、各种数据的关联分析、因果推理，以及理解数据与物理规律之间的联系。将集成了描述性和定量分析的综合方法应用于地球科学时，数据也许才能够自己"说话"。

大数据中的一些可疑做法包括过度欣赏模型外观、使用奇特的方法及对数据分析的不注重。有人把这些做法称为"光鲜的模型和枯燥的数据分析"或"名优的理论和平凡的数据挖掘"。事实上，在深入的数据分析中，"光鲜"的模型和奇特的建模方法可能看起来优雅，但模型可能不是，或该方法可能难以精确表示地下地层。数学家图克·约翰曾评论说（Brillinger 等，1997），"很长一段时间里，我一直认为我是一个统计学家，对从特殊到一般的推论感兴趣。但是，当我看到数学统计的发展，我有理由对此怀疑。总之，我开始觉得我的核心兴趣是数据分析。"如果没有深入地数据分析，许多奇特的建模方法不能生成良好的储层模型，因为它们往往具有太多显式或隐式的假设，它们仅在合成数据下工作良好。

数据分析的一个基本任务是分析输入数据、推理和结果之间的关系。这些关系的三个主要状态如下（图1.3）：

（1）垃圾入、垃圾出（GIGO），表示数据有问题。

（2）数据进、垃圾出（DIGO），是推理有问题。

（3）数据入、有用的模型出（DIMO），是正确推理的预期结果。

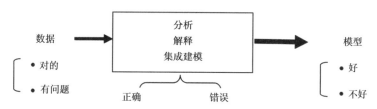

图1.3　输入数据、分析和模型之间的关系

"垃圾入、垃圾出"在信息技术术语中广为人知，其实在储层建模中也是如此。这种关系中的关键信息是数据质量的重要性。当大数据存在质量问题时，它们会导致统计方法和机器学习算法产生较差的预测。

不良模型也可能是"数据进、垃圾出"（DIGO）的一个案例。发生这种情况的原因有很多，如选择不适宜的建模方法、准备和选择不适宜的约束数据，以及所选方法的不合适性或不过硬。当模型构建时没有深入进行探索性的数据分析，或者来自各种源的经验数据被忽略或没有最佳地使用时，也会发生这种情况。症状可能包括非物理数值的产生，如负的或其他不切实际的孔隙度、流体饱和度和渗透率值。

数据分析的目的是确保在预测和建模中使用最佳方法，以便生成真实且有用的模型。这并不总是容易的，因为最好的方法是与应用相关的，具体取决于数据的可用性和建模项目的目标。一般来说，地下地层数据通常量小（三维地震数据除外），种类多。储层表征中的大数据通常意味着存在大量软数据，但硬数据有限。否则，在预测中使用软数据将几乎不需要。一个挑战在于将各种来源和时间的数据集成在一起。使用软数据的关键任务是软数据和硬数据之间的相关和标定。这些关键问题必须用合适的集成、多学科应用的稳健方法来处理。第 1 部分（第 2 章、第 3 章、第 4 章、第 5 章、第 6 章和第 7 章）介绍数据分析方法，第 2 部分（第 8 章、第 9 章、第 10 章、第 11 章、第 12 章和第 13 章）介绍应用数据分析进行储层表征。

从哲学的角度讲，输入数据的差错也可能会巧合导致一个合理的模型（例如，两个不太对的东西相互抵消而产生对的，因为它们在相反的方向上起作用），但不应该寄希望于这种巧合，因为当输入数据有差错时，更大的可能是得到很差的结果。因此，对数据不准确修正和为给定问题选择正确的方法是生成准确建模结果的两个基本任务。例如，任一不正确的输入数据或对储层属性的建模不当可能导致过高或过低的原地储量估值（第 19 章，第 21 章和第 22 章）。

1.6　通过对不确定性分析做出更好的业务决策

不确定性在储层表征中普遍存在，在各个学科中都有表现。有学者尝试了系统地分析地下储层的不确定性（Massonnat, 2000）。虽然取得了一些进展，但全面性的储层不确定性分析很复杂。不过，对于影响业务决策的现实目标进行不确定性分析是可行的。

从历史上看，随机模拟在自然资源建模中引领了不确定性分析（Deutsch 和 Journel, 1992）。在石油地质统计学的初期，对岩石物理属性的多重随机实现是油气资源建模中不确定性分析的主要工具。随着储层表征和建模的发展，现在地球科学家和石油工程师认识到，油气资源分析的不确定性空间非常大和广泛，涉及许多学科和问题（Massonnat, 2000；Ma 和 La Point, 2011）。使用地质统计学对储层属性的多重实现只是不确定性分析的随机部分，因为它们主要侧重于不确定性的随机性或偶然性方面的描述。了解各种储层属性的物理条件相关情景的不确定性通常更为重要。不确定性分析必须考虑数据及其对物理属性描述的不确定性。它必须考虑到多尺度储层非均质性的多层次性质，并且必须在生成现实模型的基础上，同时整合地质原理和耦合频率统计和空间统计。

储层建模为执行与油田开发相关的不确定性分析提供了一个有效的平台。不确定性分析的两个目标包括不确定性的量化和降低不确定性。这是因为最佳储层管理（包括生产预测和最佳开发）需要了解储层属性的不确定性，以便进行业务决策分析。资源开发项目往往由于研究地下地层的非均质性、资源估算的不确定性分析不足和储层管理过程中风险评估不足而失败。由于这些原因，一个成功的钻井技术项目有时会在经济上失败。

不确定性的量化应考虑许多影响因素，以接近总体的不确定性空间或至少影响业务决策的主要不确定性为基准。每个因素的不确定性也应该用统计分布来准确表示。当不确定性随着更多数据的引入而增加时，这意味着原始模型之前没有包括所有不确定性因素，因此代表性不足，特别是对至关重要的不确定性。当将真正与目标变量相关的数据引入建模时，不确定性空间可以缩小。如果输入变量的不确定性减小，不确定性空间将缩小。

我们不会为了不确定性而分析不确定性。描述不确定性通常不是项目的最终目标，降低或管理不确定性才是目标。问题是，"我们应该尝试了解多少我们不知道的事情？"地下复杂性加上有限的数据，使我们无法完全描述储层非均质性的每个细节。我们的重点应该是确定影响业务决策的相关目标，并找到相应的现实解决方案。第 24 章介绍不确定性分析，包括资源评价中不确定性的量化和降低。此外，众所周知，储层模型的历史拟合不是唯一的，它一般有很多的不确定性。随着储层模型从精细网格向较粗网格的转换，不确定性问题变得更不确定，情况变得更加复杂。储层模型粗化和历史拟合在第 23 章介绍。

1.7　通过集成弥合储层表征中的巨大鸿沟

从前，科学是一个相对较小的领域，科学家倾向于掌握广泛的知识。随着时间推移，趋势之一是科学家变得更加专业化。现在，许多科学家和哲学家质疑我们是否太专业了。以地质学为例，地球科学家可能专门从事构造地质学、层序地层学、碎屑岩地质学、碳酸盐岩地质学、沉积地质学等。地质学和储层建模带来的革命是，它要求一个地球科学家拥有许多学科的广泛知识，超越上述所讲的地学学科。最近，大数据使多学科技能更具吸引力，尤其是应用于资源表征和建模的地球科学。因此，利用地质学、地球物理学、岩石物理学、石油工程、数据科学及地质统计学进行建模变得越来越重要。

地球科学家和石油工程师的任务边界过去非常明确：地球科学家勘探寻找油气，工程师生产油气。随着优质储层的大量生产及油气使用的增加，越来越多的非均质性强、品位较低的储层得到开发，储层管理也越来越重要。各种地球科学学科与油气工程的整合已成为关键。这主要通过集成储层表征和建模来实现。在集成中，数据不仅包括定量数据（如测井、岩心和地震数据），还包括地质概念和描述性解释。

储层几何形态和岩石属性的变化是复杂的。综合地质和储层建模应结合地质解释、测井数据和地震资料，努力改进储层的定量描述。正确整合各种数据有助于构建更逼真的地质模型，减少描述储层属性的不确定性。组建一组多学科专家并不必然意味着储层研究是一体化的。在某些情况下，一个有不同技能的团队就像关于盲人和大象的旧故事。一人抓住它的长鼻子，一人摸摸它的大耳朵，一人拍拍它宽阔的腰，每人得出一个完全不同的结论。业界进行了许多用单一学科研究储层表征的项目，但采用多学科集成方法的项目却较少。事实上，许多地球科学学科都有助于储层表征和建模。真正的集成分析要协调来自不同学科的数据的不一致性。通过地质建模和储层建模实现最佳集成是一种实际有效的方法。建模，顾名思义，是一个集成的过程；否则，它的用途是有限的。但是，对合成数据建模和对真实储层建模不是一回事。使用合成数据建模通常强调分析问题的一个方面，并且通常侧重于一个学科，同时对许多变量进行假设，但实际数据类似于一个多头蛇，具有多个令人讨厌的"头"，同时还在不断变化。

集成要求收集所有相关信息，解决数据之间的不一致性，使用数据分析把数据一致地集成，维护与地质原理和物理规律的一致性，以使模型是现实和有用的。在集成建模项目中，数据之间的不一致通常是数据分析员和建模人员将直面的最具挑战性的问题之一。在许多情况下，分析各种数据就像剥洋葱，你剥落得越多，你哭得越厉害！许多分析师和建模者失去信心，因为难以调和不一致的东西。

建模人员必须了解储层，要做到这一点，解决数据不一致性是最好的方法。许多人抱怨数据不一致，在许多情况下，数据不一致确实使得储层建模非常具有挑战性。集成建模迫使我们来调和不一致性，这些不一致性在单学科中并不明显。单一学科通常强调内在一致性。然而，"内在"的定义往往很狭窄，因此，内在一致性不一定转化为外在一致性。注意外在一致性非常重要，尤其是对于集成多学科分析和建模而言。内在和外在不一致的最佳解决方案是优化集成所有输入数据，同时解决它们之间的不一致性，并利用不同学科的可用特点。

由于不一致性的存在和解决，真正的集成分析远不止合并储层表征和建模中的多个学科。在大多数情况下，许多早期问题由于解决不一致性可能使我们更好地了解储层。例如，储层规模可能会比原先认为的更小或更大，储层岩石比原先认为的更致密或多孔/透渗透率要大。我们在整本书中将研究许多示例，说明如何解决储层特征项目中的数据不一致问题。

1.8 理论和实践的平衡

近几十年来，建模的学术研究一直重视使用基于目标、多点统计和复合高斯模拟的建模来强调岩性体形状真实感的新方法。地质概念模型和地震属性/反演的整合，较少受到关注。在实际项目中，数据分析和集成通常更为重要，因为它们通常显著影响储层模型的准确性和使用储层模型为基准进行井位部署。例如，岩相数据可以与沉积概念模型集成，以创建通常比模拟曲线及其他复杂几何体更重要的岩相概率。同样，不同的建模方法可能会显著影响储层模型，但是，基本的物理原理和数据分析是构建实际项目有用模型的基础（第 11 章、第 18 章和第 19 章）。

许多理论具有很强的假设性，只适用于一些具体问题。另一方面，真实数据中所有的"丑陋"面一起出现，并带有许多不断变化的变量，而真正的问题可能并不满足理论中使用的许多假设。由于这些原因，从业者有时批评理论研究人员不现实，因为他们回避其理论方法的局限，或者说"纸上谈兵"；而理论家却抱怨说，从业者往往用临时性方法和就事论事的解决方案。

有些人更关注建模过程中的工作流程，而另一些人则更专注于用于建模的推断。弥合在工作流程驱动的过程与集成分析和推理之间的差距非常重要。虽然储层建模需要良好的软件工具和定量分析技能，但是一个人了解建模工具并且受一些定量能力并不意味着是一个好的建模者，就像会用微软 Word 并不意味着这个人是一个作家。使用建模工具而不了解科学问题和集成分析就像给某人一把锤子来解释露头，而实际上，锤子只是理解岩石过程中的一个工具。

以概率为例，对一些人来说，概率论在地球科学中的应用是不可行的，因为地球科学现象具有描述性和确定性；对另一些人来说，概率论可用于构建储层属性的随机模型。事实上，应该采用概率方法对地下属性进行深入定量分析、综合储层描述、不确定性和风险分析。在这样的应用中，使用概率方法来客观分析及科学分析往往是关键。第 2 章、第 3 章和第 4 章展示一些用概率的示例。通常，更多的使用地质统计学和其他概率方法考虑确定性解释，随机性和不确定性来建模的例子呈现在第 3 部分的几个章节里。

有时，复杂的问题需要复杂的建模方法。但是，假设必须得到很好的理解，方法必须适合该问题。深入了解这个问题对于确定正确的解决方案至关重要；正如切斯特顿所说，"这并不是说他们看不到解决方案。而是他们看不到问题（所在）。"在其他时间，深入的数据分析比使用复杂建模技术要重要。事实上，在其他一切条件相同的情况下，简单性胜过复杂性。这被称为"Occam 的剃刀"，即统计建模原则之一，这意味着如果复杂方法的性能不优于简单方法，则简单方法是首选。更进一步，遵循节俭的原则，我们应该从简单方法开始，根据需要增加复杂性。简而言之，保持简单，但不要过于简单化。我们在此书的所有应用研究中试图坚持这个原则。

1.9　成为现代地球科学家

由于储层表征和建模是一门综合性学科，综合数据分析师和建模人员必须精通多个学科。一个现代地球科学家必须能够看到"全景"（全方位看问题），这可能看起来与"典型的"研究人员是相反的。根据布洛赫（Bloch，1991），"研究者是如此包裹在他们自己的狭窄努力中，他们不可能看到任何事情的全貌，包括他们自己的研究"。相反，一个现代地球科学家需要融合集成的心态和跨学科技能，包括定性分析能力和定量分析能力。最近，在 SPE 为石油和天然气工业的数字主题会议上，一位谷歌高管评论（Jacobs，2018）：公司要么是变革的催化剂，要么是变革的牺牲品。也许，在数字革命化发展的世界中，这同样可以适用于地球科学家。现代地球科学家应该是数字地球科学的催化剂，而不是牺牲品。地球科学多学科知识是一个开始，分析将导致这种能力产生，经验将培养熟练程度。

参 考 文 献

Bloch A. 1991. The complete Murphy's law：A definitive collection. Revised edition, Price Stern Sloan, Los Angeles.

Brillinger D. R. , Fernholz L. T. and Morgenthaler S. (editors). 1997. The Practice of Data Analysis：Essays in Honor of John W. Tukey. Princeton University Press.

Cao, R. , Y. Z. Ma. and E. Gomez. 2014. Geostatistical applications in petroleum reservoir modeling：SAIMM, 114, 625-629.

Deutsch, C. V. and Journel A. G. 1992. Geostatistical software library and user's guide, Oxford Univ. Press, 340p.

Huber P. J. 2011. Data analysis：What can be learned from the past 50 years. Wiley, Hoboken, New Jersey.

Jacobs T. 2018. Find Out What Google and Oil and Gas Companies Are Searching for in Big Data at 2018 ATCE. JPT Vol：70（9）.

Journel A. G. and Huijbregts C. J. 1978. Mining geostatistics：Academic Press, New York.

Keynes J. M. 1973. A treatise on probability. 4th edition, St Martin's Press, New York.

Krige, DG. 1951. A statistical approach to some basic mine valuation problems in the Witwatersrand, J. Chemical, Metallurgy & Mining Soc. S. Africa, v. 52, 119-139.

Ma, Y. Z. 2010. Error types in reservoir characterization and management. J. Petrol. Sci. and Eng. 72（3-4）：290-301, doi：10. 1016/j. petrol. 03. 030.

Ma, Y. Z. , Seto A. and Gomez, E. 2008. Frequentist meets spatialist：A marriage made in reservoir characterization and modeling：SPE 115836, SPE ATCE, Denver, CO.

Ma Y. Z. and La Pointe, P. 2011. Uncertainty analysis and reservoir modeling. AAPG Memoir 96.

Massonnat, G. J. 2000. Can we sample the complete geological uncertainty space in reservoir-modeling uncertainty estimates? SPE Journal 5（1）：46-59.

Matheron, G. 1989. Estimating and choosing-An essay on probability in practice. Springer-Verlag, Berlin.

Meng XL, 2014. A trio of inference problems that could win you a Nobel prize in statistics（if you help fund it）. In：Lin X, Genest C, Banks DL, Molenberghs G, Scott DW, Wang J-L, eds. "Past, Present, and Future of Statistical Science", Boca Raton：CRC Press. pp. 537-562.

第 2 章　地球科学数据的概率分析

> *"概率不存在。"*
>
> 　　　　　　　　　布鲁诺·德·费恩蒂（Bruno de Finetti）
>
> *"概率是人生的指南。"*
>
> 　　　　　　　　　毕尚佩·巴特勒（Bishop Butler）

摘要：地质过程和储层属性不是随机的，为什么要在地球科学中使用概率分析呢？概率是一个有用的理论，不仅可以处理随机性，而且也可以处理非随机性和不确定性。许多地球科学问题是有不确定性的，这意味着不可能用确定性函数来完美地描述它们。这是因为在地质时期发生的物理过程的复杂性，以及数据有限性，导致我们分析和预测的不确定性。

本章介绍地球科学数据分析和不确定性分析的概率，包括地质岩相制图和岩性分类的示例。统计学和地质统计学使用概率的其他用途在后面的章节中介绍，包括随机建模、油气体积（储量）估算及其不确定性。本章介绍的内容强调直观概念、分析及地球科学的应用，而尽量减少方程式的使用。

2.1　简介

概率论是许多科学和工程学科的基本工具，但在地球科学和储层表征中的概率应用仍然缺乏。这在一定程度上与概率和随机性之间的混淆有关。例如，"什么是概率理论？"许多人会回答，"概率论研究随机事件"。这种看似正确的描述实际上阻碍了概率在科学和工程中的使用，因为许多科学家和工程师并不认为他们的技术问题是随机的。虽然许多科学和工程问题是有不确定性的，但它们不是随机的，或者至少可以说，不是完全随机的（Matheron，1989）。事实上，概率既处理随机性也处理非随机性；在地球科学数据分析中使用概率通常更关注非随机性，而不是更关注处理随机性。因此，无论所研究的过程是否（部分）随机，都应考虑处理不确定性的概率理论。概率是处理不确定性的语言，它为处理不确定性提供了一个框架。

储层表征存在许多不确定因素，包括测量误差（Moore 等，2011）、有限的数据及地质过程的"随机性"（Journel 和 Huijbregts，1978）。在过去几十年中，在地球科学和石油工程中使用概率对不确定性进行量化分析取得了进展（Caers 和 Scheidt，2011，Ma，2011）。对油气资源评价中的不确定性分析贯穿于全书中，其中第 2 章第 8 节介绍一个不确定性分析的例子，把"大数定律"与使用有限数据进行资源评估相联系起来。

概率论最初是为分析事件的频率而产生的，这就是为什么经典概率通常被称为频率概率（Gillies，2000；Ma 等，2008）。后来，贝叶斯概率被提出来表达可信程度（Gillies，2000；Ma，2009）。其他概念包括逻辑概率（Keynes，1973）和倾向趋势（Popper，1959），后者也称为物理概率,可使用物理数据分析来定义(Ma 等,2009)。本章简要地讨论沉积相的趋势(概率)(第 11 章)。

先介绍一下两个常见对随机性的误解。不随机的被误认为是随机的,或部分随机的被误认为是完全随机的,可以通过蒙蒂·霍尔(Monty Hall)问题来说明(见后);完全随机序列被误认为是相关事件,可用赌徒谬论来说明(见后)。了解这些错误概念将有助于正确解释地质和储层数据。

地球科学中的离散地质变量,如岩性和地层,可用连续变量来表征(可能还包括其他一些离散变量)。例如,砂岩具有自然伽马(GR)和孔隙度值的范围,但几乎从不会只有一个 GR 或孔隙度数值。这是地球科学数据分析中概率分布(即频率概率)的常见用途。此外,不同的岩性往往在连续变量范围内表现出重叠。例如,白云岩和石灰岩可能具有一些相同孔隙度值的范围,即使它们的平均孔隙度值可能不同,这是概率混合的概念(第 2 章第 9 节)。

2.2 基本概念

在概率理论中,随机变量是指可以具有多个结果的变量;这些结果根据概率分布发生。概率分布是随机变量对其每个可能结果进行描述。值得注意的是,概率分布是一个理论模型。当以数据来作图时,它只是一个频率分布——属性的每个值发生的频率。图 2.1 显示了几个概率分布模型,图 2.2(a)显示一个测井属性的频率分布。常用的理论概率函数包括均匀、正态或高斯、三角形和对数正态分布。

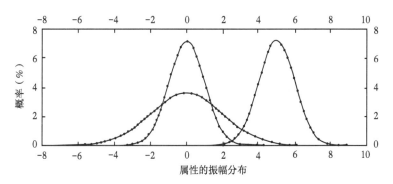

图 2.1 三个高斯概率密度函数 $N(0, 1)$, $N(5, 1)$ 和 $N(0, 2)$

均匀分布的概率密度函数(pdf)定义为:

$$f(x) = \begin{cases} \dfrac{1}{b-a} & x \in [a, b] \\ 0, & \text{其他} \end{cases} \tag{2.1}$$

其中,$f(x)$ 为随机变量 x 的概率密度函数;a 和 b 为常数。

随机变量 x 的正态(高斯)分布(概率密度)函数定义为:

$$f(x) = \frac{1}{\sigma\sqrt{2\pi}}\exp\left[-\frac{1}{2\sigma^2}(x-\mu)^2\right] \tag{2.2}$$

其中，σ 为标准差；μ 为平均值。

正态分布完全由平均值和标准差描述，通常将正态分布记录为 $N(\sigma, \mu)$。图 2.1 显示了三个正态概率密度函数。

随机变量 x 的三角形分布的概率密度（pdf）的定义为：

$$f(x) = \begin{cases} \dfrac{2(x-a)}{(b-a)(c-a)} & , \text{若 } a \leqslant x < c \\[2mm] \dfrac{2}{b-a} & , \text{若 } x = c \\[2mm] \dfrac{2(b-x)}{(b-a)(b-c)} & , \text{若 } c < x \leqslant b \end{cases} \tag{2.3}$$

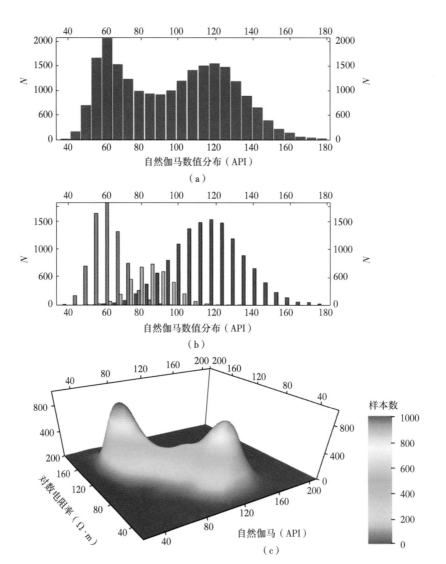

图 2.2　自然伽马与电阻率分布直方与概率密度图

（a）自然伽马（GR）的直方图；（b）自然伽马数值的直方图分解为三个岩性为基准的直方图；

（c）自然伽马和电阻率对数的联合概率密度（平滑的二维直方图）

其中，$f(x) = 0$ 当 $x<a$ 且 $x>b$ 时。

如果随机变量 x 的对数是正态分布的，则随机变量 x 是对数正态分布的。其概率密度函数为

$$f(x) = \frac{1}{x\sigma\sqrt{2\pi}}\exp\left\{-\frac{1}{2\sigma^2}(\ln(x)-\mu)^2\right\} \qquad 当 \ x > 0 \qquad (2.4)$$

这些理论概率分布常用于地球科学现象的蒙特卡罗（Monte Carlo）模拟。然而，在应用地球科学数据分析中，概率分布计算为直方图，它们往往不遵循或不紧密地遵循任何理论模型。在自然伽马（GR）的直方图中 [图 2.2（a）]，双峰分布是明显的。真实数据直方图不遵循理论概率模型的主要原因是，真实数据通常是多个复合过程的结果，受多个宏观和微观因素的影响。例如，图 2.2（a）中的自然伽马直方图可分解为三个分量准正态分布 [图 2.2（b）]。更一般地说，混合分解可以帮助识别分量成分的分布和有关的储层属性（第 2 章第 9 节）。

多变量概率分布也可用于评估多个变量之间的关系。可以使用二维直方图来评估双变量概率密度函数，如图 2.2（c）所显示的自然伽马和电阻率（的对数）测井数值的二维直方图。然而，除了双变量概率之外，多变量直方图难以分析，特别是对于非高斯联合分布。

概率分析中的其他重要参数包括期望值（或数学期望）、方差、协方差和相关性。这些参数在理论上是使用概率定义的（为了减少公式的数量，我们将在附录 4.1 中对这些参数进行定义）；但实际上，它们通常更会根据可用数据作为样本参数计算（第 3 章和第 4 章）。

2.3　概率公理及其对岩相分析和制图的影响

三个基本概率公理（Billingsley，1995）如下：
（1）非负性（所有概率等于或大于 0）；
（2）标准化（所有概率介于 0 和 1 之间，且所有概率之和等于 1）；
（3）有限可加性。

这些公理对于应用概率理论进行储层表征，特别是用于岩相数据分析（Ma，2009）、地球化学元素分析和矿物成分分析非常重要（Tolosana-Delgado 和 van den Boogaart，2013）。任何合理的概率模型都必须遵守这些基本公理。

第一个公理非负概率在大多数应用中相对容易满足，如制作岩相概率图。第三个公理的含义是，对于不相关的事件，其概率是累加的。例如，在定义岩石时，不应同时将岩石定义为两种不同的岩石，如泥质砂岩和砂质泥岩，而应为泥质砂岩或砂质泥岩。也就是说，所有岩相代码都应不相交或互斥，以便其概率是累加的，在定义关系时可能存在不确定性。

第二个标准化公理在制作岩相概率图时也具有明确的物理意义。如果所有岩相的概率总和小于 1，将意味着有一些未定义的岩相存在，这将会违反非真空原则（Hajek，2007）。在岩相分析中，当某些岩相未计数且未对其他岩相的比例标准化时，可能会出现此问题。这个问题有时被称为整体上非穷尽性。为了坚持非真空原则，所有岩相代码必须定义得整体上具有穷尽性。相比之下，概率总和大于 1 则意味着额外 "东西" 的存在，超出其定义的限度，即违反质量守恒原理。在岩相定义中，当岩相未定义为相互独立时，可能会出现

15

此问题。例如，如果岩相具有三个状态：砂岩、泥质砂岩和砂质泥岩，特定的岩石可能是泥质砂岩或者砂质泥岩，但不能同时属于它们两者。

图 2.3（a）显示一个地层内 12 口井中获取三种岩相的比例，包括生物礁、浅滩砂和潟湖。每口井有大约 10 个样本（区域厚度不恒定，因此不同的井具有不同数量的样本）。三种岩相的比例与三个概率公理一致，因为它们只是使用样本中的岩相频率计算的（岩相被定义为互斥和整体上全面覆盖的）。但是，当在远离井点位置制作岩相概率图时，仍必须遵循三个概率公理，但这可能很棘手，因为插值方法在制作岩相概率图时，在离开数据

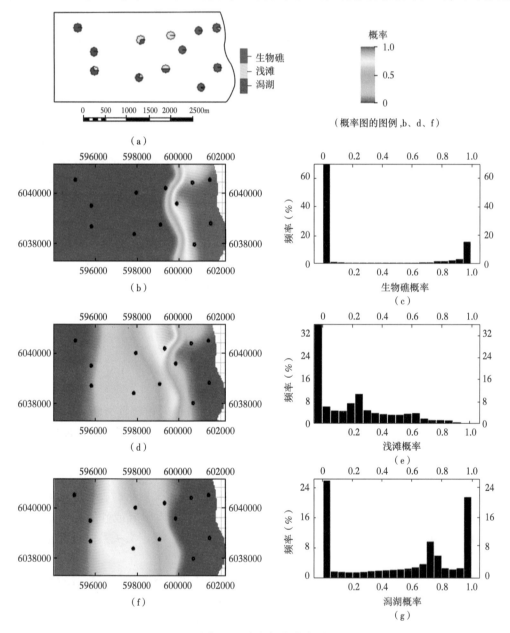

图 2.3　岩相概率分布图

（a）有 12 口井及岩相比例的底图（浅滩可能还包括一些小潮滩）；（b）生物礁概率图；（c）生物礁概率直方图；（d）浅滩概率图；（e）浅滩概率直方图；（f）潟湖概率图；（g）潟湖概率直方图

16

点时，会让三个概率去不遵循概率公理。在第 11 章中，我们讨论如何解决这个问题。不过，遵循概率公理的原则在图 2.3 中显示。每个岩相状态在每个网格单元格中都有一个概率值，并且所有值都在 0 和 1 之间（图 2.3）。这尊重第一个概率公理。在每个网格单元中，三个岩相状态概率的总和等于 1，这表示符合概率公理 2 和 3。现在，让我们看一些不遵循概率公理 2 和 3 的示例。在所有岩相概率图的网格单元格中，其概率总和小于 1 就意味着与所有的岩相状态不一致；如果其概率之和大于 1 就意味着企图产生超过 100% 的岩相状态，这是不可能的。

如果有更多的岩相状态，则遵循三个概率公理的原则保持不变。但是，制作概率图（二维或三维）则更加困难（第 11 章）。

2.4 条件概率

条件概率是事件在其他事件发生或将发生时发生的概率。给定事件 X，计算事件 Y 的概率；它可以表达为：

$$P(Y|X) = \frac{P(Y \cap X)}{P(X)} \qquad (2.5)$$

其中，$P(X) > 0$，即条件必须发生或将发生。

条件概率是概率理论应用于科技问题的关键概念。一些统计学家甚至把条件概率作为一种公理（de Finetti，1974）。许多科学问题都有不确定性，但它们通常不是（纯粹）随机的。非随机性和不确定性的二元性通常可以用条件概率来处理。

如 Jaynes（2003）所述，所有概率推理的基本原则是使用条件概率。

要对任何命题 A 的可能事实或虚假形成判断，正确的做法是计算 A 的概率：

$$P(A|E_1, E_2, \cdots)$$

用所有证据作为条件。

Monty Hall 问题强调在应用概率中理解条件概率的重要性。

2.5 Monty Hall 问题：理解物理条件的重要性

Monty Hall 问题（知识箱 2.1）是一个概率谜题，涉及理解物理条件。理论分析和游戏的实验都表明，正确答案是切换到另一个未开的门，因为汽车在其后面的概率是 2/3，而汽车在最初选的门后面的概率仍然是 1/3，而不是像很多人认为的 1/2。这个问题已经

知识箱 2.1　Monty Hall 问题

有几种方法可以解释 Monty Hall 问题。为了避免歧义或混淆，我们使用《纽约时报》所发表的版本（Tierney，1991）：Monty Hall，一个完全诚实的游戏节目主持人，随机地把一辆车放在三扇关闭的门后面。其他两扇门后面各有一只山羊。"首先你选一扇门，"他解释道。"然后，我会打开别的一扇门，显示一只山羊。"在我告诉你山羊之后，你做出你的最终选择，你最后赢的是你最终选的门后的东西。假定你非常想要那辆车。你指向 1 号门。Hall 先生又打开一扇门给你看一只山羊。现在还有两扇紧闭的门，你必须做出选择：你是坚持 1 号门吗？还是换到另一扇未打开的门？还是换不换无所谓？

得到相当透彻的条件概率数学分析（Rosenhouse，2009）。Gill（2011）说，当然，Monty Hall 问题确实提供了一个很好条件概率的练习，但是人们必须愿意填补空白，如果不填补这个空白，条件概率不会帮助你回答是否应保留你最初的选择，还是切换到另一个门。需要填补的空白正是去理解一个不确定性过程中的物理条件和非随机性。

2.5.1　教训一：在不确定性过程中识别非随机性

在大多数情况下，人们在 Monty Hall 问题上得出了错误答案，因为他们误判了物理条件，误认为情况是完全随机的。事实上，这个概率的关键点问题是从"随机"事件中辨别非随机性。因为主持人知道门后是什么，打开一扇门显示一只山羊，他的行为不是随机的。一扇门打开后，仍然不确定，但系统不是随机的，或者至少不是完全随机的。

在物理过程中识别非随机性是许多科学和技术工作的关键任务。考虑在 Monty Hall 问题中汽车作为一个多产油气前景区，山羊作为非经济或次经济前景区。对给定一个前景区，它可能是经济的，也可能是不经济的，或者有些区比其他区要好。石油公司或投资者应尝试通过综合油藏研究了解前景区的地质情况，进行地质研究，而不是随机选择投资区块。

来看一个具体的储存油气背斜的例子。在盆地内易储存石油地层中，了解地层大规模背斜构造的投资者可以在更有利的脊部投标 ［图 2.4（a）］，而不是随机选择一个区块，后者可能会在背斜侧翼遇到水的风险。另一方面，在不知道油气类型（石油或天然气）的情况下，脊部可能含有天然气而不是油；在背斜侧翼的区块可能是油 ［图 2.4（b）］。

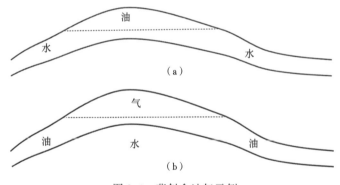

图 2.4　背斜含油气示例
（a）油水两相系统；（b）气—油—水三相流系统

现在考虑一个投资者或资源公司想从一个州的土地局购买盆地的一个区块。委员会对盆地进行了广泛的研究，并了解其主要的储层特征。它有三个区块要出售：两个有利的和一个平庸的。假设投资者对三个区块的地质和储层知识很少，只是知道三个地块中有两个是有利的。投资者随机选择三个区块之一，然后，土地局展示了其他未选择的区块之一，它具有优良的储层质量，同时说，它已经卖给了另一个投资者。现在这个投资者有机会从原来的随机选择的地块切换到另一个还未选的区块。投资者是否应该转换？

这是一个修改的 Monty Hall 问题，这实际上比原来的 Monty Hall 问题的情况更常见。请注意，投资者的第一个选择仍然有（大约）2/3 的机会是有利的区块，即使在土地局显示了一个有利的区块之后；另一方面，另一个可用的区块最初有 2/3 的机会是有利的，但现在只有 1/3（不是 1/2）的机会。因此，投资者不应该切换其选择。

2.5.2 教训二：非随机信息的价值

Monty Hall 的问题中，如果主持人不小心摔倒，并且撞倒了一扇门，碰巧显示了一只山羊。在此情况下，每个剩下的两扇门有车的概率将是 1/2，因为这将是一个完全随机的信息值，剩下的 2 个关闭的门有车的概率从 1/3 变成 1/2。相比，原始 Monty Hall 问题显示了非随机信息的价值。这是由于主持人不会打开参赛者选定的门而且不会把有汽车的门打开，最初未选择的门的概率从 1/3 变成了 2/3。

2.5.3 教训三：物理过程很重要，而不仅仅是观察到的数据

如果主持人不小心撞倒了一扇门，碰巧是一只山羊，观察结果和 Monty Hall 问题一样。但是，结果应该有不同的解释，因为这两个过程是不同的。虽然过程在原始问题中不是（完全）随机的，但如果主人不小心撞到一扇门正好是山羊，则结果是完全随机的。理解这种差异对储层表征和建模具有深远意义。

在储层表征和建模中，通常可用的观测数据非常有限，根据有限数据制作储层属性图或三维模型不应仅仅依赖于观测数据；人们也应该尝试了解沉积、压实、成岩和结构变形的过程如何影响地下地层。否则，储层属性图和三维模型将过于随机，在地质上不现实（第 11 章，第 18 章和第 19 章）。

2.6 什么是纯随机过程?

与 Monty Hall 问题相反，另一个误解是解释不存在的模式。这可以通过对随机序列的误解来显示。当人们在时间序列或空间数据中看到一些局部相似性时，他们很快就会将其标记为非随机事件，并可能将其解释为相关事件。但是，其中一些局部相似性可能是虚假的关联，因为随机序列在相邻的时间或空间数据之间可能具有局部相似性。事实上，相信在随机序列中不存在局部相似性是"赌徒谬论"的表现（知识箱 2.2）。

这种信念与对白噪声的误解有关；许多人认为白噪声只有高频信息。事实上，局部的相似性存在于白噪声中，它们是低频部分，并且低频部分与高频部分一样多（第 17 章附录 17.2）。图 2.5 (a) 显示了一个随机序列的示例，其中存在局部相似性。它是用纯块金效应的变差函数产生的（第 13 章），这一点也由振幅和深度之间的零相关性所确认。相反，人们所感知的随机序列［图 2.5 (b)］不是随机的，因为它实际上表示空间或时间序列的负相关（即表示空间或时间中的高度的不连续性）。在频率域中，这种序列的特点是纯高频谱（Woodward 等，2011；Box 等，2008），而不是纯随机白噪声的平坦光谱。

知识箱 2.2 赌徒谬论

赌徒的谬论是一种错误的信念，也即认为事件的发生应该平衡。如果坚信这一点，一个人会认为，如果一个事件在某一时期发生的频率比正常情况要少，那么在不久的将来就会发生得更频繁。反之亦然。这种错误的信念是非常有吸引力的，它发生在许多人身上。特别是，赌徒们坚信，如果一个玩家输了，那么下一场比赛将是一场胜利。如果一个玩家连续输掉几场比赛，赌徒更坚信下一轮获胜的可能性更大，赌徒会继续玩，往往玩到毁了他们。

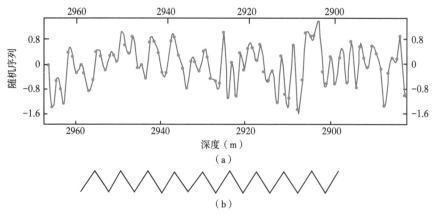

图 2.5 随机序列和假随机序列图

（a）随机序列的示例，显示局部相似性［由纯块金效应的变差函数（第 13 章）所产生；具有在
所有频率的光谱中平坦的频谱，第 17 章中的附录 17.2］；（b）一种误认为的随机性示例

    Monty Hall 问题和对随机序列误解的两种认知偏见对概率论应用于地球科学问题具有
意义。地质空间现象一般不是随机现象，但由于数据有限，地下地层复杂，因此可能是不
确定性现象。条件概率或使用物理和学科知识调节数据通常对于综合储层分析至关重要。
同时，理解真正的随机性有助于避免将虚假相关性解释为真正的地质事件。

2.7　贝叶斯推理及其数据分析和集成中的应用

    许多科学和技术问题集中在物理属性的预测或者是在给定一些数据和数据生成机制的
情况下了解物理属性。贝叶斯推理根据概率规则通过结合新信息和先验信息使这种类型的
科学分析成为可能。以数学的角度，贝叶斯定理是概率公理和条件概率定义的直接结果，
定义为：

$$P(H|E) = \frac{P(E/H) \times P(H)}{P(E)} \qquad (2.6)$$

其中，$P(H/E)$ 为假设 H 的后概率或条件概率，给定证据 E；$P(E/H)$ 为证据 E 的可能
性或者说条件概率，如果假设 H 是真的；$P(H)$ 为假设 H 的先前或初始概率；$P(E)$ 为
证据 E 的概率。

    在实践中，证据 E 的概率，$P(E)$ 通常很难直接计算，往往可以用全概率定律来
计算：

$$P(E) = \sum_{j=1}^{n} P(E|H_j) P(H_j) \qquad (2.7)$$

其中，$P(E|H_j)$ 为给定每个假设 H_j 的条件下的证据概率；$P(H_j)$ 为每个假设的概率。
公式 2.7 中的假设必须经过所有可能的条件，才能满足概率公理 2（也可看作全概率定律
的结果）。

    贝叶斯定理表明，人们可以结合不同的信息来源，同时考虑其不确定性。当物理过程
具有不确定性，并且有来自不同来源的数据时，可以通过贝叶斯推理将它们集合。这些可

能包括具有不确定性的物理模型、随机参数和关于主题的先验知识。多个数据源的集成能够量化和减少不确定性。

贝叶斯推理挑战了人类解释推理或感知推理的几个方面。人们有时会把给定证据的假设概率和给定假设的证据的概率混淆。地球科学中的另一个常见问题是，对新信息非故意的忽略，或把先验信息等同于总信息。下文将讨论这些问题，以及贝叶斯推理的实际用途。

2.7.1 陷阱：忽略似然函数，依赖先验或全局统计数据

有些地学工作者有时用大区域的总体统计数据代替（小）目标区统计数据来绘制线段或区域图或模型，即使研究（目标）区段或区域的特定统计数据充分可用。这相当于使用全局先验信息作为特定信息，而忽略似然性信息（目标段或区域的统计信息）。这与贝叶斯推论不一致。图 2.6（a）显示一个岩相图，该图使用所有井数据中的岩相比例作为制图的目标比例，而没有使用从生物礁沉积特征中的似然性信息。将总体统计数据用于特定统计数据的做法有时称为生态推理（Ma，2015）。当具体统计数据充分可用时，使用全局统计数据代替特定区域统计数据可能导致储层属性的不切实际的分布［图 2.6（a）］。这可能随后导致储层管理和井位部署的不合理。

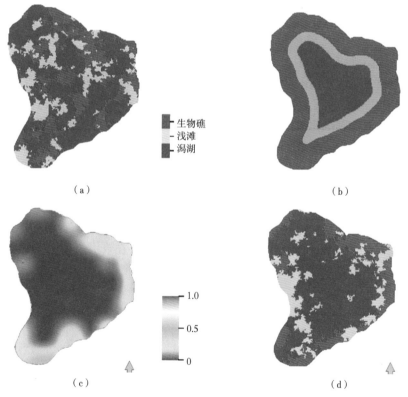

图 2.6　不同情况的岩相模型图

（a）岩相模型，其中全局的生物礁相、浅滩（包括少量潮汐相）和潟湖的比例被用作目标比例，而不管其沉积趋势特征如何；（b）概念性岩相模型，忽略井的岩相数据；（c）生物礁概率图，它综合了沉积解释趋势特征和油井的相关数据；（d）遵循概率图（c）的岩相模型的二维平面图

2.7.2 贝叶斯推理和解释中的难处

在地球科学和储层表征过程中,硬数据通常很少,因为钻探和有测量的井不多。沉积概念模型通常用于解释数据。例如,在生物礁组合体上只有有限的油井时,地质人员通常会首先定义边缘的内边界和外边界,以划定生物礁岩相。如此做的典型论据是,所有的生物礁都沉积在边缘上,因为造礁生物必须生活在水质干净、营养丰富、阳光充足、波浪活跃的环境。因此,有理由期望边缘是生物礁沉积的地方。图2.6(b)显示一个典型的以这种地质分析为基础的岩相趋势图。

这种解释往往与真实数据和贝叶斯推论(部分地)不同,因为这相当于将似然函数等同于后概率,即Prob(Rim|Reef)= Prob(Reef|Rim),这是不正确的。根据贝叶斯推论,这两个概率是如下联系起来的:

$$\text{Prob}(\text{Reef}|\text{Rim}) \propto \text{Prob}(\text{Rim}|\text{Reef})\,\text{Prob}(\text{Reef}) \tag{2.8}$$

由于数据有限,需要一个沉积概念模型,以便构建初步的岩相趋势图[图2.6(b)]。然而,基于概念沉积模型的趋势图可能不是岩相概率图的准确表示,应当使用井的局部数据进行验证或修改(Ma等,2009)。这样的图大致上表明了沉积的倾向,但它通常不是对现实的准确描述。虽然在生物礁组合体中可能会是所有的生物礁沉积在组合体的边缘地带,但由于海平面(或水位)变化和其他沉积条件,边缘可能会有其他的岩相沉积。环礁并不总是只有生物礁在边缘地带,如现代珊瑚礁组合体上所观察到的(Darwin,1901)。与环礁相比,屏障礁组合体在边缘沉积的生物礁岩相要少得多。

更一般地说,将似然性函数与后概率等同起来是一种统计推理偏差,被称为"起诉方律师谬论"(知识箱2.3或Thompson和Shumann,1987)。

再考虑一下生物礁沉积体的例子。从地质来看,沉积模型的趋势与频率数据之间的差异可以用层序地层学的级次性来解释。尽管较高级别的层序通常用作分析沉积相的地层单位,但基础低阶层序沉积相会有相位的移动,因为存在水位或海平面的波动和其他影响因素。这种不同层序的沉积方案可能与沃尔索的沉积相变化规律有关(Middleton,1973)。因此,反映低阶层序中沉积变化的垂向沉积序列在高阶层序中转换为沉积相频率。因此,将地层单元基于层序的层次结构是一个关键的概念,它把沉积岩相模型的描述和定量岩相频率分析连接起来了(Ma,2009)。在实践中,这相当于在有井数据和/或岩心数据可用时,将趋势分析与每个地层序列的沉积相频率数据整合(第11章)。

知识箱 2.3 起诉方律师谬论

起诉律师的谬误是一个统计推理的谬误,将似然性等同于后概率。这源于刑事起诉,在法律审判中为被告有罪辩解。起诉律师通常使用诸如"当这类犯罪发生时,这种证据几乎总是存在的"等陈述进行长时间的辩解。现在我们有这样的证据,因此被告犯罪的可能性非常高。在数学上,这相当于以下的等价:

$$\text{Prob}(犯罪|证据)= \text{Prob}(证据|犯罪)$$

这也被称为概率反转的谬误,它违反了贝叶斯推理,因为贝叶斯推理通过先验概率把它们关联起来,这应该是:

$$\text{Prob}(犯罪|证据)= \text{Prob}(证据|犯罪)\,\text{Prob}(犯罪)/\text{Prob}(证据) \tag{2.9}$$

在示例中（图 2.6），把油井中的沉积相频率数据与趋势图［图 2.6（b）］相结合，可以绘制出生物礁的概率图［图 2.6（c）］。其他沉积相的概率图也可以用类似的方式绘制，但它们必须遵循概率公理（图 2.3）。这样，沉积相模型就会在地质上更加逼真［比较图 2.6（a）和图 2.6（d）所示的沉积相模型］；沉积相模型还要符合局部的井上沉积相频率数据。第 18 章会进一步详细说明符合井的沉积相频率是比符合井上的沉积相数据更重要的一步；后者（符合沉积相频率）是建模的一项基本原则，通常可以轻松完成。

请注意，进行如图 2.6（b）所示的沉积相趋势图解释会影响（油气）体积估计。表 2.1 显示，在给的例子中，生物礁的比例被高估了 182%，孔隙体积被高估了 35%，尽管生物礁和潟湖的孔隙度差异不是很大。当孔隙度相差较大，以及解释的生物礁带较宽时，孔隙体积的高估会更大。

表 2.1　井数据和模型的孔隙度和孔隙体积统计

数据/模型	潟湖	浅滩	生物礁	生物礁高估（%）	三种沉积相孔隙分数体积	孔隙高估（%）
井数据	0.636	0.171	0.193	不适用	0.04466	不适用
天真的解释［图 2.6（b）］	0.255	0.201	0.545	182%	0.06029	35%
综合方法［图 2.6（c）］	0.628	0.174	0.198	微不足道	0.04495	微不足道
平均孔隙度	0.034	0.048	0.077			

注解：孔隙分数体积计算为对每个岩相的比例乘以其平均孔隙度之和。

2.7.3　贝叶斯推理及基准率或先验（概率）的忽视

贝叶斯推理挑战人类其他几个误解，包括基准率忽视和聚焦错觉。请考虑以下示例。

一名地球科学家根据对一个区块的沉积环境和岩性进行解释，绘制 20% 的砂岩和 80% 的页岩图。在图的特定网格单元中，这一地球科学家的解释是砂岩。如果我们假设这一地球科学家对砂岩的解释是 90% 的正确率，对页岩是 70% 的正确率，那么这个网格单元是砂岩的概率是多少？

通常，由地球科学家绘制的这种相图在全局的含砂岩比例远高于 20%，因为对较大的似然函数的专注，Prob（解释 = 砂岩 | 砂岩）= 0.9，以及随后向大多数网格单元分配给高砂岩的概率。这是因为忽略了先验（概率）或基准率；在这个例子中，图给定应有 20% 的砂岩。使用贝叶斯公式，该网格单元的砂岩概率为

$$\text{Prob}(\text{Sand} \mid I = \text{Sand}) =$$
$$\frac{\text{Prob}(I = \text{Sand} \mid \text{Sand})\ \text{Prob}(\text{Sand})}{\text{Prob}(I = \text{Sand} \mid \text{Sand})\ \text{Prob}(\text{Sand}) + \text{Prob}(I = \text{Sand} \mid \text{Shale})\ \text{Prob}(\text{Shale})} = 0.429$$

$$(2.10)$$

其中，I 代表解释。

显然，后概率远低于整合前的先验概率的 90%。先验概率或基准率的忽视与起诉律师谬论中的非理性推理相似。

从上面关于解释困境和先验概率忽略的讨论中，我们看到科学家对似然函数做大量的

归纳推理。然而，虽然使用似然函数是科学推论的一个组成部分，其他信息，如先验概率，也应该纳入分析。

2.7.4 贝叶斯概率（统计）是主观的吗?

从历史角度看，概率是首先使用事件的频率分析发展起来的。现在这被称为频率概率，通常被解释为"客观概率"（Gillies，2000）。相比之下，贝叶斯定理中的先验概率通常被称为主观的，因为它是人们信念的表达，或根据某些概念或解释给的值或概率分布，而不是测量的值（知识箱 2.4）。

事实上，先验概率并不一定是主观的。它完全可以是客观的，甚至可以是基于从测量中得出的频率数据。例如，先验概率可以是根据数据计算的全局统计信息。这种先验概率现在被称为非正式先验或客观先验（Jaynes，2003）。

在实践中，有时没有明确的主观性和客观性的区别。频率数据是客观的吗？尽管频率数据是从样本计算的，但它们并不总是客观的。第 3 章将讨论勘探和开发中的取样偏差。从偏差抽样中计算的频率数据并不客观，因为采样偏差可能是由对井位或岩心的主观选择造成的。必须减少采样偏差，以便得到客观的频率数据。

2.7.5 贝叶斯推理作为生成建模方法

贝叶斯定理表明，通过结合正向模型（数据生成模型或似然函数）和相关先验知识，人们可以减少推理的不确定性。想一想，正向模型在假设物理模型的条件下产生观测值，这是科学查询的一种常见形式。在统计和机器学习中，使用似然函数的概率建模称为成因模型。具体来说，为了通过数据来评估物理过程，可以分析数据的生成方式，以及物理过程发生时将具有哪些观测值。这把正向建模和反向建模相关联起来了，描述为：

$$（物理过程|数据）\propto（数据|物理过程）（过程） \qquad (2.11)$$

相比，在现代统计和机器学习中，使用数据直接估计物理过程，而不使用正向建模方法，被称为判别性模型法。

知识箱 2.4　比较频率概率和贝叶斯概率

从频率观点来看，概率是指相对频率，它是客观的，因为频率是基于数据或测量计算的。概率模型中的参数是从数据估计的未知常量。实验设计应基于长期频率属性。因此，频率概率通常侧重于概率的陈述和统计参数估计的评估。

在贝叶斯推论中，概率不一定描述相对频率（尽管可以），它可以表示一定程度的可信性。它可能是主观的。概率模型中的参数可能存在不确定性。通过组合各种数据源，可以改进概率推理，减少参数的不确定性。因此，贝叶斯推理通常侧重于进行概率陈述和不确定性分析。

历史上，西蒙·拉普拉斯是开发和推动贝叶斯定理方面最具影响力的数学家/物理学家之一，他曾经说过，"概率的演算只不过是常规的计算"。更多反映频率概率而不是贝叶斯概率。这一历史笔记的寓意是，两种概率理论并非排他性的，可以组合起来进行更好的推理。

2.8 大数定律及其对资源评估的影响

一般说来，随着在储层不同位置钻探油井而获得更多的数据，就可以更好地确定其非均质性，并可以更好地约束储层属性的分布（第19章）。大数定律强调问题的另一个方面：随着数据增加，全局的统计数据更加可靠，不确定性也更小。

现在考虑在碳酸盐岩斜坡边缘钻的两口井，这两口井的生物礁相比例超过95%，平均孔隙度为20%（图2.7和表2.2）。你是否会使用这些统计数据来估计油区的储层质量和油气储量呢？当更多的油井钻到远离边缘的地方时，它们遇到孔隙度低得多且含油饱和度低得多的潟湖相。随着更多的钻井和记录出现，岩相、孔隙度和油气饱和度的统计显示显著的变化［图2.7（b）和表2.2］。

在此示例中，随着数据增加，优质岩石的比例降低，孔隙度和油气饱和度也有所下降。在其他情况下，情况可能正好相反。无论如何，随着更多的数据可用，储层的描述可以更接近真实，这是大数定律的精髓。发现油田后，需要用更多的井进行圈定，以便更充分地描述储层质量并估计油气体积。在开发油气田时，这一原则仍然适用。

因此，当根据少数油井对总体体积分析时，储层属性的不确定性范围（包括岩相比例、孔隙度和流体饱和度）将比较高。随着数据增加，这些变量的不确定性范围减小；不过，非均质性也可能变大，因为较少的数据通常显示较小的非均质性。换句话说，对于相同数量的数据，更多的非均质性通常意味着更多的不确定性。但是，对于相同级别的非均质性，数据越少，不确定性越大（知识箱2.5）。

综上，根据大数定律，数据越丰富，样本统计离总体统计越近，不确定性就越小。

关于大数定律和空间数据非均质性的备注

大数定律是一个一般的概率定律，并不具体涉及非均质性。空间非均质性在地球科学数据分析中非常重要，它往往使大数定律更明显且更复杂。在图2.7中，沉积的非均质性使孔隙度和油气饱和度的统计参数因数据较少或更多而有很大差异（表2.2）。这对如何缓解资源评估中的抽样偏差有影响（第3章），它也对储层属性的建模有影响（第18章和第19章）。

知识箱 2.5 使用"小数字定律"的陷阱：一个天真的例子

在早期的远景资源评估中，通常数据很少，而油气体积的评估具有非常高的不确定性。例如，一个潜在区块的面积为$50 \times 70 km^2$，其目标地层为200m厚。钻探和测量了三口井，并提供一些岩心数据。测井和岩心分析给出平均孔隙度为15%，平均含油饱和度为60%。该区块的目的层中含有多少石油？

区块的岩石体积为$0.7 \times 10^{12} m^3$。如果上述数据直接用于假设整个地层中的岩石物理特性的相对均质（不一定是恒定的），则孔隙体积为$0.105 \times 10^{12} m^3$。油气体积为$630 \times 10^8 m^3$。这意味着，该油区将拥有超过$3960 \times 10^8 bbl$的原地原油储量。此计算不考虑孔隙度和含油饱和度之间的相关性。孔隙度和含油饱和度之间的中度至高正相关将增加原地原油的估计（第22章）。

上面计算的油气体积估算意味着一个全局均匀的地下系统。由于对如此大面积只有三口井的数据，也由于使用"小数字定律"，油气体积估算的不确定性非常高。需要更多的数据才能进行准确的评估。

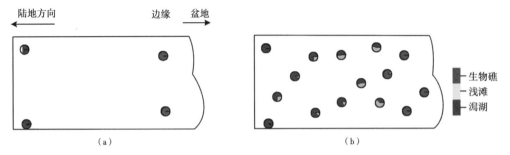

图 2.7　碳酸盐岩斜坡储层的图解视图（井口显示岩相比例）

（a）发现井和早期探边井；（b）发现、探边井和开发井

表 2.2　比较油区开发三个不同阶段的统计数据

具有数据的井数	岩相比例（%） （生物礁:浅滩:潟湖）	平均孔隙度（%）
2	98:0:2	20
4	49:0:51	12
15	26:22:52	8

2.9　地球科学数据的概率混合分析

大多数地学的属性代表多个分量属性的混合。混合概率模型为分析各种现象提供了一种方法，包括含有多种基本成分属性。与统计分类不同，混合模型对直方图分解来进行离散变量的分类（Silverman，1986；Scott，1992；McLachlan 和 Peel，2000）。有限混合模型表达为概率分布，该分布是分量分布的凸式组合，每个分量表示一个离散变量，也即：

$$f(x) = \sum_{i=1}^{n} w_i f_i(x) \tag{2.12}$$

其中，n 为分量数；$f(x)$ 为混合概率密度；$f_i(x)$ 为分量概率密度；w_i 为加权系数，满足：

$$w_i > 0 \text{ 且 } \sum_i w_i = 1 \tag{2.13}$$

$$f_i(x) => 0 \text{ 且 } \sum_i f_i(x)\,\mathrm{d}x = 1 \tag{2.14}$$

对于单变量高斯分布的混合物，公式 2.12 可以写成多个正态分布的和，$N_i(\mu_i; \sigma_i)$，其中每个分布的权重是 w_1 成正比。

当分量分布的标准差相同时，它们称为同方差；否则，它们称为异方差。例如，两个正态同方差分量的混合可以表示为：

$$f(x) = w_1 \phi(x; \mu_1, \sigma) + w_2 \phi(x; \mu_2, \sigma) \tag{2.15}$$

其中，$\phi(x; \mu, \sigma)$ 是平均值为 μ、均方差为 σ 的正态密度。

正态分布经常用作内核密度来分析概率混合。两个同方差正态分布的马哈拉诺比斯距离可以表示为（Ma 等，2014）：

$$\Delta = \frac{|\mu_1 - \mu_2|}{\sigma} \quad (2.16)$$

这个方程可以扩展到不同方差的情况，从而可以使用分量分布的一阶和二阶统计参数来表达马哈拉诺比斯距离（Ma 等，2014），例如：

$$\Delta = \frac{|\mu_1 - \mu_2|}{0.5(\sigma_1 + \sigma_2)} \quad (2.17)$$

当分量的均值差异很大且标准偏差很小时，不同分量就分得开。当马哈拉诺比斯距离超过 3 时，很容易划分两个组成部分。在实践中，马哈拉诺比斯距离通常小于 1，分解概率混合体可能很棘手。此外，可能很难估计有多少个分量存在于混合体中，也很难建立分量概率分布与物理子过程的关系。

不同方差混合体在自然现象中更为常见，因为分量成分通常有不同的方差。在自然伽马测井的三个正态或准正态分量直方图 [图 2.2（b）] 中，河道的正态分布为 N（61.4，8.5），决口扇的正态分布为 N（84.3，10.8），以及漫滩的正态分布为 N（117.5，19.2）。

分量的频率分布并不一定是正态的。此外，分量有可能表示更低级别的混合。低层次混合体也可以分解为亚种群，不过，当数据有限且受应用所限时，不需要进一步分解。例如，决口扇有时并不从它们的混合体分开（Ma，2011）。

图 2.2（a）所示的混合体不能用单一测井准确地分开。用于区分河道和决口扇以及用于区分漫滩和决口扇的马哈拉诺比斯距离略高于 2.2。分量的比例也可能影响多模态的表现和分量的分离（公式 2.15）。

另一方面，图 2.8 中的直方图展示双模态的（对数）电阻率，混合体中的两个组分都是准对数正态的。从公式 2.17 计算的马哈拉诺比斯距离大约为 6，这样，组分直方图可以用截断法分开（对数电阻率值约为 0.4Ω·m）。

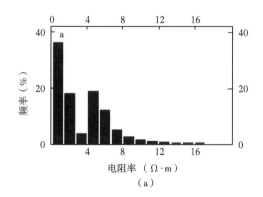

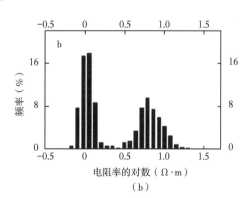

（a）　　　　　　　　　　　　（b）

图 2.8　测井电阻率直方图

（a）线性尺度的电阻率，具有一个稳定模式和一个边界模式的双模态；

（b）电阻率的对数显示两个可分离的准正态直方图

由于经常发现正态分布是具有大量样本的自然现象的分布，因此它们经常用作内核分布密度。应当指出，混合体分解使用单变量直方图，而不用多变量分析通常会有重叠（即马哈拉诺比斯距离很小）的困扰，且不能把混合体中的储层属性较好地分开。用内核概率分类法进行岩相分类的例子显示在图2.9（第3道）。虽然组分的直方图是准正态 [图2.2（b）]，预测的聚类在空间上是非常随机的。需要更多的信息来超越单变量概率密度（直方图），以便改进混合体的分解。

使用两个或多个变量可以改善混合体分解。使用电阻率和自然伽马的二维直方图 [图2.2（c）] 使得岩相分类大大地改进，自然伽马和电阻率的对数相关系数为 −0.84，主成分分析（第5章）可以把两个测井的岩相信息结合起来。

第一个主成分代表几乎92%的信息，其与自然伽马取值的相关系数为0.96，与电阻率对数的相关系数为 −0.96（图2.10）。用两个截止值可以得到三个岩相：河道、决口扇及漫滩。分解的自然伽马可以表示由：

$$f_{GR}(x) \approx 0.34 N_{chan}(61.5; 8.6) + 0.12 N_{splay}(84.2; 10.9) + 0.54 N_{ovbk}(117.4; 19.1)$$

$$(2.18)$$

电阻率（LR）的分解为：

$$f_{LR}(x) \approx 0.34 N_{chan}(1.78; 0.167) + 0.12 N_{splay}(1.49; 0.104)$$
$$+ 0.54 \lg N_{ovbk}(0.96; 0.156)$$

$$(2.19)$$

其中，$N(\mu; \sigma)$ 为高斯分布；$\lg N(\mu; \sigma)$ 为对数正态分布；chan 代表河道；splay 代表决口扇；ovbk 代表漫滩。

对主成分或旋转的主成分使用截止值以进行沉积相分类是一种数据调节方法。在使用自然伽马和对数电阻率（$\lg R$）的第一个主成分的示例中，自然伽马值等于80API的聚类可以表示为：

相（$\lg R < 1.2 | GR = 80$）= 漫滩
相（$\lg R > 1.72 | GR = 80$）= 河道
相（$1.20 < \lg R < 1.72 | GR = 80$）= 决口扇

同样，电阻率对数等于1.5的分类可以解释为：

相（$GR > 93 | \lg R = 1.5$）= 漫滩
相（$GR < 73 | \lg R = 1.5$）= 河道
相（$73 < GR < 93 | \lg R = 1.5$）= 决口扇

在物理分析和理解依赖关系后，数据的条件化可以使预测更加准确。这可以从本示例中使用自然伽马和电阻率分类的沉积相的空间分布中看到（图2.9，第3道和第4道）。使用两个测井曲线进行混合体分解的信息价值与使用一个测井进行截止可在交会图中明显地看到（图2.10）。

文献中提出了基于概率分析分解混合体的其他方法，包括期望和最大化法（Wasserman，2014），贝叶斯高斯混合体分解（Grana 等，2017），以及高斯混合体判别分析。这些方法通常假定组合成分是高斯分布。我们介绍的流程是半参数法，因为使用理论模型作为指南，但不直接使用它们来分离混合体。

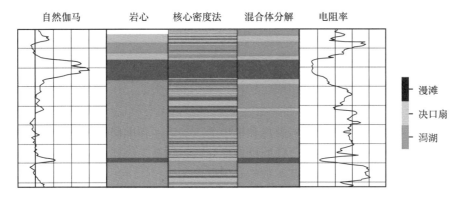

图 2.9 比较岩心岩相和用主成分分析从自然伽马和电阻率分类的岩相（据 Ma 等，2014，修改）
第 1 道是自然伽马（API）；第 2 道是岩心的岩相；第 3 道为正态内核概率分类法；
第 4 道为主成分分析分类的岩相；第 5 道为电阻率（Ω·m）
橙色是河道；绿色为决口扇；黑色为漫滩

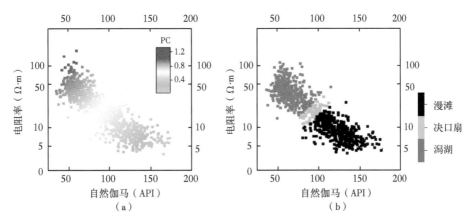

图 2.10 自然伽马和电阻率（对数）的交会图（两个变量之间的相关性为 -0.858）
（a）投影上用自然伽马和电阻率的取值得出的第 1 主成分；（b）投影上由第 1 主成分
分类的岩相（由于数据的随机筛选，a 和 b 所显示的数据略有不同）

2.10 总结

概率在本质上（作为物体）是不存在的。然而，概率是很有用的理论或"生活的指南"，正如巴特勒在近三个世纪前所说。本章遵循这两个主题，由于地下地层中的非均质性与有限的采样，地质变量通常无法完全确定性地描述。然而，它们不是随机的。在将概率应用于地球科学时，识别非随机性至关重要。不管选哪种概率理论，频率概率、贝叶斯推理，还是倾向（趋势）分析，基于物理和学科知识的调理数据对于地球科学数据使用概率和统计非常重要。

贝叶斯推理中的主要概念是对多个来源的信息进行集合。先验（概率）经常代表对问题的一般知识，似然函数一般传达正向模型（推导）方法。现代的应用统计不强调假设检验，相反，它越来越多地使用贝叶斯推论并且常常用数据集成和不确定性原理。

大数定律强调对总体的广泛抽样，以充分利用概率理论。在用于资源评估的地球科学中，硬数据通常很少。利用地质知识为概率应用提供了一种调节数据的方法。不确定性分析为更完整的科学推理提供了另一种方式。

有关概率的更多理论，读者可以参考 Murphy（2012）、Wasserman（2004）、de Finetti（1974）和 Feller（1968）。

2.11 练习题和问题

本章设计的一些练习题将概率与解释和推理的不确定性和准确性联系起来，另一些则把概率以及以概率公理为基础的规范化的可能性计数相联系。这样设计为的是消化几个概率概念，定量和这些练习题只需要基本数学知识就可完成。

（1）在由石灰岩和白云岩组成的一个碳酸盐岩地层中，整体解释的白云岩占地层的40%，解释的石灰岩占地层的60%。白云岩的判读准确度为100%，石灰岩的解释准确度为80%。估计地层中的白云岩的真实比例。

（2）一个地层中含有50%的砂岩，50%的页岩。一个地球科学家对该地层解释的砂岩比例是60%。对于给定的一个样本，该地球科学家解释砂岩的准确率是80%。该地球科学家对给定页岩样品解释的准确率是多少？解释你的答案。

（3）一个地层整体上有10%的岩石是砂岩。一位地球科学家在解释砂岩时有80%的准确率，他有20%的解释非砂岩为砂岩的错误。对于给定一个这位科学家解释为砂岩的样品，计算其是砂岩的概率。

（4）一个城市有两家医院。在大医院出生的婴儿每天是在小医院出生的婴儿的4倍。虽然大约50%的婴儿是男孩，50%是女孩，但每家医院一天出生的男孩比例可能有所不同。在1年的时间里，两家医院都记录60%以上男孩出生天数。哪家医院会记录更多这样的日子？

（5）你与好友玩纸牌游戏，游戏规则是，每场比赛都是一个新的开始。假设你们俩在这个纸牌游戏中都有完全相同的技能。但他/她刚刚连胜8场比赛。你赢得下一场比赛的概率会更大吗？解释你的答案。

（6）综合储层表征课的教室里有60名学生。猜一下，或者如果可以的话，写出方程来，计算两个或两个以上学生有相同生日（忽略出生年份）的概率；假设人们的生日在一年的365天中均匀分布；忽略2月29日。

（7）在和（6）同样的教室里，猜一猜，或者如果可以的话，写出方程来，计算其他人和你的生日相同的概率，假设你的生日不是2月29日。

（8）比较问题（6）和（7），并讨论其关键差异，将概率与可能性联系起来。

参 考 文 献

Billingsley, P. 1995. Probability and measure, Wiley Interscience Pub. , 3rd Ed. , New York.

Box G. E. P. Jenkins G. M. and Reinsel G. C. 2008. Time series analysis: Forecasting and control. Wiley, 784p.

Caers, J. and C. Scheidt. 2011. Integration of engineering and geological uncertainty for reservoir performance prediction using a distance-based approach, in Y. Z. Ma and P. R. La Pointe, eds. , Uncertainty analysis and reservoir modeling: AAPG Memoir 96, p. 191-202.

Darwin, C. 1901. The structure and distribution of coral reefs: 3rd edition, Appleton and Co. , New York, 366p.

De Finetti, B. 1974. Theory of probability: A critical introductory treatment. John Wiley & Sons.

Eisenberger, I. 1964. Genesis of bimodal distributions, Technometrics, 6 (4), p. 357-363.

Feller W. 1968. An introduction to probability theory and its applications, Volume I, Third Edition, John Wiley & Sons, New York.

Gill, R. 2011. The Monty Hall problem is not a probability puzzle (it's a challenge in mathematical modelling), Statistica Neerlandica 65: 58-71.

Gillies, D. 2000. Philosophical theories of probability, London, New York, Routledge, 223p.

Grana D. , Fjeldstad T. and Omre H. 2017. Bayesian Gaussian mixture linear inversion for geophysical inverse problems. Math Geosci. , DOI 10. 1007/s11004-016-9671-9.

Hajek, A. 2007. Interpretations of probability, Stanford Encyclopedia of Philosophy, http: //plato. stanford. edu/entries/probability-interpret/.

Jaynes, E. T. 2003. Probability theory: The logic of science. Cambridge University Press.

Journel, A. G. and Huijbregts, C. J. , 1978. Mining geostatistics: Academic Press, New York.

Keynes J. M. 1973. A treatise on probability. 4th edition, St Martin's Press, New York.

Ma, Y. Z. . 2009. Propensity and probability in depositional facies analysis and modeling, Math. Geosciences, 41: 737-760, doi: 10. 1007/s11004-009-9239-z.

Ma, Y. Z. 2011. Uncertainty analysis in reservoir characterization and management: How much should we know about what we don't know?, in Y. Z. Ma and P. R. LaPointe, eds. , Uncertainty analysis and reservoir modeling: AAPG Memoir 96: 1-15.

Ma, Y. Z. 2015. Simpson's paradox in GDP and per capita GDP growths. Empirical Economics 49 (4): 1301-1315.

Ma, Y. Z. , Seto A. and Gomez, E. 2009. Depositional facies analysis and modeling of Judy Creek reef complex of the Late Devonian Swan Hills, Alberta, Canada, AAPG Bulletin, 93 (9): 1235-1256, DOI: 10. 1306/05220908103.

Ma, Y. Z. , Wang, H. , Sitchler, J. , et al. 2014. Mixture Decomposition and Lithofacies Clustering Using Wireline Logs. J. Applied Geophysics. 102: 10-20, doi: 10. 1016/j. jappgeo. 2013. 12. 011.

Matheron, G. 1989. Estimating and choosing - An essay on probability in practice Springer-Verlag, Berlin.

McLachlan, G. J. and Peel, D. 2000. Finite Mixture Models, John Wiley & Sons, New York, 419p.

Middleton, G. V. 1973. Johannes Walther's Law of the correlation of facies: GSA Bulletin, 84 (3): 979-988.

Moore, W. R. , Y. Z. Ma, J. Urdea and T. Bratton. 2011. Uncertainty analysis in well-log and petrophysical interpretations, in Y. Z. Ma and P. R. La Pointe, eds. , Uncertainty analysis and reservoir modeling: AAPG Memoir 96, p. 17-28.

Murphy, K. P. 2012. Machine learning: A probabilistic perspective. The MIT Press.

Popper, K. R. 1959. The propensity interpretation of probability: British Journal for Philosophy of Science, 10: 25-42.

Rosenhouse, J. 2009. The Monty Hall Problem: The remarkable story of Math's most contentious brain teaser, Oxford University Press.

Scott, D. W. 1992. Multivariate density estimation, John Wiley & Sons, 317p.

Silverman, B. W. 1986. Density estimation for statistics and data analysis, Chapman and Hall, London, 175p.

Tierney, J. 1991. Behind Monty Hall's doors: Puzzles, debate and answer? The New York Times, 1991-07-21.

Titterington, D. M. , Smith, A. F. and Makov, U. E. 1985. Statistical analysis of finite mixture distributions: John Wiley & Sons, Chichester, 243p.

Thompson, E. L. and Shumann, E. L. 1987. "Interpretation of Statistical Evidence in Criminal Trials: The Prosecutor's Fallacy and the Defence Attorney's Fallacy". Law and Human Behavior. 2 (3): 167, doi: 10.

Tolosana-Delgado R. and van den Boogaart KG 2013. Joint consistent mapping of high-dimensional geochemical surveys. Math Geosciences 45: 983-1004.

Woodward W. A. , Gray H. L. and Elliott A. C. 2011. Applied time series analysis. CRC Press, 564p.

第3章 地球科学数据统计分析

"与读写能力一样，统计思维有朝一日会成为公民有效交流的必要工具。"

H. G. 威尔斯

摘要： 本章介绍统计方法及其在地球科学数据分析中的应用。其中包括描述性统计及其在描述岩石和岩石物理属性时的尺度变化问题，并介绍对勘探和生产中的取样偏差纠偏的方法。

一些地球科学家认为，统计在地学的应用是地质统计学的一部分。由于历史原因，地质统计学更侧重于研究统计学的空间性，而经典统计学主要是概率论的应用和延伸。当然，地质统计学仍然遵循概率和统计规则。因此，这一章和接下来的三章有两个目的：介绍统计分析在地球科学数据中的应用，以及为地质统计学提供一些基本的数学基础。

3.1 常见统计参数及其在（地质）数据分析中的用途

统计学中最重要的工具之一是直方图，它可用于描述数据的频率分布。与理论模型的概率分布（第2章）相比，直方图是用数据构建的。直方图的一个主要特点是图形解释，因为它可以显示数据的频率属性。基本统计参数（表3.1），如平均值、方差和歪度，都表达在直方图中。数据的平均值描述一个中心趋势，即使它可能并不一定是其中的数据值。中值和模数，在一定程度上描述了数据的"中心"趋势，也表达在直方图中。方差描述围绕平均值的数据的总体变化范围，歪度描述数据分布的不对称性。所有这些参数对于探索性数据分析很有用。图3.1为一个河道砂岩储层的测井孔隙度直方图，平均孔隙度等于0.117，中值等于0.112，模数是0.132，方差等于0.00034。表3.1描述了这些常见的统计参数及其他有用的参数。

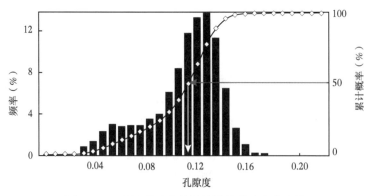

图3.1 一个河道砂岩储层的测井孔隙度直方图

表 3.1　常用统计参数

参数	意义	公式/表达式
算术平均值	平均，中心趋势，"质量中心"	$m_a = \dfrac{1}{n} \sum_{i=1}^{n} x_i$
几何平均值	通过使用乘积得到一组数字的中心趋势或典型值	$m_g = (\prod_{i=1}^{n} x_i)^{1/n} = \sqrt[n]{x_1 x_2 \cdots x_n}$
调和平均值	以数据的倒数计算的算数平均值的倒数	$m_h = \dfrac{n}{\dfrac{1}{x_1} + \dfrac{1}{x_2} + \cdots + \dfrac{1}{x_n}}$
中值	一半的数据大于它，一半的数据小于它	累计频率等于50%时的值
模数	频率最高的值	与概率分布中的全局或局部峰值对应的值
方差	数据总体变化性的描述，即数据分散度量（二阶）	$\sigma^2 = \dfrac{1}{n} \sum_{i=1}^{n} (x_i - m)^2$
均方差（SD）	方差的平方根，数据分散的度量及数据总体变化性的描述（一阶）	$\sigma = \sqrt{\dfrac{1}{n} \sum_{i=1}^{n} (x_i - m)^2}$
变异系数	按均值归化的均方差，均值归化的数据分散的度量	$c_v = \dfrac{\sigma}{m}$
歪度	直方图对称性的测量。当数据的直方图的模峰大于平均值或左尾时，则其为负偏斜。当它的模式小于均值或右尾时，它被称为正偏斜。这就是为什么有皮尔逊模峰偏斜。同样，也有中位数模峰偏斜	$\text{Skew}(X) = E\left[\left(\dfrac{X-m}{\sigma}\right)^3\right]$ 皮尔逊模峰偏斜度： （mean-mode）/SD 皮尔逊中位偏斜度： 3（mean-median）/SD
峰度	测量数据相对于正态分布是重尾还是轻尾分布	$\text{kurt}(X) = E\left[\left(\dfrac{X-m}{\sigma}\right)^4\right]$

3.1.1　平均值

3.1.1.1　定义

均值具有多个变体，包括算术平均值（基本、默认含义）、几何平均值和调和平均值。算术平均值定义为：

$$m_a = \frac{1}{n} \sum_{i=1}^{n} x_i \tag{3.1}$$

几何平均值定义为：

$$m_g = \left(\prod_{i=1}^{n} x_i\right)^{1/n} = \sqrt[n]{x_1 x_2 \cdots x_n} \tag{3.2}$$

调和平均值定义为：

$$m_h = \frac{n}{\dfrac{1}{x_1} + \dfrac{1}{x_2} + \cdots + \dfrac{1}{x_n}} \tag{3.3}$$

算术平均值等于样本值之和除以样本数，通常用于描述数据的中心趋向。它是一个无

33

偏的统计参数，用来描述数据量的平均。不过，从数据到总体的推论中它不一定是无偏的，这取决于将在第3章第2节中讨论的抽样。

几何平均值更适合描述比例增长，如指数增长和变化性增长。例如，几何平均值可用于复合增长率。更一般地说，几何平均对于理解正数相乘有用。调和平均值与一个变化速率或比率有关，以及对数字所用的单位有关。

3.1.1.2 加权平均值

加权平均值常用于地球科学和储层数据分析中。在加权平均中，平均值表达为具有加权系数的数据的线性组合。权重在这样的线性组合中是相对的，而且加权系数的和等于1（称为凸型组合）。数据集的加权平均值为：

$$m_x = \frac{w_1 x_1 + w_2 x_2 + \cdots + w_n x_n}{w_1 + w_2 + \cdots + w_n} \tag{3.4}$$

具有高权重系数的元素比具有低权重的元素对加权平均值的贡献更大。权重不能是负的；有些权重可以为0，但并非所有权重都可以为0，因为不允许除以0。

加权平均值基于概率理论的平均值的正式定义（知识箱3.1）；如此，它是许多方法中无偏估计的基础。其中一种方法是多边形镶嵌，用于纠正几何采样偏差。几何性采样偏差在地球科学中很常见，在第3章第2节中讨论。加权平均值的另一个常见应用是地球科学和储层数据中显示的长度、面积或体积加权平均值（第15章和第23章）。

3.1.1.3 平均值、尺度变化和样本几何形状

在地球科学和储层分析中，平均值最常见的用途之一是数据从小尺度到大尺度的转化。岩心大小是几厘米，测井通常采样或平均到15cm（半英尺）间隔，三维储层属性通常在建模中用20~100m横向及厚度为0.3~10m的网格单元。因此，对从小尺度到大尺度的数据计算平均值非常常见。问题是使用什么平均值的计算方法呢？

数据空间尺度的变化在储层特征和建模中可能很棘手。由于历史原因，地球科学家尚未对尺度差异给予足够的关注。因为尺度问题在应用中经常发生，应用统计学家和地质统计学家经常就这一问题对平均值、方差、相关性和协方差的影响进行辩论。罗宾逊（Robinson，1950）在地理和社会学应用的相关分析中提出了这个问题。在地质统计学中，尺度差异称为支撑变化问题（Gotway 和 Young，2002；Chiles 和 Delfiner，2012）。平均值常用于支撑变化（尺度）；从小尺度到较大尺度的平均值方法取决于变量是静态变量还是动态变量。

知识箱 3.1 加权平均的理论基础是什么？

加权平均是基于变量中数值的相对频率。事实上，平均值的概率定义（也称为期望值）是（第4章附录4.1）：

$$m = E(X) = \sum_{i=1}^{n} x_i f(x_i) \tag{3.5}$$

其中，m 为具有 n 个数值 x，和相应概率（频率）$f(x)$ 的随机变量 X 的平均值；E 为数学期望运算符。

由于总概率为1，因此加权平均值（公式3.4）中的权重总和为1。从物理上讲，这与质量守恒原理有些类似。

3.1.1.4 静态变量支撑变化中的平均值

质量是静态变量最重要的属性，储层分析中的静态变量包括孔隙度、净毛比、流体饱和度。在这种变量的尺度变化中，保持质量不变是最重要的考虑因素。因此，通常应使用算术平均值。但是，当对与其他物理变量相关的变量粗化时，简单的算术平均值可能会导致偏差；加权平均值可以不带或缩小偏差。例如，含水饱和度和孔隙度构成一个复合变量，即水的体积；如果使用算术方法分别对孔隙度和含水饱和度进行粗化，而且如果这两个变量呈负相关，则粗化会导致水体积增加。以孔隙度加权的含水饱和度粗化就会不带或缩小偏差（第21章）。

加权平均具有许多用途，包括从井到地质模型的网格和从静态模型网格到动态模型网格的尺度变化，从样本估计总体统计数据，以及制图应用。在地球科学中，最频繁使用加权平均值的是体积加权平均值。当三维样品的面积恒定时，体积加权平均可以简化为长度加权平均。当厚度不变时，体积加权平均值可以简化为区域（面积）加权平均值（第3章第2节）。

图3.2（a）显示了一个例子，其中三个孔隙度的未加权平均值为15%，长度加权平均值为8.6%，如下：

$$m = \frac{0.5}{0.5+0.2+1.5} \times 0.2 + \frac{0.2}{0.5+0.2+1.5} \times 0.22 + \frac{1.5}{0.5+0.2+1.5} \times 0.03 \approx 0.086$$

$$(3.6)$$

图3.2（b）显示了粗化的图形。假设网格单元的横向大小（在 X 和 Y 方向）是恒定的，则网格1的体积是网格3体积的3/4，网格2的体积是网格3体积的1/4，并且网格4的体积与网格3相同。这样，网格1的权重为0.25［即 0.75/（0.75+0.25+1+1）= 0.25］，网格2的权重为0.083［即 0.25/（0.75+0.25+1+1）= 0.083］，网格3和4各自的权重为1/3。

请注意，对于质量变量，使用中位数或几何或调和平均值可能改变"质量"并引入偏差，这些方法应谨慎使用。

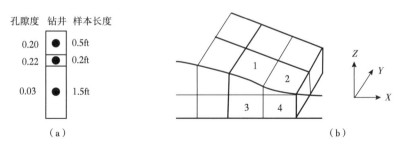

图3.2 不同网格示意图

（a）3个样本的不均匀采样方案（可以是水平或垂直井，或任何一维采样方案）；

（b）将4个网格粗化为1个大网格的示意图

3.1.1.5 （支撑）尺度变化中动态变量的平均方法

储层分析中的动态变量是影响流体流动的变量，其中包括渗透率和传导率。而粗化质量变量必须保持质量不变，而粗化非质量变量需要保持等效性。例如，在多孔介质中粗化传导属性必须保持属性在精细和粗化网格的流体流动相等性。粗化不应导致流体流动性在两个不同的数据尺度之间的显著差异，如果流动性差异较大，则粗化的属性无法有效模拟原始精细模型的流动性。

通常，这些非质量特性（如传导率和渗透率）是非线性的，并且具有强烈的偏斜频率分布。渗透率的重要性在于它确定地下连通性和流体流动性。一般来说，算术平均倾向于高估粗化模型中的渗透率和流量。几何平均和调和平均往往低估它们，但并不总是这样。最佳解决方案通常位于这三个平均值之间。

图 3.3 显示这些平均方法对渗透率粗化的不足之处。假设给定图 3.3（a）中的水平渗透性，算术平均值就为 67mD，而几何和调和平均值为 0。实际有效渗透性肯定大于 0，小于 67mD。这些平均值在图 3.3（b）中的情况下不变，但图 3.3（b）的有效渗透率应有所不同。如果这是垂直渗透性，则在图 3.3（b）的情况，粗化的渗透率效果为 0。图 3.3（a）显示了几何和调和平均值对 0 渗透率值的不足。原始精细尺度中的零值会导致粗化单元中的渗透率为 0，无论存在多少其他高渗透率值。另一方面，算术平均值过高。

尽管流体流动传导特性的这些平均方法存在缺陷，但它们可用于指导其他方法。基于流动性的张量方法对粗化网格中给定压力梯度的平均流量与精细网格中的平均流量相同为原则来粗化渗透率（第 23 章）。

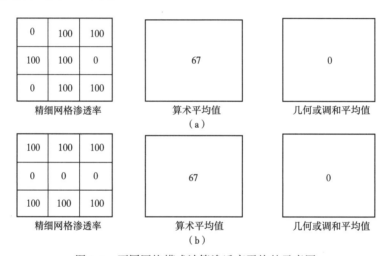

图 3.3　不同网格模式计算渗透率平均的示意图

（a）和（b）两种网格模式用于说明三种渗透率平均方法（以 mD 表示）的不足；
在这两种情况下，都不假定流动边界

3.1.2　方差、标准差和变异系数

3.1.2.1　定义

方差描述相对于（算术）平均值的总体变异，定义为每个数据值与平均值的平方差的平均值：

$$\sigma^2 = \frac{1}{n} \sum_{i=1}^{n} (x_i - m)^2 \qquad (3.7)$$

方程 3.7 计算的方差称为总体方差，它被视为真实方差的有偏估计。无偏估计或样本方差表达为：

$$\sigma^2 = \frac{1}{n-1} \sum_{i=1}^{n} (x_i - m)^2 \qquad (3.8)$$

方程 3.8 的方差称为贝塞尔（Bessel）校正，在有限样本用于估计方差（Ghilani，2018）时以修正偏差。在实践中应使用哪个方程在知识箱 3.2 中讨论。

标准差只是方差的平方根，即公式 3.7 或公式 3.8 中的 σ。值得注意的是方差是二阶参数，因为它的定义是平方。在信号分析中，方差有时被视为数据中的"能量"，因为它是对总体变化性的描述。在储层数据分析中，它表示数据中的总体差异性（Lake 和 Jensen，1989），而不涉及空间位置，除非它是局部计算的（Ma 等，2017）。相比，标准差与变量本身是同阶的。

变异系数是标准差除以平均值，它给出了数据的规范化后的变化：

$$c_{\mathrm{v}} = \frac{\sigma}{m} \tag{3.9}$$

3.1.2.2　比例效应和反向比例效应

在空间数据分析中，当两个或多个过程，或者同一过程的两个或多个不同阶段，具有不同的平均值和方差但变异系数相同时，平均值和方差是成比例的，或者称之为它们之间有比例效应（Manchuk 等，2009）。这意味着平均值越大，方差或标准差越大。相反，当一个现象具有"平均值越大，方差越小"的属性，即标准差和平均值是反向线性相关的，则存在反向比例效应。

在向上变粗或向上变细的沉积中，有时可以观察到与深度近似（反向）比例效应函数。在大多数实际项目中，颗粒大小不会测量，但孔隙度需要测量，原因很明显，因为它是液体储存能力的反映。由于颗粒大小可能是影响基质孔隙度的一个因素，我们使用孔隙度作为颗粒大小的（近似）代表，以说明比例效应。图 3.4（a）是一个向上变粗序列，其中沉积岩埋藏越深，孔隙度越低，孔隙度的变化也越小。图 3.4（b）是另一个向上变粗序列，其中一个近似的反向比例效应是可观察到的。（反向）比例效应是一个可用于描述空间变异性的数学概念，尽管实际数据通常不显示完美的（反向）比例效应。

用孔隙度描述向上变粗或向下变粗序列只是一个近似，并不总是精准的，因为孔隙度可能受到除颗粒大小以外其他因素的影响（第 9 章）。如果我们使用更准确的术语，它们应该是"孔隙度向上增加"或"孔隙度向下变小"，以代替向上变粗；用"孔隙度向下增加"或"向上致密"以代替颗粒向上变小。

有时可用直方图通过分离混合中的分量来描述比例或反向比例效应［图 3.4（e）］或通过标准差和平均值的交会图绘制来描述（Manchuk 等，2009）。在完美的比例效应中，平均值和标准差的相关系数为 1，在完美的反向比例效应中，其相关性为-1。当空间过程的不同段具有比例或反向比例效应，过程就不是平稳的，因为平均值和方差作为位置的函数而变化。

知识箱 3.2　总体方差和样本方差：应该使用哪个呢？

贝塞尔（Bessel）修正的原因是：公式 3.7 计算的方差往往在样本数据有限且总体平均值不为人所知时低估方差。因此，在估计有限数据的方差时，一般应使用公式 3.8。然而，贝塞尔的修正，即公式 3.8 的方差（关于相关性/协方差的贝塞尔修正；第 4 章）有时在科技问题分析中会导致数值不一致。例如，在用数值计算测试概念时，可以使用一个小数据集，但假定了解事实，那么不应使用与贝塞尔校正的统计参数，因为使用贝塞尔的校正会导致不精确的结果。第 22 章给一个用参数计算油气体积的例子。

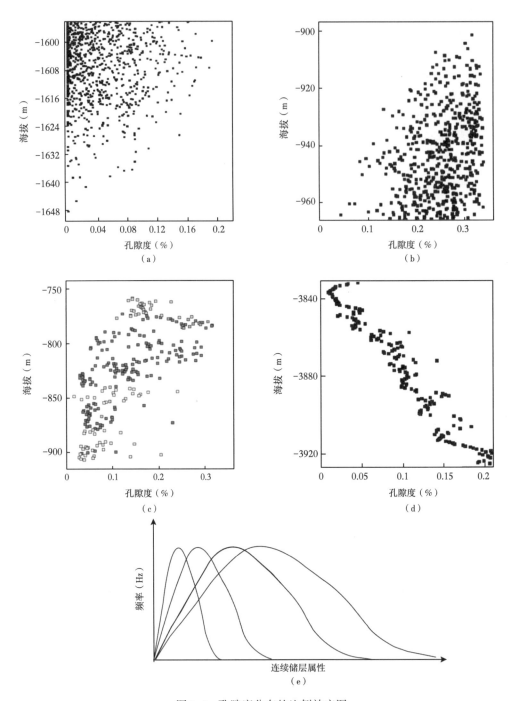

图 3.4 孔隙度分布的比例效应图

（a）有效孔隙度（PHIE）剖面图；用来自 200 口以上井的孔隙度数据（随机显示部分数据）。显示近似比例效应的向上变粗沉积序列。序列越深，孔隙度越低，孔隙度的变化也越小；（b）孔隙度剖面图（随机显示 36 口井的部分数据）。显示近似反比例效应的向上变粗沉积序列。沉积物埋藏越浅，孔隙度越高，孔隙度变化越低。这种向上粗化或向下粗化的解释假设孔隙度与晶粒大小高度相关；否则，应该将其称为"向上"或"向下"序列；（c）"孔隙度向上增加"或"向下致密"趋势（序列），但没有比例效应（几乎是恒定分散差）；（d）"孔隙度向下增加"或"向上致密"趋势，但没有成比例效应（几乎是恒定分散差）；（e）使用直方图说明比例效应

显然，向上或向下致密序列并不总是遵循比例或反向比例效应。地下地层中存在着许多非比例现象。图3.4（c）显示一个向下致密序列，其平均孔隙度随着深度增加几乎线性减少，但是标准差几乎是常数（即随着深度的非均质性变化相似。严格来说，标准差也在减少，但不与平均值成正比）。图3.4（d）显示一个向上致密序列，其中平均孔隙度作为深度的函数几乎线性增加，但是变化范围几乎一样。当然还有其他情况，其中（对给定深度）平均孔隙度几乎保持不变，但变化范围（或分散度）作为深度函数而变化（此处未显示图）。

3.1.2.3 方差和尺度变化

尺度（即测量物体的大小）效应是一个理解自然现象分散和方差随着样品体积变化而变化有用的概念。它的理论支点就是著名的中心极限论（知识箱3.3）。中心极限论及其扩展可以解释实验中看到的：当测试的样品体积越大，方差就变小，直方图取值范围（分散度）也变小。岩心和测井数据的体积较小，典型的三维地质模型网格的体积要大很多。有时前者称为点支撑体（只是相对来说），而后者的体积是不可忽略的。因此，一个网格上定义的变量的直方图会更加对称（较小的非对称），而且其方差要比点支撑体的小。

图3.5比较一个碳酸盐岩储层的测井中派生的三种不同支撑体的孔隙度直方图。原来的2528个0.5ft测井样本具有不对称分布，孔隙度歪度趋于0，具有长尾，高值达12%。精细地质模型的网格平均厚度为5ft。用算术平均把2528个0.5ft孔隙度样本投影到地质模型网格时，将样本数量减少到253，减少比例为10:1。这是进行条件随机模拟的必要步骤，条件模拟必须和测井数据吻合，三维克里金的孔隙度插值也一样；因为在应用过程中输入数据必须投映到模型网格中（第15章）。5ft厚的支撑体直方图显示的歪度得到了显著降低，分布更加对称。粗化储层模拟网格的平均单元厚度为20ft，测井孔隙度投映到这种支撑体上显示一个近乎准高斯的分布。

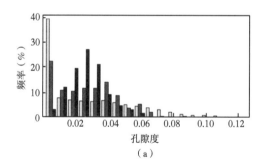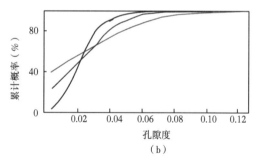

图3.5 孔隙度分布的比例效应图

（a）三个不同尺度支撑体的测井孔隙度的直方图（浅灰色，0.5ft原始数据；灰色，5ft地质模型网格；
黑色，20ft升级模拟模型网格）；（b）在（a）中三个不同网格尺度的孔隙度累计概率

知识箱3.3 中心极限定理（CLT）

让 X_1，X_2，X_3，$\cdots$，X 是一组具有有限的 n 个独立和相同分布的，而且具有相同平均值 μ 和方差值 σ_2 的随机变量。中心极限论指出，当样本大小增加，样本平均分布接近正态分布，而且其平均值为 μ，方差值为 σ^2/n，无论原始分布的形状如何。不过，经典中心极限论用极限来定义，其假设是具有有限方差的独立和相同分布的随机变量。有时，其中一些假设对自然现象并不现实。中心极限论对因变量和有限样本大小的扩展（Louhichi，2002，Bertin 和 Clusel，2006；Kaminski，2007）使其适用于大多数情况。

表 3.2 比较这些具有不同尺度支撑体数据的基本统计信息，三个不同尺度网格的平均孔隙度相同。当变大网格时，最小孔隙度增加，最大孔隙度降低。标准差和变异系数随着网格变大而变小，符合中央极限定理。

表 3.2　具有三种不同网格厚度的孔隙度汇总统计（图 3.5）

支撑体（网格厚度）	计数	平均值	最小值	最大值	标准差	变异系数
0.5ft（测井）	2528	0.0275	0.0001	0.1510	0.0280	1.018
5ft（地质模型）	253	0.0275	0.0026	0.0579	0.0113	0.411
20ft（模拟模型）	64	0.0275	0.0101	0.0442	0.0085	0.309

3.2　地球科学中的取样偏差及其校正方法

理想情况下，我们希望看到地下地层的整体情况或储层区块的整体情况。然而，在石油地球科学中数据几乎总是有限的。现有数据与储层属性的总体真实性之间经常存在有许多差异。导致这种差异的最常见问题之一就是取样偏差。取样偏差是勘探和生产中固有的，因为它是由于经济原因导致的。基于储层分块或逻辑原因，通常优先在"好区"或选定区域钻井。岩心和切片更经常取自优质储层，而不是从质量差或非储层岩石中取样。

采样偏差使储层特性的描述和建模复杂化，因为它会影响如何从稀疏的测量数据建立三维储层或整个区块模型的储层属性，评估碳氢化合物体积、流体特性分析和生产设计（Ma，2010）。因此，地球科学家必须不断意识到潜在的采样偏差，并能够使用有限的数据准确评估总体的真实统计参数。

由于在勘探和生产中避免采样偏差通常是不可能的，因此需要对此进行修正（知识箱3.4）。有偏采样和地下非均质性连在一起经常使从数据到储层的预测很棘手。空间解串（去丛聚）是一种常见的地质统计建模技术，它试图减少采样偏差，但它有一些缺点。首先，它可能会从已经稀疏的数据集中消除数据。其次，在实践中确定哪些样品或井要去掉可能会有问题。例如，如果两口井相对接近，一口主要显示高质量的储层和岩石物理特性，而另一口井则主要显示质量差的储层和岩石物理特性，那么应该消除哪口井？最后，垂直方向的采样偏差很常见，但不易去丛聚。

知识箱 3.4　采摘樱桃可以，但不要忘记田里还有其他可采摘的"水果"

自然资源地球科学家都寻找"甜点（好区块）"，这是正确的；毕竟，在地下随机钻探以勘探和生产地下资源是不符合经济的。我们都受过培训以便明白地质学，进而能"采摘樱桃"，也即识别资源储存的"甜点"。一个好的勘查地球科学家应该是一个很好的"最佳点"寻找者。即使是以理论为中心的地球科学家也经常致力于识别异常，因为共同"分母"可能已经得到了很好的研究。

但是，"采摘樱桃"在储层表征中是采样偏差，如果不校正，可能会导致准确描述储层的严重问题。取样偏差可能导致对总体储层质量、油气体积和储量的不正确估计。具体说，由于"采摘樱桃"，从优质地区收集数据更为多。人们必须校正采样偏差，以便进行准确的资源分析和建模。简单地说，收获"樱桃"是好的，但在描述整个区域时不要忘记其他"水果"和"无果"（低储层质量）数据。这是识别异常或研究新元素与综合储层表征的最大区别之一。

3.2.1 直井在水平方向的采样偏差及其校正方法

有几种用于校正水平方向采样偏差的方法，包括网格去丛聚（Journel，1983），多边形去丛聚（Isaaks 和 Srivastava，1989），以及倾向分区去丛聚（Ma，2009b）。当样品密度高时，网格去丛聚相当好。在大多数勘探和生产项目中，硬数据有限。这里介绍了多边形去丛聚和倾向分区方法。

3.2.1.1 沃罗诺伊（Voronoi）多边形棋盘格化

沃罗诺伊（Voronoi）多边形棋盘格化通常用于二维制图，但也适用于三维图。有人甚至把它看作是一种随机模拟方法（Lantuejoul，2002）。在这里，它作为一种校正水平方向采样偏差的方法呈现。三维沃罗诺伊多边形棋盘网格化使用相同的原理，但基于三维多边体。

给定欧几里得平面中的有限点集（如投影在一个面上的直井），沃罗诺伊多边形像元由每个点 p_j 组成，其到点 p_j 的距离为小于或等于其到任何其他点 p_k 的距离。每个多边形像元都是从这些半距离的交点获得的。因此，沃罗诺伊图的线段是欧几里得平面中与两个最近点位（井位置）等距的所有点，而沃罗诺伊节点与三个或更多的点等距。

定义多边形后，平均值的全局估计只是加权平均值，也即：

$$全局平均值 = \frac{\sum_{i=1}^{n} a_i z_i}{\sum_{i=1}^{n} a_i} \qquad (3.10)$$

其中，a_i 表示每个多边形的面积；z_i 为关注属性的第 i 个数据值；n 为多边形的数量。

图 3.6 显示一个三口井去偏示例的沃罗诺伊多边形棋盘网格化的视图。潟湖、浅滩和生物礁的三口井的简单、未加权的平均值为 0.4、0.2 和 0.4。多边形棋盘格化为每个岩相比例提供一个区域加权平均值。潟湖、浅滩和生物礁的面积大致比例分别为 0.5、0.3 和 0.2。因此，潟湖、浅滩和生物礁的比例分别为 0.54、0.19 和 0.27。如果以棋盘网格化校正作为参考，则生物礁初始样本的原始统计数据代表超过 48%〔（0.40-0.27）/0.27〕的高估，近 26% 对潟湖的低估，以及约 5% 对浅滩的高估。

假设生物礁的平均孔隙度为 15%，浅滩的平均孔隙度为 5%，潟湖的平均孔隙度为 3%。建立孔隙度图后，如果目标量比例基于样本数据的简单平均值（而不是使用多边形棋盘格化方法的纠偏的比例），模型孔隙体大概会被高估 23.9%。

在井多的实际储层中，采样偏差一般较低，但其影响仍然显著。图 3.7 显示了碳酸盐岩环礁矿床中 9 口井的示例。九口井测井（每口井有 10 个样本）的孔隙度平均为 9.45%。沃罗诺伊多边形纠偏直方图的平均孔隙度为 8.47%。如果使用沃罗诺伊多边形纠偏的直方图作为基础，9 口井孔隙度样本将携带 11.6% 孔隙空间的高估表示。使用沃罗诺伊多边形纠偏示例法对三维储层建模操作将在第 19 章介绍。

从统计或机器学习的角度来看，沃罗诺伊多边形方法等效于以 1 点最近邻的分类，因为每个多边形面都是由训练定义的空间数据点。这可从以下显示的示例中看到〔图 3.7（a）〕。

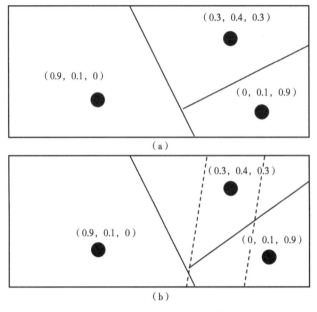

图 3.6 沃罗诺伊网格岩相比例平均值纠偏图

（a）沃罗诺伊多边形棋盘网格化的插图，用于消除斜坡储层潟湖、浅滩和生物礁三个岩相比例的样本偏差。每个井位上方的括号中的数字分别是潟湖、浅滩和生物礁的比例；（b）（沉积）趋势插图，用于消除（a）中斜坡储层三个岩相比例的样本偏差。趋势区域一般为岩相地质解释带。在这个说明性的例子中，数据有限，虚线绘制为趋势（倾向）区边界。潟湖、浅滩和生物礁的纠偏后的比例分别为 0.6、0.16 和 0.24

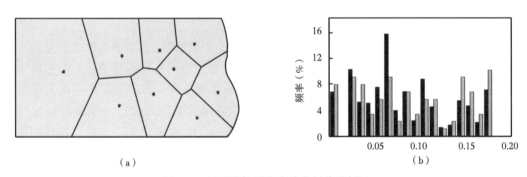

图 3.7 沃罗诺伊网格孔隙度纠偏示例图

（a）显示有 9 口直井的图，全部有孔隙度测井数据（每口井有 10 个左右的样本）；（b）直方图比较（原始直方图（灰色），使用 9 口井中的所有 90 个数据，以及沃罗诺伊多边形棋盘网格化纠偏（黑色）后的直方图。9 口井中所有值数据的平均值为 0.0945；沃罗诺伊多边形棋盘网格化纠偏后的平均孔隙度是 0.0847

3.2.1.2 趋势分区方法

趋势是基于物理条件的一种概率形式，有时称为"物理概率"（Popper，1959；Ma，2009b）。空间数据的趋势可以从关注属性的空间分析中定义，如岩石的沉积特征和岩石物理属性的空间趋势。这与纯粹几何的多边形棋盘网格化形成对比，因为后者不考虑沉积特征和其他物理条件的空间特征（Ma，2009b）。趋势性分区方法可以在校正统计偏差时纳入地质解释。与多边形棋盘网格化不同，趋势分区边界可以不通过数据间的中点。

生物礁和浅滩趋势区之间的解释空间边界不同于棋盘网格多边形线。这是因为趋势边界基于沉积模型，并使用井数据进行局部调整，但棋盘网格多边形方法不考虑井中的沉积趋势或频率数据（图 3.6）。使用趋势区进行划分，潟湖、浅滩和生物礁的纠偏后的比例分别为 0.60、0.16 和 0.24，而多边形纠偏后的比例分别为 0.54、0.19 和 0.27。它们有些相似；但这是去偏后全局的岩相比例；如果三个岩相的孔隙度有显著差异的话，则孔隙体积仍可能有大的差异。

此外，与多边形棋盘网格化不同，除了减少采样偏差外，趋势性分区还能够生成可用于约束相位模型的相位概率图（第 11 章和第 18 章）。

以下一个孔隙度制图示例进一步突出了两种方法之间的差异。在背斜构造中，5 口井有可用孔隙度数据（图 3.8）。高孔隙度位于背斜核部，较低的孔隙度位于侧翼。多边形镶嵌给出了如图 3.8（b）所示的孔隙度图。镶嵌图的平均值为 9.35%，而根据孔隙度数据计算的简单平均值接近 9.83%。本示例中的倾向性分区方法不应基于沉积特征，因为缺乏此类数据；但应基于孔隙度与构造的相关性（即核部孔隙度高，侧翼上的孔隙度较低）。核部占有大约 1/4 的区域。因此，使用加权平均值计算，该区的平均孔隙度为 8.33%。此外，孔隙度的空间分布应基于深度趋势，而不是多边形镶嵌中的纯几何接近度［图 3.8（b）］。

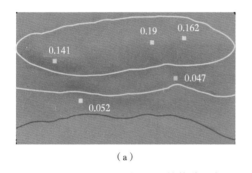 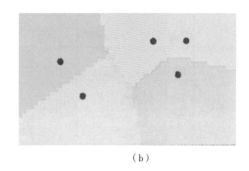

（a）   （b）

图 3.8   趋势分区与沃罗诺伊网格孔隙度平均值纠偏图

（a）具有等值线的深度曲面。孔隙度数据在五口井处可用（孔隙值，以分数为单位，是 4m 厚岩层的平均值，如果间隔的厚度不恒定，则权重应考虑进去）；（b）对（a）的沃罗诺伊多边形镶嵌。锯齿曲折状的边界仅仅是由于大网格单元，而不是多边形镶嵌的效果

3.2.2 直井的垂向采样偏差及其纠偏

垂向采样偏差在勘探和生产中是常见的。例如，不同的直井在地层中通常有不同的穿透深度；岩心数据不能从相关地层中均匀和一致地收集；水平井只钻穿某些区域，通常主要穿过目标区域，偶尔穿过其他区域。尽管垂向抽样偏差普遍存在，但文献最近才关注这一问题（Ma，2010）。许多用于缓解水平采样偏差的去偏化方法在应用于校正垂向采样偏差时效果较差。原则上，多边形镶嵌法可以扩展到三维的纠偏。然而，由于不同井轨迹的不规则性与地下地层复杂的垂向非均质性相结合，因此很难将其适应储层表征。

基于地层的分层特征和建模是减小垂向采样偏差的一种实用方法。以下示例（图 3.9）突出显示这一点，其中一口井（W1）完全钻穿了所关注的储层，其他两口井（W2 和 W3）却只是部分钻穿或钻达较低的地层。利用三口井 4374 个可用样本的统计数据，平均孔隙度为 15.0%。然而，简单的地层相关性显示下部和上部地层之间的孔隙度存在显著差异。此外，存在垂向采样偏差，因为与井 W1（图 3.9 和表 3.3）相比，井 W2 和井 W3 中缺少样本。储层的整体（包括上层和下地层）的平均孔隙度在纠偏后为 13.2%。这意

味着，如果用基于使用原始数据的最初统计，就会有接近 13.6%［即（0.150-0.132）/ 0.132≈0.136］的高估孔隙度。

这种通过地层相关性和分层进行纠偏的方法在理论上与先前提出的趋势分区去偏方法相似。另请注意，垂向和水平采样偏差一般不独立。图 3.9 中所示的示例对下面的地层也有水平方向采样偏差。

顺便说一句，采样偏差的影响可能通过非均质性来放大。在图 3.9 中，上面和下面的岩层之间的孔隙度差越大，采样偏差的影响越大。威尔·罗杰斯现象是非均质性对统计参数影响的一个突出例子；在以上的例子中，重新选取 W1 的构造标记 Top_2，导致了威尔·罗杰斯现象显现（图 3.9，表 3.3；知识箱 3.5）。

如果属性是均质的（即具有常量值），则很容易想象几何采样偏差没有影响。在上述例子中，考虑一下下面的地层的采样配置中的水平偏差。井 W2 中的孔隙度与井 W1 中的孔隙度相似。井 W3 没有样品；如果该井的未知孔隙度也具有类似的总孔隙度，则配置中的水平采样偏差对该区域孔隙度估计没有显著采样偏差影响。

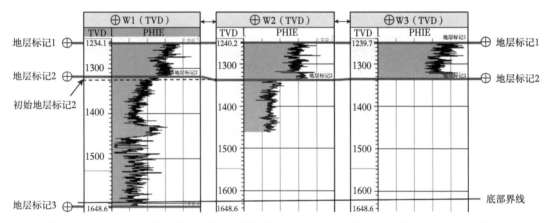

图 3.9　测井剖面：深度（第一道）和有效孔隙度（PHIE，第二道）（据 Ma，2010，修改）
显示一个垂直采样偏差的例子

表 3.3　使用地层分层对图 3.9 所示的垂直采样偏差的纠偏的统计分析
（采样不足的地层被标记为缺失的样本，是相对于与完全采样的情况）

地层分层	平均孔隙度值	样本计数			
		W1	W2	W3	总和
上部地层	0.222	535	580	569	1684
下部地层	0.105	1853	817（1010 缺失）	（1838 缺失）	2690（2848 缺失）
原始数据	0.150				
使用地层分层纠偏	0.132[a]				
如果没有地层分层纠偏时的高估量	13.6%（0.15-0.132）/0.132				

注：a 按加权平均值计算：［0.222×1684+0.105×(2690+2848)]/(1684+2690+2848) ≈0.132。

表 3.4　在井位重新选取地层标记前后两个地层的平均有效孔隙度的比较（图 3.9 中 W1 的 Top$_2$）

地层	初始	重新在 W1 选取 Top$_2$ 后
上部	21.8%	22.2%
下部	10.4%	10.5%

注意：上部和下部的平均孔隙度都增高了（威尔·罗杰斯现象；知识箱 3.5）

3.2.3　水平井采样偏差及其纠偏

钻取和进行测井的水平井数量不断增加。协调两种类型井的测井的工作已有报道（Xu 等，2016）。然而，对水平井采样方案导致的影响却很少给予关注。

与直井一样，水平井也会导致水平和垂直方向采样偏差，但水平井的有偏抽样方案与直井的采样方案不同。处理水平采样偏差具有挑战性，因为每个案例可能具有特定的采样配置。主要原理是了解地层分层、三维储层属性的差异性及测井的取样方案。

图 3.11 显示了一个简单的例子，其中水平井 H 近乎垂直地穿过地层 A，水平方向穿过地层 B。如果两个地层沿着井均匀地取样，则两个地层之间的采样就不均衡。纠正此类采样偏差的一种方法是分别分析每个地层的数据。当各地层内的储层属性相对均匀时，按地层统计和建模可以对水平井的不均匀采样纠偏。

水平井中的横向和垂向方向采样偏差也可以相互交织。一个常见的设置是水平井只穿过地层的一部分（图 3.11）。这为给定地层（图 3.11 中的 B 地层）导致横向采样偏差，并且在比较不同地层（图 3.11 中的 A 地层和 B 地层）时产生垂直方向采样偏差。在这两种情况下，了解基于精确地层对比的地层分层对于纠偏采样偏差至关重要。如果地层 A 和 B 在地质学上和/或岩石学上不同，A 和 B 之间的采样偏差将产生影响。如果地层 B 是横向非均质性的，则仅使用水平井 H 单独对储层属性建模仍存在采样偏差问题。

知识箱 3.5　非均质性和威尔·罗杰斯现象

储层属性的差异性会影响对地层对比、岩相分类和地质解释。这些过程通常导致数据重新组合，有时会导致看似矛盾的现象（图 3.10）。威尔·罗杰斯现象就是这样一种现象。当样本从一个组移动到另一组导致两组平均数同时增高或降低时，这种现象被称为威尔·罗杰斯现象（Ma，2010）。这种现象的发生需要两个条件：（1）两个组都具有差异性，每个组可以用频率分布来表征，（2）所移动样本的数值高于平均值较低的组的平均值，但小于平均值较高的组的平均值。

在图 3.9 所示的示例中，通过重新定义地层进行了数据重新组合。最初，并非所有的地层标记都选好，选了一个符合曲面的 Top$_1$ 标记（井 W1 处最初的 Top$_2$）。基于这三口井的平均孔隙度在上部地层为 21.8%，在下面地层为 10.4%。使用新解释的标记（在井 W1 处的 Top$_2$）后，上部地层的平均孔隙度为 22.2%，下部地层为 10.5%（表 3.4）。换句话说，在将几个样本从一组转移到另一组而不添加任何新样本后，上部和下部地层的平均孔隙度都有所增加，这是威尔·罗杰斯现象的表现。

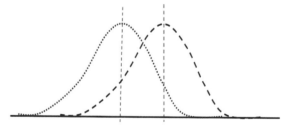

图 3.10　显示两个差异性种群可以
引起威尔·罗杰斯现象

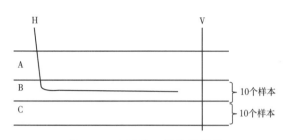

图 3.11 水平井 H 的采样偏差
（显示直井 V 作为参考）

表 3.5 显示了比较图 3.11 中的地层 B 和 C 时孔隙度采样偏差的一个例子。仅显示孔隙度的平均值以简化表示。由于水平井不穿过 C，因此与 B 相比，C 的采样不足。当 C 具有较低的孔隙度时，如果将 B 和 C 一起建模，用原始统计信息的孔隙度会高估 40%。但是，如果 C 具有更好的储层质量，则情况正好相反；用原始统计信息将低估两个地层的孔隙度。

表 3.5　水平井和直井孔隙度采样偏差的合成数据示例

地层	井 V	井 H	井 V 和井 H
地层 B	0.15（10 个样本）	0.15（80 个样本）	0.15（90 个样本）
地层 C	0.05（10 个样本）	无数据	0.05（10 个样本）
地层 B 和地层 C	0.10（20 个样本）		0.14

注：使用原始统计数据而不纠偏的话，孔隙度高估为 40%〔（0.140-0.10）/0.10 = 0.40〕，假定各地层内相对均质。

3.2.4　采样偏差、地层学和辛普森悖论

比较统计参数在过去强调用表格分析数据（Yule 和 Kendall，1968）。而对数据的来源，例如数据位置和类别，不太注意。这导致了各种应用的错误预测，如自然资源评估（Ma，2009a）及总统选举预测（Squire，1988）。由于统计人员已经注意到这个问题，这一问题在目前的实践中已经得到纠正，但仍然存在。辛普森悖论就是一个例子，该悖论是数据分析中的一种反直觉现象（知识箱 3.6）。不幸的是，文献中的大多数解释是混乱的，有时甚至是不

知识箱 3.6　理解辛普森悖论：它总是代表一个谬论吗？

表 3.6 中的汇总统计数据显示了井 1 和井 2 之间的净毛比明显矛盾。因此，统计学家一般将辛普森悖论解释为谬论。一些人认为其例子大多来自社会科学或医学。事实上，当空间采样配置如图 3.12（b）所显示，由于采样偏差，辛普森反转的表现是一个谬误。另一方面，当空间采样配置与图 3.12（a）相对应时，辛普森在表 3.6 中的反转是合理的，因为它只是由地层变化引起的。

一些统计学家已经认识到，辛普森悖论是统计学中最有趣的现象之一，基于它对科学和统计推论的影响（Lindley，2004；Liu and Meng，2014）。以下是 Lindley 一次采访的简短摘录。

【那么，如果你在一个聚会上，你如何让人们相信统计学不仅仅是"无聊的数字"？"辛普森的悖论。很容易产生数据，例如医学试验，非常确定地得出治疗法 A 比治疗法 B 要好。现在，把处理男人的数据取出，可能发生治疗法 B 明显优于 A，从而推翻了先前的结论。同样，对于女性来说，治疗法 B 也更好。所以这里的治疗法 B，对男人好，对女人好，而对我们所有人不好。当一个记者写到 A 比 B 好时，单支针比麻疹、腮腺炎和风疹好，记住辛普森。"】

表 3.6 显示了这样一个例子，即医疗的康复率对男的和女的都低于安慰剂。但是，在一起（所有患者）中的恢复率较高。

表 3.6　医疗法和安慰剂的恢复率比较（据 Ma，2009a，修改）

	安慰剂			治疗		
	已康复的人数	试验人数	比率（%）	已康复的人数	试验人数	比率（%）
男人	32	90	36	12	35	34
女人	32	40	80	72	95	76
所有患者	64	130	49	84	130	65

正确的。例如，一些统计学家仍然将辛普森悖论的任何表现都贴上虚假相关的标签，并建议采取措施避免其发生，而不分析其形成的物理条件。下面给出一些反例。

表 3.6 显示了一个 2×2 表格，其中两口井的净毛比（NTG）按地层进行比较。两个地层中的净毛比在井 2 中低于井 1，但井 2 在整体上（地层 A 和地层 B 合在一起算）具有更高的净毛比。从表中可以看出，这种看似自相矛盾的情况源于两个地层不成比例的样本计数。许多人可能会认为这是虚假的，因为样本计数明显的不成比例。

图 3.12（a）显示了两个地层框架内的采样方案示例。在这样的地质环境中，表 3.6 中样本计数的明显不成比例对应于两个地层之间在垂直方向的成比例采样。由于沉积厚度不均匀或沉积后结构变形，地层厚度横向有变化。样本在表中不成比例只是反映了地层厚度的变化；相关性反转有地质意义，因为井 2 在下层有较厚而且其具有更好的岩石质量。这样，井 2 的岩石质量比井 1 在每个地层中都差，但它整体的岩石质量却要更好。因此，这种辛普森悖论的表现不是谬论，而是由于地质条件所导致。

如果表 3.7 对应于图 3.12（b）所显示的空间采样方案，那么在表 3.7 中的相关反转可能导致有偏推论，因为井 2 所显示的高净毛比是由于采样偏差导致的，故为虚假的。如按比例采样，聚集体的净毛比应为 22.67%，而不是 26%。

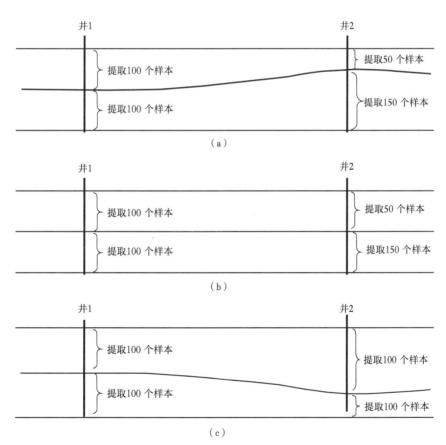

图 3.12　空间采样方案与辛普森悖论的例证（上部地层为 A，下部地层为 B）

（a）无偏采样；（b）有偏采样；（a）和（b）相对于表 3.6 中明显不成比例的抽样；

（c）交叉表格中是成比例的抽样，但在空间上有抽样偏差

注：所有数字都假定每个地层内的采样均匀；否则，可能会有在较低尺度的采样偏差（据 Ma，2009a，修改）

考虑另一种设置［图 3.12（c）］，垂直不成比例的采样将在表格中显示为比例采样。由于汇总统计信息没有反转，很容易做出不正确的推断。不考虑空间设置对离散变量的传统分析的局限性是显而易见的。因此，应始终根据空间统计中的采样方案检查交叉表格中的汇总统计信息。

表 3.7　油气资源应用在井对井的净毛比比较的辛普森逆转示例（据 Ma，2009a，修改）

地层	井 1（参考井）	井 2
地层 A	20%（20/100）	16%（8/50）
地层 B	30%（30/100）	29%（44/150）
地层 A 和地层 B	25%（50/200）	26%（52/200）

注：括号中的数字是净样本数与总样本数的比例。

3.3　总结

本章介绍了基本统计参数及其在地球科学中的应用。数据具有不同的支撑体在地球科学和储层表征中很常见，支撑效应和中心极限理论相关联。加权平均是一个最有用地球科学数据分析工具。

非均质性是储层分析中最常用的术语之一。储层属性的差异性可以通过多种方式进行分析。本章介绍的统计方法可以描述多种差异性，包括方差或标准偏差描述全局差异性，比例或反向比例效应用于描述垂直方向地层序列，地层差异性及其对统计数据分析的影响。这些差异性会影响油藏评估和碳氢化合物生产方式，因为具有不同总体差异性和空间连续性会影响储层体积和流体（排出）效率。

地下地层中的差异性和有限采样相结合，使得储层变量的表征变得困难。勘探和生产中普遍存在的一个问题是取样偏差，这使得岩石特性和资源质量和数量评价复杂化。必须执行校正采样偏差，以得出用于资源评估的无偏统计信息。本章提出了与垂直和/或水平井有关的若干情况，并给出了纠正抽样偏差的方法。本章列举了辛普森悖论的例子，因为它可能是采样偏差的表现。然而，辛普森悖论更是与相关性有关，这是多变量统计的一部分，在地球科学数据分析中经常发生。更多的从数据到模型的推理辛普森悖论的例子将在后面的章节中展示。

3.4　练习和问题

（1）在下图所示的区域中，白云岩体积比例（$V_{dolomite}$）在两个位置给出。$V_{dolomite}=0.1$ 的位置完全位于正中间；$V_{dolomite}=0.9$ 的位置位于东侧的 1/6 处。假设没有地质解释可用，估计图中整个区块的 $V_{dolomite}$。

（2）在问题（1）中，石灰岩体积比例（V_{lime}）等于（$1-V_{dolomite}$），石灰岩的平均孔隙度为0.1、白云岩平均孔隙度为0.2。如果图的整体$V_{dolomite}$是按简单未加权平均值估计，计算对孔隙体积（百分比）的高估。当石灰岩的孔隙度为零时，高估的百分比是多少？

（3）给定400m×400m图中3个位置的砂岩体积比例（V_{sand}），使用多边形棋盘网格方法估计目标V_{sand}。这三个数据位置距离其两个最近的边界都是100m。将其与非加权平均值进行比较。想象一下地质解释与纯几何解释如何不同。

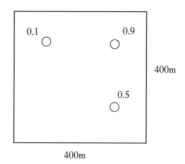

参 考 文 献

Bertin, E. and Clusel, M. 2006. Generalized extreme value statistics and sum of correlated variables: Journal of Physics A: Mathematical and General, vol. 39, p. 7607−7619.

Chiles, JP, and Delfiner, P. 2012. Geostatistics: Modeling spatial uncertainty, John Wiley & Sons, New York, 699p.

Ghilani C. D. 2018. Adjustment computations. Wiley, 6th edition.

Gotway, C. A. and Young L. J. 2002. Combining incompatible spatial data: Journal of American Statistical Association, Vol. 97, No. 458, p. 632−648.

Huber PJ. 2011. Data analysis: What can be learned from the past 50 years. Wiley, Hoboken, New Jersey.

Isaaks EH and Srivastava RM. 1989. an introduction to applied geostatistics, Oxford University Press.

Journel, A. 1983. Nonparametric estimation of spatial distribution: Mathematical Geology 15 (3): 445−468.

Journel, A. G. and Huijbregts, C. J. 1978. Mining geostatistics: Academic Press, New York.

Kaminski, M. 2007. Central limit theorem for certain classes of dependent random variables: Theory Prob. Appl., 51 (2): 335−342.

Lake, L. W., & Jensen, J. L. 1989. A Review of Heterogeneity Measures Used in Reservoir Characterization. SPE paper 20156, Society of Petroleum Engineers.

Lantuejoul C. 2002. Geostatistical simulation: Models and algorithms. Springer.

Lindley, D. 2004. Bayesian thoughts or a life in statistics. Significance June 2004: 73−75.

Liu K. L. and Meng X. 2014. Comment: A Fruitful Resolution to Simpson's Paradox via Multi−Resolution Inference. The American Statistician 68 (1): 17−29.

Louhichi, S. 2002. Rates of convergence in the CLT for some weakly dependent random variables: Theory Prob. Appl., 46 (2): 297−315.

Ma, Y. Z. 2009a. Simpson's paradox in natural resource evaluation: Math. Geosciences, 41 (2): 193−213, doi: 10.1007/s11004−008−9187−z.

Ma, Y. Z. 2009b. Propensity and probability in depositional facies analysis and modeling, Math. Geosciences, 41: 737−760, doi: 10.1007/s11004−009−9239−z.

Ma, Y. Z. 2010. Error types in reservoir characterization and management, J. Petrol. Sci. & Eng., 72 (3−4):

290-301, doi: 10. 1016/j. petrol. 2010. 03. 030.

Ma, Y. Z. , Gomez E. , Luneau B. 2017. Integrations of seismic and well-log data using statistical and neural network methods. The Leading Edge, April 324-329.

Manchuk, J. G. , Leuangthong, O. and Deutsch C. V. 2009. The proportional effect, Mathematical Geosciences 41 (7): 799-816.

Matheron, G. 1984. Change of support for diffusion-type random function: Math Geology, 1 (2) .

Robinson W. 1950. Ecological correlation and behaviors of individuals. American Sociological Review 15 (3): 351-357, doi: 10. 2307/2087176.

Squire P. 1988. Why the 1936 Literary Digest poll failed. Public Opinion Quarterly, 52: 125-133.

Xu, C. , W. S. Bayer, M. Wunderle and A. Bansal. 2016. Normalizing Gamma-Ray Logs Acquired from a Mixture of Vertical and Horizontal Wells in the Haynesville Shale: Petrophysics, 638-643.

Yule GU, Kendall MG. 1968. An introduction to the theory of statistics. Hafner Pub. Co. , New York, 14th Edition Revised and Enlarged, Fifth Impression.

第 4 章 相关性分析

"没有什么事完全单独存在；一切事都与其他事有关。"

Buddha

摘要：相关性是多变量数据分析的基本工具。大多数多变量统计方法使用相关性作为数据分析的基础。机器学习方法也受到数据相关性的影响。在当今的大数据中，相关性的作用变得越来越重要。虽然相关性的基本概念很简单，但它在实践中有许多复杂性。许多人可能知道常用谚语："相关性不是因果关系"，但另一句"因果关系并不必然导致相关性"是不太为人所知，甚至有争议。本章介绍相关性分析在地球科学的应用及陷阱。

4.1 相关性和协方差

相关性和协方差是分析多变量数据的最重要的统计工具。了解相关变量之间的相关性是多变量系统的机器学习算法的基础。此外，随机建模中常用的空间相关函数是双变量相关及物理属性空间关系的扩展（第 13 章）。

相关性和协方差都处理两个变量之间的关系。除了其含有关联的意思，相关性从数学上定义在 –1 和 1 之间；这样就能够快速评估关联性的强度。协方差是一种非标准化的相关，因为它受属性的单位和幅度的影响，因此从协方差值中看关系强度就不太明显。从理论上讲，相关性和协方差可以用许多变量来定义；但在实践中，它们一般是用两个变量来定义的。因此，在默认情况下，相关性意味着双变量关系（第 4 章第 10 节）。

协方差（双变量）表示两个变量之间的协同变化，定义为：

$$C_{xy} = \frac{1}{n} \sum_{i=1}^{n} (X_i - m_x)(Y_i - m_y) \tag{4.1}$$

其中，C_{xy} 为变量 X 和 Y 之间的协方差；X_i 和 Y_i 为它们的样本值；m_x 和 m_y 分别为他们的平均值；n 为样本计数。当用贝塞尔的修正公式时（第 3 章），分母中的 n 在公式 4.1 由 $n-1$ 替换。

实际上，公式 4.1 可以简化为：

$$C_{xy} = \frac{1}{n} \sum_{i=1}^{n} X_i Y_i - m_x m_y \tag{4.2}$$

相关性通常用相关系数来描述，它等于协方差除以两个变量的均方差：

$$r_{xy} = \frac{C_{xy}}{\sigma_x \sigma_y} \tag{4.3}$$

51

其中，r_{xy} 为变量 X 和 Y 之间的 Pearson 相关系数（或简称相关或相关系数）；σ_x 和 σ_y 分别为它们的均方差。

协方差与两个变量的方差有关（受相关变量的幅度和单位影响），但相关性与方差无关，因为标准化的缘故（公式 4.3）。因此，相关系数范围介于 −1 和 1 之间（由于两个变量的协方差不能超过其均方差的乘积）。两个极端值表示完全负相关或正相关，而 0 表示两个变量之间没有相关性。正相关意味着两个变量以相似的方向和速度变化（两个变量在坐标系中同时增加或递减：时间域或空间域）。负相关意味着两个变量具有相反的关系，即相反的变化（一个变量增加，另一个变量降低）。

图 4.1（a）显示从 2014 年 7 月到 2015 年 2 月的原油价格（COP、得克萨斯西区中质油或 WTI）和美元指数，它们主要是朝相反的方向变化。它们的交会图显示反向关系，Pearson 相关系数为 −0.981。在此期间，WTI 的方差为 42.25（均方差为 6.50），同期美元指数的方差 790.17（均方差为 28.11），它们的协方差是−179.24。请注意，相关性是低还是高是基于绝对值，高负相关也意味着这两个变量是高度相关的。

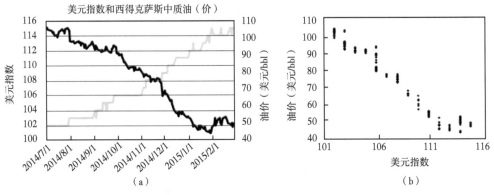

图 4.1　WTI 与美元指数原油价格分析图

（a）WTI（西得克萨斯中质油）现货价格，以美元（黑色、右轴）为单位，以及贸易加权美元指数（绿色，左轴），从 2014 年 7 月 1 日至 2015 年 2 月 28 日；（b）WTI 和美元指数的交会图。其相关系数为 −0.981。WTI 数据来自美国 EIA（2017），贸易加权美元指数数据来自圣路易斯联邦储备银行（2017）。（非贸易加权）美元指数的幅度较低，与同期的 WTI 的相关甚至更高一些（约为 −0.99）

4.2　地质相关性与统计相关性

地球科学家通常使用定性的关联来分析各种数据的关系，如地层、岩心和测井的匹配及地震和井的联系，这些通常基于解释（有时只是肉眼看），形状匹配和启发式法（想象）。虽然它们在操作上不同于统计相关性，但具有相似的内在含义，也即分析（事物）的关系。图 4.2 给出一个例子，粗略（不太严格）地显示了在地学数据分析中连接地层对比和各种统计相关性。地层对比的目的是识别和关联三维空间的地层沉积，有三个不同角度，包括时间对比、古地理及岩性对比。在实践中，地层对比定义不同的地层及其可能为非常不同的储层属性，这样，它们可帮助识别地下地层的较大的差异性。相比之下，统计相关性定量地定义两个变量之间的关系，两者可以一起使用。

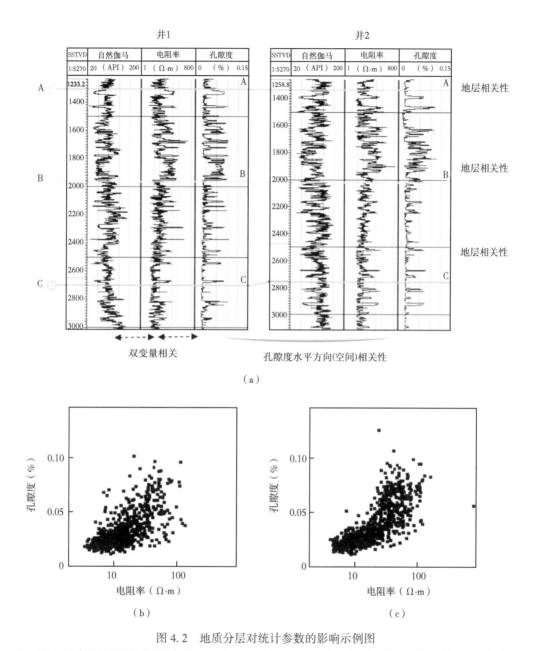

图 4.2　地质分层对统计参数的影响示例图

（a）地层对比与统计相关性关系的图示。W1 和 W2 两口井都是直井的。对于每口井的测井道，第 1 道是海平面
以下垂深，第 2 道是自然伽马，第 3 道是电阻率，第 4 道是孔隙度（PHI）；（b）孔隙度（PHI）与电阻率的
交会图，用了井 W1 的全井段地层的数据。相关系数为 0.745；（c）地层段 A 到 B 的孔隙度（PHI）
与电阻率的交会图，数据来自 W1 和 W2。相关系数为 0.779

　　统计相关性的定义具有普遍性（公式 4.2 和公式 4.3），相关系数为单个值，在实践
中应用它们的方法有很多种。更广泛地说，这取决于如何对数据条件化。例如，图 4.2 中
电阻率和孔隙度（PHI）两者之间的相关性用 W1 和 W2 一起计算，也可以用每口井单独
计算，或者按每个地层计算等。如果研究区有许多井，相关性可以用所有井和所有地层去
计算、也可以单独算。图 4.2（b）显示孔隙度与电阻率的交会图，用 W1 井的全井段地层

的数据，相关系数为0.745。图4.2（c）显示孔隙度与电阻率的交会图，用了两口井在地层段 A 到 B 的数据，相关系数为 0.779。

同样，在比较两个二维平面图或三维模型时，可以从部分数据集（如基于曲线或平面）计算相关系数。这将给出相关系数的曲线或平面。这些相关曲线和平面可用于分析双变量关系中的差异性，因为它们反应不同属性或储层模型是位置的函数。

也可以计算给定物理变量的空间相关性，如孔隙度、自然伽马或电阻率。例如，孔隙度的空间相关性可以使用沿孔隙度值在垂直方向计算，在横向可用不同的井来计算 [图4.2（a）说明了有两口井的示例]。虽然空间相关性仍然遵循在公式4.2和公式4.3中表达关联的基本原理，它有一些特殊的意义和计算方法（第13章）。

总之，相关性的数学定义非常笼统，应用范围非常广泛；由地球科学家决定如何确定数据的条件来应用相关分析。

4.3 相关性和协方差矩阵

由于相关性和协方差是使用两个变量定义的，因此它们意味着双变量关系。对于两个以上变量，一个用于分析它们关系的常用方法是（双变量）相关性和协方差的矩阵。表4.1（a）显示了相关性矩阵；矩阵的条目是三个岩石物理属性任何两个之间的相关系数。相关性是对称的，因为 X 和 Y 之间的相关性与 Y 和 X 之间的相关性相同，这解释了为什么表4.1中的相关矩阵仅填充了左下部分。

表4.1（b）显示表4.1（a）中相关性的协方差对应项，其中对角线上的数值是变量的方差。从协方差的定义（公式4.1），当 X 和 Y 是同一变量时，协方差的定义就成了方差的定义。

从两个变量的相关系数中直接解释两个变量的相关性强度，但由于变量单位的影响，协方差就不能这么说。例如，如果孔隙度为百分比，则其与另一属性的协方差将比分数值高100倍（其方差将比分数值高10000，因为方差表示变量的平方）。很显然任何两个变量的相关性和协方差的正负总是相同的，因为标准偏差是总是正的。

用于对两个以上变量进行关联分析的其他技术包括部分相关性和高阶统计相关性。这些统计参数可以相当复杂，这里不讨论，除了三个变量的相关性外（第4章第10节）。

表4.1 （a） 三个岩石物理变量相关系数矩阵

参数	自然伽马（API）	电阻率（Ω·m）	孔隙度（%）
自然伽马	1		
电阻率	−0.629	1	
孔隙度	−0.642	0.745	1

表4.1 （b） 三个岩石物理变量的协方差矩阵

参数	自然伽马（API）	电阻率（Ω·m）	孔隙度（%）
自然伽马	794		
电阻率	−426.47	579	
孔隙度	−0.3618	0.3585	0.0004

4.4 相关性的部分传递性

人们通常直觉地认为，如果变量 A 和 B 呈正相关，而且变量 B 和 C 呈正相关，则变量 A 和 C 必然呈正相关。这种想法甚至发生在统计专家身上。例如，Yule 和 Kendall（1968）指出："如果 A 和 C、B 和 C 之间的关联具有相同的符号，则 A 和 B 之间的关联将为正；如果相反符号，则为负"（请注意，关联在统计文献中是相关性的同义词）。该语句不正确，因为 A 和 C 及 B 和 C 之间的两个正相关不能保证 A 和 B 之间的正相关。Langford 等（2001）称之为相关性的非传递性属性。之后会看出，非传递性属性应称为部分传递性，因为传递性有时候成立，而另些时候则不成立。

相关性的部分传递性属性意味着给定三个随机变量，即使三对中的两个正相关，另一对不一定呈正相关。另一对的正相关条件 R_{13} 是两对，R_{12} 和 R_{23} 的平方位相关性之和大于 1，也即：

$$R_{12}^2 + R_{23}^2 > 1 \tag{4.4}$$

Ma（2011）中给出了一个测井数据中三个变量的相关性的非传递性示例。在那个例子中，即使孔隙度和砂质含量之间、孔隙度和电阻率之间的相关性都为正，但砂质含量和电阻率之间的相关性是负的。

显然，当相关性非常高时，公式 4.4 是满足的，并且传递性会成立。极端情况是 1 比 1 相关性，传递性完全成立：如果 A 和 B 的相关性是 1，并且 B 和 C 的相关性为 1，则 A 和 C 的相关性必定为 1。如果 A 和 B 的相关性为 1，而 B 和 C 的相关性为 −1，则 A 和 C 的相关性必定为 −1。通常，因为相关性小于 1，传递性或非传递性是局部的，必须逐案分析。更广泛地说，这与多个变量的相互依赖性有关（知识箱 4.1）。

4.5 其他变量对（双变量）相关性的影响

相关性分析的一个常见缺陷是忽略第三变量对其影响（此处的第三个变量可能意味着许多变量，如第三个、第四个等）。第三变量可以导致两个关注变量之间的虚假相关性和降低它们的内在相关性（Ma，2015）。当相关性发生大大降低而又被忽视时，重要的预测变量可能在预测分析中被忽略。

知识箱 4.1　了解多个变量的相互关联性

有时应用地球科学家们会提出以下一个问题：在关联几个变量的情况时，目标变量 Z 和每个相关变量（如 W、X、Y）之间的相关性的"总和"是否会超过 1？

答案是否定的。无论有多少变量与目标变量相关，相关性的"总和"永远不会超过 1。事实上，相关性不是累加的（因此不能简单地加它们）。这与所有涉及的变量之间的相互关联性以及相关性的部分（非）传递属性有关。

例如，如果密度与孔隙度的相关性为 −0.9，而且速度与孔隙度的相关性为 0.8，则密度和速度必然相关。密度和速度组合在一起与孔隙度的相关性可达到的最大值为 1，但通常小于 1（这里指的是绝对值；实际值取决于它们的组合方式）。另一方面，组合的变量与目标变量的相关性下限为 0。换句话说，根据使用的组合方法，组合变量的关联度可能低于最小的原始相关性（绝对值）。因此，组合不同预测变量以估计目标变量的方法非常重要。示例在稍后的几章中会给出（第 6 章和第 12 章）。

图 4.3（a）显示了一个第三变量降低相关性的示例。电阻率和自然伽马所显示的相关性为 -0.504。然而，两套叠加的地层数据表明，每个地层电阻率和自然伽马之间具有更强的负相关性。两个地层的相关系数分别是 -0.846 和 -0.602。地层就是一个复合（搅乱）变量，与自然伽马高度相关；当来自两个地层的数据一起看时，就降低了自然伽马和电阻率之间的相关性。用统计学的话来说，这种现象被称为"总体低相关"和"条件强相关"。其实，这是一个辛普森悖论的表现（Ma，2015）。更重要的是，混合有差异性的数据降低了相关性或者通过分解数据增加了相关性的事实，可以作为在地球科学数据中调理数据的依据。很显然，可能还需要其他注意事项。综合分析的例子将呈现在后面的许多章节中。

图 4.3（b）显示一个来自碎屑岩的孔隙度和渗透率之间的交会图，叠加了泥质含量（V_{shale}）。所有数据一起考虑的话，孔隙度与渗透率的对数的相关性为 0.826。对于常量泥质含量（V_{shale}）值，相关性范围介于 0.28~0.815。请注意，V_{shale} 不同于 V_{clay}，因为页岩除了黏土含量外，还有颗粒大小的含义，它也可能有一些分选含义。因此，它对孔隙度—渗透性的关系有两个或更多效应（第 9 章和第 12 章）。

图 4.3（c）显示一个分析两个聚类的数据时 X 和 Y 之间的相关性增加的例子；X 和 Y 之间的相关性对于每个数据群集几乎为 0，但所有数据一起算的话相关性很高。图 4.3（b）中孔隙度和渗透性之间的整体相关性不是虚假的，因为其因果关系可以在很大程度上得以解释；但图 4.4（c）中 X 和 Y 之间的相关性可视为虚假的，因为这纯粹是一个数字奇葩（除非更多的数据将填补两个数据集群之间的空白，并显示一个准线性趋势；第 4 章第 7 节）。这个通过混合有差异性的数据产生虚假相关性的示例应该引起人们在地学数据分析时对于虚假相关性的注意。真实相关性和虚假相关性之间的区别通常需要因果分析，以及使用物理定律来分析。

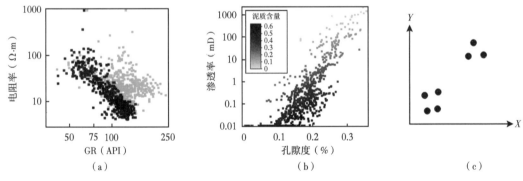

（a）   （b）   （c）

图 4.3　第三变量对数据相关性的影响

（a）自然伽马（对数）和电阻率（对数）之间的交会图，叠加变量为地层。灰色地层具有较高的自然伽马和高电阻率，尽管自然伽马和电阻率对给定地层呈反相关。两者的相关性在黑色数据是 -0.846，在灰色数据是 -0.602，所有数据一起是 -0.504；（b）孔隙度（PIGN）和渗透率（KINT，以对数表示）的交会图，叠加变量为泥质含量（V_{shale}），来自一个致密碎屑岩储层；（c）第三变量引起的虚假相关性的例子。X 和 Y 高度相关是因为两个单独数据群集放一起导致的。对每个群集，它们没有或几乎没有相关性

4.6 相关性、因果关系和物理定律

4.6.1 相关性、因果关系和因果关系图

科学在很大程度上是建立在对物理定律和因果关系的分析基础上的。在涉及许多变量的复杂物理系统中，因果关系的识别通常从相关性分析开始。近年来，大数据导致了一些研究人员相信近乎纯粹的相关分析是新的科技调查方式而不需要因果分析，如 Mayer-Schonberger 和 Cukier（2013）所说"大数据是关于什么，而不是为什么。我们并不总是需要知道现象的原因；相反，我们可以让数据为自己说话。"

然而，不可否认的是，因果分析往往从相关性分析开始，最终可能需要通过相关性进行确认和量化（这有时需要对数据条件化）。相关性可以为因果调查指路。通过指示两个变量之间的潜在联系，相关性分析是一种快速过滤机制，可降低因果分析的成本。

反之，因果分析可以指导相关分析的应用。例如，统计文献通常建议用相关性大于0.7的变量用作预测变量。在实践中，当面对有限的数据时，有时不可能找到与相应变量有如此程度相关性的预测变量；因果分析可以支持使用具有中等相关性的变量。地震属性与岩石物理变量之间的低到中等相关性是地球科学中常见的问题（第12章）。

要真正理解和正确使用相关性，对因果关系有一定的了解是很重要的，在某些情况下甚至也是必需的。例如，由于原油价格和美元指数在2014年下半年至2015年初的一段时间内的相关性为-0.981（图4.1），一些人认为，美元走强基本上是原油价格那段时期下跌的唯一因素。事实上，还有其他几个重要的，相互关联的因素影响着原油价格（这里的目的不是透彻地分析什么影响原油价格；但高供给、相对低迷的需求及全球战略石油储备的闲置产能无疑是重要的因果变量）。图4.4显示一个非详尽无遗的一般影响原油价格（COP）的因果链因素。这里所强调的是，即使看到很高的相关性，如 -0.981 的油价—美元指数的例子（图4.1），人们不应该做出没有其他重要影响因素的结论。更一般地说，当我们研究两个变量之间的关系时，我们总是需要想到可能受到其他变量的影响，也许有潜在的影响变量。

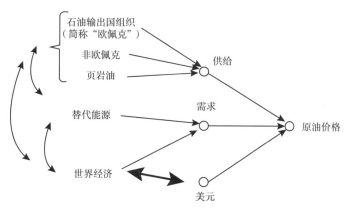

图4.4　影响原油价格的重要关系的关联图解
单头箭头表示产生效果的原因（其中一些可能具有相互依赖性，但主要是因果关系），
双头箭头表示相互依赖

57

地球科学主要是一门观察性科学（这并没有淡化地球科学中某些实验的重要性），这意味着人们主要研究在地质时期所发生的一切。观察科学和实验科学之间有显著差异。在实验科学中，人们可以控制一些变量并测试其他变量（如研究新药或新的高科技产品）之间的关系。

观察性调查的相关分析的口头禅是，人们永远不能排除不可观察到的混淆。忽略解释变量引起的偏差是在科学和技术数据分析中常见的。减少这种偏差机会的解决方案是相关性和因果关系之间的区别，因为高相关不一定代表一个因果关系。反之，一个因果关系不一定导致高度相关性，因为其他变量可能在起作用，而可能减少相关变量的相关性[图4.3（a）]。原因和结果之间或者同一原因的不同结果之间的相关可以是高、低或者甚至反转，具体取决于其他变量导致的范围混淆。

在实践中，有时很难调和相关与因果关系，因为存在许多种关系，包括直接因果关系、间接因果关系、"一因一果" "多因一果" "一因多果" 和 "多因多果" 和 "混合性的直接和间接因果关系"（图4.5）。"一因一果" 关系是最简单的情况，不存在混淆的地方，很易于理解。在所有其他情况下，其中一个原因和一个影响变量之间的相关性或在不同的结果之间的相关可以受到其他变量的混淆。当一个效果有许多原因，响应和其中一个原因之间的相关性往往是温和的，因为其他原因也有助于响应，除非其他原因与该原因高度相关（图4.1和图4.4）。

从绝对意义上说，许多地球科学和储层研究都属于 "多种原因诱发多重效应" [图4.5（g）]，这就是为什么这些研究中的彻底分析可能很复杂；有些人甚至会说 "岩石科学和火箭科学一样复杂"。正因为如此，在实践中，一些微不足道的原因和影响可能是可以忽略不计，一些变量可能被视为几乎是常数（图4.5）。沿着同样的路线，"许多原因诱发许多效应" 方案也可以从大量的 "多" 简化到少数的 "多" 的成因和影响。来自两个或多个测井的孔隙度估计就是这样一个示例（第9章）。

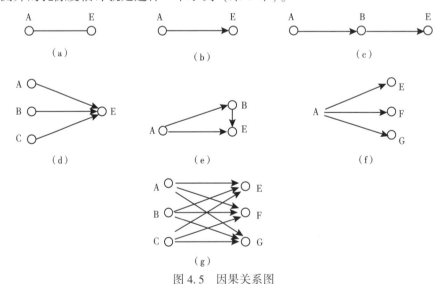

图4.5　因果关系图

（a）A 和 E 相关联，而不知道它们有没有因果关系；（b）A 是影响 E 的直接原因；（c）因果链效应：A 是 B 的直接原因，B 是 E 的直接原因，因此 A 是 E 的间接原因；（d）A、B 和 C 的多种原因诱发效应 E；（e）A 是效应 E 的间接和直接原因；（f）单因 A 引起多重效应 E、F 和 G；（g）多种原因诱发多重效应（仅显示3个原因和3种效果）

在实践中，关联分析中第一道防线就是区分真正的相关性和虚假相关性。在后面的许多例子中几章都有，但是应该对因果关系和相关性之间的关系有一个一般性的理解。表4.2列出几种类型的相关性取决于因果关系或共同原因关系是否起作用。一些有趣的历史笔记的相关性和因果关系（知识箱4.2）。

表 4.2　相关类型及其与因果关系的联系

因果相关性	真实的
同源诱发的相关性	通常是真实的，但有时是虚假的
意外关联	虚假的

4.6.2　在相关分析中使用物理定律

当两个变量之间的相关性是由几个变量的综合效应影响时，通常很难量化所有关系，在许多情况下，甚至很难知道对目标变量有影响的所有变量。再次以原油价格（美元）为例（图4.1）。原油价格是几个变量（如石油的供求和美元指数）的综合效应。在研究期间，原油价格指数与美元指数之间98%的相关性不应该被解释为美元指数对原油价格98%的因果贡献，即使他们确实有因果关系。这看似简单的问题，但其数学关系复杂（Martinelli 和 Chugunov，2014）。通过引入物理规律和学科知识，可以澄清或部分澄清。

在岩石物理分析中，孔隙度是密度和速度的共同原因（图4.6），因为孔隙度会影响岩石密度和声波通过岩石的速度；孔隙度越高，密度和速度越低。因此，密度和速度有正相关倾向（孔隙度是两个效应的共同原因），并且每个结果往往与孔隙度成反比相关［图4.5（b）］。但是，其他因素可能会影响它们的关系，如岩性、所含流体、泥质含量。在地震数据分析中，波阻抗定义为速度和密度的乘积；由于速度和密度往往与孔隙度成反比，波阻抗也往往与孔隙度成反比。

知识箱 4.2　相关性和因果关系：一些历史笔记

对于相关性的发明者 Galton，相关性测量两个变量受"共同原因"所影响的程度（Galton，1888）。一只手臂的长度不会导致另一只手臂的长度，但它们通过共同的遗传原因相关，并且相关性不是虚假的。然而，一个共同的原因并不总是导致真实相关性。例如，随着年龄增大，人们往往消费更少的糖果，但也更有可能结婚。因此，糖果的消费和结婚人数的百分比通过共同的变量——年龄成反比，但这种相关性可能不是真实的（Zeisel，1985）。

下面是一个对相关性和因果关系进行非理性分析的示例：这句话："他很重，看看他有多高"往往被认为是合乎逻辑的，但"他高，因为他很重"的说法往往被认为是不合逻辑的。事实上，人类身高和体重通过一些常见的遗传原因和一些个体因素部分（不）相关。

Pearson 是最早在科学领域使用相关的发起者之一（Pearson et al，1899；Aldrich，1995）。也许由于他所在的时间，Pearson 一般反对使用因果关系。然而，随着相关性在科学和工程中的应用日益增加，研究人员已经看到越来越多的纯粹的相关性分析的局限和陷阱；因果推理引入到统计数据分析中，在数据分析中发挥着越来越重要的作用（Pearl，2000）。

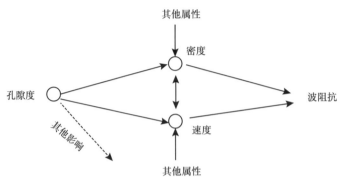

图 4.6　因果关系示例图

其中孔隙度是影响密度和速度的共同原因，而且对岩石有其他影响；密度和速度通过物理定律决定波阻抗（在
本例中以数学形式表述）；密度和速度通常相关，因为共同的原因"孔隙度"；孔隙度和密度或速度之间的相关
性及密度和速度之间的相关性可能很高，但并不总是很高，这取决于其他属性对它们的影响及影响程度

在图 4.3（a）所示的例子中，地层与自然伽马之间的相关性是放射性增高的结果，后者是地层在沉积期间钾长石含量高导致的。相对于单独地层中自然伽马和电阻率的内在相关性，混合两个地层的数据时，-0.504 的负相关是虚假的低。

简而言之，使用物理定律进行因果分析对于正确应用相关分析非常重要，因为相关性可能是虚假的，而且因果关系也可能隐藏在明显不相关的数据中。不同于一些统计学书所表明的，小于 0.7 的相关性在物理定律的支持下可能有意义，高于 0.7 的相关性也可能是一个虚假的关联。

4.7　缺失值或采样偏差对相关性的影响

第 3 章中讨论了采样偏差对空间属性的平均值和直方图的影响。采样偏差还可能导致对两个变量之间的相关性的有偏估计。尽管当两个变量具有一些采样在相同位置的数据时，无论是否存在采样偏差，都可以计算其相关系数（公式 4.2 和公式 4.3），但如果采样偏差存在，计算的相关性可能不具有代表性。

在分析单个空间变量时，缺失值的问题与采样偏差非常类似，因为它们只是表示同一事情的两个相反方面。术语"采样偏差"突出显示了某些位置（或区域）的过度采样，而缺失值则突出显示了某些其他位置没有采样（或采样不足）。但是，在比较两个或多个变量时，缺失值通常意味着某些变量在某些位置具有值，而其他变量则没有。在关联三维地震数据和测井数据时，这几乎总会发生，因为井位要稀疏得多。

图 4.7 显示了由于采样偏差而改变相关性的示例。在初始可用数据中，孔隙度和 V_{dol}（白云岩的体积比例）具有 0.580 的经验相关性；随着更多的数据可用，经验相关性变为 0.712，而且进一步随着更多的数据，经验相关性变为 0.814。因此，采样偏差导致缺失值，在此示例中减少了其经验计算的相关性。在其他情况，可能正好相反。处理缺失值用于相关分析是一个复杂的问题，并没有引起学术上的注意。但是，它可以影响储层建模和资源估算。

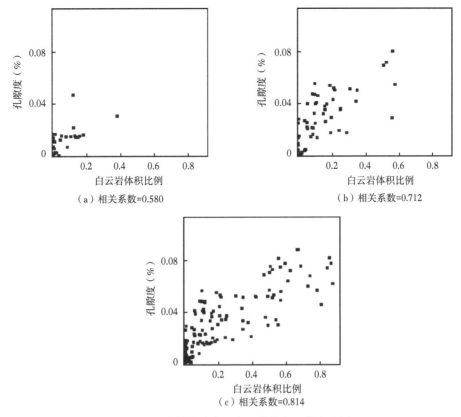

（a）相关系数=0.580   （b）相关系数=0.712

（c）相关系数=0.814

图 4.7   有效孔隙度和白云岩体积比的交会图

4.8   Spearman 排列相关性和非线性变换

Pearson 相关性测量线性关系，对异常值非常敏感。Spearman（斯皮尔曼）相关性是根据对两个变量等级进行排序后测量它们之间的关系，因此对异常值的敏感度较低。等级对两个变量分别使用其数据的相对幅度值来定义。Spearman 相关系数是计算两个变量等级排序后的 Pearson 的相关系数。

由于使用等级，Spearman 相关性评估单调的关系（无论是否是线性）。当一个变量是另一变量完美的单调函数时，Spearman 相关性要么是 1，要么是−1。当两个变量的观测值有类似的排名，两个变量之间的 Spearman 相关性就高，当两个变量的观测值有不同的排名，Spearman 相关性就低，与 Pearson 相关性相似，Spearman 相关性的符号代表两个变量关联的方向。当两个变量有相似的变化时，相关系数为正。当两个变量在相反变化时或有点相反的变化，Spearman 相关系数为负。当两个变量在不相连的变化，Spearman 相关性为零。

Spearman 相关性对于检测非线性关系非常有用，因此它通常是解释两个变量之间这种关系的良好补充工具。但是，等级无量纲没有原始变量具有的物理表示形式。这就限制了其在地球科学数据分析中更广泛的使用。应用基于物理的非线性变换通常更有用，而不是使用排列。图 4.8 显示了使用分析非线性相关性的对数变换示例。在线性尺度中，自然伽马和电阻率的负相关为 -0.19；如果电阻率使用对数刻度，相关性则为 -0.33；如果对电阻率和自然伽马都用对数，相关性则为 -0.63。

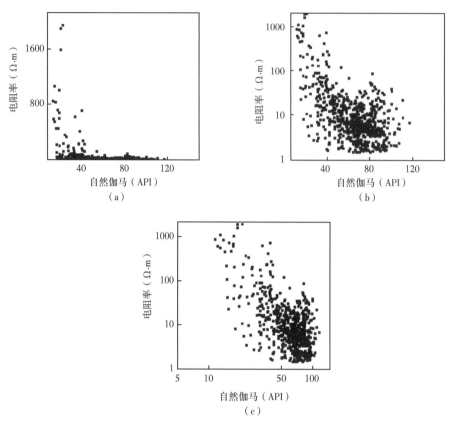

图 4.8　自然伽马和电阻率之间的关系作为非线性变换的函数（以对数变换为例）
（a）线性刻度的自然伽马和电阻率，其相关性为 -0.19；（b）电阻率为对数刻度，相关性为 -0.33；
（c）自然伽马和电阻率均为对数刻度，相关性为 -0.63

4.9　类型变量的相关性

地球科学中存在着许多类型变量，常见的变量包括岩相和地层。单个类型变量的统计分析通常很简单，此处不讨论。我们在这里讨论两个类型变量之间的关系。

两个或更多地层可以和其他类型变量进行交叉分类分析，这里的其他类型变量比如是油井或岩相。在交叉分类分析中的类型变量的研究属性称为响应变量。响应通常是连续变量，如孔隙度、渗透率和矿物质含量，或类型变量出现的频率。分析两个类型变量有关的连续变量是交叉分类的常见应用。例如，孔隙度在给定地层中的某个岩相中的分析。这些数据经常使用交会表格的形式对某一分类级别总结出来，用以简化文稿，从而更好地表达岩石属性。

有几种方法可用于显示交叉表格。例如，表 4.3 是表 3.6 的更详细呈现。最简单的方法是对连续变量只有一个条目。表 4.4 显示了两个地层和两个岩相的交叉表中的平均孔隙度示例。这样的表格提供了数据基本特征，但缺乏详细信息。例如，为什么在地层 1 和地层 2 中，生物礁的平均孔隙度都高于浅滩，但在包括这两个地层在内的汇总统计数据中，生物礁却比浅滩的平均孔隙度要低？

这种提问（调查）应该会导致对数据的深入分析，并帮助了解地质和储层的性质，因为必然会有一个潜藏的变量在起作用。事实上，这是辛普森悖论的一个表现。大部分统计书籍把辛普森悖论介绍为一个罕见的事件，但该现象在地球科学中发生频繁，如一些论文所报告（Ma，2009；Ma 和 Gomez，2015）。下面给出了一个与地层有关的示例。

表 4.3　对表 3.6 更详细的介绍

地层	井 1			井 2		
	净计数	总数	占比（%）	净计数	总数	占比（%）
地层 A	20	100	20.0	8	50	16.0
地层 B	30	100	30.0	44	150	29.0
地层 A 和地层 B	50	200	25.0	52	200	26.0

表 4.4　一个碳酸盐岩储层中两个地层和两个岩相的平均孔隙度（按地层汇总统计）

地层	浅滩（%）	生物礁（%）
地层 1	10.8	12.6
地层 2	8.3	8.5
地层 1 和地层 2	10.3	10.1

与地层学有关的辛普森悖论

海平面的波动往往导致沉积在位置和数量上的变化，有时导致不规则的沉积几何体。图 4.9 显示一个生物礁沉积的地下地层，打了四口井。从井在地层 B 和地层 C 中均匀采集的样品中，井 2 的平均渗透率为 34mD，井 1 的平均渗透率为 33mD。在比较沉积地层渗透率时，对于每个地层井 2 的渗透率都低于井 1 的渗透率，这与基于两个地层一起比较的结果完全相反（表 4.5）。这一逆转是由于生物礁体在沉积时退覆结构引起的厚度变化造成的。生物礁的几何形状与海平面的变化有关，是一个自然的第三变量导致了渗透率在比较中相关性变化/逆转的。条件相关和总体相关都有物理意义，而不是虚假的。想反，由于采样的偏差，比较井 3 和 4 的反转是虚假的，因为井 3 对地层 C 没有完全（打通）采样。

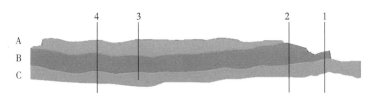

图 4.9　横截面显示生物礁沉积中的三个建造层和退积结构

表 4.5 不同地层和井的平均渗透率比较（以地层汇总）

(a) 4 口井按地层的平均渗透率（样本计数在括号中，mD）				
地层	井 1	井 2	井 3	井 4
地层 B	68（11）	44（31）	31（27）	33（28）
地层 C	15（21）	11（14）	9（8）	11（16）
地层 B 和 C	33（32）	34（45）	26（35）	25（44）

(b) 与 (a) 相同，但仅用于比较井 1 和井 2，包含更详细的条目（样本计数，N）						
地层	井 1			井 2		
	渗透率	N	渗透率×N	渗透率	N	渗透率×N
地层 B	68	11	748	44	31	1364
地层 C	15	21	315	11	14	154
地层 B 和 C	33	32	1063	34	45	1518

4.10 三个变量的相关性和协方差

大数据涉及许多变量，分析它们之间的关系通常是至关重要的。迄今为止，许多文献都是只用双变量关系。在这里，我们介绍三个变量的相关性和协方差。

我们使用统计公式定义了双变量协方差和相关性（公式 4.1~公式 4.3），因为使用概率来定义统计参数有一个优势。附录 4.1 给出了平均值、方差和协方差的概率公式，这为定义三个变量的协方差和相关性提供平滑过渡。

回想一下，歪度定义为单个变量的三阶统计矩（表 3.1）。Fletcher（Fletcher, 2017）将其扩展到三个变量的协歪度。其实，更容易的表达法是三个变量的协方差和相关性。

三个变量协方差可以由两个变量协方差扩展到三个变量，X、Y 和 Z，如此：

$$Cov(X, Y, Z) = E\{[X - E(X)][Y - E(Y)][Z - E(Z)]\} \tag{4.5}$$

通过标准化协方差，可以定义三个变量的相关性，如此：

$$\rho_{XYZ} = \frac{E\{[X - E(X)][Y - E(Y)][Z - E(Z)]\}}{\sigma_X \sigma_Y \sigma_Z} \tag{4.6}$$

其中，ρ_{XYZ} 为 X、Y 和 Z 的三个变量的相关性，σ_X、σ_Y、σ_Z 分别是这些变量的标准差。

乘以大括号内的几项数量，并在公式 4.6 中应用数学期望运算导致：

$$\rho_{XYZ} = \frac{E(XYZ) - E(X)E(Y)E(Z) - Cov(X, Y)E(Z) - Cov(X, Z)E(Y) - Cov(Y, Z)E(X)}{\sigma_X \sigma_Y \sigma_Z} \tag{4.7}$$

当数据充分可用时，公式 4.7 的数字可以得以评估，因为所有的概率项（数学期望和协方差）用它们各自的统计公式能被评估（第 22 章）。

四阶相关性涉及四个变量，方程变得繁琐。训练图像的概念已用于高阶统计学的地球科学中，称为多点统计（第 18 章）。

4.11　总结

描述和分析储层属性通常涉及许多变量；相关性和协方差是多变量数据分析的基本工具。相关性分析对于定量表征地质和储层属性非常重要。虽然相关性并不必然暗示因果关系，它对于调查分析是一个很好的过滤机制。缺乏相关性意味着人们无法知道两个变量之间的因果关系。在实践中，使用相关性往往要求仔细分析数据的条件，物理定律可能是一个良好的数据调理基本条件。此外，两个物理变量之间的相关性会影响油气体积和储层属性的精确建模方式（第 20 章，第 21 章和第 22 章）。

观测统计和实验统计之间的最大区别之一是隐藏变量。在实验科学中，可以控制其他变量来分析两个变量之间的关系。在观测分析中，如大多数地球科学研究，人们无法控制其他变量，总是有可能出现影响相关性的不明变量，这叫作忽略变量偏差。忽略变量偏差，以及地理空间数据中的差异性，可能导致辛普森悖论和其他陷阱，导致地球科学数据分析的复杂性。

相关性的局部传递性与相关性的大小有关。即使是统计学专家也并不总是能正确理解这一概念；尤尔和肯达尔的书（Yule 和 Kendall，1968）在其 14 版中也有违反这一概念的描述。相关性也许最能说明一个问题，统计概念易于学习，难以准确应用。

4.12　练习和问题

（1）给定以下相关矩阵，计算其协方差矩阵。标准差如下：孔隙度为 0.05，密度为 0.15，含油饱和度为 0.20（表 4.6）。

表 4.6　孔隙度、密度和含油饱和度相关矩阵

参数	孔隙度（%）	密度（kg/m^3）	含油饱和度
孔隙度	1		
密度	-0.70	1	
含油饱和度	0.60	0.50	1

（2）举一个日常生活中的虚假相关性的例子和地球科学的例子。

（3）举一个日常生活中共同原因的相关性例子和地球科学的例子。

（4）变量 X 和 Y 的相关系数为 0.6，变量 Y 和 Z 的相关系数为 0.5。变量 X 和 Z 必然正相关吗？

（5）变量 X 和 Y 的相关系数为 0.6，Y 和 Z 之间的最小相关性是多少，以使变量 X 和 Z 必然呈正相关？

（6）表 4.7 包含 27 种动物的体重和大脑重量。

（A）计算体重和脑重量之间的相关系数，可以使用微软 Excel 或使用计算器。

（B）做与（A）相同的练习，但不包括最后6个数据（从 Human 到 Triceratops）。

（C）与（B）一样，但包括人类（Human）。

（D）与（C）一样，但包括亚洲象（Asian elephant）。

（E）为（A）、（B）和（C）作交会图。

（F）比较这3个案例，并得出一些关于相关性、异常值，以及人类作为动物等的结论。

（G）你认为在统计分析中排除异常值是否有时可以？解释为什么这样做是好或不好。

（H）在（C）中计算数据中的协方差值。

（I）在（C）中计算数据协方差值，但脑重量用千克为单位。

（J）比较（G）和（H）。

表4.7　27种动物的体重和脑重（据 Rousseeuw and Levoy，1987）

动物	体重（kg）	脑重（g）
山狸	1.35	465
牛	465	423
灰狼	36.33	119.5
山羊	27.66	115
豚鼠	1.04	5.5
驴	187.1	419
马	521	655
Potar 猴	10	115
猫	3.3	25.6
长颈鹿	529	680
大猩猩	207	406
恒河猴	6.8	179
袋鼠	35	56
金仓鼠	0.12	1
老鼠	0.023	0.4
兔子	2.5	12.1
羊	55.5	175
豹	100	157
黑猩猩	52.16	440
鼹鼠	0.122	3
猪	192	180
人类	62	1320
亚洲象	2547	4603

动物	体重（kg）	脑重（g）
非洲象	6654	5712
双棘龙	11700	50
腕龙	87000	154.5
三角龙	9400	70

附录 4.1 平均值、方差和协方差的概率定义

在这里，我们介绍最常见的统计参数的概率定义，包括均值、方差、相关性和协方差。了解这些定义将有助于了解许多统计和地质统计方法。从实用的角度，数学期望运算符可以认为是"平均"，适用于下面讨论的所有情况。

对于随机变量 X，其平均值（通常称为概率中的期望值）定义为：

$$m_X = E(X) = \int_{-\infty}^{\infty} Xf(x)\,dx \tag{4.8}$$

其中，$f(x)$ 为概率密度函数。从物理意义上讲，它是随机变量 X 的每种状态 x_i 的发生频率。在公式 4.8 中定义的平均值可解释为加权平均值发生的频率是权重。这也是第 3 章中讨论的加权平均值的基础；唯一的区别是，加权在公式 4.8 中是（变量的）数值的频率，而第 3 章讨论的加权平均值是在空间上与采样相关的几何图案定义有关（不过其基础仍然是频率）。

X 的方差定义为：

$$Var(X) = E\left[(X - m_X)^2\right] = E\left[(X^2)\right] - m_X^2$$
$$= \int_{-\infty}^{\infty} (x - m_X)^2 f(x)\,dx \tag{4.9}$$

其中，m_X 或 $E(X)$ 为 X 的平均值或期望值。

两个随机变量 X 和 Y 之间的协方差定义为：

$$Cov(X,\ Y) = E\left[(X - m_X)(Y - m_Y)\right] = \left[(E)XY\right] - m_X m_Y$$
$$= \int_{-\infty}^{\infty} \int_{-\infty}^{\infty} (x - m_X)(y - m_Y) f_{XY}(x,\ y)\,dxdy \tag{4.10}$$

其中，m_Y 或 $E(Y)$ 为 Y 的平均值或期望值；$f_{XY}(x,\ y)$ 为联合概率分布（即发生频率的联合频率）函数。

请注意，无论涉及多少个变量，数学期望运算符都可以考虑为"平均"。例如，在公式 4.10 中的 $E(XY)$ 是 X 和 Y 乘积的平均。顺便说一句，这一项是定义协方差和相关性的主要组成部分，两个随机变量相乘是测量关系的数学表达式。在石油资源评价中，评估这一项非常重要（第 22 章）。

协方差和相关性是二维直方图的简化表达形式。图 4.10 显示了两个二维直方图示例

（两个测井变量的联合频率分布），以及它们的相关系数。自然伽马和声波（DT）具有0.34 的微小正相关；自然伽马和电阻率具有−0.78 的高负相关。

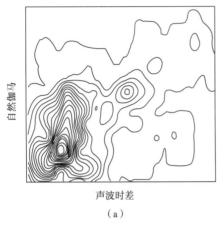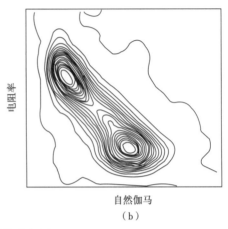

（a）　　　　　　　　　　　　　　　　　　（b）

图 4.10　变量相关性分析图

（a）自然伽马和声波（DT）的二维直方图，用等值线表示（频率），两个变量的相关性较小，
相关系数等于 0.34；（b）自然伽马和电阻率的二维直方图，用等值线表示（频率），两个
变量具有高负相关，相关系数等于 −0.78

附录 4.2　分析变量关系的图形显示

图形显示提供了快速而直接获取两个变量之间的关系的方法。最常见的显示是交会图（图 4.11）。在统计文献中，交会图通常被称为散点图（表示数据的关系成散状，这并不总是对的）。还有，变量显示为坐标（时间或空间）的函数（图 4.1）。一个更好但更麻烦的方法是以频率为第三维（叠加）的二维直方图（图 2.2），也可以把频率显示为等值线（图 4.10）。

交会图的一种类型是按数据的顺序连接数据对。在解释此类显示时，应小心谨慎，因为当数据的顺序更改时，它们可能会显得不同。图 4.11 显示四个交会图，它们显示着相同密度和孔隙度的关系，因为它们都用完全相同的数据，因此，它们的相关性是相同的，为 0.817。不熟悉这种类型显示的人们会认为，它们是相当不同的，因为有人可能会认为，这两个变量在图 4.11（b）和图 4.11（d）比图 4.11 的相关性要高。

与将两个变量显示为地理空间或时间序列为坐标的函数相比，交会图易于解释关系，但它没有地理空间或时间顺序，这也是为什么图 4.11 中的四个显示是相同的，尽管它们的外观不同。数据的顺序在空间（或时间）分析中很重要，空间（或时间）相关函数能够分析空间（或时间）关系（第 13 章）。

交会图的增强版本是添加上两个变量的直方图。图 4.12 显示了自然伽马和电阻率交会图的示例。其中的直方图提供了有关数据频率的信息。

二维直方图矩阵

与一个变量的直方图一样（图 3.1），双变量直方图可以显示变量的峰值和其他频率特性，通常是调查双变量关系的最佳方式。多变量也可以计算直方图，但是由于高维的诅

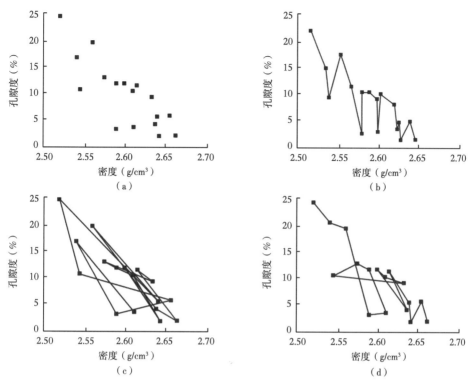

图 4.11　分析变量相关性的交会图

孔隙度和密度的交会图（连接或不连接）

数据根据数据排序的方式，连接显示的方式不同；此示例中显示三种方法，但基本关系相同，
因为基本数据相同，除非对空间或时间相关进行分析（第 13 章）；此示例中的相关系数都为 0.817

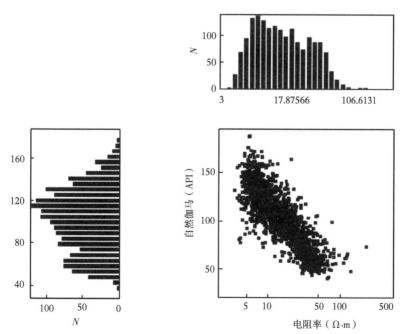

图 4.12　自然伽马与电阻率的对数之间的交会图及其直方图

咒，难以有效地用图形显示出来。基于对两个变量之间关系的探索性分析，可以用几种技术来缓解此问题。

相关矩阵是一种探索性分析工具，用于尝试分析多变量关系（表4.1）。然而，一个相关矩阵只包含双变量的相关性，并不直接给出多变量的关系。

类似，没有显示多变量直方图的有效方法，二维直方图矩阵可以帮助深入了解多变量的关系。三个变量中任意两个变量之间的二维直方图矩阵，可用于评估这些测井属性之间的关系（图4.13）。

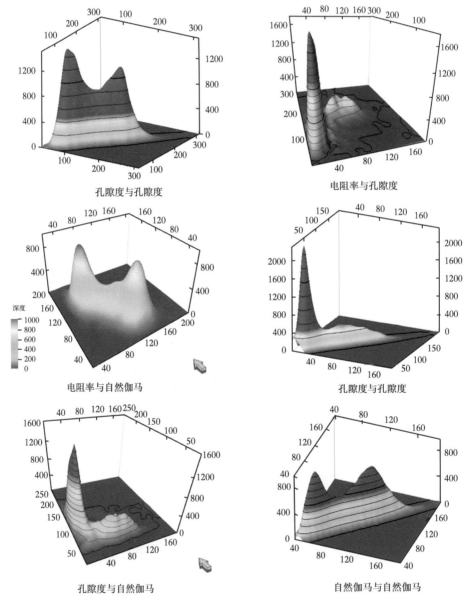

图4.13　二维直方矩阵图（据 Ma 等，2014，修改）

在显示时，孔隙度乘了1000；请注意，当相同的属性做二维直方图时，二维直方图与一维直方图相同，只不过显示在一对一的对角线上

70

参 考 文 献

Aldrich, J. 1995. Correlation genuine and spurious in Pearson and Yule. Statistical Science 10 (4). 364-376.

Fletcher S. 2017. Data assimilation for the geosciences. From theory to application. Elsevier.

Galton F. 1888. Co-Relations and Their Measurement, Chiefly from Anthropometric Data. Proceedings of the Royal Society of London. 45. 135-145.

Holland P. W. 2001. Causal inference and statistical fallacies. In International encyclopedia of social & behavioral sciences. Pergamon.

Ma, Y. Z. 2009. Simpson's paradox in natural resource evaluation. Math. Geosciences, 41 (2). 193-213, doi. 10. 1007/s11004-008-9187-z.

Ma, Y. Z. 2011. Pitfalls in predictions of rock properties using multivariate analysis and regression method. Journal of Applied Geophysics, 75. 390-400.

Ma, Y. Z. 2015. Simpson's paradox in GDP and Per-capita GDP growth, Empirical Economics 49 (4). 1301-1315.

Ma, Y. Z. and Gomez E. 2015. Uses and abuses in applying neural networks for predicting reservoir properties, J of Petroleum Sci. & Eng. , doi. j. petrol. 2015. 05. 006.

Martinelli, G. and N. Chugunov. 2014. Sensitivity analysis with correlated inputs for volumetric analysis of hydrocarbon prospects, in the Proceeding of ECMOR XIV- 14th European Conference on the Mathematics of Oil Recovery. doi. 10. 3997/2214-4609. 20141870.

Pearl, J. 2000. Causality. Models, reasoning and inference. Cambridge Univ. Press, 384p.

Pearson K. , Lee A. and Bramley-Moore L. 1899. Mathematical contributions to the theory of evolution - VI. Genetic (reproductive) selection. Inheritance of fertility in man, and of fertility in thorough-bred racehorses. Philosophical Transactions, Roy. Soc. Of London, Series A, 192. 257-278.

Prensky, S. E. 1984. A Gamma-ray log anomaly associated with the Cretaceous-Tertiary boundary in the Northern Green River Basin, Wyoming. In B. E. Law, ed. , Geological Characteristics of Low-Permeability Upper Cretaceous and Lower Tertiary Rocks in the Pinedale Anticline Area, Sublette County, Wyoming, USGS Open-File 84-753, p. 22-35. https. //pubs. usgs. gov/of/1984/0753/report. pdf (accessed 6 August 2017) .

Rousseeuw, P. J. and Leroy, A. M. 1987. Robust Regression and Outlier Detection. Wiley.

Yule GU, Kendall MG. 1968. An introduction to the theory of statistics. Hafner Pub. Co. , New York, 14th Edition Revised and Enlarged, Fifth Impression.

Ziesel, H. 1985. Say it with figures, 6th edition, New York, Harper and Brothers.

第5章　主成分分析

"深深迷上统计学是真正受过教育者的标志。"

Oscar Wilde or Bernard Shaw（作者归属不清楚）

摘要：除了相关性和协方差分析，多元统计学方法包括主成分分析（PCA）、因子分析、判别分析、聚类和各种回归方法。由于近几十年来神经网络的使用不断增加，一些经典的统计方法现在使用得不那么多了。然而，主成分分析因其简单性和多功能性而不断用于统计数据分析和机器学习。同时，主成分分析具有多个扩展形式，包括非线性主成分分析、内核主成分分析以及用于离散数据的主成分分析。

　　本章概述主成分分析及其在地球科学中的应用。主成分分析的数学公式简化到很少；相反，这里强调主成分分析在地球科学中的数据分析和创新用途（第10章）。

5.1　概述

主成分分析将数据矩阵转换为一组线性不相关的变量，称为主成分（PC）。每个主成分是原始变量加权的线性组合。转换是为了使第一主成分在其与其他主成分正交的条件下包含最大的变化性。每个后续主成分依次将具有之前的主成分没有包含的最大方差（变化性）。如此，主成分相互之间不相关；主成分的数量等于或小于输入变量的数量，具体取决于输入数据的相关性结构。主成分分析使用的统计矩，包括平均值、相关性和协方差，可以从输入数据计算，而无须假设。

主成分分析可以通过数据矩阵的相关（或协方差）矩阵的特征值分解或奇异值分解进行。主成分分析的结果包括主成分分量和载荷（每个标准化原始变量的权重以计算主成分分量）。主成分的一个特别属性是载荷向量是正交的，以及主成分分量是线性不相关的（附录5.1）。

主成分分析是最常用的多变量统计工具之一，应用广泛，因为它能够有效地消除冗余和提取有用信息。在当今的大数据中，主成分分析的使用越来越广泛。即使神经网络越来越受欢迎，主成分分析仍然很有用，因为它可以使用户更轻松地询问结果，以及将解释与主题知识结合。

5.1.1　主成分分析的目的

主成分分析可用于以下目的：

（1）将数据压缩为较少的有意义的主成分；

（2）简化数据描述；

（3）提取最有用的信息；

（4）过滤掉噪声和没用的信息；

（5）帮助对数据的解释。

5.1.2 主成分分析程序

每个主成分表示为原始输入变量的线性函数。计算主成分的过程包括（附录5.1）：

（1）从原始变量的输入数据中计算出平均值和协方差或相关矩阵；

（2）计算协方差或相关矩阵的特征值和特征向量，按递减顺序对特征值进行排序；

（3）用原始变量加权的线性组合计算主成分。

5.1.3 示例

图5.1显示了主成分分析对两个测井属性中子和声波的示例。第一个主成分（PC1）与最长信息方向对齐，具有最大方差（尽可能大），第二主成分（PC2）与最短方向和最小方差对齐。由于只有两个输入变量，并且它们的相关系数为0.706，因此，第一个主成分与中子孔隙度和声波时差（DT）具有相同的相关性，0.924。第二主成分（PC2）与中子孔隙度的相关性系数为0.384，与声波时差（DT）的相关性系数为 −0.384。

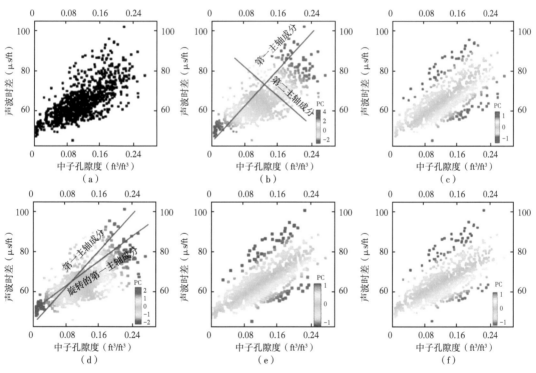

图5.1 孔隙度主成分分析交会图

（a）中子孔隙度（中子测井，中子孔隙度）和DT（声波测井）之间的交会图；（b）与（a）相同，但叠加了第一主成分；（c）与（a）相同，但叠加了第二主成分；（d）与（a）相同，但叠加了旋转的第一主成分；（e）与（a）相同，但叠加了旋转的第二主成分［与（d）中的旋转的第一主成分正交］；（f）与（a）相同，叠加了旋转的第二主成分［与（d）中的旋转的第一主成分不是正交的］

5.2 一些问题

5.2.1 主成分分析中使用相关矩阵或协方差矩阵

主成分分析对输入变量的相对量级比较敏感，因此使用协方差矩阵或相关矩阵不会给出相同的结果。使用相关矩阵比协方差矩阵更为常见。主成分分析中使用协方差矩阵的主要缺点是不同输入变量的不同测量单位，这通常会导致不同变量在方差上的显著差异。使用协方差矩阵的话，具有较大方差的变量往往主导主要的主成分。另一方面，使用相关矩阵，所有变量都有单位方差（即等于 1），其结果更具可解释性。

协方差矩阵在某些应用中可能是一个更好的选择。例如，在处理叠前地震体时，只涉及一个物理变量—地震幅度。主成分分析的输入变量可以是不同的偏移量；这样，通常最好使用协方差矩阵，因为相关矩阵将夸大低幅度的重要性，同时降低高幅度的重要性（稍后将介绍一个示例）。

直观地说，你可能会认为基于相关矩阵得出的主成分可以从基于（相应的）协方差矩阵得出的主成分，反之亦然。然而，事实并非如此。从相关性和协方差矩阵中推导出的主成分难以互换，两者没有直截了当相应的关系，因为相关性和协方差矩阵的特征值和特征向量没有简单的关系（Jolliffe，2002）。

5.2.2 主成分分析与因子分析之间的关系

因子分析可用于揭示数据的一些低层次结构。因子分析包括探索性因子分析（EFA）和确认因子分析（CFA）。确认因子分析通常用于测试数据是否符合理论推导的假设或其他研究。探索性因子分析对这些因素没有先验假设。主成分分析有点像因子分析，因为两者都对数据进行合成，并且旨在减少数据的维数（更确切地说，变量数）。两种方法都尝试通过协方差矩阵或相关矩阵来表达数据中的信息。但是，主成分分析没有假设，因此与确认因子分析不同。与探索性因子分析相比，主成分分析侧重于对角线元素，除非执行某些主成分的旋转。另一方面，因子分析使用具有一些潜在变量的显式模型，从而考虑协方差或相关矩阵（Jolliffe，2002）的离角线元素。因为将模型与物理解释联系起来，旋转在因子分析中非常重要。尽管主成分也可执行旋转，但这不是常规的做法。当主成分执行旋转时，主成分分析就变得更加像探索性因子分析。

主成分分析和因子分析之间的上述相似性和差异的含义是，在使用因子分析之前了解物理模型非常重要，并且因子的定义可能需要了解物理模型和学科知识，而主成分分析通常用作其他统计分析的预处理器，或者之后，主成分分析的结果的解释与主题知识和物理模型相结合。

5.2.3 主成分的解释和旋转

作为正交变换，主成分分析的分量具有明确的数学意义。它们的物理含义有时并不十分清楚。第一主成分（PC1）主要表达孔隙度（表示与孔隙度高度相关，但它的平均值为 0，且未在孔隙度范围内）；第二主成分（PC2）主要代表岩性。根据物理条件，主成分可以旋转到更符合物理条件（Ma，2011）。例如，在示例中，如果想要从中子和 DT 估计孔隙度（图 5.1），而且如果中子更可靠，第一主成分可以旋转到使其与中子有更高的相关性。

图 5.1（d）和 5.1（e）显示旋转的第一主成分和旋转的第二主成分。旋转的方式是两个旋转的主成分没有相关性。相比较，图 5.1（f）所示的旋转的第二主成分与旋转的第一主成分相关［图 5.1（d）］。旋转的第一主成分现在与中子有更高的相关性，为 0.976（与旋转前的 0.924 相比）。这些参数的统计关系在表 5.1 中给出。

还有其他可能的情况，可对主成分进行旋转，有许多提出的标准（Richman，1986）。该文献中主成分的旋转方法一般侧重于简化数学结构和方差最大化。我们的观点是，旋转应便于解释，并满足应用的物理条件；旋转的关键标准是使主成分更具有可解释性（Ma，2011a；Ma 等，2014）。

表 5.1　两个测井（中子孔隙度和声波时差）及其主成分和旋转的主成分之间的双变量相关性

参数	中子	DT	PC1	PC2	旋转的 PC1	旋转的 PC2	旋转的 PC2b
中子	1						
DT	0.706	1					
PC1	0.924	0.924	1				
PC2	0.384	+0.384	0	1			
旋转的 PC1	0.976	0.842	0.985	0.175	1		
旋转的 PC2	0.215	−0.540	+0.176	0.984	0	1	
旋转的 PC2b	−0.008	+0.714	+0.391	0.920	+0.224	0.9751	

5.2.4　主成分的选择

主成分的总数与输入变量的数量相同；但是，有意义的主成分的数量通常要少，具体取决于数据的相关结构，因为特征值接近 0 的主成分携带的信息很少。从数学上讲，具有较大特征值的主成分携带的信息多。从物理上讲，具有较大特征值的主成分不一定比具有较小特征值的主成分更有意义。之前介绍过例子（Ma 和 Gomez，2015），另一个示例在第5.3 节中介绍。

主成分数量的选择取决于主成分分析的使用方式。在不知道应用程序的特殊性的情况下，降点图往往用作一般准则。这种图只是便于按特征值大小选择主成分；也就是，当由前几个主成分表达的方差占总方差的较高百分比时，建议停止选择其他具有次要功能的后续主成分。

在实践中，降点图往往过于简单化，尤其是当具有较小特征值的主成分比具有较大特征值的主成分更有意义时。正如在主成分的旋转中指出的那样，主成分的选择应基于应用程序中的物理解释，主成分的数量选择也如此。

5.3　主成分分析用于分类

主成分分析可以直接用于分类，或者用作预处理，再用其他统计或神经网络方法进行分类（Ma 等，2014）。第 10 章介绍使用主成分分析对岩相分类。在这里，我们进一步讨论图 5.1 所示的例子，强调主成分分析对分类的重要性。如果不使用主成分分析，神经网络或传统聚类分析对岩性的分类与基于实验室的已知物理实验完全不一致［图5.2（a）］。即使在使用了主成分分析对两个测井值处理后，当两个主成分都用作输入时，神经网络或统计聚类也不会给出正确的分类［图5.2（b）］。只有当选择PC2或稍微旋转的PC2作为输入时，神经网络或统计聚类才会给出与实验结果一致的分类［图5.2（c）］。另一方法是，可以在第二主成分上应用截止值来产生岩性，而不使用神经网络。图5.2（g）显示了如何将两个截止点应用于第二主成分，以产生三个有一定比例的岩性：砂岩、石灰岩和

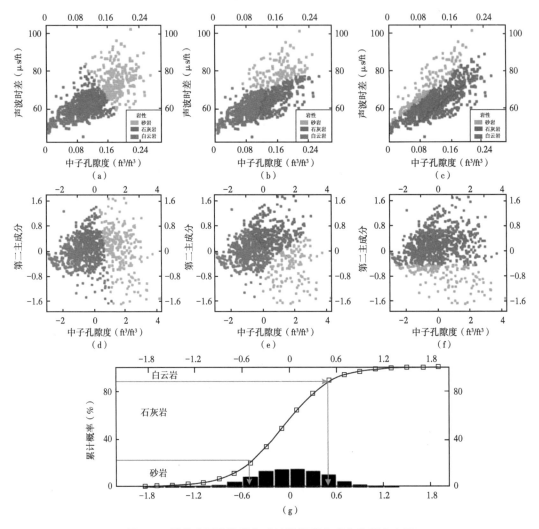

图5.2　测井中子孔隙度与声波孔隙度主成分分析交会图

（a）～（c）测井中子孔隙度与DT（声波时差）之间的交会图：（a）叠加了以测井的中子与声波为输入、不受监督的人工神经（ANN）分类的岩性；（b）叠加了以对测井的中子与声波主成分分析，后两个主成分为输入、不受监督的人工神经（ANN）分类的岩性；（c）叠加了以对测井的中子与声波主成分分析后，第二主成分（PC2）为输入、不受监督的人工神经（ANN）分类的岩性。（d）～（f）以测井的中子与声波为输入的主成分分析的第一主成分和第二主成分的交会图：（d）叠加了以测井的中子与声波为输入、不受监督的人工神经（ANN）分类的岩性；（e）叠加了以对测井的中子与声波主成分分析后，两个主成分为输入、不受监督的人工神经（ANN）分类的岩性；（f）叠加了以对测井的中子与声波主成分分析后，第二主成分为输入、不受监督的人工神经（ANN）分类的岩性；（g）第二主成分（累积）的直方图，显示两个截止点以及在（c）和（f）中显示的三个岩性，其中砂岩，石灰岩和白云岩的比例为23∶65∶12（%）

白云岩。

将神经网络以两种测井值为输入分类的岩相与主成分分析的主成分为输入分类的岩相进行比较。当两种原始测井用作神经网络的输入时，即使没有进行主成分分析，分类几乎就像使用了主成分分析的第一主成分作为输入 [图 5.2 (d)]。另一方面，使用两个主成分的分类时，它们基本上具有相等的权重。这解释了为什么两个分类（使用原始测井和使用它们的主成分）给出的结果大相径庭 [图 5.2 (a) 和图 5.2 (b)]。不过，使用原始测井或者主成分也可能给出比此例中的分类要相似的结果（Ma 和 Gomez，2015）。

当只用第二主成分对岩性分类时，第一主成分与岩性不相关 [图 5.2 (f)]。因此，当中子和声波用于岩性分类时，主成分分析在没有训练数据的情况下是必要的步骤。当中子和密度作为岩性分类的输入时也是如此（Ma，2011）。

由于第一主成分解释数据中最大的变化性，其使用在文献中几乎总是提倡。但是，在此示例中，第一主成分对主要岩性分类包含的信息很少，它应该从分类中排除。选择具有最大特征值的主成分的一般做法并不总是最佳做法。在此示例中，第一主成分实质上表示非规范化的孔隙度（即几乎与孔隙度轴平行），它几乎与主要岩性轴相垂直。第一主成分与孔隙度之间的相关性为 0.962；第二主成分与孔隙度之间的相关性仅为 −0.191，当只有两种测井值用作输入变量时，第二主成分具有最小方差。由于孔隙度和岩性近乎正交，第二个主要成分描述着岩性的变化。这给出了一个自动选择第一主成分进行聚类分析的一般做法的反面示例。这也表明将主成分的数学意义与其在应用中的物理解释联系起来的重要性。代表最大的方差解释主成分并不总是最有用的。

不仅第一主成分可能不如小的主要成分有意义，而且任何主成分都可能不如排名较低的主成分有意义。在非常规油气岩相分类中，第三主成分比第二主成分更有意义的例子以前曾介绍过（Ma，2015）。

5.4　以地质约束为条件的主成分分析

地层是一种地质变量，它控制着沉积系统层次结构中的岩相。不同沉积系统中，相同岩相的矿物成分、测井特征和岩石物理特性可能有所不同。在这种情况下，通常有必要对地层分开应用统计方法，如主成分分析和聚类分析。

图 5.3 (a) 显示了一个碎屑岩沉积中测井的自然伽马和电阻率的交会图，图中显示两个分开的聚类群。应用统计或神经网络分类方法时，两个集群被归类为两个岩相。事实上，两个聚类群是两个不同沉积过程产生的。沉积过程的不同引起了它们在矿物成分上显著的差异，即使这两个地层的岩相仅略有不同。具体来说，后来的沉积携带了更高含量的重矿物，特别是钾长石，导致地层自然伽马显著升高（Prensky，1984；Ma 等，2014）。这解释了一个悖论，即后期沉积的自然伽马比下伏地层要高，但其自然伽马和电阻率又内在负相关。

在这种情况下，有必要使用地层来对岩相分类的统计方法进行条件分析。应用主成分分析和分类对两个地层各自进行 [图 5.3 (b)]。两个地层分类的岩相有合理的比例 [图 5.3 (d) 和图 5.3 (e)]。两个地层中的伽马和电阻率的相关性分别为 −0.772 和 −0.910，两个地层一起它们的相关性就低很多，为 −0.251。

这个例子是对尤勒—辛普森聚合效应的说明（第 4 章）；也可以说，复合差异性的地

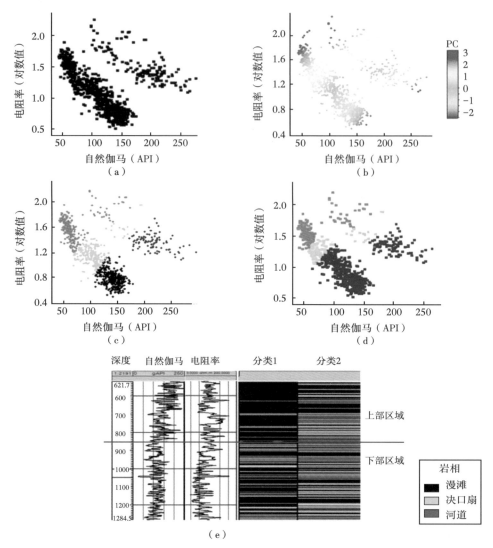

图 5.3　自然伽马与电阻率主成分分析交会识别岩相（据 Ma，2011a，修改）

（a）自然伽马（GR）—电阻率（Resistivity）交会图；（b）自然伽马—电阻率交会图，叠加了以对这两个测井的主成分分析后第一主成分；（c）与（a）相同，但叠加了对自然伽马和电阻率两个测井的主成分分析后，第一主成分为输入分类的岩性，两个地层一起进行；（d）与（a）相同，但叠加了自然伽马和电阻率两个测井的主成分分析后，第一主成分为输入分类的岩性，两个地层分别进行了各自的主成分分析；（e）一口井的剖面，深度（第1道），自然伽马（第2道），电阻率（第3道），用自然伽马，截止值产生岩性（第4道），对两个地层分别用主成分分析分类的岩性（第5道），深度为850ft的线是两个地层的分界

层往往降低两个变量之间的整体相关性（Ma 和 Gomez，2015）。两个差异性地层的复合会导致对岩相的分类不准确，但使用通过分离地层单位进行的主成分分析及分类产生更准确地岩相［图 5.3（d）和图 5.3（e）］。

　　相比之下，使用原始变量（自然伽马或电阻率）的截止值对岩相的分类并不令人满意。例如，用基准的自然伽马截止方法，在盆地中许多储层的下部地层中不会产生漫滩沉积相；但另一方面，在上部地层中尽管电阻率很高却不会产生河道岩相［图 5.3（e）］。

5.5　主成分分析用于三维数据压缩和表征

地震的振幅—偏移距（AVO，也即振幅作为测量位置的函数）通常涉及大量数据。对于流体检测和岩相预测，AVO数据通常被合成，以便定量描述物理属性，表达为共中心点（CMP）的函数。基于以主成分分析建立的多等级工作流程可用于此类任务（Hindlet等，1991）。在这样一个应用中，使用主成分分析时，不同变量是同一个物理变量——地震振幅。

图5.4显示一个使用以主成分分析建立的多等级工作流程的示例。首先主成分分析合成时间上表达的地震振幅来缩减时间，结果产生多个作为偏移（offset）和共中心点（CMP）为坐标的主成分。由于不同时间上地震振幅之间的高度相关性，第一主成分图代表原始数据95%以上的信息。随后，主成分分析应用于上一步骤的第一主成分，将偏移量综合到多个曲线中，主成分作为共中心点（CMP）的函数。第一主成分曲线［图5.4（c）］表达了超过99.6%的信息，因为不同偏移的振幅之间的相关性很高。该曲线与AVO梯度相当，它描述岩石弹性属性作为共中心点（CMP）函数的变化。因为唯一的物理变量是振幅，地震振幅的相对幅度是重要的，协方差矩阵，而不是通常推荐的相关矩阵，在此使用了基于以主成分分析建立的多等级工作流程对偏移（Offset）和时间进行了缩减（Hindlet等，1991）。

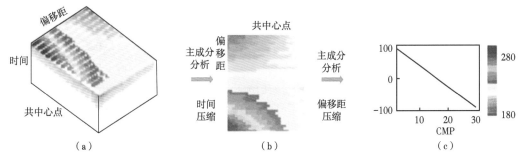

图5.4　用于将三维体积压缩为一维函数的两级主成分分析流程（据 Hindlet 等，1991）

（a）三维的合成预叠加的地震数据；（b）主成分分析缩减三维预叠加时间后的第一主成分（PC1）；（c）对（b）图中的第一主成分进行主成分分析缩解偏移后的第一主成分，等效于振幅随偏移距变化（AVO）的梯度

在其他不同的情况，可以在此流程中的第二步中选择第一步得到的其他主成分或旋转的主成分。在第二步的主成分分析也可以选择第一步其他的主成分，也许更有意义。在示例中，多级主成分分析的两个步骤中使用第一主成分的原因是，在第一步中不同时间的地震振幅的相关性很高；在第二步主成分分析中，不同偏移距（Offset）的相关性也很高。在第一步的主成分分析中，时间上的振幅是变量，偏移和共中心点（CMP）是观测。在第二步的主成分分析中，偏移中的振幅是变量，共中心点（CMP）代表观测。

可以修改此多级流程以便首先执行偏移（Offset）缩减，如此的主成分分析可与叠加（stacking）相媲美。然后，主成分分析可以再应用于第一步（在压缩偏移后）的主成分表达的地震剖面上，以便在第二步中用主成分分析进行时间缩减。图5.5给出了两个等效的多级流程的例子。在其中第一个流程中，主成分分析首先应用于以AVO地震数据的偏移量（或角度）上的振幅作为变量［图5.5（b）］，然后主成分分析再应用于选定的主成分（如第一主成分），以便缩减时间（即沿时间的振幅作为变量）。在第二个工作流程中，主成分分析首先应用于以数据振幅沿时间作为变量［图5.5（c）］，然后应用于选定的主成分以缩减偏移。如果选好适当的主成分，两个流程能给出相同的最终结果。图5.5（d）对两个工作流程的前两个主成分分别与叠加振幅和 AVO 梯度进行比较。与图5.4中例子相比 AVO 效果甚微，但主成分分析给出了类似于堆加的振幅。

主成分分析还可用于储层属性提取和生产预测。有时，对于此类任务，需要组合使用主成分。这又引导出了一种称为主成分回归的方法（第6章）。

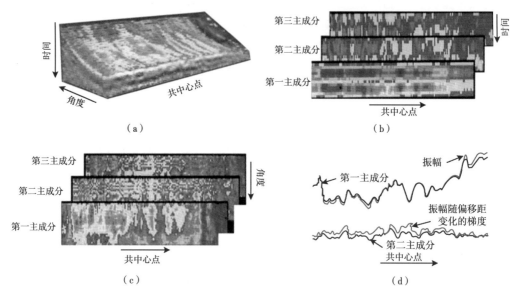

图 5.5　使用多级主成分分析的例子（据 Hindlet 等，1991）

（a）叠前地震数据；（b）主成分分析首先应用于沿 AVO 偏移（或角度）的振幅，显示了三个主成分，图的坐标为共同中点（CMP）和时间；（c）主成分分析首先应用于沿时间的振幅，显示了三个主成分图，图的坐标为共中心点（CMP）和角度；（d）主成分分析应用于（b）或（c）中的第一主成分，第二步的主成分分析的第一和第二主成分分别与叠后振幅和 AVO 梯度进行比较

5.6　主成分分析用于检测特征和噪声滤波

主要的主成分倾向于检测方差和协方差大的一般趋势，而次要的主成分倾向于提供原始图中或者主要主成分中不太明显的附加信息。在 AVO 示例中（图5.4），两个步骤中的主成分分析（时间压缩和偏移压缩）的第一主成分包含了95%以上信息；第二个主成分分析中的第一主成分是作为共中心点（CMP）的函数曲线，这意味着描述了岩石弹性特性的线性变化。

在前面的示例（图5.2）中显示了一个次要的主成分比主要或中间的主成分在物理上更有意义。但是，次要的主成分也容易产生噪声，这也是为什么主成分分析可用于过滤噪声的原因。这可以通过选择主要和中间主成分，而忽略次要的主成分，然后用主成分分析的反向变换来实现。

使用主成分分析反向变换来重建数据的一般方程可以表达为以下矩阵公式（Ma 等，2015）：

$$G = HC^\sigma + um^t \tag{5.1}$$

其中，G 为大小为 $n \times k$ 的重建的数据矩阵（k 是变量数，n 是样本数）；H 为主成分矩阵（大小为 $n \times q$，q 是主成分的数量，等于或小于 k）；C 为主成分和变量的相关矩阵（大小为 $q \times k$）；t 为矩阵转置；σ 为包含变量的标准差的对角线矩阵（大小 $k \times k$）；u 为单位向量（大小 n）；m 为包含变量平均值的向量（大小为 k）。

通过仅选择有意义的主成分，同时消除被视为表示噪声的主成分，公式 5.1 提供了重建的过滤了噪声的数据。可在 Ma 等（2015）找到示例。

5.7 总结

主成分分析是历史最悠久、最常用的统计方法之一。它在应用中具有极大的多功能性，包括其综合信息和对变量的物理显著性进行多层次划分的可能性。大数据中的主要问题之一是所谓的维度（COD）的诅咒。主成分分析是连续储层属性预测和分类变量分类中处理多维困惑（COD）的最佳方法之一。为了最佳使用主成分分析，应始终尝试把主成分与所涉及的问题的物理解释相联系，正像所给的示例中旋转主成分，用地质条件约束主成分分析，以及对三维数据的主成分分析的多级链的应用。

5.8 练习和问题

（1）两个变量之间的 Pearson 相关性为 0.8，给出这两个变量的相关矩阵的两个特征值。

（2）使用相关性（而不是协方差）的主成分分析应用于两个变量。第一主成分表达（解释）90% 的方差。两个原始变量的 Pearson 相关系数（绝对值）是多少？

（3）对两个变量使用相关性的主成分分析。第一主成分表达（解释）50% 的方差。两个原始变量之间的 Pearson 相关系数是多少？

附录 5.1 主成分分析简介与实例

主成分分析将数据转换为新的坐标系，使通过投影数据的最大方差位于第一个坐标上，第二个最大方差位于第二个坐标上，等等。从几何学的角度来看，主成分分析可以解释为把数据拟合成一个 n 维的椭圆体，其中椭圆体的每个轴表示一个主成分。每个主成分的方差与椭圆体的轴的长度有关。要找椭圆体的轴，把数据的相关性或协方差矩阵形成（第 4 章），再从相关性或协方差矩阵计算出特征值和特征向量。每个相互正交的特征向量可以解释为数据拟合的椭圆体的轴。这就把相关矩阵或协方差矩阵转换为对角矩阵，对角线上的元素表示每个轴的方差。每个特征向量表示的方差的比例等于该值与所有各值之和的比率。

考虑一个数据矩阵 X，其中 k 行表示不同的变量，n 列表示变量的不同样本（稍后将给出一个示例）。X 的主成分可以用下面的方式计算：

$$P = E^t X \qquad (5.2)$$

其中，P 为主成分矩阵，大小为 $k×n$；E^t 为特征向量矩阵的转置，大小为 $k×k$；X 为输入数据矩阵，大小为 $k×n$。请注意，数据矩阵通常不平方，变量数 k，通常小于样本（观测）数量 n。因此，要获得主成分 P，就是要找到特征向量。

数据矩阵的协方差矩阵，C 是：

$$C = XX^t \qquad (5.3)$$

其中，C 的大小为 $k×k$，如果输入变量是标准化后具有标准差，C 就是相关矩阵。

相关或协方差矩阵是正定的（或半正定的，这个概念在第 16 和 17 章中进一步讨论），就意味着它们可以特征—分解为正交的特征向量，表示为：

$$CE = vE \quad 或 \quad (C-vI)\ E = 0 \qquad (5.4)$$

其中，E 是矩阵 C 的特征向量，v 是与特征向量 E 关联的特征值。

对相关或协方差矩阵对角化后，对角线上的值是其特征值。正交轴的方向代表特征向量。几种算法可用解决公式 5.4（Ferguson，1994；Jolliffe，2002；Adbi 和 Williams，2010）。在得到了特征向量和特征值后，很容易从公式 5.2 计算主成分。

根据数据矩阵中的变量数及其相关结构，某些主成分可能会有为 0 或非常小的特征值。这样，有意义的主成分数量 p，就小于变量的数量 k。这就是使用主成分分析缩减数据的概念。当所有输入变量之间没有相关性时，主成分分析将不能压缩数据。

介绍性示例

本示例使用从 Ma 和 Zhang（2014）的调查中提取和简化的数据。这是一个小型数据集，旨在说明主成分分析方法，而不是为了深入研究家庭成员的身高。在此数据集中，两个变量是 10 个男人及其伴侣的身高。因此，我们有两个变量，10 个样本（表 5.2）。将此类表转换为数据矩阵非常简单，例如：

$$X = \begin{bmatrix} 1.68 & 1.71 & \cdots & 1.83 \\ 1.63 & 1.60 & \cdots & 1.67 \end{bmatrix} \qquad (5.5)$$

表 5.2 10 个男人的身高及其伴侣的身高

名字	A	B	C	D	E	F	G	H	I	J
自己身高（m）	1.68	1.71	1.73	1.75	1.75	1.78	1.78	1.80	1.80	1.83
伴侣身高（m）	1.63	1.60	1.63	1.65	1.66	1.64	1.66	1.65	1.70	1.67

注：数据是从 Ma 和 Zhang（2014）提取和简化的。

标准化数据

十个男子平均身高为 1.761m，其伴侣平均身高为 1.649m。男子身高的标准差为 0.0434626，其伴侣身高的标准差为 0.0254755。每个变量都可以用下面公式标准化：

$$S_i = (X_i - m_i)/\sigma_i \qquad (5.6)$$

其中，S_i 为输入变量 X_i 的标准化对应的变量。表 5.3 提供了表 5.2 的标准化版本。因此，数据矩阵的标准化对应项是：

$$S = [-1.86 \quad -1.17 \quad \cdots \quad 1.59-0.75] \qquad (5.7)$$

表5.3　10个男人及其伴侣的标准化高度

名字	A	B	C	D	E	F	G	H	I	J
自己身高（m）	−1.86	−1.17	−0.71	−0.25	−0.25	0.44	0.44	0.90	0.90	1.59
伴侣身高（m）	−0.75	−1.92	−0.75	0.04	0.43	−0.35	0.43	0.04	2.00	0.82

计算相关矩阵

示例中只有两个变量，其相关系数约为 0.723，相关矩阵为：

$$C = SS^t = \begin{bmatrix} 1 & 0.723 \\ 0.723 & 1 \end{bmatrix} \tag{5.8}$$

查找特征向量和特征值

对于相关矩阵或协方差矩阵，特征值和特征向量不是唯一的。为了得到独立的解决方案，通常附加一个条件，比如特征向量中元素的平方和等于 1。用线性代数（Ferguson，1994），我们可以找到公式 5.8 中矩阵的特征值。两个特征值是 1 加相关系数和 1 减去相关系数：

$$v_1 = 1 + 0.723 = 1.723 \quad 和 \quad v_2 = 1 - 0.723 = 0.277 \tag{5.9}$$

两个对应的特征向量是：

$$e_1^t = \begin{bmatrix} 1 & 1 \end{bmatrix} / \sqrt{2} \quad 和 \quad = e_2^t = \begin{bmatrix} 1 & -1 \end{bmatrix} / \sqrt{2} \tag{5.10}$$

计算主成分

主成分可以从公式 5.2 计算（但是要用标准化数据矩阵），如此：

$$PC1 = e_1^t S = \frac{1}{\sqrt{2}} \begin{bmatrix} 1 & 1 \end{bmatrix} \begin{bmatrix} -1.86 & \cdots & 1.59 \\ -0.75 & \cdots & 0.82 \end{bmatrix} = \frac{1}{\sqrt{2}} \begin{bmatrix} -2.61 & \cdots & 2.41 \end{bmatrix}$$

$$PC2 = e_2^t S = \frac{1}{\sqrt{2}} \begin{bmatrix} 1 & -1 \end{bmatrix} \begin{bmatrix} -1.86 & \cdots & 1.59 \\ -0.75 & \cdots & 0.82 \end{bmatrix} = \frac{1}{\sqrt{2}} \begin{bmatrix} -1.11 & \cdots & 0.77 \end{bmatrix}$$

表 5.4 列出了两个主成分的完整数值。

表5.4　表5.2 中身高的主成分

名字	A	B	C	D	E	F	G	H	I	J
PC_1	−1.85	−2.19	−1.03	−0.15	0.13	0.06	0.61	0.66	2.05	1.71
PC_2	−0.79	0.53	0.02	−0.21	−0.48	0.56	0.00	0.61	−0.78	0.54

主成分分析的基本解析

PCA 基于所有输入变量之间的线性相关性；变量的相关性影响特征值、不同 P_C 所代表的相对信息，以及原始变量对不同 PCs 的贡献。表 5.5 列出上面示例中的输入变量和 2 个 PCs。图 5.6 提供它们之间的关系的图形显示。在正文中介绍了使用 P_{CA} 进行地球科学应用的更高级分析。

值得再次指出的是，公式 5.4 中的特征向量的非独特性。在上面的示例中，如果我们将向量中的元素平方和归纳等于 2，而不是 1，则公式 5.10 中的两个特征向量将为 $e_1^t = \begin{bmatrix} 1 & 1 \end{bmatrix}$

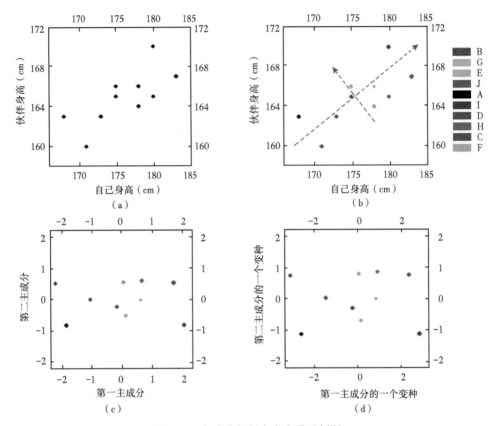

图 5.6 主成分解析身高变量示例图

(a) 2 个身高变量的交会图；(b) 与 (a) 相同，但是叠加了对两个身高变量的第一主成分；(c) 表 5.4 中的两个主成分的交会图；(d) 两个主成分 (PC11.4 和 PC21.4) 的交会图，这两个主成分与表 5.4 中的主成分成正比 (使用了特征向量 e_1^t [1 1] 和 e_2^t [1 1])；(c) 和 (d) 用的颜色图例与 (b) 中的颜色图例相同，颜色代表表 5.1 中 10 个男人的 "名字"

和 $e_2^t = $ [1 -1]。每个 PC 的结果将会有不同的值，但它们只是成比例的 (因此，100% 相关)。例如，如果表 5.4 中的所有值乘以 $\sqrt{2}$，则两个 PC 将是特征向量 $e_1^t = $ [1 1] 和 $e_2^t = $ [1 -1] 的结果。图 5.6 (c) 表示了对应于特征向量 $e_1^t = \dfrac{1}{\sqrt{2}}$ [1 1] 和 $e_2^t = \dfrac{1}{\sqrt{2}}$ [1 -1] 的 PCs，图 5.6 (d) 表示了对应于特征向量 $e_1^t = $ [1 1] 和 $e_2^t = $ [1 1] 的 PCs。在应用中，用不同的约束的特征向量的 PCs 意味着略有不同的校准。例如，在图 5.2 (g) 所示的示例中，当 PC 从特征向量元素的平方和等于 2 求得解时，截止值应该乘以 $\sqrt{2}$。

表 5.5 身高主成分分析示例简要：两个输入变量及其主成分之间的相关性

参数	PC1	PC2
自己身高	0.928	0.372
伴侣身高	0.928	−0.372
特征值	1.723	0.277
相对方差比例	86.2%	13.8%

参 考 文 献

Abdi H, Williams L J. 2010. Principal component analysis. Statistics & Data Mining Series, Vol. 2, John Wiley & Sons, p. 433-459.

Ferguson, J. 1994. Introduction to linear algebra in geology: Springer.

Hindlet F., Ma Y. Z. and Hass A. 1991. Statistical analysis on AVO data. Proceeding of EAEG, C028: 264-265, Florence, Italy.

Jolliffe, I. T. 2002. Principal component analysis, Second edition, Springer.

Ma, Y. Z. 2011. Lithofacies clustering using principal component analysis and neural network: applications to wireline logs, Math. Geosciences, 43 (4): 401-419.

Ma, Y. Z. and Gomez E. 2015. Uses and abuses in applying neural networks for predicting reservoir properties, J of Petroleum Sci. & Eng., doi: j. petrol. 05. 006.

Ma, Y. Z., Moore W. R., Gomez E., Luneau B., Kaufman P. Gurpinar O. and Handwerger D. 2015. Wireline log signatures of organic matters and lithofacies classifications for shale and tight carbonate reservoirs. In Y. Z. Ma and S. Holditch, ed., Handbook of Unconventional Resource, Elsevier, p. 151-171.

Ma YZ and Zhang Y. 2014. Resolution of Happiness-Income Paradox. Social Indicators Research 119, no. 2 (2014): 705-721, doi: 10. 1007/s11205-013-0502-9.

Ma Y. Z. et al. 2014. Identifying Hydrocarbon Zones in Unconventional Formations by Discerning Simpson's Paradox. Paper SPE 169496 presented at the SPE Western and Rocky Regional Conference, April.

Paris, M. G. 2012. Two Quantum Simpson's Paradoxes. J. Phys. A 45: 132001.

Prensky, S. E. 1984. A Gamma-ray log anomaly associated with the Cretaceous-Tertiary boundary in the Northern Green River Basin, Wyoming. In B. E. Law, ed., Geological Characteristics of Low-Permeability Upper Cretaceous and Lower Tertiary Rocks in the Pinedale Anticline Area, Sublette County, Wyoming, USGS Open-File 84-753, p. 22-35. https: //pubs. usgs. gov/of/1984/0753/report. pdf (accessed 6 August 2017).

Richman, M. 1986. Rotation of principal components. International Journal of Climatology 6 (3): 293-335.

第6章 基于回归的预测分析

任何统计都可以外推到带来灾难性结果。

托马斯·索韦尔 (Thomas Sowell)

摘要：回归是最常用的多变量统计方法之一。多变量线性回归可以结合许多解释性变量以预测目标变量。但是，由于解释变量中的相互之间的相关性，其共线性导致多变量回归中的许多意外。本章介绍基本的和高级的回归方法，包括标准最小二乘法线性回归、脊回归及主成分回归。这些方法应用于地球科学的不足之处也将讨论。

6.1 引言和评论

回归是一种从一个解释变量预测响应变量或者通过组合多个解释变量来预测响应变量的方法。回归方法似乎很简单，但是如不谨慎会有许多陷阱。首先，回归应该是用具有更多样本数据的一个变量或几个变量来预测一个采样不足的变量。许多教科书强调回归方程和基于最小二乘法的答案，但忽略方法的最基本效用，也即目标和解释性变量之间采样的差异。在大多数教科书给出的例子中，目标和解释性变量通常具有相同的样本，回归没有预测用途。因此，该方法的基本用途经常被遗忘。例如，线性回归经常用于相关性分析，甚至因果分析，而没有详尽的调查，以及用于不恰当的描述性数据分析。滥用回归在文献和实践中都很常见，正像 Lord 悖论所显示的（附录 6.1）。

另一个误解是把数据在回归中的偏差标为误差。由于目标变量与解释变量之间的不完美关系，数据与回归线的偏差在文献中经常被称为误差，这意味着回归线是"真理"，而数据不正确（有时称为观测误差）。事实上，回归方程是用于逼近真实世界，而不是相反。数据一般是真的，除了个案中数据包含误差外。从数学角度看，怎么标签并不重要，因为回归的公式保持不变；然而，将偏差误认为误差可以导致线性回归不当应用，比如，当两个相关变量具有不完美物理关系时，不能准确地估计它们的乘积（第 22 章）。

其他术语问题包括对输出和输入变量称为"依赖"和"独立"变量的不当使用，这会导致与概率和统计中最重要的概念之一的混淆，随机变量之间的依赖性。术语响应或目标变量，应用于输出变量，而术语解释变量或预测变量应用于输入变量。

我们将首先介绍双变量线性回归及其变化，以及地球科学数据分析中常用的非线性回归。然后，我们将介绍多变量线性回归（MLR，这又是一个错误用法：由于某种历史原因，MLR 被指为多个线性回归；Bertrand 和 Holder，1988）。

多变量线性回归在大数据分析中很有用，因为它能够结合许多输入变量来预测输出变量或将它们校准到目标变量。然而，大数据中的许多变量也暗示着它们之间有许多相关性。预测变量之间的相关性称为共线性或多共线性。传统观点认为，共线性仅适用于高度相关的预测变量。事实上，这种情况很普遍。大数据中的共线性给多元回归和机器学习算法带来巨大挑战。几乎所有的机器学习方法都必须直接或间接地处理这个问题。影响偏置于方差平衡的过度拟合和拟合不足（第 7 章）与大数据的共线性有关，尽管在机器学习的文献里通常不这么讲。

为了减轻共线性，有人提出了几个有偏回归估计法，包括脊回归、局部最小二乘、最小绝对收缩和选择运算符（LASSO），以及主成分回归（PCR）。主成分回归是主成分分析的扩展，因为主成分分析可以消减解释性变量数目，其主要的主成分可用于回归。审查共线性在多元回归的效应后，本章节将介绍最常见的带偏回归方法——脊回归，以及主成分回归。有些人可能想知道为什么要用偏置估计法呢。之后会看出，共线性会给多元回归带来巨大的问题，偏置估计法可以缓解此问题。

6.2 双变量回归

由于回归方法的基础知识是众所周知的，因此在回顾几种常见回归方法的基础知识后，这里集中讲使用回归的几个陷阱。

6.2.1 双变量线性回归

在双变量线性回归（或简单线性回归）中，线性函数中使用一个解释变量来估计响应变量：

$$Y^* = a + bX \tag{6.1}$$

其中，Y^* 为未知真实 Y 的估计值；X 为预测变量；a 为常量（截距）；b 为回归系数（线性方程的斜率）。

均方误差（MSE）（误差是真实和估计之间的差值）是：

$$\mathrm{MSE} = E(Y-Y^*)^2 = E(Y^2) + E(Y^*)^2 - 2E(YY^*) \tag{6.2}$$

对均方误差最小化会引出回归参数 a 和 b 的以下解决方案（知识箱 6.1）：

知识箱 6.1 线性回归解的推导

使用公式 6.1 及平均值、方差、协方差和相关性的定义（附录 4.1），公式 6.2 中的均方误差可以推导如下：

$$
\begin{aligned}
MSE &= E(Y-Y^*)^2 = E(Y^2) + E(Y^*)^2 - 2E(YY^*) \\
&= \sigma_y{}^2 + m_y{}^2 + E(bX+a)^2 - 2E[Y(bX+a)] \\
&= \sigma_y{}^2 + m_y{}^2 + b^2E(X^2) + a^2 + 2abm_x - 2bE(XY) - 2am_y \\
&= \sigma_y{}^2 + m_y{}^2 + b^2\sigma_x{}^2 + b^2m_x{}^2 + a^2 + 2abm_x - 2b(r\sigma_x\sigma_y + m_xm_y) - 2am_y
\end{aligned}
$$

为了对式中的均方误差最小化，分别对其相对于 a 和 b 求导数，然后将每个导数设置为 0。如此，我们获得两个方程：

$$a = m_y - bm_x$$

$$b\sigma_x{}^2 + bm_x{}^2 + am_x - (r\sigma_x\sigma_y + m_xm_y) = 0$$

求解这两个方程会产生公式 6.3 和公式 6.4 中的解。

$$b = r\sigma_y / \sigma_x \tag{6.3}$$

$$a = m_y - bm_x \tag{6.4}$$

其中，m_x 和 m_y 分别为解释变量和响应变量的平均值；σ_x 和 σ_y 分别为它们的标准偏差；r 为解释变量和响应变量之间的相关系数。

线性公式 6.1 可以用下形式书写：

$$Y^* = m_y + r\sigma_y \frac{X - m_x}{\sigma_x} \tag{6.5}$$

或

$$\frac{Y^* - m_y}{\sigma_y} = r \frac{X - m_x}{\sigma_x} \tag{6.6}$$

这通常称为标准或普通最小二乘法回归（OLS）［图 6.1（a）］。

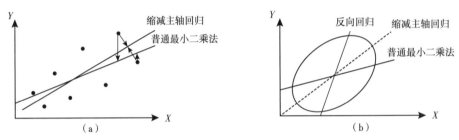

图 6.1　不同回归方法示例图

（a）数据与两种回归线（OLS 和 RMA）的偏差图示；（b）三种类型的回归：由 X 回归 Y
（直接或向前回归或 OLS），由 Y 回归 X（反向回归），以及缩减主轴回归（RMA）

6.2.2　双变量线性回归的变化

由 X 回归 Y 和由 Y 回归 X 是不同的，因为响应和解释性变量的使用不同。由 Y 对 X 线性回归使用最小二乘法让 X 对（线性公式的）直线的偏差平方最小化。回归估计值为：

$$X^* = m_x + r\sigma_x \frac{Y - m_y}{\sigma_y} \tag{6.7}$$

缩减主轴（RMA）回归（也称为 Deming 回归）的定义是把与直线的平方垂直距离的总和最小化［图 6.1（a）］。在此方法中，Y 的变化性和 X 的变化性得到平等处理。并且通过最小化 X 和 Y 的差异来找到回归线，其中像是各自由另一个变量来估计。图 6.1（b）显示了三个回归的差异（知识箱 6.2）。

知识箱 6.2　回归悖论

基于公式 6.1 的回归有时称为直接或正向回归，而基于公式 6.6 的回归称为反向回归。两个回归之间的差异仅仅是由于解释变量和响应变量之间角色的变化。这是回归悖论的本质——解释变量和响应变量之间的不对称。不幸的是，这种根本的区别在实践中往往被忽视，研究人员通过两个回归来论证一些相互矛盾的结果（Chen 等，2009）。

当两个变量具有完美的相关性时，正向和反向回归是相同的。另一个极端的情况下，两者完全正交。这是当 X 和 Y 没有相关性时；X 回归 Y 是等于 Y 的平均值的平缓线，而由 Y 回归 X 是等于 X 的平均值的垂直（于 Y）线。虽然没有人会在这些情况用回归，这突出显示了回归的一个关键特征。

6.2.3 备注

回归在统计机器学习中被称为监督性学习。但是，回归通常不遵守数据。使用线性回归时，其预测与数据有较大偏差，具体取决于预测变量和响应变量之间的相关性。从偏差和方差权衡的观点，这称为高偏（第 7 章）。下面介绍线性回归在地球科学应用的几个问题。

响应变量的方差在预测中比数据所代表的会降低，这在统计文献中通常不讨论。这里简要讨论一个例子。图 6.2（a）显示一个中子孔隙度和有效孔隙度交会图，皮尔逊相关性为 0.801。线性回归的方差从数据的 0.0019 减少到 0.0012，减少了 37%（回归的孔隙度与原始数据的平均值都为 0.114，因为线性回归是一个全局无偏估计）。图 6.2（b）将回归数据的直方图与原始数据进行比较。当非均质性很重要时，线性回归减少方差可能是一个缺点（第 20 章和第 22 章）。

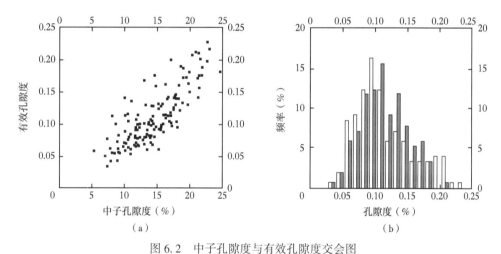

图 6.2　中子孔隙度与有效孔隙度交会图
（a）中子孔隙度（百分比）与估计有效孔隙率［岩心数据（分数）］之间的交会图；
（b）原始孔隙度数据（灰色）和回归孔隙度（黑色）的直方图

一些应用地球科学家有时会因为选择回归方法而感到困惑，如在 OLS 线性回归和主轴线性回归之间进行选择。通常，当响应和预测变量的作用明确时，应该使用 OLS 回归进行预测。主轴回归应用于描述两个变量的关系的趋势，即响应和预测变量没有明确的标识作用（知识箱 6.3）。

知识箱 6.3　使用普通最小二乘法回归还是主轴回归：一个简单的示例

给定一个表示测量的物理属性作为深度函数的测井，如果想要定义一条直线来描述其趋势，选择的方法是什么？

人们经常想到的第一种方法是普通的线性回归。但是，普通线性回归是对目标变量进行估计。而现在的问题是找到尽可能接近描述数据的线性趋势。因此，最小化"回归"线与两个变量的数据之间的差异应该是标准，这样就应该使用主轴线性回归，而不是标准 OLS 回归。这一简单例子的目的是显示在文献中有滥用回归进行相关性分析。往往会看到人们用普通线性回归来描述两个变量之间的关系。

实际上，响应变量不能完全由预测变量解释，因为回归线不能完全表示两个变量的关系，除非它们完全相关。此外，线性回归意味着预测目标变量和解释性变量之间的相关性变为100%，即使它们之间的对应的数据的相关性不是100%。综上所述，数据一般与回归线有偏差，一般不应被解释为错误。他们只是反映回归线无法完全描述两者的关系。了解这种差异在应用中可能非常重要，如在评估复合物理变量（第22章）。

6.2.4 非线性双变量回归

线性回归可以使用基础函数（如多项式、正弦函数或对数正态函数）扩展到非线性回归。但是，具有非线性基础函数或非线性变换的回归可能导致预测偏差（Delfiner，2007）。在这里，讨论一个使用孔隙度预测渗透率的例子。渗透率通常具有近似对数正态的直方图，其与孔隙度的相关性通常是非线性的。其对数通常显示与孔隙度的良好相关性。如果按公式6.5进行回归，以渗透率的对数作为响应变量，渗透率的方差将会从655.05mD^{2}减少到10.52mD^2，平均值从12.87mD降至2.26mD。原始渗透率数据和回归值之间的直方图比较如图6.3（a）所示。偏差是由不等式：E［log（permeability）］<log［E（permeability）］导致的结果（Vargas-Guzman，2009）。

第20章将使用协同随机模拟提出解决方案，以避免偏差。例如，同位协同随机模拟（第17章）不仅实现了无偏的预测，而且不降低方差（Ma，2010）。图6.3（b）显示了协同模拟的渗透率直方图与原始样品渗透率直方图的比较，它们几乎相同。平均值从12.87mD略微减小到10.71，方差从655.05mD^{2}略微减小到522.86（相比之下，回归将其减小到10.52mD^2）。

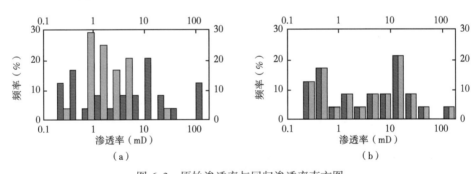

图 6.3　原始渗透率与回归渗透率直方图
（a）原始渗透率数据（红色）和回归渗透率（蓝色）的直方图；
（b）原始渗透率数据（红色）和同位协同随机模拟的渗透率（蓝色）的直方图

6.3　多变量线性回归（MLR）

6.3.1　背景

多变量线性回归使用许多预测（或解释）变量来估计响应变量。它使用以下线性方程：

$$Y^* = b_0 + b_1 X_1 + b_2 X_2 + \cdots + b_n X_n \tag{6.8}$$

其中，Y^*为响应变量Y的估计，X_1到X_n是预测变量；b_0为常量，b_1到b_n是未标准化的解释变量的回归系数。

我们也可以在线性方程中使用标准化预测变量，这样估计值表示为：

$$Y^* = \beta_0 + \beta_1 \frac{(X_1 - m_1)\sigma_y}{\sigma_1} + \beta_2 \frac{(X_2 - m_2)\sigma_y}{\sigma_2} + \cdots + \beta_n \frac{(X_n - m_n)\sigma_y}{\sigma_n} \qquad (6.9)$$

其中，β_0 和 σ_y 分别为响应变量的平均值和标准差；β_t 为标准化回归系数；m_t 和 σ_i 分别为预测变量的平均值和标准差。

当 β_0 和 σ_y 放在公式 6.9 中的左侧时，可以更明显地看到所有变量都是标准化的，而且 β_t 是标准化的回归系数。使用标准化方程的另一个优点是易于分析共线性的影响，因为每个预测变量对估计的贡献更具可比性。这一点将会在第 6.3.2 节的后面看得更清楚。

回归的有效性通常由解释的方差或 R 平方进行量化。R 平方计算为标准化回归权重和相关系数的表达式：

$$R^2 = \sum_{i=1}^{n} \beta_i \gamma_{yi} \qquad (6.10)$$

其中，β_i 为标准化回归系数；γ_{yi} 为响应变量 Y 和预测变量 X_i 之间的相关系数。

非标准化系数与标准化回归系数之间的关系为：

$$b_i = \beta_i(\sigma_y / \sigma_i) \qquad (6.11)$$

其中，σ_y 和 σ_i 分别为响应变量 Y 和预测变量 X_i 的标准差。

对平均平方残差（与公式 6.2 相同，但要用公式 6.9 的定义来估计）最小化会给出了参数的解 β_t。用向量形式 β，以 β_i 作为条目，这就表达为：

$$\beta = (X^t X)^{-1} X^t y \qquad (6.12)$$

其中，X 为预测变量的数据矩阵；y 为响应变量的数据向量；上标 t 表示矩阵转置，上标 -1 表示逆矩阵。预测和响应变量两者都是标准化的；否则，两者 β_i 应替换为公式 6.12 中的未标准化的回归权重。

回归的解也可以表示为协方差的非标准化变量或者用相关矩阵和向量，如（下面的解的推导与简单克里金解的推导非常类似；知识箱 16.1）：

$$C_{ij} \beta = c_{yj} \qquad (6.13)$$

其中，C_{ij} 为预测变量 X_i 的相关矩阵；c_{yj} 为目标变量 Y 和每个预测变量 X_j 之间相关性的向量。矩阵的大小是 $n \times n$，向量的大小是 n。

公式 6.13 中回归系数的解是：

$$\beta = C_{ij}^{-1} c_{yj} \qquad (6.14)$$

其中，C_{ij}^{-1} 为预测变量的相关矩阵的逆矩阵。

公式 6.14 方便分析共线性及应用于规范化。

6.3.2 共线性效应

在双变量线性回归中，预测取决于预测变量和响应变量之间的相关性。在多元线性回归中，预测受每个预测变量和响应变量之间的相关性以及预测变量相互之间的相关性的影响。后者（预测变量相互之间的相关性）称为共线性。共线性会导致多元线性回归中的数值不稳定，从而也就影响到解释（预测）变量的选择。

在文献中，共线性常被说是由高相关性引起的。事实上，即使是小的相关性也会导致共线性。共线性有两个效应：预测变量之间的信息冗余和再分配。冗余是共线性的较弱的一面，一般不会引起误解，但在处理共线性的不弱的、导致共线性的再分配的一面时，存在两种思想流派。方差膨胀因子（O'Brien，2007；Liao 和 Valliant，2012）和抑制（Darmawan 和 Keeves，2006；Gonzalez 和 Cox，2007）。方差膨胀因子通过测量由于共线性而增加的回归系数的值来量化共线性的严重程度。由于历史原因，"抑制"一词是又一个错误用词；它并不意味着对信息的抑制，本质上具有相反的含义：夸大预测变量的加权系数（Ma，2011）。

在多元线性回归中，Pearson 相关系数有时被称为零阶相关（Cohen 等，2003）。由于抑制而导致多元线性回归中的反直觉现象包括：（1）大于其相关系数（如相关性为 0，但不可忽略的回归系数）；（2）与相关值相反回归系数符号；（3）回归系数大于 1 或小于 –1。

在这里，我们使用具有两个预测变量的多元线性回归来显示在共线性存在时回归的敏感性和不稳定性。以三变量回归使用砂岩体积含量（Vsand）和电阻率（R_t）用于估计孔隙度（PHI）。线性回归方程可以写成：

$$PHI^* = \beta_0 + \beta_1 \frac{\sigma_p}{\sigma_v}(V_{sand} - m_v) + \beta_2 \frac{\sigma_p}{\sigma_r}(R_t - m_r) \qquad (6.15)$$

其中，m_v、m_r 和 m_p 分别为 V_{sand}、resistivity 和 PHI 的平均值；σ_v、σ_r 和 σ_p 分别为 Vsand、resistivity 和 PHI 标准差；β_0 等于 PHI 的平均值；β_1 为 Vsand 回归系数；β_2 为 resistivity 回归系数。

给定相关性，$r_{pv} = 0.641$，$r_{pr} = 0.001$ 和 $r_{vr} = -0.410$，公式 6.15 中的回归系数可以使用矩阵方程 6.14 计算。这样 $\beta_1 = 0.771$，$\beta_1 = 0.317$。公式 6.15 因此可改写为：

$$PHI^* = m_p + 0.771 \frac{\sigma_p}{\sigma_v}(V_{sand} - m_v) + 0.317 \frac{\sigma_p}{\sigma_r}(R_t - m_r) \qquad (6.16)$$

在使用两个变量回归中，V_{sand} 的加权系数 β_1 从其相关系数的 0.641 增加到 0.771。虽然 R_t 与 PHI 的相关性几乎为 0，大概没有预测能力，但其回归中的权重为 0.317。这种现象显示于 Venn 图中（图 6.4）。

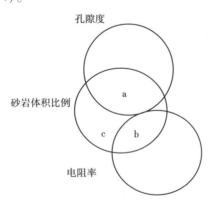

图 6.4　Venn 图说明 MLR 中的经典抑制（公式 6.16）（据 Ma，2011）

面积 a 表示砂岩体积比例和孔隙度之间的平方相关性，b 表示"抑制"区域（这是该术语的原因）或相关的平方，c 是未抑制和不相关平方的分量；注意电阻率通过砂岩体积比例的间接传递效应，用于孔隙度的预测使用公式 6.10 时的 R 平方值是：

$$R^2 = 0.771 \times 0.641 + 0.317 \times 0.001 = 0.4942 + 0.0003 = 0.4945 \tag{6.17}$$

当在双变量线性回归中使用 Vsand 或者电阻率时，使用 Vsand 的 R 平方为 $0.641 \times 0.641 = 0.4109$，使用电阻率时基本上为 0（因为其与 PHI 的相关性几乎为 0）。请注意多元线性回归中的 R^2 的增值（表 6.1）。

上述现象往往与经典抑制有关。当回归中添加新的预测变量时，即使它与目标变量不相关，也可导致增加预测中的 R^2。另外两种类型是 净（net）抑制和协同抑制（附录 7.2）。简而言之，当预测变量的回归系数与其和响应变量的相关系数的符号相反时，产生净（net）抑制。当两个预测变量呈负相关，但两个变量与响应变量呈正相关，或者两个预测变量呈正相关，但它们与响应变量的相关符号相反（一个正相关和一个负相关）时，产生协同抑制。

共线性会导致令人惊讶的回归系数。一些科学家最初关注多元线性回归中共线性的好处，如上面的例子，因为在传统上，较高的 R^2 被解释为增强了预测性。随着在多元线性回归中用的变量增加，共线性的负面影响的明显增高，导致回归的不稳定性。上面显示的示例只有两个预测变量。在大数据中，共线性的影响要大得多。减轻共线性影响的方法包括子集选择、规范化和主成分回归（PCR）。

表 6.1　三变量线性回归的汇总统计数据（公式 6.15）

与响应变量的相关性		预测变量之间的相关性	标准化回归系数		R^2			ΔR^2（增益）
预测变量 1	预测变量 2		预测变量 1	预测变量 2	三变量	双变量-1	双变量-2	
0.641	0.001	-0.410	0.771	0.317	0.4942	0.4109	0.0003	0.0833

注：ΔR^2（即 R^2 增益）是两个双变量回归的 R 平方"总和"与三变量回归 R 平方之间的差。

6.3.3　子集选择

减少共线性的一个解决方案是仅从所有可用预测变量的大数据中选择一部分预测变量，这称为子集选择（Tibshirani，1996；Hastie 等，2009）。一般来说，预测变量越少，它们之间的共线性就越少。选择预测变量的一个原则是查找与响应变量高度相关的变量，而它们的相互关联尽可能小。从以上关于抑制现象的介绍，预测变量之间的相互关系是回归系数剧烈波动的主要原因。因此，与响应变量关系不大且与其他预测变量关系较大的变量应该是回归中排除的候选变量。

提出的几种方法包括最佳子集选择、向前（或正向）步进选择和向后步进选择（Hastie 等，2009）。最佳子集选择查找给出最小平方残差的预测变量的子集。这要评估所有可能的子集组合，以找到最佳选择。在实践中，这将仍然涉及偏置和方差之间的权衡（第 7 章）和回归的可解释性；否则，该方法将倾向于选择更多变量，因为更多的预测变量将导致较小的平方残差总和。

正向步进选择从简单回归开始，如果预测变量改进了回归拟合，则按顺序添加预测变量。向后步进选择从模型中的所有预测变量开始，如果预测变量对回归拟合的影响可以忽略不计，则按顺序删除预测变量。

在实践中，将上述子集选择方法与预测变量的主题知识和物理解释相结合是很有用的。

6.3.4　规范化

除了子集选择之外，收缩方法〔包括岭（或脊）、LASSO 和主成分回归〕也经常用于缓解共线性效应（Huang 等，2006；Hastie 等，2009）。

虽然脊回归是几十年前引入的（Hoerl 和 Kennard，1970），但在地球科学领域只有有限的应用（Jones，1972）。近年来，由于收缩法对回归中的共线性的副作用的改进，在统计预测和机器学习中引起了更多的关注。收缩的理论基础在于平衡参数估计的偏差和方差。脊回归是 L^2 运算符，LASSO 是 L^1 运算符。在某些情况下，LASSO 比脊收缩有优势，但对大多数应用地球科学问题，它们可以提供可比的结果。这里介绍脊回归。

在脊回归中，引入了一个调整参数来对回归系数规范化。脊回归在约束（称为收缩惩罚）下将真实和估计值之间的平方差降至最低。因此，脊回归中加权系数的解与公式6.14 略有不同：

$$\beta = (C_{ij} + vI)^{-1} C_{yj} \tag{6.18}$$

其中，脊调谐参数，$v \geq 0$；I 为单位矩阵。

虽然脊回归称之为偏差估计，但脊引入的偏差是缓解共线性引起的问题。当共线性问题严重时，脊回归的偏差是值得的（第 6 章第 5 节）。

6.4　主成分回归（PCR）

主成分回归是主成分分析用于回归的扩展。主成分分析是正交变换，其主成分呈线性不相关（第 5 章）。因此，主成分分析可以用作预处理法，然后将主成分带入多变量线性回归中。因为主成分具有无共线性的优点，以及比原始变量具有更少的有用成分，回归计算是直截了当。

具体来说，主成分的回归系数不受回归中其他主成分的影响，因为主成分之间的相关性为零。相比，最初选择的预测变量在标准多变量线性回归中，系数可能会在回归中添加或删除变量时呈显著的变化（第 6 章第 3 节和附录 6.2）。

主成分回归包括以下步骤：

（1）应用子集选择，从与目标变量相关的所有输入变量中选择预测变量。

（2）对选定的预测变量执行主成分分析。

（3）根据与响应变量的相关性，从所有具有非零值的主成分中选择一些主成分。

（4）从所选主成分中建立响应变量的线性回归；这只是比基于所选主成分的双变量回归之和，再加上响应变量的平均值，也即 $Y^* = m_y + \sum_j b_j PC_j$，这里 PC_j 是所选的主成分，b_j加权系数，以及 m_y 为响应变量的平均值。

（5）求解上述线性回归公式。

6.4.1　主成分的选择

应选择哪些主成分进行回归呢？如果所有的主成分都包含在回归中，生成的模型就相当于标准多变量线性回归。在主成分回归中应该选择与响应变量相关性高的主成分。选择主成分也可基于它们的物理解释。

6.4.2　子集选择、脊回归和主成分回归的比较

脊回归通过降低解释变量的权重以减轻共线性效应，主成分回归则通过选择部分主成分以减轻共线性效应；在这里，规范化是通过仅选择重要的主成分来实现的，也就是在回归中消除了不重要的主成分。

一个变通是不把解释变量的权重降低到 0，而是把不太稳定、低方差的主成分的贡献降低而不忽视。另一种方法是用潜在根回归（Webster 等，1974）。这一方法和直接用主成分回归之间的主要区别是，主成分不是仅针对 p 个预测变量集计算的。而是对 p 个预测变量和目标变量形成的（$p+1$）个变量组合进行计算。所有这些有偏差的估计在选择主成分的数量以及应用在回归中使用哪些主成分上都有问题。相比而言，在岭回归中，问题出在选择调谐参数上，收缩量必须在收缩法中确定，而这可能是模棱两可的。

在实践中，使用子集选择、脊或 LASSO 收缩或主成分回归是一个微妙的决定。通常，最好将解释变量的选择与收缩方法相结合。子集选择从候选变量中可排除一些荒谬或虚假相关的变量；收缩可以改进多元回归的稳定性和过硬性。

6.5　示例

在这一资源评价研究中，有 12 口井的孔隙度数据，4 张地震属性图（图 6.5）。表 6.2 显示了用 12 口井共同点采样的数据计算的孔隙度和 4 张地震属性之间的相关性。

孔隙度的预测，PHI 在多元线性回归中用两个预测变量 attribute1 和 attribute2，可以表达为标准化等式：

$$PHI^* = m_p + \beta_1 \frac{\sigma_p}{\sigma_1}（\text{attribute1}-m_1）+\beta_2 \frac{\sigma_p}{\sigma_2}（\text{attribute2}-m_2） \tag{6.19}$$

其中，m_1，m_2 和 m_p 分别是 attribute1，attribute2 和 PHI 的平均值；σ_1，σ_2 和 σ_p 分别是 attribute1，attribute2 和 PHI 的标准差；β_1 和 β_2 是 attribute1 和 attribute2 回归系数。

平均值和标准差都是根据样本数据计算的。知道了 $r_{12} = -0.539$，$r_{p1} = -0.733$，$r_{p2} = 0.382$，标准化回归系数从公式 6.14 求得。$\beta_1 = -0.743$ 和 $\beta_2 = -0.018$。因此，公式 6.19 成为

$$PHI^* = m_p - 0.743 \frac{\sigma_p}{\sigma_1}(\text{attribute1} - m_1) - 0.018 \frac{\sigma_p}{\sigma_2}(\text{attribute2} - m_2) \tag{6.20}$$

属性 1（attribute1）的回归系数 -0.743，大于其与响应变量（PHI）的相关系数 -0.733；attribute2 与 PHI 呈正相关，但其回归系数为负。这种符号的反转是净抑制的表现（附录 6.2）。但是，因为 attribute2 比 attribute1 回归系数小得多，它对回归的贡献有限［图 6.5（e）］。

不仅多变量线性回归对预测变量之间的相关性高度敏感，而且用样本计算的相关性本身对采样设计和密度也高度敏感（第 4 章第 7 节）。这两个问题在文献中通常单独讨论，

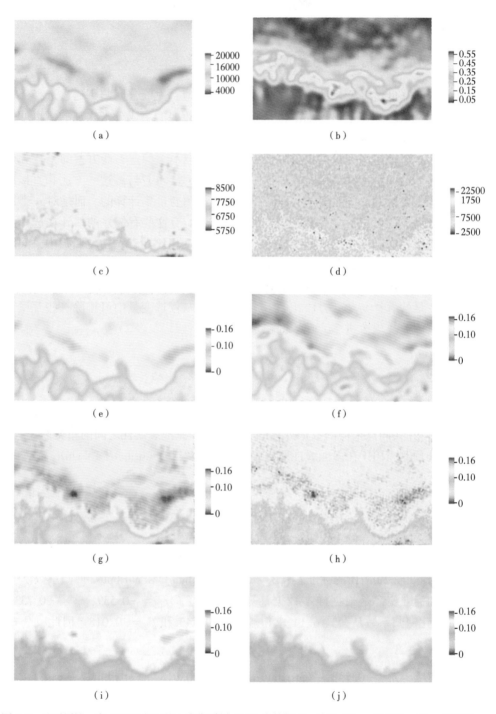

图 6.5　地震属性，在 259170 的网格上定期采样 40030 个数据点，表示 13km（X 轴）×8km（Y 轴），以及预测的孔隙度图

（a）属性 1；（b）属性 2；（c）属性 3；（d）属性 4；（e）使用属性 1 和属性 2 进行的回归，有净抑制；（f）使用属性 1 和属性 2 进行的回归，有经典抑制；（g）使用属性 1、属性 2 和属性 3 的回归；（h）使用所有四个属性的回归；（i）使用所有四个属性的回归，但因为脊调谐导致了属性 4 的加权为 0；（j）使用所有四个属性的回归，但由于脊调谐参数等于 1 导致属性 4 权重为负（表 6.3）

96

关于它们的联合效应的研究并不常见。预测变量和响应变量之间的相关性通常使用有限的数据计算。在此例中，响应变量 PHI 有 12 个样本可用。样本数量或多或少会导致从样本计算的相关性的范围较大。

为了说明抑制对估计相关性变化的影响，请考虑 PHI 和 attribute2 之间没有相关性，并假定其他条件保持不变（表 6.2）。公式 6.20 从而成为：

$$PHI^* = m_p - 1.033\, \frac{\sigma_p}{\sigma_1}(\text{attribute1} - m_1) - 0.557\, \frac{\sigma_p}{\sigma_2}(\text{attribute2} - m_2) \quad (6.21)$$

attribute1 的回归系数大于 1，attribute2 的回归系数也明显较大，为 -0.557，尽管其与 PHI 没有相关性，这是古典抑制的表现。Attribute1 是一个中继变量，而 attribute2 是一个被传输的变量，因为 attribute2 有助于预测是因为其与 attribute1 有相关性（也即，attribute2 的信息通过 attribute1 传递在 PHI 的预测中，图 6.4）。

分别使用公式 6.20 和公式 6.21 的两个回归给出相同的平均孔隙度值，由公式 6.21 的回归具有更多的低值和高值以及较少的中间值 [图 6.5（e）和图 6.5（f）]。而且，两个预测的空间排列是完全不同的。明显的是，由公式 6.20 的回归的中心区域的高孔隙度区在由公式 6.21 回归中被向北扩大；由公式 6.20 回归的低孔隙度区在由公式 6.21 回归中从南部"推"到中部地区，这是由于 attribute2 的权重大幅度提高了。简而言之，公式 6.21 的回归是假设的，但显示了很强的抑制效应，结果可能包含伪影。

脊回归中的加权系数不仅取决于预测变量和响应变量之间的相关性，还取决于脊调谐参数的值。表 6.3 显示了脊调谐参数在使用脊回归中的效果，包括 3 个不同的调谐值。图 6.5（h）显示使用四个地震属性的脊回归，但脊调谐参数导致属性 4 的权重为 0，这与直接使用其他三个属性（而不使用属性 4）的回归不同。后者实际上是一个子集选择，其结果如图 6.5（i）所示。使用所有 4 个属性的标准多元线性回归受到共线性的严重影响。例如，属性 4 与 PHI 呈负相关，为 -0.401，但它的回归系数为正的，为 0.312（是净抑制的表现；表 6.3）。当脊调谐参数增加到 1 时，回归的图将变得更平滑 [图 6.5（j）]。注意增加脊调谐参数的属性 4 对回归系数的影响；当脊调谐等于 1 时，其回归系数具有其与 PHI 的相关性相同的符号，并显著减轻了净抑制的影响。此外，需脊调谐参数增加，回归系数越来越均匀分布（收缩效果增加）。

总之，公式 6.20 的回归是一个子集选择，与使用所有四个属性回归相比，给出了合理的结果 [图 6.5（e）和图 6.5（h）]。用前三个属性的回归也是如此 [图 6.5（g）]。使用所有四个属性的标准回归白噪声太大 [图 6.5（h）]，而使用高脊调谐的回归图太平滑 [图 6.5（j）]。具有适度脊调的山脊回归给出了合理的结果 [图 6.5（i）]。

表 6.2　孔隙度（PHI）和四个地震属性的相关性矩阵

参数	孔隙度	属性 1	属性 2	属性 3	属性 4
孔隙度	1				
属性 1	-0.733	1			
属性 2	0.382	-0.539	1		
属性 3	0.694	-0.474	0.035	1	
属性 4	-0.401	0.723	-0.395	-0.381	1

表 6.3 相关系数、回归和脊回归系数的比较

参数	孔隙度	回归	脊, $v=0.5$	脊, $v=0.631$	脊, $v=1.0$
孔隙度	1				
属性 1	-0.733	-0.645	-0.339	-0.312	-0.260
属性 2	0.382	0.140	0.130	0.124	0.110
属性 3	0.694	0.502	0.358	0.332	0.277
属性 4	-0.401	0.312	0.021	0.000	-0.032

6.6 总结

回归可用于通过一个预测变量或集成多个解释变量来预测目标变量。使用多元线性回归的一个主要问题是共线性,可导致涉及的所有变量之间的复杂关联,并导致解释回归系数的困难。用墨菲定律"变量不变,常量不常"来描述多元线性回归再好不过了!一旦在多元线性回归中选择预测变量,它们就变成了"常数",但常量(回归系数)不仅与双变量相关性有关,而且和所有预测变量之间的共线性有关。通过子集选择或规范化,这些常量可以发生巨大的变化。总之,大数据有许多变量,也就有个大问题——由许多相关性诱导的共线性。子集选择和规范化有助于缓解共线性效应。

在应用统计学中,研究人员有混合推理和因果关系的倾向。它们是相关联的,但不应自动混为一致。面对共线性分析,多元线性回归不应该用于因果分析。物理定律可用于选择预测变量,但不应对回归系数进行因果解释,因为它们通常受共线性的影响大于其与目标变量的各自相关性的影响。在这方面,即使双变量相关性也不能被解释为因果关系,如第 4 章所述。

6.7 练习和问题

(1)从许多样本计算的孔隙度平均值为 0.12(即 12%),计算的标准差为 0.05。孔隙度与地震属性的相关系数为 -0.8。此地震属性的平均值为 1,其标准差为 1.5。线性回归用于使用地震属性预测孔隙度。写出线性回归方程。使用 P(x)作为孔隙度,使用 S(x)作为地震属性。当地震属性值为 2 时,线性回归的预测孔隙度是多少?

(2)两个地震属性用于多变量线性回归来估计孔隙度。属性 1 和孔隙度相关系数为 0.8;属性 2 和孔隙度的相关系数为 -0.7。两个属性都标准化为零均值和等于 1 的标准差,它们的相关系数为 -0.6。孔隙度平均值为 0.1,其标准差为 0.01。写出用这两个属性对孔隙度线性回归的方程。

附录 6.1 Lord 悖论和判断的客观性的重要性

"一所大学想调查大学食堂提供的饮食对学生的影响,以及这些影响的任何性别差异。记录了每个学生 9 月抵达时的体重和次年 6 月的体重。"

Lord,1967

由于 9 月至次年 6 月学生体重的变化，到达时的体重和学年结束时的体重交会图上有较大的分散（尽管相关性仍然重要）。Lord 还表示，男女学生的平均体重增加为 0。然后，他要求两个假定的统计学家确定学校的饮食（或其他任何东西）是否影响了学生体重；他还寻找任何对两性产生差异影响的证据。

除非可能取消几个因素的多重影响，这是 Lord 暗指不存在的（Lord，1967），对一个有常识的研究者来说，答案应该是显而易见的，就像 Lord 的第一个假定的统计学家认为，没有饮食效应，因为男性和女性的平均体重保持不变。然而，Lord 的第二统计学家分别对男性和女性进行了两次线性回归，并得出结论，男性和女性的饮食效应有显著差异（图6.6），他的结论是基于两个线性回归给出不同结果的事实。这个统计学家显然陷入了回归悖论的陷阱。不幸的是，Lord 和跟随他的其他研究人员声称，不清楚哪个统计学家是正确还是错误的，对矛盾结果也没有简单的解释（Chen 等，2009）。

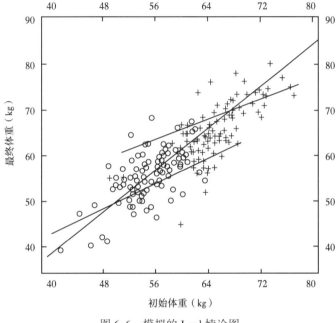

图 6.6　模拟的 Lord 悖论图
o 代表女性；+ 代表男性

Lord 悖论从根本上说是回归悖论的一种表现，它扭曲了两个预先存在的差异性的类别。许多研究人员关注群类效应，而忽略了回归悖论。首先，这是一个描述性问题，而不是预测问题，因此协方差分析就足够了，不应该使用回归（主轴回归可用于描述趋势）。

Lord 的悖论确实显示了预先存在的差异群体的影响。问题是，所有数据是否应一起分析或分别分析两个组？这个问题对地球科学中多级差异性以及适当使用层次结构建模来描述差异性有影响（第 20 章）。

附录6.2　多变量线性回归中共线性效应

除了冗余之外，共线性还有另一个重要的方面，在早期统计文献中称为抑制，在较新的文献中称为方差膨胀。虽然目前的统计文献更多地谈论方差的膨胀，但它倾向于处理共线性的症状。而理解抑制有助于更好地了解共线性的影响。术语抑制并不意味着抑制信息，而是在多变量线性回归中对预测变量的权重系数的放大。

抑制现象往往导致混乱，因为它在结果中的矛盾效应（Cohen 等，2003）。最近对多变量应用的分析揭示了这一问题的一些特点（Friedman 和 Wall，2005；Smith 等，2009；Ma，2011）。强烈的抑制效应会导致预测系统的不稳定。已经报告出了三种类型的抑制，包括经典抑制、合作抑制和净抑制（Ma，2011）。

1. 合作抑制

在具有两个预测变量的多变量线性回归中，当两个预测变量中的每一个都与响应变量呈正相关，但它们之间呈负相关时，合作抑制就会发生；或者，当两个预测变量呈正相关，但它们与响应变量的相关呈相反的符号（一个正相关和一个负相关）时，合作抑制也会发生。就是说，当存在有相关性的非传递性（第 4 章）。

图 6.7 显示了一个三变量回归示例，其中总孔隙度（PHIT）和砂岩体积比例（Vsand）各自与有效孔隙度（PHIE）呈正相关，但它们之间呈负相关。当知道三个变量（PHIT、Vsand 和 PHIE）的每一对之间的相关系数，使用矩阵方程（公式 6.13 和公式 6.14）：

$$\begin{pmatrix} 1 & -0.150 \\ -0.150 & 1 \end{pmatrix} \begin{pmatrix} \beta_1 \\ \beta_v \end{pmatrix} = \begin{pmatrix} 0.520 \\ 0.431 \end{pmatrix}$$

$$\begin{pmatrix} \beta_1 \\ \beta_v \end{pmatrix} = \begin{pmatrix} 1.023 & 0.153 \\ 0.153 & 1.023 \end{pmatrix} \begin{pmatrix} 0.52 \\ 0.431 \end{pmatrix} = \begin{pmatrix} 0.598 \\ 0.521 \end{pmatrix}$$

$$PHIE^* = m_p + 0.598 \frac{\sigma_p}{\sigma_t}(PHIT - m_t) + 0.532 \frac{\sigma_p}{\sigma_v}(V_{sand} - m_v) \qquad (6.22)$$

其中，m_t、m_v 和 m_p 分别是 PHIT、Vsand 和 PHIE 的平均值；σ_t，σ_v 和 σ_p 分别是它们的标准差。

由于两个预测变量之间的相互抑制，两个回归系数都大于其相关性。总孔隙度的权重为 0.598，比其相关系数 0.520 要大，如果是两变量线性回归，这个相关系数则为权重。同样，砂岩体积比例的权重也增加到了 0.521，其与有效孔隙度的相关系数为 0.431。R 平方对使用具有两个预测变量的三变量回归有一个很大的增益（表 6.4）。

考虑一个假设情况，其中两个预测变量呈正相关，0.15（而不是实际情况中的-0.15）。如此，两个预测变量的回归系数小于其与响应变量的相关性（表 6.4），这是因为相关传递条件得到满足（两个预测变量正相关）；抑制性不活跃和冗余是主要因素。

表 6.4 三变量线性回归的统计汇总

与 PHIE 相关性		预测变量之间的相关性	标准化回归系数		R^2			ΔR^2（增益）	抑制类型或冗余
预测变量1	预测变量2		预测变量1	预测变量2	三变量	双变量-1	双变量-2		
0.520	0.431	-0.150	0.598	0.521	0.536	0.270	0.185	0.081	合作
0.520	0.431	0.150	0.466	0.361	0.398	0.270	0.185		冗余

在比较经典抑制和协同抑制时，在经典抑制中第三变量与响应变量基本上不相关，抑制变量的间接传递效应通过另一个预测变量发生。另一方面，当两个预测变量都与响应变量呈正相关，则根据传递条件是否满足，合作抑制或冗余会发生。当两个预测变量呈正相

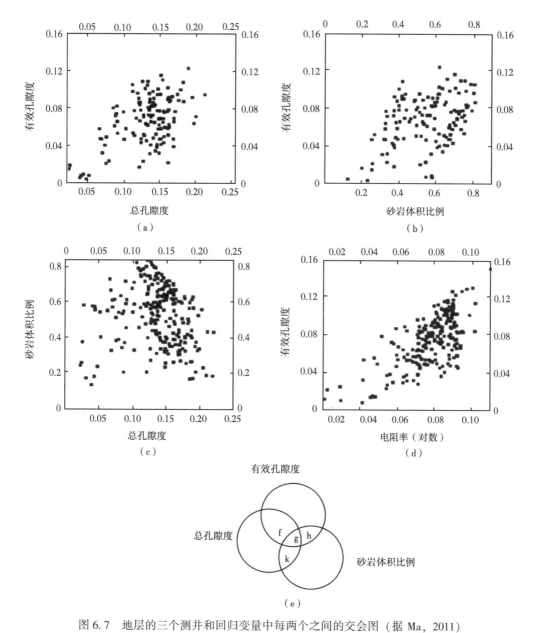

图6.7 地层的三个测井和回归变量中每两个之间的交会图（据 Ma, 2011）

（a）总孔隙度（PHIT）与有效孔隙度（PHIE）；（b）砂岩体积比例（Vsand）与有效孔隙度（PHIE）；（c）总孔隙度（PHIT）与砂岩体积比例（Vsand）；（d）有效孔隙度（PHIE）与 用公式6.22 的三变量回归；（e）使用 Venn 图说明在合作抑制中的相关、抑制和冗余，（f+g）表示 PHIE 和 PHIT 之间的相关性的平方，（h+g）表示 PHIE 和 V_{sand} 之间的相关性的平方，（k+g）表示 PHIT 和 V_{sand} 之间的相关性的平方。当两个预测变量呈正相关 时，冗余占主导地位，区域 g 处于活动状态。当预测变量之间呈负相关时，相互抑制占主导地位，并且区域 k 处于活动状态。请注意 PHIT 和 V_{sand} 对 PHIE 预测的直接影响，以及 PHIT 和 Vsand 之间的相互作用

关时，冗余占主导地位。当它们呈负相关时，协作抑制占主导地位。在这种三向相关性（不等于零相关性）中，预测变量对预测的直接影响是相互抑制或者冗余，取决于相关性的传递条件。

2. 净（net）抑制

在多变量回归中，净抑制经常发生，特别是当一个预测变量与响应变量的相关性较低时。在正文中介绍的经典抑制示例中，电阻率与孔隙度有非常小的正相关性（几乎为0）。如果是一个小的负相关，则线性回归中的加权系数只会略有变化，但仍为正数，这将是净抑制。计算的相关性对采样方案（采样偏置或缺失值）可能很敏感（第4章）。因此，在实践中，一个小的正负相关性很容易从一个变为另一个。

Ma（2011）介绍了另一个电阻率测井，其与孔隙度（PHI）的负相关系数为 -0.073（第6章第3节第2小节）。在孔隙度（PHI）的线性回归下，使用Vsand和电阻率（称为电阻率2），回归方程为：

$$PHI^* = m_p + 0.735 \times \frac{\sigma_p}{\sigma_v}(V_{sand} - m_v) + 0.228 \times \frac{\sigma_p}{\sigma_r}(\text{Resistivity2} - m_r) \quad (6.23)$$

其中，m_v、m_r 和 m_p 分别是砂岩体积比例、电阻率2和孔隙度的平均值；σ_v，σ_r 和 σ_p 分别是它们的标准差。

请注意，电阻率2的回归系数是正的，从其与响应变量孔隙度（PHI）的负相关值而反转。R^2 也增加了（表6.5）。

表6.5　三变量线性回归的统计汇总（公式6.23）

与响应变量的相关性		预测变量之间的相关性	回归系数		R^2			ΔR^2（增益）
预测变量1	预测变量2		预测变量1	预测变量2	三变量回归	双变量-1	双变量-2	
0.641	-0.073	-0.410	0.735	0.228	0.4878	0.4109	0.0053	0.0716

注释：回归系数是标准化的。ΔR^2（即 R^2 增益）是三变量回归和两个双变量回归之和之间的 R^2。

参 考 文 献

Bertrand, P. V. and Holder, R. L. 1988. A quirk in multiple regression: the whole regression can be greater than the sum of its parts. The Statistician, 37: 371-374.

Chen, A., Bengtsson T. and Ho, T. K. 2009. A regression paradox for linear models: Sufficient conditions and relation to Simpson's paradox. The American Statistician, 63 (3): 218-225.

Cohen, J., Cohen, P., West, S. G. and Aiken, L. S. 2003. Applied multiple regression/correlation for the behavioral sciences, 3rd edition (1st edition, 1975), Lawrence Erlbaum Associates, Mahwah, New Jersey, 703 p.

Darmawan, I. G. N. and Keeves, J. P. 2006. Suppressor variables and multilevel mixture modeling, International Education Journal, 7 (2): 160-173.

Delfiner, P. 2007. Three pitfalls of Phi-K transforms. SPE Formation Evaluation & Engineering, 10 (6): 609-617.

Friedman, L. and Wall M. 2005. Graphic views of suppression and multicollinearity in multiple linear regression, The American Statistician, 59 (2): 127-136.

Gonzalez, A. B. and Cox, D. R. 2007. Interpretation of interaction: A review. The Annals of Statistics, 1 (2): 371-385.

Hastie, T., Tibshirani, R. and Friedman, J. 2009. The Elements of Statistical Learning: Data Mining, Inference, and Prediction, 2nd Edition, Springer.

Hoerl, A. E. and Kennard, R. W. 1970. Ridge regression: Biased estimation for non-orthogonal problems. Technometrics 12: 55–68.

Horst, P. 1941. The role of the predictor variables which are independent of the criterion. Social Science Research Council, 48: 431–436.

Huang, D. Y. and Lee, R. F. and Panchapakesan, S. 2006. On some variable selection procedures based on data for regression models. Journal of Statistical Planning & Inference, 136 (7): 2020–2034.

Jolliffe, I. T. 2002. Principal component analysis. Second Edition, Springer.

Jones, T. A. 1972. Multiple regression with correlated independent variables. Mathematical Geology, 4: 203–218.

Liao, D. and Valliant, R. 2012. Variance inflation factors in the analysis of complex survey data. Survey Methodology 38 (1): 53–62.

Lord, F. M. 1967. A paradox in the interpretation of group comparisons. Psychological Bulletin, 68: 304–305.

Ma, Y. Z. 2011. Pitfalls in predictions of rock properties using multivariate analysis and regression method. Journal of Applied Geophysics, 75: 390–400.

Ma, Y. Z. and Gomez, E. 2015. Uses and abuses in applying neural networks for predicting reservoir properties, Journal of Petroleum Science & Engineering, 133: 66–75. doi: j. petrol. 2015. 05. 006.

O' Brien R. M. 2007. A Caution regarding rules of thumb for variance inflation factors. Quality & Quantity 41: 673–690.

Smith, A. C. , Koper, N. , Francis, C. M. and Farig, L. 2009. Confronting collinearity: Comparing methods for disentangling the effects of habitat loss and fragmentation, Landscape Ecology, 24: 1271–1285.

Tibshirani, R. 1996. Regression shrinkage and selection via the lasso: A retrospective. Journal of the Royal Statistical Society Series B, 58 (1): 267–288.

Vargas–Guzman, J. A. 2009. Unbiased estimation of intrinsic permeability with cumulants beyond the lognormal assumption. SPE Journal, 14: 805–810.

Webster J. T. , Gunst R. F. and Mason R. L. 1974. Latent root regression analysis. Technometrics 16 (4): 513–522.

第 7 章　使用机器学习进行
地球科学数据分析简介

"我们淹没在信息中，但仍渴望知识。"

约翰·奈斯比特（John Naisbitt）

摘要： 在大数据时代到来之前，科学和工程中使用的统计方法以模型为基础，在估计中强调无偏。虽然许多传统统计方法对小型数据集和适当的实验设计较合适，对一些大数据产生的问题处理效率较低。人工智能（AI）引领了数据挖掘的方向，从大数据中发现模式和规律，并为科学和技术应用做出预测。虽然这些工作最初由计算机科学家发起，统计学家、科学家及工程师们现在都参与，从而加强了发展趋势。

在勘探和生产中，数据也呈指数级增长。从数据中提取信息并使用数据进行预测变得越来越重要。勘探和生产中的许多数据是软数据。每个数据源可能会告诉我们一些事情，但没有一个数据源告诉我们一切；也就是说，很少有数据能给我们一个明确的答案。硬数据仍然很稀疏，因此如何将大量软数据与少量硬数据集成，是储层特征和建模的一项挑战。本章介绍简要的机器学习及应用于地球科学数据分析的神经网络。

7.1　基于人工智能的预测和分类方法概述

人工智能和机器学习包括开发和使用算法以便从已知推断未知事物。机器学习处理的任务通常分为预测、分类和聚类。有些人还把异常检测和预测区分为不同的任务。预测使用解释性变量来估计目标变量，后者是连续变量，如孔隙度、渗透率或油气采收率。在机器学习和统计文献中，连续变量的预测有时称为回归，超越了回归的原始含义。分类和聚类都使用解释变量对分类变量进行分组/分离。它们的不同在于分类用培训数据，被称为有监督机器学习，而聚类分析是无监督的，即假定不使用训练数据。这是一种随意的区分；术语分类和聚类可以互用，只要指出是否有训练数据就行。

统计方法用于预测和分类已经有一个多世纪了。统计方法历史上青睐参数方法。作为计算机科学与统计学的一个跨学科分支，机器学习算法一般使用非参数统计推理；用电脑从数据中来感知、学习、推理及抽象，以便做出预测和分类。机器学习算法应用多种方法，包括概率、统计、数学优化和计算方法。图 7.1 中显示统计、机器学习和人工智能之间的关系。将机器学习用于地球科学应用的关键问题是机器学习方法的输出是否有用，真实地描述自然，或至少可以用来约束其他建模方法以生成有用的模型（第 7 章第 4 节）。

线性回归和带训练数据的分类可被视为受监督机器学习算法的基本示例，因为它们使用响应和解释变量的数据开始启动算法。主成分分析（PCA）和混合物分解（第 2 章第 5 节和第 10 章）可视为无监督学习算法示例，因为它通常不使用来自响应变量的数据。例如，混合物分解，不管是否使用高斯密度假设，通常无监督（第 2 章；McLachlan 和 Peel，

2000）。当然，无监督方法从输入数据中查找模式，然后把一些模式和属性与响应变量校准，这可以用于异常检测或储层属性的预测。有监督的方法要推广到新数据，但其第一步是拟合训练数据并估计函数以便预测未知的。拟合训练数据是一个优化过程；常用优化算法之一是随机梯度降落（Goodfellow 等，2016）。

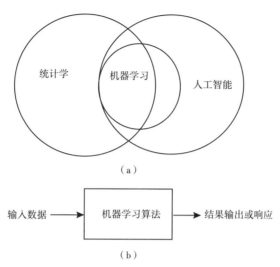

（a）

（b）

图 7.1　机器学习、人工智能和统计学的关系
（a）Venn 图显示机器学习、人工智能和统计学之间的关系；（b）机器学习系统

分类和预测在储层表征和地球科学中都有用。分类可用于岩相和岩石类型的划分。提出的各种方法有概率/统计方法和机器学习方法，包括 k-最近邻域、k-均值、期望和最大化、贝叶斯分类法、高斯混合物分解、支持向量机、提升树、随机林和神经网络（表 7.1）。预测可用于孔隙度、流体饱和度、渗透率，估计最终采收率，以及其他与储层或生产有关的属性。

表 7.1　常见的统计和机器学习方法及其用途

方法	用途
主成分分析	尺寸减小，可用于前处理、预测、分类和异常检测
回归，逻辑回归	用于预测或分类的模型拟合
神经网络	用于预测和分类的模型拟合
支持向量机	主要用于分类，但可用于预测
随机森林	分类
Bagging（套袋）	宏观组合方法，用于减少预测和分类中的方差和过度拟合
提升	减少预测和分类偏差的宏观方法
k-means	分类
混合物分解	分类

7.1.1　多变量回归的扩展

多变量线性回归（MLR；第 6 章）可以扩展到更一般的形式：

$$Y^* = f(X) + b \tag{7.1}$$

其中，Y^* 为响应变量 Y 的估计；X 表示 n 个解释性变量，X_1 到 X_n；b 为常数；f 为一个未知函数，从数据中估计。

多变量线性回归最常见的扩展之一是局部加权多项式回归，称为 LOESS（Cleveland 和 Devlin，1988）。LOESS 不使用最小二乘法对数据应用全局线拟合，而是使用 k-最近邻域数据进行非线性函数拟合。对每个数据点，用一个低次多项式函数对 k-最近的邻域数据拟合。拟合使用加权最小二乘法，对应于估计值附近的数据点给予较高的权重，距离远的数据点给予较小的权重。多项式函数的级别和权重可以是灵活的。

弗里德曼（Friedman，1991）提出了一种非参数回归，称为 MARS（multivariate adaptive regression splines）。该方法处理非线性和解释性变量之间的互动。MARS 分两个阶段构建回归：正向传递和反向传递。正向传递通常构建一个模型，该模型尽可能多地拟合数据，通常存在过度拟合问题。反向传递通过逐步删除效率较低的项来修正正向传递模型，直到找到最佳模型。神经网络是对非参数回归法的进一步延伸（第 7 章第 3 节）。

7.1.2 算法集或组合方法

使用多种算法的机器学习方法是一种技术集合，目的是提高性能的同时降低生成假象。这个想法最初是从结合微弱的学习者来加强机器学习。常用的方法包括增强和引导聚合（Bagging），这些是宏观算法，因为使用了组合方法。Bagging 是集合元方法来提高预测和分类（Breiman，1996）。促进降低预测和分类中的偏差。这些都是平均子模型，以提高预测的稳定性。

通过生成额外的训练数据，Bagging 可提高预测的稳定性。虽然增加培训数据不增强预测性，可以增强其预测的稳健性，会让结果协调。

Boosting 通过创建多个子模型，然后对子模型进行扩增，从而提升生成输出。通过加权平均方法、用各种加权公式、结合不同方法的优点，可以对一系列问题改进预测结果。

在将机器学习应用于地理空间预测时，可以将机器学习方法与地质统计方法相结合，从而增强预测能力并克服其中每个方法中的问题（Ma 和 Gomez，2015；Ma 等，2017；第 7 章第 4 节）。

7.1.3 预测和分类的验证

通过机器学习方法验证预测和分类可以使用与经典统计验证方法相同的指标。基本概念是正确的阳性、正确的阴性、假阳性（true positive）和假阴性（true negative）（表 7.2）。其他术语可以通过组合这些概念来评估。三个最常见的组合概念是精准性、灵敏度和特定性，定义如下：

$$精准性 = \frac{TruePositives + TrueNegatives}{TruePositives + TrueNegatives + FalsePositives + FalseNegatives}$$

$$灵敏度 = \frac{TruePositives}{TruePositives + FalseNegatives} \tag{7.2}$$

$$特异性 = \frac{TrueNegatives}{TrueNegatives + FalseNegatives}$$

106

表 7.2　预测与现实的混淆矩阵（真实和预测之间的匹配或不匹配）（据 Ma，2010，修改）

		解释/判断/模型/结论	
		阳性	阴性
真实 （真实自然状态）	阴性	假阳性或假正 第一类错误	正确的阴性
	阳性	正确的阳性	假阴性或假负 第二类错误

7.2　机器学习和人工智能的挑战

7.2.1　模型复杂性

大多数机器学习方法使用超级参数来控制学习，方法是使用非线性函数。例如，在使用多项式函数执行回归时，多项式函数的程度是确定模型复杂性的超级参数。

当机器学习算法使用训练数据时，使用复杂函数将更容易地拟合数据。通常可以匹配所有或几乎所有数据，但复杂的模型也倾向于过度匹配数据，反而降低预测准确性。通常，当机器学习算法完美地拟合所有数据时，将在其预测中产生不精确的，甚至是非物理数值，如负孔隙度和负的或极高的渗透率或采收率数值。

一般来说，复杂模型比简单模型更能处理复杂的问题。但是，简单模型的性能可以优于复杂模型，因为从平衡偏差和差异性的观点，实际上，这相当于潜在的野生、极端甚至非物理的预测。Occam 剃须刀的原理是，如果更复杂的模型不能产生更好的结果，则使用简单的模型。

7.2.2　生成模型与判别模型

用数据来估计响应变量的方法称为"判别"。例如，线性回归是一种判别方法。通过估计可能性和边际概率来估计响应变量的方法称为生成。例如，贝叶斯推理是生成的，因为它使用物理模型生成数据或通过其可能性函数的假设。生成模型往往，但并不总是比判别模型要复杂。生成模型需要比判别方法需要更深入地理解物理过程的生成机制。

7.2.3　平衡偏差与方差

偏置—方差权衡是监督学习中一个非常重要的概念，也可以说是核心问题。经典估计方法，如线性回归（第 6 章），最大似然性和各种克里金法方法（第 16 章），强调估计的整体无偏或接近无偏，如估计的数学期望等于真实的数学期望。这些方法一般是参数型的，在处理数据中具有一些假设。

相反，监督学习寻找一个适合训练数据的代表性函数来实现预测未知事物的最终目标。在预测和分类中，从培训数据中学习发现适当的函数，用以表达数据，然后用于预测未知或未知数据。通常可以找到一个复杂的函数来完美地或近乎完美地拟合数据。然而，可用的训练数据总是有限的，完美的拟合往往导致对未知事物地次优预测。当新的可用数据用于训练时，代表功能会有所不同，这表明估计缺乏稳定性或过硬性（Geman 等，

1992）。为了同时处理代表性函数对数据的拟合（平均来说）和代表函数对于预测未知事物的预测扩展性，两个独立的参数是必要的。这两者就是偏差和方差。

偏差是代表性函数 $f(x)$ 与条件期望 $E(y|x)$ 之间的差异，也即 $f(x)$ 估计 $E(y|x)$ 的误差。因此，偏差是由模型假设引起的。通常，传统的统计方法（如线性回归和线性判别分析）具有较高的偏差，因为它们使用简单的模型。当模型无法准确表示数据时，偏差较高。人工智能方法与监督学习一般有低偏差，因为他们使用非参数函数来尽可能匹配训练数据，同时用很少假设。

复杂函数（如高阶多项式）可用于低偏差的情况，因为它通常有助于对训练数据拟合。但是，由于训练数据通常有限而不能充分代表真实函数，与训练数据紧密匹配会使功能过于复杂的函数容易在未知事物的预测中产生假象。这样，复杂函数预测的稳健性和稳定性经常被妥协了。这些稳定性和稳健性由方差来描述。

在实践中，方差与使用不同的训练数据时代表函数的可能变化量有关。代表函数是由机器学习使用训练数据来估计。随着训练数据的变化，估计的代表函数也会发生变化。如果其变化很大，就暗示高方差。

最常用的经典估计标准是对平均平方误差（MSE）最小化。假设可用数据集 $[(x_1, y_1) \cdots (x_n, y_n)]$。

其中，y 为响应变量；x 为解释变量，代表函数 $f(x)$ 对真实 y 给定 x 的 MSE 是：

$$MSE = E\{[y-f(x)]^2 | x\} \tag{7.3}$$

MSE 可以分解为两个数量，即偏置和方差，如下：

$$MSE = E\{[y-f(x)]^2 | x\} = E\{[y-E(y|x)]^2 | x\} + [E(y|x)-f(x)]^2$$
$$= Variance + Bias^2 \tag{7.4}$$

通常，具有较高偏差的模型往往具有较低的方差（图 7.2）；这样的模型倾向于简单。然而，机器学习算法受到训练数据的强烈影响，往往具有较高的方差。因此，方差是模型稳健性的度量。方差越低，模型就越稳健。

理想情况下，方差很小，这样模型就不会从一个训练数据集到另一个训练数据集发生显著变化，这样在预测未知数，推广到看不见的数据时很稳健。

在实践中，我们不能仅仅因为我们不知道基本目标函数而计算实际偏差和方差。但是，这两个概念，偏差和方差，提供了分析机器学习算法行为的选择方法。

7.2.4 平衡过度拟合和拟合不足

使用人工智能的目的是预测，超越拟合训练数据。这称为拓展或扩展。通常，机器学习算法比较容易地、很好地拟合训练数据，但调整模型参数以进行"完美"拓展要困难得多，实际上是不可能的。但总会有一些拓展错误。当训练数据拟合可以接受而拓展误差较大时就是过度拟合。当机器学习算法具有较大的训练错误时，无论生成误差有多大时，就是拟合不足。使用机器学习算法时最具挑战性的问题之一是找到正确的平衡，而没有拟合不足或过度拟合（图 7.2）。

在复杂的情况下，很难找到合适的拟合；某些方面拟合不足，但在其他方面已经过度拟合。

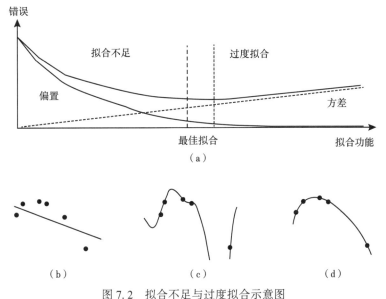

图 7.2　拟合不足与过度拟合示意图

（a）偏置和方差的平衡及其与生成误差、拟合不足和过度拟合的关系；

（b）拟合不足；（c）过度拟合；（d）适当拟合

7.2.4.1　过度拟合与黑天鹅悖论

由于数据通常是有限的和带噪声的，因此真正的物理模型是不知道的。在拟合模型时需要考虑预测能力和缺点。在科学哲学中，这被称为归纳问题或黑天鹅悖论。

7.2.4.2　检查和缓解过度拟合

如果只有两个数据点，是否应使用线性回归或二阶模型进行预测？现实可能不是线性关系；但是，使用二次函数或更高阶多项式模型可能导致更差的预测，因为过度拟合可能发生。

检测过度拟合的一种方法是交叉验证的变体，也即去掉一些数据运行人工智能算法。交叉验证时大的变化通常意味着过度拟合。过度拟合的常见症状和影响是数据拟合的太紧密（这与克里金法不同，在克里金中保留数据的真值是插值的精确性；第 16 章），以及产生非物理或不合理的数值，如负孔隙度或渗透性，孔隙度大于 100% 等。

正确的拟合取决于数据量。了解问题的复杂性和模型的复杂性以便平衡过度拟合和拟合不足。模型复杂性不应过高。缓解过度拟合的常见措施是降低模型复杂性，如减少解释变量的数量、降低多项式函数的阶。另一种方法是使用规范化或加个限制条件。

7.2.5　大数据中的共线性和规范化

机器学习依赖于大数据进行预测和分类。最大的问题之一就是大数据的共线性。多变量线性回归中讨论了这一点，但共线性影响所有使用多个解释变量的预测和分类方法（第6章）。共线性效应可以非常大，而且很难解释（Ma，2011；Dormann 等，2013）。

传统上，统计学家和科学家通常使用子集选择来降低共线性，但大数据的概念促进了许多相关变量的使用，这使得共线性甚至更严重。因此，为了保持大数据的使用和降低共线性，需要进行规范化。收缩方法提供了这样的规范化。

综上所述，当回归中包含许多预测变量时，由于共线性，它们通常导致回归系数的不稳定性。缓解回归系数的不稳定性包括有偏回归方法和子集选择。例如，脊（Ridge）回归将回归中的所有变量保留，但将一些回归系数减小到0。另一方面，变量选择方法为回归选择变量子集。最小绝对收缩和选择运算（LASSO）是子集选择和收缩估计的混合体（Tibshirani，1996；Hastie 等，2009），该过程可以将某些变量的系数精确收缩为0，从而提供隐式变量选择形式。

作为规范化的示例，图 7.3（b）所示的模型比图 7.2（d）所示的模型要拟合的差，但它可能具有更好的预测能力，并且可能更稳健。

图 7.3　拉索回归与脊回归示意图
（a）比较两个规范化方法：拉索回归和脊回归；（b）规范化后的图 7.2（d）

7.2.6　无免费午餐原理

尽管机器学习是一个强大的工具，但它仍然有归纳推理的基本问题，即从一组有限的例子推断一般规则可能并不总是给出预期的结果。无自由午餐原则指出，没有学习算法普遍优于另一种算法，因为在某些情况下，良好的学习算法可能在其他情况下不适用（Goodfellow 等，2016）。机器学习的目的是了解应用程序问题的输入数据和具体性，并给出适合用途的解决方案。没有机器学习算法对于每个应用程序问题都给出最佳解决方案。

7.3　人工神经网络（ANN）基础

本节对人工神经网络给一个概述。这里不打算提供神经网络算法设计的细节，但主要是从用户的角度来理解如何使用人工神经网络（ANN）进行地球科学数据分析。

人工神经网络是一种人工智能方法，它模仿人脑的生物神经功能，以便进行感知、学习、抽象和推理的能力。人工神经网络通常由多个层组成，包括至少一个输入层、隐藏层和输出层。每个层都有一定数量的节点。输入节点的数量取决于可用的训练数据。隐蔽层的节点数可以是变化的。许多节点导致计算复杂，少量节点可能降低人工神经网络的学习能力。图 7.4 显示了一个简单的人工神经网络，输入层有三个节点，隐蔽层有四个节点。在更高级人工神经网络的算法中，神经网络的每一层都会拉伸和挤压数据空间，直到目标被清楚地分离。训练数据在神经网络中至关重要；扭曲的训练数据会导致不合适的应用。

人工神经网络模型通过更改模型的参数、连接权重和体系结构的特性（节点数量及其连接）来定义。神经网络三种常见类型的参数模型是：

（1）节点各层的互连模式；

（2）更新互连权重的学习过程；

（3）用于将节点的加权输入转换为其输出激活的激活函数。

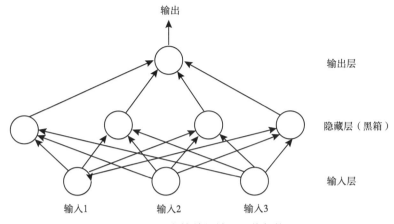

图7.4　一个简单的神经网络架构

输入层接收输入，输入层中的每个节点表示一个预测变量。在所有预测变量进行一定标准化后，输入节点将值输送到隐蔽层中的节点进行数学计算和处理。使用损耗函数将神经网络的输出与所需的输出进行比较，并计算输出层中每个节点的误差值。当有训练数据输入时，它们用作所需的参考，以便调整处理中的权重。从本质上讲，人工神经网络把学习和训练本身作为一个优化或试错过程。它从随机或粗糙的答案开始，然后训练自己获得一个更好的答案，直到根据用户指定的条件达到"最佳"答案。"更好"和"最佳"答案仅相对于指定的条件，它们可能很好，也可能不好，因为具有更多迭代的答案可能是过度拟合的神经网络，从而导致方向退化。换句话说，人工神经网络的结果在统计上可能给人留下深刻印象，但一些预测可能不可靠或可疑；因此，其结果应该使用学科知识加以严格的验证（第7章第4节）。

神经网络使用一种称为激活函数的开关类型。开关是正或负激活基于输入。正激活使网络在可能性树中具有特定分支，而负激活则使网络降低到另一分支。激活过程通过神经网络中的每一层重复。一个好激活功能从输入到输出提供平滑过渡，也即输入的轻微变化对应输出微不足道的变化，输出更改应与输入更改一致。使人工神经网络稳健的激活函数可以在隐蔽层中引入非线性，从而使人工神经网络可以在输入和输出之间执行非线性校准。

7.3.1　人工神经网络的反向传递算法

人工神经网络开发中的一个关键进步是反向传递（BP）算法（Werbos，1988）。BP算法由人工神经网络节点之间连接权重的调节来实现。主要步骤包括节点间连接权重的开始、正向计算、验证净误差近似值与给定值的近似值、对净误差进行反向调整，并调节节点之间的连接权重（图7.5）。

7.3.2　无监督学习和监督式学习

神经网络的学习方法包括无监督和受监督的算法。无监督算法学习输入数据集的属性和特征，如输入数据集的概率分布的特征。受监督的算法从给定目标中学习输入数据集的属性和特征，这些目标在训练神经网络时提供监督角色。

111

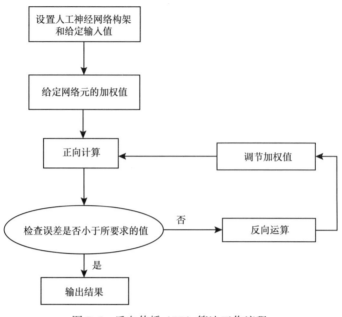

图 7.5 反向传播（BP）算法工作流程

7.3.3 使用神经网络的优缺点

神经网络由于其"自我"学习、训练、优化和非线性能力，是校准输出输入的强大工具。通过利用计算机的计算能力，高度复杂的人工神经网络可以智能化且功能强大，尤其是具有深度结构化学习或分层学习的深度神经网络。不同于图 7.4 中的神经网络，深度神经网络可以有许多层的神经元，可以帮助深度学习预测复杂的问题。有争议的神经网络第一个里程碑是在 1997 年击败世界国际象棋冠军（Negnevitsky，2005），以及 2016 年当谷歌的 AlphaGo 击败围棋前世界冠军时，另一个里程碑发生。在油气勘探和生产行业里，对储层属性、油气采收率、油井性能和油气产量的各种预测越来越多地使用人工神经网络（Khoshdel 和 Riahi，2011；Ma 和 Gomez，2015；Bansal 等，2013；Chakra 等，2013）。不可否认的是，神经网络功能是强大的。在与传统的统计方法比较时，受监督的神经网络功能尤为强大，因为它能很好地利用输入数据进行训练，并从训练中学习。例如，一个接受适当培训的受监督的神经网络可以产生良好的岩石分类（第 7 章第 4 节）。

但是，使用人工神经网络存在一些陷阱。首先，由于询问人工神经网络的过程和结果的方法有限，其方法经常被批评为黑匣子。它可能解决问题，但很难知道它是如何做的。其次，虽然人工神经网络方法通过训练将输入校准到所需输出方面功能强大，但它很容易退化，并产生物理上不正确的结果，如产生负孔隙度值和负油气产量（Ma 和 Gomez，2015；Ma 等，2017）。这是因为人工神经网络在进行超出其从培训中学习的预测时（尤其是非静止现象的地理空间预测）可能会很不稳定，也可能让数据中的噪声所迷惑。第三，很难调整人工神经网络的参数来平衡过度拟合和拟合不足；过度拟合可能会产生非物理结果，而拟合不足就无法利用人工神经网络强大的非线性能力，给出平庸的预测。第四，人工神经网络方法不能解决数学和物理之间的不一致问题。公平地说，最后一个问题不仅仅是人工神经网络，而是几乎所有数学方法的问题。主成分分析演示文稿中提供了示例（第 5 章），这里还会提供更多的示例。

神经网络很容易过度拟合，从而产生异常值。例如，在孔隙度预测中，原始数据的范围是在 2%~23%。过度拟合的神经网络可能产生介于 −22%~50% 的范围，具有大量负孔隙度。在实践中，问题通常是拟合不足或过度拟合，除非神经网络算法设计得非常好，否则很难找到合适的拟合。一些缓解机制包括对人工神经网络施加约束和后处理人工神经网络预测（第 7 章第 4 节）。

7.4 使用人工神经网络和组合方法的应用

7.4.1 分类

人工神经网络可以用于岩性分类。但是，如果在分类中不引入物理模型，或者没有或有很少可用的训练数据时，人工神经网络的误分类率可能很高。图 7.6 显示一个例子，用两种测井数据，即自然伽马（GR）和电阻率对河流沉积的三个沉积微相分类：河道，决口扇和漫滩。在没有主成分分析预处理或使用两个主成分的情况下，微相的分类结果并不好［图 7.6（a）］。这是因为人工神经网络并不总能区分有关信息和无关信息，并在分类中使用这两种信息。

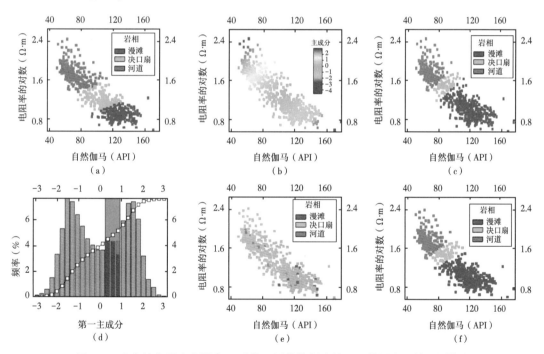

图 7.6 以自然伽马和电阻率（对数）测井数据为输入，使用人工神经网络和
主成分分析对沉积微相进行分类图

（a）自然伽马和电阻率的交会图，叠加了由人工神经网络分类的岩相；（b）自然伽马和电阻率的交会图，叠加了第一主成分；（c）自然伽马和电阻率的交会图，叠加了由第一主成分分类的微相；（d）主成分分析自然伽马和电阻阻率对数的第一主成分的直方图，以及与河道、决口扇和漫滩的比例为 33:12:55（%）相对应的截止值。第一主成分（PC1）上的 0.15 截止值把漫滩和决口扇分开，0.8 的截止值将河道与决口扇分开；（e）自然伽马和电阻率的交会图，叠加了约束数据（带彩色数据，见图例）；浅灰色数据将被分类；（f）自然伽马和电阻率交会图，叠加了使用受监督的人工神经网络分类的微相

三个微相的两条分离线不垂直于两个测井得出的第一主成分［图7.6（a）和图7.6（b）］，并且与第一和第二主成分都相关。由于本示例中的第二主成分传达的关于岩相的信息很少，因此用主成分分析分类仅需要使用第一主成分对三个微相进行分类［图7.6（c）］。

人工神经网络的另一个缺陷是，除非聚类非常明显，否则其产生的不同聚类有相似比例的趋势。在此示例中，人工神经网络的分类岩相比例为 33:24:43（%），也即对应于漫滩、决口扇和河道。然而，来自区域地质和邻近区的数据都表明，漫滩的比例要高得多，而决口扇的比例较低。人工神经网络高估了决口扇的比例，低估了漫滩的比例。

当岩心数据可用时，受约束的人工神经网络可以缓解此问题。图7.6（e）显示在自然伽马和电阻率的交会图上的几个训练数据。当这些数据用于监督人工神经网络时，人工神经网络分类的岩相与主成分的分类法相媲美［图7.6（c）和图7.6（f）］。

7.4.2　用于连续性地质空间属性预测的数据集成

人工神经网络可以集成许多输入数据来预测连续属性（如孔隙度）。当井数据可用时，可以训练人工神经网络使用监督学习进行预测，预测需要相关的连续属性数据。在这里，人工神经网络用于建一个三维孔隙度模型，输入数据包括 13 口井的 130 个孔隙度数据［图7.7（a）］，一个地震属性图［图7.7（b）］和一个地质解释图［图7.7（c）］。

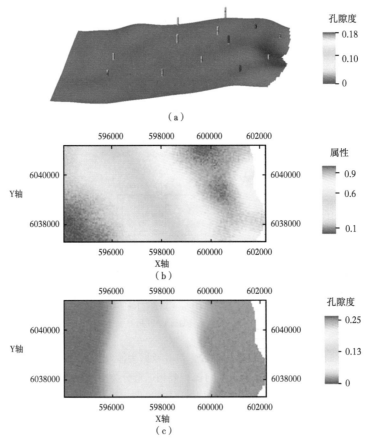

图 7.7　地震属性与孔隙度预测示例图

（a）储层模型区，具有 13 口井的测井孔隙度数据（显示有 40 倍垂直放大）；
（b）规范化的地震属性图；（c）地质解释趋势图

此示例中反向传递人工神经网络有三个输入，包括一个地震属性图、一个地质解释图和来自 13 口井的 130 孔隙度数据。输出是三维孔隙度模型。这 130 个孔隙度数据、地震属性和地质解释一起训练了受监督的人工神经网络。

三维输出孔隙度模型由于训练标准的规范和允许的迭代标准不同而有很大差异。多个模型显示在图 7.8；不同输出模型的差异显著。人工神经网络参数的变化会导致非常不同的结果；其中一些是非常不现实的，可以快速消除掉。通常，交叉验证率较高的预测很容易导致人工神经网络的过度训练 [图 7.8（c）]。当培训数据紧密地对上时，这往往会发生。一般来说，当更多培训数据紧密地对上时，由于过度拟合，输出模型将更有可能有假象。

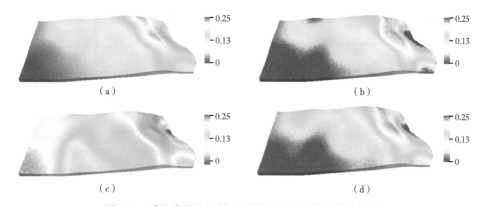

图 7.8　受约束的人工神经网络预测的三维孔隙度模型

（a）使用很少迭代和很低的交叉验证率；（b）使用较多迭代和中等交叉验证率；
（c）使用许多迭代和很高交叉验证率；（d）中等数量迭代和交叉验证的 6 个预测的平均

如前文所述（Ma 和 Gomez，2015），将预测的直方图与数据直方图进行比较是分析预测中拟合不足和过度拟合的一个好办法。如果数据中无采样偏差，预测和数据直方图的匹配是一个不错的验证方法；不过，这不是一个充足的条件。如果不存在明显的采样偏差，预测模型一般不应该有过多的数据值超出训练数据的范围。图 7.9 比较由人工神经网络所建的孔隙度模型的直方图和孔隙度数据直方图。大多数预测模型带有负孔隙度值，尽管训练数据中没有负值。具有多次迭代和高百分比交叉验证的模型产生了大量负孔隙度值 [图 7.9（d）]。大量数据在原始数据值范围以外通常表示过度拟合。图 7.8（a）所显示的模型和几个预测的平均模型 [图 7.8（d）] 较为合理。

7.4.3　结合人工神经网络和地质统计方法用于地质空间属性建模

地质统计插值方法具有一个完美的数学特性，也即数据在模型中的吻合（第 16 章和第 17 章）。使用此属性可以克服出现在人工神经网络中的过度拟合问题。在这里，我们提出一个组合方法，把人工神经网络和同位协同模拟结合起来。此组合工作流利用人工神经网络的集成功能来组合多个软数据，以及地质统计方法的遵从硬数据而过度拟合的特性。

与人工神经网络方法不同，同位协同克里金是一个精确的插值方法，因为目标变量的所有数据在模型中都得到遵守（第 16 章）。同位协同模拟是同位协同克里金的随机对应物。大多数软件平台仅允许使用一个辅助数据协同属性。这限制了使用许多属性和解释对模型约束。人工神经网络可以结合地震属性和地质解释，之后，人工神经网络的预测可在同位协同模拟中用作辅助属性来建孔隙度模型。此工作流程的两个模型显示在图 7.10 中。

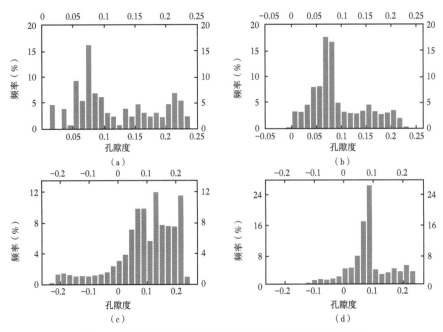

图 7.9　比较预测的孔隙度模型的直方图和数据的直方图

（a）130 个测井孔隙度数据的直方图，这些孔隙度样品用作训练数据；（b）图 7.8（a）中的人工神经网络预测孔隙度模型的直方图（一个迭代和低交叉验证率）；（c）图 7.8（c）中的人工神经网络预测孔隙度模型的直方图（注意显示范围较广和负孔隙度值）；（d）适度交叉验证和适度迭代的六个预测孔隙度模型的平均模型的直方图

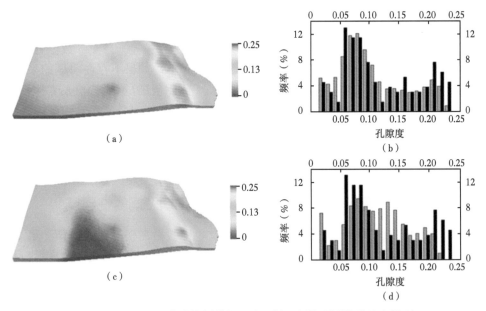

图 7.10　两个通过集成协同模拟和人工神经网络预测的孔隙度模型

（a）以图 7.8（b）的人工神经网络预测的孔隙度模型作为调理属性的协同模拟的孔隙度；（b）图（a）中的直方图与孔隙度培训数据的直方图比较；（c）以图 7.8（c）的人工神经网络预测的孔隙度模型作为调理属性的协同模拟的孔隙度；（d）图（c）中的直方图与孔隙度培训数据的直方图比较

模型直方图为灰色，测井直方图为黑色

116

首先，请注意，即使辅助协同数据包含负孔隙值［图7.10（b）和图7.10（d）］，同位协同模拟一般也不会在模型中产生非物理值，如负孔隙度。其次，在本示例中，模型的直方图与数据直方图不完全匹配，但这是因为数据具有采样偏差；否则，它们可以与数据直方图紧密匹配（第17章和第19章）。最后，同位协同模拟所建模型的空间分布受到人工神经网络产生的调理数据的影响（图7.10）。尽管其他参数也可以影响同位协同模拟的模型的空间分布（第19章），组合使用人工神经网络和地统计方法可以充分利用人工神经网络的集成功能和地统计方法尊重数据而不过度拟合的特性。

7.5　总结

机器学习探索数据，预测连续变量和对分类变量进行分类。尽管机器学习方法可能非常强大，但它们有许多陷阱。我们需要记住，大数据不是为了更大，而是为了更好。考虑到这一目标，我们应该了解大数据会带来许多挑战，如共线性、不一致和噪声。使用机器学习进行数据集成和预测应当与主题知识和其他建模技术相结合，如地统计方法。为了有效的地球科学问题的应用，理解以综合方式应用数据分析方法非常重要。

参 考 文 献

Bansal, Y., T. Ertekin, Z. Karpyn, L. Ayala, A. Nejad, F. Suleen, O. Balogun, D. Liebmann, and Q. Sun. 2013. Forecasting well performance in a discontinuous tight oil reservoir using artificial neural networks, paper presented at the Unconventional Resources Conference, SPE, The Woodlands, Texas, SPE 164542.

Chakra N. C., Song K., Gupta M. M., Saraf D. N. 2013. An innovative neural network forecast of cumulative oil production from a petroleum reservoir employing higher-order neural networks. JPSE 106：18-33.

Breiman, L. 1996. Bagging predictors. Machine Learning 24 (2)：123-140. doi：10. 1007/bf00058655.

Cleveland, W. S. and Devlin, S. J. 1988. Locally-Weighted Regression：An Approach to Regression Analysis by Local Fitting. Journal of the American Statistical Association. 83 (403)：596-610. doi：10. 2307/2289282.

Dormann, G. F. et al. 2013. Collinearity：a review of methods to deal with it and a simulation study evaluating their performance, Ecography 36：27-46. doi：10. 1111/j. 1600-0587. 2012. 07348. x.

Friedman, J. H. 1991. Multivariate Adaptive Regression Splines. The Annals of Statistics. 19：1. doi：10. 1214/aos/1176347963.

Geman S., E. Bienenstock；R. Doursat. 1992. Neural networks and the bias/variance dilemma. Neural Computation. 4：1-58. doi：10. 1162/neco. 4. 1. 1.

Goodfellow I., Bengio Y., and Courville A. 2016. Deep learning, MIT Press.

Hastie, T., Tibshirani, R. and Friedman, J. 2009. The Elements of Statistical Learning：Data Mining, Inference, and Prediction, 2nd Edition, Springer.

Khoshdel H. and Riahi M. A. 2011. Multi attribute transform and neural network in porosity estimation of an off-shore oil field-A case study. JPSE 78：740-747.

Ma, Y. Z. 2010. Error types in reservoir characterization and management：Journal of Petroleum Science and Engineering 72 (3-4), 290-301, doi：10. 1016/j. petrol. 2010. 03. 030.

Ma, Y. Z. 2011. Pitfalls in predictions of rock properties using multivariate analysis and regression method. Journal of Applied Geophysics, 75：390-400.

Ma, Y. Z. and Gomez, E. 2015. Uses and abuses in applying neural networks for predicting reservoir properties. J of Petroleum Sci. & Eng., 133, 66-75. doi：10. 1016/j. petrol. 2015. 05. 006.

Ma, Y. Z. , Gomez, E. and Luneau, B. 2017. Integrations of seismic and well−log data using statistical and neu-
ral network methods, The Leading Edge, April: 324−329.

McLachlan, G. J. and Peel, D. 2000. Finite Mixture Models, John Wiley & Sons, New York, 419p.

Murphy, K. P. 2012. Machine learning: A probabilistic perspective. The MIT Press.

Negnevitsky, M. 2005. Artificial intelligence: a guide to intelligent systems. Pearson Education.

Tibshirani, R. 1996. Regression shrinkage and selection via the lasso. J. of the Royal Stat. Soc. Series B 58 (1):
267−288. doi: 10. 1111/j. 1467−9868. 2011. 00771. x.

Werbos P. J. 1988. Generation of backpropagation with application to a recurrent gas market model. Neural Net-
works, 1 (4): 339−356. doi: 10. 1016/0893−6080 (88) 90007−x.

第 8 章　储层地质和岩石物理属性的多尺度非均质性

"宇宙中没有绝对的大小尺度，因为它可以无限的大，也可以无限的小。"

奥利弗·赫维赛德

摘要：非均质性是地下地层中最复杂的问题之一，在许多地球科学学科中普遍存在。在多孔介质中的流体存储和流动受各种地质和岩石物理变量的支配，包括构造、地层、岩相、岩性、孔隙度和渗透率。这些变量都影响地下非均质性，它们有不同的尺度，通常以分层次的形式存在。

尽管本书更侧重于地空属性的定量分析，但本章介绍几个描述性和（半）定量分析地质和岩石物理变量的主题，主要关于它们尺度和非均质性。这些将为其他章节中更多的定量分析提供基础。

8.1　概述

在地球科学文献中，非均质性往往从油藏工程的角度（Lake 和 Jensen，1991）和微观角度进行定量地分析（Fitch 等，2015）。事实上，在大多数沉积环境中，可以识别不同尺度的非均质性的层次结构。许多地质非均质性是描述性的，表现出分层次顺序，特别是在层序地层学中（Neal 和 Abreu，2009；Kendall，2014）。其他地质和岩石物理中的非均质性则比较量化。由于在过去对地质变量非均质性的定性层面分析和岩石物理非均质性的定量分析的脱节，缺乏对地质和岩石物理变量非均质性的系统分析。

勘探的主要任务是寻找油气及它们的储量，确定有利区域。在开发和生产阶段，主要任务包括更准确地估计原地油气储量体积、油气空间分布，以及从油藏中进行经济的油气生产。盆地分析和模拟，包括油气源、生成、运移和圈闭（构造圈闭或地层圈闭）是重要勘探手段。当人们认为油气的发现具有价值时，最优的油气开发方式成为关注的焦点。这需要了解构造地质、地层层序及其对油气存储的控制作用、孔隙空间和流体在储层中的空间分布及影响流体流动的各种地质变量。

许多地质参数影响地下流体，但影响程度各异，部分原因是这些变量的物理性质不同，部分原因是它们在规模上的差异。表 8.1 给出各种地质规模的参数及它们对地下流体储存和流动的控制的一般准则。大尺度参数，如沉积环境、构造和地层变量，往往在控制油气储存方面占主导地位。中小尺度参数，如岩性、孔隙度和渗透率，在控制油气生产的流体流动中起着主导作用。例外也存在，如一些控制流体流动的大型断层。另外也应注意，大型构造和地层变量可能曾经在地质历史中对流体流动起了重要作用；但是，油气生产的时间远远短于油气生成、运移和聚集的地质时间。

表 8.1　控制和影响油气聚集和生产情况的地质变量

类别	变量①	尺度（m）		油气储集②	油气流动③
		垂直方向	水平方向		
构造	背斜穹隆	1s~1000s	10s~10000s	主导性	弱—中度
	断层	1s~1000s	10s~10000s	中度—主导性	中度—主导性
	断裂	厘米级至10s	厘米级至100s	弱—中度	强
地层	复合层序	1s~1000s	10s~10000s	强	中—强度
	层序层序组	1s~1000s	10s~10000s	强	中—强度
	体系域	1s~100s	10s~1000s	主导	中—强度
	准层序叠加样式（准层序组）	1s~100s	10s~1000s	中度	中—强度
	尖灭截断层	1s~100s	10s~1000s	中度	强
	纹层组	1s~10s	10s~1000s	中—强度	强
沉积环境和岩相	沉积相	0.1~10000s	0.1~10000s	中度—主导	中度—主导
岩性	矿物成分	厘米级至1000s	厘米级至1000s	小尺度	主导
岩石物理属性	孔隙度流体饱和度渗透率	毫米级至100s	10s~10000s	小尺度	主导

注：①对于构建储层模型框架，复合层序、层序和层序组既是地层变量，也是构造变量，因为它们属于大规模变量（第15章）。

②弱、中、强和占主导地位的是控制变量对油气储存和流动的影响程度，可以是正面的还可以是负面的。

③油气流动是生产期间的流动，而不是地质时间的流动。

传统的油气资源通常积聚在有利的构造或地层圈闭中，其地层具有孔隙和渗透性，但需要防止油气逸出的非渗透性封盖。有利的地下构造，至少在地质时间内，具有将油气源岩与储层连接起来的运移通道；同时地层应具有良好的储层质量，一般不需要实施很多人工干预就可以生产油气。

在大多数沉积环境中，可以识别出不同规模和不同级次的非均质性。地质和岩石物理变量的多尺度特征本身就构成了地下地层的一种非均质性。此外，这些变量在各自的尺度上也表现出自己的非均质性。图8.1显示了一个深水河道化沉积背景斜坡沉积环境的非均质性层次结构。在这个例子中最大尺度的（非均质性）单元是由层序界面限定的河道复合系统；它们通常由不同的沉积环境组成，如高频沉积、半深海（hemipelagic）沉积、主通道复合体沉积和堤岸沉积。可以进一步详细描述这些沉积。例如，河道复合体系通常由多个河道复合体组成；每个复合体由多个河道充填沉积组成；河道充填沉积由其沉积相来描述；同样，沉积相可以用各种岩性来描述；而每种岩性则以特定的孔隙网络为基本特征。在这个体系中，最小的单元是孔隙系统，通过它可以描述微观非均质性，但非均质性在甚至更小的尺度上的进一步分析仍是可能的，例如颗粒分布的非均质性（Fitch等，2015）和孔喉分布的非均质性（Cao等，2016）。

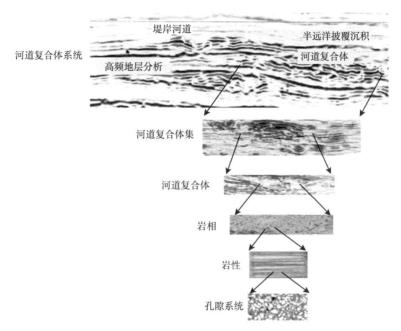

河道复合体系统

堤岸河道

半远洋披覆沉积

高频地层分析

河道复合体

河道复合体集

河道复合体

岩相

岩性

孔隙系统

图 8.1　深水斜坡环境中的多尺度非均质性

8.2　构造要素

　　大规模构造背景对地下地层特征有显著影响。根据应力/应变场、地质环境、断层、褶皱、地层和储层圈闭给出了地下地层的特征（附录 8.1）。表中的信息对区域地质研究的影响更大，但对储层研究也有影响。在储层表征中，构造元素，如层序界面、不整合面、主要构造褶皱和大断层，通常控制储层构造。它们往往为油气的聚集创造存储空间，也可导致储层区块分割。它们通常决定储层的横向范围和垂向的主要分层。层序界面源自层序地层学的概念，既可视为地层也可视为构造控制参数。地震数据的构造解释的一项常见任务，是分析和解释主要层序界面和其他可能控制油气储存的关键实体。对于储层建模，由于对油气圈闭和大型分层的控制，这些大型地质属性应被纳入构造和地层框架结构中。

8.2.1　背斜

　　背斜是最常见的圈闭之一。世界上许多油藏由背斜圈闭聚集油气而成，既包括小油田也包括大油田。如：Powder 河流域盆地的盐溪油田（Barlow 和 Haun，1970）、大格林河盆地的松树代尔油藏（Ma 等，2011）、科威特的大布尔根油田（Filak 等，2013）及加州的威尔明顿油田（Mayuga，1970）是大型背斜构造的实例。背斜也是中小型油田最常见的构造圈闭。

　　图 8.2 显示了一个含油气大型构造的例子。该区域性的背斜包含有很多局部的小背斜、向斜和地堑。此外，还存在有更小级别的褶皱、断层和断裂（图中未显示）。这是构造元素层次结构的实例。

在储层表征中，精确绘制区域背斜顶面构造图对于准确估计地质资源量非常重要，因为它会影响含油岩石总体积。此外，局部构造，如局部的背斜和向斜，可同时影响油气体积和流体流动方向（图 8.2）。

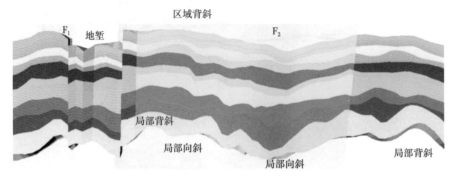

图 8.2　东西横截面显示一个区域背斜与许多局部背斜和向斜（只有几个被标记出来了）和断块（只显示一个地堑）；两个断层的表面以半透明显示，以便能看到断层和地层

8.2.2　断层和裂缝

断层分析往往对储层表征和建模至关重要，因为许多地下地层都存在断层，它们可以为油气的聚集创造有利的构造圈闭。断层可能非常大或很小，并且其规模大小、数量、几何形状、方向都是影响储层非均质性的重要地质因素。裂缝是小到微观的断层，其数量可能比断层大得多。断层和裂缝是多尺度构造非均质性的一个好例子。

断层可以形成流体运移通道，或将储层分割成独立或半独立的断块。此外，断层对地层的外部几何形态有影响，如产生断层带和地层错位。这些可以影响流体分布，包括油气层厚度和分布、区块分割、油气体积、水体锥进、水体舌进、并置变化、流体界面和影响流体流动的断层泥等。

断层对油藏的分割会对油气的采收率产生重大影响。与开启断层相比，封闭断层可导致采收率大幅下降，或者需要钻更多的井，从而可以生产分割的油气带，以达到类似的采收率。因此，封闭或部分开启（具有断层泥）或开启断层对油井设计和设施规划是需要考虑的问题。基于此，采用断层泥指示测量不同断块传导性大小，定量评价断层的封闭性。在实践中，量化断层泥并不总是容易的。可以使用断距和并置图作为起点。断层应该在储层模型建立三维构造框架模型以便描述断层对流体流动的影响（第 15 章）。应用断层的框架模型可以分析断层对储层分层的几何效应，通过分析并置图、断层位移和断层泥以便确定油气界面。

与大断层相比，中尺度断层和裂缝容易产生泄漏点、流动通道、渗流遮挡或渗流屏障。它们往往在储层建模中处理方式与大断层不同（第 15 章）。

8.3　层序地层格架级次的多尺度非均质性

层序地层学和沉积学（Weimer 和 Posametier，1993）是两种不同的分析地层的方法。不同的沉积系统有不同的储层结构样式和不同的相带组合。由于油气主要源于沉积岩，因此地层层序对油气的控制作用影响深远又无所不在，往往表现出多级次序列。这是因为地层单元是沉积物的基本构成要素，从微观的纹层到中等层理或层系，到宏观河道或者堤坝沉积，到巨型河道复合系统，到特大型复合河道复杂系统。根据地震解释和露头研究，Sprague等（2002，2005）为深水斜坡限制型河道系统建立了九级层序地层框架。前两个级别主要用于勘探分析和区域研究。储层研究通常更关注等级中的七个较低水平。除了沉积地层层次外，进一步的分析还包括岩性、颗粒和孔隙网络。这些共同构成了地质非均质性的多尺度的嵌套分层方案（图8.3）。

层序地层学的类似层次结构也适用于河流型沉积环境（附录8.2）和碳酸盐岩沉积环境（Kendall，2014）。大型特征通常宽度为数千米和厚度在数百米，这些层次结构中

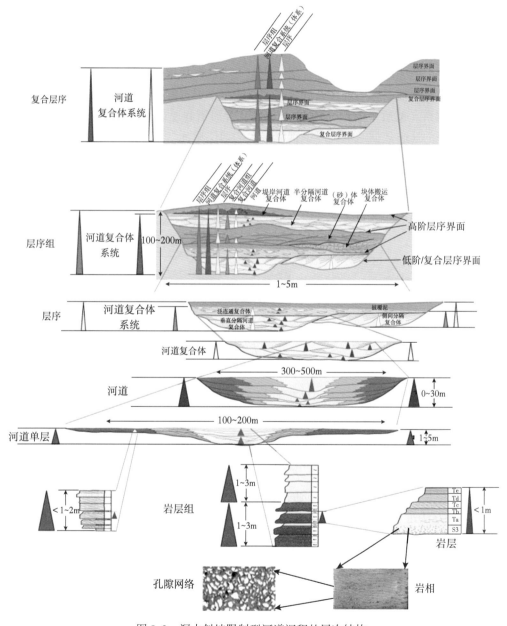

图8.3　深水斜坡限制型河道沉积的层次结构

的小规模特征是岩层、岩性和孔隙网络。这些代表着不同级别的地质变量及其非均质性。

第三或第四级的层序界面通常提供了储层及其构型的边界。层序、层序组和复合层序控制油气圈闭和储层内部遮挡层（通常在叠加的复合层序或层序组中）。准层序和准层序组以中间尺度控制储层流体。它们对于流体储存和流动的重要性源于其叠加模式和对储层连通性的影响（van Wagoner 等，1990）。

历史上，地震地层学的发展将地震特征与层序地层和海平面变化联系起来（Vail 和Mitchum，1977）。这一概念是基于地震解释的层序及其构成要素体系域识别油气聚集成藏的重要一步（Mitchum 等，1977）。象层序界面这样的大型地质实体通常可以直接用地震数据解释。当地震分辨率较高时，有时也可以解释出河道复合体和河道充填沉积。

随着三维地震勘探的普及及地震分辨率的稳步提高，现在地震数据解释层序地层的精度也更高。高分辨率的地震数据通常是大型沉积体的最佳方式，而露头、测井和岩心分析对确定小尺度上的非均质性往往更有用。使用三维地震数据进行综合地层分析有助于理解和描述沉积的级次性。应用现代高分辨率地震数据，可以解释四级或更高级次的地层，包括河道复合体系（或层序组），河道复合体，复合河道和通道充填（图8.4）。

低分辨率的地震数据通常难以识别低层次的地层单元。露头、测井和岩心数据能够分析地层中较低级别的沉积特征，如使用岩心数据识别细微的沉积特征。

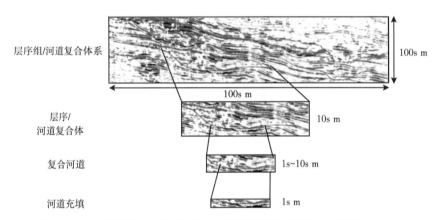

图8.4　从地震资料中可以看到深水斜坡限制型河道沉积的四级地层单元

8.4　沉积环境沉积相的空间和几何非均质性

沉积环境是分析油田的储层地质的一个关键因素。过程沉积学可以使用沉积模式方法和沉积地层方法进行分析（Campbell，1967；Walker，1984；Pickerring 等，1986；Miall，2016）。沉积学既可以解释微观和中等尺度岩石学特征，又可以解释巨型尺度沉积机理的概念。在较低的级别，相模式和地质体的大小受沉积物供给的类型及其结构的影响。沉积体系对油气聚集成藏具有强烈的影响，而构成沉积体系的各种沉积相影响油气的生成与聚集，也影响油气的流动，因为它们往往直接控制了地层的孔隙度和渗透率。例如，在碎屑岩沉积中，河道往往更富含砂岩成分，有利于油气的储存和流动，而溢岸往往偏泥质沉积，具有较低的孔隙度和渗透率（图8.5）。

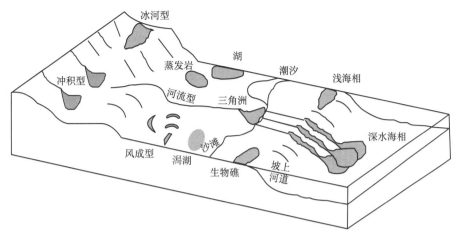

图 8.5 主要沉积环境的示意图

由于作为空间位置函数的沉积环境的侧向变化，或者基于水平面或海平面变化导致的沉积环境的改变都可以影响沉积层序的垂向变化，所以储层可以是多个沉积环境的复合体（Vail 和 Mitchum，1977；Haq 等，1987；Li 等，2014）。

图 8.6 比较了深水海洋环境中三种沉积环境中的沉积物几何形状和空间结构关系。近端斜坡有利于形成限制型河道。顺河道方向上储层连通性往往较高，垂直河道方向连通性较差；储层各向异性较强。在斜坡低部或近源扇沉积环境中，河道通常在横向和垂向彼此叠置合并，因此在大多数方向上，储层连通性往往很高。在中远端沉积环境中，席状沉积更有可能占主导地位；储层横向连通性强，垂向连通性低；不同水平方向的各向异性小，横向—垂直上的各向异性比值强。

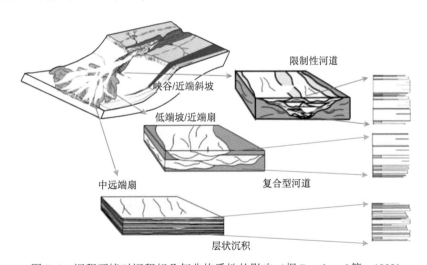

图 8.6 沉积环境对沉积相几何非均质性的影响（据 Beaubouef 等，1999）

威尔逊（1975）和施拉格（1992）及其他人，分析了碳酸盐岩相的空间序列，根据它们的分析，建立了标准岩相带（图 8.7）。虽然这是一个理想化沉积相剖面，除了个别沉积背景会缺失一些相带外，许多碳酸盐沉积具有类似空间序列的沉积相剖面。此外，该剖面只代表一个同时期沉积的地层事件。在海平面变化、生物活动和其他因素的影响下，多旋回的沉积体系由于空间相带的变化而产生相类型和相比例的垂向非均质性（Ma 等，2009，第 11 章）。

层序地层学和以岩相为基础的沉积学是互补的两种研究方法，因为它们处理不同尺度的地质特征。大尺度定义储层圈闭和小尺度控制流体流动的地质特征的综合分析可更完整地理解储层地质特征，这更有利于储层表征和建模。

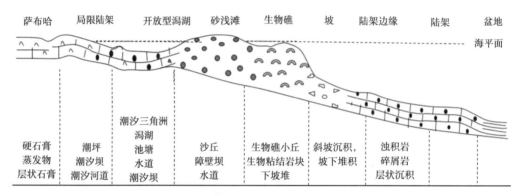

图 8.7　通用的碳酸盐岩沉积相带横剖面（据 Wilson，1975 和 Schlager，1992，修改）
注意：一些带，如坡前和有机建造带一般较为狭窄，而其他，如潟湖和簸选的台坪相
往往更宽；萨勃哈和深海盆地的相带一般也很宽；相带的宽度不是按比例显示

8.5　沉积相和岩性：组分的空间趋势

沉积相经常表现出横向和垂向的空间趋势。几乎可以这样说，储层属性的趋势就是一种非均质性。

8.5.1　沉积相的横向和垂向趋势

作为水深（或海平面）变化和其他因素的函数，沉积物可以表现出几种沉积相的叠加样式，包括前积式、加积式、退积式准层序组（Van Wagoner 等，1990）。这就会形成一种非均质性——空间趋势。例如，沉积物通常表现出一个向上变细或者向上变粗的趋势。

沉积相通常呈现一种横向排序的趋势（图 8.7 和图 8.8）。根据沃尔特（Walter）定律，基于没有间断的连续沉积，由于沉积环境的改变，岩相会表现为具有相关性的垂向趋势。（Middleton，1973）。众所周知，水深（或海平面）的变化往往导致一定空间位置的沉积环境发生变化，从而形成与横向相序相关的垂向序列的沉积相趋势。除了沉积相的空间变化外，海平面的变化以及其他因素也会导致沉积相比例变化。这两个属性——相类型和相比例——可以通过耦合空间统计和频率统计两种方法进行分析（Ma 等，2008；第 11 章）。

图 8.8 显示了一个碳酸盐岩储层的例子，其中有 9 口井和 4 种沉积相。依据井点观测结果，生物礁只存在于东部，潟湖在西部占主导地位，浅滩更多地在中部区域，但更分散。这些从井中的数据观察到的地貌优势沉积相带与威尔逊的碳酸盐沉积相带基本一致（Wilson，1975），除了不是所有的相带都存在以外。

在实践中，应检查是否存在采样偏差，并注意样本数量。如果存在严重的采样偏差，则应使用校正偏差的数据构建垂直剖面。当样本数量足够充分且没有明显的采样偏差时，垂直剖面可用于分析地层分层，可以定义相对均匀的地层来构建地层框架（第 14 章和第 15 章）。储层属性的垂直剖面对于分析地层、岩性和连续属性都很有用。

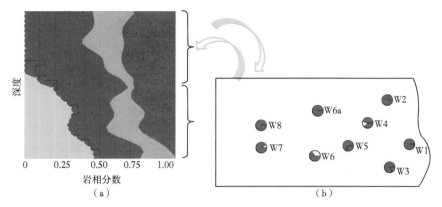

图 8.8 沉积相趋势示例图

（a）环礁斜坡的岩相垂直剖面（平滑的垂直比例曲线）；（b）在（a）中上部区域的 九口井处的岩相比例。红色 = 生物礁；橙色 = 浅滩；蓝色 = 潟湖；绿色 = 坡前

8.5.2 岩石组分趋势

沉积相通常由多种类型岩石组成；当考虑样品总是具有一定体积（即样本的大小），以及对样本体积的微观分析一般显示许多岩性的组成时，这种观点尤为正确。在传统的测井岩石物理分析中，页岩或黏土的体积百分比往往是通过计算得到的（第 9 章）。在更现代的测井矿物和岩石物理分析中，矿物和岩性的成分通常是估计获得的。这些成分变量都是小数，其总和归一化为 1。它们通常具有空间趋势。

全局趋势的空间模式并不总是与局部趋势一致；有时局部趋势甚至与全局趋势相反。在垂直方向上可以观察到两个级别的非均质性趋势（图 8.9）。地层整体显示砂岩体积比例向上减少的趋势，但对三个地层中的每个地层，砂岩体积比例则是向上增加的趋势。换句话说，深度和砂岩体积比例在全局为负相关，但在局部为正相关。总体相关性为 −0.384，

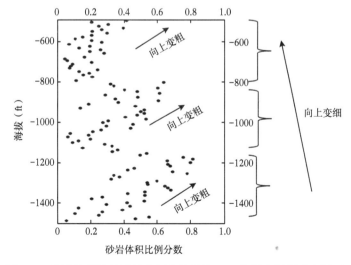

图 8.9 砂岩体积比显示的空间非均质性（一套深水沉积垂直剖面）

但在三个地层中（间隔 400~800m、800~1150m 和 1150~1500m），层内相关性均为正值，介于 0.347~0.586。

这种现象与非均质性和统计相关性分析的多个尺度密切相关。局部和全局趋势一致通常会导致更高的总体相关性。相反，与全局趋势不一致或相反的局部趋势会导致总体相关性（绝对值）降低。

8.6 岩石物理属性的非均质性

孔隙度、流体饱和度和渗透率是自然资源地球科学中最重要的岩石物理变量，因为它们直接控制地下流体的储存和流动，用于确定油气资源量、开发、采收率和油田开发计划。描述这些岩石物理参数包括对其非均质性的表征，有几种方法可用于评估这些参数的非均质性，包括统计描述、地理空间描述和动态描述。

8.6.1 岩石物理属性非均质性的统计描述

直方图是一种量化储层属性整体非均质性的最直接的方法；直方图可以显示岩石物理参数的整体变化（图 8.10）。不同地层及横向上不同部位的同一地层的三种岩性（此处未显示）都可以表现出空间非均质性。这里，三种岩性的孔隙度非均质性都用各自的直方图显示。

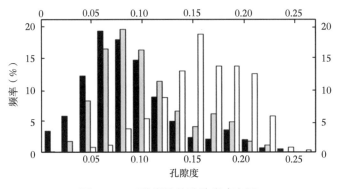

图 8.10 三种岩性的孔隙度直方图

注意三种岩性孔隙度范围的重叠；石灰岩（黑色）、白云岩（灰色）和砂岩（白色）的孔隙度平均值分别为 0.089、0.092 和 0.117；在这个例子中，砂岩是油层，白云岩局部产油，石灰岩是非储层

还有一些更直接、但内容没有直方图丰富的描述非均质性统计参数，包括方差和标准差。其他描述非均质性的参数包括最小值、最大值和变异系数。记住变异系数只是相对于平均值的标准化的标准差（第 3 章）。虽然这些统计参数是频率统计，但仍可以用局部计算的方式用于储层属性的空间分析。

表 8.2 分岩性的孔隙度统计数据

岩性	平均值	标准差	变异系数	最小值	最大值	样本计数
石灰岩	0.089	0.047	0.528	0.010	0.261	2071
白云岩	0.102	0.044	0.431	0.018	0.230	480
砂岩	0.160	0.040	0.250	0.053	0.254	237
所有岩性	0.097	0.050	0.515	0.010	0.261	2788

8.6.2 岩石物理属性的其他非空间度量的非均质性

除了变异系数外，文献中还常用了两个非均质性度量，即"迪克斯特拉·帕森斯（Dykstra-Parsons）系数"和"洛伦茨（Lorenz）系数"（Lake 和 Jensen，1991）。

Dykstra-Parsons 系数，V_{DP} 是使用统计参数测量渗透率变化性的指标，该参数定义为：

$$V_{DP} = \frac{K_{0.5} - K_{0.16}}{K_{0.5}} \tag{8.1}$$

其中，$K_{0.50}$ 为渗透率的中值；$K_{0.16}$ 为低于中值一个标准差的渗透率值。

对于具有小变异性的渗透率，Dykstra-Parsons 系数很小，当渗透率是恒定的（完全均匀）时，该系数为 0。相反，当渗透率具有无限变化性时，Dykstra-Parsons 系数是另一个极端形式，为 1。简而言之，这一系数的范围在 0 和 1 之间，当渗透率接近 1 时，渗透率非均质性很高。

Lorenz 系数是使用孔隙度和渗透率频率分布定义的。它首先建立存储能力和流动能力之间的关系。洛伦茨（Lorenz）曲线然后表示在存储能力和流动能力的交会图上（图8.11）。存储能力由孔隙度和厚度的乘积定义，流量容量根据渗透率和厚度的积定义，如下：

$$S_i = \frac{\sum_{i=1}^{n} \phi_i h_i}{\sum_{i=1}^{N} \phi_i h_i} \tag{8.2}$$

$$F_i = \frac{\sum_{i=1}^{n} K_i h_i}{\sum_{i=1}^{N} K_i h_i} \tag{8.3}$$

其中，S 为存储能力，小数；F 为流动能力，小数；ϕ 为孔隙度；h 为厚度；K 为渗透率；N 为总样本计数；n 为 N 的子集。

洛伦茨（Lorenz）系数在数值上定义为由洛伦茨曲线和 1 对 1 的对角线边界形成的面积的两倍。由于存储能力和流动能力定义的正方形的总面积为 1 个单位，因此 Lorenz 系数范围在 0 和 1 之间。零值表示完全均匀性，1 表示极强的非均质性。图 8.11（b）显示三口井的洛伦茨曲线。W3 的曲线非常接近对角线，非均质性小；洛伦茨系数约为 0.1。W1

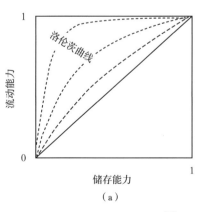
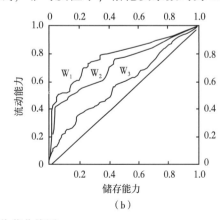

图 8.11　洛伦茨曲线图

（a）洛伦茨图；（b）硅质碎屑地层三口井的洛伦茨曲线图

的曲线距离对角线有点远，具有相对较强的非均质性；洛伦茨系数约为0.6。W2的洛伦茨系数为0.47，其非均质性低于W1，但远远大于W3。

8.6.3 岩石物理属性非均质性的空间描述

从早期讨论空间非均质性中可以看出，岩石物理属性有时具有类似的空间非均质性，因为它们通常受岩相控制。例如，图8.8（b）显示了一个发育生物礁的碳酸盐岩斜坡的横向沉积相非均质性例子，其中三种相具有不同的孔隙度和渗透率取值范围。生物礁的平均孔隙度约为9%，分布范围为0~22%；潟湖的孔隙度平均值约为3%，范围为0~10%；浅滩的平均孔隙度为6.5%，范围为0~15%。因此，很自然，孔隙度也具有很强的横向非均质性（第19章）。

同样，孔隙的垂直分布可以是非均质性的，它们可以从测井孔隙度数据中分析。第3章介绍了多个使用变异系数表达的正比例和反比例效应的示例（图3.4）。正比例和反比例效应在物理上，与向上变致密或者向下变致密的趋势相对应。但是，有时趋势可以简单地由局部平均值来描述。例如，在图8.12中的上部层序中可分辨出一个向上变致密（孔隙度向上降低或"向下孔隙度增大"）的趋势。这个趋势不具有明显的正比例或反向比例效应［平均孔隙度按层或深度变化显著，但其变化性（即方差），并不作为深度的函数而有明显变化］。另一方面，中间层序呈现向下变致密（或向上孔隙度增加）的趋势，具有较大的横向变化，孔隙度在4%~27%变化。底部的层序显示一个不太明显的向下变致密的趋势，具有更大的横向变化范围，孔隙度值在0~24%变化。底部和中间层序一起形成具有准反比例效应的、向下变致密的趋势。

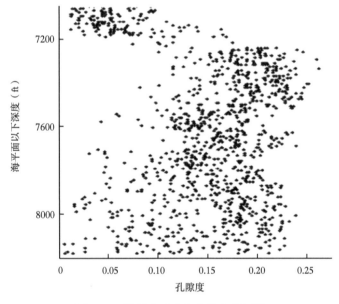

图8.12 孔隙度垂直方向分布示例图

深度值为从海平面算起，用负值，数据来自20多口直井的孔隙度。在上部层序（高于-7300ft）中，向上变致密（向下孔隙度增大）的趋势明显。中间层序(-7630~-7300ft)呈现向下变致密（向上孔隙度增大）的趋势，对给定深度存在较大的横向变化，孔隙度在4%~27%变化。底部的层序传达一个不太明显的向下变致密的趋势，具有更大的横向变化，孔隙度在0~24%变化。底部和中间层序共同形成向下变致密趋势，具有某种准反比例效应

8.6.4 岩石物理属性的空间不连续性

空间不连续性是非均质性的一种表述，可以用变差函数进行分析。储层属性的空间变化性在第 13 章介绍；图 8.13 给出了一个简单的例子。首先，注意反映沉积周期性的孔隙度，在其垂直方向的变差函数中的强孔效应（Jones 和 Ma，2001）。其次，注意与水平方向相比，垂直方向的孔隙度的方差较大。最后，垂直方向的连续性小于横向连续性（由空间相关程表达）。这些迹象表明了孔隙度在空间分布中的各向非均质性。空间各向非均质性和周期性都是空间非均质性的一些形式。

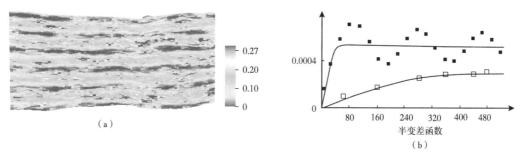

图 8.13　孔隙分布剖面与变差函数图

（a）孔隙度的垂直剖面（横向 1200m 长，垂直向 300m 厚）；（b）显示强孔效应的垂直变差函数图，
正弦波围绕等于 0.00052 的方差振荡（孔效应是周期性的强烈指示；第 13 章）。水平变差函数
具有较低的方差，等于 0.00031，并且没有显示可见的周期性

8.7　用于描述非均质性的数据和度量

多种类型的数据可用于描述地下地层的非均质性，包括岩心、测井、试井和地震数据。这些数据在垂直方向表达不同的尺度，横向上的覆盖范围也不同（图 8.14）。尺度概念在储层表征中有两个相关但不同的含义：变化尺度或非均质性（Ma 等，2008），以及测量或计算数据的样本大小（如线段、面积或体积；Gotway 和 Young，2002）。在大多数情况下，第一个尺度的概念已经在前几节中讨论过了。第二个尺度的概念在地质统计学中被称为支撑或网络单元（Chiles 和 Delfiner，2012）。支撑变化的实质是数据和测量的尺度影响统计参数（第 3 章），包括方差和相关性以及其他参数。这解释了为什么对一给定储层属性，岩心数据通常显示比测井数据更高的变化性，以及测井数据表现出比地震数据更高的变化性。

在这里，我们简要地介绍这些数据在描述储层非均质性方面其尺度和覆盖范围的主要特征。垂直方向而言，岩心和测井数据的分辨率比地震数据高得多，可以为高频非均质性的描述提供信息。横向而言，由单个垂直井控制的岩心和测井的覆盖范围有限，而且它们数量通常很少（不同的井之间距离大）。另一方面，地震数据垂直分辨率很低，但横向覆盖密度高，特别是当有三维地震数据时（图 8.14）。最重要储层表征的任务之一就是整合这些不同信息源来描述地下地层的多尺度非均质性。

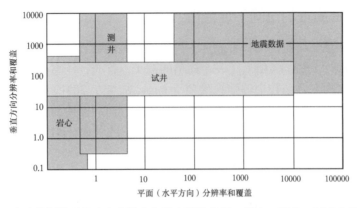

图 8.14 常见数据类型的垂直分辨率和横向覆盖范围：岩心、测井、试井和地震数据

8.8 非均质性对地下流体流动和生产的影响

结构、地层、沉积相、岩性和岩石物理属性的非均质性会影响地下地层中的流体分布，包括油和气的分层和分布。从前几节中可以看出，大多数非均质性与静态储层属性和流体储存有更多的关联。然而，许多非均质性也对流体流动有显著的影响。例如，地层和岩性的空间分布会对油气的可生产性和生产力产生重大影响。孤立的袋状油藏、阁楼油、基岩油藏、锥进和舌进、流动路径、渗流遮挡和渗流屏障往往与地层和岩性非均质性有关。

当气或水异常地向射孔段驱动时，会发生锥进现象。在预测流体流动和采收率时，这可能是一个需要考虑的重要因素，尤其是对薄油层在高速和高压差条件或在具有高垂直渗透率油藏生产时。当气或水沿着地层驱动到生产井时，会产生舌进现象。在渗流通道包含与地层平行的高渗透率条带、高生产速率、高压差生产情况下舌进现象可能会很重要。

渗透率和其他储层特性的空间变化在所有渗透性介质中普遍存在，是对流体流动的最有影响力的因素之一。由于对流体流动的影响，渗透率非均质性对油气生产和采收率有强烈的影响（图 8.15）。

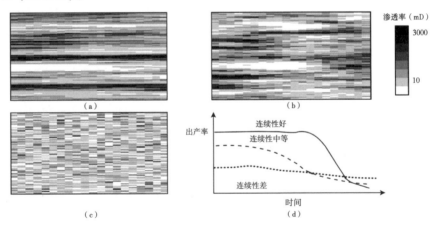

图 8.15 空间非均质性对流体流动和生产的影响

（a）连续性好的渗透率模型；（b）连续性中等的渗透率模型；（c）连续性差的渗透率模型；

（d）[（a）~（c）]中三种模型的（油气）生产曲线

岩性和孔隙网络的空间非均质性（如页岩夹层、砂体和孔喉的几何形态）的精细表征对于储层模拟和油气采收率的估计非常重要（Delhomme 和 Giannesini，1979；Haldorsen 和 Lake，1984；Begg 和 King，1985；Cao 等，2016）。储层的工程变量，包括阈值压力梯度、应力和润湿性，也可以影响流体流动和生产（Cao 等，2015，2017）。

8.9 总结

地质非均质性对地下地层中油气的储集及其流动有强烈的影响。沉积环境、构造、地层、沉积相、岩性和岩石物理属性可以控制储层流体储存的类型和数量。由于它们的物理性质和规模不同，控制类型和程度可以不同。传统上，非均质性测量主要集中在流体流动上（Lake 和 Jensen，1991）。事实上，不同尺度的地质变量和岩石物理变量的非均质性都会影响流体的储存和流动。大尺度变量倾向于控制流体储集，在储层的圈定和描述中非常重要。小尺度变量的特征非常重要，因为它们同时控制储集和流动。这些变量的连续性和非均质性决定了油气的储集方式，以及油气在多孔介质中如何流动或抑制流体的流动。

储层变量的尺度和各种测量的尺度都很重要。在测量相同储层的相同岩石物理属性时，岩心样品的数据通常比测井数据具有更大的变化性。这就是所谓的支撑效应。

附录8.1 大尺度构造环境及其特征

应力/应变场	深层基底卷入的厚层压缩构造	浅层中—厚层收缩构造	深层基底卷入的厚层拉张构造	浅层中—厚层拉张构造	走滑构造	塑性基质横向流动
背景	前陆盆地克拉通盆地隆起	增生楔状、被动边缘斜坡或前陆褶皱带	裂谷	被动边缘三角洲斜坡	裂谷、板块边缘和横推断层	增生楔状、被动边缘或三角洲
断层	深度穿透的陡断层、断块组合、折线形断层网络	叠瓦状推覆断层系列、横推断层及其转换带	深度穿透的陡断层、断块组合、折线形断层网络	铲式横推断层、生长断层	深度穿透陡峭断层、雁列断层、马尾状铲式横推断层	铲式生长断层、褶皱断层、脊部地堑
褶皱	宽大隆起，披盖褶皱，单斜	断弯褶皱、滑脱褶皱、转换对冲褶皱	宽大隆起，披盖褶皱，单斜	滚动背斜，断弯褶皱	雁列褶皱，正花状结构，断弯褶皱，滚动背斜	枕状构造，龟背构造，穿隆，拆离构造，单斜
地层	区域变形上部地层，低到中等的压缩	地层垂直重复，广泛压缩	区域变形下部地层，低到中等拉伸	垂直地层缺失，大幅度拉伸	标志层偏移，沿走向断距反转	地层遮挡，底辟构造
储层圈闭	宽大的背斜，断层圈闭	断背斜，叠加背斜	倾斜的断块、地垒、断层圈闭、地层圈闭	滚动断层圈闭	花状构造侧翼断层圈闭、滚动背斜、断层褶皱、断块	侧翼单斜、穿隆、地层圈闭

附录8.2 河流沉积环境的层序地层级次结构

层序地层分析可以使用自顶向下或者自底向上两种方法对地层要素和沉积相进行级次划分。布鲁克菲尔德（Brookfield，1977）使用级次顺序和地层界面细分沉积地层。Allen（1983）对辫状河体系进行了描述，识别了八种具有特定岩性和结构的集合外型，命名为构型要素。Miall（1985）将构型要素扩展到其他沉积体系。Pickering 和 Corregidor（2000）对深水沉积体进行细分，识别不同级次的分隔、成因上相联系的地层构型要素的地层界面。这些构型要素概念现在被广泛用于许多沉积体系。

Sprague 等（2002，2005）对河流和深水环境从盆地规模的开始，采用自顶而下方法，从盆地级别开始，对河流和深水沉积进行了构型要素的级次划分。对于该大规模的沉积体系，持续向下的构型要素包括通道复合系统，向下到通道复合体、复合河道，到层组有时甚至到单一砂岩颗粒。这种自顶而下的分类为多级次地层要素分析提供了一套框架结构，同时建立了大尺度构型要素与小尺度构型要素之间的相互联系。自底而上的方法同样有效，如 Kendall（2012）对于河流沉积环境的划分（图8.16）。

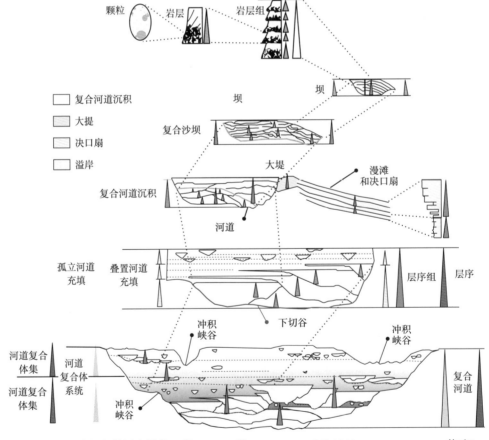

图8.16 河流沉积的层次结构（据 Sprague 等，2002；Kendall 2012；sepmstrata.org，修改）

参 考 文 献

Allen, J. R. L. 1983. Studies in fluviatile sedimentation: Bars, bar complexes and sandstone sheets (low sinuosity braided streams) in the Brownstones (L. Devonian), Welsh Borders: Sedimentary Geology, 33: 237-293, doi: 10. 1016/0037-0738 (83) 90076-3.

Barlow, J. A. Jr. and Haun, J. D. 1970. Regional Stratigraphy of Frontier Formation and Relation to Salt Creek Field, Wyoming, in Geology of Giant Petroleum Fields, Halbouty, M. T., editor, AAPG Memoir 14, Tulsa.

Begg, S. H. and King P. R. 1985. Modeling the effects of shales on reservoir performance: Calculation of effective permeability, Society of Petroleum Engineers Simulation Symposium, Dallas, Texas, Feb. 10-13, 1985, SPE paper 13529.

Beaubouef R. T., Rossen C., Zelt F. B., Sullivan M. D., Mohig D. C. and Jennette D. C. 1999. Deep-water sandstone, Brushy Canyon formation, West Texas, AAPG Hedberg Field Research Conference, April 15-20.

Brookfield, M. E. 1977. The origin of bounding surfaces in ancient aeolian sandstones. Sedimentology 24: 303-332.

Campbell, C. V. 1967. Lamina, laminaset, bed, bedset: Sedimentology 8: 7-26.

Cao et al. 2017. Gas-water flow behavior in water-bearing tight gas reservoirs. Geofluids, DOI. org/10. 1155/2017/974595.

Cao, R., Wang, Y., Cheng, L., Ma, Y. Z., Tian X. and An, N. 2016. A New Model for Determining the Effective Permeability of Tight Formation, Transport in Porous Media, DOI: 10. 1007/s11242-016-0623-0.

Cao R, Sun C. and Ma YZ. 2015. Modeling wettability variation during long-term water flooding, J. of Chemistry 592951.

Chiles, JP, and Delfiner, P. 2012. Geostatistics: Modeling spatial uncertainty, John Wiley & Sons, New York, 699p.

Delhomme, A. E. K., & Giannesini, J. F. 1979. New Reservoir Description Technics Improve Simulation Results in Hassi-Messaoud Field - Algeria. Society of Petroleum Engineers. doi: 10. 2118/8435-MS.

Filak, J. -M., Ryzhov, S. A., Ibrahim, M., Dashti, L., Al-Houti, R. A., Ma, E. D. C., Wang, Y. 2013. Upscaling a 900 Million-Cell Static Model to Dynamic Model of the World Largest Clastic Oil Field - Greater Burgan Field, Kuwait. Society of Petroleum Engineers. doi: 10. 2118/167280-MS.

Fitch P. J. R., Lovell M. A., Davies S. J., Pritchard T. and Harvey P. K. 2015. An integrated and quantitative approach to petrophysical heterogeneity. Marine and Petroleum Geology 63: 82-96.

Gotway, C. A. and Young L. J. 2002. Combining incompatible spatial data: Journal of American Statistical Association, Vol. 97, No. 458, p. 632-648.

Haldorsen, H. H. and Lake L. 1984. A new approach to shale management in field scale models, Society of Petroleum Engineers Journal, v. 24, p. 447-457.

Haq B. U., Hardenbol, J. and Vail, P. R. 1987. Chronology of fluctuating sea levels since the Triassic. Science, 235 (4793): 1156-1167.

Jones, T. A. and Ma Y. Z. 2001. Geologic characteristics of hole-effect variograms calculated from lithology-indicator variables: Mathematical Geology, v. 33, no. 5, p. 615-629.

Kendall, C. G. 2014. Sequence stratigraphy, Encyclopedia of Marine Geosciences, DOI 10. 1007/978-94-007-6644-0_178-1.

Kendall, C. G, St. C. 2012. SEPM STRATA. Website. http: //www. sepmstrata. org/, last accessed Feb. 16, 2018.

Lake, L. W. and Jensen, J. L. 1991. A Review of Heterogeneity Measures Used in Reservoir Characterization. IN SITU 15 (4): 409-439.

Li S., Ma Y. Z, Yu X., Jiang P., Li M. and Li M. 2014. Change of deltaic depositional environment and its impacts on reservoir properties—A braided delta in South China Sea. Marine and Petroleum Geology 58: 760–775.

Ma, Y. Z. , Seto A. and Gomez, E. 2008. Frequentist meets spatialist: A marriage made in reservoir characterization and modeling: SPE 115836, SPE ATCE, Denver, CO.

Ma, Y. Z. , Seto A. and Gomez, E. 2009. Depositional facies analysis and modeling of Judy Creek reef complex of the Late Devonian Swan Hills, Alberta, Canada, AAPG Bulletin.

Ma, Y. Z. , Gomez, E. , Young, T. L. , Cox, D. L. , Luneau, B. and Iwere, F. 2011. Integrated reservoir modeling of a Pinedale tight-gas reservoir in the Greater Green River Basin, Wyoming. In Y. Z. Ma and P. LaPointe (Eds), Uncertainty Analysis and Reservoir Modeling, AAPG Memoir 96, Tulsa.

Mayuga, M. N. 1970. Geology and Development of California's Giant–Wilmington Oil Field, in Geology of Giant Petroleum Fields, Tulsa: AAPG Memoir 14.

Miall, A. D. 1985. Architectural-element analysis: A new method of facies analysis applied to fluvial deposits: Earth Science Reviews, 22, p. 261–308.

Miall A. 2016. Stratigraphy: A modern synthesis, Springer, New York.

Middleton, G. V. 1973. Johannes Walther's Law of the correlation of facies: GSA Bulletin, v. 84, no. 3, p. 979–988.

Mitchum, R. M. , Vail, P. R. and Thompson S. III. 1977. Seismic stratigraphy and global changes of sea level: Part 2. The depositional sequence as a basic unit for stratigraphic analysis, AAPG Memoir 26, p. 53–62.

Neal, J. and Abreu, V. 2009. Sequence stratigraphy hierarchy and the accommodation succession method, Geology, v. 37, p. 779–782.

Pickering, K. T. , D. A. V. Stow, M. P. Watson and R. N. Hiscott. 1986. Deep-water facies, processes and models: a review and classification scheme for modern and ancient sediments: Earth Science Reviews, v. 23, p. 75–174.

Pickering, K. T. and Corregidor, J. 2000. 3D Reservoir scale study of Eocene confined submarine fans, south central Spanish Pyrenees, in Weimer, P. , Slatt, R. M. , Coleman, J. , Rosen, N. C. , Nelson, H. , Bouma, A. H. , Styzen, M. J. , and Lawrence, D. T. , eds. , Deep Water Reservoirs of the World: SEPM, Gulf Coast Section, 20th Annual Bob F. Perkins Research Conference, p. 776–781.

Schlager, W. 1992. Sedimentology and sequence stratigraphy of reefs and carbonate platforms, AAPG Continuing Education Course Notes Series, v. 34, Tulsa, 71p.

Sprague, A. R. , P. E. Patterson, R. E. Hill, C. R. Jones, K. M. Campion, J. C. Van Wagoner, M. D. Sullivan, D. K. Larue, H. R. Feldman, T. M. Demko, R. W. Wellner, J. K. Geslin. 2002. The Physical stratigraphy of Fluvial strata: A Hierarchical Approach to the Analysis of Genetically Related Stratigraphic Elements for Improved Reservoir Prediction, (Abstract) AAPG Annual Meeting.

Sprague, A. R. G. , T. R. Garfield, F. J. Goulding, R. T. Beaubouef, M. D. Sullivan, C. Rossen, K. M. Campion, D. K. Sickafoose, D. Abreu, M. E. Schellpeper, G. N. Jensen, D. C. Jennette, C. Pirmez, B. T. Dixon, D. Ying, J. Ardill, D. C. Mohrig, M L. Porter, M. E. Farrell and D. Mellere, D. 2005. Integrated slope channel depositional models: the key to successful prediction of reservoir presence and quality in offshore West Africa: CIPM, cuarto E-Exitep. Veracruz, Mexico.

Vail, P. R. and Mitchum R. M. 1977. Seismic stratigraphy and global changes of sea level: Part 1. Overview, AAPG Memoir 26.

Van Wagoner, J. C. , R. M. Mitchum, K. M. Campion and V. D. Rahmanian. 1990. Siliciclastic sequence stratigraphy in well logs, cores, and outcrops: Tulsa, Oklahoma, AAPG Methods in Exploration Series, No. 7, 55 p.

Walker, R. G. 1984. Facies models, second edition, Geoscience Canada.

Weimer P. and Posamentier H. 1993. Siliciclastic sequence stratigraphy. AAPG memoir 58, Tulsa, OK.

Wilson, J. L. 1975. Carbonate facies in geologic history: New York, Springer Verlag, 471p.

第9章　储层表征的岩石物理数据分析

文明是经地质条件默认而存在的，如有更改，恕不另行通知。

威尔·杜兰特（Will Durant）

摘要： 本章主要从数据分析的角度概述岩石物理分析。岩石物理分析对储层研究至关重要，因为它是为综合储层表征和资源评估提供输入数据的主要来源。测井提供了地下地层属性的各种记录，测井数据是岩石物理分析的主要数据源。测井记录首先用于单井评价，然后扩展到油田范围的资源评价和储层建模。

自 1927 年完成第一条电法测井记录以来，测井技术呈指数级增长。现代测井包括自然伽马（GR）、自然电位（SP）、密度、中子、声波、核磁共振（NMR）、光电效应因子（PEF），以及各种电阻率测井。这些数据可用于岩石属性评价，包括孔隙度、流体饱和度、渗透率、矿物成分、岩性和岩相（附录 9.1）。

9.1　孔隙度表征和估计

孔隙度描述岩石中孔隙空间所占的比例，定义为孔隙体积与岩石体积之比。孔隙体积是岩石体积和颗粒体积之差。孔隙度是一个重要的储层属性，因为地下的孔隙空间提供了油气聚集场所，并且孔隙度往往是估算渗透率的主要因素。孔隙度有几个定义，例如基于孔隙连通性或流动能力，可划分为总孔隙度和有效孔隙度；从孔隙的成因机制可划分为基质孔隙度和裂缝孔隙度，或者原生孔隙度和次生孔隙度；从孔隙相对于岩石颗粒的位置，可划分为粒间孔和粒内孔；依据测量方法，可划分为测井孔隙度和岩心孔隙度。在碳酸盐岩孔隙系统的储集空间中，有时可划分出 7~8 种孔隙类型：粒间孔、粒内孔、晶间孔、铸模孔、格架孔、裂缝孔、孔洞和微孔隙（Lucia，2007）。

影响岩石孔隙度的主要因素包括颗粒大小均一性（分选）、压实、胶结、固结、成岩（形成次生或溶蚀孔隙或破坏原生孔隙）及裂缝。理论上，颗粒大小对孔隙度影响相对小；然而，颗粒大小往往与颗粒形状和排序相关，因此颗粒大小有时可以和孔隙度有显著的相关性。

9.1.1　总孔隙度和有效孔隙度

总孔隙表示岩石的所有空隙或孔隙空间，包括相互连通的和孤立的孔隙及被黏土矿物束缚水所占据的空间。有效孔隙表示岩石中相互连通的孔隙空间，它是岩石总孔隙中导致岩石中流体流动的那部分空间。石油工业中有几种关于有效孔隙度的定义，岩心和测井分析师和储层工程师之间在定义上存在一些细微的差别（Wu 和 Berg，2003；图 9.1）。即使

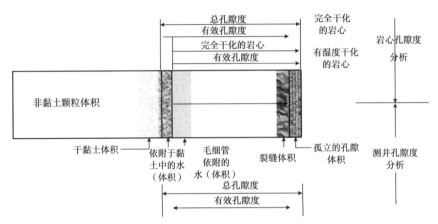

图 9.1　测井和岩心分析人员关于总孔隙度和有效孔隙度的不同定义

总孔隙度，根据测量方法的不同也有不同的定义。一个常见的做法是通过总孔隙度减去黏土束缚水和孤立孔隙的孔隙度计算有效孔隙度。很显然，有效孔隙度始终小于或等于总孔隙度。在实践中，在常规地层评价中，当页岩不发育时，有效孔隙度通常可以等同于总孔隙度。

有效孔隙度对于从孔隙度到渗透率的刻度更有用，因为根据定义，渗透率是由连通的孔隙所决定的。总孔隙度对于将孔隙度刻度标定到含水饱和度更有用，因为在连通和不连通的孔隙空间中都具有水。总孔隙度和有效孔隙度两者都从岩石物理分析中得出，都可以用于储层建模。

图 9.2 所示为总孔隙度和有效孔隙度之间的关系的两个例子。第一个例子显示有效孔隙度和总孔隙度之间有很强的相关性，相关系数为 0.833 ［图 9.2 (a)］，但第二个例子显示两者之间的相关性很小 (相关系数仅为 0.039)，两种趋势是可观察到的 ［图 9.2 (b)］。正相

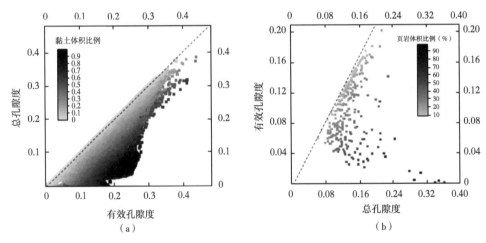

图 9.2　总孔隙度有效孔隙度关系图解

(a) 总孔隙度 (PIGT) 与有效孔隙度 (PIGE) 之间的关系，考虑泥质含量的影响，虚线表示一对一关系；
(b) 总孔隙度 (PHIT) 与有效孔隙度 (PHIE) 之间的关系，考虑泥岩含量的影响 (深水储层)，
虚线表示一对一关系 (PHIT 和 PHIE 有不同的显示范围)

关趋势代表泥质砂岩，与图 9.2 (a) 中的示例类似。负相关趋势表示泥质含量更高的岩性（粉砂质泥岩），反映更强的黏土效应。换句话说，泥岩含量越高，总孔隙度越高，但有效孔隙度越低。因此，一个在泥质砂岩中强烈的正相关趋势和一个泥质含量高的负趋势相互抵消，并产生一个整体无意义的总孔隙度和有效孔隙度之间的相关性。

请注意，对于恒定的泥岩含量，有效孔隙度和总孔隙度的最大相关性为 1，除非泥岩含量非常高，相关性接近 1 [图 9.2 (a)]。特殊情况下，当泥岩含量等于 0 时，有效孔隙度等于总孔隙度。

9.1.2 井筒孔隙度数据获取

孔隙度数据可以通过电缆测井、LWD、MWD 和岩心分析获取。由于对地层孔隙度的与测井方法的响应并非一一对应，所以可以使用多种孔隙度测量方法，然后依据一种或所有的孔隙度测井解释孔隙度。岩心测量孔隙度的数据通常是有限的，所以把测井孔隙度和它们进行刻度标定具有重要意义。可以用因果图（图 9.3）解释多种孔隙度测井方法。换句话说，影响岩石的孔隙度有多种因素，包括岩石密度的降低，声波在岩石中传播旅行时间增加，中子测井中子吸收增大，以及核磁共振测井中磁信号幅度和衰变剖面的变化等。这些是上述测井方法测量岩层孔隙度的物理基础。

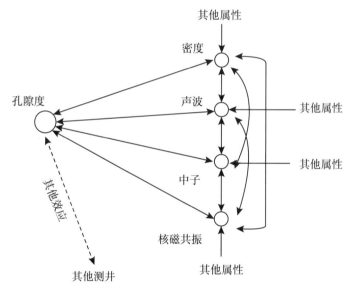

图 9.3　显示孔隙度影响密度、声波传播时间、中子吸收和核磁共振及其他岩石性质
（新的测井方法在将来可能还会出现）的因果图
密度、声波传播时间、中子和核磁共振也受到其他岩石特性的影响，这些特性可能与孔隙度有关，
也可能不相关；这些测量也是相互关联的
注：单箭头表示"原因诱导效应"；双箭头表示相关联（测井之间的共同原因导致的相关性），
或者"原因诱导效应"以及测量效应用以估计原因的量级（在真实地层的孔隙度和每种测量）

因此，真实孔隙度与上述每种测井响应之间的相关性具有因果关系。这些测井响应之间的相关性主要是由共同原因——孔隙度引起的。然而，在地下地层中，测量的特征也受其他岩石属性的影响；因此，这是一个"多种原因和多重效应"的案例（第 4 章）。显然，"多原因多效应"的关系会使解释变得困难；然而，当多个测井可用时，这也提供了

对其他岩石属性解释的机会。

三种传统的孔隙度的测井方法是密度、声波和中子；孔隙度可以单独地使用它们计算，或者通过使用各种平均或交会图方法组合其中两个或三个。其他基质和流体属性也可能有影响，故在估计孔隙度时必须考虑这些因素。对单一岩性地层的孔隙度估算可以使用一种或者两种测井方法。多种岩性的地层需要两种或更多种测井方法及岩性来估计孔隙度。核磁共振是较新的估算孔隙度技术，可单独使用，也可以与传统测井方法结合使用，同时它也可用于流体判别和渗透率估计。通常，多个孔隙度测井之间的相关性越高，意味着其他岩石属性的影响就越小，依据这些测井方法获取的孔隙度精度就越高。

9.1.2.1 单一测井计算孔隙度（基本原理）

1. 密度孔隙度

地层总体密度是基质密度、孔隙度和孔隙中流体密度的函数。由于岩石中的矿物的密度高于孔隙中流体的密度，因此孔隙度与密度成反比。孔隙度可以由密度测井来估计（Schlumberger，1999）：

$$\phi_d = \frac{\rho_{ma} - \rho_b}{\rho_{ma} - \rho_f} \tag{9.1}$$

其中，ϕ_d 为从密度求取的孔隙度；ρ_{ma} 为基质密度；ρ_b 为地层总体密度；ρ_b 为地层中的流体密度。

2. 声波孔隙度

声波测井测量声波沿井眼穿过地层区间传播的时间。声波的速度主要取决于岩石基质和岩石的孔隙度。岩石孔隙度越高，声波传播的速度就越小，由声波测井仪器接收到的声波传输时间就会延迟。因此，声波孔隙度与传输时间呈正相关，与地层速度成反比。孔隙度可由威利（Wyllie）时间平均方程用声波测井来估计：

$$\phi_s = \frac{t_{log} - t_{ma}}{t_f - t_{ma}} \tag{9.2}$$

其中，ϕ_s 为用声波计算的孔隙度；t_{log} 为声速测井读数，单位为 $\mu s/ft$；t_{ma} 为基质的传播时间；t_f 为饱和流体的传播时间。

3. 中子孔隙度

孔隙度也可以由中子测井估计，因为在孔隙性地层中氢离子集中在充满流体的孔隙中。中子测井测量氢离子浓度和测井过程中能量的损耗，其与地层孔隙度相关程度高。

中子孔隙度表达式为：

$$\log \phi_n = aN + b \tag{9.3}$$

其中，ϕ_n 为中子孔隙度；a 和 b 为常数；N 为中子计数。

总之，密度和声波测井方法测量特定属性（总体密度或旅行时间），中子测量每秒的计数，然后将计数转换为孔隙度值。

4. 核磁共振孔隙度

核磁共振是磁场中原子核以特定共振频率吸收和再发射电磁辐射的现象。核磁共振测井的主要原理在于其信号对岩石孔径的松弛时间的反应：孔隙越大，核磁共振放松时间越长。核磁共振测井测量其信号振幅和衰减曲线。振幅与孔隙流体中的氢离子密度成正比，因此反映了孔隙度的大小：较大的孔隙具有更长的 T_2 弛豫时间，比较小的孔隙具有更平滑的衰变。衰减曲线作为放松时间的函数，提供了有关流体类型及其与孔隙的相互作用的信息（图 9.4；Kleinberg 和 Vinegar，1996）。T_1 测量也可以很有用，特别是对于致密地层中的微孔隙。

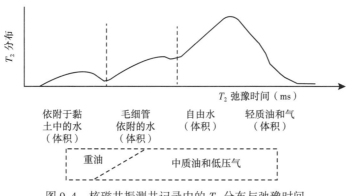

图 9.4 核磁共振测井记录中的 T_2 分布与弛豫时间

从 T_2 确定的各种体积的图解，用于孔隙度估计

核磁共振测井可以确定岩石中可动流体体积，包括自由水量和轻油气体积。这等于不包括黏土结合的束缚水和毛细管束缚水所占用的体积之外的孔隙体积；黏土束缚水和毛细管束缚水不容易由传统测井区分出来。

各岩石组分的相对含量及其测量质量取决于各种岩石的性质、测量方法的精度及数据处理的方法（图 9.5）。

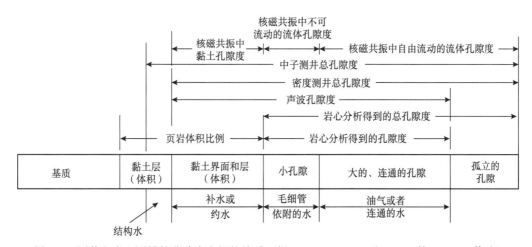

图 9.5 测井和岩心测量的孔隙度之间的关系（据 Cosentino，2001 和 Moore 等，2015，修改）

标记的组分不成比例，每个组分的相对比例取决于特定的岩石特性及测井方法和岩心取样方法的测量精度

9.1.2.2 应用两种或多种测井方法求取孔隙度和及其相关性分析

所有孔隙度测井方法除了对地层孔隙度具有敏感性外，对其他变量也有一定的敏感度。密度测井对重矿物非常敏感；中子测井对黏土含量非常敏感。所有三种基本孔隙度测井方法对井眼条件都敏感，但程度不同（Moore 等，2011）。用多种孔隙度测井可以减少孔隙度估计的不确定性。

最简单的方法是在环境校正后，从所有孔隙度测井的算数平均求取孔隙度。另一种方法是通过以下公式从密度和中子孔隙度的转换：

$$\phi = \sqrt{\frac{\phi_d^2 + \phi_N^2}{2}} \qquad (9.4)$$

三种或更多种测井也可用于估计孔隙度。其中一种方法是使用上面介绍的两种测井，然后使用第三种测井来确认或更正某些孔隙度估计。另一种方法是直接使用公式 9.4 的平均方法，但增加一项或多项输入。

两种孔隙度测井交会图是另一种获取孔隙度和岩性的常见方法。最常用的一种交会图是密度和中子交会图 [图 9.6（a）]，因为砂岩、石灰岩和白云岩表现出不同的密度—中子关系。其他方法还包括中子—声波交会图和密度—声波交会图（Dewan, 1983; Schlumberger, 1999）。在中子—密度交会图中，砂岩的密度孔隙度比石灰岩的高，白云岩的孔隙度比石灰岩的低；而这些岩性的中子孔隙度的大小关系则相反。

矿物组分和其他成分会影响这些交会图。图 9.6（a）所示氢化物、硫和盐在中子—密度交会图的大致位置以及气体和黏土对中子—密度交会图的影响。图 9.6（b）所示为黏土矿物含量对碎屑岩储层中子—密度交会图的影响的例子。黏土矿物效应可以使砂岩孔隙度曲线靠近石灰岩甚至白云岩的孔隙度曲线；在这些岩性中的天然气效应也会导致某些曲线混在一起。因此，各种影响因素的存在会导致交会图解释和孔隙度估计复杂化。

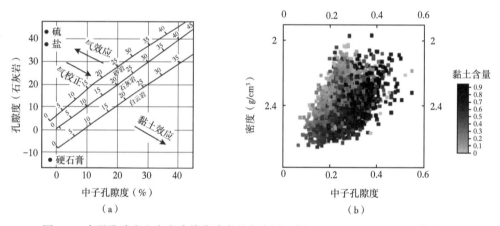

图 9.6　中子孔隙度和密度或其孔隙度的交会图（据 Schlumberger, 1999, 修改）
（a）理论模型和其他成分的影响：硫、盐、氢化物和气体（在密度到孔隙度和中子到孔隙度的转变中，高密度的氢化物可能导致表象上的负孔隙度，两个孔隙度都是百分比）；（b）一个碎屑岩中泥质含量在中子（NPHI）—密度（RHOB，以 g/cm³ 表示）交会图中的效应例子，孔隙度和泥质含量是分数

9.1.3　孔隙度测井的相关分析和岩石的复合成分

单一岩性两种孔隙度测井之间的相关性通常很高，因为孔隙度是它们的共同影响因素。但是，硫和盐的含量对密度测井有强烈的影响，但对中子测井的影响几乎可以忽略，这样就会大大降低密度测井和中子测井之间的相关性。泥质含量对中子测井较强的影响可能降低密度测井和中子测井之间的相关性。总之，由于岩层中多种岩性的存在，密度、中子和声波测井之间的两两相关性一般会降低。

图 9.7 所示为一个碎屑岩和碳酸盐岩混合储层的中子孔隙度和密度的交会图，两种测井的相关系数为 -0.693。对于单一岩性：白云岩、石灰岩和砂岩，两种测井具有更高的相关性（表 9.1）。换句话说，对于单一岩性相关性高，但对于所有的岩性相关性低。从统计上讲，单一岩性的关系被称为条件关系，对所有的岩性在一起的关系被称为边际相关性。将数据分解为单一岩性称为混合物分解（第 2 章和第 10 章）。在此示例中，所有条件相关性都大于边际相关性（在绝对值上），这是 Yule-Simpson 现象的体现（Ma 和 Gomez，2015）。

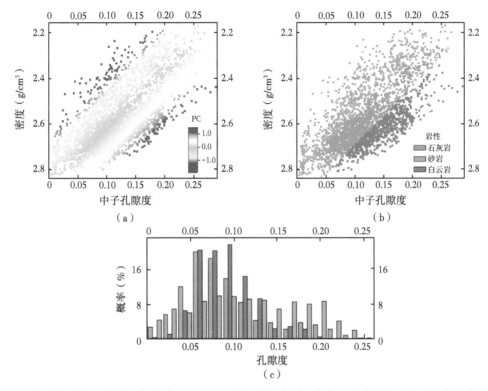

（a）

（b）

（c）

图 9.7　中子孔隙度（分数）与密度（RHOB）之间的交会图，来自一个碎屑岩和碳酸盐岩混合的储层
（a）叠加了由两个测井的主成分分析的第二主成分（第 5 章）；（b）叠加了岩性；
（c）三种岩性的孔隙度直方图，注意三种岩性孔隙度范围的重叠

由于遵循共同的物理定律，中子和密度测井很高的相关性（图 9.3），但它们的相关性由于岩性的混合会降低，因为不同岩性对密度和中子的影响是不同的［图 9.6（a）］。因此，三种常见孔隙原中的两个交会图不仅可用于孔隙度估计，还可用于岩性的确定（第 10 章）。

顺便说一句，孔隙度截止值已经被广泛应用于岩相的识别。除了一些特殊情况，截止值法不是最佳解决方案，因为不同的岩性通常具有较宽的孔隙度值分布范围而产生显著的重叠值［图 9.7（c）］。

表 9.1　在密度和中子测井相关联而且存在有多重岩性时的尤勒—辛普森现象

岩性	所有的岩性	白云岩	石灰岩	砂岩
中子与密度的相关性	-0.693	-0.877	-0.960	-0.923

9.1.4 岩心和测井孔隙度的刻度

岩心—测井刻度的一种方法是，基于另一个岩心测量属性创建一个岩心孔隙度方程，然后将此方程应用于具有相同物理特性的测井，并生成测井孔隙度。另一种方法是直接把测井刻度到岩心孔隙度并生成测井孔隙度。第三种方法是直接比较基于测井的孔隙度和岩心孔隙度，并调整测井孔隙度以匹配岩心孔隙度。在此过程中，岩心和测井数据必须在深度上一致。

作为第一种方法的一个示例，将基于岩心的密度和孔隙度之间的关系应用于测井数据，以得出测井孔隙度。图 9.8（a）显示了一个来自河道储层的示例，其中岩心密度和孔隙度之间的相关性非常高，相关系数为-0.998。从这种关系派生的线性回归方程应用于测井数据，以从密度测井得到测井孔隙度；密度测井高于 2.675g/cm³ 产生了负孔隙度值。对如何处理负孔隙度值（知识箱 9.1）。

异常值存在时，由于相关性较低，岩心和测井刻度可能会不切实际地降低或增加孔隙度分布范围，因此许多低或高孔隙度值在刻度过程中会丢失。图 9.8（b）显示了一个示

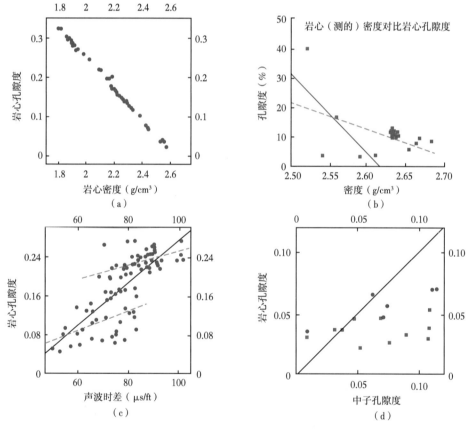

图 9.8　岩心测试、测井数据与孔隙度交会图

（a）一个河道储层的岩心密度和岩心孔隙交会图，二者具有高相关系数，为-0.998；（b）岩心密度和孔隙度交会图。在不剔除异常值的情况下，相关性较低，回归将低估极值（低孔隙度和高孔隙度）。通过剔除异常值，回归将在刻度测井密度和孔隙度方面给出负孔隙度值；（c）声波时差（DT）和岩心孔隙的交会图。请注意，0.751 这一较好的相关系数，仍会导致不太好的刻度。实线是所有数据的线性回归；虚线是两个分离的数据集（低于或高于 0.18 的岩心孔隙）的回归；（d）中子孔隙度与岩心孔隙度之间相关性差的例子。相关系数为 0.437

例，其中存在几个相对高密度的值。如果包括这些数据，则岩心密度和孔隙度之间的相关性较低，相关系数为0.486，线性回归将低估极值（低孔隙度和高孔隙度），大约在5%～20%的范围内。如果排除它们，相关系数增加到 -0.719，孔隙度范围扩大。但是，回归方程中的实线［图9.8（c）］会将大于2.62g/cm³的密度给出负的孔隙度估计值。应将负孔隙度值设置为0，或者使用一个方法以便平衡孔隙度范围和避免负孔隙度值。

孔隙度测井也可以直接刻度到岩心孔隙度，在未取心的层段得到孔隙度测井值。图9.8（c）显示了声波测井和岩心孔隙度之间的不错的相关系数，为0.751，但线性回归仍会导致不太好的刻度。有一些非常不同的声波样品值，比如对于 DT 等于 72 和 102μs/ft，有类似的孔隙度值，约为0.265，但是线性回归对它们将给出不同的孔隙度值：DT 等于 72 将给出 0.16 的孔隙度估计值。使用基于两种趋势的两个线性回归将略为改进声波孔隙度和岩心的刻度，这是由于测井和岩心的更高的相关性导致更好的刻度。但是，通过将数据分离成多个组来回归有时会导致不太可靠的结果，因为每个组的数据量都减少了。图9.8（d）显示了一个通过中子孔隙度产生岩心刻度孔隙度的例子；其相关性太低，刻度不好。另一个问题是，测井孔隙度的非均质性通常比岩心孔隙度小（Jennings，1999），但在这一例子中，岩心孔隙度有更小的差异性。

另一个问题是岩心数据和测井之间的数据差异，这意味着在比较两个数据源时会产生尺度差异效应。由于岩心的测量体积比测井样本的测量体积小得多，因此岩心数据的差异通常大于测井数据。当情况相反时，数据质量（在准确性方面）或数量（可能与采样偏差有关）可能存在问题［图9.8（d）］。

岩心数据可用作测井分析参数选择的参考。然而，岩心孔隙度值可能是小于总孔隙度而大于有效孔隙度，取决于获取岩心孔隙度和测井孔隙度的方法（图9.1）。然而，请注意，在高净毛比的地层中，测井和岩心孔隙往往具有相似的读数；但在低净毛比的地层中，测井孔隙度往往高于岩心孔隙度（Moore 等，2015）。

9.1.5　在孔隙度估计中常见问题及其解决措施

9.1.5.1　井眼条件

坏井眼，包括冲洗带和井眼不规整，可以扭曲所有的孔隙度测井数据；密度孔隙度会特别高。对这些测井要进行环境校正（Holditch，2006；Moore 等，2015）。图9.9（a）和图9.9（b）显示了对三种孔隙度测井的负面井孔效应的示例。两个交会图显示，密度测井

知识箱 9.1　负孔隙度值：为什么和如何处理它们？

回归和神经网络都经常用于岩石物理数据分析。这些方法有时给出非物理意义预测值。负孔隙度是来自回归或神经网络的非物理意义值例子。

应该如何处理预测的负孔隙度值呢？最简单的方法是将所有负孔隙度值设置为0。是否可以将它们设置为未定义的值？对于只从事井上的岩石物理分析的地球科学家来说，这两种方法可能并没有明显的区别。在考虑孔隙度数据的使用方式时，这两种方法可以产生显著的差异。通常，将这些负孔隙度值设置为未定义的值是不好的。以图9.8（b）中大于2.65g/cm³的密度值为例。如果它们设置为未定义的值，则所有数据的平均孔隙度值将高于设置为0时的平均孔隙度值。这将影响孔隙体积的全局估计，导致乐观的孔隙体积估计。这是一个"0不是一无所有"的很好的例子。在其他情况下，将负孔隙度设置为未定义可能更有意义，而将其设置为0可能会导致低估孔隙度。

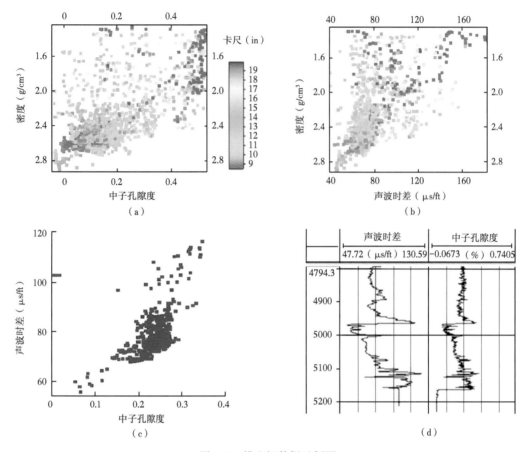

图 9.9 排查坏数据示例图

（a）中子孔隙度（NPHI）与密度之间的交会图，叠加了孔径大小；（b）声波时差（DT）和密度的交会图，
叠加了孔径大小；（c）声波（DT）和中子孔隙度（NPHI）的交会图。相关系数为 0.061。延伸的坏数据
导致 DT 和 NPHI 之间几乎没有相关性，而正关系的趋势是可观察到的。NPHI 值等于 0，DT 值等于 103
显示位于其他值之上的延伸拾取的坏数据；（d）声波和中子测井的井剖面；底部的恒定值是拾取数据

影响严重，中子测井也受到相当严重的影响，声波测井受影响最小，但仍明显。作为一种近似方法，可以通过从交会图上的模式识别来评估对三种测井的影响的相对幅度；其中数据对属性坐标轴的偏斜而远离对角线可能意味着更高的影响，前提是坐标轴的范围定义得当。在此示例中，尽管以最小值为 1.2g/cm³ 的低值显示密度，但数据仍在两个交会图上偏向密度坐标轴。

9.1.5.2 其他问题

可能会发生在测井记录的底部添加坏的拾取数据。这些是由于测井工具移动前以某种测井速度记录的坏数据。有关的测井平均值不会显示它们；常规测井显示可能会显示它们，但是经常被分析师们忽略。双变量统计分析可以提醒分析人员删除错误数据，因为在交会图中看上去的高相关和计算的低相关系数将明显引起注意。

图 9.9（c）显示了声波时差与中子孔隙度的交会图。尽管存在"少数"异常值，但正相关的总体趋势很明显；但是，相关系数仅为 0.061。怎么会这样？应该立即警惕相关图案和低相关系数之间的明显"不一致"，想到数据有问题的可能性。在此示例中，"几

个"异常值实际代表许多数据点，一个的数据位于其他数据点之上；交会图不能把它们直接辨别出来（二维直方图可以显示它们，但很少使用）。把这些底部的拾取值排除以后，声波时差和中子孔隙度之间的相关性为 0.670 [图 9.9 (d)]。

9.1.6 矿物和其他成分的影响

岩石成分中存在大量重矿物可能导致密度更高，估计的孔隙度降低。当重矿物含量很高时，其密度可能通过岩石物理模型给出负孔隙度值。使用中子和声波测井进行孔隙度分析可以解决这一问题。由于黏土对中子和声波测井的影响，对于碎屑岩地层测井解释的总孔隙度可能会太高，中子测井对黏土特别敏感，因为黏土往往具有高浓度的氢离子。黏土分析是估计有效孔隙度所必需的。

在非常规地层评价中，明确考虑矿物的成分含量很重要。矿物的成分、孔隙度和饱和度可以在多矿物模型中一起计算以便考虑矿物对孔隙度的影响。

9.2 黏土含量及其对其他岩石物理参数的影响

在传统的地层评估中，岩石的体积通常只计算黏土（或页岩）、砂岩、石灰岩和白云岩。近年来，矿物含量的评估更为常见，尤其是对页岩油藏评估。使用测井方法获取所有矿物含量可能很复杂（Herron 和 Matteson，1993；McCarty 等，2015）。在这里，我们只讨论黏土含量。这与泥质砂岩分析有关（Kennedy，2015）。

黏土含量会降低有效孔隙度和渗透率，从而对体积估计和油气生产率产生影响。此外，许多基于测井方法的岩石物理评价方法最初都是以净地层为参考而发展起来的；当黏土存在时，普通测井的读数会受到影响，而有效孔隙度的估计需要估计页岩含量。

用于页岩体积估计的常见方法使用 GR、SP、中子—密度交会图和矿物成分分析（Bhuyan 和 Passey，1994；Moore 等，2011）。图 9.10 (a) 显示从 GR 到 Vshale 的三个转换。两个非线性转换被提出以纠正观察到的与线性转换的偏差，因为一个最初的线性变换在应用中可能会高估页岩含量（Steiber，1970）。

页岩含量估计的线性变换通常使用低端截止和高端截止法。根据沉积环境以及重金属和放射性矿物的含量，对不同的情况应用截止值可能不同。有时，在页岩和砂岩中，重金属和放射性矿物逐渐增加，所以页岩含量和自然伽马可能会有一个模糊关系。例如，大绿河盆地第三系通常富含放射性矿物，导致自然伽马较高，甚至在砂岩中也是这样（Prensky，1984；Ma 等，2014）。图 9.10 (b) 显示了这样一个地层中的页岩含量和自然伽马的交会图。与大多数常规地层中更高的相关性相比，页岩含量和自然伽马之间的相关性仅为 0.58。自然伽马和页岩含量在页岩储层中的关系一般更复杂，但如有高质量的数据，这种复杂的相关性可用于识别富含有机质的地层（Ma 等，2014）。

使用以下关系，可以通过总孔隙度和页岩含量估计有效孔隙度：

$$\phi_e = \phi_t - V_{clay} \times \phi_{clay} \tag{9.5}$$

其中，ϕ_e 为有效孔隙度；ϕ_t 为总孔隙度；V_{clay} 为黏土含量；ϕ_{clay} 为黏土的孔隙度。

在实践中，很难确定黏土的孔隙度，公式 9.5 有时候可以近似为：

$$\phi_e \approx \phi_t - V_{clay} \times \phi_t \tag{9.6}$$

147

或者，密度、中子和声波孔隙度可以用页岩含量来校正，然后通过这些校正的孔隙度计算出有效孔隙度（Dewan，1983；Schlumberger，1999）。

一般来说，总孔隙度越高，有效孔隙度越高。但是，当有混合的岩性，这可能就不是真的了，如前面的例子所示［图9.2（b）］。

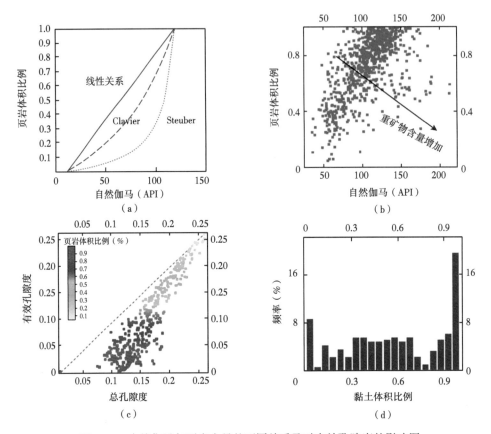

图9.10　自然伽马与页岩含量的不同关系及对有效孔隙度的影响图

（a）页岩含量和自然伽马之间的三种不同的关系（据 Steiber 1970 和 Moore 等，2011，修改）；（b）在一个富含重金属的致密地层中，页岩含量和自然伽马之间的关系分散的例子。箭头表示页岩含量 估计的校正，以考虑重矿物效应；（c）一个具有砂岩、泥质砂岩和页岩的碎屑岩储层的有效孔隙度（PHIE）与总孔隙度（PHIT）的关系示例［与图9.2（a）相比较］。虚线是一对一的关系，供参考；（d）（c）中的黏土含量的直方图；它具有多模态分布，由于高黏土含量，低总孔隙度值对应的有效孔隙度也低

表9.2　黏土对常见测井的影响

自然伽马	黏土含量的增加会导致放射性增加和自然伽马值增加
密度	黏土含量的增加会导致更高的密度孔隙度读数
中子	黏土含量的增加会导致中子孔隙度显著升高
声波	黏土含量的增加会导致更高的声波孔隙度读数
电阻率	黏土含量的增加会导致电阻率读数降低，因为黏土中的水电导率较高

9.3 渗透率的表征

渗透率是多孔介质中流体流动的量度，它描述流体流经介质的能力。孔隙度描述储集能力，而渗透率描述流体在岩石中的流动能力，因此它是一个对于油气生产、储层模拟和生产动态预测的关键的岩石物理参数。

9.3.1 影响渗透率的因素

地下地层的渗透率受沉积和沉积后几个地质因素的影响。影响渗透率的沉积变量包括（Shepherd，1989；Nelson，1994）

（1）岩石的颗粒大小：颗粒粒度越大，渗透率越高。

（2）颗粒的分选性：分选性越好，渗透率越高。

（3）层理：层理通常降低垂直渗透率。

影响渗透率的沉积后的变量包括：

（1）胶结作用降低渗透率。

（2）裂缝往往增加渗透率。

（3）成岩作用可能增加也可能降低渗透率。

9.3.2 渗透率与其他属性之间的关系

渗透率和其他变量之间的关系可用于估计渗透率。渗透率对孔隙度的依赖性和孔喉大小可以用科泽尼（Kozeny）关系式来表达，在理想实验室条件下为（Tiab 和 Donaldson，2012）：

$$k = (\phi r^2)/8 \tag{9.7}$$

其中，k 的单位是 cm^2（$1cm^2 = 1.013 \times 10^8 D$）；$\phi$ 为孔隙度。

温兰（Winland）公式给出了一个将渗透率表示为孔隙度和孔喉半径函数的经验方程（Nelson，1994）：

$$\log R_{35} = 0.732 + 0.588 \log k - 0.864 \log \phi \tag{9.8}$$

其中，R_{35} 是在水银饱和度为 35% 的情况下的孔喉半径；k 为空气中的渗透率；ϕ 为孔隙度（%）。

温兰方程显示，渗透率与孔喉相比它与孔隙度的相关性更强。然而，Pitman（1992）表明，当汞饱和度高于 50% 时，孔隙度对渗透率的影响比孔喉更大。从物理意义上讲，对于低孔隙度地层，孔喉可能比孔隙度影响更显著，在高孔隙度地层中，孔喉的影响就不那么重要了。孔喉的非均质性可以用频率分布来描述，其对致密地层渗透率的影响可以很高（Cao 等，2016）。分析孔隙度和孔喉之间的相关性，了解这三个变量之间的相互作用将是很有意义的。

由于渗透率呈现对数分布，孔隙度和渗透率之间的相关性分析时一般对渗透率进行对数转换。在讨论孔隙度—渗透率关系时，除非另有说明，渗透率都是作了对数转换。

9.3.2.1 地质变量对孔隙度—渗透率关系的影响

在储层表征中，渗透率数据及大多数其他相关变量的数据一般很缺乏。由于孔隙度数据通常比其他数据要多，因此研究孔隙度和渗透率的关系尤为重要。有几个因素可以同时影响孔隙度和渗透率，但这些因素通常对它们的影响大小不一样。这就是孔隙度和渗透率相关性变化很大的原因。图 9.11 显示了几个地质变量对孔隙度—渗透率相关性的影响，包括颗粒大小、黏土含量、分选性、胶结作用和裂缝。

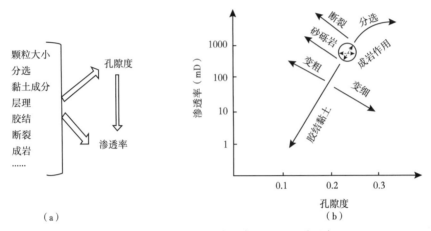

（a）

（b）

图 9.11　影响孔隙度与渗透率的主要地质因素

（a）对孔隙度和渗透率有影响的几个地质因素。在因果分析中，这些地质变量对孔隙度和渗透率都有直接影响，而且它们还通过对孔隙度的影响而对渗透率有间接影响；（b）说明主要地质因素对孔隙度和渗透率关系的影响。箭头指示有关因素在交会图中相对位置的影响，而并不一定表明孔隙度和渗透率会降低或增加。例如，粒度变粗、砾石和裂缝的箭头并不意味着它们减少了孔隙度（据 Nelson，1994，修改）

图 9.12 显示了孔隙度—渗透率关系的几个例子。其中突出了几个地质因素的影响。最明显的是泥质含量的影响［图 9.12（a）］。另一种情况是颗粒大小的影响，如粉砂岩和中砂岩的例子所示［图 9.12（b）］。不过，真实的例子很少能显示一种影响。在这一例子中，砂岩具有较宽的孔隙度和渗透率范围，较高的孔隙度值显示分选性对渗透率的影响，因为高孔隙度砂岩的渗透率增长率是在降低。颗粒大小的影响在碳酸盐岩储层中很常见；Lucia（2007）已经展示了许多例子。

请注意孔隙度和渗透率之间的所谓"神奇 7"关系［图 9.12（c）］。这是深水浊积岩中一种常见的现象。这种关系的形状类似于数字 7，主要是由含有或多或少的泥质、细—中粒的砂岩和粗粒砂岩之间的颗粒尺寸差异造成的。细—中颗粒砂岩具有正常的孔隙度—渗透率趋势，粗颗粒砂岩的趋势则不同，具有较大截距和较小的斜率。这种现象仍然反映了颗粒大小对孔隙度和渗透率相关性的影响，有些与图 9.12（b）显示的相类似，但是粒径的较大差异性导致两种截然不同的趋势线的分离，而不是两个几乎平行的重叠趋势线［图 9.12（b）和图 9.12（c）］。对此的客观解释如下，含砾砂岩的渗透率很高，即使对于低—中度孔隙度值；之后，渗透率随着孔隙度的增加而逐渐增加。另一方面，低孔隙度的细—中粒砂的渗透率一般较低，当孔隙度增加时，由于分选性的变好和黏土含量的减少，渗透率提高速度要快得多。

还存在有其他关系，包括由于裂缝形成的"倒立魔术 7"［两个趋势形成锐角，图 9.12（d）Ma，2015］，还有两个趋势具有钝角关系，因为白云岩化导致的次生孔隙度和渗透率（图 9.12e）。孔隙度—渗透率的指状多重趋势的关系，在碳酸盐岩系统中尤为常见，可能是碳酸盐岩系颗粒大小分异以及其他因素的综合表现［图 9.12（f）］。

150

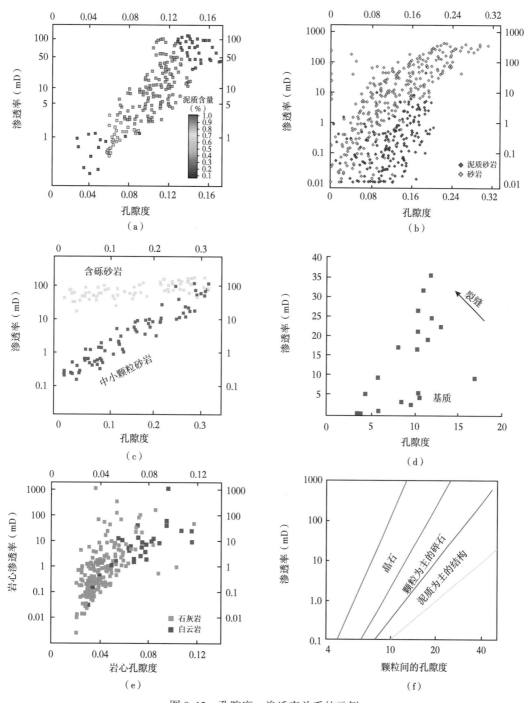

图 9.12 孔隙度—渗透率关系的示例

（a）黏土含量效应；（b）颗粒大小或细化和粗化效应；（c）砾石（卵石）效应，导致魔术 7 形状；
（d）在一个致密碎屑岩地层中的断裂效应；（e）岩溶和次生孔隙对孔隙度—渗透率关系的影响（黑
色：白云岩；灰色：石灰岩）；（f）Lucia 碳酸盐岩孔隙度—渗透率关系的原理图（据 Lucia，2007，
修改），注意到（f）是双对数显示，而所有其他图中仅渗透率是对数

孔隙度和渗透率之间的复杂关系通常是由岩性、裂缝、沉积环境、颗粒大小和分选引起的，下列情况值得注意。

（1）不同岩性孔隙度—渗透率关系具有相似的趋势，因此整体关系可以通过一个回归来拟合［具有相同的斜率和截距；图9.12（a）］。

（2）两个或两个以上孔隙度—渗透率关系是可观察到的，这些关系有类似的斜率，但不同的截距。在文献中，这种关系经常有来自不同油田的数据（Archie, 1950），但是它也可以发生在同一油田［图9.12（b）］。

（3）不同的岩性有不同的孔隙度—渗透率关系，斜率和截距不同；质量较高的岩性具有更大的截距和更小的斜率。魔术7关系就是这样一个例子［图9.12（c）］。

（4）不同的岩性具有不同的孔隙度—渗透率关系，而且高质量的岩石类型（或其他地质特性）具有更小的截距和更大的斜率。换句话说，对于高储层质量的岩石或高影响力的地质变量，孔隙度增加、渗透率增加更快。有三种或更多岩石类型的碳酸盐岩或单孔隙度和双渗透率系统就是这样的例子［图9.12（d）］。

9.3.2.2　相关性分析

黏土会降低渗透率，但黏土含量的变化具有增加孔隙度—渗透率相关性的效应。这是一个很好的共同原因诱导相关性的例子，因为黏土含量对取对数后的渗透率和孔隙度具有相似的影响。对给定的泥质砂岩，如果其他变量没有太强的影响，则孔隙度和渗透率会密切相关［图9.12（a）］。

颗粒大小通常对孔隙度影响较小，但对渗透率的影响较大。它对孔隙度—渗透率关系的影响是可变的。在图9.12（b），与两个单一岩性的相关性相比，不同粒度的两种岩性的孔隙度和渗透率之间的总体相关性较小。在"魔术7"关系中［图9.12（c）］，颗粒尺寸的显著差异导致整体相关性显著降低。这是因为颗粒大小具有双模态分布，导致渗透率的双模态分布，因为它对渗透率有显著影响，对孔隙度的影响较小。在这种情况下，基于岩性分开的分析是必要的，孔隙度—渗透率相关性对给定岩性通常更高。

对于许多具有不同岩性的碳酸盐岩储层也是如此［图9.12（f）］。然而，对孔隙度作对数转换会降低孔隙度和渗透率之间总体相关性。Lucia（2007）建议在碳酸盐岩储层中对孔隙度—渗透相关性的分析系统地使用对数刻度。现在看来并不清楚这一定是最好的方法；渗透率具有（准）对数正态分布，但孔隙度通常没有这种分布，对数变换可能导致数据被扭曲到相反的方向（Ma等，2008）。支持孔隙度用对数刻度的论点可能是，分析孔隙度—渗透率关系时有必要对不同岩石类型分开，对每种岩石类型单独分析使用对数尺度可以更清楚地显示岩石类型的效应。

当裂缝的影响足够强时，它会导致单孔隙度—双渗透率或双孔隙度—双渗透率系统。由于裂缝通常对渗透率的影响比对孔隙度的影响要强得多，因此会降低孔隙度—渗透率的整体相关性。一般需要对基质和裂缝分开进行孔隙度—渗透率关系分析和建模，单独的基质和裂缝孔隙度—渗透率相关性较高。

成岩作用对孔隙度、渗透率及其相关性有程度不同的影响。图9.12（e）显示一个例子，其中成岩作用具有与分选效应相媲美的效应（Moore等，2011）。在某些情况下，成岩作用有像胶结的效应；在其他情况下，它有增加孔隙度的效应，但对渗透率的影响较小。

9.4 含水饱和度（S_w）表征

地下地层中的孔隙被水、油和/或气体填充。在多孔介质中流体分布受多种因素的影响。浮力以密度差异有分离不同流体的作用，毛细管力与浮力有相反的作用，倾向于将液体混合在一起。在传统的储层中，自由水位（FWL）定义为在浮力和毛细管力平衡的深度。在其上面，有一个过渡区，由于两种力的相互作用，其中水和油气共同存在。

图 9.13 显示了重力和毛细管之间相互作用引起的流体分布的一般情况。储层中流体的分布通常由饱和度来描述。含油饱和度（S_o）定义为油占孔隙体积的比例，气体饱和度 S_g 定义为气占孔隙体积的比例，含水饱和度 S_w 定义为水占孔隙体积的比例。这三个数加起来等于 1，如下：

$$S_w + S_o + S_g = 1 \tag{9.9}$$

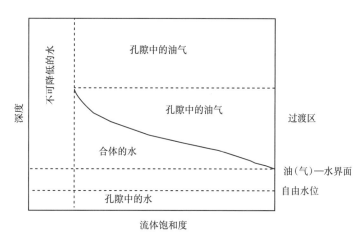

图 9.13 均匀储层流体分布的理想模式图

残余原生水饱和度（S_{wi}）也存在于过渡区上方，其值取决于孔径和几何形状，
HWC 是油（气）—水界面；FWL 是自由水面

水在多孔介质中无处不在。由于盆地的沉积作用，孤立的孔隙通常包含水。在连通的孔隙空间中，浮力使气和油从水中分离，使油和水形成油—水界面（OWC），气体和油形成气—油界面（GOC）或气和水形成气—水界面（GWC）。在油—水界面或气—水界面以下，水基本上占据所有孔隙空间，因此含水饱和度往往被视为100%。在油—水界面或气—水界面以上，含油饱和度或含气饱和度一般不是100%，因为过渡区有水存在，而且在主要储层区中孤立的毛孔中也有水存在。

实际情况下，因为多孔介质的非均质性，S_w 没有图 9.13 所示的理想垂直剖面。岩性、孔隙度和渗透率的变化将影响地层中的 S_w 垂直剖面和其三维分布。大多数真实示例的数据经常分散在高度—S_w 交会图，而不是显示一个清晰的含水饱和度作为深度（或者高于油气—水界面或自由水位的高度）的函数曲线。在图 9.14（a）所示的例子中，数据分散程度很大，高度和 S_w 的相关性仅为 -0.301。请注意孔隙度的影响，尤其是对于在 40m 或 50m 以上的高度。过渡区厚度为 40~50m；在过渡区内，这两个变量的相关性大于 -0.6。另一方面，在过渡区上方，高度与 S_w 之间的相关性很小，一般没有什么意义；但孔隙度

和含水饱和度 S_w 之间的相关性一般较显著［图9.14 （b）］。如何使用这些关系对流体分布构建三维模型在第21章介绍。然而，分析井测量数据总是有用的。

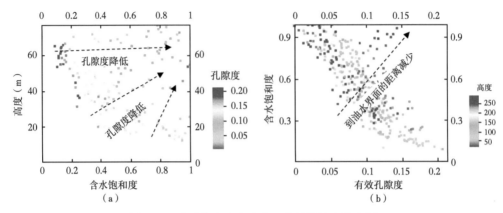

图 9.14　含水饱和度与高度、有效孔隙度交会图

（a）高于油水界面的高度（HAOWC）和含水饱和度 S_w 的交会图。两个变量的相关性为 -0.301。
对于 HAOWC 小于 50m 的数据，相关性为 -0.633；（b）含水饱和度 S_w 和有效孔隙度（Phie）的交会图，
叠加了油水界面上的高度（HAOWC），孔隙度—含水饱和度相关性为 -0.850；对高于油水界面 50m
以上的区域中的数据，它们的相关性为 -0.914

在井上，流体饱和度使用电阻率测井和其他数据来估计。阿尔奇（Archie）方程是用于计算纯净砂岩地层水饱和度的基准，它描述 S_w 与两个电阻率项和地层孔隙度的关系，如下：

$$S_w^n = \frac{aR_w}{\phi^m R_t} \qquad (9.10)$$

其中，R_w 为地层水的电阻率；R_t 为地层岩石电阻率；ϕ 为地层岩石孔隙度；a 为常数（通常取 1）；m 为胶结指数；n 为饱和指数。综上所述，地层岩石电阻率通常从电阻率测井获得，R_w 是从 S_p 测井和地层测试中得到，孔隙度可以从测井估计。

阿尔奇公式假定岩石不导电。随着黏土矿物的存在，它往往高估 S_w。在使用阿尔奇公式时，选择模型参数，包括胶结指数 m、饱和指数 n 和 Archie 常量通常很难（Zeybek 等，2009）。阿尔奇公式还假设有均匀的颗粒包。对于泥质砂岩地层，阿尔奇公式倾向于高估含水饱和度，必须纠正黏土和其他矿物的影响。基于泥质砂岩分析的方法，包括瓦克斯曼—斯米茨、双水、西门杜和印度尼西亚方法，试图对页岩的影响进行修正（Kennedy，2015）。这些模型也有其自身的局限性（SPWLA，1982；Crain，1986；Worthington，1985）。在 Moore 等（2011）中可以找到比较这些方法进行含水饱和估计的示例。

9.5　储层质量分析

影响储层质量的地质变量包括沉积相和岩石组分。储层质量的岩石物理变量包括孔隙度、流体饱和度和渗透率。如 Moore 等（2011）所示，综合地质和岩石物理变量对储层质量进行综合分析是可取的。这里提出储层质量评估的两种方法，一种是使用孔隙度和流体饱和度的静态方法，另一种是使用孔隙度和渗透率的半动态方法。

9.5.1 使用静态特性评估储层质量

虽然孔隙度是地层储集流体所必需的条件，但油气评价的一个更直接的控制因素是流体饱和度，更准确地储层质量的静态度量是单位流体饱和度，后者是有效孔隙度和流体饱和度的乘积，包括：

$$单元水体积：BVW = \phi \times S_w \tag{9.11}$$

$$单元油体积：BVO = \phi \times S_o \tag{9.12}$$

$$单元气体积：BVG = \phi \times S_g \tag{9.13}$$

图 9.15 显示一个高质量储层的示例。含油饱和度 S_o，和单元油体积的直方图都是偏向高值的分布［图 9.15（a）和图 9.15（b）］。相比之下，在图 9.16（a）中显示的天然气单元体积的直方图具有高度向 0 偏斜的分布。天然气单元体积的平均值仅为 0.0098。这表明储层质量较差。

孔隙度和流体饱和度之间的交会图提供了另一种分析储层质量的方法。图 9.15（c）显示了一个有效孔隙度和含油饱和度（Phie—S_o）交会图的例子，叠加了其乘积（单元油体积）。有效孔隙度与含油饱和度的相关性为 –0.195。负相关是由两个因素导致的，孔径和毛细管压力（Pc）。在非过渡区，含油饱和度与孔隙度呈正相关。在过渡区，含油饱和度主要与深度有关［图 9.15（d）］。当孔隙度和深度值都高时，会出现最高的含油饱和度值［图 9.15（c）］。另一方面，在没有流体界面的储层中，孔隙度—含水饱和度交会图通常表现出一种趋势。图 9.16（b）显示致密砂岩的一个示例；有效孔隙度和含气饱和度的相关性为 0.874，只有一个主要的关系趋势。

9.5.2 储层质量指标和流动层指数

评估储层质量的动态方法基于有效孔隙度和渗透率。储层质量指标（RQI）和流动层指数（FZI）是从有效孔隙度和渗透率计算（Amaefule 等，1993），如下：

$$RQI = 0.0314 \sqrt{\frac{k}{\phi_e}} \tag{9.14}$$

$$FZI = \frac{RQI}{\phi_z} = \frac{RQI}{\phi_e}（1-\phi_e） \tag{9.15}$$

与

$$\phi_z = \frac{\phi_e}{1-\phi_e} \tag{9.16}$$

由于渗透率的变化性远高于孔隙度，因此在确定 RQI 和 FZI 时，渗透率更为突出。高质量储层如此［图 9.15（e）和图 9.15（f）］，低质量储层也如此［图 9.16(c)和图 9.16(d)］。

储层质量静态度量与储层质量动态度量之间总体上存在一定的相关性；然而，这种相关性主要受流体饱和度和渗透率之间的关系的影响。图 9.15（g）和图 9.15（h）通过使用 RQI 和 FZI 叠加在孔隙度—含油饱和度交会图上显示 RQI 和 FZI 的关系。

由于井点处计算的岩性、孔隙度、流体饱和度和渗透率一般具有相关性，FZI 和 RQI 有

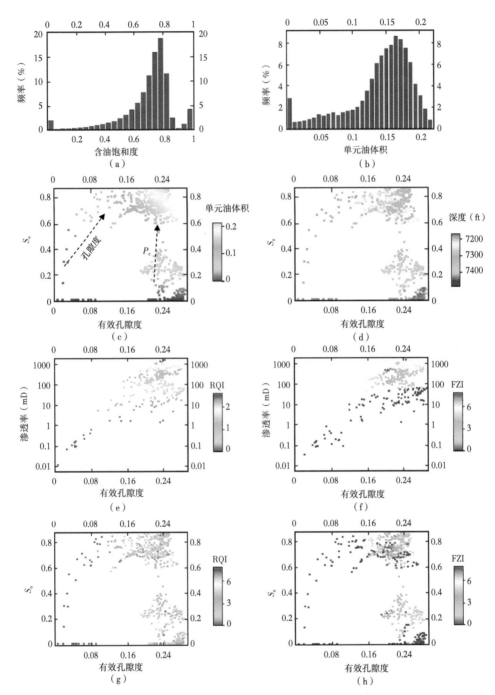

图 9.15　储层质量分析示例

（a）从井数据制的含油饱和度的直方图；平均值为 0.671；　（b）从井数据求得的石油单元体积（So 和 Phie 乘积或
SoPhie）的直方图；平均值为 0.1308；（c）一口井数据的含油饱和度（So）和孔隙度（Phie）的交会图，叠加了从井数据获
取的石油单元体积（SoPhie）。总体相关性为 -0.195。两关系趋势是可观察到的：孔隙度—含油饱和度（So）趋势和
Pc-So 趋势；（d）与（c）相同，但叠加了深度；油水界面为 -7430ft；过渡区厚度约为 110ft；（e）一口井数据的有效孔
隙度与渗透率的交会图，叠加了 RQI；孔隙度与渗透率对数的相关性为 0.710；（f）一口井数据的有效孔隙度和渗透率之
间的交会图，叠加了 FZI；（g）与（c）相同，但叠加了 RQI；（h）与（c）相同，但叠加了 FZI

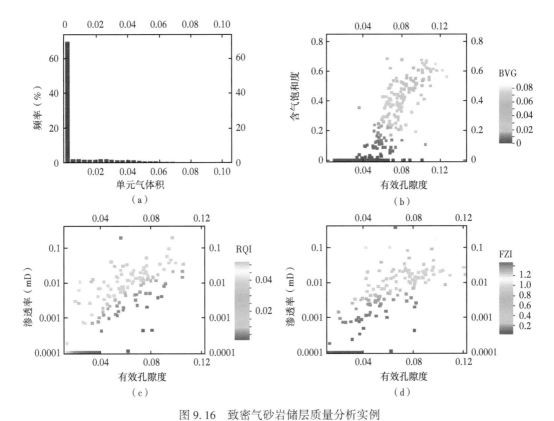

图 9.16 致密气砂岩储层质量分析实例

（a）天然气单元体积的直方图；平均值为 0.0098；（b）气体饱和度（S_g）和孔隙度（Phie）的交会图，叠加了天然气单元体积（BVG）。总体相关性为 0.874；（c）有效孔隙度和渗透率之间的交会图，叠加了 RQI；孔隙度和渗透率对数之间的相关性为 0.840；（d）有效孔隙度和渗透率之间的交会图，叠加了 FZI

时可以用来指导岩性对比。例如，在碳酸盐岩储层中，高 FZI 值通常表示粗粒屑灰岩（grainstone），中等 FZI 值表示细粒屑灰岩，低到中值表示泥晶灰岩（packstone），低 FZI 值代表泥质灰岩和泥岩。但是，当方解石胶结和成岩作用对岩石物理特性有显著影响时，上述关系可能无法成立。

9.6 总结

来自测井分析的岩石物理数据为资源评估和储层建模提供了基本的输入信息。孔隙度是油气资源评价的最基本岩石物理属性。测井方法对孔隙度的精确估计为现场评估孔隙体积及其在储层中的空间分布提供了重要依据。渗透率数据在岩心分析中通常是有限的，而井的渗透率通常是由孔隙度—渗透率的关系来估计。由于各种变量可能会影响渗透率，因此这两个变量之间有许多可能的关系。

地下流体按照基本物理定律分布；然而，由于非均质性，地下地层中流体分布的表征可能很复杂。阿尔奇公式及其变化形式为估计水饱和度提供了使用电阻率、孔隙度和其他参数的方法。地下系统中的几种物理动力导致流体分布的平衡，相关的物理定律可用于描述流体分布。对储层中全场流体饱和度的建模由于地质非均质性而更加复杂（第 21 章）。

对岩石物理基本分析感兴趣的人可以参考 Tiab 和 Donaldson（2012）、Peters（2012）和 Kennedy（2015）。

附录 9.1 常见测井及有关岩石物理和地质特性

常规和非常规地层评价的各种常用测井记录，它们可用于岩性和岩石物理性质的评价（表 A9.1）。

表 A9.1 常见测井及其用途

测井	测量属性	估计的岩石物理属性	地质用途
自然伽马	放射性；天然伽马射线、铀、钍和钾	页岩体积（页岩含量），一些矿物成分	岩性鉴定、地层对比、干酪根指示
电阻率	电流阻抗	各种材料的电阻：地层、流体、钻井液、侵入带	储层质量评价、流体识别与评价、岩性、地层对比
密度	密度	孔隙度	与中子、声波、PEF 等结合确定岩性
中子	孔隙中的氢离子浓度	孔隙度	与密度和/或声波相结合确定岩性
声波	声波速度	孔隙度	与密度和/或中子结合确定岩性
自然电位	电动势	地层水电阻率	识别岩性和多孔岩石；地层对比
核磁共振	流体中的氢量	总孔隙度、有效孔隙度、渗透率、流体类型	孔径分布，岩性
光电吸收	光电效应	电子密度	岩性

参 考 文 献

Amaefule, J. O. , M. Altunbay, D. Tiab, D. G. Kersey and D. K. Keelan. 1993. Enhanced reservoir description： Using core and log data to identify hydraulic（flow）units and predict permeability in uncored intervals/wells： SPE 26436, SPE Annual Technical Conference and Exhibition, Houston, Texas.

Archie G. E. 1950. Introduction to petrophysics of reservoir rocks. AAPG Bulletin 34：943−961.

Bhuyan K. , Passey, Q. R. 1994. Clay estimation from GR and neutron−density porosity logs. Presented at the SPWLA 35th Annual Logging symposium.

Cao R. , Wang Y. , Cheng L. , Ma Y. Z. , Tian X. and An N. 2016. A new model for determining the effective permeability of tight formation, Transp. Porous Med 112：21−37.

Cosentino L. 2001. Integrated reservoir studies. Editions Technip, Paris, France.

Crain, E. R. 1986. The log analyst handbook, PennWell Books, Tulsa, 700 p.

Dewan, J. T. 1983. Essentials of modern open−hole log interpretation, PennWell Books, Tulsa, 361p.

Eslinger E and Pevear D. 1988. Clay Minerals for Petroleum Geologists and Engineers, SEPM Short Course 22.

Herron, M. M. and A. Matteson. 1993. Elemental composition and nuclear parameters of some common sedimentary minerals：Nuclear Geophysics, v. 7/3, p. 383−406.

Holditch, S. A. 2006. Tight gas sands, Jour Pet Technol 58：86−93.

Jennings J. W. 1999. How much core−sample variance should a well−log model reproduce? SPE Reservoir Eval. & Eng. 2（5）：442−450.

Kennedy, M. 2015. Practical petrophysics, Elsevier, Amsterdam, Netherlands.

Kleinberg, R. L. and Vinegar, H. J. 1996. NMR Properties of Reservoir Fluids. Society of Petrophysicists and Well-Log Analysts.

Lucia, J. F. 2007. Carbonate reservoir characterization, 2nd edition, Springer, Berlin.

Ma, Y. Z. 2015. Unconventional resources from exploration to production, In Unconventional Oil and Gas Resource Handbook - Evaluation and Development, Y. Zee Ma and Stephen A. Holditch eds. , Elsevier, ISBN 978-0-12-802238-2, pp. 3-52.

Ma, Y. Z. 2011. Lithofacies clustering using principal component analysis and neural network: applications to wireline logs, Math. Geosciences, 43 (4): 401-419.

Ma, Y. Z. and Gomez E. 2015. Uses and abuses in applying neural networks for predicting reservoir properties, J of Petroleum Sci. & Eng. , doi: j. petrol. 2015. 05. 006.

Ma Y. Z. et al. 2014. Identifying Hydrocarbon Zones in Unconventional Formations by Discerning Simpson's Paradox. Paper SPE 169495 presented at the SPE Western North America and Rocky Mountain Joint Conference, 17 -18 April, Denver, Colorado, USA.

McCarty, D. K. , P. N. Theologou, T. B. Fischer, A. Derkowski, R. Stokes, and A. Ollila. 2015. Mineral-chemistry quantification and petrophysical calibration for multimineral evaluations: A nonlinear approach: AAPG Bulletin, v. 99/7, p. 1371-1397.

Moore, W. R. , Ma, Y. Z. , Urdea, J. and Bratton, T. 2011. Uncertainty analysis in well log and petrophysical interpretations. In Y. Z. Ma and P. LaPointe, Eds. , Uncertainty Analysis and Reservoir Modeling, AAPG Memoir 96, Tulsa.

Moore WR, Ma YZ, Pirie I. and Zhang Y. 2015. Tight Gas Sandstone Reservoirs - Part 2: Petrophysical analysis and reservoir modeling, In Y. Z. Ma, S. Holditch and J. J. Royer, ed. , Handbook of Unconventional Resource, Elsevier.

Nelson P. N. 1994. Permeability-porosity relationships in sedimentary rocks. The Log Analyst, May-June (1994): 33-62.

Peters, E. J. 2012. Advanced petrophysics. 3 volumes, Live Oak Book Company, Austin, TX.

Pitman E. D. 1992. Relationship of porosity and permeability to various parameters derived from mercury injection-capillary pressure curves for sandstone. AAPG Bulletin 76 (2): 191-198.

Prensky SE. 1984. A Gamma-ray log anomaly associated with the Cretaceous-Tertiary boundary in the Northern Green River basin, Wyoming, USGS Open-file 84-753, edited by BE Law.

Schlumberger. 1999. Log interpretation principles/applications, 8th print, Schlumberger Educational Services, Sugarland, Texas.

Shepherd R. G. 1989. Correlations of permeability and gain size. Groundwater 27 (5): 633-638.

Steiber, S. J. 1970. Pulsed neutron capture log evaluation in the Louisiana Gulf Coast, Paper presented at the Fall Meeting of the Society of Petroleum Engineers of AIME, 4-7 October, Houston, Texas, USA. SPE-2961-MS.

SPWLA. 1982. Shaly Sand Reprint Volume, July.

Tiab D. and Donaldson E. C. 2012. Petrophysics, 3th edition, Gulf Professional Pub.

Worthington, P. E. 1985. The evolution of shaly-sand concepts in reservoir evaluation, The Log Analyst, Jan-Feb.

Wu T. and Berg R. R. 2003. Relationship of reservoir properties for shaly sandstones based on effective porosity, Petrophysics 44: 328-341.

Zeybek, A. D. , Omur, M. , Tureyen, O. I. , Ma, S. M. , Shahri, A. M. and Kuchuk, F. J. 2009. Assessment of Uncertainty in Saturation Estimated from Archie's Equation. Society of Petroleum Engineers. doi: 10. 2118/120517-MS.

第 10 章　测井沉积相和岩性分类

"岩石是根深蒂固的地质和历史记忆。"

安迪·戈德斯沃西

摘要：本章介绍应用测井进行岩相或岩性分类的方法。岩相是描述岩石质量的离散型变量，可以用两种或更多种状态（取值）进行定义。岩相代表地下地层地质分析中小到中等尺度的非均质性。不同的岩相经常有不同的岩石物理特性，可以影响地下流体流动。由于岩心资料通常有限，储层表征中岩相数据经常通过测井而获取。

10.1　概述

近几十年来，人们倾向于通过统计和神经网络方法应用测井数据对岩相进行自动分类。本章则强调使用综合数据分析方法，因为自动技术仅适用于简单案例或者要有大量训练数据。综合的整体性方法可实现在实际条件只有有限训练数据条件下统一的岩性分类。机器学习方法也可以受益于本章中的数据分析，以改进其对岩相的分类。

10.1.1　沉积相、岩相、岩石相、电相和岩石类型

传统上，相往往被定义为沉积相，如河道、决口扇和溢岸。岩石的组分通常被认为是岩性。岩性的成分比沉积相有更详细的信息。然而，直接的岩性数据通常非常有限，而且岩石组分数据的匮乏使得建立大多数储层工程可靠的三维岩性模型十分困难。另一方面，应用测井方法，包括自然伽马（GR）、中子、密度、声波和电阻率，可以得到沉积相或者岩相。此外，区域和储层地质的知识，以及高质量的地震数据，可以帮助了解沉积相的沉积过程。在实践中，将岩性和沉积概念结合起来，得到一个岩性和相复合的概念，这通常被称为岩相。在这里，我们通常使用广义的岩相属名，除特殊情况下，基于某些特殊原因才需要将沉积相、岩相、岩性和岩石类型区分开。

历史上，测井数据中定义的集群类型通常被称为岩石相或电相。这些类型并不总是与岩相完全一致。在某些情况下，它们可能像岩相，但一般来说，会有显著差异（Ma，2011；Doveton，2014）。如果不作岩性刻度，电相的使用可能会很有限，因为在少量测井数据的条件下很难预测其在油田范围的分布。此外，在井点处将测井转换为电相类型会导致信息丢失，因为类型变量包含的信息比连续变量的信息少得多。但是，岩相与地质具有更直接联系，因为岩性反映矿物组分，而沉积相体现了沉积环境。另一个经常使用的与岩相有关的术语是岩石类型。岩石类型与岩石物理和储层工程综合分析更密切相关，通常用孔隙度、渗透率和含水饱和度来定义（第21章）。

10.1.2　测井岩相解释

通过测井工具沿井壁的测量是评估地下地层岩石性质的基本数据来源。然而，对这些

数据的地质解释并不总是简单直接的，因为不同的测井方法测量不同的岩石属性。此外，各种测井工具的探测深度和敏感性可能有很大不同（Tilke 等，2006）。

测井岩相分类存在的问题包括测井数据频率组分分布的可分离性、预测的岩相真实的空间定位/模式，确定岩相类型的数量及分类的岩相与地下地质之间的关联。

最原始的方法是采用测井截止值来预测岩相，如图 10.1 中的自然伽马所示。低自然伽马确定为河道相，高自然伽马为泥岩沉积的溢岸相，中等自然伽马值为混合岩性的决口扇相。这种截止值方法在岩相—成分直方图上会使各岩相之间产生分隔"墙"［图 10.1（b）］，往往与岩心数据不一致（Ma 等，2015b）。

更高级的方法，包括统计和人工智能技术，通常使用多个测井数据对岩相进行分类，这可以减少使用单一测井引起的歧义（尽管太多也会增加歧义）。图 10.1 所示为使用单一测井与两种测井分类的对比示例。用优选的统计法代替截止值法，可以使两种测井信息相互补充，消除截止值法的分隔"墙"。虽然借助核密度方法（Scott，1992；MaLachlan 和 Peel，2000）使用一种测井能够克服分隔"墙"的问题，但其预测的岩相不具有空间合理性；Ma 等（2014）给出过一个例子。

图 10.1（a）中的直方图在 63 和 117 API 处显示两个不同的模态。但是，该直方图不能分解为两个正态或准正态直方图，而可以应用三个正态或准正态直方图进行拟合［图 10.1（c）］。这是因为较小的模态和较大的模态都在一侧显示一个（准）正态分布（左侧表示较小的模态，右侧表示较大的模态）。每个模态的另一侧显示为非（准）正态分布，因为有来自另一种具有中等自然伽马值的岩相样品，它们与显示一个模态的两种岩相的自然伽马值完全重叠。只有最小和最大自然伽马值（小于 60 或大于 120API）不显示重叠；60 和 120API 之间的自然伽马值表示来自三个准正态分布的数据的混合。对于中等自然伽马值，三种不同岩相的混合"掩盖"了中等自然伽马值岩相分量的直方图的（准）正态性。必须有其他信息源来帮助识别重叠的自然伽马值以便分离混合的岩相成分。

虽然多于两个测井信息可用于统计学和神经网络方法，但使用多种测井数据的一些方法也具有高维诅咒问题（COD）。这个问题可以通过主成分分析（PCA）来解决。主成分分析可以提取信息，同时过滤不必要的信息，因此解决高维诅咒问题。此外，主成分分析有利于测井数据的地质解释，并为岩相分类选择有判别能力的成分。

使用统计和神经网络方法进行岩相分类的一个问题是如何确定岩相类型的数量。阿卡克（Akaika）的标准和贝叶斯信息标准是常用的方法（MaLachlan 和 Peel，2000）。在实践中，岩相聚类的数量可以通过综合地下地质过程的地质信息（如露头类比和区域地质）和储层建模岩相（复合岩相）的适当定义（第 11 章）来确定。例如，由于在矿物成分和岩石物理上的相似性，通常很难仅使用井数据区分决口水道和决口扇。因此，在使用测井数据对河流型岩相进行分类时，这两种岩相有时可以合并在一起。

应该强调的是，输入测井数据应该进行环境校正、深度校正、坏井眼和/或粗糙井眼校正，并针对测井仪器、生成和供应商的影响进行标准化。来自这些条件的原始测井信息具有很大的差异，这些差异可能会影响岩相分类。对于同一供应商使用相同测井工具记录的单口井或少量井对分析的影响可能很小，但对于长期使用不同测井工具的大量钻井，输入数据的校正或标准化就显得至关重要。

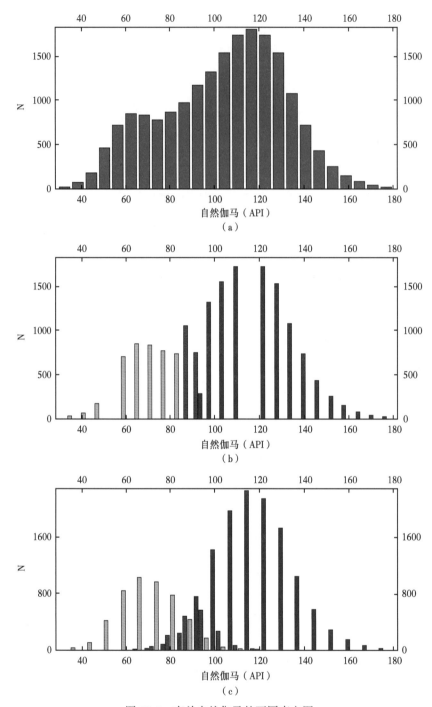

图 10.1　有关自然伽马的不同直方图

（a）基于 19430 个样本的致密气地层中的自然伽马（API）直方图；（b）通过用自然伽马截止值分类
的自然伽马直方图：橙色为砂岩河道相，紫色为决口扇，黑色为泥质溢岸相；（c）使用自然伽马
和电阻率测井通过主成分分析方法将（a）中的直方图分解为三个准正态直方图（稍后讨论）。

请注意，三个岩相在 60 和 120 API 之间的自然伽马有重叠

10.2 岩相的测井特征

在使用测井数据进行岩相分类时，第一步是选择有分辨能力的测井曲线。该选择取决于储层沉积环境、可探测性和测井工具的灵敏度。自然伽马、中子、密度、声波、电阻率和自然电位（SP）通常具有岩相分辨能力。

需要检查测井的基本特征以便获取岩相分类方法。表 10.1 列出了用于岩相识别时几种常用测井曲线的主要特征。例如，自然伽马测量地层的放射性水平，通常表示黏土含量，在常规储层中往往用于区分泥岩与砂岩。在实践中，由于测量样品有一定的体积及其他的不确定因素，往往把自然伽马刻度为黏土体积含量（第 9 章）。随后，依据黏土含量把砂岩、泥质砂岩、砂质泥岩和泥岩（页岩）进行区分。

表 10.1 用于岩相识别的常见测井的特征

测量	岩相响应
自然伽马	测量的放射性通常指示黏土含量
密度	不同的岩相可能有不同的密度，但有显著的重叠
中子	测得的孔隙和岩石基质中的氢浓度可能与岩相相关
声波	声波的速度和穿过时间可能随岩相变化而变化
电阻率	测量对电流的阻抗与流体类型和流体量有关，可以进行岩相对比（通常与其他数据一起使用）
光电效应（PEF）	不同的岩相往往有不同的光电效应
自然电位（SP）	测量地层水电阻率可能间接反映岩相变化
核磁共振（NMR）	测量的氢指数反映孔径，并可能间接反映岩相的变化

但是，单一岩相的自然伽马数值通常与其他岩相具有重叠（Ma 等，2015b）。更普遍的情况是，单一测井数据一般不能令人满意地区分岩相，因为不同岩相的最佳区分要求不同岩相的测井数值不重叠，否则，需要其他测井来提供补充信息。

岩相的测井特征通常不是唯一的（图 10.1）。例如，不同的岩相可能具有不同的平均密度值，但它们通常具有较大的重叠值。虽然白云岩的密度一般高于砂岩，但是，由于孔隙度差异或者其他因素的影响，许多白云岩的密度可能比一些砂岩低。

因此，在岩相分类中的主要问题是，虽然许多测井数据都包含了岩相信息，但是由于测量信息的重叠性，没有任何一种测井能够准确地区分各种岩相。重叠现象很常见，其原因可能是测井的灵敏度不够、噪声影响和测量误差等。混合岩相的重叠通常可以通过使用两种或多种测井信息来解决。在某些情况下，两种识别性高的测井对区分岩相很有效。在其他情况下，可能需要三种或更多种测井来区分不同的岩相。

图 10.2 显示了几种使用两种测井来识别岩性的经典方法。在岩石物理分析中往往使用的两个图表包括中子—声波交会图 [图 10.2（a）] 和中子—密度交会图（图 9.7），用于碎屑岩—碳酸盐岩混合地层。可以从这些图表中确定岩相和孔隙度。实验室和现场数据都支持这种方法（Dewan，1983；Schlumberger，1999），尽管现场数据可能与实验略有不同。

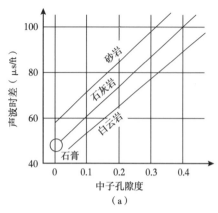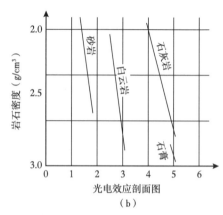

图 10.2 测井数据和岩相之间的基本关系图

（a）中子—声波交会图。页岩在图上可以有广泛的范围，但一般来说，它具有高中子和声波时差（据 Ma 等，2015a）；
（b）密度与光电系数剖面图。页岩在图上可以有广泛的范围，特别是在光电效应轴上。

（据 Schlumberger，1999，修改）

用于岩相分类选择测井的具体标准包括测井质量、多模态和岩相对测井的敏感度及地层的沉积环境。不同的沉积环境具有不同的岩相，需要不同的测井或测井组合进行岩相分类。当三大主要岩性——砂岩、石灰岩和白云岩共存时，可以选择中子、密度和声波测井对它们进行区分（图 10.2；第 9 章）。当存在黏土时，这些交会图和光电效应读数区分这些岩性的能力就会降低。自然伽马通常是一个良好的黏土成分指示，因此，在其他测井曲线中加入自然伽马可以提高含有黏土的岩相的总体区分能力。

许多因素会影响自然伽马响应，即使在同一储层中，许多砂质样品可能会表现出高自然伽马值（Bhuyan 和 Passey，1994；Ma 等，2014）。不同的岩性之间可能会存在显著重叠的自然伽马值。此外，当存在三种或三种以上岩相时，黏土与其他岩相的混合往往使自然伽马的重叠更加明显。

致密碳酸盐岩地层中的黏土通常具有高于石灰岩和白云岩的声波（DT）值（Ma 等，2015a）。黏土的中子响应绝对值通常较高，但可能在中子—声波（NPHI-DT）或中子—密度（NPHI-Density）交会图上位于趋势线的下方。

在含油层系中，电阻率可以很好地区分含有油气的岩相和不含有油气的岩相，但是也可能存在多解性，如含气砂岩和致密石灰岩的电阻率都很高。

10.3　测井数据的统计特征

直方图是一种基本的统计工具，因为它不仅提供了许多统计参数（第 3 章），而且还有助于图形解释。单变量直方图和双变量直方图都可以显示模态和其他频率属性。多维直方图也可以计算出来，但这类直方图难以实现可视化。还有一些其他技术可以用于探索性分析许多变量之间的复杂关系。

10.3.1　直方图

测井数据的直方图可以代表岩石属性的频率分布。混合岩相的测井通常显示为非对称性和多模态分布。因为测井直方图的多模态暗示应该将岩石划分为多种单一岩类，所以确定测井数据的模态是很好的工作起点。然而，测井直方图上的单模态并不一定意味着单一岩相，因为多个岩相的频率分布可能会发生重叠（Ma 等，2014）。

正像单模态直方图可能隐藏两个或多个亚类（如不同的岩相）的存在，双模直方图可能隐藏有三个或更多亚类的样本。例如，在图 10.1 中显示的自然伽马直方图可以分解为三个准正态直方图，而不是两个直方图。虽然应用核概率密度模拟方法可以分解单变量直方图，但如前所述（Ma 等，2014），岩相预测的结果通常不尽人意。双变量分析可以获取改进的双变量直方图的分解和更好的岩相预测（第 2 章）。探索性分析测井数据的频率分布有助于优选适合统计方法的测井数据，达到综合岩相识别有用信息的目的。

直方图中的多模态可以是显式的，也可以（部分）是隐式的，有时还具有偏态的长尾。模式可以是很明显的，也可以位于直方图边界。有时需要更改间隔大小以揭示直方图的模态（图 10.3）。电阻率直方图中的一个模态［图 10.3（a）］很清楚，而另一个模态较模糊。富含有机质地层的自然伽马测井直方图［图 10.3（b）］显示了多个模态；如果改变间隔的大小，将出现更多或更少的模态。长尾直方图，如渗透性的直方图，倾向于显示边界模态（Ma 等，2014）。

直方图中具有固定模态的测井数据通常反映各种岩相的混合，而边界模态通常反映这些混合岩相具有显著的重叠。对测井的非线性变换有时可以揭示隐式模态或将边界模态变为固定模态。例如，图 10.3（a）显示具有一个模糊模态的作了对数转换后的电阻率直方图，该模态在原始电阻率直方图上是看不到的。

前已述及，样本数量和间隔大小会对直方图形态（包括模态）产生重大影响。例如，某些单井的自然伽马测井直方图可能没有图 10.1（a）那样规则。不同的间隔大小和样本数量可能导致模态的出现或消失，或将清晰的模态变为凹凸不平，反之亦然。在某些情况下，直方图必须使用样条线插值、自适应平滑或傅立叶变换进行混合样本研究（Scott，1992）。

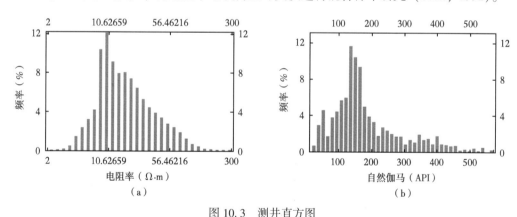

图 10.3　测井直方图

（a）电阻率（对数坐标）；（b）富含有机质地层的自然伽马

10.3.2　多变量相关性分析

研究不同测井数据之间的相关性为分析混合岩相及其分类提供了另一种基础。从理论上讲，多维直方图可以更清楚地揭示混合物的相关结构，但不能有效地实现图形显示。我们将重点介绍两种测井的双变量关系的相关性分析，并且简要解释使用交会图和二维直方图矩阵法分析三变量关系的过程。

10.3.2.1 交会图和二维直方图

两种测井数据之间的关系可以通过图形显示来描述，包括交会图、增强的交会图和二维直方图（附录4.2）。图10.4所示为利用交会图和两个二维直方图显示几种混合岩相地层自然伽马和声波时差之间的关系。两种测井之间的相关系数为0.620。这些统计和图形工具有时可以洞察两个变量与混合岩相之间的内在联系。交会图适用于仅分析简单关系。本实例中，交会图显示三个大数据团和一个小的数据团[图10.4（a）]。由于常规交会图缺乏两个变量联合分布的频率信息，它们之间的完整关系没有准确地描述出来。

有一种二维直方图的增强型交会图是利用等值线显示发生的频率，还有一种形式是三维显示。在这些二维直方图中，第三个维度是两个属性的联合频率，因此多模态显示为局部高点。在图10.4（b）所示的自然伽马和声波时差的二维直方图中，可以从等值线交会

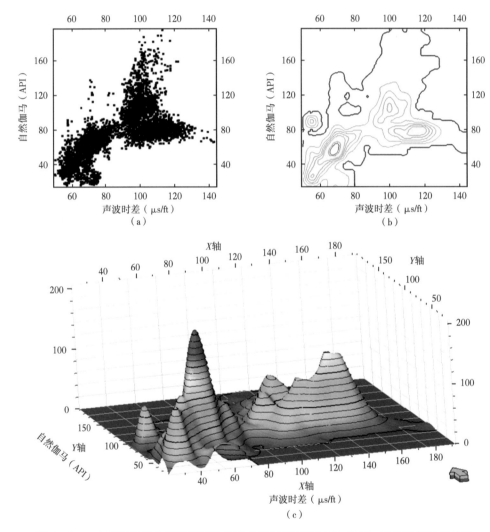

图10.4 一个碎屑岩和白云质碳酸盐岩混合地层的声波时差（DT）和自然伽马的关系

（a）交会图，不显示联合频率；（b）声波时差和自然伽马的二维直方图，以频率等值线和颜色显示联合频率（暖色调为高频，值可以在c读取）。联合频率是两种测井具有各自值所对应的样本数，例如，在DT=68和GR=58时，频率为103个样本（相对于总样本数4805）；（c）声波时差和自然伽马二维直方图：X轴为声波时差，Y轴为自然伽马，垂直轴是联合频率（样本计数），总样本数为4805

图中轻松选取六个模态，从完整的自然伽马和声波时差的三维显示中可以轻松看到七个模态［图 10.4（c）］。

在实际应用中，应尝试基于地层的地质认识、了解测井曲线的敏感性、直方图的多种模态和岩相的类型数量，从两种测井信息分析开始，如有必要再增加更多的测井信息。一般来说，测井数据之间的弱到中等的相关性可能是良好的测井曲线选择标准，因为这些测井曲线提供了岩相区分的不同信息。仅需要选择少量的相关性高的测井。

10.3.2.2　相关性矩阵和二维直方图矩阵

相关性矩阵包含有任意两个变量之间的相关系数，为多变量分析提供了一个探索方法。但是，这种矩阵通常对岩相分类意义不大。交会图矩阵由多个交会图和基于多个二维直方图构成，它们可以分析两个变量之间的相互关系，提供多种测井信息的多变量之间的内在联系，因此用于岩相分析效果更好（第 4 章）。

10.4　测井岩相分类

10.4.1　一种或两种测井截止值分类

传统的截止值法有时仍可用于测井数据岩相分类。如果不同岩相的一种属性或多种属性取值重叠不多，截止值法还是行之有效的。例如，有时候砂岩、白云岩、石灰岩和其他岩石类型可以由光电效应（PEF）或者光电效应和密度的组合清晰地或近乎清晰地区分开。图 10.5 所示为应用密度和光电效应两种测井截止值区分砂岩、粉砂质砂岩、粉砂岩、黏土和方解石（灰岩）的实例。截止值可以基于根据岩心的岩相数据或者已有的岩相数据用经验来确定。在应用截止法对岩相进行分类时，所定义的各截止值必须覆盖所有数据，以避免定义的截止值之外还有数据分布。例如，在图 10.5 的实例中，如果我们有一个光电效应等于 3.2 而密度等于 2.3 的数据点，那么该点是预测为粉砂岩呢，还是预测为方解石？

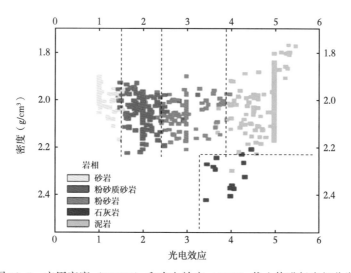

图 10.5　应用密度（RHOB）和光电效应（PEF）截止值进行岩相分类

在使用两种或两种以上测井数据进行岩相划分时，通常使用选通性逻辑启发式定义截止值。在许多真实示例中，这些截止值会出现偏差，因为它们无法解决各种测井之间的不一致，并且往往与岩心数据相冲突（Ma 和 Gomez，2015）。

10.4.2 判别分析和模式识别的岩相分类

应用测井曲线截止值进行岩相分类的方法可以通过定义线性或非线性函数加以改进。图 10.6（a）所示为基于两种测井数据定义三个线性函数区分四种岩相的实例。这需要设定训练数据，如岩心的岩相或已有的岩相分类。定义的线性函数错误划分的岩相类型要尽可能少。显然，当存在重叠时，该方法会产生一些错误的岩性或岩相分类结果。划分效果主要标准来源于训练数据对岩相区分能力的经验判别。信息重叠性越小，测井对岩相区分能力就越强，需要的测井类型就越少，岩相划分的结果就越稳健，越可靠。

训练数据固然对岩相划分很重要，但它不是必需的；也可以用输入测井曲线的关系来确定判别函数。图 10.6（b）所示为根据图 10.4（b）中双变量直方图中的模态定义线性函数的实例。在这个例子中，可以划分出五种岩相类型。各个模态是隐性的，因此它们不是确定岩相数量的必要的决定性标准。

从理论上讲，能够更好地划分岩相类型的非线性判别函数是可以的；但如下各节所述，还存在更加易于使用的其他方法或多个方法的组合。

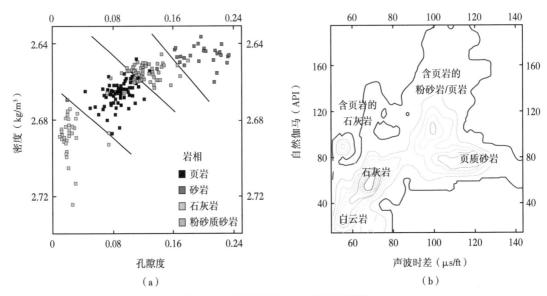

图 10.6 判别分析与模式识别示例图

（a）使用训练数据从密度和孔隙度（PHI）的交会图上定义三个线性判别函数。（b）声波时差和自然伽马的二维直方图，其频率用等值线显示，清晰可见的多个模态可用于生成线性判别函数和岩相的划分

10.4.3 用主成分分析进行分类

这里对使用主成分分析进行岩相分类作更系统的介绍。主成分分析可以综合两种或更多种测井用于岩相分类。使用多种测井的主要优点是不同测井中存在着相互补充的信息。其问题在于如何区分对岩相分类有关和无关的信息。主成分分析通常是处理这个问题的有

效方法。在较为简单的情况下，存在中度到高度相关性的两种或三种测井曲线可以有效地区分岩相。在多数情况下，一个或两个主成分含有岩相分类的重要信息，而其他成分则含有无关或不太有关的信息。

10.4.3.1 主要主成分的应用

出于数学的构建方法，主成分分析中的第一个主成分往往比其他主成分含有更多的变化性（信息）。因此，第一主成分或者使用多种测井的几个主要的主成分通常用于岩相分类。在许多情况下，两种或三种测井提供了岩相分类的基本信息，这样就可使用其第一主成分进行分类。

在前面讨论的岩相分类例子中［图10.1（c）］，主成分分析用于综合自然伽马和电阻率测井的信息。由于自然伽马和电阻率的相关系数为 -0.836，因此，第一个主成分体现了两种测井的91.8%方差。第一主成分与自然伽马相关系数为0.958，与对数转换后的电阻率相关系数为 -0.958。第二主成分体现了总方差的8.2%，与自然伽马或对数转换后的电阻率的相关性为0.286。应用第一主成分的两个截止值可以划分三种岩相：河道，决口扇和溢岸。图10.7所示为所选取的两个截止值［图10.7（d）］及叠加在自然伽马—电阻率交会图上岩相分类的结果［图10.7（c）］。

虽然自然伽马和电阻率都无法单独区分这三种岩相，但是同时使用这两种测井提高了岩相分类的准确性。比较使用自然伽马和电阻率两种测井及单独使用自然伽马测井的岩相分类结果［图10.1（b）］清晰表明使用两者进行分类时的信息价值。这是因为在常规碎屑岩储层中油层通常是砂岩，是很好的电绝缘体，而页岩通常富含黏土和水，具有更强的导电性。在这个例子中，与岩相相关的重要信息位于第一主成分中；第二主成分的信息很少，因为第一主成分与双变量分布中的三个模态相匹配［图10.7（a）］。每种岩相的自然伽马和对数转换后的电阻率都呈准正态分布［图10.1（c）；图10.7（e）］。有时，即使主成分分析的测井输入超过两种，第一主成分也会包含岩相分类的最重要信息，尤其是输入的测井具有高度相关性时。

与自然伽马直方图一样，对数转换后电阻率的直方图也显示了两个模态。与自然伽马的直方图不同的是，较大的模态表示较小的电阻率值，而较小的模态表示较大的电阻率值。这是因为这两种测井呈负相关，如其二维直方图所示［图10.7（a）］。此外，电阻率值较小的大模态意味着溢岸岩相的数据远超河道岩相的数据。此外，电阻率直方图可以分解为三个准正态或准对数正态分布［图10.7（e）］。与自然伽马测井一样，三种岩性的电阻率测井存在重叠，仅用电阻率不能完成岩相的准确分类，而综合使用自然伽马和电阻率可以提高分类的精度。

如以前所述（Ma，2011），主成分截止值的应用与原始数据截止值是不一样的，如自然伽马—电阻率交会图上的岩性边界（与自然伽马或者电阻率轴不正交）所示［图10.7（b）］。由于使用了来自两种或多种测井的信息，该方法提供了更准确的组分直方图的功能。

主成分分析还可以整合类比资料、其他地质或工程信息。例如，当类比信息和其他地质研究给出了不同岩相的相对比例时，使用判别主成分的简单累积直方图就可以定义目标岩相的比例。如果定义河道、决口扇和溢岸的相对比例为53:12:35（百分比），那么就可以确定上述示例中的截止值［图10.8（d）］。与之相对应，稍后将讨论的神经网络方法有生成类似的比例的倾向。

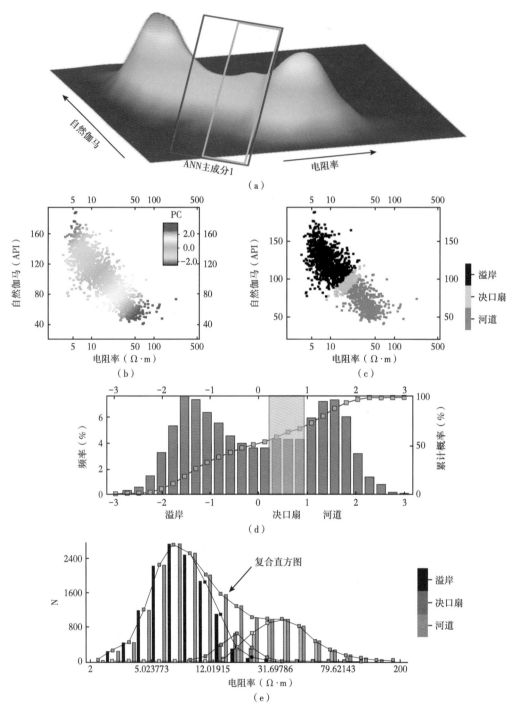

图 10.7　主成分分析识别岩相示例图

（a）自然伽马—电阻率二维直方图。垂直轴是联合频率（颜色也是）。红色框表示人工神经网络（ANN）的
分类：框内为决口扇，两侧为河道和溢岸。绿色框表示使用第一主成分分类的结果，也显示在（d）中；
（b）自然伽马—电阻率（对数）交会图，叠加了它们的主成分1；（c）自然伽马—电阻率（对数）交会图，
叠加了使用自然伽马和电阻率的主成分1所分类的岩相；（d）用于定义截止值的主成分1的直方图和累计
直方图；（e）使用从自然伽马和电阻率的主成分分析的主成分1划分的三种岩相的电阻率直方图

10.4.3.2　次要或中间成分的应用

在实际应用中，具有物理意义的成分可能不是解释较大方差的主要的主成分。在某些情况下，数学意义最小的主成分可能是划分岩相最具有物理意义的主成分。在另外的一些情况下，一个或多个中间主成分具有更强的岩相分类能力。

对于碎屑岩—碳酸盐岩混合储层，可以综合使用三种传统的孔隙度测井工具，即密度、中子和声波时差，对岩相进行分类。教科书通常以交会图的方法使用其中两种测井，如图 10.2（a）和第 9 章讨论的密度—中子交会图。另一种方法是，通过主成分分析把中子、密度和声波数据都集成用于岩相分类。通过选择第二主成分（但不包括主要和次要主成分）进行的岩相分类与实验室结果一致（图 10.8），但是，使用其他主成分而不用第二主成分分类的效果不佳（Ma，2011）。

当更多的测井数据用于岩相分类时，可以使用更多的中间主成分。但是，许多输入变量往往导致次要的主成分包含噪声。如果主要主成分包含的岩相信息很少，则几个中间主成分可能包含用于岩相分类的主要信息。

Busch 等（1987）使用 M 和 N 进行岩相分类。因为 M 和 N 是从密度、中子和声波数据（Schlumberger，1999）定义的，因此使用 M 和 N 就意味着使用了这三种数据，因此在某些情况下有些优势。但是，使用主成分分析合成这三种测井并且应用于岩相分类可以效果更佳。图 10.8（c）和图 10.8（d）比较了 $M-N$ 图几种聚类的结果。使用密度和中子测井的第二主成分的分类结果与框架图最一致，不过，基于三种测井第二主成分划分的结果与之类似。而没有使用中子、密度和声波主成分分析的人工神经网络划分的结果与基准图中所示的分类几乎相反。

10.4.3.3　旋转主成分的应用

一个主成分可以代表岩相的重要或者主要信息，但它不一定携带所有的所需信息。如第 5 章所介绍的，旋转主成分可以获取有关岩相的更多信息而有利于岩相分类。创建旋转主成分等于使用多个主成分，但与直接使用两个或多个主成分进行分类不同，旋转可以使用地质原理和其他特征依据输入测井的重要性进行加权处理。

举一个简单的例子，使用两种测井数据中的一个主成分进行分类，默认情况下，这意味着两种输入的测井在岩相分类中具有相同的重要性。但是，其中一种测井可能具有比另一种对岩相分类更多的信息，在岩相分类中应该赋以更高的权重。旋转主成分允许我们向输入测井赋予不同的权重。下面介绍一个使用自然伽马和孔隙度测井进行岩相分类的例子。

自然伽马对碎屑岩沉积中岩相的敏感性比孔隙度要强，并且测量时通常受井眼条件的影响要小（Moore 等，2011）。为了在岩相分类中对自然伽马赋予更高的权重，我们可以将第一主成分旋转到倾向于自然伽马，产生一个倾斜的成分。旋转后的第一主成分的岩相分类结果显示在自然伽马—孔隙度的交会图中 [图 10.9（d）]。使用两种测井为输入而后旋转的第一主成分进行的岩相分类的各岩相的（孔隙度）直方图如图 10.9（e）所示。使用旋转的第一主成分所分解的这些直方图呈准正态分布。表 10.2 表明旋转后的第一主成分与自然伽马的相关性得到了提高，而与孔隙度的相关性则有所降低。

当两个或多个主成分都携带有关岩相分类的信息时，生成旋转的主成分依然有用，与使用多个主成分而应用不同权重进行岩相分类相比，生成所想要得到的权重的旋转主成分更容易实现。

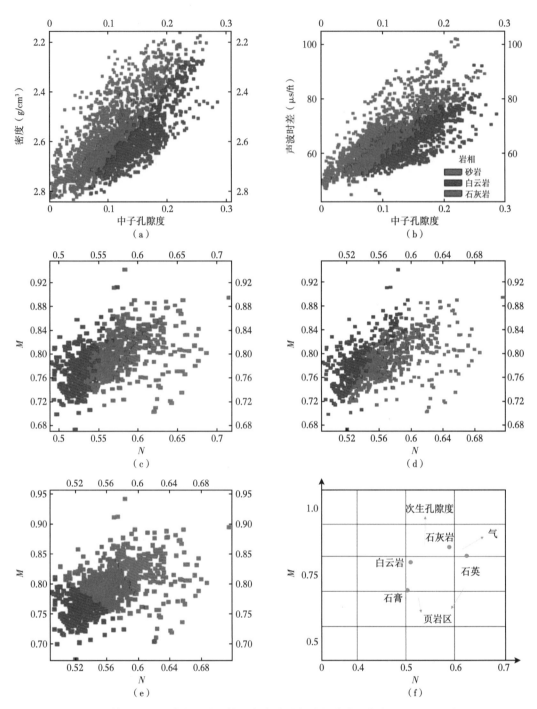

图 10.8　使用三种孔隙度测井的第二主成分进行岩相分类：密度（RHOB）、中子
孔隙度和声波（声波时差）（据 schlumberger，1999，修改）

（a）中子孔隙度和密度交会图，叠加了岩相聚类的结果，颜色图例如图（b）；（b）中子孔隙度和声波交会图，叠加了岩相聚类的结果；（c）$M—N$ 交会图，叠加了应用中子和密度第二主成分岩相分类的结果；（d）$M—N$交会图，叠加了中子、密度和声波第二主成分岩相分类的结果；（e）M 和 N（合成）测井交会图，叠加了人工神经网络岩相分类；（f）$M—N$ 岩相分类框架图

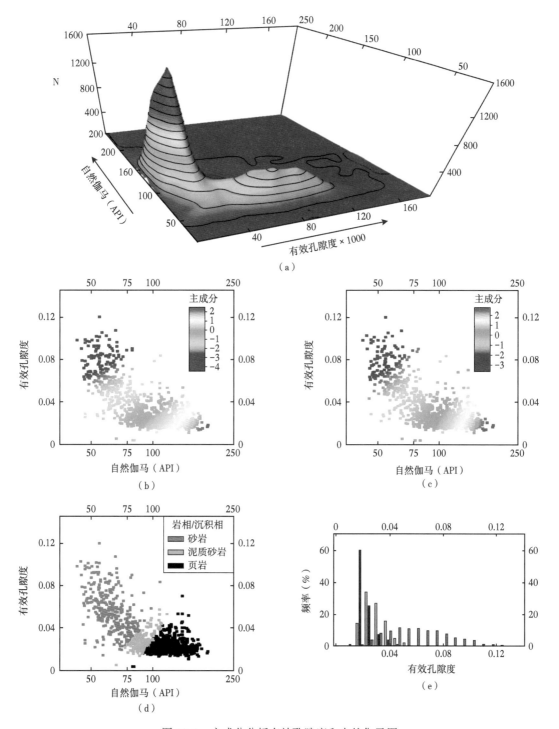

图 10.9 主成分分析有效孔隙度和自然伽马图

（a）有效孔隙度和自然伽马的二维直方图；（b）有效孔隙度和自然伽马的交会图，叠加了它们的第一主成分；
（c）有效孔隙度和自然伽马的交会图，叠加了旋转的第一主成分；（d）有效孔隙度和自然伽马的交会图，
叠加了用旋转的第一主成分进行的分类的岩相；（e）各（分类的）岩相的有效孔隙度直方图

表 10.2　四种测井数据的相关矩阵：自然伽马、有效孔隙度、它们的第一主成分和旋转的第一主成分

参数	自然伽马	有效孔隙度	第一主成分	旋转的第一主成分
自然伽马	1			
有效孔隙度	0.701	1		
第一主成分	0.922	−0.922	1	
旋转第一主成分	0.957	−0.872	0.994	1

10.4.3.4　确定岩性的比例

在岩相分类中，一个重要的标准是所分类的各岩相的相对比例，因为这些数据将影响每种岩相在三维储层模型中的分布和对油田整体储层质量的评价。例如，在常规碎屑岩储层中，砂岩分类的比例过高会导致过于乐观的油气资源估计，而页岩比例过高则将导致悲观的估计。在获取准确的岩相比例方面自动方法没有好的稳健性。基于主成分分析的岩相分类工作流程则具有这方面的优势。

应用于分类的主成分或者旋转主成分的截止值对每种岩相的全局比例具有直接的影响。岩相的比例可以通过分解原始直方图推断获取。具体来说，每个分量直方图的累积频率的相对比例就是相应的岩相的比例。砂岩、泥质砂岩和页岩的相对比例为 0.32:0.16:0.52（图 10.10）。

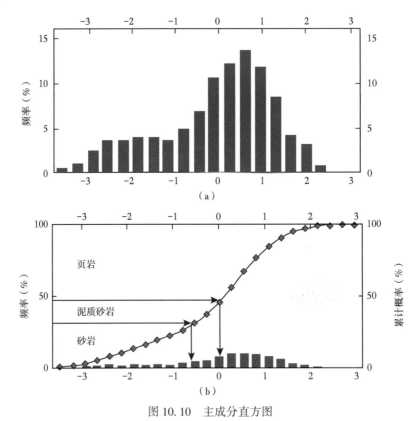

图 10.10　主成分直方图

（a）图 10.9（c）中的旋转第一主成分直方图；（b）图 10.9（c）中的旋转第一主成分的累计直方图，显示了得到不同比例三种岩相划分的截止值

174

10.4.4　人工神经网络（ANN）的岩相分类

可以使用人工神经网络方法基于测井数据进行岩相分类，该方法要么直接应用于所选的测井，要么通过这些测井的主成分分析（Ma，2011；Khalid 等，2014）。第 5 章和第 7 章给出了使用人工神经网络进行岩相分类的实例，并且作了主成分分析预处理。当有训练数据时，有监督的人工神经网络通常更受青睐。使用人工神经网络的优点是其集成许多输入数据的能力。许多以神经网络方法利用多种测井数据进行岩性分类的例子已有发表（Dubois 等，2007；Wang 和 Carr，2012；Jiang 等，2019）。

人工神经网络的一个重要缺陷是不能进行物理意义解释。以人工神经网络方法为例，利用测井得到的岩相分类可以通过已知的物理关系和地质知识的检验而得以改进（第 5 章）。

10.5　岩相的多级分类

由于地下地层的级次特征以及岩相和测井特征的复杂性，有时最好采用两个或多个步骤进行岩相分级分类，而不是一步完成。

一种名为分层聚类分析（HCA）（Kaufman 和 Rousseeuv，1990；Jain 等，1999；Kettenring，2006）的分类方法是通过分离或聚合方式逐步实现的。这些分层聚类分析通常不使用地质或其他物理特征来划分等级次序。要这样做，用户必须按距离大小来量化物理属性。

此处介绍的多级分类方法采用分步的工作流程进行岩相分类。Ma 等（2014）介绍了一个将混合物分解和主成分分析聚类相结合的逐步分类的例子。当测井的直方图显示独特的模态时，最好分离出这些独特模态相关联的亚类样本群。每个亚类样本群要么表示一种岩相类型，要么是几种岩相类型的复合体。接着，使用一种或多种测井数据将该复合岩相分解为最终所需的各种岩相。在 Ma 等（2014）给出的示例中，用电阻率先将页岩与粉砂岩和砂岩分离出来，然后使用主成分分析将砂岩和粉砂岩区分开。

逐步工作流程的分类非常灵活，因为它可以将任何合适的技术组合到岩相的级次分类中。例如，线性或非线性变换，以及岩相分类可以串联到使用地质解释和数据特征所建立的层次结构中去。下面介绍一个串联主成分分析以及主成分分析—人工神经网络两种分类的例子。

岩性分类有时需要得到精细的岩相类型，以便进行更详细的储层表征。比如，砂质岩相可能包含页岩成分，这时从砂岩中分离出泥质砂岩可能有用。几种测井可能指示泥质成分，包括自然电位（SP）和 自然伽马。图 10.11 所示为一个两步岩相分类的例子。第一步使用第 5 章（第 3 节）中讨论的主成分分析用中子孔隙度和密度将白云岩、石灰岩和砂质岩相区分开。第二步通过将主成分分析应用于自然伽马和自然电位（本示例中使用了第一主成分）将泥质砂岩与砂岩分开。另一种方法是，只用一个主成分分析应用于中子孔隙度和密度；第一步用第二主成分区分白云岩、石灰岩和砂质岩相；第二步使用第一主成分将泥质砂岩与砂岩分开，这样会得到如图 10.11（a）相似的岩相划分结果。

第二种两步主成分分析法也可用于区分致密灰岩与石灰岩，以及致密白云岩和白云岩。图 10.11（b）所示为区分的致密灰岩和孔隙性灰岩，致密白云岩和孔隙性白云岩，与图 10.11（a）所示的岩相分类相比，增加了两种单独的岩相类型。

图 10.11（c）显示了使用人工神经网络进行的一步分类的示例。与基准图表相比［图9.6（a）］，由串联主成分分析得到的岩相分类比人工神经网络直接生成的岩相要好得多。

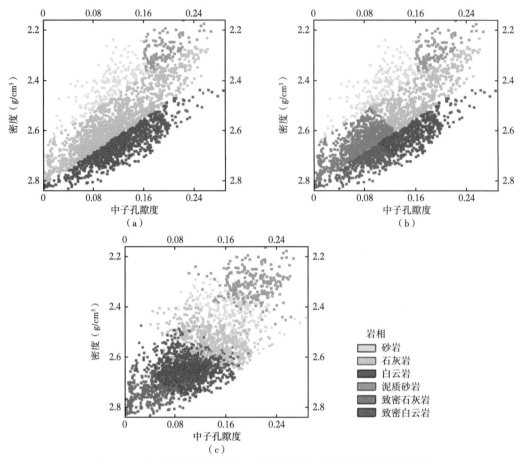

图 10.11　主成分分析密度和中子孔隙度用于识别不同岩相示例图

（a）中子孔隙度—密度（RHOB）交会图，叠加了使用两个串联的主成分分析—人工神经网络的岩相分类。第一个主成分分析用了中子孔隙度和密度。岩相分类是使用第二主成分和人工神经网络完成的。第二个主成分分析用了自然伽马和自然电位测井。所划分的砂岩和泥质砂岩是基于第一主成分；（b）与（a）相同，但对石灰岩和白云岩进行了电相的细分；（c）中子孔隙度—密度的交会图，叠加了基于人工神经网络法用四种测井岩相分类的结果，这四种测井为中子孔隙度、密度、自然伽马和自然电位，这里没有对这四种测井进行主成分分析

10.6　总结

多种岩相往往是导致测井直方图多模态的主导因素。在某些情况下，两种测井数据足以完成岩相分类。由于可用的不同测井之间的相关性，选择用于岩相分类的测井可能会很棘手。一些人反对在岩相的分类中选取相关性好的测井，因为它们不能提供足够的附加信息。这有一定的道理，因为输入属性之间的较低相关性通常与组内方差最小化和组间方差最大化这一经典标准相吻合。理想情况下，人们希望看到一个自然分离的分类，所选的属性可以清楚将不同岩相区分开。但是，相关性不应是选择判别属性的主要标准。在许多情况下，输入属性之间的中等到强相关性不会降低这些属性的区分能力。我们给出了几个这

样的例子，包括自然伽马—电阻率（图10.7）、孔隙度—自然伽马（图10.9）和中子—密度（图10.11）。

主成分分析可以综合来自多个测井数据的信息，并允许在分类中引入地质解释。使用单一测井进行岩相分类具有多解性，使用许多测井数据则具有高维数问题（COD）。主成分分析能够提取主要信息，并可以剔除非必要的信息。其他使用主成分分析的优点包括基于理论统计模型解释组分直方图的能力，和基于地质知识控制岩相的相对比例。

使用多级分类工作流程对岩相进行分类是有益的。在这样的工作流程中，主成分分析或其他分类方法可以在岩相分类时对变量的物理意义进行分级排序。

参 考 文 献

Bhuyan, K. and Passey, Q. R. 1994. Clay estimation from GR and neutron-density porosity logs. Presented at the SPWLA 35th Annual Logging Symposium.

Busch JM, Fortney WG, Berry LN. 1987. Determination of lithology from well logs by statistical analysis. SPE Formation Evaluation, 2 (4): 412-418.

Dewan, J. T. 1983. Essentials of modern open-hole log interpretation, PennWell Books, Tulsa, 361p.

Doveton J. H. 2014. Principles of mathematical petrophysics, Oxford University Press, Oxford.

Dubois, M. K., Bohling, G. C. and Chakrabarti, S. 2007. Comparison of four approaches to a rock facies classification problem: Computers & Geosciences, v. 33, p. 599-617.

Jain, A, Narasimha M, and Flynn P. 1999. Data clustering: A review, ACM Computing Surveys 31 (3): 264-323.

Jiang S. et al. 2019. Shale geoscience and engineering for petroleum exploration and development. Cambridge University Press.

Kaufman, L. and Rousseeuv, P. J. 1990. Finding groups in data. Wiley, New York.

Kettenring, J. R. 2006. The practice of clustering analysis. Journal of Classification 23: 3-30.

Khalid, Z. A., Lefranc, M., Phillips, J., Jordan, C., Ralphie, B., S. Zainal, N. F., & A. M Khir, K. E. 2014. Integrated reservoir characterization of a Miocene carbonate buildup without the benefit of core data - a case study from Central Luconia Province, Sarawak. International Petroleum Technology Conference. doi: 10. 2523/IPTC-18223-MS.

Ma, Y. Z. 2011. Lithofacies clustering using principal component analysis and neural network: applications to wireline logs, Math. Geosciences, 43 (4): 401-419.

Ma, Y. Z. and Gomez E. 2015. Uses and abuses in applying neural networks for predicting reservoir properties, J of Petroleum Sci. & Eng., doi: j. petrol. 2015. 05. 006.

Ma, Y. Z., Moore W. R., Gomez E., Luneau B., Kaufman P., Gurpinar O. and Handwerger D. 2015a. Wireline log signatures of organic matters and lithofacies classifications for shale and tight carbonate reservoirs. In Y. Z. Ma and S. Holditch, ed., Handbook of Unconventional Resources, Elsevier, p. 151-171.

Ma, Y. Z., Moore W. R., Gomez E., Clark W. J. and Zhang Y. 2015b. Tight gas sandstone reservoirs, Part 1: Overview and lithofacies, In Y. Z. Ma and S. Holditch, ed., Handbook of Unconventional Resources, Elsevier, p. 405-427.

Ma, Y. Z., Wang, H., Sitchler, J., et al. 2014. Mixture Decomposition and Lithofacies Clustering Using Wireline Logs. J. Applied Geophysics. 102: 10-20, doi: 10. 1016/j. jappgeo. 2013. 12. 011.

McLachlan, G. J. and Peel, D. 2000. Finite Mixture Models, John Wiley & Sons, New York, 419p.

Moore, W. R., Ma, Y. Z., Urdea, J. and Bratton, T. 2011. Uncertainty analysis in well log and petrophysical interpretations. In Y. Z. Ma and P. LaPointe, Eds., Uncertainty Analysis and Reservoir Modeling, AAPG

Memoir 96, Tulsa.

Schlumberger. 1999. Log interpretation principles/applications, 8th print, Schlumberger Educational Services, Sugar Land, Texas.

Scott, D. W. 1992. Multivariate density estimation, John Wiley & Sons, 317p.

Tilke PG, Allen D, Gyllensten A . 2006. Quantitative analysis of porosity heterogeneity: Application of geostatistics to borehole image. Math Geol 38 (2): 155–174.

Wang, G. and T. R. Carr . 2012. Marcellus shale lithofacies prediction by multiclass neural network classification in the Appalachian basin, Math. Geosci. 44, 975–1004.

Wolff, M. and Pelissier-Combescure, J. 1982. FACIOLOG – Automatic electrofacies determination, in Proceeding of Society of Professional Well Log Analysts Annual Logging Symposium, paper FF.

第 11 章 综合空间和频率分析而生成沉积相概率

"相关性的质量与控制点的密度成反比。"

梅氏地层法则（墨菲定律，Bloch 1991）

（沉积）相分析通常侧重于地质描述和沉积物的物理特性。它通常在勘探和评价阶段作为研究重点，包括勘探油气远景和储层划定。相建模应用于勘探和油田开发中各个阶段。在实践中，由于岩心和基于测井的沉积相数据有限，相分析和建模之间往往存在脱节，这可能导致在地质上不合理的模型。因此，油田开发过程中相分析与相建模的综合一体化研究至关重要。

本章介绍生成相空间倾向图和垂直倾向曲线的方法，以及应用地质概念模型开展相综合分析的过程。综合油田地质描述和局部井点数据从而得到相概率分布，这可以成为架设在相分析与合理的相建模之间的有益桥梁。

11.1 概述

"现在是开启（了解）过去的钥匙"是对均变说理论的高度概括，该学说由现代地质学创始人詹姆斯·赫顿于 1785 年提出。两个多世纪以来，赫顿均变说一直是地质学的指导思想。对于发生在数百万年前的地质事件，重建这些事件背后的地质过程的唯一方法是预测（更确切地说，叫回溯性诠释），也即使用目前的数据解释过去。这有两个主要含义。最初的含义是，我们今天所看到的就是地质历史时期发生的现象；因此，对我们今天所看到现象（露头和化石）的解释是理解地质学的关键。另一种延伸的内涵是，通过了解今天运行的"环境"条件，我们可以更好地重建地质时期这样的环境条件。例如，研究现代河流和盆地的沉积过程有助于我们理解地质时期的沉积过程。

地质重建可能会很复杂，取决于重建模型的详细程度以及数据的和推理的可用性。梅氏（May）地层法则［在本章开头的引用中（Bloch，1991）］意味着当人们只有很少的数据点时，对数据之间作平滑的相关性，依据这些数据建立的概念地层框架看起来都"漂亮而干净""高质量"的相关性。显然，梅氏定律中真正的信息是，地下地层的非均质性远强于观测到的结果，因为当数据增多后，相关性可能就不再平滑，"高质量"就不复存在；事实上，平滑"质量"的相关性看起来就不再好，因为真实的岩层有许多不规则性和非均质性（虽然不规则有时部分是由于噪声产生的）。

属性制图或建模也是如此，因此我们可以将梅氏法则扩展到制图和建模。通常可用的数据很少时，往往只能得到光滑的图件，只有获取更多数据才能绘制更具有非均质性的图件。有没有可能在利用有限的数据绘制逼真的（这里意味着不太平滑，而有非均质性）又相对准确的图件呢？

对这个问题的肯定回答需要充分整合地质原理和不同学科的可用数据。一些纯基于数据的技术可以绘制具有很强非均质性的属性图，但这些图存在许多假象或者空间错位的非均质性。例如，神经网络绘制的图件可以具有高度非均质性，但有时会给出不具物理意义的数值（第7章）。另一方面，地球科学家解释的图通常比真实的要平滑（又有梅氏定律在"作怪"）。综合方法应尽量同时发挥二者的优势：既要在图件/模型中重建非均质性，又要确保这些非均质性的空间定位。为便于理解后续章节中相概率分布的定义，首先简要回顾一下沉积模式的概念及一些与沉积相关的术语。

11.1.1　沉积环境的概念模型

在描述地下地层时，数据通常有限（硬数据主要来自钻井），对非均质性的确定性描述往往过于简单和不切实际。同时，地质现象的概率模型往往缺乏地质现实性。在使用概率来描述储层属性时，还存在一个哲学障碍。每个储层或盆地都是一个独特个体，但概率方法通常预设某种重复频率的前提条件。人们提出另一种概率解释方法——倾向法（Popper，1995）来解决这个问题。倾向理论的本质是确定一个强调地质现象的物理生成条件的概率，这个概率代表现象的客观而相对的属性，而不是事件重复序列的属性。后面我们会说到，这通常与使用层序地层学、沉积学和统计学方法对地质数据客观解释的结果相一致。

针对缺乏硬数据的问题，地球科学家使用溯因推理的方法（Ma，2009）进行解释。倾向性概念可用于缓解数据有限性和随机模型的过度随机性。这可以通过多学科集成来实现，包括沉积模式和地震数据。这些方法可以产生宝贵的相概率以便用于约束建模，使模型逼近真实情况。

通过综合地下系统的各种地质描述，构建沉积相的概念模型是地质分析的基础。这种概念模型通常是通过解释控制点（如井）的数据而建立的。还可以依据沉积环境数据库、露头类比分析和现代沉积学加以推论。

例如，浅水碳酸盐沉积通常发育空间有序的相带序列。第8章讨论了Wilson（1975）提出的一种理想化的相带空间序列（图8.7）。还有针对不同特征提出的其他版本的浅水碳酸盐沉积模式（Tucker和Wright，1990；Moore，2001）。由于给定的地下系统特征的独特性，理想化的概念模型应该加以修正，以遵从现有的数据（Wendte和Uyeno，1995；Ma等，2009）。例如，图11.1（a）所示为一个基于碳酸盐岩斜坡沉积地层带数据的简化概

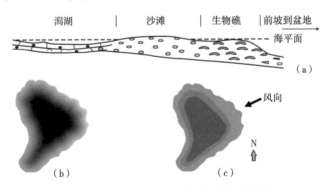

图11.1　岩相分布概念模型与岩相预测图

（a）基于油田数据而简化的沉积相概念模型（据Ma，2009），前坡和有机物建隆带通常较窄，而潟湖和盆地相一般较宽；（b）同心相带状沉积相倾向图；（c）引入风力效应的沉积相倾向图。
浅色表示生物礁概率高，深色表示潟湖概率高，中间色表示浅滩—潮坪相概率高

念模型。图 11.1（b）和图 11.1（c）所示为依据图 11.1（a）中概念模型的扩展而得到的孤立生物礁所建的两种解释倾向图。

11.1.2 复合岩相和岩相

各种沉积相或岩相通常是依据地质和岩石物理分析而解释出来的。这些相在岩心和测井尺度上可能都具有地质意义。但是，模拟这些相建立的三维相模型可能会在相目标体的分布中出现假象而降低其精度。造成这种现象的主要原因是由于井点数据有限，而且沉积相的几何形态存在不确定性，因此三维模型中沉积相的空间分布具有很高的不确定性。如果相的类型进一步增加，模型的随机性会更高，与地质实际差别会更大，往往无法准确描述相的空间关系，这就背离了对多种相建模的本意。在一套地层内通常三到七种相，就足以描述地质的非均质性。在某些情况下，当多套地层发育反映多种沉积环境的不同沉积相时，可能需要建立超过七种类型的沉积相模型。

另一个需要重点考虑的方面是建模的目的。由于相建模的目的是深化沉积过程的地质理解，因此在沉积过程的模拟时，沉积相的定义应主要基于沉积特征。在这种正演模拟过程中，通常要求沉积相的定义尽量详尽。在（反演的）储层建模中，空间定位必须相对准确，但是当样本数据有限时对许多相准确定位往往不是很简单的。继而，当相模型用于指导岩石物理属性模型时，沉积相空间位置的不准确可能导致岩石物理属性的空间分布不准确。

此外，除了地质和沉积因素之外，需要关注的另一方面是影响储集性能的岩石物理性质所定义的沉积相。一般地说，各种沉积相的细微区别有利于岩石物理性质相对均一。然而，每种相分析可用数据的多少是确保空间预测方法可靠性的一个关键问题（Ma 等，2009）。因此，当要建立用以约束储层属性模型的相模型时，需要依据不同相的空间关系和地理位置的毗邻性来把比例小的相组合为比例大的相，即复合相。

用于相组合的四个标准包括：（1）空间关系和接近程度；（2）岩石物理相似度；（3）发育程度（即比例）和（4）对储量体积和流体流动的影响。第一点有利于确定相的空间分布，第二点确保每种相的岩石物理属性的均质性，第三点减少空间定位的误差和相模型的随机性，第四点强调静态和动态储层特性实际意义。综合的地质和岩石物理分析可以帮助确定如何将单个相组合为用于建模的复合相。Ma 等（2009）介绍了一个将相组合为复合相的例子。

有时，由于对储量体积估计和流体流动性具有重要影响，一些不太发育的特定相（知识箱11.1）可能仍然需要对其单独建模。例如，砂岩沉积中有时混有方解石脉。由于

知识箱 11.1 为什么相是复数和"相组合"是单数？

当你想说（单一或特定的）相时，你曾经因为"拼写错误（typo）"而感到沮丧吗？我们知道，facies 来源于拉丁语单词"facie"，但是现在似乎没有人在文献中用 facie 来表达单一相了。为什么 facies 不能是单数呢？一些人可能会争辩说，即使是单一的相，从微观的视角，也是由许多事物组成的。但是，难道不是所有事物都如此吗？

由于历史原因，许多人在地球科学文献中使用"相组合"一词来表示相或复合相。为什么不就采用相或复合相呢？Merriam-Webster 给出了组合的六个定义，所有定义都有某种程度的相关性或连通性，尽管它也暗示相组合中的组合显然就是联合的意思。使用"相组合"这一术语有什么好处？它可用于相的单数表达形式吗？但是，相为复数，相组合是单数，逻辑上难道不是相矛盾的吗？

数据点少，方解石的空间位置往往不能准确圈定，并且方解石发育的数量很少，但是应该作为单独的相进行建模。

11.2　相空间倾向制图

趋势可用于定量描绘沉积相概念模型，趋势图是由沉积相模型或沉积相解释转换而来，这样就把描述性地质整合成一个数字化模型（Ma，2009）。事实上，倾向的解释性与许多地质分析有许多共性。考虑以下从概念模型产生相倾向的示例。

在一个碳酸盐岩斜坡的九口井中识别出三种沉积相［图 11.2（a）］。生物礁具有很强的在边缘沉积的倾向（在研究区最东边），潟湖相有强烈的内陆沉积的倾向（在西部地区），而浅滩—潮汐相倾向于沉积在生物礁和潟湖之间。

要生成相倾向图，应使用概念模型和沉积参照物［图 11.2（a）］建立相倾向带。在倾向分析中应定义每个相的沉积倾向线和主要的沉积带。在这个碳酸盐岩斜坡中，可以应用沉积普遍参照定义生物礁的主要沉积带，因为生物礁沉积的倾向是向西衰减。换句话说，生物礁有一个大的倾向是发育在最东部，向西急剧减少。另一方面，潟湖在西部占主导地位，而向东减少，浅滩—潮汐具有在生物礁和潟湖之间沉积的倾向。顺便说一句，如果发育前缘斜坡相带，在边缘部分生物礁可能会部分甚至全部被前缘斜坡沉积所替代。

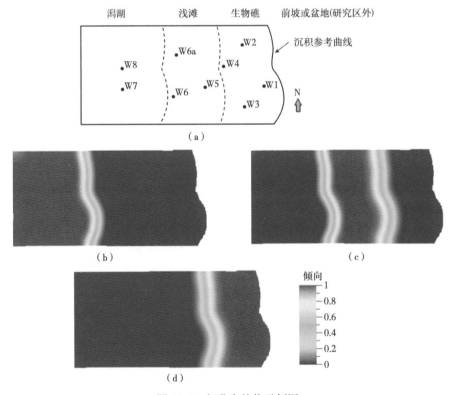

图 11.2　相分布趋势示例图

（a）从概念模型得到的相倾向分区［图 11.1（a）］，AOI=研究区块，分区是使用沉积参考曲线生成的，
空间顺序是自东而西为生物礁、浅滩（包括少量潮坪相）和潟湖；（b）潟湖倾向；（c）浅滩倾向；
（d）生物礁倾向，区块尺寸大约为南北 5km 和东西 9.5km

每种相的空间倾向图 [图 11.2（b）～图 11.2（d）] 可以从倾向区和到沉积参考线或曲线的距离来编制。例如，生物礁在位置 (x, y) 的倾向可以定义为 $p(x, y) = (1 - d/c)$ 对于 $d < c$、和 $p(x, y) = 0$ 对于 $d >= c$，d 为到参考曲线的距离，c 为距离截止值。

总之，倾向分析的关键点包括地质解释、概念沉积模型的构建或推论、倾向带的定义和相倾向的转换。图 11.3 所示为定义带有生物礁环边碳酸盐岩平台倾向的实例，可视为碳酸盐岩斜坡沉积背景的延伸，因为它也具有空间有序的相过渡；它们类似于图 11.1 所示的概念模型。同样，在深水斜坡的沟槽碎屑岩沉积环境，沉积相带可包括河道、天然堤、决口扇和溢岸。这些相带通常具有强烈的空间排序倾向（第 18 章）。

从沉积分析中绘制的相倾向图可以称为相概率图，因为倾向是物理概率（第 2 章）。在油田勘探阶段，倾向图可以指导有利钻探目标的确定。不过，这些地质倾向是解释性的，可能与一些井控制点相带出现的频率不相符。例如，用于定义图 11.2 中倾向的沉积相带参考曲线及其相对距离并不总是与已有井点的频率数据相符。此外，有时绘制参考曲线很困难，并且到参考的距离并不总是应用于产生相倾向最好的度量。知识箱 11.2 讨论沉积环境、环境倾向与空间变化的关系。

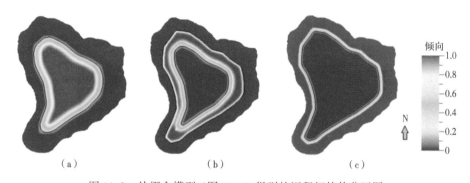

图 11.3　从概念模型（图 11.1）得到的沉积相趋势分区图
（a）潟湖倾向；（b）浅滩倾向；（c）生物礁倾向，建隆区域的尺寸为南北 15km 和东西 13km
分区是使用沉积参考曲线生成的，空间顺序是自边缘到中心为生物礁、浅滩（包括一些潮汐区）、潟湖

11.3　相频率图编制

另一种编制相概率图的方法是从地层对比和层序序列中定义相对均一的地层段（单元）来进行。这样，我们就可以在地层的构架内依据井点上的相频率数据产生概率图。

知识箱 11.2　沉积环境、沉积相倾向和平稳性

当沉积模型显示（图 11.2）的空间有序的相过渡时，相倾向通常是不平稳的，而沉积相也是如此。虽然平稳性是随机模拟处理时确定和选择预测方法一个假设条件，但它也具有一定的物理意义（Matheron 1989，Ma 等，2008）。有序相过渡的存在是沉积相非平稳的体现。滨岸或碳酸盐岩斜坡沉积环境中发育的相带通常具有这样的有序过渡。部分或全部相带倾向图具有非平稳空间倾向。

相比，当相周期性的变化时（如重复模式中的砂—泥岩），指示变差函数（第 13 章）将显示振荡和波动的孔洞效应。或者，当相在不具选择性倾向的情况下发生变化时，如仅是稍微重复和不规则的变化，则指示变差函数可能存在中度到不太大的滞后距的基台值。在这两种情况下，将沉积相的空间分布视为平稳是合理的。

11.3.1 地层与沉积相的关系

自 19 世纪早期，威廉·史密斯根据岩性确定了沉积岩的成层以来，应用沉积相分析地层和利用地层学原理指导沉积相分析就成为地质解释的基本工具。因为地层和沉积相是沉积岩的两个关键特征，它们是了解地下地层的基础。在地下地层的层次结构中，地层是一种比沉积相高层次的属性。地层学可用于沉积相分析，在每个给定地层中可以计算沉积相频率。

沉积相叠加样式（stacking pattern）是一种在层序地层格架中分析沉积相的流行描述工具。在石油地学中，一种用于地层和沉积相对比的半定量方法就是分析平均的相加样式（Ma 等，2009）。当相当数量的钻井穿过研究的地层而且获取到足够的沉积相数据时，就能产生整个油田或一个区块的一种平均的沉积相堆叠样式。这种平均的叠加样式可用于分析沉积相演变和地层分层与沉积相变化的内在联系。

图 11.4（a）所示为基于 200 多口井的沉积相数据建立的沉积相垂直比例剖面。可以识别出三个或者四个沉积旋回，每个旋回可以解释为一个地层带。数据较少时，垂直相剖面通常不规则，有时可能是没有规律的。图 11.4（b）所示为用一个层段模型使用了 9 口井的沉积相数据建立的沉积相垂直剖面。在沉积时间相对较短或者地层带内相对均质（相似）的沉积体内，可以依据赫顿（Huttonian）均一论学说，计算每个地层沉积相频率。图 11.4（c）所示为前面讨论的层段模型的九口井的沉积相频率。依据这九口井得到三种沉

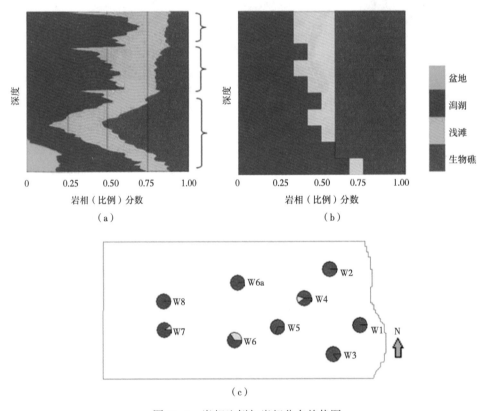

图 11.4　岩相比例与岩相分布趋势图

（a）使用 200 多口直井（分布大致均匀）的沉积相构建的比例垂直剖面。它可以看作是一个平均的叠加样式，可用于分析地层和沉积相之间变化的关系。可以观察到三或四个沉积旋回；（b）一个沉积旋回（即油田一个区块内一套地层）的沉积相平均垂直剖面；（c）油田一个区块内每口井的沉积相比例

积相的总体比例按生物礁、浅滩和潟湖的排序 0.41:0.11:0.48。不过，要注意该区九口井分布不均匀可能引起的取样偏差。

层序地层的级次性是把沉积相模型的定性描述和沉积相频率定量分析关联起来的关键。图 11.1 （a） 所示的概念模型仅能代表一个年代地层的沉积。然而，由于海平面升降（Vail 和 Mitchum，1977） 和生物活动变化（Schlager，1992），在一个海平面升降周期内通常会发生沉积相带的侧向位移。这些侧向位移会导致垂直的相变，这是沃尔索相序定律（Middleton，1973） 的基础。例如，虽然使用三级层序作为分析沉积相的地层单元，但往下的四级或更低级层序承载了沉积相空间位移的结果。因此，反映低级次层序单元沉积相变化的垂直相序可以转化为高级次层序地层单元的沉积相频率。

11.3.2　相频率制图

给定一个地层，可以计算井点处相频率。这些局部数据可用于生成相概率图。制图方法可以从克里金、移动平均和其他插值算法中选择。这些相图必须满足三个概率公理 （第 2 章）。所有相必须定义为互斥性 （表示没有重叠），以便在控制点满足上述条件。

以井 W4 为例 ［图 11.4 （c）］。三种相各自占有总体 （标准化为 1） 的一定比例，如生物礁为 0.47，浅滩为 0.08，潟湖为 0.45。然而，许多插值方法，如移动平均、克里金和反向距离法，一般不遵从这些控制条件。它们可能会生成负概率值，并且所有相的概率总和可能不等于 1。负概率是无效的，但它可以很容易地修复。当有多种相种类 （相代码） 时，在生成相概率图时，达到标准化公理会比较困难。

图 11.5 所示为依据图 11.4 （c） 的相比例应用克里金插值产生的三个概率图。它们与图 11.2 所示的倾向图有一些相似之处，但也存在差异。虽然倾向图描述了相带的总体分布，但它们不一定遵从井点数据。与之相比，图 11.5 中的概率图与井点数据相符。

此外，当井数据丰富且分布均匀时，由其绘制的相概率图相对可靠。然而，基于有限井数据的概率图往往过于平滑，它们可能也包含一些假象。在这个碳酸盐沉积的例子中，依据当代沉积类比分析 （Schlager，1992），生物礁应该发育为相对狭窄的条带，但生物礁

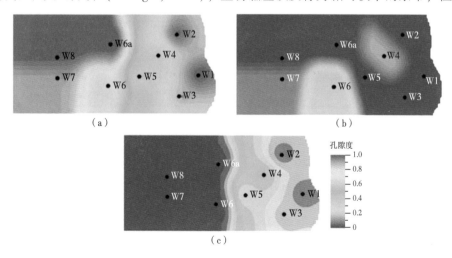

图 11.5　从九口井 ［图 11.4 （c）］ 的相频率数据生成的相概率图
（a） 潟湖；（b） 浅滩；（c） 生物礁

185

概率图 ［图 11.5 （c）］ 却显示一条宽的发育带。这三个相概率图都是全局平滑的，但局部却又有一些不符实际的特征。

11.4　耦合相频率和倾向的相概率图

传统上地球科学家通过解释沉积相以生成相图；定量地球科学家和储层建模者倾向于通过用井中的相频率数据外推生成相图。第一种方法是概念驱动的理念，第二种方法是数据驱动的理念。事实上，概念驱动的图，例如基于概念模型的空间倾向图，通常代表大尺度低频倾向，而井点相频率数据提供了更多中等频率内容的局部信息。一种可以引入次级变量的插值方法，如变化均值克里金（第 16 章），带倾向的移动平均，可用于整合倾向图和井点处相频率的数据。

事实上，相倾向带意指有利的相沉积，它们通常并不意味着排除其他相的存在。基于沉积概念模型和井点相数据而得来的空间倾向，可耦合用于构架描述性相分析和相模型之间的桥梁。在这样的整合研究中，相倾向显示相出现的可能性，而整合的概率可以约束随机建模中的相实际空间分布。

倾向模板可用于约束相概率图，以便后者与地质概念模型相符。这样，集成的相概率图不仅遵从井点的频率数据，也包含有概念模型的空间倾向。

图 11.6 （a） 所示为从图 11.2 所示的初步倾向而修改的倾向分区，修改时整合了井点的相频率。通过集成控制点的相频率，局部地修改了沉积相的倾向，以尊重井点数据。例

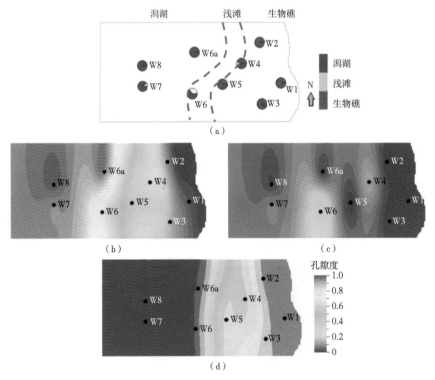

图 11.6　沉积相概念模型与相趋势构建沉积相概率图

（a） 通过整合沉积概念模型和九口井的相频率数据而得到的倾向带图；（b） ～ （d） 将 （a） 井中的相分布倾向和井上的相频率数据整合的相概率图；（b） 潟湖；（c） 浅滩；（d） 生物礁

如，因为井 W4，除了生物礁外，还发育相当数量的浅滩和潟湖，倾向带边界做了相应的调整［图 11.2（a）和图 11.6（a）］。出于同样的原因，井 W5 附近的倾向性边界也做了调整。图 11.6（b）、图 11.6（c）和图 11.6（d）所示为将空间倾向和井上的频率数据结合起来的相概率图。先前仅使用频率数据的概率图中的假象得到了减弱（图 11.5）。此外，整合倾向后的相概率图是沉积相模型的真实体现［图 11.5（c）和图 11.6（d）中的两个生物礁概率图］。

由于模型东部区域的井更为有限［图 11.6（a）］，仅从井数据绘制的潟湖概率图［图 11.5（a）］低估了其全局比例。加入沉积相的倾向分析可以缓解这个问题。因此，倾向分析可用于降低采样偏差。在第 18 章中，将讨论我们应该验证相概率与其全局比例之间的一致性；否则，概率图仅可以用作倾向图。

表 11.1 比较使用四种方法得到的三种相的相对比例。这九口井带有取样偏差。倾向分析法在减轻生物礁比例的取样偏差方面做得很好，但代价是不切实际地增加了浅滩比例。仅使用相频率数据的方法通常不能有效地缓解采样偏差效应，尽管在这个实例中也有所斩获。从分布倾向和井点频率数据的一致性方面看，集成分布倾向和井点频率数据的耦合方法减少了采样偏差。与其他方法相比，它的优势十分明显。

表 11.1 四种方法绘制的相概率图上中各相的比例

方法	生物礁	浅滩	潟湖
九口井	0.42	0.11	0.47
倾向	0.29	0.27	0.44
频率	0.35	0.10	0.55
耦合	0.30	0.11	0.59
沃罗诺伊	0.33	0.13	0.54

相概率图可以约束建模过程中相的横向分布（第 18 章）。理想情况下，概率图中的相的相对比例也可用于确定模型中的目标相比例。回想一下，相概率图是通过集成概念模型和井点相数据而绘制的；一个相关联的问题是，在构建相模型时，是否可以再次使用相数据（知识箱 11.3）。

知识箱 11.3　数据的双重使用是否总是很不好？

由于大多数地质统计学建模方法都遵从井点的相数据，有些人可能想知道为什么需要使用井点的相数据来生成相概率图。典型的评语和问题包括"毕竟，无论如何，数据都将在模型中得到遵从！"或者"这是数据的双重使用吗？"更或者"我们这是双重'使用'吗？"

作为地质/沉积解释的一部分，井点的相数据经常被用来生成相概念模型；当井点的相数据用于创建相概率图时，看起来似乎是数据的双重使用。事实上，这些相同的数据也用于后续的相建模（第 18章）。所以这看起来像是数据的三重使用！数据的双重或三重使用总是不好吗？

答案是否定的。确实，人们应该小心，不要因数据的双重或三重使用而出现双重"使用"。然而，在将井点相数据集成到相建模的时候，人们可以在不同的步骤中使用这些数据，而不是双重使用；相反，它也许是一种促使依据样本数据获得的推理与三维模型更加一致的方法。

11.5 相叠加样式和概率

从前几节中我们可以看到，相的横向分布描述往往涉及对依据稀疏井点数据产生的概率图的解释和插值。另一方面，垂直的相比例可以基于垂直和近似垂直井的岩心或测井数据计算出来。测井数据的采样率一般足够精细，根据这些数据计算出的相比例称为垂直比例曲线（VPC）。描述性地层对比为分析相的垂直比例提供了一个地层框架。对于给定的地层（第 15 章），这些曲线上每个相代码的相对频率是从已有数据计算得到的。这些是全局的垂直比例曲线；由这些比例曲线绘制的图形是相的垂直剖面，揭示了相的平均叠加样式（ASP）。图 11.7（a）所示为从 200 多口直井计算得到的一个大型的碳酸盐岩镶边生物礁沉积的沉积相平均叠加样式的例子。

11.5.1 地层对比与沉积相平均叠加样式

使用测井进行地层对比是层序地层和相分析的常用方法，该方法对于识别小到中等尺度的层序特别有用（Mitchum 等，1977）。地层对比要解决的一个问题是地层和沉积相的非均质性。一般来说，井资料越少，非均质性看起来就越小，相关性越平滑（又是梅氏地层学定律）。另一个问题是二维横切面图视域的局限性。分析数百个横截面以研究三维地质模型的相分布图是不现实的。即使愿意这样做，所得出的相的整体空间分布样式和量化统计也不是明确的。

图 11.7（c）是模型中一条有五口井的东西向地层对比横切面 [图 11.7（b）]。沉积相的横向分布大致与图 11.1（a）所示的概念模型一致，只是缺失了前缘斜坡相。可以解释出两套年代地层单元。该剖面的沉积相叠加样式很好理解。但是，由于不同横断面的沉积相叠加样式很有可能存在差异，因此需要许多地层剖面来分析沉积相空间分布的非均质性。

为了提高对沉积相空间分布的总体理解，将地层对比与相垂直比例曲线相结合是很有用的。给定一个依据地层对比定义的地层框架，可以计算出沉积相垂直比例曲线，这可用以描述沉积相的垂直变化，并且可以识别层序单元 [图 11.7（a）]。当不存在明显的采样偏差时，沉积相垂直比例曲线代表了沉积相的平均叠加样式，揭示了不同沉积相代码的总体比例及细分地层单元沉积相的定量描述。当数据存在采样偏差时，应使用去偏后的数据计算沉积相垂直比例曲线。或者，可以计算局部沉积相垂直比例曲线，以减轻采样偏差和沉积相的非平稳转换问题。

11.5.2 局部沉积相比例曲线和平均叠加样式

全局垂直比例曲线的计算通常不考虑采样偏差和沉积相模式的横向变化。如果相的横向变化是非平稳的（即存在显著的横向倾向），全局垂直比例曲线将局部特征与全局特性混合在一起。对于具有明显空间序列顺序的沉积环境（如碳酸盐岩斜坡或大陆架层序），沉积相的横向变化通常不是平稳的。可以使用横向倾向带计算局部沉积相垂直比例曲线，以提高描述沉积相空间分布模式的准确性。与全局沉积相垂直比例曲线不同，局部垂直比例曲线的计算仅使用倾向带中的数据，而不是整个区段中的所有的井数据。

局部垂直比例曲线显示基于倾向带的沉积相空间分布特征（Ma，2009）。碳酸盐岩斜坡这个例子（图 11.7）清楚地说明了这一点，该示例解释了三个倾向带。潟湖和生物礁倾向

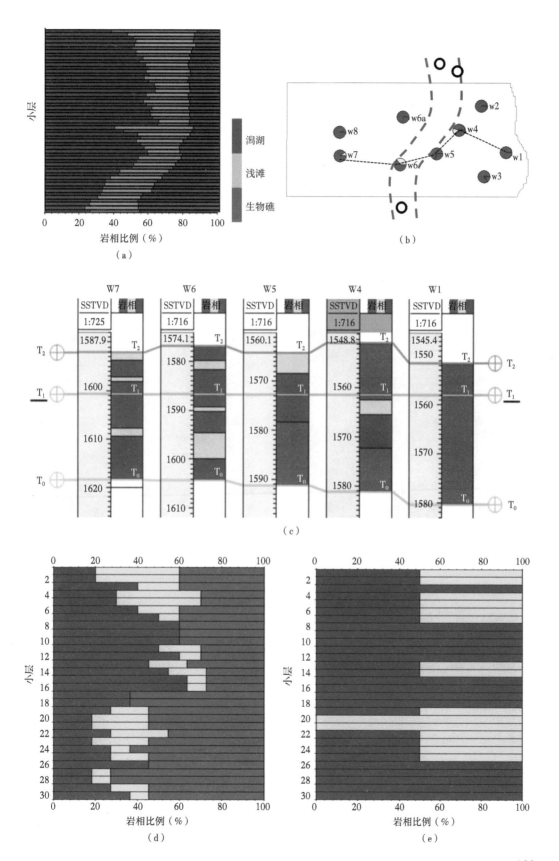

（a）

（b）

（c）

（d）

（e）

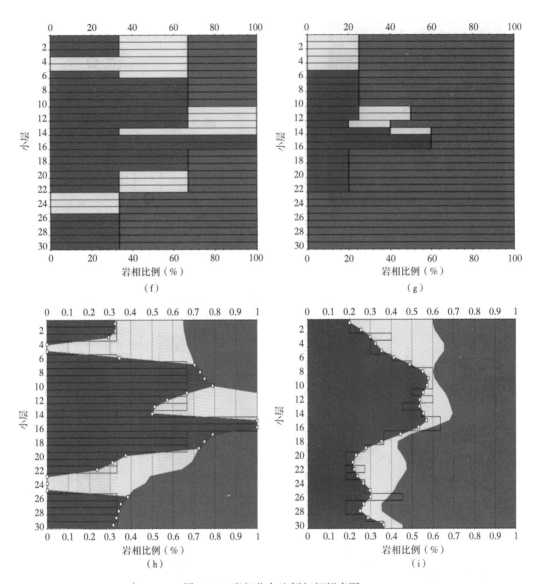

图 11.7　岩相分布比例与相频率图

（a）依据近于均匀分布在一个碳酸盐沉积大油田 200 多口井计算的沉积相垂直比例剖面；（b）一个区段模型底图，叠加显示有九口井的沉积相频率数据，沉积相空间倾向带和一条过五口井的剖面线；（c）和（b）中所示的五口井对比剖面，从左到右依次为 W7、W6、W5、W4 和 W1。地层对比是在更大的区域范围内依据等时地层相关分析得到的，因此其结果并不总是与单井沉积相划分的结果一致；（d）使用九口井的数据得到的沉积相垂直比例；（e）使用以潟湖为主的相带中的四口井数据得到的沉积相垂直比例；（f）使用浅滩为主的相带中的三口井数据得到的沉积相垂直比例；（g）使用生物礁为主的相带中的五口井数据得到的沉积相垂直比例；（h）通过对（f）中的垂直比例曲线平滑得到的垂向倾向概率曲线；（i）通过对（f）中的垂直比例曲线大范围平滑得到的垂直倾向概率曲线。注意一些井在计算两种垂直倾向带时都用到了，因为它们位于倾向带的界线上

区的垂直比例曲线与全局垂直比例曲线存在非常大的差异 ［图 11.7（e）和图 11.7（g）］。全局垂直比例曲线与一些基于倾向的垂直比例曲线之间的显著差异，特别是潟湖和生物礁倾向区，反映了空间有序的相带沉积。这意味着使用全局垂直比例曲线不足以约束全油田沉积相模型。此外，基于空间倾向区的垂直比例曲线可以纠正采样偏差。

当许多井均匀分布在模型区域时，垂直比例曲线可以非常可靠地约束模型中的垂直相序。当井稀疏时，垂直比例曲线表示的垂直相序可信度较低。在一口井的极端情况下，垂直比例曲线只有 0 或 1 的取值。即使有不止一口井，其取值也呈现阶梯状。两种方法可用于缓解这些问题：平滑和使用虚拟井（pseudo wells）。图 11.7（h）和图 11.7（i）是对图 11.7（f）所示的浅滩倾向垂直比例曲线平滑后的两个结果。对比这两个平滑结果，图 11.7（i）所示的例子光滑过度，过分地降低了非均质性。

有时，平滑垂直比例曲线是很方便的，不管是否使用虚拟井或邻井。例如，区段模型［图 11.7（b）］外的三口井可用于计算浅滩倾向区的垂直比例曲线。严格地说，由于增加了解释成分，添加虚拟井和进行平滑后处理得到的垂直比例曲线应该是倾向曲线，而不是比例曲线。

11.5.3 沉积相分析类比和沉积相的垂直倾向

虽然井中的沉积相数据可以很好地描述沉积相的垂直变化，但倾向区的垂直比例曲线由于受制于倾向区有限的井点资料而显得不规则（图 11.7）。从各种来源获取的软数据补充井点硬数据往往是有益的。其中包括使用虚拟井或者邻井。例如，整个浅滩倾向带范围只有一口井［图 11.7（b）］。对这样的地层绘制概率图和建立沉积相模型高度缺乏约束。如果位于区块外三口井完成了解释并且地质上具有相似沉积环境，那么可以把它们用于建立垂直比例曲线。总之，面对严重缺乏数据困境，使用邻井或者虚拟井及其地质解释有助于缓解这一问题。

类比数据可以提供有价值的信息，包括相的大小、形状和分布、相的纵横向连续性、相比例及沉积构型。类比信息的其他优点还包括有关合并程度的信息、沉积体之间的相互作用、沉积相几何形态和规模大小等。但是，使用类比数据也存在陷阱。无效的类比或使用不正确的类比可能会导致储层模型不正确。在露头中，岩体可能无法完全暴露，不能正确估计规模大小（如砂体和页岩长度）。同样，虚拟井和对邻井的推理可能把假象引入模型，必须慎重使用。

11.6 综合横向和垂向概率生成三维沉积相概率（Ma，2009，修改）

可以利用带有归一化因子的二维和一维概率场的乘积建立三维概率体。每个二维相概率图及其相应的垂直概率曲线相乘组合生成其三维概率：

$$P_f(x, y, z) = cP_f(x, y) P_f(z) \tag{11.1}$$

其中，c 为归一化系数；f 为预定义的各种相。

使用公式 11.1 生成三维概率立方体有几个注意事项。首先，每个岩性的 $P_f(x, y, z)$ 的平均值应等于其全局比例，以确保 $P_f(x, y, z)$ 用作条件概率场时沉积相模型的无偏性。在没有采样偏差的理想情况下，而且概率图是使用无偏插值生成（如克里金和移动平均）的，概率图的均值和垂直比例曲线都等于该相的全局比例。其次，系数 c 应只是该相的全局比例的倒数，这将确保三维概率 $P_f(x, y, z)$ 的平均值等于全局比例。当存在采样偏差时，$P_f(x, y)$ 和 $P_f(z)$ 的均值将过高或过低，尤其是产生概率图和垂直比例曲线时未考虑倾向分区的情况时更甚。然后应反向调整 c，即 $P_f(x, y)$ 和 $P_f(z)$ 的均值越高，c 值越小，反之亦然。

第一，无论是否存在采样偏差，c 始终大于 1，因此，三个数值的乘积可以产生大于 1 的概率值，$P_f(x, y, z)$。一般来说，这个问题不容易完全避免，但可以通过在生成概率图和使用基于倾向性的垂直比例曲线时使用适当的插值方法来缓解。

第二，与前面讨论的沉积相概率图类似，在任何位置所有沉积相概率之和必须等于 1，也即 $[\sum p_f(x, y, z) = 1$（不同相代码求和）]，以满足概率归一化公理。这意味着如果单个值 $P_f(x, y, z)$ 大于 1，必须首先重新归化为小于或等于 1。

第三，使用公式 11.1 得到的沉积相概率可能与井点实际沉积相频率数据不一致。这是因为在井点处，各种相要么存在，要么不存在，它们的概率是 1 或 0。但是，方程 11.1 通过组合概率图和曲线生成概率值往往为中间的值，即使在井点也是如此。这个问题可能不像看起来那么严重，尤其是考虑到沉积相粗化时是"赢家通吃"（第 15 章）。这是因为，生成沉积相概率场的承载与沉积相模型的承载是相同的，并且模型尺度中某一位置是否存在某种相并不一定意味着更小承载的概率就为 1 或 0，如本已存在硬数据的测井样本或岩心塞这样的小尺度承载。换句话说，模型尺度井点位置许多为 1 或 0 的概率值就是粗化时"赢家通吃"造成的。然而，可能仍然存在这样的情况：在模型尺度或者更小的尺度情况下，建立的三维概率场应该遵从井点的沉积相概率。可使用同位协同克里金使三维概率场尊重井的相概率。具体来说，井点的沉积相频率数据用作主变量，概率场用作次变量，二者之间存在很强的相关性。由于同位协同克里金是一种精确的插值方法，因此井点的概率值得到遵从。在井点以外的位置，当使用的相关系数较高时，更新的概率将与原始值非常相似。这样，井点附近的一些值会做适当调整，更符合井点处的沉积相频率数据。

使用此方法在碳酸盐斜坡沉积中生成四种沉积相的三维沉积相的概率的示例（Ma，2009）。

11.7 从单个属性生成多个沉积相概率

由于缺乏硬数据，一些地球科学家有时使用相同的倾向图来约束模型中不同的沉积相，这是不正确的，因为基于相非重叠性定义，某一位置发育的相排除了其他相在该位置存在的可能性（即相代码的定义是相互排斥的）。虽然倾向图（体）仅表示岩相的相对高或低值的空间分布，在建模中所有的倾向将被重新归一化为概率，或者显式或者隐式。有时候，这还需要解决与其他输入的不一致性。概率图（体）不同于倾向图，因为概率必须满足所有三个基本概率公理（第 2 章）。

当只有两个岩相代码时，它们是互补的，生成互补概率是很直接的。当有两个以上相代码时，建议生成每个岩相的概率图。当属性具有清晰的多模态且取值没有太多重叠时，可以轻松完成此操作；但在实践中，依据地质解释或地震属性定义的不同相的倾向往往具有重叠值。图 11.8 所示为从一个属性生成三种相概率的过程，尽管属性具有合理的相区分能力，但仍有显著重叠。总体而言，砂岩属性值较高，页岩属性值较低，泥质砂岩介于二者之间。表 11.2 显示三种相对应于 10 个属性的概率数值间隔。泥质砂岩的概率值（这里指属性值）主要在 0.55~0.70。三条曲线是三种相的组分直方图：页岩（左侧）、泥质砂岩（中间）和砂岩（右侧）。请注意由三种相在中等属性数值的重叠区域。

我们这里展示一个依据属性计算每种相条件比例的简单例子。例如，当属性等于0.5时，可得出三个概率：

$$概率（砂岩|属性=0.5）= 1/6$$
$$概率（泥质砂岩|属性=0.5）= 2/6$$
$$概率（页岩|属性=0.5）= 3/6$$

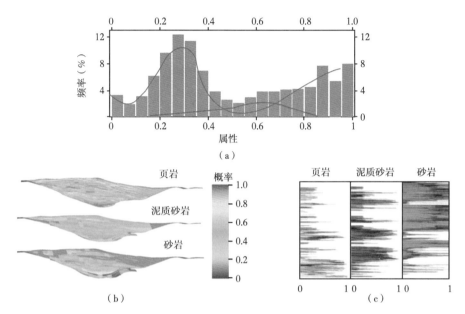

图 11.8　构建相概率示例图

（a）一个属性的直方图，叠加了页岩、泥质砂岩和砂岩三个分量直方图模型；（b）基于
（a）中属性生成的三种沉积相概率模型的垂直剖面；（c）一口井的三条曲线：
砂岩体积比例、泥质砂岩体积比例和页岩体积比例

表 11.2　从一个属性刻度得到相概率

频率（%）	<10	10~20	20~30	30~40	40~50	50~60	60~70	70~80	80~90	90~100
页岩	1.00	0.95	0.93	0.80	0.47	0.18	0.08	0.03	0	0
泥质砂岩	0	0.05	0.07	0.17	0.43	0.65	0.49	0.31	0.21	0
砂岩	0	0	0	0.03	0.10	0.17	0.43	0.66	0.79	1.00

11.8　总结

在储层表征中，沉积相分析和沉积相建模之间过去存在脱节现象。在相建模中要克服梅氏法则存在的问题，必须加强相分析与相建模之间的联系。

沉积解释通常是综合储层研究的第一步，随着更多的数据可用，随后应该进行更多的定量分析。多数情况下，基于对沉积环境的解释和井点相频率数据而得到的倾向综合分析，有助于从定性描述到定量分析的转变。该结合可以成为沟通描述性沉积分析与储层建模定量分析之间的桥梁，为建立符合地质条件的相模型提供了有益的约束。

此外，有序沉积环境的相变往往导致非平稳的随机过程。倾向图和垂直比例曲线可用于生成含有非平稳过渡变化的沉积相概率。能够整合这些沉积相概率的沉积相建模方法见18章。

参 考 文 献

Bloch A. 1991. The complete Murphy's law: A definitive collection. Revised edition, Price Stern Sloan, Los Angeles.

Ma, Y. Z. 2009. Propensity and probability in depositional facies analysis and modeling, Mathematical Geosciences, 41: 737-760.

Ma, Y. Z. , Seto A. and Gomez, E. 2008. Frequentist meets spatialist: A marriage made in reservoir characterization and modeling: SPE 115836, SPE ATCE, Denver, CO.

Ma, Y. Z. , Seto A. and Gomez, E. 2009. Depositional facies analysis and modeling of Judy Creek reef complex of the Late Devonian Swan Hills, Alberta, Canada, AAPG Bulletin, 93 (9): 1235-1256, DOI: 10.1306/05220908103.

Matheron, G. 1989. Estimating and choosing-An essay on probability in practice Springer-Verlag, Berlin.

Mitchum, R.M. , Vail, P.R. and Thompson S. III. 1977. Seismic stratigraphy and global changes of sea level: Part 2. The depositional sequence as a basic unit for stratigraphic analysis, AAPG Memoir 26, p. 53-62.

Moore, C. H. 2001. Carbonate Reservoirs: Porosity evolution and diagenesis in a sequence stratigraphic framework, Elsevier, 444p.

Popper K. R. 1995. A world of propensities, Reprinted, Bristol Thoemmes, 51p.

Schlager, W. 1992. Sedimentology and sequence stratigraphy of reefs and carbonate platforms, AAPG Continuing Education Course Notes Series, v. 34, Tulsa, 71p.

Tucker, M. E. and V. P. Wright. 1990. Carbonate sedimentology: Oxford, Blackwell Scientific Publications, 482p.

Vail, P. R. and Mitchum R. M. 1977. Seismic stratigraphy and global changes of sea level: Part 1. Overview, AAPG Memoir 26.

Van Wagoner, J. C. , R. M. Mitchum, K. M. Campion and V. D. Rahmanian. 1990. Siliciclastic sequence stratigraphy in well logs, cores and outcrops: Tulsa, Oklahoma, AAPG Methods in Exploration Series, No. 7.

Wendte, J. and T. Uyeno. 2005. Sequence stratigraphy and evolution of middle to upper Devonian Beaverhill Lake strata, south-central Alberta: Bulletin of Canadian Petroleum Geology, v. 53, no. 3, p. 250-354.

Wilson, J. L. 1975. Carbonate facies in geological history, Springer Verlag, New York, 471p.

第 12 章　储层表征的地震数据分析

"我们必须记住，我们观察到的不是自然本身，而是我们质疑方法所显露的自然。"

韦尔纳·海森伯格（Werner Heisenberg）

摘要：本章首先概述地震数据的主要特征和地震数据基本分析方法。然后介绍基于数学相关性方法，利用地震数据进行沉积相识别和连续储层属性制图。内容强调使用地震属性的分析方法进行储层表征。在过去的二三十年中，使用各种方法，如振幅—炮检距关系（AVO）、反演、信号分析等，生成许多地震属性已经变得司空见惯，这使地震属性成为地球科学大数据的一部分。处理属性的数据分析方法呈上升趋势。传统上服务于构造和地层解释的地震数据及其应用于建立储层模型框架在第 15 章中介绍。

12.1　地震数据的主要特征及其基本分析

地震数据是描述石油资源的主要数据来源之一。与岩心和测井记录数据比较，地震数据的优点在于其数据量的丰富性。利用地震测量进行勘探和开发的基本原理是地震资料与储层属性的物理关系。传统的地震解释将地震信息与大尺度地质事件联系起来，以发现和圈定油藏。这些相关性主要是定性的，并且是基于模式识别得到的；地球科学家有时称呼这种解释为"艺术多于科学"。另一方面，利用地震数据进行储层属性制图，一般要依靠数学相关性，这可能会由于两个相反的问题变得复杂化：伪相关和伪不相关。伪相关性是假的相关性，可能导致错误地将假目标识别为目标，如将非油藏标识为油藏。伪不相关是假的不相关，可能导致错过识别目标的机会，如将储层标识为非储层。

在过去的几十年里，三维地震测量的日益普及和地震数据处理的改进使得地球物理数据作为用于资源评估和储层表征的大数据分析的一部分。除了传统使用地震数据进行远景评价、构造和地层解释外，岩石物理、AVO、反演、频谱分解和属性方法也促进了三维地震测量的运用。许多地震属性现在可以从三维地震数据中提取出来以应用于勘探和生产中的各个方面（Iske 和 Randen，2005；Chopra 和 Marfurt，2007）。

与获取更多测井和岩心数据为目的大量钻井相比，地震勘测覆盖范围广，成本低，应用越来越多。一种方法是综合井上的有限硬数据和更广泛的三维地震数据进行集成用于储层表征和资源评价。在此方法中，关键任务是从地震数据中提取信息并且有效地与其他数据源相结合。后者要求地震数据与目标储层属性之间存在有意义的相关性。

12.1.1　地震数据的分辨率

对于实际应用而言，地震数据的垂直分辨率与调谐厚度近似相等，也即地震信号可以识别的最小地层厚度和解析其上下界面。在调谐厚度以下，两个事件变得无法区分。要确定一套地层，地震信号的频率必须足够高，频带必须足够宽。地震信号的频率越高，地震数据的分辨率越高，可分辨的地层厚度就越小。低于一定的地层厚度，顶部和底部反射由于干扰而无法准确识别其间的地层。调谐厚度与地震信号的频率成反比，与岩石的速度成正比，如下：

$$H_t = V/(4f) \quad \text{或} \quad H_t = \lambda/4 \quad\quad\quad (12.1)$$

其中，H_t 为调谐厚度；V 为层速度；f 为地震信号的主频；λ 为地震信号的波长。

公式 12.1 表示调谐厚度为一个地震信号波长的四分之一。这最好用阻抗对比度的楔形模型来说明，其中楔形的厚度以波长的分数表示。当地层厚度小于波长的四分之一时，就不能分辨出来［图 12.1（b）］，即使它仍然可能被检测到。图 12.1（a）说明了信号的频率对地层识别影响。高频信号可以识别薄地层的界面，但低频信号不能识别。由于干扰，多个界面可能显示为一个混合信号（比较 20Hz 信号与 270Hz 信号）。一个波的覆盖范围包括四个可识别的物体，即半波可以识别两个物体，两个以上物体会造成干扰，信号将被混合。

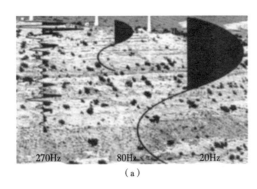 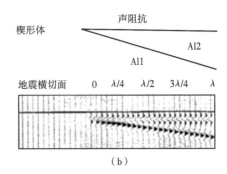

图 12.1　地震分辨率示意图

（a）不同地震频率（理想情况）对地层分辨率的比较。地层总厚度为 100m；
（b）声波阻抗（AI）楔形模型对比的调谐厚度：两个地层的声阻抗为 AI1 与 AI2，
楔形的厚度表示为波长（λ）的分数

地震数据的水平方向的分辨率可以通过菲涅尔带来描述，而菲涅尔带的大小取决于脉冲的波长和反射层的深度（Brown，1999）。由于波长和速度通常随深度增加，因此深层的地震分辨率会降低。对实际应用来说，对于来自地震数据的水平信息，更重要的是数据覆盖情况，包括覆盖的连续性和覆盖范围。二维地震线可能具有相当大的覆盖范围，但它们没有覆盖连续性。三维地震测量具有连续覆盖性，并且往往有相当的覆盖范围。

第 8 章比较了地震与其他来源信息的垂直分辨率和覆盖范围。简而言之，岩心和测井数据提供了相对准确、高分辨率的岩石属性的信息，但它们非常局部。地震数据提供大范围的岩体的信息，但分辨率和精度较低。因此，最好是将各种数据源相结合进行储层表征和建模。目标是利用岩心和测井数据的高分辨率和地震数据的广泛覆盖，使储层属性的测绘和制图更加可靠。但是，由分辨率和覆盖范围的差异引起的一个关键问题是难以将地震数据标定到储层属性，这是地震数据分析的主要任务。

12.1.2　地震属性数据分析

地震数据的质量和分辨率一直在提高，近几十年来，各种 AVO 和反演方法发展出来，地震属性越来越多地用于储层属性制图和沉积相分类。

12.1.2.1　地震属性提取

地震属性最初被定义为从地震道中提取的反映波形特征的属性（Sheriff 和 Geldart，1995）。然而，这个定义现在看起来太窄了。多种地震方法可以产生地震属性，包括 AVO 属性、反演属性、与小波有关的属性、与地震地层学有关的属性、频谱分解、信号处理和几何学，以及与地震数据统计分析相关的属性等。这些方法已使地震属性真正成为大数据的一部分。事实上，地震属性分析在储层表征中的应用越来越广泛（Chen 和 Sidney，1997；Chopra 和 Marfurt，2008）。许多地震属性已用于预测储层属性，包括净毛比（NTG）、孔隙度和岩相（Ma 等，2017）。

从频率分析中提取的属性值得特别注意。这是基于谱分解的属性，或者更确切地说是频率分解（因为分解一般是基于频段）。这些属性可用于突出显示由于混合信号可能隐藏的要素。然而，在这里，我们想指出一种相反思路的生成属性的重要方法——分频融合。此方法基于不同频率分量谱的融合/黏合。因为这样的属性是包含来自不同数据补充信息的复合属性，它们经常更有助于描述储层属性的整体非均质性。由于地震数据是受频带限制，谱分解的数据更是如此。因此，谱分解可以突出特定的非均质性，但它不能很好地提供储层属性的整体特征。在将地震数据校对到储层属性时，应对测井数据进行谱分解，然后将分解的测井数据与有限频带的地震数据相匹配。因此，地震数据应该被融合，而不是被分解，以便覆盖更宽的频段，这样可以提高地震数据与储层属性之间的相关性。

属性分析的目的是找到用地震数据预测储层属性最合适的方法。将地震属性用于储层属性制图的关键步骤是标定。一些地球科学家试图用地震数据与储层属性之间的敏锐关系来选取地震属性，而不对标定给予足够的重视。人们一方面应该努力确定地震属性的物理意义，另一方面要识别地震属性与储层属性的统计相关性。如下所述，对于地震相分类和连续属性预测，标定策略是不同的。

在对用于属性分析的地震数据进行评价时，需要特别注意以下问题：（1）地震数据的质量及其对地震属性的影响；（2）相对于研究区储层的地震分辨率和覆盖范围。地震数据质量受地质复杂程度、地震数据采集和处理三个因素的影响。地质复杂性包括上覆岩层衰减（如深层具有更高的衰减和较低的数据质量）、构造和结构特征（如复杂断层几何形态）和沉积特征。与采集相关的问题包括地震信号的频率成分（带宽）、炮点—检波点分布和覆盖次数。与处理相关的问题可能包括不准确的速度、不正确的偏移以及不正确的反褶积等。

12.1.2.2　地震相分类的属性选择

输入属性的选择对地震相的分类非常重要。理想情况下，选择应该基于岩石物理性质和物理含义被清楚理解的属性。通常，建议尽可能选择与沉积相或沉积环境相关的属性。如果一种属性可以很清晰地把相分开，那这个属性就具有很强的沉积相区分能力。在实践中，通常无法找到这样的属性，而是需要多个属性。

对于选择的多种属性，应该具有高度相关性，还是应该几乎不具有相关性，一直存在争论。不选择高度相关属性的原因是它们具有多余性，对于沉积相分类不会带来更多的其他信息。显然，当两个属性的相关性接近 1（如高于 0.95）时，很难想象这两个属性会贡献大量独立的信息。此外，解释变量之间的高度相关性可能不符合内方差最小化的经典原则（即每个群集内最小的分散性）和集群之间差异最大化（即集群之间的最大分离）。当满足这两个条件时，人们可以期待看到自然分离的类别。因此，选择基于低到中度相关性的属性是一个有效的考量。

然而，与第 10 章所示的应用测井进行沉积相分类的许多例子相似，相关性不应是选择属性进行地震相分类的主要标准。主要的标准应该是所选属性如何分解不同的相带并符合物理意义。此外，物理约束，如先验的相比例，应纳入分类。在一些应用中，输入数据之间几乎不具相关性效果更佳（图 10.4）。在其他情况下，一定程度的相关性对分类是可以的（图 10.7）。更多在第 10 章介绍的用连续变量进行沉积相分类的一般性原则也适用于地震相的分类。下面重点介绍用两个地震属性进行地震相划分的要点。

表 12.1 显示了振幅和连续性的交叉表，每个属性分为三个类别。使用此方案进行分类，用这两个属性可以产生九个可能的相。在一个真实的项目中，不是所有的九个相都存在。当振幅与连续性高度相关时，HAC（强振幅高连续）、MAS（中振幅中连续）和 LAD（弱振幅低连续）将更有可能存在。反之，当它们具有高度的负相关时，HAD（强振幅不连续）和 LAC（低振幅低连续）将更有可能发育。当振幅和连续性具有中等相关性时，其他岩相，如 HAS（强振幅半连续）、MAC（中振幅中连续）和 MAD（中振幅不连续）更有可能存在。

表 12.1 使用两个属性（振幅和连续性）对地震事件进行分类的示例

连续性　　　　振幅	连续	半连续	不连续
高	高振幅—高连续	高振幅—半连续	高振幅—不连续
中度/中等	中振幅—高连续	中振幅—半连续	中振幅—半连续
低/小	低振幅—高连续	低振幅—半连续	低振幅—不连续

12. 1. 2. 3　连续储层属性制图的属性选择

与相分类的标准不同，连续属性制图属性选择的关键点是相关性。岩石物理学理论研究表明，通常情况下，使用岩石物理或地震属性进行储层属性制图具有很好的可行性。在实践中，地震属性与储层属性之间的低到中度相关性是用地震数据对连续储层属性制图的最具挑战性的问题之一。虽然可以从地震数据中提取许多地震属性，但通常在实际储层数据中很难找到与储层属性具有很强相关性的地震属性。

由于相关性通常是综合分析的关键基础，因此物理上相关变量之间的弱相关性会导致使用地震数据的难度；然而，文献对这个问题没有给予足够的重视。地震属性与响应变量的弱相关变量经常被忽略，在某些情况下，这也就导致储层表征中放弃综合地震数据的分析。

为了缓解低相关性问题，通常应该使用因果推理来识别潜在的解释变量，并将物理条件与数据相关联。但是，因果上相关的变量仍然可能会表现出对目标变量的弱相关，因为许多变量会有相互影响。图 12.2 显示了一个孔隙度、密度、速度和声波阻抗之间关系的示例。在理想情况下声波阻抗与孔隙度高度相关，比如在受控制的岩石物理实验中。在实际情况中，几个因素可能导致两者之间的相关性较弱，包括测量尺度的差异、测量工具的分辨率（测井与地震数据）、地震反演方法和质量及地质复杂性（岩相混合物、矿物组分和裂缝)。这些是第三变量对双变量关系的效应,类似两个不同的孔隙度测井之间的关系(图 9.3 和图 9.7)。

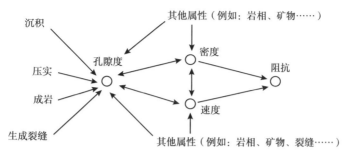

图 12.2　以孔隙度和波阻抗关系为例对地震数据和储层属性的相关性进行因果分析

从数学的角度来说,低相关性可能是所关注的变量之间频率内容不匹配的表现。频率内容包括振幅谱(或功率谱)和相位谱。因此,应分析地震数据和目标储层属性的频率成分,以制定改善它们之间相关性的方法。

大多数自然现象具有包含更多的低频分量的较宽频带(第 2 章)。由于地震数据是有限带宽的,它们通常不能完全描述储层属性。图 12.3(a)说明了典型地震数据和测井属性之间在频率域不同的信息带。储层属性的测井通常具有更广泛的频带,而地震数据仅具有中间频率的信息。有限带宽数据始终具有孔洞效应变差函数。虽然测井有时表现出孔洞效应的变差函数,但并非总是如此(第 13 章)。当然,具有不同参数的孔洞效应变差函数也会具有不同的频谱剖面,反映不同的空间相关性;但孔洞效应变差函

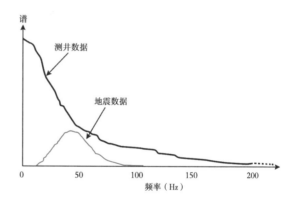

图 12.3　显示地震数据的理想频带的频—谱图
与非均质性地下地层的测井的频谱相比,地震数据是
一个窄带。有限带宽频率一般有孔洞效应的变差函数
(第 13 章和第 17 章)

数与非孔洞效应变差函数是两个数据源不匹配和两者相关性较弱的另一种表现。

以上针对低相关性问题的深入剖析,为改善地震数据与岩石物理属性的相关性提供了两种方法:改善相位匹配和改进频谱匹配。还可能存在其他方法,但它们也必须直接或间接地改进频谱或者相位匹配,以增强解释变量和目标变量之间的相关性(第 12 章第 3 节)。

12.2　地震相图编制

由于地震相表达地震特征的变化,地震数据可以用来识别相。三维地震数据的横向覆盖范围比井密度高很多,地质体有时可以直接解释。在其他情况下,多个属性的统计分析可以用于确定地质相。垂向上,相带探测受到地震分辨率和数据质量的影响。用多个属性有助于确定地质目标和绘制地震相图。

12.2.1　基于地震振幅信息的地质体识别

当高质量的地震数据应用于相对简单的地质体时，基于地震振幅数据可以直接绘制沉积相图，尤其是当地震数据成分丰富，数据质量好的情况下。因此，地震目标提取有助于地震特征的地质相解释。图12.4所示为依据地震振幅数据解释的曲流河道的两个示例。

地震数据的其他解释特征包括几何特征、振幅和厚度。例如，深水沉积的近端（proximal）相中，沉积地层的厚度与地震振幅成反比，近端环境通常发育河道化沉积，具有低振幅、低横向连续性和低阻抗差。相比之下，远端环境具有强振幅、层状地震特征，以及高阻抗差。此外，近端沉积通常发育宽度小但厚度大的河道，大量垂向叠置，净毛比高，而远端沉积倾向于发育宽度大和厚度小的河道，几乎无垂直叠置，低到中等的净毛比。

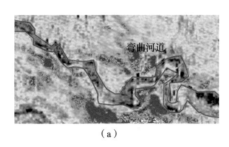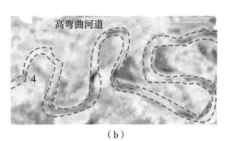

（a）　　　　　　　　　　　　　　　（b）

图12.4　从地震振幅数据中解释沉积相的例子

（a）弯曲度变化的河道系统：从相对顺直到曲流河（从西到东）；

（b）从地震振幅数据解释的高弯度河道系统。解释的曲流河相以多边形显示

12.2.2　基于多种地震属性的沉积相识别

地震数据通常具有歧义、噪声和假象。单一来源数据难以直接识别沉积相。从地震数据提取的相并不总是地质相，可能代表非唯一的地质属性。其中一些问题可以通过集成多个地震属性或者其他地质数据来克服。统计和数据挖掘方法可以综合多种地震属性来识别沉积相。

使用统计和人工神经网络（ANN）集成多个地震属性进行沉积相制图已经在之前介绍过（Ma和Gomez，2015；Ma等，2017）。这里给出一个简单的例子。最初，三种常见的地震属性，包括平均振幅、局部方差和纵波阻抗（图12.5）作为神经网络的输入用于绘制沉积相图。得到的沉积相图显示了几个不希望有的特征［图12.5（e）］，即产生了一些局部孤立的相带，如深水盆地相中出现小规模的潟湖相和有时潟湖内出现深水盆地相［图12.5未显示，可在Ma等（2007）中找到一个例子］。这是因为人工神经网络不知道信息相关与否，不能优先区分各种输入数据的重要性。通过添加更多的传统属性，沉积相分类的结果有所改进，但实际上几乎不可能得到一个令人满意的分类，因为总是产生假象（不同的操作在不同地方生成假象，但假象始终避免不了）。

一个棘手问题是所谓的"围岩影响"，比如，在盆地相和生物礁相之间有很多潟湖相。围岩影响是利用地震数据地质制图常见的问题。最初人工神经网络只使用常见的地震属性也无法克服这个问题。通过引入几何属性（与海岸线的相对距离），人工神经网络沉积相制图得到了显著改善；围岩影响得以消除，并且所有三种相带都得到了很好的划定［图12.5（f）］。

图 12.5（g）解释了为什么只使用基本的地震属性不能克服围岩影响，而将相对海岸线距离引入能得到精确的分类。对于不令人满意的相带划分，围岩影响导致无法区分潟湖，是因为潟湖的纵波阻抗值与错误划分的潟湖相值相似［图 12.5（h）］。另一方面，"围岩"中的相对距离值与盆地相中的值类似［图 12.5（g）］，这解释了为什么添加了附加属性消除了人工神经网络分类中的围岩影响。

这一分类实例表明，人工神经网络的输入属性的定义和选择非常重要。如果不深入地了解物理问题，使用人工神经网络有可能产生假象。另外，虽然在具体应用中可能有许多

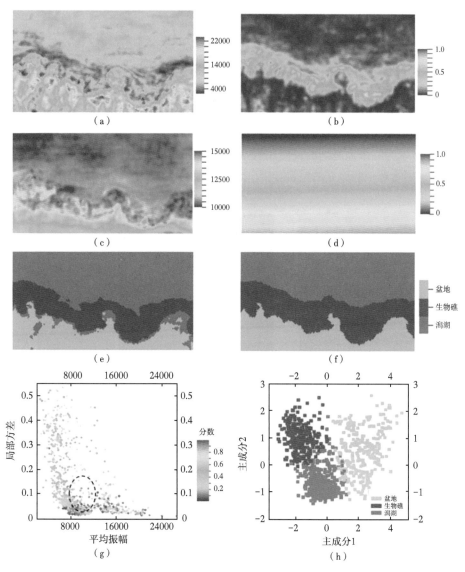

图 12.5　地震属性（地层中的平均值）和几何属性

（a）振幅；（b）局部方差；（c）纵波阻抗；（d）与海岸线的相对距离（一般方向定向）；（e）用 ANN 使用振幅、局部方差和纵波阻抗输入分类的沉积相；（f）用 ANN 使用振幅、局部方差和与海岸线相对距离进划分的沉积相；（g）振幅—方差交会图，叠加了相对距离，显示围岩与盆地相的值相似。虚线圆中的数据主要属于（e）中的"围岩影响"，但它们具有更高的与海岸线相对距离值，从而引导它们进入 ANN 分类中的盆地相；（h）［（a）~（d）］中所示的四个属性的主成分分析的 PC_1 和 PC_2 的交会图，叠加了（f）中显示的相带

属性可用，使用过多的属性会使人工神经网络误入歧途。选择适当的属性是非常重要的，这需要深入的数据分析与严格的输入属性筛查。如果不对输入数据进行认真的筛选和选择，无论人工神经网络中使用了多少属性及调试了多少人工神经网络训练参数，人工神经网络都无法生成可靠的、一致的结果。

顺便说一下，所有四个输入中两两之间具有低到中等的相关性，范围从 0.25 ~ 0.51（绝对值）。在第一、二主成分的交会图上，可以很好地区分开各种沉积相 [图 12.5 (h)]。

12.2.3 基于地震属性的盐丘识别

全局计算属性有时不能区分具有明显地质或物理特征的沉积相，而局部属性的分辨能力要好一些。例如，传统上频谱是作为全局方法使用。全局频谱可能是分析数据中总体信号和信息的好方法，但它在描述储层属性的局部非均质性方面通常不太有效。地震数据的时—频表达可以描述局部非均质性。在这样的表达形式中，频谱可以在短时窗内计算，并应用局部克里金（附录 17.3）或最大熵或自动回归（Marple，1982）等方法处理。随后，可以从这些频谱描述中导出其他属性。

图 12.6 所示为一个地震剖面及使用移动时窗计算的局部主频率属性。此属性很好地分离出了盐丘，尽管有一些孤立的错误分类。后一个问题可以通过其他属性来缓解，包括反射

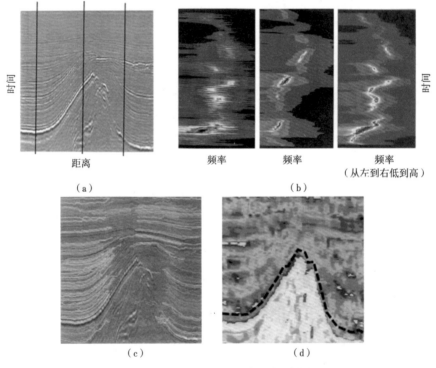

图 12.6 地震属性识别盐丘示例图

（a）深水构造的叠后地震剖面；（b）时—频表达的 3 道地震曲线：从左至右序标记在（a）中，颜色是时间和频率的函数的谱（冷色代表高振幅谱、暖色对应于低振幅谱、黑色表示非常小的谱值）；（c）根据自动解释的反射长度反映的连续性。颜色表示地层反射的连续性（黄色是高连续性、绿色是中间连续性、红色是短连续性）；（d）基于时—频表示（a）图剖面的主频，叠加了使用三个属性（局部主频、反射连续性和反射的平均振幅）划定的盐丘边界（黑色虚曲线），使用了三个属性（局部主频率、反射连续性和反射的平均振幅）

的连续性和反射的平均振幅［图 12.6（c）］。最后两个属性是使用自动跟踪反射计算的。主频、反射的连续性和平均振幅这三种属性的组合可以更清晰地分辨盐丘［图 12.6（d）］。

12.3　连续储层属性制图

地震属性数据可以用于储层属性制图，这些图可以直接用于储层管理，例如监测（Chen 和 Sidney，1997）或控制其他储层属性的空间分布。使用地震数据对储层属性的表征要求地震数据和储层属性之间有满意的相关性。四个方法可以解决地震数据和岩石物理属性之间相关性弱的问题：（1）针对数据有限性的方法，（2）针对第三个变量影响的方法，（3）改进相位匹配；（4）改进频谱匹配。

12.3.1　针对地震分辨率有限的方法：以岩相概率制图为例

岩石物理分析中通常会分析泥质含量比例（第 9 章）。在碎屑岩沉积中，砂质含量和泥质含量比例是互补的。泥质含量特征对有效孔隙度的估计和流体描述中含水饱和度模型的选择都有影响。然而，从岩石物理分析得到的泥质含量只有井点处才有数据，仅仅依据测井数据不可能得到可信度很高的泥质含量的二维和三维分布。当地震数据或其属性可以标定为泥质含量或砂质含量比例时，广泛覆盖的地震数据可以用二维或三维泥质含量或砂质含量比例制图。在这样的应用中，由于标定存在误差，所以岩相的体积百分含量不仅表示岩相的相对比例，也反映了其相对含量的不确定性。因此，在将硬数据扩展到油田范围的岩相预测时，将岩相体积含量与其概率联系起来是很自然的。

图 12.7 所示为二维泥质含量—砂质含量比例编图示例。从地震数据中得出的泥质含量与基于井数据的砂质含量比例具有相关系数为-0.507 的中等相关性。注意每口直井的泥岩概率的变化不明显，因为频率含量有限［图 12.7（a）中垂直对齐的数据点大多是因为相同井效应］。因此，基于地震数据得到的泥岩概率对于三维建模来说不具有

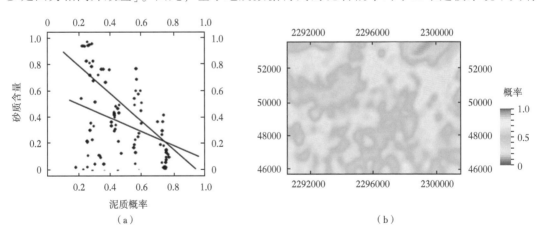

图 12.7　对一个垂直方向中等非均质性地层的砂岩概率制图

（a）基于地震数据得到的泥质概率（Prob_shale）和井点位置砂质含量的交会图，低斜度直线表示三维模型中所有数据的回归（相关系数为 -0.507），陡峭直线表示数据在垂直方向地层平均后的回归（相关系数为 -0.742）；
（b）使用（a）中的标定函数（较陡线回归）从地震数据得到的砂岩概率分布图

良好的垂直分辨率，但它可以用于指导二维制图。当泥岩概率值沿每个井的层段平均，其与在井的砂质含量（也是平均值）的相关系数增加到 -0.742。换句话说，使用三维数据之间的弱相关性，会降低地震数据对砂质含量垂向描述能力；而使用地层平均值具有更高的相关性，从地震数据得到的泥质概率成为后续地层砂质含量横向制图相对较好的预测变量。在这种情况下，由于地震分辨率不足，砂质含量的垂向描述应主要基于井数据。

这个例子显示了从一个属性生成一个或两个互补的岩相概率的过程（第 11 章）。

12.3.2　针对第三变量影响的方法

对复杂的地下系统进行完整描述会涉及许多变量。这些变量通常是分层次的和相互关联的。例如，地层对沉积相和岩石物理属性的分布有影响，而沉积相也控制岩石物理属性及其相互关系。较高级别的变量可以改变较低级别变量的内在关系。在这种情况下，在分析较低级别变量的特征时，应考虑较高级别变量的影响。例如，建议分别对不同地层的沉积相（或其概率或比例）与岩石物理特性进行单独的标定，除非没有足够的数据可用。

图 12.8 所示为两个地层的砂质含量与正交地震振幅之间具有不同关系的例子。如果两个地层不分开，砂质含量和正交地震振幅的相关性为 -0.413。把这些数据按两个层分别分析时，每个地层数据的相关性大幅提高：一个地层为 -0.631，另一个地层为 -0.843。以这个分析为基础分别进行标定，两个地层回归线直线斜率更高，砂质含量估值区间减少的问题得到了缓解。

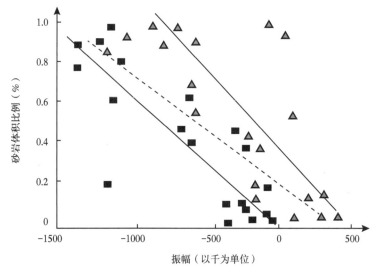

图 12.8　地层对地震振幅与砂质含量之间关系的影响示例图

最初，没有显示地层标记，所有数据一起分析；这两个属性具有弱相关性，为 -0.413；标记两个地层后，
每个地层的相关性都得到了提高；显示的三条回归线：虚线表示对两个地层的所有数据的回归；
两条实线表示对每个地层分别的回归线

沉积相是比岩石物理属性级次要高的变量，其对岩石物理属性也具有类似地层的影响。图 12.9 所示的例子中，某一地层中所有砂岩百分含量和正交地震振幅可用数据之间

的相关性为 -0.694。把河道侧缘的数据排除后，相关性增加到-0.848。换言之，河道轴部和河道侧缘的地震振幅、岩石属性及其相互关系存在显著差异。分相分析提高了地震—岩石物理属性标定的精度。不过，在某些情况下，混合不同沉积相的岩石物理属性和地震数据之间的相关性更高（第9章）。

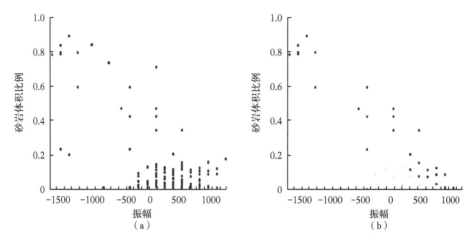

图 12.9 砂质含量和正交地震振幅（以千计）之间的交会图（地震数据在井点处取样）
（a）地层中的所有井点的可用数据；相关系数为 -0.694；（b）仅用河道轴部的数据
（即不包括侧缘数据）；相关系数为 -0.848

12.3.3 改善相位匹配和井—震匹配

将地震数据标定到储层属性的一个常见问题是相位不匹配。不对其处理时，地震数据主要探测地层界面，而不是岩石属性。错误的速度模型也可能导致地震数据和岩石属性之间的不匹配。复杂的反演有助于保持地震数据和岩石属性相位的一致性。有时，一个简单的转换把零相位地震数据变为正交数据可以达到类似的效果，即改善地震数据和岩石物理属性之间的相关性。原始地震数据的振幅与孔隙度的相关性较低，但正交数据的振幅与孔隙度的相关性要高得多（图 12.10）。

更一般地说，当两个地空变量同步变化时，它们往往具有显著的相关性。相反，当它们不匹配时，相关性往往很弱。一个平稳随机过程的空间相关性始终对称且最大值为 1（或协方差函数的最大值是零滞后距的方差），但是，两个随机过程的互相关函数就可能不是原点对称（即零滞后距），最大相关性不一定位于零滞后距处［图 12.10（a）］。后一种情况在信号分析中称作延迟（Papoulis，1977），该指示变量可称为延迟变量。延迟是在空间互相关函数中出现最大相关性的滞后距离。由于双变量相关性等于零滞后距的互相关函数的取值，因此存在延迟时，相关性会降低。图 12.10（a）所示的互相关函数中，由于延迟或相位差异，尽管频谱相同，两个随机变量之间的相关系数仅为 0.3。由于解释变量和目标变量之间的相关性较低，延迟可能会导致使用回归和同位共协同克里金方法复杂化（或无效）。

对延迟的解释变量和目标变量之间的同步化校准可以增强其在零滞后距点的相关性。同步化校准或对齐都是使相位达到一致性，这也反映在空间互相关函数中。在理想情况下［图 12.10（a）］，消除延迟将得到两个随机函数之间的完美相关性。一般情况下，由于解释变量和目标变量之间的频率成分不相同，相关性会得到改善，但小于1。去除延迟后，使用基于回归和同位协同克里金的方法进行多变量建模会更加有效（知识箱12.1）。

从频谱理论的角度来看，同步校准相当于相位匹配。两个变量之间的延迟意味着它们相位不匹配；相位匹配可以将解释变量和响应变量同步到相同或相似的相位，从而改进其在零滞后距的相关性。

现在介绍消除地震数据与岩石物理属性之间的延迟的示例。地震振幅和孔隙度呈非常弱的相关性，为 0.039 ［图 12.10（b）］。如果通过线性回归用地震振幅来预测孔隙度，则预测的孔隙度图将非常平滑，因为回归主要受孔隙度的平均值控制，地震预测变量的贡献可以忽略不计。一些研究人员基于经验的"因果关系"强加一个高相关性，忽略了弱相关性，从而导致样本相关性与模型相关性之间存在巨大差异。因此，预测中会产生大量的错误肯定和错误否定。具体来说，高的负地震振幅值在样品中显示许多高孔隙度值，但模型只生成低孔隙度值 ［图 12.10（b）］，导致许多错误否定；基于样本的关系表明，高的正地震振幅与低孔隙度和高孔隙度值都有关，但该模型仅为这些振幅生成高孔隙值，从而导致许多错误肯定（Ma，2010）。

通过在频率域中90°的相位旋转，孔隙度和地震振幅之间的标定得到了极大的改善。基于样本的相关性从 0.039 增加到 0.746 ［图 12.10（c）］。这种相关性的改进显著减少了线性回归的错误肯定和错误否定。相关性的提高是因为原始地震数据为零相位，主要反映岩层的界面和对比度。对地震数据的相位旋转使其相位与测井孔隙相位更匹配。

12.3.4 改进频谱匹配

有一系列技术可以增强频谱匹配，达到改善预测变量和目标变量之间的相关性。这里介绍了两种技术，包括频谱黏贴和噪声滤波。

12.3.4.1 整合多个地震属性对储层属性制图

当许多地震属性与目标储层属性相关时，可以选择多个属性来预测储层属性。当一个属性与储层属性有很强的相关性，它可以作为预测变量的一个选择。但是，属性的选择可能很复杂，因为属性之间存在相互关联（Ma，2011）。一般的准则是选择与目标储层岩石属性相关性最大的（地震）属性并且各（地震）属性之间具有最小的相关性。选择彼此之间低相关性的预测属性可以为目标变量提供更多的信息，在预测中不易出现共线性问题（第6章）。

知识箱 12.1 存在延迟时的回归和协同克里金

在多变量随机应用中，无论是对称还是非对称函数，互协方差或互相关函数都可以用（Papulis，1965；Wackernagel，2003）。这通常不是问题，前提是自相关和互相关是在足够大的域中定义的，并且预测也在足够大的邻域进行。然而，在多变量空间数据的回归分析中，只使用了皮尔逊相关，即互相关函数的零滞后相关；延迟或相移导致相关性较弱，从而降低预测能力。此外，在这种情况下，不能使用同位协同克里金，因为同位协同克里金具有内在相关性，其中互相关函数与自相关函数成正比，因此对称（第16章）。在消除延迟后，由于解释变量和目标变量之间的相关性增强，使用回归和同位协同克里金就会更加有效。

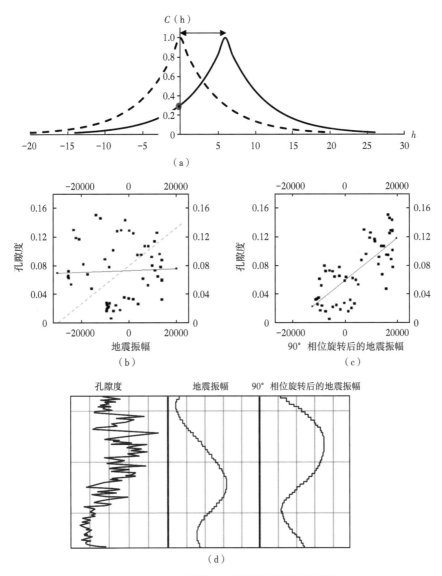

图 12.10　地震振幅与孔隙度相关性分析图

（a）空间互相关函数（实线），显示延迟（双箭头）和在零滞后距（$h=0$）时两个变量之间的弱皮尔逊（Pearson）相关系数，为 0.3（实心圆点）。当消除延迟时，互相关函数将变为虚线，在此理想化情况下，零滞后距处的相关系数或互相关函数等于 1（由于两个平稳的一阶马尔科夫过程的频谱完全相同）；（b）孔隙度（PIGN）和原始地震振幅（Seismic-amp）之间的交会图；其相关性非常弱，为 0.039。实线是地震振幅对孔隙度的线性回归；虚线是基于未加控制的"因果关系"的强制回归；（c）孔隙度和 90°相位旋转后的地震振幅的交会图和线性回归线；相关性系数是 0.746。（d）三条曲线的剖面：孔隙度（左道）、原始地震振幅（中间道）和 90°相位旋转后的地震振幅（右道）

　　为了提高预测变量与目标属性的相关性，应分析它们之间的尺度匹配。地质空间属性振幅频谱图可以用于准确地分析信息的尺度。频谱图中的每个频率表示特定的尺度，相应的谱表示该尺度中的信息量。在此框架中，频谱分解可以把与之尺度相似的地质目标体，从其他几何形态不同的目标体中分离出来加以分析。由于测井数据的频带较宽，因此对其重新分解可以改进地震数据和测井数据之间的匹配，这就可以显著地改进地震与岩石属性的标定。反之，把具有不同频带的不同地震属性组合（可接受一些重叠），可以改进地震数据对储层属性的标定。也可以将地震属性与具有不同频谱的地质解释相结合。

在图 12.11 的示例中，一个地震属性与砂质含量（Vsand）有 -0.590 的中等相关性。另外，对地层的层序地层分析得到了垂直叠加剖面的概念模型，其与砂质含量的相关性也为中等的 0.476 ［图 12.11（b）］。因为地震属性与堆叠模型和砂质含量都只有中等的相关性，所以它们都不是油田范围砂质含量可靠的预测变量。然而，地震属性和堆叠模型的组合与砂质含量的相关性要高得多，达到 0.770 ［图 12.11（c）］。这种更高的相关性是更好的频率匹配的结果 ［图 12.11（d）］。地震属性主要具有中频含量，其主频在 35Hz 左右，叠加模型主要为 35Hz 以下的低频成分。堆叠模型与地震属性各自都只有少量与砂岩含量相同的频率成分，但它们的组合具有更广泛地与砂岩含量重叠的频谱，包括低频和中频成分。由于与砂岩含量的相关性增强，组合变量是砂岩含量油田范围制图合理的预测变量。

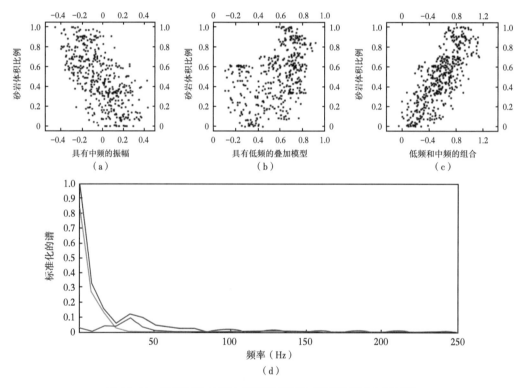

图 12.11　地震属性与深水碎屑岩储层地质解释相结合的例子
（a）砂岩含量和一个地震属性之间的交会图；（b）砂岩含量和堆叠模型之间的交会图；（c）砂岩含量和由地震属性和堆叠模型组合而成的复合变量之间的交会图；（d）频谱图（蓝色是砂岩含量频谱，绿色是堆叠模型谱，红色是地震属性频谱）

12.3.4.2　地震数据中的噪声滤波

通常情况下，目标储层属性是无噪声或几乎无噪声的信号（如在变差函数上无块金效应；第 13 章），而解释变量含有噪声，这可能导致两者之间的弱相关性。在这种情况下，滤掉预测变量中的噪声将增加其与目标变量的相关性。这是因为滤掉噪声将增强目标属性和预测变量属性之间的频谱匹配 ［图 12.12（a）］。

事实上，空间变化的地质属性一般具有空间相关性，这可以通过具有一定相关程的变差函数来描述。另一方面，纯随机过程的特点是变差函数具有纯块金效应。当随机过程同时包含信号和噪声时，白噪声分量在变差函数表现为部分块金效应。从谱分析的角度来看，过滤掉噪声可以对预测变量和目标属性带来更好的频率匹配，从而得到更好的相关性，因为两者之间共同频谱的相对比例增加了。

这里举一个将地震属性转换为孔隙度的例子。有噪声的地震属性［图 12.12（b）］表现为大约 20% 块金效应的变差函数［图 12.12（c）］。由于噪声与孔隙度没有相关性，因

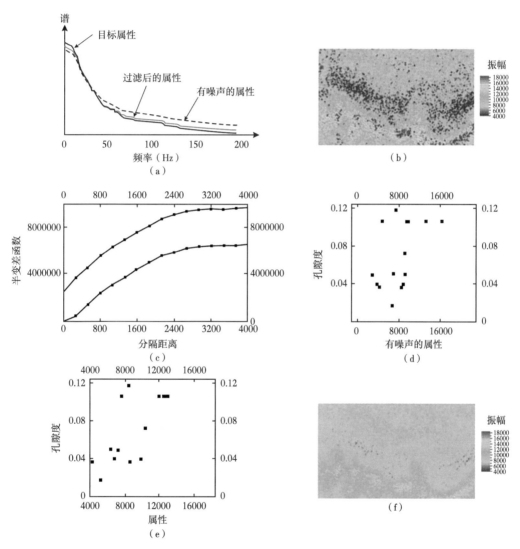

图 12.12　通过对地震属性中的噪声滤波来改善相关性的方法和例子

（a）对属性中的白噪声过滤后，更好的频谱匹配的视图；（b）具有噪声的属性，有 38400 个数据点，在网格（240160）上规则采样，覆盖面积约 12km（X 轴）和 8km（y 轴）；（c）有噪声属性的变差函数（具有部分块金效应的上部曲线）和去噪声后的属性的变差函数（下部曲线）；（d）孔隙度和带噪声的地震属性之间的交会图。相关性为 0.459；（e）孔隙度和噪声过滤后的地震属性之间的交会图（相关性为 0.734）；（f）噪声过滤后的属性，与（b）有相同的网格

此去除噪声会导致地震属性和孔隙度之间的相关性增加。具有噪声的属性和孔隙度相关系数为0.459［图12.12（d）］。在块金效应分量被过滤掉后［图12.12（f）］，属性和孔隙度之间的相关性提高到0.734［图12.12（e）］，增加近60%［即，（0.734-0.459）/0.459 = 0.599］。如果具有噪声的属性用于线性回归来预测孔隙度，则结果将受到噪声的严重影响（第6章图6.5）。相反，无噪声属性对孔隙度标定更可靠，因为降噪的属性和目标属性的相关性得到了增加。

12.4　总结

当数据质量良好，并与储层属性进行了正确的标定后，地震数据可以大大改善储层表征研究。近年来，地震属性在储层表征上的应用范围已大为扩展。现在，上百个属性可以从三维地震数据中提取，其中许多可用于制图和油藏检测。对地震属性的基本物理意义的理解对于将它们应用于储层属性预测至关重要。

使用地震数据进行连续性储层属性编图的最大问题是地震数据与目标变量之间的弱相关性。理想的标准应该是地震属性与目标储层属性之间的强相关性，以及不同（地震）属性之间的弱相关性。匹配有两个标准：频率谱和相位谱，这两个标准是改善地震数据与岩石物理属性之间相关性的必要条件。

在为沉积相分类选择属性时，其中一条原则是选择相关性弱到中等的属性，但也存在例外，关键点是分解（所选的属性对不同沉积相的分解）。地震获取的相并不总是地质相或单一的岩石物理特性。在地震划分的相带中，岩石物理的非均质性可能仍然很高。

对地震学理论和专题处理及岩石物理学感兴趣的读者可以参考其他出版物（Simm 和 Bacon，2014；Dvorkin 等，2014；Avseth 等，2005）。

参 考 文 献

Avseth, P., Mukerji and Mavko, G. 2005. Quantitative seismic interpretation, Cambridge University Press, Cambridge, UK.

Brown, A. R. 1999. Interpretation of three-dimensional seismic data, 5th edition, AAPG Memoir 42, 514p.

Chen Q. and Sidney S. 1997. Seismic attribute technology for reservoir forecasting and monitoring. The Leading Edge：16：445-450.

Chopra S. and Marfurt K. J. 2007. Seismic attributes for prospect identification and reservoir characterization, SEG Geophysical Developments Series No.11, SEG, Tulsa.

Dvorkin, J., Gutierrez M. and Grana D. 2014. Seismic reflections of rock properties, Cambridge University Press.

Iske, A. and Randen, T. eds. 2005. Mathematical methods and modelling in hydrocarbon exploration and production, Springer.

Ma, Y. Z. 2011. Pitfalls in prediction of rock properties using multivariate analysis and regression method, Journal of Applied Geophysics 75 (2)：390-400.

Ma, Y. Z. 2010. Error types in reservoir characterization and management, J. Petrol. Sci. & Eng., 72 (3-4), p. 290-301, doi：10.1016/j. petrol. 2010. 03. 030.

Ma YZ and Gomez, E. 2015. Uses and abuses in applying neural networks for predictions in hydrocarbon resource evaluation. J. of Petroleum Science and Engineering 133: 66-75.

Ma, Y. Z. , Gomez, E. and Luneau, B. 2017. Integrations of seismic and well-log data using statistical and neural network methods, The Leading Edge, April: 324-329.

Marple, L. 1982. Frequency resolution of Fourier and maximum entropy spectral estimates. Geophysics 47 (9): 1303-1307.

Sheriff, R. E. and Geldart, L. P. 1995. Exploration Seismology. 2nd edition, Cambridge University Press.

Simm, R. and Bacon, M. 2014. Seismic amplitude: An interpreter's handbook, Cambridge University Press.

第 13 章　地空变量的地质统计变差分析

"对大自然的深入研究是数学发现最丰富的来源。"

约瑟夫·傅立叶（Joseph Fourier）

摘要：本章介绍地空数据的地质统计特征，重点介绍使用变差函数、协方差或相关函数来描述储层属性的不连续性。其他用于储层属性建模的地质统计方法会在第 16 章~第 18 章介绍。

13.1　变差函数和空间相关性

经典统计学在描述空间现象方面的不足，可以通过比较几个地球科学属性来说明（图 13.1）。两个空间属性可能具有相同的均值和方差，但空间连续性差异悬殊［图 13.1（a）、图 13.1（b）、图 13.1（c）和图 13.1（d）］。将这些特性视为地下地层的岩石物理属性；因为具有不同的空间连续性，它们在油气资源和流体流动特征方面将有显著的差异。更一般来说，具有不同空间连续性的属性代表不同地质现象。

岩石物理属性的差异可以描述为非均质性的差异，可以通过将地质统计学与经典统计学相结合进行描述。事实上，储层属性的非均质性有两个内涵：它不仅描述了一个储层的整体变化，而且描述了其空间不连续性。总体变异性或全局非均质性可以通过方差来描述。空间不连续性可以通过变差函数来描述，或者等效地，用协方差函数来描述连续性，或者用相关函数。图 13.1（a）和图 13.1（b）所示的两个空间变量具有相同的均值和方差，但空间连续性差异很大，后者可以用不同的变差函数表示［图 13.1（e）和图 13.1（f）］。

另一方面，图 13.1（a）和图 13.1（c）所示的两种地空属性有不同的均值和方差，但它们都没有空间相关性；它们看起来具有很强的局部非均质性，以至于看起来是全局均一性的。图 13.1（b）和图 13.1（d）所示的两个属性也具有不同的均值和方差，但它们在空间相关范围方面具有相似的空间连续性。方差的差异表现为具有不同的变差函数基台值或全局变异性水平。一些地球科学家指出，变差函数的基台值对储层数据分析没有用处，但这是一种误解。基台值具有重要的数学和物理意义，因为它反映了地质空间过程或其分量过程的总体的变化性（全局级别的非均质性）。

变差函数将地理空间属性的空间变化性或不连续性程度描述为数据点之间距离的函数。变差函数定义为两个随机变量滞后距为 h 的差异的方差之半，如下所示：

$$\gamma(h) = \frac{1}{2}\text{variance}[Z(x+h) - Z(x)] = \frac{1}{2}E[Z(x+h) - Z(x)]^2 \quad (13.1)$$

其中，$Z(x)$ 和 $Z(x+h)$ 为同一随机过程的随机变量；E 为数学期望运算符。滞后距 h 也称为分离距离，或者简单地说就是距离。

在实践中，$Z(x)$ 和 $Z(x+h)$ 可分别被视为地理空间属性在位置 x 和 $x+h$ 处的观测值（即数据）。因此，实验变差函数使用以下方程计算：

$$\gamma(h) = \frac{1}{2N(h)} \sum_{x=1}^{N(h)} \left[Z(x+h) - Z(x) \right]^2 \tag{13.2}$$

其中，h 是两个数据 $Z(x)$ 和 $Z(x+h)$ 之间的滞后距。对被 h 分开的所有点对进行求和，$N(h)$ 是数据对的数量［符号 $N(h)$ 仅仅是因为 N 作为 h 的函数而变化］。

公式 13.1 和公式 13.2 中有 2 的除数，这就是为什么历史上变差函数常被称为半变差函数（Olea，1991）。除了一些特殊情况外，术语变差函数将在整本书中普遍使用。除数 2 的原因是其与协方差和相关函数的关系。此外，变差函数图中的纵轴代表变差函数的取值，该值也是一种方差，这从其定义可以看出（公式 13.1 和公式 13.2）。这就是为什么在本书中，变差函数轴有时被标记为方差或半方差。这是方差的广义使用（即变量平方的平均值）；不要混淆这种使用和方差的常见定义，即数据与均值差的平方的平均（第 3 章）。

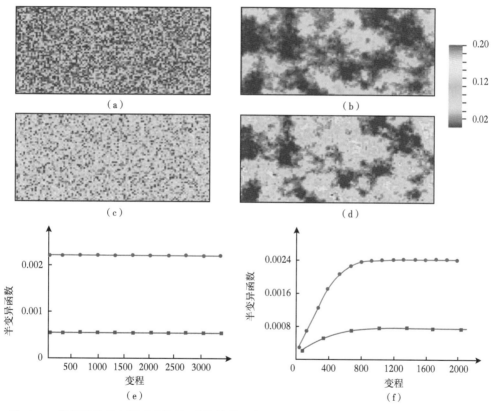

图 13.1 储层属性的空间不连续性/连续性的示意图（储层属性图大小：东西 5km，南北 3km）
（a）和（b）中的属性具有相同的平均值和方差，但空间的（不）连续性不同；比较（c）和（d）中的属性时也是如此；（a）和（c）中的属性及（b）和（d）中的属性之间的方差是不同的；（a）和（c）中的属性为白噪声（其特征是纯块金效应，稍后讨论），显示在（e）中，但它们的方差不同；较低的平直线，代表较低的方差或变差函数平台，是对应（a）中的图像；较高的平直线代表较高的方差，是对应（c）中的图像；（b）和（d）中的属性以（f）所示的变差函数为特征，它们与（e）中的变差函数非常不同。此外，（b）和（d）中的属性具有不同的方差；低基台值的变差函数图对应于（b）中的属性，而高基台值的变差函数代表（d）中的属性

213

变差函数与空间相关性或协方差之间的关系

除了使用变差函数之外，二阶平稳随机过程的空间连续性还可以通过协方差函数或相关函数来描述。

协方差函数定义为：

$$Cov(h) = E\{[Z(x+h) - m][Z(x) - m]\} \tag{13.3}$$

相关函数是标准化协方差函数：

$$C(h) = \frac{Cov(h)}{\sigma^2} \tag{13.4}$$

其中，m 为均值；σ^2 为随机过程 $Z(x)$ 的方差。

公式 13.4 只是多变量统计中相关性和协方差之间的一般关系的结果（公式 4.3）。注意，多变量统计处理两个或多个变量，但这里只涉及一个物理变量；一个物理变量在每个位置可以被视为一个随机变量。因此，两点统计涉及两个随机变量，对于一个平稳随机过程，它们具有相同的平均值和方差。

协方差和相关性函数都描述空间过程的连续性。因此，协方差函数受变量的幅度和单位的影响；相关函数是标准化的协方差函数，其值在−1 和 1 之间。在空间统计和经典统计方面，协方差函数是一系列以距离为函数的协方差值，相关函数是一系列以距离为函数的相关系数。

由于变差函数描述了差异性，相关性/协方差函数描述了相似性，因此它们在平稳随机过程时有以下关系：

$$\gamma(h) = Cov(0) - Cov(h)$$
$$C(h) = 1 - \gamma(h)/Cov(0) \tag{13.5}$$

其中，$Cov(0)$ 为方差，因为方差是平稳随机过程滞后距离等于零时的协方差，可以从公式 13.3 看出（对于 $h=0$）。

公式 13.5 的证明很简单明了，可从其定义（公式 13.1～公式 13.4）得到。需要注意的是，变差函数是一系列（半）方差值，作为滞后距离的函数，就像相关函数是一系列作为滞后距离的函数的相关系数；因此，标准化的变差函数（变差函数除以方差）和相关函数之间有一个镜像关系（图 13.2）。类似，协方差函数与未标准化的变差函数也有一个镜像关系。

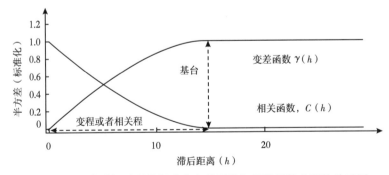

图 13.2 平稳随机过程的标准化变差函数与相关函数之间的关系图
（滞后距离的单位与空间变量的距离单位相同）

公式 13.5 为分析变差函数与其他统计参数的关系提供了基础。方差是变差函数的基台值（或者所有分量变差函数模型的基台值之和）。当给定距离中的变差函数值小于方差时，该滞后距离上的相关值（协方差）为正；当给定距离中的变差函数值大于方差时，该滞后距离的相关值为负（请稍后参阅孔洞效应变差函数或相关函数中的负相关示例）。但是，根据定义，变差函数始终为正值，协方差总小于方差（知识箱 13.1）。

13.2　理论变差函数和空间协方差函数模型

在资源评价中，抽样一般是稀疏和不规则的。这导致从数据计算的变差函数的不规则性，称为实验性变差函数。不规则采样数据的变差函数有两个问题：一个理论问题和一个实用问题。从理论上讲，变差函数必须为半正定（更严格地说，协方差函数必须为半正定，变差函数必须是条件负定），但是实验变差函数一般不满足此条件。从实用上讲，实验变差函数仅为某些滞后距离计算，但克里金或随机模拟需要在任何滞后距离的变差函数值。实验变差函数因此需要拟合成理论模型。通过拟合实验变差函数到模型，就可以计算任何滞后距离和任何方向的变差函数值。因此，地质统计对地质空间属性的建模用理论变差函数来描述空间不连续性。很显然，变差函数的模型应该与实验变差函数大致匹配，以便尊重数据传达的内在连续性。

满足正定条件的常用的理论模型（知识箱 13.2）包括球形、指数、高斯和块金效应。其中的三种模型如图 13.3（a）所示。块金效应已在前面介绍 [图 13.1（e）]。

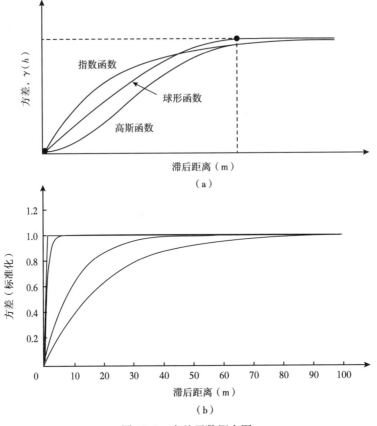

图 13.3 变差函数概念图

(a) 三个常用的理论变差函数模型；(b) 具有不同相关程的指数变差函数示例，从小到大：0.5m, 3m, 30m, 60m

注意：这些理论模型的平台值设置为 1，但它们可以在应用中拟合变差函数期间进行调整

在介绍理论模型的定义之前，请注意大多数模型都有的两个重要参数：基台值和相关程（变程）。基台值代表方差，变程代表空间连续性范围。从理论上讲，变程是变差函数到达基台时的滞后距。换句话说，变程是相关函数达到零值时的滞后距离（图 13.2）。

块金效应变差函数模型为：

$$\gamma(h) = \begin{cases} 0 & h = 0 \text{ 时} \\ c & \text{或} \end{cases} \tag{13.6}$$

其中，c 为基台值或方差；h 为滞后距。

球形变差函数模型为：

$$\gamma(h) = \begin{cases} c\left(\dfrac{3h}{2a} - \dfrac{h^3}{2a^3}\right), & h < a \\ c, & h \geqslant a \end{cases} \tag{13.7}$$

其中，a 为空间相关程（变程）。

指数变差函数模型为：

$$\gamma(h) = c\left[1 - \exp\left(\dfrac{-3h}{a}\right)\right] \tag{13.8}$$

其中，a 为有效或实际的相关程（范围），这意味着变差函数在该滞后距离处达到约 95% 的方差（或基台值）。

高斯变差函数模型为：

$$\gamma(h) = c\left[1 - \exp\left(\frac{-3h^2}{a^2}\right)\right] \tag{13.9}$$

幂变差函数模型为：

$$\gamma(h) = ch^d \quad \text{其中} \quad 0 < d < 2 \tag{13.10}$$

有几个孔洞效应模型。基本的正弦模型表达为：

$$\gamma(h) = c\left[1 - \frac{\sin(h/a)}{|h/a|}\right] \tag{13.11}$$

余弦函数可作为理想周期性现象的孔洞效应相关模型，但仅在一维中是正定的。其他孔洞效应模型可以通过使用基本的变差函数模型与余弦模型相乘产生（Ma 和 Jones，2001）。例如，指数模型与余弦的组合是孔洞效应模型（Journel 和 Froidevaux，1982；Ma 和 Jones，2001）：

$$\gamma(h) = c\left[1 - \exp\left(\frac{-3h}{a}\right)\right]\cos(2\pi h/\lambda) \quad \text{其中} \ h \ >= 0 \tag{13.12}$$

其中，λ 为余弦的波长。

更多变差函数模型和关于其属性的讨论可以在 Ma 和 Jones（2001）、Chiles 和 Delfiner（2012）及 Dubrule（2017）著作中找到。

请注意，由于指数函数的渐进特性，指数模型和高斯模型的绝对相关程在理论上是无限的；在公式 13.8 和公式 13.9 中的常数 a 是变程，其中变差函数达到方差的 95% 以上。

在地质统计学文献中，变程通常称为变差函数的变程，但术语相关程对于空间连续性分析具有更明确、客观的物理意义，因此是首选。图 13.3（b）突出显示了相关程的重要性，其中显示了四个不同的指数变差函数的相关程。具有这些不同变差函数的储层属性将非常不同。具大相关程的储层属性将具有很大的空间连续性，而相关程短的储层属性具有较小的空间连续性。例如，图 13.3（b）中相关程最短的变差函数几乎就像块金效应一样，其空间属性将类似于纯随机白噪声［图 13.1（a）和图 13.1（c）］。这表明，相关程越短，储层属性的连续性越小，反之亦然。

通常使用空间协方差或相关模型更容易，而不是变差函数，如求解克里金方程。使用变差函数和协方差函数之间的关系（公式 13.5）很容易对上述的平稳变差函数模型推导出协方差或相关函数的模型。在实践中，通过理论模型仔细选择合适的参数，对实验模型进行拟合也是很重要的。

13.3　计算和拟合实验变差函数

要用变差函数来描述储层属性的空间变异性。第一步是从数据中计算实验变差函数，第二步是把实验变差函数拟合为一个模型。

13.3.1 计算实验变差函数

公式 13.2 用于计算实验变差函数。给定滞后距 h、找到数对 $Z(x)$ 和 $Z(x+h)$，就可计算所选滞后距相应的变差函数。图 13.4（a）说明在常规网格中如何查找前两个滞后距 $h=1$ 和 $h=2$ 的数对。对于不规则采样的二维数据，一旦选择了变差函数的方向，所需的参数包括计算实验变差函数的滞后距及其容差、角度容差和带宽。带宽是为了防止随滞后距增加导致搜索邻域变得过大。图 13.4（b）示意了为变差函数计算确定点对 $Z(x)$ 和 $Z(x+h)$ 的搜索锥体的各项参数。

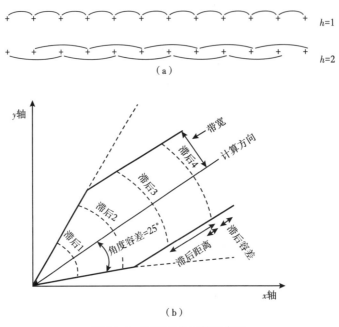

图 13.4   实验变差函数示意图

（a）在网格数据计算变差函数时，查找给定滞后距（$h=1$ 和 $h=2$）的数对；（b）在二维分布数据中用于计算一个方向变差函数的搜索圆锥体（参数包括滞后距及其容差、计算方向、角度容差和带宽，容差和带宽两侧对称）

另一方面，也可以计算实验协方差或相关函数，而不是计算变差函数。实验协方差函数如下：

$$\mathrm{Cov}(g) = \frac{1}{N(h)} \sum_{x=1}^{N(h)} \left\{ \left[Z(x+h) - m \right] \left[Z(x) - m \right] \right\}$$

$$= \frac{1}{N(h)} \sum_{x=1}^{N(h)} \left[Z(x+h) Z(x) \right] - m^2 \tag{13.13}$$

对于给定的数据集，使用公式 13.13 计算协方差函数比使用方程 13.2 计算变差函数的成本要低。计算实验协方差函数后，利用公式 13.5 中的关系计算实验变差函数。此外，如果需要标准化的变差函数，协方差函数可以标准化为相关函数，只需将其除以方差即可（公式 13.4）。

理论上，公式 13.13 中的协方差函数需要假定随机过程的平稳性；在实践中，计算实验协方差值，然后使用公式 13.5 把它们转换为变差函数值；两种方法是等同的，前提是平均值和方差是根据数据计算的（不是理论参数；知识箱 13.1）。

218

13.3.2 拟合实验变差函数

如果要将关注的地理空间属性从有限数据模拟为一维曲线、二维平面图或三维网格，则需要将实验变差函数拟合为理论模型。拟合实验变差函数还有助于理解属性的空间连续性。

球型和指数模型最常用于拟合变差函数。这些模型意味着方差作为距离的函数是单调地增加［图 13.5（a）和图 13.5（b）］。拟合中也经常添加部分块金效应。块金效应的相对比例越大，属性的不连续性越大，随机性越大。

在实践中，块金效应的大小或根本不加块金效应取决于几个注意事项，包括问题的尺度、数据密度、物理特性，储层属性和建模的目的。一个尺度上的随机性在另一个尺度上可能不是随机的。例如，从可用数据中，一个较大的块金效应，甚至一个纯粹块金效应可能会出现在实验的变差函数中。当有更紧密间距的样本时，变差函数显示短滞后距的较小方差；这是较小尺度的空间连续性的证据，短相关程变得明显［图 13.5（c）］。

样本密度对于描述变差函数在短距离的行为至关重要（Ma 等，2009）。例如，如果一个岩性体被密集取样，实验变差函数可能显示空间连续。另一方面，如果大多数岩性物体采样只有很少的值，计算变差函数可能像纯块金效应。考虑一个区域只有几口井需要计算水平向的变差函数的问题；当井之间距离足够大，无法确定小距离的变差函数。地理空间属性本身不是随机的，但稀疏采样可能使它表现得像是随机的。

简而言之，在储层表征中计算实验变差函数的最大困难是缺乏数据，尤其是水平方向。有时，它成为一个鸡和蛋的问题。如果没有足够的样本数据，就很难获得足够的实验变差函数值，如果没有变差函数模型，则很难产生更多计算用的数据。

在某些情况下，使用两个或两个以上变差函数模型可以更好地拟合实验变差函数［图 13.5（d）］。在这种情况下，分量的处理是可以解释和模拟的（第 16 章）。

如一些作者（Ma 和 Jones，2001；Gringarten 和 Deutsch，2001）指出，实验变差函数模拟可能具有挑战性，储层数据分析过程中拟合变差函数模型需要考虑以下几方面的实际情况：

（1）小滞后距的变差函数的特征比大滞后距更重要。

（2）仅当样本之间的间距小于相关程时，才能直接建立空间连续性的度量。

（3）如果样本之间的间距大于相关程，则变差函数似乎表现为纯块金效应。

（4）由于直井测井曲线常以半英尺的间隔进行采样，因此通常可以更容易建立垂直方向变差函数。

（5）当直井分布过于稀疏时，很难构建横向变差函数。水平井数据有时可以用于计算横向变差函数。如果缺乏水平井数据，可以使用间接信息建立横向变差函数，如地震数据、露头类比数据和地质知识。需要注意的是，源于这些数据的变差函数往往比大多数储层属性的变差函数更平滑。

（6）计算样本方差并将其与实验变差函数的视基台值进行比较。当它们大致相等时，使用它作为理论变差函数的基台值。如果它们差异很大，使用视基台值作为模型基台值，除非该基台值是代表嵌套结构中更低级别的某一分量变差函数。在后一种情况下，实验变差函数应该用多个模型进行拟合［图 13.5（d）］。

（7）当实验变差函数呈现某种趋势时，首先删除数据中的趋势并计算剩余的变差函数。或者，可以分别拟合一个平稳模型的变差函数和一个确定性的趋势。

（8）从实际的角度来看，流体流动的作用范围可能远小于数据之间的最短距离。因此，通常在建模时使用较小的（有时甚至0）的块金效应可能是合理的。

从理论上讲，垂直变差函数可以具有与水平变差函数不同程度的块金效应；然而，大多数地质统计学软件平台需要相同的垂直变差函数和横向变差函数的块金效应，除非考虑带状各向异性。为拟合出高度可信的变差函数，了解变差函数基台值和样本方差之间的关系（Barnes，1991）及协方差结构（Genton，1998）是很有用的。除了所有这些考虑，下文中关于变差函数的解释也将有助于变差函数模型的拟合。

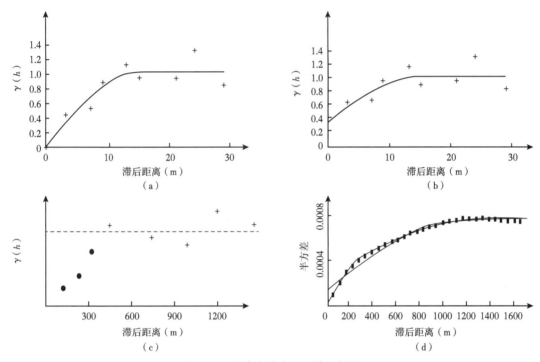

图13.5　拟合实验变差函数示例图

（a）使用单个球状模型；（b）使用部分块金效应和球状模型；（c）总变差函数的值和非常局部的空间连续性的显示，变差函数可以拟合成一个小相关程的球状模型。加号代表从大采样距离计算的变差函数值，实心圆代表根据较小采样距离计算的变差函数值；（d）使用两个嵌套球状模型拟合。短程模型相关程为300m，长距离模型相关程为1200m。具有块金效应的曲线（方差为0.00014）是计算机建议的自动拟合（计算机算法通常使用单个变差函数模型进行拟合，外加可能的块金效应）。请注意，方差等于两个分量变差函数中的平台之和

13.4　解释变差函数

由于变差函数是描述储层属性空间变异性的工具，因此解释变差函数对于分析数据的空间连续性和了解所代表的储层属性非常有用。

13.4.1　分析储层属性的局部空间连续性

许多经典统计参数（如平均值和方差）都是描述储层属性的全局性质，除非它们是在局部计算的。然而，储层变量的局部特性可能非常重要，例如，油气的开采与孔隙度和渗透率的局部空间连续性直接相关。变差函数可用于分析局部连续性。

局部连续性的两个极端现象包括以块金效应表示的短滞后距的完全不连续部分的［图13.1（e）和图 13.5（b）；知识箱 13.3］和高斯型强连续性［可求导数；图 13.3（a）］。指数和球型变差函数在短滞后距离下是连续的，但不可求导数（即代表的随机过程在均方差意义上不可求导）。

　　从物理意义上讲，短滞后距离不连续的变差函数意味着储层属性没有空间连续性［白噪声；图 13.1（a）和图 13.1（c）］或包含白噪声分量［部分块金效应；图 13.5（b）］。短滞后距具有线性连续性的变差函数意味着储层属性具有一定程度的空间连续性［图13.1（b）和图 13.1（d）］。对于类似的相关程，指数变差函数的连续性略低于球形变差函数［图 13.3（a）］。在原点可求导的变差函数，如具有一定相关程的高斯模型，表明很强的空间连续性（图 13.6）。

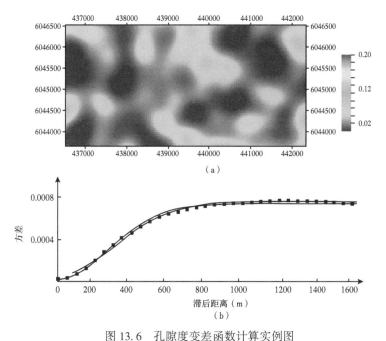

(a)

(b)

图 13.6　孔隙度变差函数计算实例图

（a）具有高度连续性的孔隙度图；（b）高斯变差函数拟合从（a）图中计算的实验变差函数
［与图 13.1（b）比较，注意高斯变差函数代表更平滑的图］

知识箱 13.3　块金效应：您是在追逐块金还是普通石头？

　　块金效应的变差函数值得一些特殊的解释。块金效应这个名称代表纯随机过程的变差函数，是由于早期地质统计学应用于金矿开采（Krige，1951）。在金矿开采过程中（图 13.7），钻井可以相当"随机"；当你击中一个块金，它就全是黄金；但是，如果你错过了块金，你会得到一块普通的石头。纯随机过程具有等于方差的恒定变差函数，除了零滞后距外（公式 13.6）。零滞后距离总是具有最大连续性，等于 1（某一事物始终与自身 100% 相关）。因此，最大连续性或根本没有连续性的性质（命中或错过）看起来就像在金矿中钻孔：要么击中块金，要么击中常规石头。

　　可是，从另一个角度看，块金效应是一个错误的名称，因为块金意味着一大块黄金，而不是其他形式的黄金分散在黄金矿床中。具有一些相对恒定属性的、相当大的块金应该有空间相关性，而不应该像纯块金效应那样不具有任何连续性。事实上，如果在同一块块金中钻更多的井（图 13.7），空间连续性将显示在变差函数中。从这个角度看，块金效应是一个错误的名称。

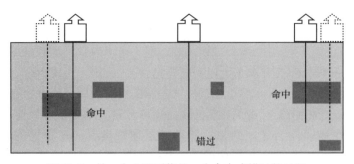

图 13.7　钻一个金矿可能是一个命中或错过的过程

大多数块金具有多个（横向）样品（如钻多口井，如虚线附加井所示），含金量的变差函数就不会是纯块金效应

13.4.2　分析平稳性和探测空间趋势

关于平稳性是否可验证在文献中有一些争论。虽然平稳是一个数学假设，因此难以验证，但是可以从数据中客观地分析它。事实上，具有基台值和小到中等相关程的理论变差函数模型是平稳模型（知识箱 13.4）。同样，当实验变差函数在短到中滞后距离处显示稳定的似基台时，通常可以合理地认为空间变量具有平稳性。大于方差的变差函数值代表负的空间相关性。相反，如果中到远滞后距离的变差函数值不显示基台或者不在方差上下波动，而是显示持续趋势，那它通常意味着一个非平稳现象，或者说空间变量有趋势。

当变差函数呈现抛物线漂移时［图 13.8（b）］，就说明其空间变量中含有很强的线性趋势［图 13.8（a）］。在此示例中，明显的线性趋势也通过孔隙度和深度之间的强相关性（相关系数 0.935）得到确认。事实上，变差函数中的抛物线趋势体现了空间变量的线性趋势，这是因为变差函数是二阶统计矩（公式 13.1 和公式 13.2）。实线（抛物线趋势）是一个指数（近乎）等于 2 的幂函数变差函数模型。

抛物线变差函数揭示了储层属性的非平稳趋势，特别是当抛物线趋势持续在大滞后距离时。当趋势确定并从空间变量（属性）中减去，空间变量的剩余的变差函数一般在大滞后距离有基台或者显示一个有波动的变差函数。图 13.8（c）显示了图 13.8（a）中孔隙度剩余示例。剩余的变差函数显示围绕剩余的方差而波动的值。这种变差函数一般暗示平稳假设是合理的，至少可以是局部平稳（Ma 等，2008）。

鉴于从短或中滞后距离开始可见清晰平台的变差函数图是平稳过程的体现，而抛物线趋势是非平稳过程的指示，线性变差函数意味着什么？线性变差函数是一个经典的内蕴随

知识箱 13.4　变差函数模型和随机过程的平稳性

块金效应是一个经典的平稳模型，因为它代表一个白噪声。当相关程相对于研究范围不是太大时，球状、指数和高斯变差函数也是平稳模型。此问题没有严格定义规则，但如果相关程大于研究域的一半距离，则假定随机过程的平稳性值得怀疑。在幂函数变差函数中，当指数 d 等于 1 时，它代表零阶（irf-0）的经典内蕴随机函数，不是平稳的（Matheron，1973）。显然，对于大于 1 的指数 d，随机过程不是平稳的；本章稍后将介绍一个示例。孔洞效应模型通常是平稳的，前提是相关程不是太大，或者变差函数在小到中滞后距离处达到基台值。

值得注意的是，一个内蕴或非平稳的随机过程仍然可以在局部是平稳的（Matheron，1973，1989；Ma 等，2008；第 16 章~第 19 章）。

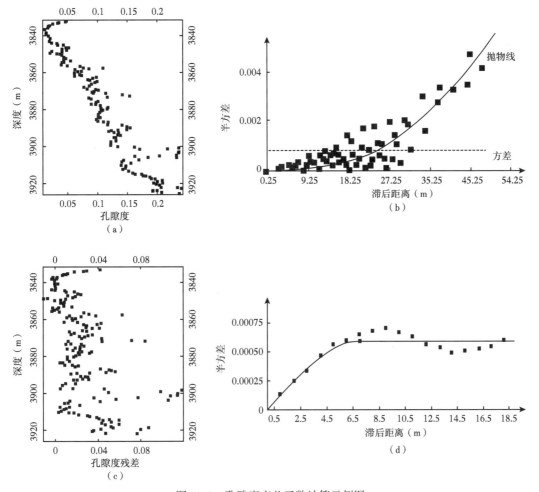

图 13.8　孔隙度变差函数计算示例图

（a）孔隙度随深度的函数关系。线性趋势是明显的，这可以通过两者的相关系数为 0.935 的强相关性得到证实；

（b）空间变量中的线性趋势在变差函数中表现为抛物线趋势，因为变差函数是二阶的统计矩（见公式 13.1）；

（c）测井孔隙度的残差，通过从（a）中的孔隙度中减去线性趋势得到；（d）和（c）图中残差的变差函数

机函数（irf-0，Matheron，1973）。图 13.9（a）显示 1998 年初至 2002 年中在纽约商品交易所交易的西得克萨斯中质原油价格（COP）具有线性变差函数线［图 13.9（b）］。COP 与其 3 个月移动平均线之间的剩余是平稳的，因为其变差函数值没有显示超过中滞后时间的趋势。其他众所周知的具有线性或近乎线性变差函数的内蕴随机函数示例包括随机游走和维纳过程或布朗运动。

13.4.3　探测和描述周期性（变化）

一些地质过程和储层变量具有周期性；在垂直方向上尤其如此，因为沉积的周期性特征反映了海平面变化周期。图 13.10（a）显示了强烈反映周期性沉积特性的孔隙度的垂直剖面。对于储层属性的这种周期性特征，其变差函数将显示空洞效应。图 13.10（b）是图 13.10（a）的垂直方向的变差函数，它表现出几个正弦波，形成波峰和波谷。反之，当变差函数显示强孔洞效应时，它表明地空变量在相应的方向具有周期性。理想的周期性

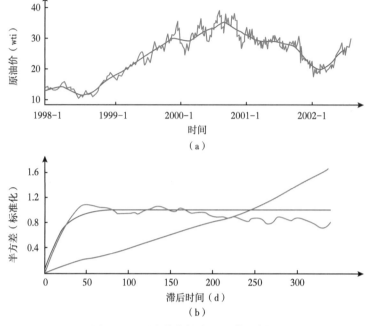

图 13.9　原油价格的变差函数示例图

（a）WTI 从 1998 年 1 月至 2002 年 6 月期间在纽约商品交易所交易的 COP（Crude Oil Price，绿色），
以及其 3 个月移动平均线（蓝色）；（b）（a）中接近线性的 COP 变差函数（蓝色），它代表一个
经典的内蕴随机函数（即零阶内蕴随机函数）。残差的变差函数（绿色）显示平稳性，采用了
一个指数型变差函数（红色）拟合，实际相关程为 48d

是一种余弦波协方差函数（第 17 章）。

在孔洞效应变差函数中，正弦形态通常围绕方差振荡；它们反映了所代表现象的周期性。孔洞效应变差函数通常反映一个平稳的过程，因为它具有很强的周期性，只要达到平台（方差）的滞后距离不是太大（知识箱 13.5）。但是，平稳过程并不一定具有孔洞效应的变差函数。例如，白噪声具有无周期的块金效应，但它是一个平稳的随机过程。

知识箱 13.5　地空数据的周期性和平稳性

一些作者认为，石油储层由于沉积过程中的周期性变化而在垂直方向上不平稳（Armstrong 等，2003）。事实上，情况正好相反。首先，储层是否在垂直方向平稳取决于所关注的属性和研究尺度。垂直方向上可能有些储层属性不是平稳的，但其他属性却满足平稳性标准。更重要的是，当沉积是周期性的时候，变差函数更有可能显示一个平台或围绕平台的孔洞效应，这样，属性（岩相或岩石物理属性）由于周期性就更有可能平稳（之后，指示变差函数示例将清楚地显示由于周期性沉积而垂直方向上平稳）。此外，极端情况下，周期性非常强，因此空间或时间相关性趋向于余弦函数，意味着完美的平稳性（第 17 章）；完美的周期性导致一个完美的平稳性（充足条件）。

但是，周期性不是平稳的必要条件，因为随机性也会导致空间过程的平稳性。考虑另一个极端，其中过程的周期性下降，甚至完全消失，因为随机分量增加到具有纯块金效应的变差函数，这也代表一个平稳的过程。因此，周期性是过程的确定性的规律性特征，它有助于地空属性的平稳性，不过，平稳性不要求地空过程是周期性的。简而言之，在适当的尺度下的完美的周期性是空间过程平稳的一个充分条件，但它不是必要条件。

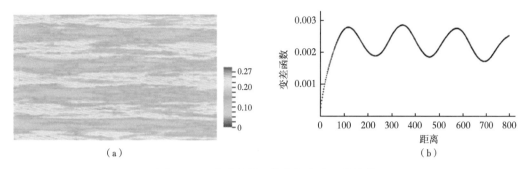

图 13.10　孔隙度剖面分布与变差函数计算

（a）孔隙度的垂直剖面；（b）显示很强的孔洞效应的垂直变差函数，方差＝0.020，
正弦型波围绕方差而波动（平稳随机过程的特征）

为了将这种周期性反应在地质模型中，必须适当拟合实验变差函数中的孔洞效应。常见的变差函数模型，如球状或指数函数传达储层属性的差异性作为滞后距离的函数单调地增加到平台。另一方面，孔洞效应变差函数意味着变差函数作为滞后距离的函数周期性地变化。在后面的部分中，将讨论岩性的指示变差函数，并更详细地讨论孔洞效应变差函数。

13.4.4　探测和描述空间连续性中的各向异性

变差函数分析可以探测和描述储层属性空间连续性的各向异性。当二维或三维储层属性的不同方向的变差函数不同时，就说明存在各向异性。地质统计学区分两种类型的空间连续性的各向异性：区带性各向异性和几何各向异性。

当变差函数具有相同的平台，但不同方向有不同相关程而且不同方向的相关程对二维属性可以拟合为一个椭圆或者对于三维属性可以拟合为一个椭圆体，各向异性称为几何型的。当某一方向变差函数的平台与其他方向的不同时，称为区带各向异性。严格地说，任何不满足几何各向异性条件的各向异性都是区带各向异性。因此，当一个方向变差函数的相关程不能拟合在其他方向二维属性或三维属性的椭圆时，这个定向变差函数代表定向或区带各向异性。

图 13.11（a）显示了具有几何各向异性的白云岩含量（Vdol）图；其变差函数在 x 方向和 y 方向 ［图 13.11（b）］。对于网格化二维或三维储层属性，可以在任何方向计算变差函数，并可以绘制一个变差函数图。图 13.11（c）显示了一个白云岩含量图 ［图 13.11（a）］的变差函数图。相关程在东西向最长，在南北向最短，所有方向的变差函数都可拟合于一个椭圆。椭圆的方向取决于储层属性的各向异性。图 13.11（d）显示一个变差函数图，其西北方向具有最长相关程。综上所述，超出相关程，变差函数不应有明显的趋势；否则，该属性是非平稳的，并且可能存在区带各向异性。图 13.11（e）显示了一个典型的区带各向异性变差函数。

各向异性在真实数据中无处不在。绝对地讲，在二维或三维储层属性中人们可能永远不会看到一个完美的各向同质性。即使是几何各向异性也是近似的。这使我们能够足够地简化变差函数模型，使它可用于估计和模拟储层属性。

此外，各向异性是非均质性的一种形式。虽然大的非均质性不一定意味着大的各向异

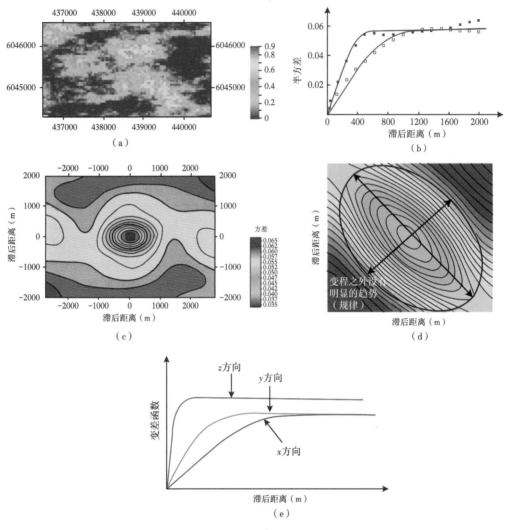

图 13.11　反映各向异性的变差函数示例图

（a）具有各向异性的二维白云岩含量（Vdol）图；（b）图（a）中 *x* 和 *y* 方向的变差函数；（c）图（a）的变差函数图；（d）一般几何各向异性的原理视图，其中不同方向变差函数中的相关程理想地形成一个椭圆，这是几何各向异性的特征；（e）各向异性的变差函数模型，*x* 方向和 *y* 方向中的变差函数可拟合为几何各向异性，*z* 方向的变差函数显示一个区带的各向异性

性，大的各向异性趋向于增加非均质性。例如，大断层的存在通常与很强的各向异性和非均质性两者联系在一起。

13.4.5　描述空间平均连续性范围和地质物体大小

由于变差函数是空间变量的不相似性或变异性的度量，因此大多数储层属性的变差函数会随着滞后距离的增加而增加。如前所述，一个平稳变量的变差函数在超出相关程后将稳定在一个平台或者在其上下波动。此相关程大约是储层属性的空间相关性的平均范围。平均相关程可以解释为空间平均连续性。图 13.12（a）显示了一张 Vdol 图，其中可观察到某种空间相关性。东西向的平均相关程约为 1400m，这是以变差函数为特征的［图

13.12（b）]。类型变量，如岩相和岩石类型的连续性与岩石体大小有关，可以通过变差函数来描述，但岩相和岩石类型必须首先变为指示变量（第13章第5节）。

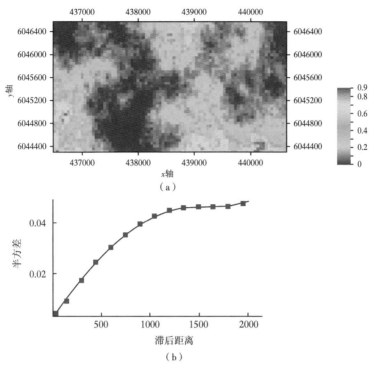

图13.12 物体平均大小与变差函数（相关程）之间的关系图

（a）白云岩含量图；（b）在（a）图的各向同性变异函数图

13.4.6 解释空间分量过程

一个变差函数显示多个平台或准平台趋势［图13.13（a）］通常暗示地空变量含有几个不同空间连续尺度的子过程。这种变差函数可以由嵌套模型模拟。具有两个或多个模型的嵌套变差函数具有不同的平台和相关程及可能不同的模型类型。例如，图13.13（b）中的储层属性图可以分解为两个子过程［图13.13（c）和图13.13（d）］。图13.13（c）中的分量图具有长相关程的变差函数，而图13.13（d）中的分量具有短相关程的变差函数［图13.13（a）］。分量过程的估计可以使用因子克里金法进行（第16章）。

由于大多数储层数据在经验变差函数中有固有的不确定性，嵌套变差函数模型在空间插值中不如在滤波中有用。但是，当与深入地对过程进行物理分析相结合，定义嵌套模型可能很有用。当样品数据充分可用，例如三维地震数据或许多正在钻探和记录的井，更有利于这种分析。拟合嵌套的变差函数是信号滤波的关键步骤，包括在地理空间数据中去除白噪声（第16章）。

13.4.7 探测随机分量和过滤白噪声

块金效应代表一个没有空间相关性的随机过程或白噪声。在地球科学中，看到纯块金效应变差函数是很罕见的；实验变差函数显现的块金效应往往是取样不够的表现。当更紧

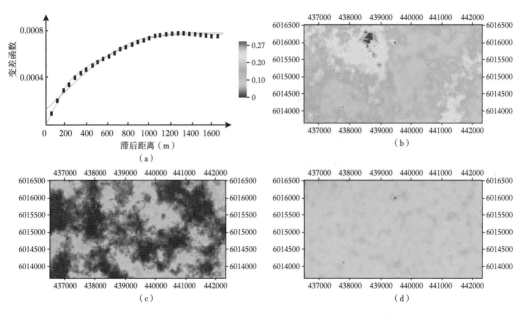

图 13.13　孔隙度变差函数多分量分解示例图

（a）孔隙度图的变差函数，显示大滞后距离（相关程约为1200m）的稳定平台和小滞后距离的平台趋势
（相关范围约为300m）；（b）孔隙度图，具有（a）中的变差函数来描述其空间连续性（准各向同性）；
（c）在（b）中的一个分量过程，具有图（a）中的远相关程变差函数来描述其空间连续性；（d）在
（b）中的分量过程，具有图（a）中短相关程变差函数来描述其空间连续性

密采样的数据可用时，具有一定相关程的变差函数经常可以得到。不过，部分块金效应的变差函数很常见，这意味着地空属性中具有部分随机分量（至少在分析的尺度上）。例如，图 13.5（b）在属性方差中显示大约 30% 的块金效应。因子克里金法或光谱滤波可用于从属性中过滤掉块金效应的分量（第 16 章）。

13.5　岩相的变化性和指示变差函数

岩相是描述岩石代码类别的离散变量，其空间连续性的表征与描述连续储层属性的空间连续性有一些差异。在地质统计学中，岩相由离散变量的子集代表，称为指示变量（Jones 和 Ma，2001）。指示变量代表具有两种可能结果的二位状态：存在或不存在。从数字上看，存在编码为 1，不存在编码为 0。三个或更多状态的指示变量可以定义为一种岩相存在以及所有其他组合不存在，表明没有选定的岩相。依次对每种岩相进行分析，以便对所有的岩相进行处理。

岩相的空间变异性可以通过指示变差函数来描述。地层中观察到的岩相变差函数作为滞后距离的函数往往具有周期性。与连续变量相比，指示变量的孔洞效应变差函数更常见。孔洞效应指标的周期数和振幅也受到岩性代码的相对比例和岩体的大小和变化。这些解释了为什么指示变差函数经常，但不总是，显示具有可定义的平台，也即二阶平稳，尤其适用于通过多个沉积的垂直方向的变差函数（Jones 和 Ma，2001）。

指示变量的方差始终介于 0 和 0.25。最大值 0.25 对应于其中一种岩性占比为 50% 的情况。这是因为方差等于主题相的总体比例和所有其他相的比例的乘积（Jones 和 Ma，

228

2001）。但是，指示变差函数的值可以大于0.25，但始终低于或等于0.5（即指示协方差值不能低于-0.25；显然，这些陈述仅涉及未标准化的指示变差函数/协方差）。在大滞后距离下，实验指示变差函数倾向于围绕方差波动。在短滞后距离处，指示变差函数往往是线性的，不可能是抛物线型；因此，高斯变差函数不能是指示变量的变差函数（Dubrule，2017）。指示变量不太可能是纯块金效应的变差函数。部分块金效应的变差函数意味着有非常小的岩石体存在。

由于变差函数代表一定程度的不连续性，因此指示变差函数代表在空间中从一种岩性类型变为另一种类型的趋势。图13.14（b）显示一个岩性指示变量产生的变差函数，由于垂直方向上具有重复的岩性序列，因此有非常强的周期性［图13.14（a）］。这是指示变量最周期性的行为。顺便说一下，对于连续变量，最周期性的行为是余弦函数［即1-cos（h）］，因为它代表正弦型函数（一个周期函数）。对于这样的周期性的相关性，可以引入"远邻"的概念。事实上，一方面，两个遥远的点可以有一个很强，甚至完美的相关性（即，遥远而又像邻居一样，有紧密的关联）。另一方面，两个点彼此距离不太远，可能具有零相关性（相邻，但相关性很小，就像不"认识对方"）。在示例中［图13.14（a）和图13.14（b）］，当滞后距离是48的倍数时，相关性是完美的，无论它们相距多远。

更一般地说，周期不会像余弦函数或如图13.14（b）所示的重复三角形那样强，但概念仍然有效。在实践中，指示变量孔洞效应变差函数中的周期性特征通常具有正弦形式，但其幅度作为滞后距离的函数而逐渐降低，如图13.14（d）中的变差函数所示。这反映了沉积序列的周期性［图13.14（c）］。随着岩性体的变化变大，周期性会进一步降低，变差函数中的孔洞效应越来越不明显，甚至在消失［图13.14（e）和图13.14（f）］。图13.14（g）显示了四个变差函数，反映了岩石体大小变化对降低周期性的影响。

简而言之，孔洞效应指示变差函数可能会出现各种形式，具体取决于岩相体的大小及其变化，从Jones和Ma（2011）的研究扩展为下面几点：

（1）当岩相体大小不变时，就会出现完美的周期。可以区分为两种情况。首先，当指示变量的两个代码具有相同的恒定体大小时，指示变差函数具有三角形形式［图13.14（b）］。其次，当每个代码具有恒定的大小，但两个代码的大小不同时，指示变差函数将具有梯形形式，如之前讨论的那样（Jones和Ma，2001）。

（2）当指示变量在物体大小有低到中等变化时，变差函数显示很强的周期性，但其振幅逐渐降低。

（3）当指示变量岩性体大小有较大变化，并且两个岩性比例大致相同时，指示变差函数显示一个或多个波峰和波谷［图13.14（c）和图13.14（d）］。

（4）如果一种岩性物体有高度变化的大小，另一个有中等变化的大小，指示变差函数将有较差的周期性。

（5）当指示变量中的两种岩相的比例相差很大，其中比例高的岩性物体的大小变化很大，而比例低的岩性物体变化不大时，变差函数在短滞后距离就达到平台。

此外，请注意，指示变差函数指示两个不同岩相之间在两个由滞后分隔距离 h 的点之间转换（如 $A \to B$ 或 $B \to A$）。但是，变差函数不区分过渡的类型，因为两个岩性转换都以同样的方式影响变差函数计算（Carle 和 Fogg，1996）。

当岩石的一个代码的物体大小发生很大变化时，它可以覆盖沉积的周期性。如果使用大角度公差计算定向变差函数，则各向异性的物体也可能不会导致各向异性变差函数。

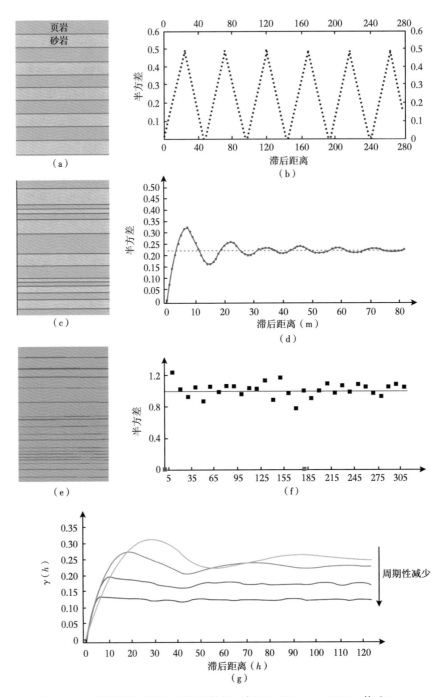

图 13.14 不同岩性结构的变差函数图（据 Ma 和 Jones，2001，修改）

（a）具有恒定厚度、交互的页岩和砂岩沉积（理想沉积序列）；（b）在（a）中的岩相指示变量的变差函数。方差为 0.25，因为两个岩相都是 50% 的比例；（c）厚度变化、交互的页岩和砂岩沉积；（d）在（c）中的岩相指示变量的变差函数，显示中等周期性。方差为 0.225，因为两个岩性略有不同的比例；（e）厚度变化大、交互的页岩和砂岩沉积；（f）图（d）的指标变差函数，显示较差的周期性；（g）四个实验变差函数，显示了岩相体的大小变化降低周期性。这些变差函数是通过使（c）中的岩相体大小变化而获得的。随着岩相体的变化，变差函数的周期性减低，并最终消失（从顶部曲线到底部）

岩相在垂直或水平空间分布的周期性，可以使用孔洞效应变差函数更好地模拟，因为常见的变差函数模型（如球状、指数和高斯）不能很确切地拟合这样的变差函数。一些理论模型，包括高斯、幂、立方和主正弦模型，不能产生对应的指示变量的随机过程（Dubrule，2017）。

几个相乘的复合变差函数模型已有提出，以便拟合孔洞效应实验变差函数（Journel 和 Huijbregts，1978；Ma 和 Jones，2001；Dubrule，2017）。这些复合模型可以适合包含低度到高度周期性的实验变差函数。图 13.15 显示了一些具有各种周期度的空洞效应变差函数模型，可用于拟合多种不同周期性的空洞效应。它们是指数—余弦相乘的复合模型。

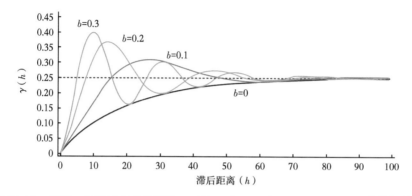

图 13.15　指数—余弦复合变差函数，$\gamma(h) = V[1-\exp(-3h/a)\cos(bh)]$，有效相关程 $a = 60$ 和角频率 $b = 0$、0.1、0.2 和 0.3（分别对应于波长 $= \infty$、62.8、31.4 和 20.9）

13.6　交叉协方差函数

交叉协方差是交叉相似性的度量。对于平稳随机函数，它定义为两个滞后距离 h 的不同平稳随机函数残差乘积的均值，如下：

$$Cov_{yz}(h) = E\{[Y(x) - m_y][Z(x + h) - m_z)]\}$$
$$= E[Y(x)Z(x + h)] - m_y m_z \qquad (13.14)$$

其中，m_y 和变量 m_z 分别为变量 $Y(x)$ 和 $Z(x)$ 的均值。

交叉协方差不一定对称；对应于 $Cov_{yz}(h)$ 的是 $Cov_{zy}(h)$，定义为：

$$Cov_{yz}(h) = E\{[Z(x) - m_z][Y(x + h) - m_y]\}$$
$$= E[Z(x)Y(x + h)] - m_z m_y \qquad (13.15)$$

当 $Cov_{yz}(h) = Cov_{zy}(h)$ 时，交叉协方差函数是对称的；否则，就不对称。不对称交叉协方差在信号分析中很常见（Papoulis，1977），即两个信号之间存在延迟，但它也可能出现在地球科学中（Wackernagel，2003）。

当标准化为一个标准差时，协方差函数成为相关函数。它们的关系是：

$$C_{yz}(h) = Cov_{yz}(h)/(\sigma_y \sigma_z) \qquad (13.16)$$

$$C_{zy}(h) = Cov_{zy}(h)/(\sigma_z \sigma_y) \qquad (13.17)$$

13.7 总结和评论

除了使用方差或标准差（第 3 章和第 4 章）对地球科学和储层属性中的非均质性进行定量分析外，变差函数为分析储层非均质性提供了另一种方法。变差函数是空间不连续性程度的一种描述。空间相关性（或协方差）函数描述空间连续性。

指示变差函数是岩体大小的一种表达。在地质统计学中，在计算指示变差函数时，主题岩相被编码为 1，其余的岩相被编码为 0。在信号处理中，通常将一个事件编码为 1，而另一个事件编码为 -1。

周期性现象可以在任何方向上出现，但在地质中，垂直方向的周期性更为常见，因此，孔洞效应在垂直的变差函数图中是经常看到的。这可发生在连续变量或者指示变量上，不过，通常在指示变量中更明显。

一些地球科学家认为，拟合变差函数是地质统计方法的一个缺点，他们有些时候更喜欢使用简单的制图算法，特别是对于早期的勘探应用。在某些情况下，情况可能如此。但是，当足够数据可用时，计算和拟合变差函数是一个了解地质和储层属性空间连续的过程。

13.8 练习和问题

为了深刻理解变差函数，应该使用计算器对小型数据集计算实验变差函数。这就是为什么我们用简单的数字进行这些练习的原因。备注：我们假设数据点之间的距离相等，相距 1m，但对任何距离单位，工作方式都相同。

（1）分别计算 A 和 B 以下两个数据集的平均值和标准差。

A：1 3 5 7 9 8 6 4 2
B：4 1 6 8 2 5 9 3 7

（2）计算上述每个数据集 A 和 B 的变差函数，最大滞后距离 $h = 5$。注意：数据点之间的距离相等，相距 1m。

（3）为每个数据集制作变差函数图（作为滞后距离的函数）。

（4）比较两个变差函数。解释为什么它们是不同的。

（5）计算以下数据集 C 的变差函数，最大 $h = 7$，对变差函数绘图作为滞后距离的函数。比较此变差函数和练习 1 中数据集 A 的变差函数。注意：数据点之间的距离相等，相距 1m。

C：1 3 5 7 9 8 6 4 2 0 1 3 4 6 5 2

（6）从练习 2 中的变差函数中，计算相应的协方差函数，最大滞后距离为 $h = 5$。在同一图形中绘制相关图（协方差除以方差）和标准化的变差函数（除以方差），并进行比较。

参 考 文 献

Armstrong M. and Jabin R. 1981. Variogram models must be positive-definite. Mathematical Geology 13（5）：455-459.

Armstrong M., Galli A. G., Le Loc'h G., Geffroy F. and Eschard R. 2003. Plurigaussian simulations in geosciences. Springer, Berlin.

Barnes R J. 1991. The variogram sill and the sample variance, Mathematical Geology 23 (4): 673-678.

Carle, Steven F. and Fogg, Graham, E. 1996. Transition probability-based indicator geostatistics: Mathematical Geology 28 (4): 453-476.

Chiles JP. and Delfiner P. 2012. Geostatistics: modeling spatial uncertainty, 2nd edition, Wiley.

Dubrule, O. 2017. Indicator variogram models: Do we have much choice? Mathematical Geosciences, DOI 10. 1007/s11004-017-9678-x.

Genton MG. 1998. Variogram fitting by generalized least squares using an explicit formula for the covariance structure, Mathematical Geology 30 (4): 323-345.

Gringarten, E. and Deutsch, C. V. 2001. Variogram interpretation and modeling, Mathematical Geology, v. 33, p. 507-535.

Jones, T. and Ma, Y. Z. 2001. Geologic characteristics of hole-effect variograms calculated from lithology-indicator variables. Mathematical Geology, 33 (5): 615-629.

Journel, A. G. and Huijbregts, C. J. 1978. Mining geostatistics: Academic Press, New York.

Krige, DG. 1951. A statistical approach to some basic mine valuation problems in the Witwatersrand, J. Chemical, Metallurgy & Mining Soc. S. Africa, 52: 119-139.

Ma, Y. Z. and Jones T. A. 2001. Modeling hole-effect variograms of lithology-indicator variables, Mathematical Geology, 33 (5): 631-648.

Ma, Y. Z. , Seto A. and Gomez, E. 2008. Frequentist meets spatialist: A marriage made in reservoir characterization and modeling: SPE 115836, SPE ATCE, Denver, CO.

Ma, Y. Z. , Seto A. and Gomez, E. 2009. Depositional facies analysis and modeling of Judy Creek reef complex of the Late Devonian Swan Hills, Alberta, Canada, AAPG Bulletin, 93 (9): 1235 - 1256, DOI: 10. 1306/05220908103.

Matheron, G. 1971. The theory of regionalized variables and their applications: Textbook of Center of Geostatistics, Fontainebleau, France, 212p.

Matheron, G. 1973. The intrinsic random functions and their applications, Adv. Appl. Prob. , Vol 5?: 439-468.

Matheron, G. 1989. Estimating and choosing: An essay on probability in practice. Springer-Verlag, Berlin, 141p.

Papoulis A. 1977. Signal analysis. McGraw Hill Book Company.

Stein ML. 1999. Interpolation of spatial data: some theory for kriging. Springer, New York, 247p.

Wackernagel H. 2003. Multivariate geostatistics: An introduction with applications, 3rd edition, Springer, Berlin.

第14章　地质和储层建模简介

"当对现象或不同观察之间的联系做出简单的解释时，科学是美丽的。"

斯蒂芬·霍金（Stephen Hawking）

摘要： 储层模型是基于计算机对地下地层及其岩石和岩石物理属性的数字表达。建立储层模型包括构建构造和地层模型，确定沉积相和岩石物理属性在模型中的空间分布。构建良好的储层模型需要地质、地球物理、岩石物理和油藏工程的多学科分析和整合，以及使用科学和统计推论。本章介绍储层建模的原理，包括目标、原则和一般工作流程。之后的章节介绍各种建模方法及其应用。

14.1　简介

由于储层模型是地下地层的数字表达，因此其几何定义由其研究的区域以及顶部和底部界面确定。储层模型用三维网格表达，以便模拟岩石和岩石物理属性的非均质性。详细的储层模型的几何特征将在第 15 章中介绍。岩石和岩石物理属性的储层建模包括科学地分析和应用适当的方法和流程对岩石类型和岩石物理建模。这是一个把地质、地球物理和石油物理数据整合成三维储层模型的过程。它需要输入数据来定义储层几何形状，对储层属性进行能够尊重数据的建模，产生一个三维模型，以便用于描述储层的主要特征、岩石属性、体积和流体流动特征（图 14.1）。

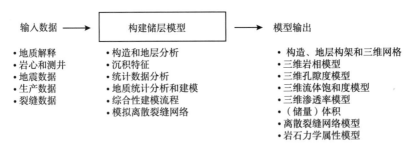

图 14.1　储层建模的关键要素：输入数据、模型构建和输出

储层建模是将所有地球科学数据和解释输入整合为一个三维体的过程，并基于该模型应用综合方法通过油藏数值模拟实现历史拟合和油藏性能预测。建模过程是不同学科之间的交流平台。地球科学家和油藏工程师组成的资产评估小组可以使用可视化的模型进行数据分析及交流油藏知识。储层模型提供了审查解释结果并协调和解决来自各种数据源的不一致的工具。此外，储层模型还提供用于不确定性综合分析的平台。

三维地质构造和岩石物理属性三维建模已成为油田油气资源评价的基础。可以使用定量描述地下非均质性的模型来估计资源量。基于三维模型方法的优点包括易于整合地层、岩相和岩石类型中不同尺度的信息及其不确定性工作流程。具体优势包括以下内容：

（1）多学科整合；

（2）模拟地质和岩石物理非均质性；

（3）对输入数据和参数进行客观分析，包括纠正采样偏差；

（4）模拟输入变量的相关性；

（5）从静态不确定性分析转变到动态不确定性分析。

储层建模的四个原则是：①模型具有真实性；②模型具有实用性；③从数据到模型推理具有科学合理性；④不确定性得以了解。真实性意味着模型反映主要的地下实际情况，并在地质上是合理的。实用性意味着模型适合于应用，不过分复杂，避免不必要的细节。这里的前两个原则构成了精确储层模型的基础。第三个原则，通过科学性合理的推理建立模型，是实现实用性和真实性的关键。简单地说，就是模型的准确性。第四个原则，不确定性分析是由于地下地层的复杂性和可用于其描述的硬数据的有限性（第 24 章）。

14.1.1　输入数据

定义储层模型几何形态所需的数据包括一个定义模型横向延伸范围的多边形信息，定义模型垂直方向位置和厚度的储层顶部界面和底部界面。此外，可能需要中间的界面来定义模型的内部地层结构。当存在断层并影响流体流动时，它们需要输入以便定义有断层的模型框架，模型可能分割成多个断块。断层通常是从地震数据的解释中获得的。边界和中间面可以从地震解释和/或从井的标志层制图得到，后者通常来自地层对比（第 15 章）。

岩石和岩石物理属性在模型中的三维分布，使用井数据作为模型的控制条件。这些数据一般来自对测井和岩心的岩石物理分析，最关键的数据包括岩相、岩性体积比例（如页岩体积比例）、净毛比、孔隙度、含水饱和度和渗透率，因为这些属性直接或间接用于估计孔隙体积、油气体积和储层的流体特征。

由于硬数据通常有限，因此建议使用辅助数据来约束储层模型。这可能包括对沉积特征的地质解释（第 11 章），可标定为岩相和/或岩石物理属性的地震数据（第 12 章）及用于定义储层属性的各向异性的方位数据。随时间而变化的动态数据也可用于储层建模。这包括在井上测量的生产数据，如压力、油和气的采收率。这些数据可用于约束储层模型或验证地球科学数据与工程数据之间的一致性（第 23 章）。

14.1.2　模型构建

在构建储层模型时至关重要的是推理，因为从有限的硬数据到整个区的外推涉及重大不确定性，而且对储层属性模型约束的软数据具有多解性。建模方法的选择性取决于从输入数据到生成准确的模型中是否使用正确的科学推论。否则，即使数据的质量和数量不存在问题，也可能会因为建模技术的不当选择而产生不好的模型。该书第二部分主要是关于如何使用科学上合理的方法和流程构建储层模型（14 章第 2 节）。

14.1.3　模型输出

作为储层的数字表达，模型也是构成油藏的地下地层的三维可视化形式。由于模型包含了储层的几何和物理描述，因此，可以在模型中生成许多属性。储层模型的两个最关键的属性是体积属性和流动属性。

具体来说，体积属性包括孔隙体积、净孔隙体积、油气资源体积（HCPV）、原地初始的原油（体积）储量（STOIIP）、原地气的储量体积（GIIP）和连通的油气体积。这些属性也可以按地层、断块、多边形、特定租赁区等输出。流动性的特征体现在三维模型网格的几何形状、地层分带、分层方案、断层传导性和渗透率模型中。这些属性中的每一个都有自己的特征。例如，渗透率可以通过垂直和水平渗透率的比值、水平渗透率各向异性、渗透率对比度、与断裂相关的渗透率和极低或极高的渗透率和空间模式。

此外，可以从三维储层模型中提取各种地质和岩石物理属性的图，包括构造图、等厚度、沉积相分布图、局部孔隙体积分布和局部油气体积分布。这些输出有助于将储层模型与传统地质分析联系起来，包括断层几何特征、断层封闭性分析、地层图、沉积相和孔隙分布。

14.1.4　储层模型的应用

大多数建立的模型都是储层地质和岩石物理描述的综合体现，并作为油藏数值模拟的输入，故储层建模的目标与油藏模拟是一致的。油藏模拟的主要目的是提高油藏的盈利能力，这需要借助于更好的油藏管理，包括新油田的开发方案和成熟油田的枯竭策略。储层建模和模拟可以解决流体的体积预测（石油、天然气和水）、产量下降分析、加密井提升产量、二次或三次采收率选择、油井管理策略、水/气处理策略和设施限制、流体界面移动、液体流出、油藏监控策略、注水注气策略及钻井和完井设计。储层建模和油藏模拟也可用于储量确认或修订，以及权益确定。

即使不进行油藏模拟，模型也可用于储层管理和监测活动，例如监测流体运动、流体界面和压力。储层模型可以用于一次采油和强化采油的监测方法。它们可与延时地震分析一起使用，具备监测油藏条件随时间变化的能力。根据模型计算的连通体积可与动态数据进行比较，以确认有效的排液量或提出进一步研究的问题。

传统上使用垂直平均储层属性的二维图方法或纯参数方法，如蒙特卡罗模拟（Ma，2018）进行油气体积评估。三维储层模型可以更准确地估计油气体积，因为可以考虑毛细管压力效应、储层属性的非均质性及其相关性（第22章）。

储层模型也可用于断层封闭性或传导性分析，因为在同一个平台三维体中便于对构造、地层和岩石物理属性进行分析，便于预测断层的密封潜力，计算垂直和水平断距。将基于模型的地层和岩相特征的沉积相对接，可以分析断层的潜在影响。

表14.1列出了不同油田开发阶段储层建模的目的。虽然这些目的中的任何一个都可以使储层建模变得有价值，但有些目标必须通过储层建模才能达到。表14.2给出了按照重要性对最常见建模目标的排序。

表 14.1　油田的三个主要开发阶段储层建模的关键目标

勘探	开发	生产
增强沉积环境和概念模型理解	构建更详细的构造和地层模型	评估小规模非均质性，包括对流动单元建模
优化地层模型	确定井位	开展历史拟合
评估断层隔离	规划和设计井，包括井的轨迹	确定采收率
理解区域地质，包括叠置模式、相带转换和沉积相对岩石物理属性的影响	评价中等规模的储层非均质性和连通性	验证、修改和账面储量
加强地震地质一体化和一致性	模型中集成地震属性和反演	预测油藏生产特征
确定新的远景区	精准的体积评估	用于储层管理
选择评估井	对投资机会排名	更新模型并获得常绿模型
计算原地储量体积	识别甜点	优化油田生产
制定开发方案	完井设计	监控流体运动
将模型用作数据/信息存储库	分析不确定性	识别未波及的油层
分析不确定性		执行提高采收率措施（EOR）
		打加密井
		执行修井/重新完井
		确定股权单位化/仲裁
		油田枯竭方案

表 14.2　构建储层模型的重要性排序

标　　准	重要性
油藏模拟研究已计划进行	10
需要为一项重大投资选择提供开发方案	10
油田是一项重大资产，需要大量储层管理和枯竭规划工作	10
确保提高采收率及二次采油的必要性；投资回报需要探讨；需要最佳的开发计划；需要估计以获得项目资金	9
需要通过确定准总体的 STOOIP 和历史拟合模拟对储量确认和修订（与物质平衡、下降曲线分析冲突）	8
对储层和井的性能（复杂的地质、流体等）需要进一步理解	7
油田涉及边界争端，或可能需要未来的统一化	6
计划进行重要的钻井/修井活动	5

注：重要性从高（10）到低（1）。其他因素可能会影响标准和最终决定。

14.2　处理多尺度非均质性的分级建模

多尺度非均质性是地下地层的基本特征，在储层建模中需要给予足够重视，因为它们在很大程度上决定了建模方法的合理选择（第 8 章）。因为储层属性的大尺度非均质性往往会导致平稳随机建模方法误入歧途，因此如果不能定义多尺度非均质性的准确层次结构，就不能直接使用平稳随机过程完成储层属性建模。有两种处理空间非均质问题的思想流派。在空间统计学的早期，人们提出了非平稳随机模型来处理大尺度非均质性。例如，泛克里金和 k-阶内蕴随机函数（IRF-k）可用于空间插值（Chiles 和 Delfiner，2012）。虽然这些技术在一些应用中有效，但它们难以采用数学函数识别和表征大型非平稳的非均质性。通过确定性分析函数来描述非平稳成分通常带来歧义，而且很难对复杂的非平稳现象的结构非均质性进行模拟，例如地层中储层的多层次非均质性的非平稳现象。

另一种思想流派是用分层次建模策略处理多尺度空间非均质性（Ma，2010）。在储层表征中，分层次建模有许多优点，因为它可以恰当地允许使用地质原理和多尺度储层非均质性知识。在每个层次结构中，可以使用相对均匀的属性定义多个实体，然后平稳或局部平稳随机方法可以用于预测这些属性。

更一般地说，地理空间现象的连续性可以大致分为两类：突变和渐变。任何突变的非平稳性问题可以定义为多个横向和/或垂直方向的非均质性的层次结构和适当空间区。可以对地质和岩石物理属性的相互关系和等级进行整理，然后建立基于非均质性规模的分层次框架。油藏或勘探区可以分割成相对均一或渐变的非均质区。当物理边界很清楚时，这是明确的。边界越清晰，定义区块越容易。在不使用非均质性的多级分析的情况下，非平稳随机模型的情况并非如此。

图 14.2 说明使用地质分类及其属性（分类的属性）的分层次工作流程。每个层次级别有两个或多个类别和一个或多个属性。定义的类别是数据分析和属性建模的高级条件。属性在每个相对均质的类别中建模。在较低级别上，当之前建模的属性可用作新的类别时，该过程可以继续使用新选择的属性进行建模。因此，中间变量具有二元性，其相对于较高级别是属性，相对于较低级别是类别。在实践中，如果一个属性具有较低的级别的一个或多个属性，它应成为类型变量，以便它成为（参考的）类别。

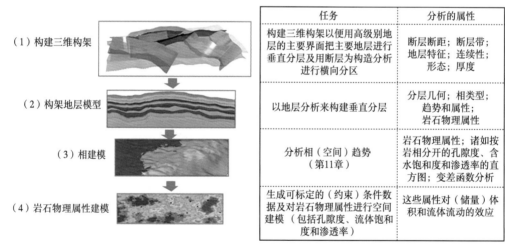

	任务	分析的属性
（1）构建三维构架	构建三维构架以便用高级别地层的主要界面把主要地层进行垂直分层及断层为构造分析进行横向分区	断层断距；断层带；地层特征；连续性；形态；厚度
（2）构架地层模型	以地层分析来构建垂直分层	分层几何；相类型；趋势和属性；岩石物理属性
（3）相建模	分析相（空间）趋势（第11章）	岩石物理属性；诸如按岩相分开的孔隙度、含水饱和度和渗透率的直方图；变差函数分析
（4）岩石物理属性建模	生成可标定的（约束）条件数据及对岩石物理属性进行空间建模（包括孔隙度、流体饱和度和渗透率）	这些属性对（储量）体积和流体流动的效应

图 14.2　四个级别的分级建模的架构图
（1）大规模垂向和横向分割；（2）更详细的地层分层；（3）相建模；（4）岩石物理属性建模
（所有较低级别的功能都可以用于定义更高级别实体的属性，如地层、区块/段和复合岩相）

多尺度非均质性的分层建模工作流程包括使用构造和地层元素构建模型框架、岩相建模、孔隙度建模及渗透率和流体饱和度建模。综上所述，地层单元可定义各种沉积事件垂直相序的大尺度非均质性。因此，可以在构建模型框架的每个地层单元中对岩相和岩石物理属性建模。

沉积相和岩相通常描述储层的中等尺度的非均质性。其三维分布基于沉积分析、沉积概念模型、岩心相描述和测井岩性数据的集成（第10章）。岩石物理属性的三维分布可以受岩相模型约束，同时尊重井数据及其相互关系。另一种方法是，岩相概率在进行了合理校正后可用于约束岩石物理属性的建模（第19章）。

在这种分级工作流程中，工作属性、高阶属性和低阶属性（即高阶属性）的角色会动态变化。在从构造、高阶地层分析构建三维模型框架时，地层特征、沉积特征和断层特性是定义大套分隔层序组的主要特征。在构建地层模型时，岩相比例、趋势和分层几何性是考虑的较低顺序的属性；岩石物理属性也是很重要的考量，但它们通常与岩相（比岩石物理属性更高级别属性）相关。例如，从岩相比例曲线中得到的沉积相叠加样式可显示沉积岩相的垂向变化，并且可用作建立地层模型时分隔地层带的标准。稍后将提供一个示例。在构建岩相模型或沉积相模型时，岩石物理属性是用于分析的较低级别属性。当两个岩相具有相似的岩石物理属性，而且空间上接近时，它们可以组合成复合岩性体在一起建模（第11章）。另一方面，当两个岩相具有非常不同的岩石物理属性时，它们通常应该在建模中为单独的岩相代码，尤其是可用的数据足够丰富时。

在特定应用中，并不是流程中的所有级别都是必需的。例如，如果没有断层，则无须构造分析和建模即可直接构建地层模型。当岩相或岩性不是控制岩石物理属性的重要因素或没有数据可用时，可以跳过岩性模型，可以在地层模型中直接对岩石物理属性建模。

14.2.1 处理大尺度垂向非均质性

在三维储层建模中，由于垂直方向的岩石属性变化较快，因此首先分析垂直方向的非均质性是一种好的做法。通常，沉积特征作为海平面（或水平面）及供应和储存空间的变化而变化。水平方向的沉积连续性一般比垂直方向的连续性高很多。这就是为什么地层学可以认为是沉积和岩石物理属性的控制变量。地层在三维模型可以根据在每一层中的岩相、岩石类型和岩石物理属性的相对均质来划定。

地层最常见的划分方法是基于地层对比。通常，储层属性的主要差异、界面的急剧变化、序列边界和洪泛面（flooding surface）是用于确定地层划分的重要地质标准。根据地层的垂向非均质性和已有数据，地层对比可以划分大规模地层组或高频地层单元。在大多数应用中，地层对比会解释出许多标志层，但并非所有标志层都应该用于构建地层模型。使用岩相平均叠置样式（average stacking pattern），自上而下，确定建模中地层划分的单元数和保留的标志层。图14.3（a）显示了四个岩相的垂直剖面，是由模型区域内的十几口井的数据作为深度的函数计算得到的。最初用地层对比解释了九个标志层。不过，只有四个地层在垂直剖面中更为明显。因此，地层模型可以用四个地层，而不需要用地层对比解释的九个标志层所定义的八个地层。此方法需要注意的一点是由于岩相比例的垂直剖面是平均叠置样式，因此忽略了横向非均质性。应该检查相关的不同地层的相变是否具有类似的趋势。如果它们差别很大，则这一地层应该作为单独的地层在地层模型中保留。

这种使用平均岩相叠置样式的自上而下方法可以扩展到使用岩石物理属性的垂直剖面。图14.3（b）显示了有效孔隙度的垂直剖面。地层对比过程中解释了十几个标志层（未显示）。然而，孔隙度垂直剖面只显示五个不同的地层，这将是用于地层模型最小地层数。这意味着，其他一些标志层定义的小层，如果它们的侧向非均质性具有相似性，可以与相邻的小层组合起来。换句话说，上面提到的注意点同样是适用的，因为岩石物理属性的（平均）垂直剖面不直接考虑横向非均质性。

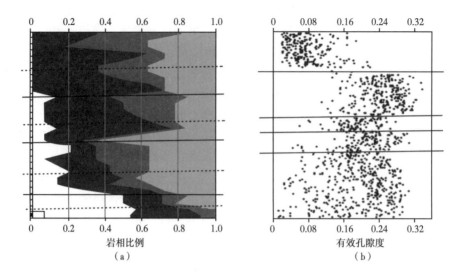

图 14.3　岩相比例与有效孔隙度随地层变化示例图

（a）一个碳酸盐岩储层的岩相比例垂直剖面。白色代表前缘斜坡沉积，浅灰色代表生物礁沉积，中度灰色代表
潮汐沉积，黑色代表潟湖沉积。实线（包括顶部和底部）是建议在地层模型中用的地层。虚线是地层对比
得到的额外标志层；（b）从二十几口井数据算的地下地层的有效孔隙度平均垂直剖面

注：（a）和（b）是两个不同的油区，没有关联；（b）是图 8.12 的修改版本

总之，应该根据地质和岩石物理属性的变化，特别是这些属性的突变来定义单独的地层。每个地层在这些属性中应该相对均一（第 14 章第 3 节第 3 小节）。因为属性几乎永远不会完全均一，因此这里对于要定义的地层数目和绘制边界的位置存在多解性。这取决于模型的要求和可用数据（知识箱 14.1）。

14.2.2　处理水平方向大尺度非均质性

按照沉积的一般原则，横向非均质性通常比垂直非均质性要小。但是，断层可能导致储层区块分割，不同断层块之间的差异可能较大。这种横向非均质性可以通过将储层分割成断块来处理。图 14.4 显示这样一个示例，其中几个大断层形成的具有很大断距的四个断块。

当一个断块的沉积相和岩石物理属性与相邻断块发生了巨变时，建议分断块单独进行属性建模。或者，可以用沉积网格对属性进行建模，然后将地层恢复到沉积期间初始条件的几何形态（第 15 章）。

知识箱 14.1　非均质性和数据量在建模中的平衡，以便实现推理的可靠性

为了模拟各种储层属性的非均质性，有时把属性分为许多类别，例如岩相建模中用许多岩相代码和地层模型中划分许多地层。虽然此方法有助于每个类别（岩相类别或地层类别）的属性的均一性，但是它还会导致每个类别中的数据更少，有限的数据会使统计分析和建模不那么可靠。因此，在建模中分离相对均质的类别时，必须对类别的数据量和模拟非均质性之间寻求平衡。定义更多类别将更容易满足属性的均一性。但是，每个类别中可用于分析的数据量可能会对预测中统计推理的可靠性存在问题，因为过度的分层分区可能会导致增加从有限数据到三维模型的预测方法不可靠性。

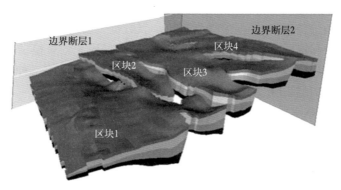

图 14.4　按若干断层划分储层区块的例子（边界断层和分块断层）

14.3　岩石和岩石物理属性建模的综合流程

当高级别非均质性通过建立构造和地层模型得以体现后，就可以依据非均质性的尺度和已有数据建立岩石和岩石物理模型。储层模型的关键岩石和岩石物理属性包括沉积相、孔隙度、流体饱和度和渗透率。沉积相是描述储层地质最重要的属性之一。孔隙度和流体饱和度决定原地油气资源，渗透率决定流体的流动性、生产指数、采收率和从油藏中生产油气的方法。

在岩石和岩石物理属性的空间建模中，重要的考虑因素和任务包括预测精度、理解和尊重物理关系、数据的可用性和固有的非均质性。前三个因素决定属性建模的顺序和约束每个属性的模型（表 14.3）。第四个因素一般倾向于使用随机模拟方法，而不是估计方法。然而，在一些应用中，精度和非均质性的平衡有利于估计方法。另外，可以同时结合随机模拟和估计两种方法（第 19 章）。

表 14.3　储层属性建模和数据

地质和岩石物理属性	主要条件数据	次要约束数据
沉积相和岩性	从岩心和测井解释的井点沉积相和岩性数据（第 10 章）	地质解释、地震属性、沉积相倾向（第 11 章和第 12 章）
孔隙度	各种测井的孔隙度数据，可能已标定到岩心孔隙度（第 9 章）	沉积相模型、可标定为孔隙度的地震孔隙度数据或地震属性
渗透率	井的渗透率数据，来自岩心和测井（通常非常有限）	渗透率和孔隙度之间的关系，可结合其他属性用沉积相标定
流体饱和度	井的流体饱和度数据（第 9 章）	流体饱和度与其他属性（如孔隙度、渗透率和毛细管压力）之间的关系

14.3.1　尊重硬数据和用相关的属性约束模型

模型可以用有限的数据生成，但属性模型中数值的大小及其空间分布具有较高的不确定性。信息的价值包括最充分地探索可用数据，并且充分利用它们作为条件数据，以改善预测精度。两种类型的条件数据可以大致区分为"硬"数据和"软"数据。硬数据是井点处的精确数据，它们能够在模型中得到尊重。软数据来自地震分析和/或地质解释、变差函数/协方差函数和统计参数等辅助条件数据。软数据用于约束模型，通常给一定的权重。理想情况下，权重由软数据和目标属性之间的相关性确定。第二种类型的尊重有时称为约束储层模型（知识箱14.2）。

井数据具有更高的分辨率，地震数据具有更广的横向覆盖。储层建模的一个重要原则就是，利用分辨率高的井数据描述垂直方向的非均质性，用横向覆盖广的地震数据来更好地约束模型，以便减少空间分布的不确定性。同样，可以使用第11章中介绍的岩相频率分析和概率以便在模型中体现重要的地质特征。好的模拟算法应该可以接受许多输入，并试图尊重它们。通常，井上的数据被看作重中之重。对于其他数据，不同的建模方法可能有不同的优先级别。如果条件数据高度可靠且与其他输入一致，则可以用高权重进行密切的匹配。

另请注意，储层建模使用多个输入数据源，这些数据通常具有不一致性，建模方法无法完全尊重所有的输入数据。这非常类似于具有多个条件的数学优化。全局最优意味着，由于不一致，并非所有标准都能达到100%的尊重。例如，不同的实现可能有不同的变差函数，输入变差函数和输出变差函数之间的细微差异并不否定在多个条件下的优化理论。

14.3.2 模拟储层属性的物理关系的逐步条件约束

表14.3列出了建模中常见的储层属性的主要和次要条件数据。主要条件数据通常被视为硬数据，即使它们也并不总是100%准确。硬数据和软数据的区别是相对的。例如，在不确定性分析中，对用于构建储层模型的硬数据可以测试其不确定性（第24章）。

沉积相是一种地质属性，可以控制岩石物理属性。构建的沉积相模型可用于约束孔隙度的空间分布。或者，当沉积相的概率与岩石物理属性具有相关性时，可以使用沉积相概率约束孔隙度分布（第19章）。

三个基本的岩石物理变量孔隙度、流体饱和度和渗透性在物理上往往是相关的。统计建模一直以来侧重于预测，人们很少注意模拟物理变量之间的关系。直到最近，文献只注意到了用孔隙度预测渗透率，有时也用于预测流体饱和度。但是在建模中往往忽略它们之间的关系。有时，在由另一个变量预测一个变量时，模拟它们的物理关系可能很重要。例如，如果没有准确模拟流体饱和度和孔隙度之间的相关性，则无法准确估计油气体积（Ma，2018）。如果在建模中不准确模拟渗透率和孔隙度之间的相关性，则不能准确估计可

知识箱14.2 尊重数据和约束模型是一回事吗？

尊重数据有两个含义。它的第一个内涵是硬数据在模型中完全受尊重，只不过三维模型的网格单元的分辨率可能低于输入数据分辨率，因此，对粗化的数据进行尊重，而不是在岩心尺度或测井数据的尺度上。第二个内涵是辅助条件数据通过目标变量和条件变量之间的相关性约束模型。第一种尊重是一个很严格的尊重，因为输入数据是模型的实质组成部分。这可以通过数学结构来完成，例如在精确插值的克里金中估计值等于数据值，或者通过硬接线将它们作为随机模拟中初始条件的一部分来实现。在第二种尊重中，条件数据不按真值表达；它们仅提供约束模型的概率或趋势。这解释了为什么模型有时看起来与条件数据非常相似，有时却与条件数据相当不一样，这取决于权重和所有输入数据之间的一致性。

采储量和产量（第19章和第22章）。无论关注纯粹的预测或模拟物理关系，孔隙度在渗透率和流体饱和度建模之前先建模，因为它比渗透率和流体饱和度有更多的可用数据，不确定性要低一些。

14.3.3 模拟渐变的非均质性

具有明显边界（如层组和断块）的大尺度非均质性一般应该通过建立框架结构模型实现，而另一类储层属性的非平稳、非均质性则具有渐变性，它不能构建在框架结构中。沉积相通常表现为一定的空间序列，而相的空间过渡通常是非平稳的（第8章和第11章）。由于大多数应用中的数据有限，仅依据可用数据中得到的概率分布的统计推断，来模拟这些渐变性的非均质性是不够的。虽然渐变性非均质性理论上可以使用非平稳随机方法进行建模，它们更易于通过局部平稳模型建模。用作局部处理的协同克里金和随机协同模拟可以在能够反映过渡性的沉积相概率和/或属性趋势的约束下模拟渐变性的非均质性。

这通常需要把非平稳过渡定义为先验数据。过渡趋势可以通过趋势分析得出（第11章），或由另一种来源的数据定义（如地震属性、地震反演或地质解释）。

图14.5说明了对渐变性非平稳的非均质性建模的工作流程。第11章介绍了将地质描述和井数据相结合的综合空间和频率分析。可用于纳入渐变趋势的地质统计方法将在第16章中介绍，包括变化均值法、同位协同克里金方法及其随机模拟的对应方法（第17章，第18章，第19章和第20章）。

不具有空间序列的随机非均质性通常是局部的或非结构性的，可以使用平稳随机模拟进行建模，用不用辅助条件数据都可以（第16章，第17章，第18章，第19章和第20章）。

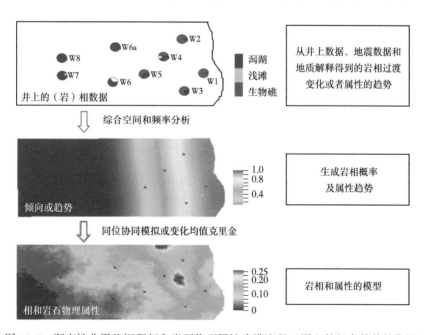

图14.5　渐变性非平稳沉积相和岩石物理属性建模流程（图上的红点是井的位置）

14. 3. 4　当大数据不够大时：辅助条件数据中的缺失值

有些人可能会疑惑为什么缺失值在储层建模中会产生问题。毕竟，地质统计建模方法不就是为实现储层属性在未知点的分布而设计的吗？未知值和缺失值难道不一样吗？

确实，建模属性中的未知值可以通过所选的地质统计或其他预测方法进行估计。但是，使用随机模拟时，辅助条件的数据中缺少值可能会出现问题。当辅助条件数据不是覆盖整个建模区时，建模算法倾向于将极值（非常高或非常低的值）分配给辅助条件数据缺失值的位置，从而导致不切实际的模型。

一种方法是使用地质或综合解释的先验知识对缺失值赋值。另一种做法是依据现有数据计算的辅助属性的平均值替换缺失值。

有时，某些辅助数据有缺失值，而其他辅助条件则没有。输入缺失值就可以用所有选定的辅助变量，即使某些变量有缺失值。但是，请注意，输入缺失值可能降低估计变量和其他变量之间计算的实验相关性。如果平均值用于缺失值，它将降低相关属性之间的总体相关性。因此，应在缺失值还未用估算数据的情况下估计相关性。

14. 4　总结

本章介绍了基于非均质性尺度、不同层次结构的一般建模工作流程。地下非均质性的层次要求分层次的建模流程。地层是比岩相高一级次具有控制性的变量，岩石物理属性是比岩相低一级的变量。大型垂直非均质性可以通过定义相对均一的层组来处理，横向非均质性可以由基于断层或其他边界分区来处理。如果辅助属性具有渐变性不平稳趋势，在局部平稳条件假设下，协同克里金或协同随机模拟可以把这样的渐变性非平稳性整合在模型中（第16章和第17章）。

储层建模需要一种综合科学和统计推理的方法。几种统计推论，如多分辨率、多相和多源推理（Meng，2014）是地球科学统计应用中的常见问题。尽管尊重数据在建模中非常重要，但不仅是要尊重数据，还可以通过尊重数据和科学推论整合多学科分析，来改进从有限数据到全区储层模型的推理。后续章节将介绍储层建模的方法和应用。

参 考 文 献

Chiles，J. P. and Delfiner，P. 2012. Geostatistics：Modeling spatial uncertainty，New York：John Wiley & Sons.

Ma，Y. Z. 2018. An accurate parametric method for assessing hydrocarbon volumetrics：revisiting the volumetric equation. SPE Journal 23（05）：1566-1579，doi：10. 2118/189986-PA.

Ma，Y. Z. 2010. Error types in reservoir characterization and management，J. Petrol. Sci. & Eng，doi：10. 1016/j. petrol. 2010. 03. 030.

Meng X L. 2014. A trio of inference problems that could win you a Nobel prize in statistics（if you help fund it）. In：Lin X，Genest C，Banks DL，Molenberghs G，Scott DW，Wang J-L，eds. "Past，Present，and Future of Statistical Science"，Boca Raton：CRC Press. pp. 537-562.

第 15 章　建立三维模型框架及
数据转换中尺度的变化

"形式服从功能。"

路易斯·沙利文（Louis Sullivan）

摘要：本章介绍建立储层模型框架的方法。储层模型框架是储层构型的表示形式，它通过引入地质变量以分离储层中的大型非均质性。没有断层的框架称为无断层框架，其主要输入是地层元素。建立有断层的框架称为断层框架，它包含地层元素和断层。储层模型框架也称为地质网格模型，因为三维模型由离散化的网格单元组成，这些网格单元随后赋予储层属性。如果没有三维地质网格模型框架，则无法准确描述储层的物理属性的非均质性。

　　本章还介绍将测井数据转换到三维模型框架中的方法。这是因为井数据必须与其他数据协同才可用以约束三维模型中储层属性的分布。数据转换可能比看起来要复杂得多，因为它通常涉及支撑体（尺度）的变化。

15.1　概述

在储层建模中，通过构造和地层模型来描述储层构型。构造模型由确定储集体的层面以及可能切入或切穿模型的断层组成。地层模型是包含地层界面和分层的模型框架。地层模型可能有也可能没有断层。构造和地层模型也称为地质模型或储层模型框架。

由于框架确定了储集体，因此它决定了模型的体积。它也描述了储层的主要几何形态，包括顶底界面，分层几何和断层切割。通常，层面和断层的构造解释来自地震反射数据和井点的标志层。模型框架是由三维网格单元组成，这就是为什么储层模型也称为地质网格（或者网格单元）模型。这些网格单元是赋以岩石和岩石物理属性值的几何元素，以便表征储层属性。储集体内部网格单元几何形态会影响模型体积计算和流动性能。

构建结构框架最常用的方法是使用一组转换为深度的、网格化的层面和断层面或断层线。另一种方法是使用时间域解释的层面和断层，建立时间域三维框架。然后，结合速度解释，把时间域框架转换为深度域。

由于模型框架界定了储层构型，因此应遵循基本的地质规律，特别是构造地质学和层序地层学原理。例如，在生成框架的地层组合时，区分侵蚀面和整合面非常重要。依据地震数据和类比（具有类似沉积环境的露头和其他地层）的叠置模式可用于指导构建框架内部几何形态。

总之，储层模型框架是根据储层多层次非均质性建立的（图 15.1）。大型地质实体用于构建框架，包括分隔大型非均质性的主要层面，一些中间层面也会引入，以便隔离框架中的非均质性组合，或者用于指导框架的细分小层的几何形态。

245

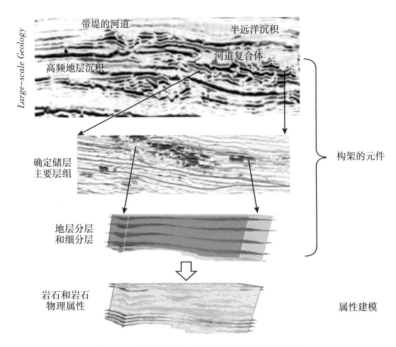

图 15.1 多级非均质性与储层框架的关系

上述描述侧重于框架的垂直分层。框架的横向几何体在没有断层时通常较为简单。有时候横向边界由租赁协定、特许权或后勤保障限制所决定。在其他时候，它们由油气的协同生产或优化全区储层管理方面的考量来确定。当存在断层时，横向几何形状可以很复杂。主要断层通常会产生条块分割并影响框架几何体。在构建框架时处理小断层和中间断层可能也很棘手。框架的复杂性通常取决于断层几何形态的复杂性。

我们将首先介绍无断层框架的构建，然后介绍有断层的框架构建。

15.2　使用地层元素构建模型框架

储层模型框架是储层结构的数值表示。由于地层学、地震地层学和构造地质学为储层结构提供了基本概念，因此这些学科的解释提供了用于构建储层模型框架的主要输入元素。反之，整合大型地质特征及其非均质性的最佳方法是建立结构和地层框架。例如，层序界面、不整合面、洪泛面及封闭和非封闭断层是定义储集体、分层和分块的最重要的变量，它们应该用于定义储层模型框架。

储层构型样式取决于地质沉积环境和沉积后构造运动。一般来说，等时沉积事件（如层序界面、不整合面和洪泛面）定义储层侧向延伸范围、垂向分层及小层划分方案。封闭断层定义储层的横向分块和分割。

15.2.1　从地层的地质解释构建框架

可以从地层面的地质解释构建储层框架。图 15.2 说明了使用地质解释从露头数据构建框架的原理。使用层序地层学分析对地质面进行解释，然后用于构建框架。应注意侵蚀面或沉积面之间的区别，因为它们会影响框架的结构。

图 15.2 从碎屑岩露头（南加利福尼亚州南部）定义模型框架的示例
（注意确定沉积物的界面的几何形态）

由于数据的有限性和间接性，不能像露头那样容易地解释地下地层界面。来自井的地层相对比是生成界面的一种基本方法，其中部分或全部可用于框架构建。图 15.3（a）显示了一个简单的示例，该例子显示根据在井点处的自然伽马识别的一系列分隔砂岩和页岩的界面。这些界面用来构建一套整合地层的框架。同样的原理可用于构建更复杂的框架，如图 15.3（b）所示的多个地层的退积沉积框架。

（a）   （b）

图 15.3 直接依据地层对比构建框架图

（a）多层砂岩—页岩层序的简单框架，40 倍垂直放大；（b）具有六个地层的退积沉积框架，15 倍垂直放大

15.2.2 用地震解释构建框架

由于井资料的稀疏性，依据钻井分层绘制的地层界面通常非常光滑，有可能导致局部不准确。利用解释地震层面可以解决这个问题，尤其是从三维地震数据解释的层面。由于波阻抗差异，除了断层和其他次级垂直事件可能导致地震反射的突然中断，地震界面表现为横向连续的地震振幅特征。

图 15.4 所示为依据地震解释地层元素和断层确定的含油气地层结构的例子。使用三维地震勘探解释了几个重要地层界面和断层；其中一个界面是河道复合体的界面，确定了储层的底界。与其他解释层面一起，这个斜坡上的河道体系中还确定了多套地层组合。

由于地震数据最初是时间域，包括依据它们解释的界面，有时直接从这些界面建立框架很有优势。时间框架可以随后转换为深度框架。

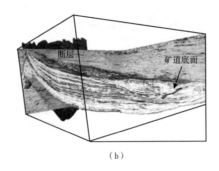

界面解释
(自动追踪或手动解释)

断层　　　矿道底面

（a）　　　　　　　　　　　　　　　　（b）

图 15.4　将地震数据输入储层模型图

（a）从深度域三维地震数据解释的主要地层界面的层位；

（b）在储层模型中由地震定义的多个地层和解释的断层

15.2.3　地质和地震差异的协调

模型框架使用的地震解释和制图可以显著影响流体在储层模型中的流动特性。井上的地质分层和地震解释之间的差异是储层建模中最常见的问题之一。如果忽视与井上分层的不匹配，或使用非常局限的层位标定进行匹配，应用储层模型进行生产数据的历史拟合可能会带来问题。实际工作中，当把地质分层与地震解释层位两种数据放在一起时往往很难完美匹配。许多因素会导致地震解释和地质分层之间的差异，包括从井上解释的地层精度，受地震分辨率、地震数据的相位、假象、速度不确定性和时—深转换问题产生的地震解释的精度（自动追踪或手动解释）。解决不一致问题的最佳方法是同时检查地质分层和地震界面。一般来说，地震解释精度通过使用自动追踪可以减少总体差异率。但是，自动追踪的曲面可能是很不规则的，其中可能产生不合理的地质特征。

最常见的井上分层（深度）与地震解释（时间）标定的工具是合成地震记录（图 15.5）。合成地震记录图的原理是，地震反射是由地球中地质界面的纵波速度和岩石密度的变化产生的。钻井后用测井可获得纵波速度（或时间增量，DT）和密度的测井曲线。从这些声波和密度测井数据可以计算波阻抗（AI）（即 AI = 速度×密度）。界面的反射系数（RC）由同一界面上波阻抗差除以它们的和。依据测井数据，就是：

$$RC = \frac{AI(n) - AI(n + 1)}{AI(n) + AI(n + 1)}$$

其中，(n) 是给定深度的测井样本，而 (n+1) 是下一个样本。

然后，地下界面的反射系数与一个地震子波（图 15.5 中的 E 道）褶积计算而产生合成地震记录（G 道）。后者通常与地震反射界面（F1 道和 F2 道）进行比较。地震数据的界面是静态的，可以调整合成地震记录，实现与地震反射界面的特征匹配。匹配后地震反射（在时间域）可以与井上的分层对比，后者一般依据测井曲线在井上深度域拾取（H 道）。

在合成地震记录具有歧义或未获得声波和密度测井的地区，地震和钻井分层之间可能不匹配。当地质分层被认为是准确的，往往可以调整地震解释以实现匹配［图 15.6（a）］。但是，当相同的地质分层相对于地震解释，在一些井偏高而在另一些井偏低时，应该检查速度模型或时深转换是否准确，尤其是断层、盐丘和硬石膏透镜体的影响。对地震

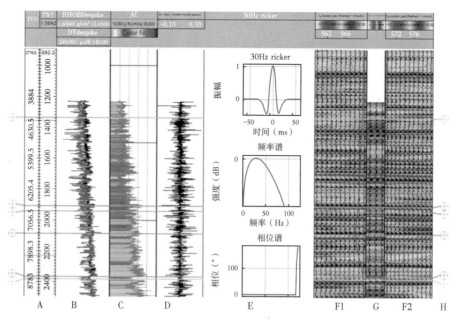

图 15.5　合成地震记录示例图

A 道：真实垂直深度（TVD）和双程旅行时（TWT）；B 道：密度（RHOB，蓝色）和声波（时间差，DT，黑色）；
C 道：波阻抗（AI）；D 道：反射系数（RC）；E 道（从上到下）：子波、频率谱和相位谱；F1 和 F2 道：
地震数据；G 道：合成地震记录；H 道：地质分层（也显示在图的左边）

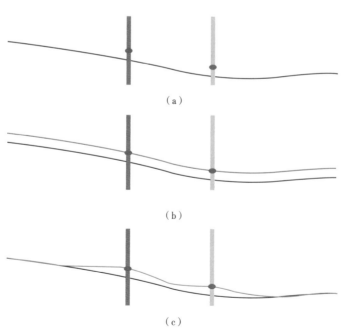

图 15.6　井震结合层位解释示意图

（a）对井上分层修正前的地震解释；（b）对井上的分层修正后的地震解释：红色是在全局匹配后，
黑色是原始面；（c）对井上的分层修正后的地震解释：绿色是在局部匹配后，黑色是原始层面

解释层位进行局部调整以便与地质分层匹配可能导致人为突起和下凹的人为假象，这些可能会引起储层模型中的连通性问题，例如流体向井流动的遮挡或屏障，因为构架的粗糙会影响模型框架的细分（第 15 章第 4 节）和流体流动。

更一般地说，当地震解释的层面非常粗糙时，应该检查其是假象还是真实的地质特征，该层面是否反映构造和地层厚度的变化。假象通常由于噪声在断块区域产生。检查反映地质一致性的每一个地层单元的等厚图有助于确定假象，例如围绕高点和低点过度外推及构造的投影。对于一些低幅度假象，对地震解释层面进行一定的平滑处理可以解决这一问题。另一种方法是检查时间域和深度域的界面；如果它们的形态不相似，应该检查是否可能存在有速度异常。

15.2.4　横向网格化和网格尺寸

由于储层模型是储层的数字表现，因此构建模型的首要任务是建立网格。对于地质网格单元模型，通常使用规则或不规则的六边形网格；网格单元的大小取决于期望的建模储层属性的分辨率和非均质性。建立岩相模型时，网格尺寸由岩相目标体大小确定。经验法则是，横向网格大小最多应为要建模的目标尺寸的一半。例如，如果建模的河道的最小宽度为 100m，则横向网格大小应为 50m 或更小。理论上，网格单元尺寸越小，建模的属性可以具有越高的分辨率。但是，更精细的网格将增加模型的整体单元数，从而使属性建模的计算成本更高。在过去 20 年中，大多数用于开发和生产领域的地质模型具有横向 20~100m 的网格，而垂直网格厚度大小为 0.3~5m（第 15 章第 5 节）。用于大面积勘探的网格通常使用更大的网格，从而使得模型中具有可管理的网格数。将来随着计算能力的增强，有可能使用更小的网格尺寸以便提高储层模型的分辨率，更好模拟储层的非均质性。

如果要将地震属性完全整合到模型中，可观测的地震特征应作为确定网格单元大小的考虑因素，并且横向单元大小可以通过测量在地震属性图中观察到的最小期望特性来确定。

对于流体模拟，使用非结构化网格有几个优点（第 23 章）。但是，它们通常不用于地质网格化建模。

15.3　构建有断层的三维构架

有断层的三维构造框架是应用层面和断层的解释，在三维网格中插入多个层面和断层。断层和其他事件的空间关系用于建立断层交切关系，然后建立断层化的地层。因此，一个有断层的框架是一套几何形态合理的断面和断层化的地层网格，包括断层交切线、断层多边形及断层面和地层之间的交线。

15.3.1　断层解释和储层分区

断层通常会导致地震反射同相轴突然中断。剖面视图中的断层识别标准包括地层标志层的断开、倾角的急剧变化、断面的独特反射特征、与断层相关的褶皱及可编图的不整合或反射终止。断层是连续的，最好通过垂直于其走向的线来解释；通常使用任意线。

地层学对于构造分析非常重要，因为它有助于依据错断识别断层，约束断层位移的大小，评估断层封闭性分析。通过断层的地层对比是一种断层和地层综合解释方法，一般可以获得更一致的构造解释和更精确的储层几何形态。

断层可以产生流动通道或者区块分割，因此可以增强或阻止流体流动。断层面和有断层的层面是建立有断层框架的主要输入。这些输入应该在几何上保持一致，不仅在二维剖面上，而且在三维空间中都保持一致。为了达到准确性，所有的解释在整个流程中应该在三维空间中进行。在整个工作流中，断层表示为曲面，而不是被简化为二维地图上的一组多边形。从地震数据解释断层是构建三维断层框架的储层模型中，划分储层和确定储层分块主要的输入参数。

在构建有断层框架时，大断层有时用作模型的边界，该边界可划分模型的横向范围，有时它们会在模型中形成分块（图14.4）。综上所述，由于断层带的网格单元在无断层模型中是连续的，因此断层平面是不平整的［图15.7（b）和图15.7（d）］。在有断层框架中，断层面两侧的网格单元被断层截断，断层两侧小层的断距更加准确［图15.7（a）和图15.7（c）］。

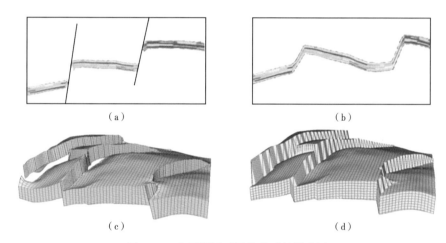

图 15.7　有无断层对网格单元的影响图

（a）和（c）有断层网格单元被断层截断；（b）和（d）无断层的网格单元形态在断层平面上"不平整"，尽管使用了与（a）和（c）相同的层面，但在建模中未使用断层，故层面在断层错断处不平整

15.3.2　使用有断层的框架的优点和陷阱

使用有断层框架的优点包括：

（1）断层位置在地层中的位置更准确。

（2）断块可用于体积计算。

（3）可以在模型中构建更精确的、断层化的地层等厚线。

（4）断层并置可以在模型中更准确地表示。断块并置可用于更好地理解油气界面和断层封堵潜力。

（5）可将传导性和其他特性（如断距和断层泥比率）赋值到断层面，以评估断层面对生产的影响。

在创建断层框架时，应注意以下事项：

（1）模型框架中的断层应与地震数据中的断层位置匹配，尽管因为模型单元可能比地震道间距大好几倍导致该关系可能并不完美。

（2）应检查断面与断距的一致性。等值线应终止于断层带。断层应分离垂直断距。如果水平断距比网格间隔更小，无法由网格分辨，断层带中可能产生人为的孔洞。

（3）当断层在模型网格中产生分块时，构造应该符合物理意义。层面必须与断层一致（即断层和层面的关系必须符合实际）。应该注意不真实的旋转构造（旋转的层面收敛于断面；除非在沉积过程中发生断层，否则断块内特定地层的层面应具有相似性）。对断层造成的旋转可能是由于没有将层面解释到断面，也有可能与层面的解释不一致。

15.3.3　几种断层网格的比较

传统的断层柱网格（图15.7）自20世纪80年代以来一直用于储层建模。其他常用的断层网格类型包括阶梯式网格和沉积网格（Depogrid）（图15.8）。

断层柱网格：断层柱网格的柱形几何形状由平行于断层的柱子组成［图15.8（a）］。当断层几何形状简单时，此约束将创建不错的网格。当断层模式复杂时，网格单元的几何结构会变得复杂。

阶梯式网格：阶梯式网格可创建大约正交的网格单元几何体，而网格单元就像砖块托盘或沿着断层面的"锯齿形"排列［图15.8（b）］。油藏工程师通常首选这种类型的网格进行模拟，因为单元几何形状比柱状网格单元更规律。然而，当处理与断面平行的钻井时，这类网格会产生一个重要的缺陷：当井靠近断层时，阶梯网格将会导致钻井与断层的错误一侧网格相交。

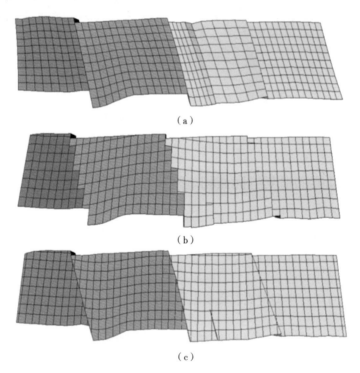

（a）

（b）

（c）

图 15.8　有关断层的不同网格单元图

（a）断层柱网格的垂直切面；（b）阶梯式网格和（c）沉积网格

注意（a）中柱子的倾斜度与断层一致，以及（b）中柱子的垂直化和（c）中的界面的正交性

沉积网格（Depogrid）：最初是指根据沉积定义的网格；但其含义被扩展为意味着网格是从储集体整体几何形态定义的，而不使用断层作为创建单元格的初始约束条件。因此，断层被视为切割单元的后续事件，而不是柱状网格中定义网格单元几何形态以适应断层几何形态。这样，就可以在不扭曲网格单元几何形态的情况下保持断层位置［图 15.8 （c）］。与柱网格相比，这种类型的网格可以适应于更复杂断层几何形态和有更多的断层。

15.3.4　处理几何形态复杂的断层

是否应在框架中引入断层？这应该取决于以下几条标准：

（1）断层规模是否足够大？

（2）断距和偏移是否足够大，是否足以表明其应该包含在模型中？

（3）断层是否形成流体流动屏障、障碍或通道？

（4）断层是否会导致网格问题，例如产生被扭曲的网格线或者产生负体积单元？

（5）是否会构建双孔双渗模型？如果裂缝是储层的重要组成部分，通常断层模型可以更容易适应裂缝属性。因此，一些小断层可以被视为裂缝，或以裂缝效应模拟。这样做是合理的，因为断层和裂缝都代表地质力学"中断"型变形，只是不同尺度而已。

对上述前三个问题的肯定性回答倾向于将断层纳入框架。对上述最后两个问题的肯定回答，倾向于不把断层纳入框架。尽管在计算方面取得了巨大的进步，但储层建模受到总体模型大小（即三维模型网格的单元数）的限制。这意味着，在空间连续储层中，并非所有内容都可以放入离散模型中。例如，如果三维地震勘探在地下地层中解释了上千个断层，理论上所有断层都应该建立于储层模型框架中。在实践中，这样做将导致一个较差的三维网格，这可能会导致许多数字问题。最常见的问题是，当网格线相互交叉时产生负体积单元，这不具有物理意义，但数值却可以。在储层建模中，可以使用多种方法来解决处理断层时出现的这些问题。

第一种解决方法是只将重要断层纳入框架，而忽略不重要的断层。第二种方法是简化断层几何形状，包括断层面的垂直化和平滑处理。虽然简化断层几何形态可以使断层模型更容易通过动态模拟处理，但必须小心使用，因为断层面的垂直化和平滑处理都可能使断层的影响不能准确地在模型中体现出来。例如，模型中断层的简化可能导致体积计算不准确和低角度断层流体流动性的错误表达。第三种方法是使用前面介绍的沉积网格（Depogrid）。第四种方法是将断层面（断层面可以是曲面）作为属性嵌入到框架中，然后将这些属性赋值给模型中嵌入的面，而不是将断层直接引入在构造框架中。断层可以嵌入到有断层或无断层的框架中。显然，在构建断层框架时不应使用要嵌入的断层。图 15.9 显示了将多个低角度断层嵌入到三维框架的示例。模型中嵌入的断层的常见用途是赋予（流体）传导因子。在油藏模拟中，使用传导因子处理断层带的物理属性。传导因子可以降低或增加计算出的传导率。错断界面分析可用于估计断层泥比率和传导因子。如果不考虑传导率的影响，则油藏模拟估计的最终采收率（EUR）可能不准确，模拟可能无法为开发方案提供合适的依据。

综上所述，另一种方法是，小断层与离散裂缝网络（DFN）一起模拟。小断层和裂缝是小到中等规模的非均质性，通常难以构建到构造框架中。

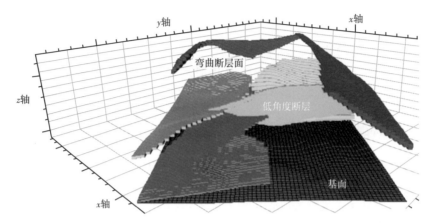

图 15.9 将断层嵌入到无断层框架的示例

所有断层都是低角度的；它们中有些有粗糙的面，如果单元较小，可以更准确地表示断面

15.4 框架的中间尺度地层和内部细分层几何形态

构造和地层模型可以把一些大规模的垂直方向的非均质性分开，但它不能自动描述沉积的几何特征。在每个地层带内产生细分层，可以使得与细分层相关的沉积特征进行模拟。地层内的进一步分层必须考虑地质和工程变量。地质上，有四种常见的小层几何形状（图 15.10）：（1）底面上超或平行于顶面；（2）顶部削截或小层平行于底面；（3）底面和

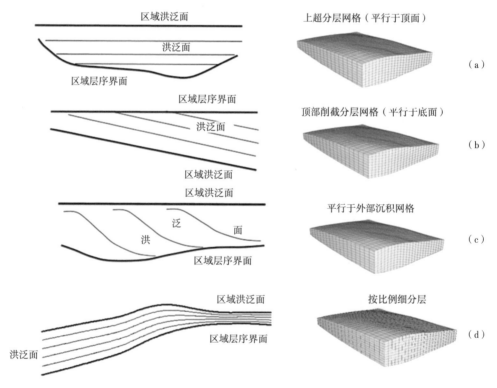

图 15.10 四种常见的细分层几何形状

顶面削截的分层；（4）相对于底面和顶面的比例分层。分层几何形状可以显著地影响储层模型的流体流动性。

15.4.1 平行于顶面或上超细分层

碎屑岩沉积中通常发生上超几何形态的细分层，特别是峡谷或河道沉积。它也可能发生在碳酸盐岩沉积中。上超分层可以导致三维模型网格中的许多空单元格（在地层下部的削截部位），计算效率不高。上超地层层序中的最下部细分层可能会没有井上对比数据。

15.4.2 平行于底面或顶部削截细分层

在碎屑岩和碳酸盐岩沉积中，均具有顶面削截的细分层几何形态。与上超细分层一样，它可能导致三维模型网格中的许多空网格单元（地层上部的削截部位），并且计算效率不高。削截地层层序中的最上部可能会没有井上对比数据。

15.4.3 按比例细分层

按比例分层几何形态在碎屑岩和碳酸盐岩沉积中均可出现，并常用于地层的细分层。通常，当沉积层序没有表现出清晰的细分层几何形态时，将使用按比例分层，因为它的计算效率更高，并且避免了网格中的垂直方向的空值。此外，更容易与井数据吻合，因为所有层在顶面和底面之间都按比例拉伸和挤压相适应。在许多情况下，按比例细分层代表更好的流体流动和储层连续性。

15.4.4 沉积细分层或平行于外部沉积网格

在此细分层方案中，内部小层通常与顶面和底面都呈截断关系。细分层几何形态基于不平行于底面或顶面的沉积。当顶面为不整合面或区域层序边界时，这种情况很普遍。

实际上，按比例细分层比其他分层方案更常用，因为它不太可能导致网格化问题，而且计算效率更高。此外，沉积分层几何形状通常并不容易清楚地识别。虽然在沉积过程中，岩层的上超、削截或其他沉积几何形态可能是真实存在的，但其当前状态其实是地质历史多种地质过程的综合结果，包括压实、胶结作用，以及可能的成岩作用。因此，许多原始的沉积几何形态可能不再清晰。

此外，应该注意到，网格中的细分层方案仅仅是为了便于再现沉积物小层的几何形态，划分的方式不是唯一的。要理解这一点，只需想象一下，如果单元的尺寸无限小，无论网格的小层几何形态如何，储层属性的任何沉积几何形态都可以在建模中重现（这是储层属性建模的任务，而不是显式的细分层几何形态）。因此，储层属性的细分层几何形态取决于储层属性的模拟方式，而不是网格的细分层方案。此外，当定义储层构型和内部细分层的界面不规则时，底面的上超或顶面削截更容易产生孤立的油气单元，不能在应用该模型进行的油藏数值模拟时不能排液。油藏模型中许多小范围区域仅以垂向流动的方式与其余网格单元连通，有可能导致这些区域处于（半）隔离状态。按比例细分层可以更好地保持不规则网格的横向连续性。不过，按比例细分层的一个缺点是小层层厚度可能差异悬殊。

地震地层学也可用于定义细分层几何形状。地震地层学的主要概念是，主地震反射界面与层面和不整合面平行，地震剖面是等时沉积和结构样式的记录。地震层序分析可以识别有成因联系地层组成的层序单元，即沉积层序和油气的地层圈闭。因此，利用地震数据解释的层序界面、不整合面、洪泛面和主要断层确定储层构型，其精细的几何特征还可用于指示对应层序地层细分层的几何形态。图 15.11 显示了通过协调地震解释细分层几何形态调整已有细分层方案的例子，并说明了细分层方案对岩石物理属性模型的影响。

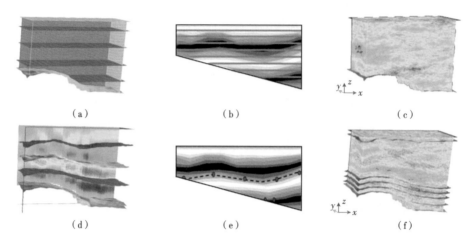

(a)　　　　　　　　　　(b)　　　　　　　　　　(c)

(d)　　　　　　　　　　(e)　　　　　　　　　　(f)

图 15.11　地震数据的几何形态对细分层几何形态图

(a) 上超分层；(b) 显示上超分层和过滤的地震数据（低到中度频率）之间不一致；(c) 使用 (a) 中的上超分层框架构建的孔隙度模型（暖色为高孔隙度值，冷色为较低孔隙度值）；(d) 有限频率带宽的地震阻抗及其细分层几何形状（暖色表示高阻抗，冷色表示低阻抗）；(e) 根据 (b) 中地震数据几何形状修改的上超分层几何形态；(f) 使用 (d) 中进行了沉积分层的框架构建的孔隙度模型

15.5　薄层处理及小层厚度的确定

薄层可以是连续而无尖灭的，但当地层很薄时，许多数学插值方法可能会使层面产生尖灭。这个问题可以通过使用厚度图来解决。用数字表示，一个厚度图只是指厚度作为属性的层面网格。将薄层添加到已有框架的上方或下方非常直观，而不管地层的厚度是多大，或者通过分割现有较厚的地层中插入薄层。

网格单元大小是精细网格分辨率的基本度量。模型的垂直分辨率受在每个地层内定义两个层面之间的细分层数量影响。如果细分层厚度足够小，足以处理测井数据的变化，则地质网格可以模拟岩石物理属性的非均质性。当细分层厚度比测井数据采样率大时，在岩石物理属性的三维建模之前，有一个将测井数据粗化到地质模型网格中的过程。这种情况很常见，因为测井曲线一般采样率为半英尺，而地质模型网格细分层的厚度通常大于半英尺。

确定细分层厚度应该同时考虑保留模型中必要的流体流动非均质性。地质模型网格应该考虑渗透率的非均质性，因为渗透率的非均质性是流体流动的决定性因素。在不知道确切的流体非均质性的情况下，储层模型中的网格单元厚度可以通过观察到的小层厚度、地质目标体大小的频率分布（即直方图）和建模的目的来确定。垂直方向的变差函数可以提供网格单元厚度是否适当的一般概念。

当发育大面积连续的页岩或石膏薄层，并且它们是流动障碍时，它们应至少组成模型中的一层，以保存这些流动屏障条带。有时，即使是几厘米的厚度也足以有理由建立一个小层模拟流动屏障的效应，这可以通过在地层框架中显式创建这些细层来实现［图15.3（a）］。

15.6 将井数据投影在三维框架网格中

构建模型框架是为了在三维储层模型中置入岩石和岩石物理属性。岩石和岩石物理属性建模必须利用井中的数据来减少不确定性，以便提高其对油田开发方案和储层管理的可用性。为此，必须首先将井中的数据引入到三维框架中，并同位于其他有关的数据。

在构建模型时，通常使用大于测量样本尺寸的单元格创建二维或三维网格。横向来说，它通常是将数据直接转换到三维网格的单元中，即使测井样本覆盖率和网格单元之间的大小存在显著差异。在垂直方向，不能以相同的方式处理。岩心样品和测井样品通常小于0.125m，但三维网格单元的厚度一般在0.5~30m。要将样品数据置入三维模型中的储层属性，首先将其置入三维网格中。因为大多数三维网格中的单元大于测井采样率，在三维储层网格中置入测井数据通常涉及粗化。

15.6.1 井上岩相数据粗化到三维网格

在将类型变量（如岩相）从测井粗化到三维网格时，数据支撑体的更改是一个真正的问题，因为"赢家通吃"通常带来统计偏差。如以前所指出的（Ma，2009），当测井数据和三维网格单元尺寸之间的差异大时，问题往往更加严重。

在粗化类型变量时最常用的方法是多数表决法，即选择频率最高的代码。这是局部最合理的方法，但它具有全局性偏差，因为它往往有利于增加频率最高的代码而减少次要的代码（即"富的更富，贫的更贫。"）。另一种方法是中点取值法，它选择最接近网格单元中心的代码。还有一种常用的方法是随机取值法，也即在覆盖网格单元的窗口中随机选择代码。最后两种方法更有可能保留类型代码的全局比例，但它们在局部不太合理。总之，没有数学方法能够消除类型变量粗化时产生的偏差。

图15.12显示了一个示例，其中0.125m测井采样被粗化到1m网格单元格。使用多数表决法，次要岩性类型的比例从8.5%减少到小于0.5%，主要岩石类型的比例从63.8%增加到71.6%［图15.12（c）］。使用随机取值法，所有三种岩石类型的比例都有相当不错的匹配［图15.12（d）］，但就局部来说，这是一种具有偏差的方法［图15.12（b）］。当0.125m采样率测井曲线被粗化到20m模型网格单元，次要岩石类型的比例从8.5%减少到0%，而主要岩石类型比例从63.8%增加到超过93%［图15.12（e）］。

"赢家通吃"往往使比例小的岩石类型显著减少，甚至完全消失。比较对井尺度的直方图和粗化后的直方图是观察是否适当保留次要岩相的一种简单而有效的方法。如前所述，许多次要的岩相可以与其他岩相进行组合。除非可以从地震数据中确定，或者使用对储层的概念理解来绘制，否则，比例小的岩相往往使模型更随机，对油田开发方案用处更少（特别是对多于五个岩相建模时）。不把次要的岩相代码建模，并不意味着把它们从模型中完全排除，而是意味着将它与其他岩相组合作为复合岩相建模（第11章和第18章）。

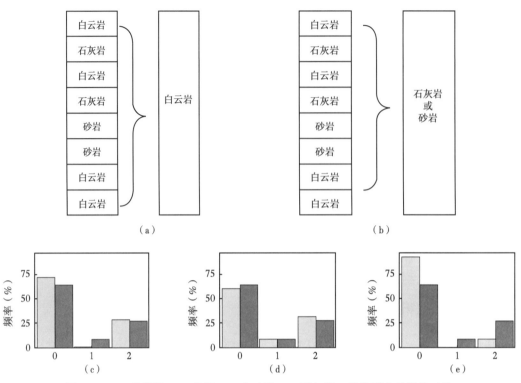

图 15.12　三种岩性（0：砂岩；1：白云岩；2：石灰岩）的类型变量粗化时的
"赢家通吃"问题的一个示例

（a）最丰富的岩石类型的方法；（b）随机取值法或中点取值法；（c）使用（a）从 0.125m 粗化到 1m 的
直方图示例；（d）使用（b）从 0.125m 粗化到 7.5m；（e）使用（a）从 0.125m 粗化到 20m 的直方
图示例（黑色是原始井数据，绿色是粗化的数据）

15.6.2　连续变量粗化

对于大多数连续变量（如孔隙度和密度），可以采用算术平均或对应的加权平均将测井数据粗化到三维网格中。然而，在使用这些方法时有几个陷阱，包括变量的方差减小和有关变量之间的相关性效应。粗化的单元中连续变量的方差与原始测井数据的方差相比会降低（每个单元内的差异性将丢失）。网格越粗，保留的差异性（即非均质性）就越小。当细分层网格得到充分模拟时，非均质性降低问题可以最小化。相关性的影响甚至更加复杂（第 21 章）。

将测井数据引入到三维网格的其他方法包括提供比算术平均值较小的几何平均以及调谐平均，后者给出的值比几何平均值更小（第 3 章）。几何平均和调谐平均不应该用于体积变量（如孔隙度和流体饱和度），但有时可以用于渗透率的粗化。中点取值法选择频率为 50% 的值。中点采值法选择最接近网格单元格的中心的值。随机取值法选择在网格单元格窗口内随机得到的值。这些方法通常不适用于体积变量，尽管中点取值法和随机采值法倾向于保留测井数据的频率分布。

粗化中的加权平均：在所有粗化中应该使用体积加权。此外，一个辅助连续测井可作为粗化连续测井中加权平均的权重。这对于体积变量尤其重要（如 NTG、孔隙度和流体饱和度），因为适当的权重可以保留孔隙和流体体积（第 21 章）。

15.7 总结

模型框架是一个构造和地层网格，将层序地层、构造和断层要素组成为一个整体。地层框架包含定义储层构型的层序界面，以及代表精细分层的内部细分层。解释或制图的界面之间的地层细分为小层，有助于对岩石物理属性的垂向非均质性的模拟。此外，因为地层控制着流体流动，地层框架必须捕获对油藏流动性能具有非常重要影响的地质特征。

将类型变量从井上粗化到三维网格中可能非常棘手。如果类型变量（如测井中的岩相类）是从连续变量定义，则通常最好对连续变量进行粗化，并在粗化域中进行分类（Ma等，2011）。

参 考 文 献

Ma, Y. Z. 2009. Simpson's paradox in natural resource evaluation: Math. Geosciences, 41 (2): 193-213, doi: 10.1007/s11004-008-9187-z.

Ma Y Z, Gomez E, Young T L, Cox D L, Luneau B, Iwere F. 2011. Integrated reservoir modeling of a Pinedale tight-gas reservoir in the Greater Green River Basin, Wyoming. In Y. Z. Ma and P. LaPointe (Eds), AAPG Memoir 96, Tulsa.

第16章 地质统计估计方法：克里金

地质统计学是将随机函数方法应用于对自然现象的探测和估计。

乔治·马特龙（George Matheron）

摘要：本章介绍连续变量的地质统计估计方法。这包括几种克里金方法，也即，简单克里金、普通克里金、变化均值克里金、同位协同克里金，以及因子克里金。只想对克里金估计有基本了解的地球科学家可以跳过高级克里金方法，但简单克里金法对理解随机模拟是必要的。同样，同位协同克里金法对于理解同位协同克里金的随机模拟方法非常有用（第17章）。

16.1 概述

克里金方法包括简单克里金、普通克里金、泛克里金和高阶内在随机函数克里金。这些克里金技术的使用主要取决于假设的合理性。此外，处理模型属性的非均质性尺度和数据的可用性会影响方法的选择，因为它们会影响是否可以用局部平稳的假设。克里金，特别是简单克里金，是随机模拟技术的基础，如高斯随机函数模拟和序贯高斯模拟。附录16.1详细讨论平稳、局部平稳及内在随机函数。

考虑一个随机变量，$Z(x)$，在空间域中定义，如下

$$[Z(x) : x \in D \subset R^k] \tag{16.1}$$

其中，x 为变量 $Z(x)$ 在定义域 D 中的采样位置，它是 k-维真实空间（R^k）的有界子集，为了简化标记，我们使用一维标记来表示随机函数（RF），$Z(x)$，但所介绍的方法适用于三维问题；x 可视为三维坐标的矢量 (x, y, z)。实际上，定义域 D 是地质属性图或三维油藏或研究目标的空间区域。

16.2 简单克里金（SK）

简单克里金法使用仿射线性方程进行空间预测：

$$Z^*(x) = m + \sum_{i=1}^{n} \lambda_i [Z(x_i) - m] \tag{16.2}$$

其中，m 为随机函数 $Z(x)$ 的平均值；n 为克里金中使用的数据数量。

未知真实值和克里金估计之间的估计误差为 $\varepsilon = Z(x) - Z^*(x)$。克里金系统是通过最

小误差的方差求得的（即最小二乘法），可以表示为（有关方程的推导；知识箱 16.1）：

$$\sum_{i=1}^{n} \lambda_i C_{ij} = C_{0j} \quad j = 1, \cdots, n \tag{16.3}$$

或用以下矩阵形式：

$$C_{zz} \Lambda_{sk} = c_z \quad 或 \quad \Lambda_{sk} = C_{zz}^{-1} c_z \tag{16.4}$$

其中，C 表示协方差[这是为了简化符号。在第 13 章中，我们使用 $Cov(h)$ 作为协方差函数，用 $C(h)$ 表示相关函数。为了简化符号，我们在本章中使用 C 表示协方差]。C_{zz} 是用于预测的数据之间的 $n \times n$ 阶空间协方差矩阵，C_{ij} 或 $C(x_i - x_j)$，其数据为 $Z(x_i)$，$i = 1, \cdots, n$；c_z 是数据 $Z(x_j)$ 与估计 $Z(x)$ 的空间协方差矢量，C_0 或 $C(x - x_j)$，大小为 $n \times 1$；Λ_{sk} 是简单克里金权重的矢量。公式 16.4 的扩展形式为：

$$\begin{bmatrix} C_{11} & \cdots & C_{1n} \\ \vdots & \ddots & \vdots \\ C_{n1} & \cdots & C_{nn} \end{bmatrix} \begin{bmatrix} \lambda_1 \\ \cdots \\ \lambda_n \end{bmatrix} = \begin{bmatrix} C_{01} \\ \cdots \\ C_{0n} \end{bmatrix} \tag{16.5}$$

估计误差的方差 σ_{sk}^2，可以表达如下：

$$\sigma_{sk}^2 = \sigma^2 - \sum_{j=1}^{n} \lambda_j C_{0j} = \sigma^2 - c_z^t \Lambda_{xk} = \sigma^2 - c_z^t C_{zz}^{-1} c_z \tag{16.6}$$

其中，C_{zz}^{-1} 为协方差矩阵 C_{zz} 的逆矩阵；σ^2 为 $Z(x)$ 的方差。

公式 16.3，公式 16.4 和公式 16.5 中的（空间）协方差值可以替换为相关值，因为方程左右两侧的方差互相抵消，这将使计算更简单。但是，公式 16.6 并非如此，因为估计误差的方差受随机函数的方差的影响。

假设平均值是常数，简单克里金法在数学上类似于维纳滤波器（Wiener，1949）。基于平稳假设，理论上克里金适用于没有趋势的现象。在实际应用中，这意味着实验变差函

知识箱 16.1　简单克里金方程推导

最小二乘法让均方差最小化可以表达如下：

$$\begin{aligned} MSE &= E(\varepsilon^2) = E[Z(x) - Z^*(x)]^2 = E[Z(x)]^2 + E[Z^*(x)]^2 - 2E[Z(x)Z^*(x)] \\ &= \sigma^2 + \sum_{i=1}^{n}\sum_{j=1}^{n} E[Z(x_i)Z(x_j)] - 2\sum_{j=1}^{n} E[Z(x)Z(x_j)] \\ &= \sigma^2 + \sum_{i=1}^{n}\sum_{j=1}^{n} \lambda_i \lambda_j C(x_i, x_j) - 2\sum_{j=1}^{n} \lambda_j C(x, x_j) \end{aligned}$$

其中，E 为数学期望运算符；σ^2 为 $Z(x)$ 的方差。注意在方差和协方差定义中的 m^2 项（附录 4.1）相互抵消。

为了让均方差 MSE 最小化，对加权求导，并且辅以 0，得到：

$$2\sum_{i=1}^{n} \lambda_i C(x_i, x_j) - 2C(x, x_j) = 0$$

考虑到（随机过程的）平稳假设，上述方程就简化为：

$$\sum_{i=1}^{n} \lambda_i C_{ij} = C_{0j}$$

其中，C_{ij} 为对于滞后距离为 $x_i - x_j$ 的协方差；C_{0j} 为对于滞后距离为 $x - x_j$ 的协方差。

注意 $C(x_i, x_j)$ 是 $Z(x_i)$ 和 $Z(x_j)$ 之间的协方差的一般形式，而 $C(x_i - x_j)$ 是它的平稳表达，因为后者表示协方差函数是位移不变的。

数有一个大约等于数据的方差的平台（基台），或者是在中等滞后距离以上围绕方差波动。然而，即使有趋势的存在，简单的克里金也可以在局部平稳的假设下使用（附录16.1），这当然要求用一个局部邻域。这将在稍后的章节和后面的几章中多次讨论。

简单克里金和线性回归之间既有相似之处也有差异（知识箱16.2）。克里金有时被称为最佳线性无偏估计（BLUE）："最佳"是因为它将估计误差的平方最小化（即最小二乘法）；"线性"是因为它使用线性组合进行估计；"无偏"是因为估计的数学期望等于真实的数学期望。

值得注意的是，"最佳"估计是相对于使用线性估计时对估计误差平方最小化的标准来说的，这并不意味着没有其他更好的方法。估计中的选择有多个方面，例如线性估计或非线性估计，小估计邻域或大估计邻域，后者决定了估计中使用的预测变量数。简单克里金寻找克里金权重，以便克里金估计方差遵循 n-维欧几里得空间下 L^2 规范标准，$\sigma_{sk}^2 = \mathrm{argmin} \left\| z(x) - \sum_i \lambda_i Z_i \right\|^2$。与任何估计方法一样，克里金是在某些假设的条件下对未知值进行估计。

图16.1显示了使用具有三个数据点的配置和用于估计的简单克里金中的主要步骤、参数及其关系。

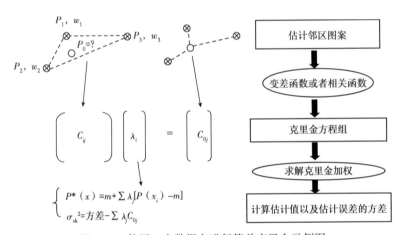

图16.1　使用三个数据点进行简单克里金示例图

16.2.1　简单克里金的特性

简单克里金法具有以下普通特性：
(1) 克里金系统和估计方差取决于空间协方差模型、数据位置和估计值位置的几何分布。
(2) 克里金权重不依赖于数据值。

知识箱 16.2　克里金是线性回归吗？

简单克里金的数学形式与多变量线性回归相同（Journel，1989；第6章）。但是，克里金通常不应被解释为线性回归，因为有两个显著差异。首先，反之不成立，即回归不是克里金的一种形式，因为回归基于双变量关系或多变量关系，而不是基于空间或时间关系。其次，克里金是一种插值法；事实上，它是一种精确的插值法（意味着如果估计已知数据，则估计值等于已知值）。而另一方面，线性回归不是（精确）插值法，原始数据不一定和模型一样。

（3）克里金系统有一个唯一解，前提是用于计算协方差值或变差函数值的协方差模型是（半）正定的（知识箱 16.3）。

（4）克里金是一种精确的插值法，即当其用于估计样本值时，估计值将等于样本数据值。

（5）克里金估计是无偏估计。

使用下面的四种情况分析简单克里金的其他更具体的特性。

16.2.2　案例分析

案例 1：克里金可以是线性回归吗？

当简单克里金只使用一个数据点时，估计值将变为（双变量）线性回归：

$$Z^*(x) = m + r[Z(x_1) - m] \qquad (16.7)$$

估计方差由：

$$\sigma^2_{sk} = Variance(1 - r^2) \qquad (16.8)$$

其中，m 为平均值；$Z(x_1)$ 为已知数据；r 是未知 $Z(x)$ 和已知数据 $Z(x_1)$ 之间的空间相关性。

未知值只是克里金区间中已知值的线性回归，克里金权重等于空间上未知和已知数据的相关值（公式 16.7）。首先请注意，在数学上，空间相关性（两点相关性）是双变量相关性的特例，但区别在于回归使用同位数据（相同坐标）双变量相关性。其次，两个随机变量在简单克里金中是相同的物理变量，因此标准差对回归系数没有影响。这与标准化的双变量线性回归相同，其中回归系数等于相关系数（第 6 章）。

总之，此示例显示了两个有趣的点：（1）克里金可以在特殊情况下类似于线性回归（尽管它们通常不同，如知识箱 16.2 中所述）；（2）空间相关函数只是一系列双变量相关系数（或空间协方差函数是一系列双变量协方差值）。公式 16.7 中的相关系数 r 是一个空间相关性，值为 $Cor(x-x_j)$，但它也是 $Z(x)$ 和 $Z(x_1)$ 之间的双变量相关。

知识箱 16.3　克里金解和协方差函数的正定性

如果函数 $f(x)$ 满足以下条件，则其为正定：

$$\sum_{i=1}^n \sum_{j=1}^n a_i a_j f(x) \geqslant 0 \qquad (16.9)$$

协方差函数必须为（半）正定，以确保线性估计 $\sum_{i=1}^n a_i Z_i$ 具有正方差，如下：

$$Variance\left(\sum_{i=1}^n a_i Z_i\right) = \sum_{i=1}^n \sum_{j=1}^n a_i a_j Cov(x_i - x_j) \geqslant 0 \qquad (16.10)$$

从更实际的观点来看，用于计算公式 16.3，公式 16.4 和公式 16.5 中的协方差值的协方差模型 Cov (h) 必须为正定或（半）正定，以便这些方程中的协方差矩阵为（半）正定。如果矩阵只有正的特征值，则矩阵是正定的，如果某些特征值为 0，则矩阵为半正定的。当公式 16.5 中的协方差矩阵为正定或半正定时，克里金系统将具有（唯一）解。否则，克里金系统可能处于病态。

比较方差的定义和公式 16.10 可能会有点让人迷惑。非正定协方差函数可能不能满足公式 16.10，从而导致有问题的克里金系统（公式 16.3，公式 16.4 和公式 16.5），但是从数据计算的方差永远不会是负数。一些出版文献用人工示例暗示了发生负方差的可能性。事实上，公式 16.10 是有效协方差模型的条件，但永远不会从数据中计算出负方差（第 17 章）。

案例 2

当使用纯块金效应变差函数时，简单克里金中的克里金权重都变为 0，即 $\lambda_i = 0$，估计值只是平均值。这是因为纯块金效应变差函数表示数据点之间不相关，数据和估计值之间也不相关。在公式 16.5 中，左侧的协方差矩阵和右侧的协方差向量都成了零矩阵（所有项都等于零）；克里金权重将全部为零。

换句话说，纯块金效应变差函数表示白噪声，数据对估计不提供信息，最佳估计值就是平均值。不过，即使有纯块金效应，数据在简单克里金法中提供总体上的全局信息，因为它们对估计平均值提供信息。

案例 3

在一维简单克里金法中使用指数变差函数时，条件独立性的马尔科夫属性非常明显。在一维外推配置中，完整的屏蔽效应将作用于克里金权重，即只有最近的点具有非零权重，而所有其他权重将为 0。最近点的权重等于未知值 $Z(x)$ 和已知数据 Z_1 之间的空间相关性，如下所示。有关屏蔽效应和马尔科夫过程的更多详细信息在知识箱 16.4 中讨论。

考虑图 16.2 所示的单侧克里金法配置。使用简单的克里金方程（公式 16.2，公式 16.3，公式 16.4 和公式 16.5），以及使用指数相关函数，通过填写左侧的相关矩阵和右侧的相关向量可求得克里金解。如下：

$$
\begin{bmatrix} \lambda_1 \\ \lambda_2 \\ \cdots \\ \lambda_{n-2} \\ \lambda_{n-1} \\ \lambda_n \end{bmatrix} = \begin{bmatrix} 1 & e^{-1/a} & e^{-2/a} & \cdots & e^{-(n-1)/a} & e^{-n/\alpha} \\ & 1 & e^{-1/a} & \cdots & e^{-(n-2)/a} & e^{-(n-1)/a} \\ & & 1 & \cdots & e^{-1/a} & e^{-1/a} \\ & & & \cdots & \cdots & \cdots \\ & & & & 1 & e^{-1/a} \\ & & & & & 1 \end{bmatrix} \begin{bmatrix} e^{-1/a} \\ e^{-2/a} \\ e^{-3/a} \\ \cdots \\ e^{-(n-1)/a} \\ e^{-n/a} \end{bmatrix}
$$

$$
= \frac{1}{1 - e^{-2/a}} \begin{bmatrix} 1 & -e^{-1/a} & 0 & \cdots & 0 & 0 \\ 1+e^{-2/a} & -e^{-1/a} & \cdots & 0 & 0 \\ & 1+e^{-2/a} & \cdots & 0 & 0 \\ & & \cdots & \cdots & \cdots \\ & & & 1+e^{-2/a} & -e^{-1/a} \\ & & & & 1 \end{bmatrix} \begin{bmatrix} e^{-1/a} \\ e^{-2/a} \\ e^{-3/a} \\ \cdots \\ e^{-(n-1)/a} \\ e^{-n/a} \end{bmatrix} = \begin{bmatrix} e^{-1/a} \\ 0 \\ 0 \\ \cdots \\ 0 \\ 0 \end{bmatrix}
$$

$$
\tag{16.11}
$$

知识箱 16.4　屏蔽效应、条件独立性和马尔科夫过程

从公式 16.11 看到，指数相关函数的数据相关矩阵的逆矩阵是带状的。这种非凡的特性不仅使分析解决方案成为可能，而且产生了有趣的结果。也就是说，只有最近的点具有非零权重，而所有其他权重都等于 0，尽管它们与估计点的相关性不等于零。这是条件独立性的表现。在地质统计学中，当克里金中最接近的样本超过其他样本的权重时，这一事实被称为屏蔽效应（Schabenberger 和 Gotway，2005）。具有指数相关函数的随机过程是马尔科夫过程（Papulis，1965）。具有指数相关函数的一维外推配置中的克里金具有马尔科夫过程的完美屏蔽效应，因为它具有总体相关但条件不相关的属性。

此外，对于较大的相关程，相关性 $e = 1/a$ 接近于 1，最近点的预测力提高，马尔科夫属性趋向于其极限形式。如果相关程很小，则指数相关函数接近块金效应，而相关性 $e = 1/a$ 趋向于 0。后者与另一个极限形式相对应：马尔科夫特性的完全消失。

$$Z(x) \qquad Z(x_1) \qquad Z(x_2) \qquad \cdots\cdots \qquad Z(x_n) \qquad Z(x_{n+1})$$

图 16.2　一维克里金一种外推配置

其中数据相关性矩阵的逆矩阵是带状的；原始矩阵和逆矩阵相乘等于单位矩阵是一个快速的证明。

案例 4：使用简单克里金应用示例

使用简单的克里金对白云岩体积含量（V_{dol}）的一个简单示例来说明克里金的一些特性和局限性。有 10 个数据点具有 V_{dol} 值［图 16.3（a）］，它们在地图中接近均匀分布。用简单克里金来绘制图。图总体上非常平滑，但局部显示了明显的样品影响或"牛眼"图案。当样本数据不多时，全局平滑和局部"牛眼"是克里金的两个相反效应，因此无法轻易克服。除非有更多的数据可用。当增大变差函数的相关程时，"牛眼"效应有所降低，但平滑效应更明显［图 16.3（c）］。比较克里金的直方图和样本数据直方图也清楚地显示了这种平滑效果［图 16.3（b）］。克里金对低值和高值的减少是相当明显的。

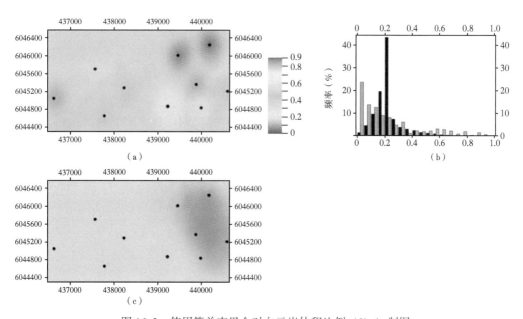

图 16.3　使用简单克里金对白云岩体积比例（V_{dol}）制图

（a）使用相对较短的相关程（700m 的球形模型）的克里金制图，黑点是有数据的垂直井位置；（b）直方图比较，灰色是数据的直方图（黑色是克里金直方图）；（c）使用较长相关程（2200 m 的球形模型）的克里金图

16.3　普通克里金（OK）

当平均值不知道或无法从样本数据全局估计时，变量的估计将用没有平均值的一个普通线性组合：

$$Z^*(x) = \sum_{i=1}^{n} \lambda_{ok,i} Z(x_i) \tag{16.12}$$

克里金在估计 $Z^*(x)$ 时用以下约束条件。

$$\sum_{i=1}^{n} \lambda_{ok,i} = 1 \qquad (16.13)$$

此约束条件可确保估计的无偏性，即 $E[Z(x) - Z^*(x)] = 0$。请注意，由于约束条件（公式 16.13）权重 $\lambda_{ok,i}$，与简单克里金中的权重不同。普通克里金是通过在约束条件（公式 16.13）下对估计的误差平方最小化（即最小二乘法）求得解。最小化是通过在约束条件下用拉格朗日优化方法（Matheron，1971）进行的。普通克里金系统的方程可以表示为：

$$\sum_{i=1}^{n} \lambda_{ok,i} C_{ij} + \mu_{ok} = C_{0j} \quad for \quad j = 1, \cdots, n \qquad (16.14)$$

其中，μ_{ok} 为拉格朗日常数。

公式 16.14 具有 $n+1$ 变量和 n 个方程，必须与公式 16.13 一起求解。公式 16.14 的推导基本上和公式 16.3 一样，只不过，对均方差 MSE 的最小化是在约束条件（公式 16.13）下用拉格朗日法求得，即最小化总和 $[MSE + 2(\sum_{i=1}^{n} \lambda_{ok,i} - 1)\mu_{ok}]$。

公式 16.14 和约束条件（公式 16.13）是普通克里金系统。公式 16.13 和公式 16.14 可以写成矩阵公式：

$$\begin{pmatrix} C_{zz} & \vdots & u \\ \cdots & & \cdots \\ u^t & \vdots & 0 \end{pmatrix} \begin{pmatrix} \Lambda_{ok} \\ \cdots \\ \mu_{ok} \end{pmatrix} = \begin{pmatrix} c_z \\ \cdots \\ 1 \end{pmatrix} \qquad (16.15)$$

其中，C_{zz} 为样本协方差矩阵；c_z 为估计点和每个采样点之间的协方差的向量；Λ_{ok} 为普通克里权重的向量，u 为一个单位向量。所有条目都等于 1，也即 $u = [1 \quad 1 \cdots 1]'$；上标 t 是矢量转置，而 μ 是受约束条件下带来的拉格朗日乘数。

这是一个基于约束条件（公式 16.13）从简单克里金解（公式 16.4）得到的扩展矩阵公式。块矩阵求逆（附录 16.2）使权重的解得以表达为：

$$\Lambda_{ok} = C_{zz}^{-1} c_z - C_{zz}^{-1} u (u^t C_{zz}^{-1} u)^{-1} u^t C_{zz}^{-1} c_z + C_{zz}^{-1} u (u^t C_{zz} u)^{-1} \qquad (16.16)$$

拉格朗日乘数表达为：

$$\mu_{ok} = (u^t C_{zz} u)^{-1} u^t C_{zz}^{-1} c_z - (u^t C_{zz}^{-1} u)^{-1} \qquad (16.17)$$

误差的方差等于：

$$\sigma_{ok}^2 = \sigma_z^2 - c_z^t \Lambda_{ok} - \mu_{ok} \qquad (16.18)$$

由于对权重的约束（上述公式中的拉格朗日乘数），普通克里金的估计误差方差大于简单克里金法的估计误差的方差，这里拉格朗日乘数是负值。

16.3.1 普通克里金的特性

简单克里金和普通克里金之间有许多共性。这两种方法都不要求数据有正态分布和正态转换。不过，如果数据具有正态分布，则两种克里金方法都往往效果更好。

普通克里金和简单克里金之间也有一些区别。首先，它不假定随机过程具有全局平稳；它不在估计中使用平均值。从历史角度看，普通克里金提出来以便处理略为不平稳的随机过程或零阶内蕴随机函数（IRF-0）（Matheron，1971，1973；附录16.1），这要求使用变差函数来代替协方差。但是，在实践中，当使用具有局部领域的克里金时，局部平稳的假设就足够了（Ma 等，2008），在公式 16.14 或公式 16.15 中，协方差或相关函数也就可以使用了。另请注意，对克里金权重的约束将增加估计误差的方差。

前面讨论的简单克里金的特性大部分也适用于普通克里金，包括数据值对克里金权重无影响、有唯一解、插值的精确性及估计的无偏性。

在简单克里金中提出的第二个案例涉及使用纯块金效应变差函数。与简单克里金不同，普通克里金中的权重不会为 0，但由于平均值是未知的，每个权重将等于 $1/n$（这很容易从公式 16.13 中看到，基于对协方差矩阵和向量在简单克里金的讨论）。普通克里金中的等权重只是意味着局部平均值，因为全局的平均值是不知道的。因此，对于估计纯随机过程，普通克里金的估计是局部平均，而简单克里金是全局平均。

当在普通克里金中使用指数变差函数时，马尔科夫属性仍然很强，但它被克里金权重的约束所降低。因此，不会发生完整的屏蔽效应，并且条件独立性不再为真。

值得评论一下前面用简单克里金绘制的储层属性图（案例 4）。当普通克里金用于同一示例时，结果将非常相似；事实上，它们是如此相似，两个图的比较将不会让我们看到任何有意义的差异。

这两种方法在理论上是不同的，因为普通克里金最初提出时，是便于处理内蕴（非平稳的）随机过程，而简单的克里金用于平稳随机过程。但是，由于两种方法都普遍适用于局部估计，而且往往带有局部平稳假设，因此对于大多数应用而言，它们之间的差异非常小。另一方面，随机模拟比克里金更常用在储层建模中，而随机模拟一般使用简单克里金作为模拟的一部分（第 17 章）。

16.3.2　可加性定理

可加性定理（知识箱 16.5）很重要，不仅在理论上，而且因为它是常用的一种克里金技术的基础，这一技术称为变化均值克里金（VMK，文献中称为 LVM，之后再详细讨论）。与简单克里金不同，当均值不为人所知时，需要使用非仿射（nonaffine）估计，如普通克里金或泛克里金法（Matheron，1971），以及对均方差估计误差的最小化加以约束。鉴于这一点，仿射（affine）和非仿射（Nonaffine）估计之间的关系如何？可加性定理给出了答案。

当平均值不知道时，可以估计为：

$$m^* = \sum_{j=1}^{n} \beta_j Z(x_j) \qquad (16.19)$$

知识箱 16.5　可加性定理

可加性定理（Matheron，1971）指出，通过普通克里金（或泛克里金）直接估计相当于两个步骤：使用普通克里金估计平均值（或使用泛克里金估计趋势），然后使用简单克里金进行估计，但要用上由普通克里金估计的平均值（或泛克里金估计的趋势）。

普通克里金用于估计平均值类似于其用于估计原始变量 $Z(x)$，除了变量，$Z(x)$，与未知的平均值的相关性为零，也即公式 16.15 右边的协方差向量 c_z 是零向量。克里金权重和约束条件仍为公式 16.13。因此，普通克里金的解是公式 16.16、公式 16.17 和公式 16.18 的简化形式：

$$\Lambda_m = C_{zz}^{-1} \boldsymbol{u} (\boldsymbol{u}^t C_{zz}^{-1} \boldsymbol{u})^{-1} = - C_{zz}^{-1} \boldsymbol{u} \mu_m \qquad (16.20)$$

$$\mu_m = - (\boldsymbol{u}^t C_{zz}^{-1} \boldsymbol{u})^{-1} \qquad (16.21)$$

$$e_m^2 = Variance(m^*) = - \mu_m = (\boldsymbol{u}^t C_{zz}^{-1} \boldsymbol{u})^{-1} \qquad (16.22)$$

其中，Λ_m 是由权重 β_j 组成的加权向量；μ_m 为拉格朗日乘数；e_m^2 为估计平均值的误差的方差。

因此，用于估计 $Z(x)$ 的公式 16.12 可以重写成类似于简单克里金估计（公式 16.2），也就是，把已知的平均值更换成普通克里金对其的估计值：

$$Z(x)^* = m^* + \sum_{j=1}^{n} \lambda_j [Z(x_j) - m^*] \qquad (16.23)$$

让 Z 成为数据向量，并使用克里金对平均值的向量解（公式 16.20）及简单克里金（公式 16.3），公式 16.21 因此就可表达为以下的矩阵形式：

$$Z(x)^* = \Lambda_m^t Z + \Lambda_{sk}^t (Z - u \Lambda_m^t Z) = (\Lambda_m^t + \Lambda_{sk}^t - \Lambda_{sk}^t u \Lambda_m^t) Z \qquad (16.24)$$

16.3.3 简单克里金与普通克里金之间的关系

对于局部平稳的随机过程，简单克里金和普通克里金都可用来估计。二者的关系能否从解析方法推导出来呢？

从简单克里金的解（公式 16.4）和平均值估计的解（公式 16.20）中，普通克里金的解（公式 16.16）可以重写如下：

$$\Lambda_{ok} = \Lambda_{sk} - \Lambda_m \boldsymbol{u}^t \Lambda_{sk} + \Lambda_m = \Lambda_{sk} + (1 - \boldsymbol{u}^t \Lambda_{xk}) \Lambda_m = \Lambda_{sk} + \lambda_m \Lambda_m \qquad (16.25)$$

使用 λ_m 作为简单克里金中平均值的权重：

$$\lambda_m = 1 - \boldsymbol{u}^t \Lambda_{sk} \qquad (16.26)$$

因为公式 16.2 可以重写为：

$$Z^*(x) = \left(1 - \sum_{j=1}^{n} \lambda_j\right) m + \sum_{j=1}^{n} \lambda_j Z(x_j) = \lambda_m m + \sum \lambda_j Z(x_j) \qquad (16.27)$$

同样，拉格朗日乘数（公式 16.17）可以重写为：

$$\mu_{ok} = (\boldsymbol{u}^t C_{zz}^{-1} \boldsymbol{u})^{-1} \boldsymbol{u}^t C_{zz}^{-1} c_z - (\boldsymbol{u}^t C_{zz}^{-1} \boldsymbol{u})^{-1} = - \lambda_m (\boldsymbol{u}^t C_{zz}^{-1} \boldsymbol{u})^{-1}$$
$$= \lambda_m \mu_m \qquad (16.28)$$

这显示了其与用于估计平均值的拉格朗日乘数的关系。

两个克里金方法在估计 $Z(x)$ 时的误差的方差，以及估计其平均值的误差的方差之间的关系可以表示如下：

$$e_{ok}^2 = e_{sk}^2 + \lambda_m^2 e_m^2 \qquad\qquad (16.29)$$

从公式 16.25 可看出，普通克里金权重表达为简单克里金权重和局部平均值的普通克里金权重乘以简单克里金中平均值的权重之和。此公式的一个优点是明确表达约束对克里金权重的影响。从公式 16.29 可看出，使用普通克里金时误差的方差增加，因为必须估计平均值（隐式或显式）和残差两项。文献中有一些关于可加性定理的误解（知识箱 16.6）。

16.4　变化均值简单克里金（VMK）

在关于可加性定理的讨论中，平均值 m 假定为未知，但不是变量。另一方面，当使用局部克里金时，平均值可以在全局变化，如描述关注的空间变量。换句话说，使用局部稳定性假设时，平均值不需要是常量。这意味着局部普通克里金法可以是平均值变化的克里金（VMK）。在地质统计学文献中，这称为 LVM 或局部变化的平均值；这个标签似乎很有吸引力，但令人不快的缺点是这导致了与其他各种地质统计学方法的不一致（知识箱 16.7）。

知识箱 16.6　关于可加性定理的更多讨论

《地质统计学词汇表和多语言词典》（Olea，1991）中，将可加性定理标为对泛克里金的关注，指出"一个命题表达，泛克里金的估计等同于两项之和，漂移的最佳估计值，以及简单克里金对最佳残差的估计。"这并不完整。事实上，Matheron（1971）使用普通克里金证明了可加性定理，然后将其扩展到泛克里金。

更重要的是，该说法是不正确的，因为普通克里金（或泛克里金）与两项的总和不等同，如公式 16.24 和公式 16.25 所示（对于泛克里金，有一个类似的公式；Ma 和 Royer，1994）。除了两项的总和外，还有一个与简单克里金和平均值或趋势估计相关的复合项。公式 16.23 和 16.24 表示了一个等价性（而不是命题），即使用普通（或泛）克里金直接估计和先用普通（或泛）克里金法估计平均值，然后在克里金中再使用第一步的结果进行克里金等价；但这并不意味着它与两项的总和相等。

我们指出在地质统计学文献中这一不正确的陈述，因为充分理解可加性定理对于理解另一种地质统计方法、变化均值克里金和局部平稳非常重要。在地质统计学的文献中，出现了一些与均值变化的克里金和局部平稳性有关的误述，部分原因是对可加性定理的误解或不完整理解。

知识箱 16.7　平均值是局部变化还是全局变化？

术语"局部变化平均值（LVM）"存在可疑问题，因为它与局部平稳性假设相冲突，而局部平稳性假设是大多数地质统计学应用中最重要的基本概念之一（Matheron，1973，1989）。虽然许多克里金方法都是以某种一般形式推导的，但大多数克里金和随机模拟，都是在局部平稳假设下局部使用的。这些方法在实践中很少在全局平稳假设下使用，因为全局平稳的假设太强（非平稳模型往往太难使用；第 14 章）。Matheron（1989）为在局部平稳假设下使用局部地质统计学模型的应用奠定了基础。当使用局部平稳模型时，不应将其称为"局部变化平均值"，因为它们是相互矛盾的。该方法应称为变化均值克里金（VMK）。变化均值克里金意味着在局部平稳的假设下使用局部运算的克里金。

此外，请考虑此方法的一种常见用法。不用局部普通克里金来估计平均值，而是在使用克里金之前从另一种方法产生平均值，然后在简单克里金中把其用作先验信息。这是变化均值克里金的一种常见含义，通常意味着两个变化尺度：较大尺度可变（非平稳）平均值的变化和小规模局部的、平稳性变化。

公式 16.23 具有一般意义，不需要有局部平稳假设，但只要求平均值由普通克里金估计。通过假设局部平稳，就可以局部地使用普通克里金，这样平均值就是可以变化的。从这个意义上说，局部使用普通克里金意味着是变化均值克里金（VMK）。

$$Z(x)^* = m^*(x) + \sum_{j=1}^{n} \lambda_j [Z(x_j) - m^*(x)] \tag{16.30}$$

当变化的平均值 $m(x)$ 来自别的来源时，变化均质克里金类似于贝叶斯推理，因为它使用先验信息。在储层建模中，不使用属性的全局平均值，当局部平均值 $m(x)$ 作为建模单元格（地点）的（变化）函数可用时，变化均值克里金可被使用。局部平均值往往用地震数据估计，这也解释了为什么变化均值克里金可以被视为地震集成的建模方法。后面章节会给出例子。

16.5 协同克里金和同位协同克里金

协同克里金是一种用两个或多个变量的估计方法。当两个或多个物理变量相关时，要么对它们一起建模或者使用其中一些变量（通常称为次要变量或辅助变量），以共同估计目标变量（也称为主变量），这样做是有益处的。以下是两种适用的情况：

（1）主变量采样不足，而辅助变量具有更多可用数据。在自然资源建模中，情况往往如此，其中主要的储层属性（如孔隙度和渗透率）的数据通常有限，但三维地震数据具有更密集和广泛的覆盖范围（图 16.4）。

（2）一起模拟几个变量的相关性有助于"质量保存"原理。例如，对矿物成分进行单独建模可能降低或超过 100% 的"质量"，并违背它们的相关性。这一用途尚未引起研究人员和工程师们的注意（第 21 章和第 22 章）。

完整的协同克里金需要用到所有涉及的变量的变差函数，以及它们的交叉变差函数（或者它们对应的协方差和交叉协方差函数）。为了确保正定性，对这些变差函数或协方差

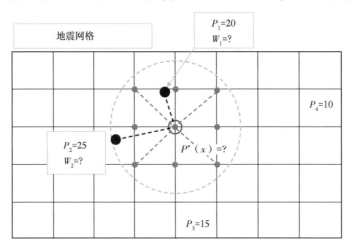

图 16.4 显示网格地震数据用于储层属性（以孔隙率为例）估计的常用图案
（这是一个二维的例子，但原理对三维也适用）

270

函数建模非常苛刻。因此，当次变量的数量和克里金的邻点数量较大时，进行完整的协同克里金可能非常繁琐（Wackernagel，2003）。此外，克里金系统的共线性应该会有类似于多变量线性回归的共线性效应，导致惊奇的、难以理解的克里金权重，因为克里金系统中的共线性大致与多元回归的共线性相似（第6章）。在储层建模中，更常见的是一种简化的协同克里金，称为同位协同克里金。

同位协同克里金

同位协同克里金在估计中只使用一个与目标估计点同位的数据点，而不使用辅助变量中的多个数据点（Xu 等，1992）。简单同位协同克里金的估计如下：

$$Z(x_0)^* = m + \sum_{j=1}^{k} \lambda_j \left[Z(x_j) - m \right] + \lambda_0 \left[Y(x_0) - m_y \right] \qquad (16.31)$$

其中，m 为主变量的平均值；λ_j 为主变量的数据点的权重；λ_0 为辅助变量的同位数据点的权重；m_y 为辅助变量的平均值；$Y(x_0)$ 为辅助变量的同位数据值。

公式 16.31 的简单克里金的解是从最小二乘法对均方误差 MSE，最小化得到的线性方程组（知识箱 16.1）。也就是说，用块矩阵可表达为：

$$\begin{pmatrix} C_{zz} & C_{zy} \\ C_{yz} & C_{00} \end{pmatrix} \begin{pmatrix} \Lambda_{cck} \\ \lambda_0 \end{pmatrix} = \begin{pmatrix} c_z \\ C_{zy} \end{pmatrix} \qquad (16.32)$$

其中，C_{zz} 表示目标变量的样本协方差矩阵（公式 16.4）；C_{zy} 或其转置 C_{yz} 是目标变量的每个数据点和辅助变量之间的协方差向量；C_{00} 为辅助变量的方差（如果是标准化的，则等于 1）；Λ_{cck} 为目标变量的权重向量；λ_0 为辅助变量的同位数据点的权重；c_z 为目标变量的每个数据点和估计点协方差向量；C_{zy} 为目标和辅助变量在零分离距离的协方差。

尽管只使用辅助变量的同位数据，理论上，同位协同克里金仍需要所有涉及的变量的所有协方差和交叉协方差函数。但是，当所涉及的变量具有内在相关性时（Rivoirard，2001），所有这些协方差函数彼此成正比，这样的话，只需要拟合一个协方差函数。内在相关性意味着所有变量都以完全一样的方式变化。对于双变量来说，协方差函数可以表达为：

$$C_{zy}(h) = a_{zy} C_z(h) = b_{zy} C_y(h) \qquad (16.33)$$

其中，常量 a_{zy} 和 b_{zy} 仅取决于变量 $Z(x)$ 和 $Y(x)$ 的方差，但与滞后距离无关。这些变量被标准化为平均值等于零和标准差等于 1 时，这些常数就变为 1。

在地球科学中，两个不同的变量具有内在的关联性，即，作为距离的函数以精确同步而变化，这非常罕见。如果这样，就暗示一个完美的双变量相关性。当它们有类似变化时，公式 16.33 可以近似为：

$$C_{zy}(h) \approx \frac{r\sigma_y}{\sigma_z} C_z(h) \qquad (16.34)$$

$$C_{yz}(h) \approx C_{zy}(h) \qquad (16.35)$$

其中，$C_z(h)$ 为主变量的协方差函数；$C_y(h)$ 为辅助变量的协方差函数；$C_{zy}(h)$ 为主（目标）变量和辅助（调理）变量之间的交叉协方差函数；$C_{yz}(h)$ 为辅助变量和主变量之间的交叉协方差函数；r 为他们的相关系数；σ_z 和 σ_y 分别为主变量和辅助变量的标准差。

图 16.5 为近似内在相关性的说明。通过这种简化，同位协同克里金与完整的协同克里金相比，可以有效地整合一个可用数据比主变量多的辅助变量，尤其是对于其所对应的随机模拟（第 17 章）。同位协同克里金与完整的协同克里金相比的优势是其避免了繁琐的变差函数计算，以及简化的协同克里金系统。

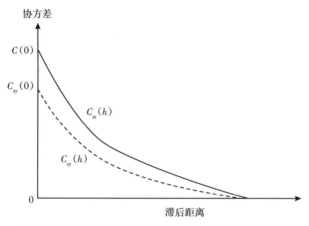

图 16.5 同位协同克里金中由自协方差函数对交叉协方差函数的近似图

三个用同位协同克里金的具体特点如下（Ma 等，2014）：

（1）不使用辅助变量时，该方法将简化为简单克里金。

（2）当克里金邻域中没有主变量的样本数据时，同位协同克里金使用辅助变量的同位数据点，这就成了线性回归。事实上，λ_0 是作为两个变量之间的相关系数获得的（按标准差之比缩放），这是线性回归的解。

（3）与线性回归相比，同位协同克里金的一个优点是，它具有从所有克里金法中继承的精确属性，而线性回归则不一定有。也就是说，它尊重所有的样本数据。

一个变量的协方差函数与原点对称（即零滞后距离），交叉协方差函数并非必然对称（第 13 章）。如果交叉协方差不是对称的，协同克里金不能简化为同位协同克里金。因为协方差函数中有所谓的"滞后"效应（Papoulis，1965），主变量和次要变量的信息不能传达到自协方差函数中。"滞后"一词通常用于信号分析，当两个信号具有不同的相位，这意味着它们有偏移。此外，即使交叉协方差是对称的，将协同克里金降低到同位协同克里金时，也加了一些重大的近似。理论上，只有几个有限案例符合所有假设（Rivoirard，2001）。在实践中，同位协同克里金和模拟中的简化，使这些方法在符合两个变量之间的关系方面非常有用（第 22 章，第 23 章和第 24 章）。

Doyen 等（1996）使用贝叶斯更新形式提出了同位协同克里金法的简化形式，以简化主要变量和次要变量之间的简单克里金法和相关系数。

16.6 因子克里金

16.6.1 方法

虽然克里金方法最常用于地空现象的插值，但它也可用于估计空间变量的分量或者滤波。滤波可以用于分解多个尺度变化的物理过程。地质统计学中分解空间过程的技术，被称为因子克里金（Matheron，1982；Ma 和 Royer，1988）。该技术已用于各种地球科学应用，包括遥感图像处理（Ma 和 Royer，1988；Wen 和 Sinding-Larsen，1997）、石油勘探（Du 等，2011）、地球化学（Reis 等，2004）及地震数据分析（Yao 等，1999；Ma 等，2014）。因子克里金假定所观察的物理过程可以分解为具有不同空间相关性的子过程的一个线性组合，如下：

$$Z(x) = \sum_{i=1}^{q} a_i Y_i(x) + T(x) \tag{16.36}$$

其中，$Z(x)$ 表示所观测到的随机函数（尽管通常仅有部分观测值），代表一个物理过程；$Y(x)$ 表示随机函数分量或具有一定变化尺度的子过程；a_i 为标准化系数；$T(x)$ 为一个趋势函数，可以使用正交或三角函数多项式近似。可以根据分解中的嵌套数选择 q 的数量。

从理论上讲，所有的随机函数 $Z(x)$ 和 $Y_i(x)$ 可以是 IRF-k（Matheron，1982）。这些随机函数的克里金预测可以使用定义为条件正定的广义协方差。在这里，我们介绍更常用的版本，对原始变量 $Z(x)$ 和每个分变量 $Y_i(x)$ 都假设为（局部）平稳的随机函数。每个分量随机函数 $Y_i(x)$ 都表达为原始随机函数的已知数据的线性组合，如下：

$$Y_i^*(x) = \sum_{j=1}^{n} \lambda_i [Z(x_j) - T^*(x)] \tag{16.37}$$

趋势函数由以下线性组合估计：

$$T^*(x) = \sum_{j=1}^{n} \beta_j Z(x_j) \tag{16.38}$$

与求解普通克里金系统一样，可以使用在约束条件下的拉格朗日优化，以及最小二乘法的方法将约束下的均方误差之和最小化，从而得到用于估计分量和趋势的克里金系统。因子克里金的线性方程组可以表达为以下的块矩阵：

$$\begin{pmatrix} C_{zz} & \vdots & \boldsymbol{u} \\ \cdots & \cdots & \cdots \\ \boldsymbol{u}^t & \vdots & 0 \end{pmatrix} \begin{pmatrix} \Lambda_{y_i} \\ \cdots \\ L_{y_i} \end{pmatrix} = \begin{pmatrix} c_{y_iz} \\ \cdots \\ 1 \end{pmatrix} \tag{16.39}$$

$$\begin{pmatrix} C_{zz} & \vdots & \boldsymbol{u} \\ \cdots & \cdots & \cdots \\ \boldsymbol{u}^t & \vdots & 0 \end{pmatrix} \begin{pmatrix} \Lambda_T \\ \cdots \\ L_T \end{pmatrix} = \begin{pmatrix} 0 \\ \cdots \\ 1 \end{pmatrix} \tag{16.40}$$

其中，C_{zz} 为前面定义过的 $n \times n$ 矩阵（公式 16.5）；$\boldsymbol{u}$ 和 $\boldsymbol{u}^t$ 前面已定义；c_{y_iz} 为 $n \times 1$ 大小的 $Y_i(x)$ 和数据 $Z(x_i)$ 到 $Z(x_n)$ 之间的空间协方差向量；Λ_{y_i} 为估计分量的克里金权重的向量；

L_{yi} 和 L_T 分别为估计分量和趋势的拉格朗日乘数。公式 16.40 右侧的零向量是由于确定性趋势 $T(x)$。

公式 16.40 和公式 16.41 分别是用于估计零平均值分量 $Y_i(x)$ 和趋势 $T(x)$ 的克里金系统。像普通克里金系统一样，可以使用块矩阵求逆的方法，其解是：

$$\Lambda_{y_i} = C_{zz}^{-1} c_{y_iz} - C_{zz}^{-1} \boldsymbol{u} (\boldsymbol{u}^t C_{ij}^{-1} \boldsymbol{u})^{-1} \boldsymbol{u}^t C_{zz}^{-1} c_{y_iz} \tag{16.41}$$

$$\Lambda_T = C_{zz}^{-1} \boldsymbol{u} (\boldsymbol{u}^t C_{ij}^{-1} \boldsymbol{u})^{-1} \tag{16.42}$$

$$L_{y_i} = (\boldsymbol{u}^t C_{zz}^{-1} \boldsymbol{u})^{-1} \boldsymbol{u}^t C_{zz}^{-1} c_{y_iz} \tag{16.43}$$

$$L_T = - (\boldsymbol{u}^t C_{zz}^{-1} \boldsymbol{u})^{-1} \tag{16.44}$$

分量 Y_i 和趋势 T 的估计方差分别为：

$$_{es}\sigma^2_{y_i} = \sigma^2 - (c^t_{y_iz}\Lambda_{yi} + L_{yi})$$
$$_{es}\sigma^2_T = - L_T \tag{16.45}$$

对于原始随机函数 $Z(x)$ 的插值，克里金权重的向量表达为：

$$\Lambda_z = C_{zz}^{-1} c_z - C_{zz}^{-1} \boldsymbol{u} [(\boldsymbol{u}^t C_{ij}^{-1} \boldsymbol{u})^{-1} \boldsymbol{u}^t C_{zz}^{-1} c_z + L_T] \tag{16.46}$$

由于因子克里金法中假定分量 $Y_i(x)$ 是正交，因此不同的协方差具有可加性关系（Ma 和 Myers，1994）。克里金插值和过滤之间关系的一致性条件是：

$$\Lambda_z = \Lambda_r + \sum_i \Lambda_{yi} \tag{16.47}$$

当假设分量和复合过程为局部平稳时，分解的分量可以用复合过程的数据来估计，如下：

$$Y_i^*(x) = m_{y_i}^*(x) + \sum_j \lambda_j [Z(x_j) - m_z^*(x)] \tag{16.48}$$

或者用矩阵形式：

$$Y_i^*(x) = m_{y_i}^*(x) + \Lambda_{y_i}^t [Z - m_z^* \boldsymbol{u}] \tag{16.49}$$

其中，$m_{yi} = (x)$ 为分量 $Y_i(x)$ 的变化的平均值；Z 为数据向量；m_z^* 为 $Z(x)$ 的变化的平均值；$\boldsymbol{u}$ 为所有项目都等于 1 的单位向量。

可以使用背景信息来识别应用中的分量过程。例如，在图像处理中，过滤噪声和增强信号通常很有用。噪声和信号通常代表不同的变化尺度，或者，从光谱理论的角度来看它们是不同频率的内容，尽管会有一些重叠（第 12 章）。请注意，按因子克里金法进行的空间滤波是基于嵌套协方差模型（Ma 等，2014）。一些研究人员质疑嵌套模型的可用性（Stein，1999）。嵌套协方差模型在空间插值方面可能不会获得多少好处，因为应用中的经验空间协方差或者变差函数存在固有的不确定性。但是，这是随机场分解和信号滤波的关键步骤。与背景知识结合使用时，尤其是数据充分可用时，这是合适可行的。

16.6.2 过滤空间分量的应用

因子克里金法可用于过滤空间数据中的空间分量。因子克里金方法理论上可以处理任意数量的分量，但这里只介绍两个尺度的空间异质性的应用，包括信号和白噪声第 16 章

第 6 节第 1 小节。

不管平稳或非平稳，对于双组分模型，具有未知平均值的克里金可以由信号和附加噪声模型表示：

$$Z(x) = S(x) + N(x) \qquad (16.50)$$

其中，$S(x)$ 表示较大尺度的组分随机函数；$N(x)$ 表示较小尺度的组分随机函数；$Z(x)$ 表示复合随机过程。

信号和噪声都可以使用 $Z(x)$ 的样本数据进行估计，如下：

$$S^*(x) = \sum_{j=1}^{n} w_j Z(x_j) \qquad \sum_{j=1}^{n} w_j = 1 \qquad (16.51)$$

$$N^*(x) = \sum_{j=1}^{n} h_j [Z(x_j) - m_z(x)] \qquad \sum_{j=1}^{n} h_j = 0 \qquad (16.52)$$

由于无偏估计的约束，所有已知数据点和平均值的权重总和等于 1，对噪声估计的权重的总和等于零。

在这里，我们介绍在局部平稳假设下的因子克里金法。因此，信号加权向量是公式 16.41 和公式 16.42 的组合，如下：

$$W_s = C_{zz}^{-1} c_{sz} - C_{zz}^{-1} \boldsymbol{u} (\boldsymbol{u}^t C_{zz}^{-1} \boldsymbol{u})^{-1} \boldsymbol{u}^t C_{zz}^{-1} c_{zz} + C_{zz}^{-1} \boldsymbol{u} (\boldsymbol{u}^t C_{zz}^{-1} \boldsymbol{u})^{-1} \qquad (16.53)$$

$$H_n = C_{zz}^{-1} C_{nz} - C_{zz}^{-1} \boldsymbol{u} (\boldsymbol{u}^t C_{zz}^{-1} \boldsymbol{u})^{-1} \boldsymbol{u}^t C_{zz}^{-1} c_{nz} \qquad (16.54)$$

其中，W_s 为信号的权重矢量；c_{sz} 为信号和随机函数 $Z(x)$ 的协方差的矢量；H_n 为噪声的权重矢量；c_{nz} 为噪声和随机函数 $Z(x)$ 之间的协方差矢量。

从信号分析的角度来看，空间属性的变差函数中的块金效应分量是代表不连续分量的白噪声。因子克里金方法可用于通过消除块金效应来过滤掉不连续分量。地震属性中过滤噪声的示例在第 12 章中已介绍。其他例子可以在 Ma 等（2014）中找到。简而言之，通过因子克里金方法分解可以估计具有一定信息量的分量。

16.7 总结

本章介绍了几种空间估计/插值方法，它们的适用性取决于非均质性的规模/尺度，而非均质性尺度会影响储层属性的空间分布的平稳性、数据的可用性及建模项目的用途。

估计方法不仅具有应用意义，而且可作为随机模拟的基础。光谱模拟和序贯高斯模拟均以克里金估计为基础（第 17 章）。简单克里金法是最基本的克里金法，但最有用，因为它是其他克里金方法和许多随机模拟方法的基础。从方法学上来说，同位协同克里金比线性回归更广义，因为它利用了空间相关性和多变量相关性。更重要的是，其对应的随机模拟在集成辅助调理数据和保持模型中的非均质性方面特别有用。它在模拟物理意义上的相关变量之间的相关性时也非常有用。

16.8　练习和问题

（1）在下面的配置中，使用简单的克里金法从两个已知的孔隙度值中估计未知的孔隙度值；计算估计方差。孔隙度平均值为 0.08，孔隙度方差为 0.0001。使用相关图查找相关值。

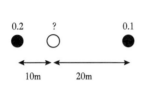 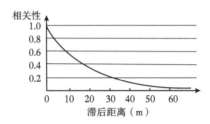

（2）在下面的配置中，使用简单的克里金、普通克里金和反向距离方法（章节中未介绍，但很直观：已知点的权重为其与估计点的距离成反比）从两个已知孔隙值估计未知孔隙值，平均孔隙度为 0.15，使用给定的相关图查找相关性，比较三种方法的估计值。

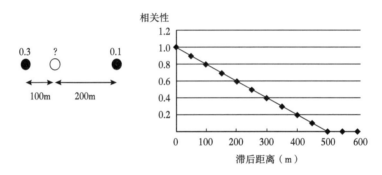

（3）在问题（2）中，如果使用块金效应变差函数，则通过简单克里金法和普通克里金法估计值是多少？解释为什么简单克里金在线性变差函数和块金效应之间的大的差异。

（4）在下面的配置中，使用简单克里金从两个已知的孔隙度值估计未知孔隙度值。平均孔隙度为 0.08，使用给定的相关图查找相关值。

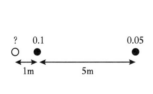 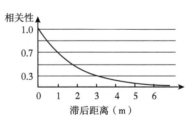

（5）下图以百分比显示 5 个孔隙度值。使用克里金邻域（圆）中的两个已知孔隙度值（简单克里金法）估计未知孔隙度值 $P(x)$。但是，使用所有 5 个已知值来估计平均值。使用规范化的变差函数图（它是各向同性）来获取相关性。网格大小是单位距离（与变差函数滞后距离相同）。

（6）与练习 5 相同，但使用普通克里金法来估计未知的孔隙度值。

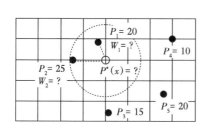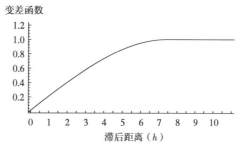

（7）与练习 5 相同，但使用反向距离方法（Bonus）。

（8）与练习 5 相同，但使用块金效应的变差函数。

（9）与练习 5 相同，但使用普通克里金法和块金效应变差函数。

附录 16.1　平稳、局部平稳和内在随机函数

内在随机函数（IRF）理论是具有独立增量的随机过程的扩展。后者意味着不相关的一阶差分，如布朗运动（Matheron，1973；Papoulis，1965；Serra，1983）。布朗运动不是平稳的，因为当研究域增大时方差也增大。Matheron（1973）提出了零阶内在随机函数（IRF-0）。Besag 和 Mondal（2005）对空间内在过程（也称为 de Wijis 过程）和一阶自动回归提供了桥梁。进一步的扩展是，当一个随机过程（$k+1$）的差分构成一个平稳过程时，它被称为 k 阶内在随机函数或 $IRF-k$（Matheron，1973）。

让 A 表示具有有限度的矢量空间。二阶随机函数 $R^n \rightarrow L^2$（Ω，A，P）允许线性延伸 Z：$A \rightarrow L^2$（Ω，A，P），定义为：

$$Z(h) = \int h\ (\mathrm{d}x) Z(x) \qquad h \in A \qquad (16.55)$$

这意味着协方差矩阵对于任何有限集的不同点的严格正定性。例如，维纳的线性估计就是这样一种类型（Wiener，1949），$IRF-k$ 的定义更加严格。连续函数 $p(x)$ 的选择方式是 A 的子空间 G，定义为：

$$G = \{h:h \in A, \quad \int h(\mathrm{d}x)p_j(x) = 0\} \quad j = 0, \quad \cdots, \quad k \text{ 且 } h(0) = -1 \qquad (16.56)$$

因此，线性映射 $Z:G \rightarrow L^2$（Ω，A，P）是空间 G 上的广义的随机函数。

对于非平稳过程，根据样本数据计算的协方差可能导致预测中的严重偏差（Serra，1983）。Matheron（1973）使用分布理论为 IRF-k 定义了广义协方差。在实践中，通常很难描述和构建有效的广义协方差函数（Chauvet，1989），但在大多数应用中，第一阶的方差（称为变差函数）就足够了。

严格意义上的随机过程意味着空间或时间域中概率频率函数的转换不变（Papulis，1965）。随机过程的广义或弱平稳假定在空间或时间上的平均值不变，以及协方差函数或变差函数的平移不变，也包括方差（Papulis，1965；Matheron，1989）。当对局部或移动邻域应用克里金时，不需要全局平稳；局部平稳就足够了。局部平稳是一个较弱的假设（Matheron，1989；Ma 等，2008）。

在实践中，当实验变差函数在中等滞后距离之后显示一个明显的平台，并且该平台大约等于数据的方差时，局部平稳的假设通常是合理的。另一方面，许多地质过程和储层变量不能满足全局平稳。这就是为什么双重克里金很少用于储层表征和建模，因为它需要假设全局平稳。

附录16.2 块矩阵求逆

考虑块矩阵：

$$\left(\begin{array}{c|c} A_{11} & A_{12} \\ \hline A_{21} & A_{22} \end{array}\right)$$

其中，A_{11} 和 A_{22} 为方矩阵；A_{12} 和 A_{21} 为矩阵或向量。

其逆矩阵是：

$$\left(\begin{array}{c|c} B_{11} & B_{12} \\ \hline B_{21} & B_{22} \end{array}\right)$$

其中，B_{11} 和 B_{22} 为方矩阵；B_{12} 和 B_{21} 为矩阵或向量。它们的大小与相应的 A_{ij} 相同。

存在两种解决方案。第一个解决方案是：

$$B_{22} = (A_{22} - A_{21}A_{11}^{-1}A_{12})^{-1}$$

$$B_{21} = -(A_{22} - A_{21}A_{11}^{-1}A_{12})^{-1}A_{21}A_{11}^{-1} = -B_{22}A_{21}A_{11}^{-1}$$

$$B_{12} = -A_{11}^{-1} + A_{12}(A_{22} - A_{21}A_{11}^{-1}A_{12})^{-1} = -A_{11}^{-1}A_{12}B_{22}$$

$$B_{11} = A_{11}^{-1} + A_{11}^{-1}A_{12}(A_{22} - A_{21}A_{11}^{-1}A_{12})^{-1}A_{21}A_{11}^{-1} + B_{12}A_{21}A_{11}^{-1}$$

第二个解决方案是：

$$B_{11} = (A_{11} - A_{12}A_{22}^{-1}A_{21})^{-1}$$

$$B_{21} = -A_{22}^{-1} - A_{21}(A_{11} \cdot A_{12}A_{22}A_{21})^{-1} = -A_{22}^{-1}A_{21}B_{11}$$

$$B_{12} = -(A_{11} - A_{12}A_{22}^{-1}A_{21})^{-1}A_{12}A_{22}^{-1} = -B_{11}A_{12}A_{22}^{-1}$$

$$B_{22} = A_{22}^{-1} + A_{22}^{-1}A_{21}(A_{11} - A_{12}A_{22}^{-1}A_{21})^{-1}A_{12}A_{22}^{-1} = A_{22}^{-1} - A_{22}^{-1}A_{21}B_{12}$$

矩阵 $A_{11} - A_{12}A_{22}^{-1}A_{21}$ 和 $A_{22} - A_{21}A_{11}^{-1}A_{12}$ 有时被称为舒尔补充（Haynsworth，1968）。当 A_{22} 是标量 0 或零向量时，如在许多克里金系统中，应该使用第一个解决方案。

参 考 文 献

Besag J. and Mondal D. 2005. First-order intrinsic autoregressions and the de Wijs process. Biometrika, 92（4）：909-920.

Chauvet P. 1989. Quelques aspects de l'analyse structural des FAI-k a 1-dimension. In Geostatistics, M. Armstrong（eds），Kluwer, Dordrecht, pp. 139-150.

Chiles, JP, and Delfiner, P. 2012. Geostatistics：Modeling spatial uncertainty, John Wiley & Sons, New York, 699p.

Doyen, P. M., den Boer, L. D., & Pillet, W. R. 1996. Seismic Porosity Mapping in the Ekofisk Field Using a New Form of Collocated Cokriging. Society of Petroleum Engineers. doi：10.2118/36498-MS.

Du, C. , Zhang X. , Ma, Y. Z. , Kaufman P. , Melton B. and Gowelly S. 2011. An integrated modeling workflow for shale gas reservoirs, In Y. Z. Ma and P. La Pointe (Eds), Uncertainty Analysis and Reservoir Modeling, AAPG Memoir 96.

Haynsworth E. V. 1968. On the Schur complement, Basel Mathematical Notes, #BNB 20, 17p.

Journel A. 1992. Comment on "positive definiteness is not enough", Math Geol 24: 145147.

Journel, A. G. 1989. Fundamentals of geostatistics in five lessons. Short Course in Geology, Vol 8, American Geophysical Union.

Journel, A. G. and Huijbregts, C. J. 1978. Mining geostatistics: Academic Press, New York.

Ma, Y. Z. 1993, Comment on Application of Spatial Filter Theory to Kriging. Mathematical Geology, 25 (3): 399–403.

Ma, Y. Z. and Royer, J. J. 1988. Local Geostatistical Filtering: Application to Remote Sensing, Sci de la Terre: Sér. Inf. 27: 17–36, Nancy, France.

Ma, Y. Z and Myers D. 1994. Simple and ordinary factorial cokriging. In A. G. Fabbri et J. J. Royer (eds.) 3rd CODATA Conf. on Geomathematics and Geostatistics. Sci. de la Terre, Sér. Inf. , 32?: 49 – 62, Nancy, France.

Ma, Y. Z. and Royer, J. J. 1994. Optimal filtering for non−stationary images, IEEE 8th Workshop on IMDSP, p. 88–89.

Ma, Y. Z. , Seto A. and Gomez, E. 2008. Frequentist meets spatialist: A marriage made in reservoir characterization and modeling: SPE 115836, SPE ATCE, Denver, CO.

Ma, Y. Z. , Royer J. J. Wang, H. Wang Y. and Zhang T. 2014. Factorial kriging for multiscale modeling. Journal of South African Institute of Mining and Metallurgy 114: 651–657.

Matern B. 1960. Spatial variation. Meddelanden Fran Statens Skogsforskningsinstitut, Stockholm, 49 (5), 144p.

Matheron, G. 1971. The theory of regionalized variables and their applications: Textbook of Center of Geostatistics, Fontainebleau, France, 212p.

Matheron, G. 1973. The intrinsic random functions and their applications, Adv. Appl. Prob. , vol. 5, p. 439–468.

Matheron G. 1982. Pour une analyse krigeante des données régionalisées, Centre de Geostatistique, Research report N−732.

Matheron, G. 1989. Estimating and choosing − An essay on probability in practice Springer−Verlag, Berlin.

Olea R. A. 1991. Geostatistical Glossary and Multilingual Dictionary. Oxford University Press.

Papoulis, A. 1965. Probability, random variables and stochastic processes, McGraw−Hill, New York, 583p.

Pardo−Iguzquiza E. and Chica−Olmo M. 1993. The Fourier integral method: An efficient spectral method for simulation of random fields, Math. Geol. 25 (2): 177–217.

Pettitt A. N. and McBratney A. B. 1993. Sampling designs for estimating spatial variance components. Applied Stat. 42: 185–209.

Reis A. P. , Sousa A. J. , da Silva E. F. , Patinha C. and Fonseca E. C. 2004. Combining multiple correspondence analysis with factorial kriging analysis for geochemical mapping of the gold−silver deposit at Marrancos (Portugal) . Applied Geochemistry, 19 (4): 623–631.

Rivoirard, J. 2001. Which models for collocated cokriging? Mathematical Geology 33 (2): 117–131.

Schabenberger, O. and Gotway, C. 2005. Statistical methods for spatial data analysis, Chapman & Hall/CRC.

Serra, J. 1983. Image analysis and mathematical morphology. Academic Press, Orlando, FL.

Stein ML. 1999. Interpolation of spatial data: some theory for kriging. Springer, New York, 247p.

Wackernagel H. 2003. Multivariate geostatistics: An introduction with applications, 3rd edition, Springer, Berlin, 387p.

Wen R. and Sinding-Larsen R. 1997. Image filtering by factorial kriging – Sensitivity analysis and applications to Gloria side-scan sonar images. Math Geology, 29 (4): 433-468.

Wiener N. 1949. Extrapolation, interpolation and smoothing of stationary time series. MIT Press, Cambridge, Massachusetts.

Xu, W. , Tran, T. T. , Srivastava, R. M. and Journel, A. G. 1992. Integrating seismic data in reservoir modeling: The collocated cokriging alternative: SPE 24742, 67th ATCE, p. 833-842.

Yao T. , Mukerji T. , Journel A. , and Mavko G. 1999. Scale matching with factorial kriging for improved porosity estimation from seismic data. Mathematical Geology, 31 (1): 23-46.

第17章　连续地空或时间属性的随机模拟

"这个世界的真正逻辑是概率。"

詹姆斯·克莱克·麦克斯韦尔

"模型只是对真实事物的模仿。"

匿名

摘要： 本章介绍对连续地空属性进行随机模拟的地质统计学方法。为了便于演示，在随机模拟中使用了许多时间序列的数据，这得益于一维简化。常用的空间数据模拟方法包括序贯高斯模拟和频谱模拟。不同于估计方法（如回归和克里金），随机模拟的主要目标是针对物理属性的非均质性。

随机模拟通常是从估计方法上扩展出来的。因此，第16章介绍的克里金方法是随机模拟的基础。在阅读本章之前，读者应该熟悉克里金方法，尤其是简单克里金方法。本章主要侧重于基本方法，三个附录涵盖比较复杂一点的问题。

17.1　概述

大多数估计方法，包括克里金（第16章），具有平滑效应，在其估计中会降低储层属性的非均质性。而另一方面，随机模拟试图再现模拟属性的非均质性。当空间属性的非均质性很重要时，克里金通常不是一个理想的选择，因为它的模型会降低非均质性。随机模拟的目的是缓解平滑，并保留其模型中属性的非均质性。随机模拟的另一个目的是评估不确定性（第24章）。

什么是随机过程和怎样实现这样的过程呢？随机过程是随机变量的集合。虽然随机过程可以用其参数来描述，但它可以有许多结果，每个结果都称其为实现。非平稳随机过程的数学表达式比较复杂。但是，地下地层中岩石物理属性的不平稳性可以更容易地通过基于地质分区、分块和局部平稳假设进行分级建模（第14章）。因此，这里只介绍二阶平稳过程或简单弱平稳过程（Papoulis，1965；Ma 等，2008）。平稳随机过程在理论上表示具有相同均值、方差和协方差函数的随机实现的集合。这是在这里介绍的地空属性随机模拟的基础。在实践中，局部平稳假设与随机协同模拟一起，使平稳模型的应用更加广泛（第16章，第18章和第19章）。

也许理解随机过程多重实现概念的最好方法是使用周期函数，如正弦型曲线，作为随机过程的特殊情况。事实上，当正弦波和余弦波（更一般地，正弦型曲线）具有相同的频率和振幅时，它们具有相同的均值、方差和协方差函数。这些不同正弦型曲线的唯一区别是相位。图 17.1（a）显示四个正弦型曲线，所有它们的均值为 0，方差相同（等于

0.5），变差函数相同［图 17.1（b）］，但是它们的相位不同。所有这些正弦型曲线可以被认为是同一个"随机"过程的实现，因为这些实现都有 0 均值，相同的方差和协方差函数。一些读者可能会质疑使用确定性函数来比喻随机实现。请注意，我们总是可以添加一小部分白噪声到正弦型曲线，使这个类比有效。

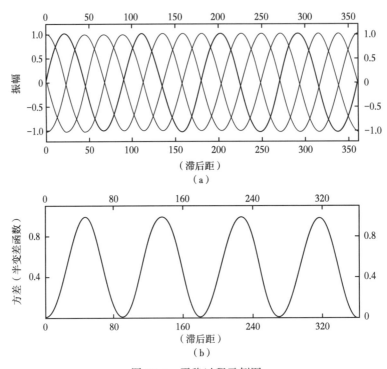

图 17.1　平稳过程示例图

（a）将四个正弦曲线作为多重实现（平稳"随机"过程）的示例。粗体曲线是相位为 0 的标准正弦波；其他曲线具有非 0 相位。所有这些正弦型曲线具有显示于；（b）中相同的变差函数，方差等于 0.5。

变差函数 = 0.5［1-cos（h）］协方差函数等于 0.5cos（h）（在一维中，余弦是正定的）

对随机过程建模的另一个重要属性称为"遍历性"（附录 17.1）。该术语被视为随机系统的一个属性，它倾向于独立于初始条件的限制形式。给定的每一个随机种子代表着随机过程的一个初始条件，这一概念支持具有不同随机种子的多个随机实现。在实践中，当区段（如储层建模的区域）的空域有限时，此问题可以很严重。一种解决机制是使用局部处理方法，例如局部平稳假设（Ma 等，2008），这一假设得到 Matheron（1989）提出的微遍历性概念的支持。附录 17.1 讨论了短距离的变差函数特征，并说明了微遍历性概念如何为地质统计估计和随机模拟过程中使用局部处理方法提供基础。

模拟的一个关键方面是所关注的储层属性的非均质性再现，克服了通过克里金或其他插值方法降低非均质性的情况。随机模拟的两种主要方法是空间（或时间）域的模拟和频域的模拟。在地质统计应用中，空间域中的模拟可以是全局的或局部的。全局方法基于双克里金法，需要全局平稳性假设，而局部方法只需要局部平稳假设。这里只介绍称为序贯高斯模拟（SGS）和频域模拟（也称为频谱模拟）的局部方法。首先，让我们阐述一下克里金的平滑效应。

17.1.1 克里金的平滑效应

随机过程的克里金估计会减小其方差，并且不会保留使用的协方差模型［图 17.2（a）］。克里金的这种平滑效应对于遵循"保存"原则且使用最小二乘法的许多估计方法都存在，即估计的方差（有时术语称为"能量"）必须小于或等于初始输入变量的方差（能量）。

从投影的角度来看，估计 $Z^*(x)$ 是将真实值投影到由预测变量形成的线性子空间。估计和估计的误差是正交的或不相关的 ［Journel 和 Huijbregts，1978；图 17.2（b）］。由于使用最小二乘法的估计误差一般不为 0，估计属性的方差小于随机过程的方差，克里金的空间相关程比其使用的变差函数模型的相关程度要大 ［图 17.2（a）］。

在简单克里金中，随机过程 $Z(x)$ 的方差是估值与简单克里金估计误差之和：

$$\text{Variance}\big[Z(x)\big] = \text{Variance}\big[Z^*(x)\big] + e_{sk}^2 \qquad (17.1)$$

由于克里金模型中方差的降低以及协方差函数模型的改变，随机变量 $Z(x_i)$ 和 $Z(x_j)$ 的空间关系不以保留。克里金估计的方差的缺失部分是克里金估计误差的方差（公式17.1）。虽然克里金的估计是无偏的，但方差的减小和协方差函数的不重现性也可以被视为克里金的有条件偏差（Journel 和 Huijbregts，1978；Journel，2000）。也就是说，使用最小二乘法预测往往会高估低值并低估高值，因此这些极值在估计中体现不足。

随机模拟的目的是模拟随机过程，同时克服克里金估计中的条件偏差。例如，仅仅使用无条件的蒙特卡罗模拟即可轻松实现这一目标。然而，在实践中，尊重可用数据是储层建模的先决条件，因此，以可用数据为条件的随机模拟通常是对储层属性进行建模的必要条件。

因此，储层建模中随机模拟的要求包括：（1）方差的复制（全局非均质性）；（2）协方差函数的再现（空间相关性/连续性）；（3）尊重井数据。前两个条件是无条件模拟所必需的，而第三个条件根据定义是条件模拟所必需的。第二和第三个要求无论如何强调都不过分。

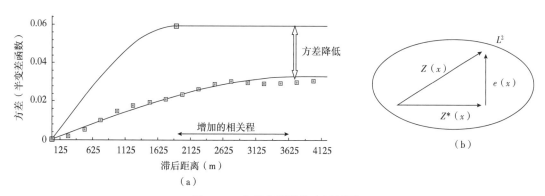

图 17.2　克里金平滑效应示例图

（a）用于克里金的变差函数模型（大平台值曲线）和克里金（结果）的变差函数（正方形和带小平台的拟合曲线）的例子；（b）基于最小二乘法用投影理论进行估计的图示（L^2 表示 Lebesgue 空间的特殊情况，因为克里金估计值使用最小二乘法来对估计误差最小化）

17.1.2 随机建模：到底是什么呢（Quo Vadis）？

文献中一般强调随机建模的不确定性量化。在实践中，使用随机模拟对储层属性建模时，降低不确定性同样重要；事实上，它往往更为重要。这也说明了在随机模拟中尊重硬数据、相关数据的集成及尊重空间连续性的重要性，因为样品（数据）和空间相关性可以约束随机模型而降低不确定性。除了降低不确定性，尊重数据在储层建模中有其他好处。必须尊重数据，才能有信心地将模型用于动态模拟和油田开发。一个不尊重数据的模型，在油藏模拟的历史拟合和生产预测中会引起许多问题。

建模，根据定义涉及不确定性，因为建模从根本上说是一种预测，而在预测中利用和尊重数据可降低不确定性。我们将用数据约束模型的一个简单例子突出显示尊重数据的效应。

考虑构建一个包含1000个网格单元的砂—页岩图（如25×40的网格；图17.3）。如果所有网格都随机分配为砂岩或页岩，而不使用任何数据，则可能的结果数量是巨大的：

$$可能的模型数量 = 2^{1000} = 1.07150860718627E+301 \qquad (17.2)$$

现在，假设100个数据点在建模中可用并且得以尊重（即不改变它们）；可能的结果数降低到：

$$可能的模型数量 = 2^{900} = 8.45271249817064E+270 \qquad (17.3)$$

虽然后一个数字仍然很大，但它表示降低了1.268E+30次（减少的数量更大）。这清楚地表明了如何在属性随机建模中使用数据以降低不确定性。

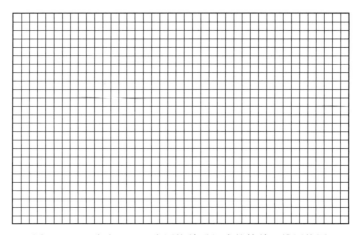

图17.3 一个由25×40个网格单元组成的简单二维网格图

考虑在网格上绘制砂—页岩图。随机建模的结果和可能实现的数量取决于可用数据的数量、砂—页岩体的空间相关性和地质概念模型；如果完全随机且没有任何数据，则随机实现的可能数量为 $2^{1000} = 1.0715E+301$；如果自然是随机实现之一，则随机实现为正确答案的概率为 1 比 1.0715E+301

实际储层模型通常比上述示例大得多。此外，对于连续变量（如孔隙度），有比砂—页岩两个代码更多的可能值（即使用四舍五入的小数）。可能的随机模型数量如此之大，以至于目前没有计算机能够计算模型的数量，更不用说生成所有的模型。这些都是真正的大数据！

我们知道，中大彩是一个低概率的事件。如果知道一些数据，中奖概率就会增加，这可以突出尊重数据的重要性（知识箱 17.1）。显然，在抽奖开始后，不允许玩彩票。这种类比只是显示了数据在降低不确定性或条件模拟的重要性。幸运的是，在储层建模中，人们可以用数据对随机模拟进行条件约束。

比较一个大彩票和一个简单的地质模型，我们可以看到，尊重数据是有好处的，但尊重数据对储层模拟是不够的。在构建储层模型时，有必要进一步降低不确定性。这正是物理定律和地质原理发挥作用的地方。物理定律和地质原理在数学上表现为空间相关性、先验信息和多变量相关性。本章介绍的两种建模方法是频谱模拟和序贯高斯模拟，两种方法都可以用空间相关性或等效的变差函数生成随机模型。在建模中使用先验信息和多变量相关性包括使用地质或其他相关数据（第 17 章第 5 节，第 18 章，第 19 章，第 20 章和第 21 章）。

17.1.3　高斯随机过程

如果随机过程的变量的任何线性组合遵循正态分布，则随机过程为高斯（Lantuejoul，2002）。以概率理论（第 2 章）为基础，高斯随机过程的空间（或时间）分布完全以平均值及其协方差函数（或变差函数）来描述。这使得高斯随机过程应用起来很方便。当两个高斯随机过程不相关时，它们是独立的。高斯随机过程的相关性在第 18 章的多高斯模拟中讨论。

几种模拟随机过程的方法已被提出，包括镶嵌、稀释、转换带、频谱及序贯方法（Lantuejoul，2002）。其中一些方法适用于非条件模拟，但难以尊重数据。对于储层建模，尊重数据至关重要，通常需要条件模拟。

两种常用的随机模拟方法可以尊重数据，它们是在频域中进行的频谱模拟和在空间域中进行的序贯高斯模拟。它们具有理论等价性和一些实际差异。其理论等价的原因是高斯随机函数的变差函数图和振幅频谱的等价性（附录 17.2）。

然而，高斯假设有一些局限性，例如对高歪度的长尾数据建模的困难（第 20 章）和在尊重输入的变差函数和直方图的约束条件下产生最大随机性（即最大熵）(Journel 和

知识箱 17.1　尊重数据的重要性，或者说，条件模拟能帮助你中奖吗?

彩票类比可以用来说明数据在调理随机模拟中的重要性。以【百万富翁】（Mega Millions，2018）为例；抽签是随机的，每个可能的号的组合都是所有可能的组合的随机实现。目前，组合总数略高于 3.02 亿，如下：

$$\frac{70!}{(70-5)!\ 5!} \times 25 = 302575350$$

如果我们可以在前两个号抽完后玩，每张彩票的中奖概率会增加到 1 比 1.125 百万，因为可能的组合数量是：

$$\frac{68!}{(68-3)!\ 3!} \times 25 = 1252900$$

显然，知道两个号意味着人们会利用这些数值，这是使用数据或尊重数据约束随机模拟的本质。因此，两个号调节（约束）将使兆万彩票中的中奖赔率增加 24150%（即 302575350/1252900 = 241.5）。通过用数据调节随机模拟来降低不确定性是显而易见的。

Deutsch，1993；Journel 和 Zhang，2006）。通过使用地质知识的先验信息和其他可关联数据（如使用地震、生产数据和/或模拟物理关联性），可以减轻这些限制。在随机建模的应用中我们讨论这些问题（第 18 章，第 19 章，第 20 章和第 21 章）。

17.2　高斯随机过程的频谱模拟

频谱模拟是在频域中进行的。这通常使用傅立叶变换和傅立叶逆变换来完成。由于可使用快速傅立叶变换（FFT）的算法（Bracewell，1986；Pardo-Iguzquiza 和 Chica-Olmo，1993），随机过程的频谱模拟比空间领域的模拟要快。

17.2.1　频谱分析和无条件模拟

这里简要回顾一下傅立叶变换，以便更好地了解频谱模拟。为了简化表达式，我们使用一个坐标变量，x 代表空间过程，虽然分析也适用于三维问题。傅立叶变换的空间过程，$z(x)$，表示为：

$$F(\omega) = \int_{-\infty}^{\infty} z(x) e^{-i\omega x} dx \tag{17.4}$$

或等价地：

$$F(\omega) = \int_{-\infty}^{\infty} z(x) [\cos(\omega x) - i \sin(\omega x)] dx \tag{17.5}$$

其中，ω 为角频率，等于 $2\Pi f$；f 为普通频率；i 为复数中的虚数。

傅立叶变换（公式 17.4）可以表示为：

$$F(\omega) = |F(\omega)| e^{i < F(\omega)} \tag{17.6}$$

$|F(\omega)|$ 是振幅频谱，$<F(\omega)$ 是相位谱。

因此，空间变量 $z(x)$ 可以由频率域中的两个参数来表示：振幅频谱和相位。振幅频谱可以表达为：

$$A = \sqrt{\text{real}^2 + \text{Imag}^2} \tag{17.7}$$

相位表达为：

$$\tan(\theta) = \frac{\text{Imag}}{\text{Real}} \tag{17.8}$$

振幅频谱确定空间关系（即空间结构或模式），相位控制数值在空间域的位置（数据排列）。对于给定的空间变量，$Z(x)$，其傅立叶变换是唯一确定的，是完全解析的。但是，对于给定振幅频谱，其傅立叶变换不是唯一定义的函数，因为相位谱也会影响结果。这是具有多个随机实现的频谱模拟的基础。实际上，由于数据有限，真正的振幅频谱目标变量不知道；将拟合实验变差函数到一个模型相当于拟合振幅谱。

确定平稳随机过程的空间相关性的统计参数是空间域中的协方差函数 $C(h)$，如下：

$$C(h) = \int_{-\infty}^{\infty} Z(x) Z(x + h) dx \tag{17.9}$$

其傅立叶变换是功率谱：

$$S(\omega) = \int_{-\infty}^{\infty} C(h) e^{-i\omega h} dh \qquad (17.10)$$

功率谱 $S(\omega)$ 等于振幅谱 $F(\omega)$ 的平方。

在模拟随机过程 $Z(x)$ 的框架下，假定其协方差函数已给出，或者其模型被建立，或者等价地给出了变差函数或其功率谱（附录 17.2）。如果相位不给定（使用随机相位），用协方差函数或功率谱可以进行无条件的随机过程的模拟，因为功率谱传递着第一和第二阶统计矩，包括平均值、方差和协方差函数或变差函数。

在频域中的无条件模拟可以进行以下步骤：

（1）使用 FFT 将协方差模型或实验协方差函数转换为功率谱；如果给定的是变差函数，首先用公式 13.5 将其转换为协方差函数。

（2）对于任何负频谱值，把它们变为 0，因为 Bochner 定理指出，正频谱是确保对应的协方差函数的正定性的必要且充分条件（Matheron，1988）。

（3）随机地在 0 和 2π 之间的均匀分布中对相位取值。

（4）从功率频谱计算振幅频谱。

（5）使用 FFT 对频谱和相位进行逆变换，生成无条件模拟。

这里给出了一个模拟正弦型波的例子。图 17.1（b）中的变差函数等效于余弦协方差函数 [图 17.4（a）]。相应的功率谱的特点是移动的 Dirac 函数（在信号分析中通常称为增量脉冲；Lee，1967；Papoulis，1965），只有一个频率的振幅不等于 0，所有其他频率具有零频谱振幅 [图 17.4（b）]。使用增量脉冲频谱的无条件模拟将产生具有随机相的正弦型波 [图 17.4（c）]。理论上，有无限个随机相数的正弦型波。一个正弦型波与其他不同相位的正弦型波不相关，而它们具有相同的变差函数和协方差函数（严格来说，只有当它们从负无穷到无穷大时，才是正确的）。这间接地暗示了条件模拟对于应用的重要性，因为数据将约束模拟。相位的完全随机实际上相当于一个在空间上不使用条件数据的随机种子。

使用频谱模拟的一个陷阱是现象的不平稳性。当空间相关程非常大时，例如，如果储层属性的变差函数相关程大于储层模型范围的一半，平稳假定则受到折中。在这种情况下，频谱模拟不一定会尊重输入的变差函数，特别是对于大滞后距离，由于混叠（Daly 等，2010；Fourier 和 Ma，1988）。此问题可以通过扩展模型区域和/或向傅立叶变换模型添加垫来缓解（Yao 等，2005，2006）。

17.2.2　使用频谱方法进行条件模拟

使用 FFT 可以非常快速地进行无条件模拟（Journel，2000；Yao 等，2005，2006）。虽然从理论上来说很重要，但无条件模拟通常对储层建模没有多大意义，因为数据必须在模型中得到尊重，也即，以数据为条件的模拟是必需的。尊重数据在频域模拟并不简单。

17.2.2.1　无条件模拟和简单克里金的组合方法

条件模拟可以表示为简单克里金估值和简单克里金误差的模拟的总和，如下：

$$z_{cs}(x) = z_{sk}^*(x) + e_s(x) \qquad (17.11)$$

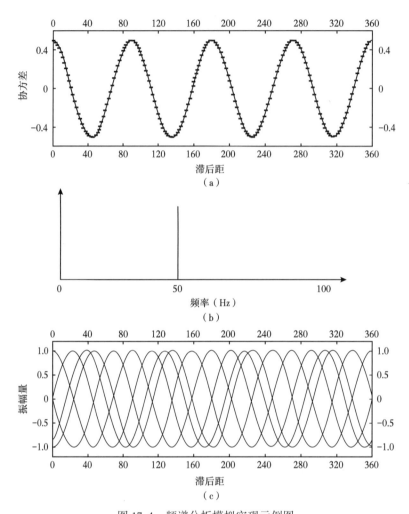

图 17.4　频谱分析模拟实现示例图

（a）等价于图 17.1b 中的变差函数的协方差函数；（b）在（a）中的协方差函数的功率谱；

（c）具有随机相和（a）中的协方差函数的四个模拟实现

每个曲线表示一个模拟实现，是正弦型波

和

$$e_s(x) = z_s(x) - z_s^*(x) \tag{17.12}$$

其中，$z_{cs}(x)$ 为条件模拟；$z_{sk}^*(x)$ 为使用条件数据的简单克里金估计；$z_s(x)$ 为无条件模拟；$z_s^*(x)$ 为在条件数据位置使用模拟数据的克里金估计；$e_s(x)$ 为克里金估计误差的模拟。

条件模拟也可以表示为（Yao，1998；Journel 和 Huijbreights，1978）：

$$z_{cs}(x) = z_s(x) + [z_k^*(x) - z_s^*(x)] = z_s(x) + \sum_{j=1}^{n} w_j [z(x_j) - z_s(x_j)] \tag{17.13}$$

其中，$z_s(x)$ 为无条件模拟；$z_k^*(x)$ 为简单克里金估计值；w_j 为权重。

公式 17.13 是著名的条件模拟和无条件模拟之间的关系，即通过添加模拟误差来约束以便尊重条件数据，从而从无条件模拟生成条件模拟。在公式 17.13 的右侧的第二个复合项进行这一任务。

在频率域中进行无条件模拟时，该方法有时称为高斯随机函数模拟或 GRFS（Daly 等，2010）。高斯随机函数模拟的流程包括以下步骤：

（1）生成无条件模拟；

（2）计算在条件数据点的误差；

（3）对误差作克里金；

（4）使用公式 17.13 产生条件模拟。

图 17.5 显示了一个比较克里金和频域进行的高斯随机函数模拟对白云岩体积比例（Vdol）建模的例子。克里金图大大降低了方差，但是随机模拟再现了井数据的直方图，从而也保留了井数据的方差。变差函数清楚地显示了克里金增大空间连续性，而随机模拟则保留空间连续性 [图 17.5（e）]。

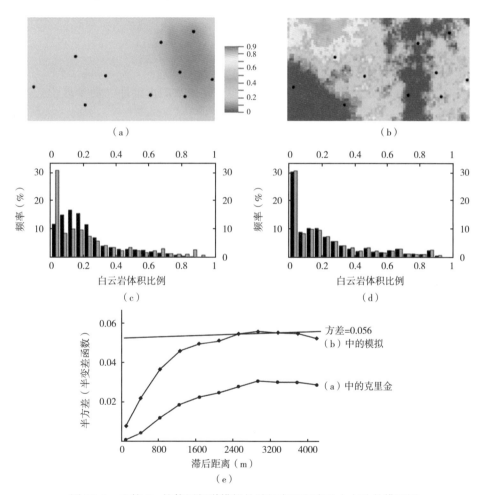

图 17.5 比较 V_{dol} 的使用频谱模拟的随机实现和克里金方法的模型图

（a）克里金图；（b）用频谱方法实现的随机模拟（GRFS）；（c）克里金（黑色）和数据（灰色）的直方图比较；（d）随机模拟（黑色）和数据（灰色）的直方图比较；（e）在（a）中的克里金的东西向变差函数和（b）中的随机模拟东西向变差函数；在（a）和（b）中的黑点是数据井的位置

17.2.2.2 相位识别方法

在高斯随机函数模拟（GRFS）方法中，使用简单克里金在空间域中对误差估计。生成条件模拟的另一种方法是在频域中用条件数据调整相位。没有直接根据条件数据确定相位的方法。可以使用迭代方法来调理数据以便识别相位（Yao，1998）。

该方法包括以下步骤（Yao，1998；Journel，2000）：

（1）对于所有数据点，计算数据值和模拟值之间的差异，并建立一个目标函数，即绝对规范化差的和。

（2）除非实现了目标函数，否则将模拟值替换为采样位置的数据值；然后使用 FFT 进行傅立叶变换。

（3）放弃新的功率谱；而是只用其相位和初始的功率谱。

（4）继续迭代过程，直到目标函数实现。

在此方法中，基于条件数据的相位迭代调整是一种"试验和误差"的优化过程。振幅谱决定空间相关性，相位控制大小值的定位（空间分布）。

频谱模拟的优点包括：

（1）用 FFT 使得速度快。

（2）与序贯方法比较可更好地尊重输入的协方差函数。

（3）使用 Bochner 定理可以很简单地保证协方差函数的正定性（简单地说只要功率谱没有负值就行；附录 17.2；Matheron，1988）。

时间序列类似于一维地理空间数据。使用频谱方法模拟在 20 世纪 90 年代末到 21 世纪初期间的原油价格（COP）的一个示例显示于图 17.6。由于原油价格在这一时期不平稳，6 个月的移动平均线被用作趋势，然后用 108 个条件数据（每两周一个数据）对残差模拟。残差的变差函数（原油价格 COP 与其 6 个月移动平均线之间的差异）用球状模型以相关程为 40d 拟合 [图 17.6（b）]。图 17.6（a）中的真实 COP 和 6 个月移动平均趋势的振幅频谱 [图 17.6（c）]。在此条件模拟中，使用了条件数据中的相位，这有助于相对较好地匹配这段时间内模拟函数与原油价格 COP 的真实曲线。

17.3　序贯高斯模拟

序贯高斯模拟（SGS）是在空间域中进行的随机模拟算法。要建模的储层属性应具有高斯分布；否则，该方法将进行"秩"（形态）转换，将数据变换为标准化的正态分布。秩转换基本上是一种"拉伸和挤压"方法，它可以强制数据进入正态分布（图 17.7）；高频出现的值被拉伸到更多的间隔中，低频出现的数据被挤压到更少间隔中，以便原始分布转换为正态分布。该过程也称为正态（得分）变换。

序贯高斯模拟按单元格的随机路径的顺序进行，该路径经过模型中的所有单元格，以便在模拟中为所有单元格附上一个值。之前模拟的单元格在后续模拟中当作已知数据点。图 17.8 说明了序贯高斯模拟涉及的主要运算及过程。使用随机路径和之前的模拟值作为数据的组合使整个模拟（近似）遵循输入统计信息，包括平均值、方差和变差函数。这也跟模型的大小有关，每个模拟可能并不一定准确地遵守所有这些统计参数；因为有与所谓的遍历性有关的变化（附录 17.1）。在序贯高斯模拟中使用多级网格可以帮助更好地尊重输入统计参数（Deutsch 和 Journel，1992）。

序贯高斯模拟的一个优点是易于尊重输入数据，因为输入样本数据在这一方法中直接用作模型的数值。如此，序贯高斯模拟直接生成条件模拟，而无须先产生无条件模拟，频谱模拟并非如此。简单克里金的精确插值属性（第 16 章）还确保数据得到尊重。

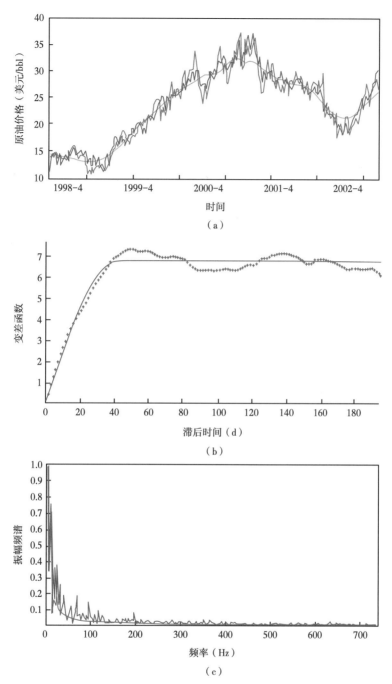

图 17.6　原油价格频谱模拟的实例图

（a）使用频谱模拟对西得克萨斯中质（WTI）原油价格（COP）的模拟［蓝色是 1998 年 1 月至 2002 年 6 月的实际 COP；浅绿色是 6 个月的移动平均线；红色是一个随机模拟（6 个月移动平均线用作趋势），使用了108 个条件数据（每两周一个数据）模拟残差］；（b）残差的变差函数［（残差是 COP 与其 6 个月移动平均曲线之间的差）。加号表示实验变差函数；实线是拟合的球形模型，相关程为 40d］；（c）WTI-COP（蓝色）和 6 个月移动平均线（红色）的标准化振幅谱（奈奎斯特（Nyquist）频率为 512 个交易日，考虑周末和节假日后调整为 738 个日历日

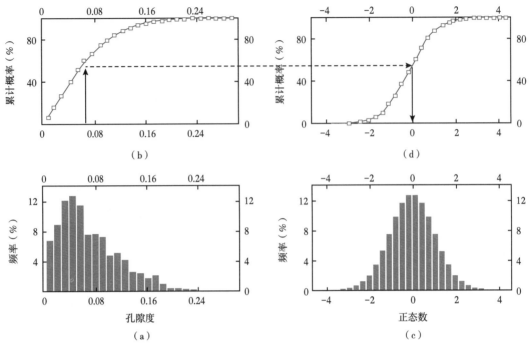

图 17.7　正态变换的示意图

（a）左下角是孔隙度的直方图；（b）左上角是其累计直方图；（c）右下角是孔隙度的正态得分转换直方图；
（d）右上角是正态得分转换的累计概率图（箭头显示孔隙度值如何转换为正态数值；反向变换以相反方向运作）

　　由于正态分秩变换后分布的正态性，每个网格单元的简单克里金估计值是模拟的条件期望：

$$Z_{sk}^{*}(x) = E\big[Z_{cs}(x) \,\big|\, Z(j),\ j = 1,\ \cdots,\ n\big] \tag{17.14}$$

　　此外，克里金方差是条件模拟的方差：

$$\sigma_{sk}^{2}(x) = \text{Variance}\big[Z_{cs}(x) \,\big|\, Z(j),\ j = 1,\ \cdots,\ n\big] \tag{17.15}$$

　　此克里金估计及其估计误差的方差为正态分布，从该分布中抽取一个随机数作为模拟值［图 17.8（b）］。

　　序贯高斯模拟包括以下步骤：

（1）将数据转换为平均值为 0，标准差为 1 的正态分布；

（2）从转换的数据中计算变差函数；

（3）检查平稳或局部平稳假设是否合理；

（4）如有必要，去掉数据非平稳趋势；

（5）将实验变差函数拟合为理论模型；

（6）选取一个随机路径，要通过所有要模拟的网格单元；

（7）在尚未模拟的单元格上进行简单克里金估值；

（8）根据简单克里金的估计值及其估计方差形成的正态分布上选取一个随机值；

（9）对数据进行条件模拟实现，即重复（7）和（8），直到模拟所有网格单元；

（10）将模拟实现转换到原始空间。

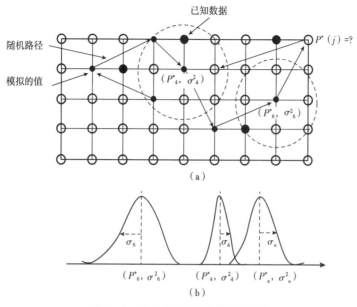

图 17.8 序贯高斯模拟过程示意图

（a）序贯高斯模拟流程和有关参数。模拟的模型网格单元是随机选取的（随机路径），所有网格单元都由随机路径
访问（仅显示了几个）。在每个访问的网格单元上，使用简单克里金来获得估计值，$P^*(j)$，与估计误差的方差
σ_{Sk}^2，如 σ_4^2 或 σ_6^2；（b）在每个访问的网格单元上用简单克里金的估计值和估计误差方差（P_j^*，σ_j^2）构建正态
分布；从正态分布中随机取一个值。简单克里金的估计 $P^*(j)$ 取决于克里金邻域中的已知数据和之前模拟的数据
［在（a）中的两个圆圈的示例］。估计误差的方差由在克里金邻域中的已知数据和之前模拟的数据的数量及其它们
的空间配置来确定，但是与数据值无关

17.4 高斯随机函数模拟（GRFS）和 序贯高斯模拟（SGS）比较

由于在频域中进行模拟，（高斯随机函数模拟）频谱模拟在尊重输入统计参数方面更
加可靠，包括平均值、方差和变差函数（Daly 等，2010）。由于使用了快速傅立叶变换
（FFT），频谱模拟比序贯高斯模拟（SGS）更快。

序贯高斯模拟最初是通过扩展局部邻域进行克里金的一般做法来实现的。这样做的一
个缺点是，难以在模拟中尊重大范围的连续性。另一方面，如果使用大的邻域，这将意味
着会有全局平稳的理论问题和计算成本的实际问题。解决问题的权衡方法是使用多级网
格。多级网格能够以合理的计算成本更好地实现大范围的连续性（Deutsch 和 Journel，
1992）。

因为使用了快速傅立叶变换，频谱模拟是一种全局方法。尊重具有较大相关程的变差
函数也有一些陷阱；长的空间连续性，即大于模型区域的一半大小，可能难以在模拟中很
好恢复。原因是，一个相关程长的变差函数暗示二阶平稳假设有问题。解决此问题可能需
要扩展模型区域，或为快速傅立叶变换添加一个加盘。另一种方法是去除建模属性的趋
势，如在原油价格（COP）模拟的例子中所示（图 17.6）。

Daly 等（2010）比较了两种模拟方法，使用序贯高斯模拟进行空间模拟和使用高斯随
机函数模拟（GRFS）进行频谱模拟。他们发现，高斯随机函数模拟在尊重平均值和方差

方面提供了更一致的结果；序贯高斯模拟（SGS）在其多重实现之间倾向于提供过高的变异性。

在模拟中是否尊重平均值会产生深远的后果。例如，如果孔隙度模型低估了岩心和/或测井数据（必要时在纠偏后）所代表的平均孔隙度，总的孔隙空间在模型中会被低估。反之亦然。虽然有时使用随机模拟进行不确定性分析和量化，但合理的平均值和变异性的再现是模拟方法基本的良好标准。由于有限的数据和现象的复杂性而对这些参数导致的不确定性应从其他角度分析，因为它们不同于统计不确定性（第 24 章）。

显然，很难根据对单个实现的比较得出结论，因为这要求对不同的实现进行大量的比较。但是，为了显示序贯高斯模拟（SGS）实现比高斯随机函数模拟（GRFS）实现有更高的差异性，我们在图 17.9 中展示了这两种算法的比较示例。也许，更好的比较方法是比较一维模拟。以前面介绍的一个例子为例，模拟 20 世纪 90 年代后期至 21 世纪初的原油价格时间序列。对于这种非平稳现象，使用序贯高斯模拟相当于模拟残差，然后将其添加到趋势中。图 17.10 比较序贯高斯模拟的模型和前面显示的频谱模拟的模型。尽管这只是每种方法的一个实现，但它显示了 SGS 的变化很大。其他比较的模拟也显示了类似的结果（Daly 等，2010）。

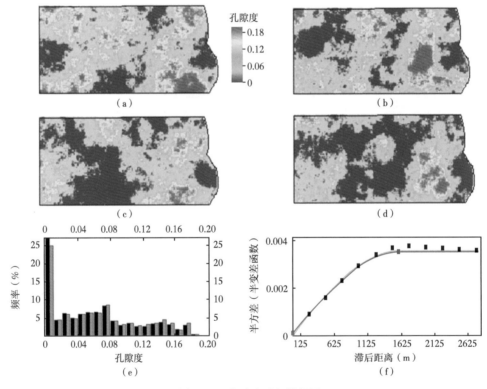

图 17.9 孔隙度随机模拟图

（a）使用高斯随机函数模拟（GRFS）和来自 13 口井的孔隙数据构建孔隙度模型；（b）与（a）相同，但用一个不同的随机种子；（c）与（a）相同，但使用序贯高斯模拟而不是高斯随机函数模拟；（d）与（b）相同，但使用序贯高斯模拟而不是高斯随机函数模拟；（e）孔隙度数据（灰色）和（a）中模型（黑色）的直方图；（f）输入变差函数（实心曲线）和（a）中模型的变差函数（实验点）相比较

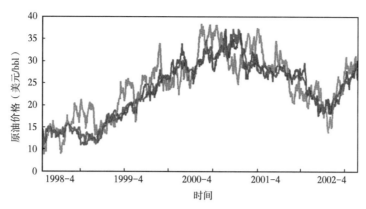

图 17.10　比较两种模拟方法：用序贯高斯模拟方法模拟残差加趋势的模拟图

[绿色：所用的趋势；图 17.6 (a) 中的 6 个月移动平均线]，频谱模拟

[红色：趋势与图 17.6 (a) 中的相同]；显示真实的原油价格（蓝色）供参考

17.5　随机协同模拟和同位协同模拟（Cocosim）

17.5.1　通过扩展序贯高斯模拟和频谱模拟的同位协同模拟

与随机模拟一样，随机协同模拟可以表达为估计和估计误差模拟之和。与完整的协同克里金一样，完整版本的协同模拟通常成本高昂，因为需要付出巨大的努力来拟合交叉变差函数模型和在解克里金方程时处理共线性问题。除了其克里金估计方程不同外（即简单克里金与简单同位协同克里金的差别；第 16 章），同位协同模拟有点像序贯高斯模拟。

17.5.2　通过频谱粘贴和相位识别进行协同模拟

在频域中也可以使用频谱模拟进行同位协同模拟，该方法具有匹配辅助条件数据频率成分的优点。事实上，在随机建模的许多应用中，目标变量的硬数据有限；模型尊重这些数据可以在频域中使用相位识别方法实现（第 17 章第 2 节第 2 小节）。当辅助条件数据主要包含低频到中频内容时，可以将它们与频域中的其他数据集成（Hardy 和 Beier，1994）。Huang 和 Kelkar（1996）显示了在频域中根据频率成分粘贴各种频谱的示例。例如，地震数据一般是有限带状的频率，可以描述为孔洞效应变差函数 [图 17.11 (a)]。

另一方面，岩石物理属性通常具有宽得多的频带。两个常见的用于对岩石物理属性特征化的变差函数/协方差函数是球状和指数模型。具有指数变差函数的属性是广义的马尔科夫过程（第 16 章），倾向于具有宽频带。图 17.11 比较了马尔科夫过程的变差函数和频谱及孔洞效应的变差函数和频谱。广义马尔科夫过程倾向于有占主导地位的低频频谱；但它可以有相当可观的高频含量，取决于相关程（图 17.14；附录 17.2）。孔洞效应变差函数表达具有一定周期性的随机过程，其特点是占有主导地位的中频的频谱。

从谐波理论可以得出，有限带宽的变量不会与具有更宽频带的变量高度相关，这解释了通常观察到的地震数据和岩石物理属性之间的低到中等相关性。这通常会给在储层建模中集成地震数据带来问题。低相关性使地震约束在储层模型中难以有效，而在模拟（或估计）中强制性地对地震数据的高权重会导致模型中其他有用特征的退化。这些问题很难在空间领域得到解决；基于每个数据源的频率成分的特性进行的频谱粘贴提供了一种解决此

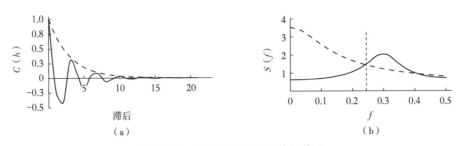

图 17.11 两个相关函数及其频谱图

（a）指数相关函数（衰减参数等于1/3，虚线）和指数—余弦复合相关函数（实线，余弦是每米有 0.3 个周期，而指数函数与虚线相同）。滞后距离以米为单位；（b）在（a）中的指数相关函数（虚线）和指数—余弦复合相关函数（实线）的频谱。垂直虚线显示在每米 0.25 周期时的最大频率，采样率为 2m

问题的选择方法。

　　图 17.12（a）说明了频域中的频谱粘贴方法。每个数据源具有不同的频率成分，因

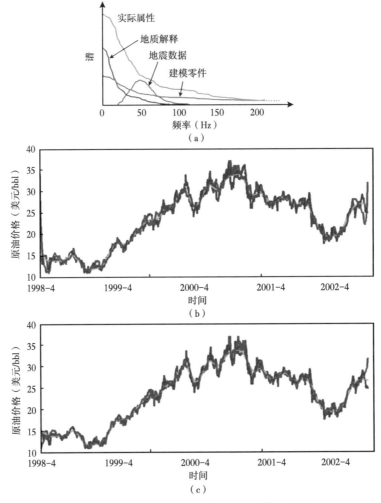

图 17.12　频谱黏贴方法模拟原油价格示例图

（a）说明使用频谱黏贴方法整合各种数据；（b）使用频谱黏贴组合模拟的原油价格（COP）时间序列模拟示例，具有随机相位（蓝色曲线是该时期的真实西得克萨斯中质原油价格，青色曲线表示低到中频含量的趋势，仅用于非平稳趋势）；（c）与（b）相同，但频谱模拟使用了从趋势派生的相位

为它们的频段通常不同，尽管可能有一些重叠。在频谱模拟中，目标功率谱是变差函数/协方差模型的傅立叶变换。对所有单个数据源的谱整合以便构成模拟模型的目标频谱。同样，每个数据源的相位信息可以集成并用于生成模拟的模型，因为目标频谱和相位在生成模型时在傅立叶的逆变换中结合起来。

图 17.12（b）和图 17.12（c）显示了使用频谱黏贴方法进行协同模拟的示例。一个模型是在不使用条件数据相位［图 17.12（b）］的情况下生成的，另一个模型是使用目标频谱和从条件数据中提取的相位生成的［图 17.12（c）］。这两种模型具有非常相似的全局非均质性；但在局部，使用条件趋势中的相位信息的模型与真实数据匹配更好，尤其是在模型的两个边界处（COP 时间序列的开始和结束处）。

17.6 评论：随机模型的不同实现真的是等概率的吗？

大量地质统计文献宣称：所有的实现都是等概率的。这是真的吗？模型的不同实现在数学上是等概率的，但物理上不一定是这样。由于选择一种建模方法的标准与其他建模方法不一定清晰，并且并非所有的"外围"信息都可以纳入在建模中，因此随机实现并不总是等概率的；它们只是在给定的建模方法和给定的输入下是等概率的，生成的实现在数学上是等概率的。

因此，在建模中整合所有相关信息并将随机性降至最低非常重要。此外，必须对模型实现通过物理检查进行分析和验证。还应该使用无法整合到建模中的数据或信息来验证它。应该记住，构建随机模型本身相对简单，但通过多学科数据整合，以便降低随机性和不确定性是应用概率建模方法到储层建模的本质。

17.7 总结和更多评论

随机模拟不同于估计方法，这在于估计侧重于估计误差的最小化，而模拟则侧重于地理空间属性的非均质性的再现。常用的估算方法（如各种形式的克里金方法）提供全局无偏的估计，但克里金估计也可以有条件偏差。具体来说，克里金是一个整体的无偏估计，但在其估计中极值频率降低，而中间值的频率会增大。而另一方面，随机模拟试图重现由数据构造的直方图，并保留属性的整体非均质性。

所有介绍的模拟方法，包括高斯随机函数模拟，序贯高斯模拟和同位协同模拟，都尊重硬数据。高斯随机函数模拟在尊重输入统计参数方面比序贯高斯模拟更稳健一些。这些方法用于对连续地理空间或时间序列属性的建模。虽然它们可以对模拟类型变量有用，如用于截断的高斯模拟和多高斯模拟等方法，其他直接模拟岩相的方法也存在（第 18 章）。

还有其他随机模拟的方法。Soares（2001）提出了一种直接序贯模拟和协同模拟方法，其中随机抽样基于全局定义的累积概率分布。Lantuejoul（2002）评论了几个其他随机模拟方法。在大多数随机模拟的数学文献中，不强调条件和尊重数据。在储层建模中、模拟中尊重数据是前提。

一些地球科学家有时会问模型是否真实。统计学家乔治·博克斯曾经说过："所有的模型都是错的，但是其中有些模型是有用的。"随机模拟的实现并不意味着它是全部的现实；模型中的逼真特征并不意味着它是一个真实的特征。任何估计或模拟方法都无法生成完全真实的模型。与克里金相比，随机模拟的模型通常更显真实，特别是在非均质性再现方面，但其局部的精度较低，因为克里金将估计误差降至最低。因此，使用随机模拟或克里金取决于非均质性的保留是否重要。在一些应用中，可以把克里金和随机模拟结合一起（第 19 章）。

附录

附录 17.1 遍历性、变差函数和微遍历性

遍历性在统计推理中起着至关重要的作用，因为它处理通过单个实现来确定随机过程的统计信息的问题。遍历性的概念起源于统计力学，当吉布斯观察到，在一个总能量保持不变的封闭系统中，粒子系统运动的时间平均值与通过相空间表面集成获得的平均值相同；这个面称为遍历性面（Lee，1967；Lebowitz 和 Penrose，1973）。由于"遍历性"一词在希腊语言中的意思是"工作路径"，因此，遍历性为随机过程通过单一实现开辟了统计推理的道路。对经典遍历性定理的一种直截了当的思考方式是，它是大数定律（第 2 章）的扩展，因为它意味着足够大的样本可以代表总体空间。

许多传统的随机方法都假定了遍历性（Papoulis，1965；Lee，1967；Gray，2009），正如 Matheron（1989）所说，"从传统的观点来看，'统计推理'的可能性，在最终情况下，总是基于一些遍历性属性。"Zhan（1999）提出了当属性的非均质性很强时使用遍历性假设的问题，但结论是，当属性的方差不是太高时，它是有效的。用于检查遍历性的适用性在一些文献中有讨论（Zhan，1999；Helstrom，1991），包括方差的（相对）幅度和协方差函数的遍历性。

一个 IRF-0 函数 $Z(x)$ 没有恒定方差，但其一阶差的方差仅取决于滞后距，而不是随机函数 $Z(x)$ 的空间位置。一阶差的方差最初称为序列变差函数（Matern，1960；Pettitt 和 McBratney，1993），后来被称为变差函数或半变差函数（Journel 和 Huijbregts，1978；Matheron，1989）。变差函数的一个优点是，对于短滞后，它基本上独立于序列中的长期变化，并且不需要参考序列的平均值，这种特性使其适合局部变异研究（Pettitt 和 McBratney，1993）。在将其与傅立叶分析进行比较时，这一优势尤为明显，在傅立叶分析中，频谱在定义域的整体范围进行计算，理论上从负无穷到正无穷。对于有限的领域，傅立叶变换有时在描述现象的频率内容时产生不太可靠的频谱（Ma，1992；顺便说一句，通过使用局部邻域，克里金可用于估计有限数据集的频谱；附录 17.3）。但是，微遍历性使得变差函数在处理有限的数据时更加可靠。

与传统的二阶统计中的遍历性统计不同，微遍历性概念在 IRF 框架中使用。如果统计参数完全由其随机函数在有限场上的单个实现确定，则统计参数是微遍历性的（Matheron，1989；Stein，1999）。例如，变差函数在原点附近具有微遍历性，即，如果它在较小的滞后距离不是太规则（太规则往往表示确定性函数，而不是随机函数）。相反，许多传统的统计参数在有限的领域上不是微遍历性的。从物理的角度上讲，微遍历性强调相邻的类似性和邻近信息。

微遍历性将变差函数的特征与随机场的规律性联系起来了。原点的不连续变差函数表

示随机场为白噪声或具有白噪声分量［图 17.13（a）］。在原点处具有线性属性的连续变差函数表示均方意义上随机场的连续性［图 17.13（b）］。在原点可求导的变差函数意味着随机函数在均方意义上是可导的［图 17.13（c）］。

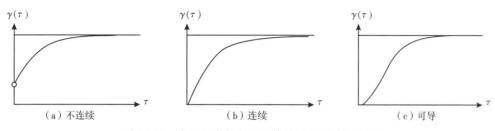

图 17.13　在短距离的变差函数的三种不同行为图
水平线表示方差

微遍历性概念为在随机建模中使用局部运算奠定了基础。许多非平稳过程可视为局部平稳（Papoulis，1965；Matheron，1989；Ma 等，2008），因此可以使用简单的建模方法来处理。这个概念强调邻里依赖性。只有在一些特殊情况下，IRF-k 理论和泛克里金方法才在实践中更有效。此外，微遍历性概念也适用于空间相关性或协方差函数。因此，协方差可用于克里金系统，而不一定非要用变差函数。

两个极端成员是在短滞后距离处不连续，和连续性高到可导的程度。这些分别是（部分）块金效应变差函数和高斯变差函数的情况。由于白噪声的存在，块金效应变差函数在零距离是不连续的。高斯变差函数代表高强度的连续性，意味着非常平滑的随机函数，在均方意义上可导（Matheron，1973）。指数和球形变差函数在零滞后距离上是连续的。

附录 17.2　变差函数和协方差函数的频谱表示

在频域中表示随机过程及其变差函数和空间协方差函数具有优点。在用频谱生成储层属性的随机实现时，变差函数和协方差函数之间的关系（公式 13.5）经常用到，因为协方差函数与频谱的关系在文献中得到了很好的研究。变差函数和频谱关系的研究较为有限。图 13.3（b）所示的四个指数变差函数可以先转换为协方差函数，然后对这些协方差做傅立叶转换就可得到它们的频谱（图 17.14）。

显然，相关程越小，高频含量的比例越高。纯块金效应可视为相关程为 0；它的频谱是一条平坦的线，意味着很多高频。有些人可能想知道，平坦线怎么可以解释为包含大量高频内容呢？事实上，大多数自然现象具有显著的低频含量和很少的高频含量，这与人们平常的感知相反。当高频含量与低频含量相同时，则可认为其高频含量相当的多。这就是白噪声或纯块金效应的情况。

大多数协方差函数（定义为正定）的频谱可以解析地推导出。指数协方差函数及其频谱表示如下：

$$C(h) = \exp(-ah) \tag{17.16}$$

$$S(f) = 2a/(a^2 + 4\pi^2 f^2) \tag{17.17}$$

基于指数—余弦相乘的函数的孔洞效应变差函数及其频谱是：

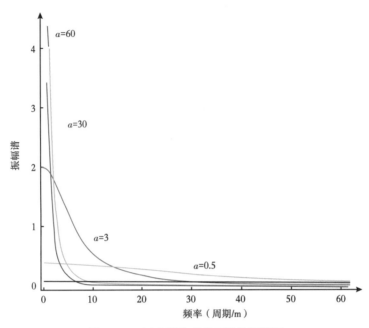

图 17.14 四个指数变差函数的频谱图

要先将变差函数转换为协方差函数，附加的平坦线是纯块金效应的频谱；$a=60$ 和 $a=30$ 的模型的
振幅频谱在显示屏中部分截断，因为低频的频谱值超出了图形的范围

$$C(h) = \exp(-ah)\cos(2\pi h) \qquad (17.18)$$

$$S(f) = \frac{a}{a^2 + (2\pi f - 2\pi)^2} + \frac{a}{a^2 + (2\pi f + 2\pi)^2} \qquad (17.19)$$

其中，h 为滞后距离；a 为衰减参数。

使用频谱模拟的另一个优点是易于定义正定协方差函数。Bochner 定理指出，正谱是其协方差函数为正定函数的必要和充分条件（Matheron，1988）。在这方面，甚至没有必要采用变差函数模型。可以从数据中计算实验变差函数，然后使用傅立叶转换将其转换在频域。按照 Bochner 的定理，只需将所有负频谱值设置为 0；频谱将代表一个正定函数。图 17.15 显示了频域中实验相关函数及其频谱表示的实例；几个非常小的负值设置为 0。

由于变差函数和协方差函数之间的关系以及等价性，由于协方差函数是正定，因此变差函数必须条件负定（Lantuejoul，2002）。

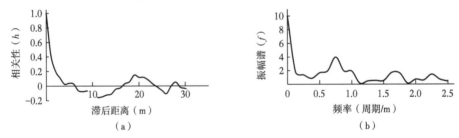

图 17.15 实验相关函数与频谱图

（a）地空变量的实验空间相关函数［x 轴是滞后距离（m），y 轴是相关性］；

（b）（a）中相关函数的频谱（x 轴是频率，单位是周期/m；y 轴是振幅谱）

附录 17.3　从有限数据用克里金估计频谱：一维示例

时间序列或空间变量可以表达为频谱形式。频谱可以用最大熵和 ARMA（自动回归和移动平均）方法估计（Marple，1982；Fournier 和 Ma，1988）。简单克里金也可以用于估计频谱（Ma，1992）。

虽然使用克里金估计频谱尚未普遍采用，但它显示了克里金如何与时间序列分析和用频谱的随机模拟方法相关联。

为了演示的目的，请考虑定时点对一维数据进行采样，其中我们使用对称窗口在位置 x 处设置 n 个数据点。当要估计的值是已知数据的一部分时，由于简单克里金法的准确插值器属性，因此将等于该值。因此，通过排除该基准的估计值的线性组合是：

$$Y^*(x) = \sum_{j=-n}^{j=n} w_j Y(x_j) \qquad 对于\ j \neq 0 \qquad (17.20)$$

其中，w_j 为权重；$Y(x_j)$ 为数据。这与常规的克里金估计非常相似，只是采样数据中使用对称窗口。

估计误差为：

$$e(x) = Y(x) - Y^*(x) = Y(x) - \sum_{j=-n}^{j=n} w_j Y(x_j)\ 对于\quad j \neq 0 \qquad (17.21)$$

将 Z 变换应用于公式 17.21 得到：

$$Y(Z) = \frac{e(Z)}{1 - \sum_{j=-n}^{j=n} w_j Y(x_j)} \qquad (17.22)$$

设置：

$$Z = \exp(-2\pi i f \Delta x) \qquad (17.23)$$

其中，i 为复数；f 为频率；Δx 为时间或空间步长（或滞后）。公式 17.22 的平方是 $Y(x)$ 的功率谱：

$$S(f) = \frac{\sigma_x^2}{\left| 1 - \sum_{j=-n}^{j=n} w_j \exp(-2\pi i f \Delta x) \right|^2} \qquad 对于\ j \neq 0 \qquad (17.24)$$

其中，σ_x^2 为克里金估计方差，频率 f 限制在奈奎斯特间隔。

由于配置对称性，克里金权重是对称的。因此，公式 17.24 可以简化为：

$$S(f) = \frac{\sigma_x^2}{\left| 1 - \sum_{j=1}^{j=n} w_j \left[\exp(-2\pi i f j \Delta x) + \exp(-2\pi i f j \Delta x) \right] \right|^2} \qquad 对于\ j \neq 0$$

$$(17.25)$$

将欧拉公式引入公式 17.25 得到：

$$S(f) = \frac{\sigma_x^2}{\left| 1 - 2\sum_{j=-n}^{j=n} w_j \cos(2\pi f j \Delta x) \right|^2} \qquad 对于\ j \neq 0 \qquad (17.26)$$

与使用线性组合来获得最终估计的未知值不同，功率谱是克里金权重的余弦变换。图 17.16 显示用简单克里金对两个短窗口混合正弦型波估计频谱的示例。与回归方法的比较可以在 Ma（1992）中看到。

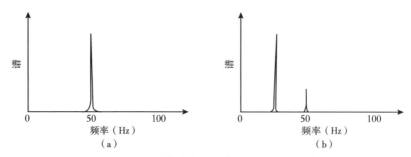

图 17.16　通过简单克里金估计正余弦的频谱图

（a）50Hz 单正弦；（b）具有 25Hz 正弦和 50Hz 正弦的混合信号（两个信号都在短窗口内采样）

参 考 文 献

Bracewell，R. 1986. The Fourier transform and its application，Mc-Graw Hill Inc.

Chiles，JP and Delfiner，P. 2012. Geostatistics：Modeling spatial uncertainty，John Wiley & Sons，New York，699p.

Daly C.，Quental S. and Novak D. 2010. A faster，more accurate Gaussian simulation，AAPG Article 90172，CSPG/CSEG/CWLS GeoConvention.

Deutsch，C. V. and Journel A. G. 1992. Geostatistical software library and user's guide：Oxford Univ. Press，340p.

Fournier，F. and Ma，Y. Z. 1988. Spectral Analysis by Maximum Entropy：Application to Short Window Seismic Data. Research Report，66 pages，Elf-Aquitaine.

Gray R. M. 2009. Probability，random processes，and ergodic properties，second edition，Springer，A revised edition is available online：https：//ee. stanford. edu/~gray/arp. html，last accessed November 27，2017.

Helstrom C. W. 1991. Probability and stochastic processes for engineers. Second edition，Macmillan Publishing Company.

Huang，X. and Kelkar，M. 1996. Integration of Dynamic Data for Reservoir Characterization in the Frequency Domain. Society of Petroleum Engineers. doi：10. 2118/36513-MS.

Journel，A. G. 2000. Correcting the smoothing effect of estimators：A spectral postprocessor，Math. Geol. 32（7）：787-813.

Journel，A. G. and Huijbregts，C. J. 1978. Mining geostatistics：Academic Press，New York，p. 600.

Journel，A. G. and Deutsch，C. V. 1993. Entropy and spatial disorder：Math. Geol. 25（3）：329-356.

Journel，A. G. and Xu W. 1994. Posterior identification of histograms conditional to local data：Math. Geology 26（3）：323-359.

Journel，A. G. and Zhang，T. 2006. The necessity of a multiple-point prior model. Math Geol 38（5）：591-610.

Lantuejoul C. 2002. Geostatistical simulation：Models and algorithms. Springer.

Lee，Y. W. 1967. Statistical theory of communication. John Wiley & Sons，6th Edition，p509.

Lebowitz J. L. and Penrose O. 1973. Modern ergodicity theory，Physics Today/February 1973：23-29.

Ma，Y. Z. 1991. Spectral Estimation by Simple Kriging in One Dimension. 2nd Intl. Codata Conf. On Geomathematics and Geostatistics，In Dowd and Royer（eds），Sci de la Terre，31：35-42.

Ma, Y. Z. 2010. Error types in reservoir characterization and management, J. Petrol. Sci. & Eng, doi: 10. 1016/ j. petrol. 2010. 03. 030.

Ma, Y. Z. and Royer, J. J. 1988. Local Geostatistical Filtering: Application to Remote Sensing, Sci de la Terre 27: 17–36, Nancy, France.

Ma, Y. Z. , Seto A. and Gomez, E. 2008. Frequentist meets spatialist: A marriage made in reservoir characterization and modeling: SPE 115836, SPE ATCE, Denver, CO.

Marple, L. 1982. Frequency resolution of Fourier and maximum entropy spectral estimates. Geophysics 47 (9): 1303–1307.

Matern B. 1960. Spatial variation. Meddelanden Fran Statens Skogsforskningsinstitut, Stockholm, 49 (5), p144.

Matheron, G. 1971. The theory of regionalized variables and their applications: Textbook of Center of Geostatistics, Fontainebleau, France, p. 212.

Matheron G. 1988. Suffit-il, pour une covariance, d'etre de type positif? Sci. de la Terre, Ser. Inf. 86: 51–66.

Papoulis, A. 1965. Probability, random variables and stochastic processes, McGraw-Hill, New York, p. 583

Pardo-Iguzquiza E. and Chica-Olmo M. 1993. The Fourier integral method: An efficient spectral method for simulation of random fields, Math. Geol. 25 (2): 177–217.

Pettitt A. N. and McBratney A. B. 1993. Sampling designs for estimating spatial variance components. Applied Stat. 42: 185–209.

Mega Millions. 2018. http: //www. megamillions. com/pb_home. asp, Last accessed October 16, 2018.

Rivoirard, J. 2001. Which models for collocated cokriging? Mathematical Geology 33 (2): 117–131.

Roislien, J. and Omre H. 2006. T-distributed random fields: a parametric model for heavy-tailed well-log data. Mathematical Geology 38 (7): 821–849.

Soares, A. 2001. Direct sequential simulation and cosimulation: Mathematical Geology 33: 911– 926.

Stein ML. 1999. Interpolation of spatial data: some theory for kriging. Springer, New York, p. 247.

Xu, W. , Tran, T. T. , Srivastava, R. M. and Journel, A. G. 1992. Integrating seismic data in reservoir modeling: The collocated cokriging alternative: SPE 24742, 67th ATCE, p. 833–842.

Yao, T. 1998. Conditional spectral simulation with phase identification, Math. Geol. 30 (3): 285–308.

Yao, T. , Calvert, C. , Jones, T. , Ma, Y. Z. and Foreman, L. 2005. Spectral Component Geologic Modeling: A new technology for integrating seismic information at the correct scale, O. Leuangthong and CV Deutsch (eds), Springer, p. 23–33.

Yao, T. , Calvert, C. , Jones, T. , Bishop, G. , Ma, Y. Z. and Foreman, L. 2006. Spectral simulation and its advanced capability of conditioning to local continuity trends in geologic modeling, Mathematical Geology 38 (1): 51–62.

Zhan H. 1999. On the ergodicity hypothesis in heterogeneous formations, Mathematical Geology 31: 113–134.

第 18 章　地质统计相建模

"没有有例程的统计问题，只有有问题的统计例程。"

D. R. 考克斯（COX）

摘要： 由于"相"是名称变量，因此其建模方法不同于连续变量的建模方法。在第 16 章和第 17 章中介绍的克里金和随机模拟方法不能直接用于构建一个相模型；它们可以做一定调整后用于相建模，或者考虑用完全不同的方法。虽然经常在岩石物理变量建模之前完成岩相建模，连续变量建模方法在前几章先介绍是因为在理解连续变量的克里金和随机模拟以后，更容易理解相建模方法。本章介绍几种相建模方法，包括指示克里金、序贯指示模拟及其变通的方法、基于目标模拟、截断高斯和多高斯模拟及多点统计模拟。

18.1　概述

由于存在不同沉积环境，以及它们相带的复杂性和特殊性，相建模方法具有挑战性。自从使用指示克里金建立相模型以来，序贯指示模拟、基于目标模拟、截断高斯和多高斯模拟及多点统计模拟也先后提出用于对模拟相的不同特征。每种方法都发表了许多论文，每种方法在文献中通常被宣称为好的选择方法。应用地球科学家经常被这所困惑，想知道为什么这么多的方法存在，以及应该使用哪种方法。事实上，所有这些方法都有长处和短处，它们可能适合也可能不适合特定的建模项目。在这里，我们将介绍所有这些方法，供读者为给定项目选择最适合的方法。

18.1.1　相模型的复杂性

相模型在勘探和油田开发中都很有用。一般来说，相模型的复杂性取决于地下地层的地质复杂性，以及建模的目的。在构建相模型时，首要任务应该是了解所在区域的沉积环境和相关的沉积相。然后，分析相的几何特征及其空间分布模式。相建模方法的选择遵循此步骤，因为不同的方法可以处理不同的复杂情况，其中一些方法比其他方法更适合某些沉积环境。

相有几个类似的术语，包括相、相类型和岩石类型（第 10 章）。在本章中，"相"是泛用，包括岩相和岩石类型。相描述岩石的类别，通常定义为两个或多个代码。相建模包括在三维模型中模拟相代码。一般来说，只有两个代码的模型较简单，如砂岩和页岩或生物礁和潟湖；多个代码要更难建模。但另一方面，代码很少的相通常缺乏对其他储层属性细节的准确描述。换句话说，较少的代码意味着在描述储层属性时缺乏细节，但三维分布更简单；多个代码在描述储层属性时传达更多细节，但对于三维建模更具挑战性。这种权衡应作为确定用于建模相代码数量的基础。

一些地球科学家可能不同意上述观点，因为地球科学家训练的是解译沉积相，认为沉积相数量完全取决于岩石的解释。确实，沉积相最初是从数据中解释的，而其数量只是解释的结果。但是，当解释许多沉积相类型时，其中一些类型可能代表数据中很小的比例。虽然所有解释的沉积相可能在地质上是截然不同的实体，但它们在岩石物理特性上可能并不是如此（Ma 等，2009）。更重要的是，它们的空间分布存在很大的不确定性，对于建模方法来说，准确地在模型中对它们定位是一项具有挑战性的任务。当对有限数量的代码进行建模时，可以缓解此问题。这意味着一些很少存在的代码应合并为复合代码，但不应简单地丢弃它们。组合不同沉积相的标准已介绍过（Ma 等，2009），包括岩石物理性质的类似性、相对数量、地理接近度、地层影响和模型用途等。

18.1.2 应该如何构建相模型?

构建相模型的关键问题是如何构建一个逼真而适合目的的模型。一个关键任务是整合相分析和建模。相分析专注于它们的地质描述和物理特征表述，相建模扩展相分析以便生成相的数字表达形式。在实践中，由于岩心和测井解译的相数据有限，相分析和建模在过去往往没有紧密地连接起来，可能导致了相模型地质上不逼真和对油田开发不太有指导作用。因此，将相分析集成到岩相建模中很重要。

18.1.2.1 两种方法

存在两种相建模方法：确定性的和概率性的。确定性方法通常使用沉积环境的地质解释，而概率性方法强调尊重数据及往往使用随机模拟进行。两种方法代表两种对立的哲学思维，它们具有以下的差异性：一些人坚定地相信地质解释的相，另一些人认为最好的模型是通过数据挖掘的量化和图案识别。这两种方法的差异归结为人们应该对数据或逻辑原理在多大程度上决定一个相模型的看法。

地质现象的概率模型经常因缺乏真实性而受到批评，因为它们与地球科学家们心目中的地质"图景"不太相像（Massonnat，1999；Ma，2009）。虽然地质现象是因果现象或不随机的（与沉积原理、压实、成因等有关），但其重建可能是无定论的，部分是由于不规则或随机性，部分是由于数据有限。尽管尊重数据在建模中非常重要，从有限数据对油田范围模型的推理不仅通过尊重数据得以提升，还可以通过整合沉积和层序地层分析来加以改进。

在过去的 20 多年中，对相建模的学术研究主要集中在强调使用基于目标建模、高阶（多点）统计学及多高斯模拟，以便模拟复杂岩体几何形状。如何从地质概念模型、沉积解释和地震数据中得出相概率，较少有人关注。在实际项目中，把这些数据标定到岩相概率通常更重要，因为它们往往广泛地影响模型的整体精度、通过模型优选钻井目标及确定生产井和注水井的位置。许多人关注相目标体的"逼真"表象，但忽略了在模型中相目标体的相对位置。虽然逼真的外观对于沉积过程建模非常重要，但在储层建模中，相对精确的相目标体位置往往更为关键。人们应该注意，由于位置错误或相目标的方位或曲率不正确，逼真的相目标体外观可能是假象。

18.1.2.2 综合性方法

事实上，两个看似对立的原理（确定性的和概率性的），可以通过结合相分析和建模综合起来。样品数据通常只表示三维模型的一小部分。三维相模型的质量和准确性不仅取

305

决于数据的质量和数量，还取决于如何从有限的数据到三维模型进行推断和推论。虽然尊重数据在建模中非常重要，但不仅通过尊重数据，还可以通过集成地质分析，改进从有限数据到三维模型的推理。人们常说"垃圾进，垃圾出"，但应该指出的是，把"好数据放进去"并不一定意味着一个好的模型会产生；由于从数据到模型的错误推断，它仍然可以"垃圾出"（Ma，2010）。

此外，许多研究都表明，获得正确的相比例并将先验地质知识纳入模型往往比建模方法更为重要（Ma，2009；Deveugle 等，2014）。正确的相比例通常是从数据分析得到的，如有采样偏差就要纠偏（第 3 章）。地质知识和概念模型可以通过相空间趋势或概率分析，以便实现相模型的真实性（第 11 章）。在此综合性的思维哲学中，相概率表达描述性地质学，随后用于约束随机建模，使相模型更准确。

将趋势分析和地质统计建模相结合，可以减少岩相建模中过多的随机性，使模型更加逼真和具有预测性。虽然用概率约束相模型较普遍，但是生成条件（岩相）概率的方法却在文献中很有限。将描述性的地质解释转换成相概率是约束相模型的关键（第 11 章）。

建模方法的重要性在于从数据到模型的合理的科学和统计推论。为了实现相建模的逼真性和实用性的目标，选择适当的相建模方法或工作流程及集成多学科数据都很重要。所有的相建模方法都有优缺点，方法的适应性取决于沉积环境、数据可用性和模型的用途。

18.2　指示克里金法

指示克里金是指示变量的克里金方法。指示变量是名称变量的数字表达形式，有两个可能的结果：分类代码存在或不存在，对于只有两个代码（如砂岩、页岩或石灰岩和白云岩）的相，使用指示变量对它们进行分类非常简单。具有三个或更多代码的相在动态模式下处理，即定义了一种相代码存在，所有其他代码的组合指示这一相代码不存在。依次对每个相进行分析，以便可以对所有的相进行模拟。

每个指示值的估计值是其发生的概率。其概率的估计是一个线性模型，包括其全局比例和邻域数据。考虑 k 个相互排斥的相代码；因为一个位置只能有一种相状态，k 其概率是使用简单指示克里金来估计：

$$\text{Prob}\{I_k(x) = 1\} = p_k + \sum_{i=1}^{n} w_i [I_k(x_i) - p_k] \qquad (18.1)$$

其中，p_k 为相 k 的全局比例；w_i 为数据 $I_k(x_i)$ 的权重；数据 $I_k(x_i)$ 为相指示变量的状态。公式 18.1 可用简单克里金求解：

$$\sum_i w_i C_{ij} = C_{0j} \quad i = 1, \cdots, n \qquad (18.2)$$

其中，C_{ij} 和 C_{0j} 分别为 x_i 和 x_j 之间及 x_0 和 x_j 之间滞后距离的指示协方差。平稳指示随机函数的指示协方差和指示变差函数也满足协方差和变差函数之间的一般关系（第 13 章公式 13.5）。

指示克里金的一个缺点是，它的概率估计不能确保概率函数的序贯关系。累积概率密度函数应该单调增加；但是，指示克里金估计不一定产生这样的函数。此外，从概率公理，每个网格单元的所有相概率之和等于 1（第 2 章），但指示克里金不能确保满足这个公理。已经提出了几种恢复秩序关系的方法，或者通过后处理（Deutsch 和 Journel，1992）

或者通过增强指示克里金与另一种方法结合（Tolosana-Delgado 等，2008）。

由于指示克里金估计给定相代码存在的概率，因此可应用截止值将概率转换为相。或者，它仅用于估计概率，而不产生相模型。在实践中，它更经常被用来作为其随机模拟的对应—序贯指示模拟—建模。

18.3 序贯指示模拟（SIS）

序贯指示模拟是指示变量的一种随机模拟方法。它是序贯高斯模拟的对应方法，后者是一种对连续变量的随机模拟的方法（第 17 章）。序贯指示模拟也是指示克里金的对应方法，后者是对指示变量的一种估计方法。

该方法通过对局部概率分布抽样来模拟岩相代码（Deutsch 和 Journel，1992）。局部概率分布通过结合在井的已知岩相代码或已模拟的代码来建立。在随机构建局部分布和取样中，序贯指示模拟会尊重输入数据，因为它使用指示克里金来估计预期的局部概率。与序贯高斯模拟一样，序贯指示模拟可使用先验模拟的值作为后续模拟的数据（如果它们属于搜索邻里）。要模拟一个网格单元，根据公式 18.1 和公式 18.2 进行指示克里金；岩相的顺序被定义，同时把概率间隔定义到 0 和 1 之间；然后得到一个随机数和确定该位置模拟的相。这个过程按照随机路径重复，直到模拟了网格上的全部单元［图 17.8（a）］。

序贯指示模拟的一个优点是能够整合各种数据源，如井数据和岩相概率。图 18.1 显示一个通用的基于序贯指示模拟岩相建模工作流程。井中的岩相数据是条件数据，在序贯指示模拟中得到尊重。岩相整体比例、岩相概率、和指示变量的已知数据是岩相建模的输

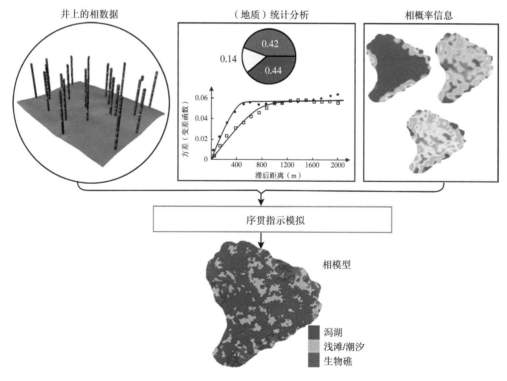

图 18.1 序贯指示相建模的一般工作流程

307

入。不同岩相比例确定模型中每个岩相的相对比例。指示变差函数确定相体的大小，相的概率确定相的空间位置（第18章第2节），这样，建模的结果依据这些统计参数的描述符合一般的沉积相样式。序贯指示模拟具有集成各种数据源的简便性和灵活性，是类型变量建模最常用方法之一（图18.2）。

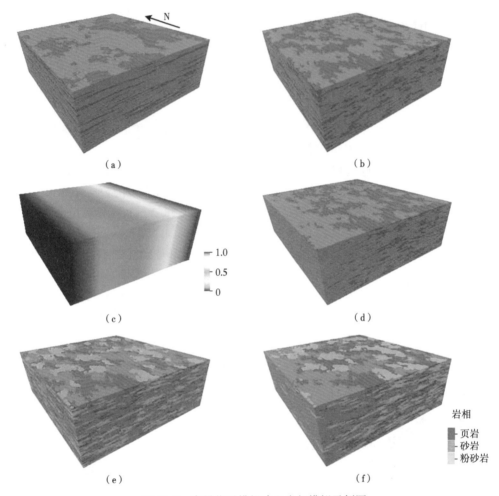

图 18.2　序贯指示模拟建立岩相模拟示例图

（a）序贯指示模拟构建的砂—页岩模型，尊重井数据；（b）与（a）相同但具有各向异性变差函数（相关程在南北方向两倍于东西方向）；（c）砂岩概率体；（d）与（b）相同，但受（c）中的砂岩概率约束；（e）序贯指示模拟三个相的模型；（f）与（e）相同，但受（c）中的相概率约束；（f）所有相模型具有相同的图例；在（a），（b）和（d）中只对两种相建模

通过指示克里金建立的模型通常过于平滑，但是序贯指示模拟建立的岩相模型可能会有噪声。指示克里金法的平滑度类似于连续变量的克里金效应，特别是当空间相关程增大的时候（第17章）。序贯指示模拟的模型中可能会有"噪声"，即孤立的或像素化的岩相网格，即使使用无块状效应的变差函数也可能发生这种现象。文献中没有对这种现象的解释。我的观点是，不使用任何块金效应序贯指示模拟得到的像素化网格是由于具有均方意义的连续随机过程可以有局部不连续性引起的。这一现象可能是与"gambler"的谬论而对应的一个相反的现象（回想一下纯随机过程可以具有局部的连续；第2章）。

18.4　变化相比例/概率（VFP）的序贯指示模拟

简单指示克里金中所涉及的相代码的比例是全局的（公式18.1）。像平均值变化的克里金（第16章）一样，可以把这一公式扩展为一个更灵活的方法。在公式18.1中，用所涉及的相代码的可变比例代替其全局比例。这样，指示克里金从理论上就只需要局部平稳（知识箱18.1），这样的方法在实践中更加稳健。此外，它可以更灵活地把其他数据来源纳入建模中，如沉积概念模型或地震数据产生的相概率。

因此，变相比例的方法是简单指示克里金的扩展版本，通过集成变化的比例，如下：

$$Prob\{I_k(x) = 1\} = p_k(x) + \sum_{i=1}^{n} w_i[I_k(x_i) - p_k(x)] \tag{18.3}$$

其中，$p_k(x)$ 是变化的相比例，而不是标准简单指示克里金中的全局恒定的比例。

变化相比例的方法可用于估计或模拟。它可以灵活地集成相概率图或体积。图18.2（d）显示了一个砂页岩模型的例子。图18.3比较两个对一个边缘礁碳酸盐斜坡的相模型：一个用了概率图作为约束岩相条件的模型，一个没有用。使用概率图的模型中礁分布在模型边缘，但没用概率图的模型则不是这样［图18.3（a）和图18.3（b）］。这是因为没有使用条件概率的相模型是仅仅由变差函数和井数据驱动建模。

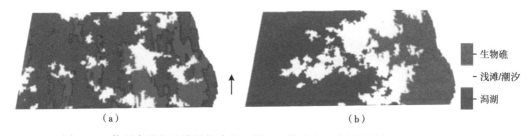

（a）　　　　　　　　　　　　　　　（b）

■ 生物礁

- 浅滩/潮汐

■ 潟湖

图18.3　使用序贯指示模拟构建的相模型，尊重九口井的相数据［图11.2（a）］
（a）没有条件概率约束；（b）使用了概率图（图11.6）

当井数据稀少时，如果不使用相概率，相目标体会非常随机地在模型中分布。例如，礁应该只在东缘，但建模方法在任何地方可以生成它们［图18.3（a）］。而另一方面，用相概率就可以更好地控制相的空间位置。用概率的模型中，产生的生物礁位于东部边缘［图18.3（b）］。

知识箱18.1　使用局部平稳模型对空间非平稳相序列建模

局部平稳是地质统计学应用的一个重要概念（Matheron，1989），在以前的出版文献中已经讨论过（Papoulis，1965；Matheron，1973；Ma等，2008）。以前曾介绍过使用条件概率的序贯指示模拟对非平稳、非对称相序变化建模的示例（Ma等，2008，2009）。然而，在地统计学文献中，地质统计学家们由于没有充分理解或欣赏这一概念，继续做出不准确的陈述。例如，最近一些研究人员声称，只有截断高斯模拟才能对空间不对称排序关系进行建模。这是错误的，这从将序贯指示模拟与变化相比例（VFP）一起使用的示例可以看出（图18.3）。如果不完全理解这一概念，建模人员在选择具有渐变排序非均质性的储层属性建模时，常常感到困惑。根据局部平稳性假设，可以模拟渐变性非平稳现象（第14章）。这也适用于非平稳的连续变量（第19章）。

有时，将变化相比例的序贯指示模拟与其他扩展功能结合是很有用的，如结合变差函数导向。图 18.4 展示了使用变化相比例的序贯指示模拟和变差函数导向，来构建的一个深水斜坡河道系统模型的示例。解释的沉积相包括河道、天然堤、决口扇、轴边缘和溢岸［图 18.4（a）］。这些解释的相图是结合井和地震数据得到的砂岩比例（Vsand）生成的相概率。图 18.4（b）和图 18.4（c）显示了砂岩概率。然后，将这些概率用作比例变化的序贯指示模拟，以生成包括页岩、粉砂岩、淤泥砂岩和砂岩的岩性模型［图 18.4（d）］。在序贯指示模拟中，变差函数导向功能指导了空间连续的方位定向。

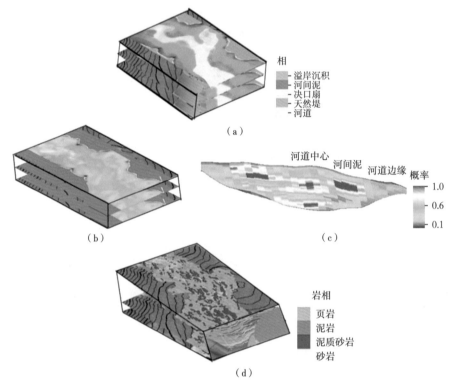

图 18.4 深水斜坡河道复合体的序贯指示模拟示例图

（a）由地质解释构建的沉积相模型；（b）通过整合井位砂岩比例和地震数据标定得出的砂岩概率图（第 11 章和第 12 章）；（c）通过整合井位砂岩比例和地震数据标定得出的砂岩概率剖面图；（d）用序贯指示模拟工作流程（图 18.1）建的岩相模型，但同时用了变差函数导向模拟了沉积的趋势方向

18.5 截断高斯模拟（TGS）及其扩展形式

18.5.1 方法

截断高斯模拟首先产生一个特定的空间相关模型（等效地，变差函数模型）的高斯随机模拟（GRS），然后对高斯随机模拟应用截止值生成相模型（Matheron 等，1987）。换句话说，截断高斯模拟只是把随机模拟生成的连续变量通过截止值转换成类型化变量。由于截止值应用于单个连续变量，因此，相代码的空间顺序始终遵循连续模式。从较低截止值生成的相代码与具有较高截止值生成的相代码没有空间接触；相代码仅在它们有共享的截

止值时才具有空间接触。图 18.5 显示了截断高斯模拟方法的工作流程。在示例中，蓝色和红色相没有空间接触，因为它们没有共同的截止值；另一方面，蓝色和黄色及黄色和红色在空间上彼此可接触，因为有共享的截止值。在模型的一些位置，黄色相分别接触蓝色或红色相，但更多情况是它与两者都有接触。

为了尊重井中的岩相数据，在截断高斯模拟之前，使用累积分布函数上的截止值将相代码转换为连续的正态分布。转换基于相代码及其概率（如果未指定趋势，则为相的目标比例）。然后，截断高斯模拟对正态分布的连续值进行频谱高斯随机函数模拟或序贯高斯模拟。截断高斯模拟的流程包括以下步骤：

（1）分析相数据（地质和岩石物理分析），以确定建模的不同相类型；有些相可以合并为复合相。

（2）确定目标相比例。如果井的相数据没有抽样偏差，其相比例可作为目标比例；否则，需要去偏以获取目标比例（第 3 章和第 11 章）。

（3）分析相概念模型，了解不同相的空间分布特征及其在空间的转换。

（4）将井上的相数据转换为连续的高斯数据。此过程的常用方法称为 Gibbs 采样（Armstrong 等，2003）。

（5）确定变差函数模型 [图 18.5（a）]。高斯变差函数经常被用于生成高斯随机模拟。球状和指数变差函数倾向于产生更多的小型相体。块金效应是不可取的，因为它会产生许多孤立的、像素点化的网格。

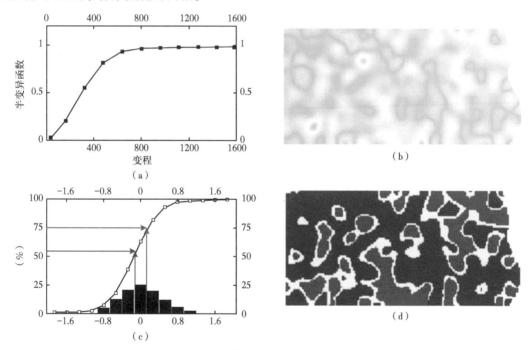

图 18.5　截断高斯模拟方法简介图

（a）定义用以描述高斯随机模拟的空间连续性的变差函数模型；（b）生成高斯随机模拟的示例（数值范围从小到大为蓝绿色—黄色—红色）；（c）根据相比例定义截止值（在此示例中，55% 的蓝色岩相对应于 -0.1 的截止值；20% 的黄色相和 25% 的红色相对应于高斯随机模拟上的截止值为 0.1）；（d）用（c）中定义的截止值应用于（b）中的高斯随机模拟模型产生的相模型。请注意，蓝色和红色相没有空间接触，因为它们没有相同的截止点；由于有共享的截止值，蓝色和黄色相及黄色和红色相在空间上相互有接触

（6）用所确定的变差函数模型生成高斯随机模拟［图 18.5（b）］。

（7）根据相数目及其目标比例应用截止值产生模型［图 18.5（c）］。

截断高斯模拟可以保证相模型中指示变差函数和交叉变差函数一致性。截断高斯模拟相模型的指示变差函数与高斯随机模拟的变差函数是不一样的。例如，高斯随机模拟的变差函数可以是高斯型，表示平滑的空间连续性，但指示变差函数在原点处不可能具有高斯型变差函数的抛物面行为（Matheron，1987；Dubrule，2017）。事实上，指示变量在物理上是不具有可导性（高斯变差函数是可导的）。另请注意，一个平稳的相模型的指示变差函数的平台是由相的比例决定的，而不是由基于高斯随机模拟的变差函数决定的。

对于某些应用，截断高斯模拟的相转换过于严格，因为没有公共截止点的相在截断高斯模拟的模型中无法在空间上相互过渡。为了克服这个缺点，需要两个或多个连续变量来确定阈值（应用截止点）；这可以通过把截断高斯模拟扩展到多高斯模拟来实现（第 18 章第 6 节）。

18.5.2 阈值与相比例之间的关系

不同相代码的比例由高斯随机模拟上的选定截止值决定。在实践中，是从反方向进行。通过分析井中相数据得出相的目标比例，如果井数据中存在采样偏差，则对数据进行纠偏。然后，在高斯随机模拟的累积直方图上找到目标相比例，再用映射找出截止值［图18.5（c）］。由于累积直方图单调地增加，确定截止值和相比例是唯一的。

18.5.3 模拟空间上非平稳岩相序列

有些相转换不能用平稳的随机过程来很好地描述，但它们可以由非平稳过程来表征。横向和垂直方向的非平稳性都可以用截断高斯模拟方法模拟，如在横向的非平稳的相变过渡、垂直方向变细或变粗趋势。产生非平稳性相的一种方法是，在平稳高斯随机模拟中，根据网格位置使用不同的截断值来建模，如 Armstrong 等指出的（2003）："如果相是平稳的，则阈值在空间上是恒定的；否则，它们会有所不同"。在实践中，用平稳的高斯随机模拟要准确地定义适当的截止值来建非平稳相模型非常困难，因为无法准确定义合适的可变截止曲线或曲面。

18.5.3.1 使用非平稳随机模拟

一种用于模拟非平稳岩相过渡的方法是生成非平稳随机模拟，然后应用截止值得到非平稳随机模型。截止点可以是恒定的。恒定截止值方法特别适用于模拟相的大型过渡，例如滨海相变化、三角洲沉积环境和带有生物礁的碳酸盐沉积体。理论上，也可以在非平稳随机模拟使用不同的截止值，但在实践中很难定义它们。

由于在非平稳随机函数中的趋势是各向异性的，应该使用相边界位置和方向来定义。残差值可以通过从井中的值减去趋势来计算，然后用井的残差值作为模拟残差模型的数据。此过程类似于基于漂移或泛克里金的随机模拟。残差和趋势之和是非平稳随机模拟。随后，在非平稳模拟上使用适当的截止值将会产生具有岩相空间过渡的非平稳岩相模型。图 18.6（a）到图 18.6（d）显示一例。

18.5.3.2 倾向划区

此方法与上述方法类似，只不过非平稳趋势被具有预先解释的相倾向分区所取代。残差值在空间上的分布，通过一个相互交错的参数和描述残差值的相关性的方差来确定（图

18.6）。很显然，此方法的相模型取决于倾向区的定义。

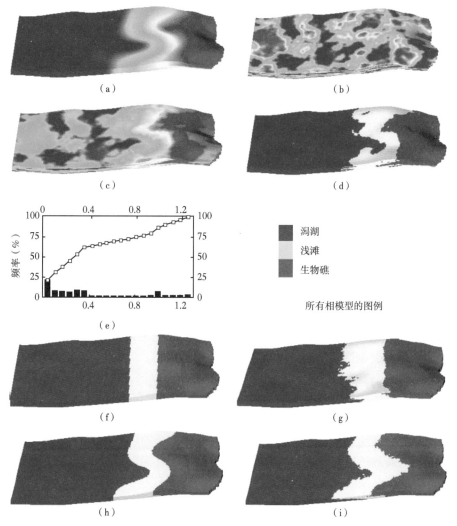

图 18.6　截断高斯模拟相的示例图

（a）非平稳趋势；（b）平稳的高斯随机模拟；（c）非平稳随机模拟，作为（a）和（b）的和；（d）把在
（e）中截止值法则应用到（c）中的随机模拟产生的相模型；（f）一个倾向分区；（g）使用（f）的倾向分区的
截断高斯模拟的相模型；（h）另一个倾向分区；（i）使用（h）中的倾向分区的截断高斯模拟的相模型
注：在（a）、（b）和（c）中的属性，取值范围从低到高为蓝色—绿色—黄色—红色

18.6　多高斯模拟（PGS）

18.6.1　方法

多高斯模拟是截断高斯模拟的扩展，使用两个或多个高斯随机模拟来产生相模型。因此，可以用多高斯模拟构建更复杂的相模型。虽然多高斯模拟的原理与截断高斯模拟非常相似，但阈值要复杂得多。即使只用两个高斯模拟，也有许多可能的阈值组合，这取决

于相类型的数量，它们的比例及阈值函数的定义。阈值函数确定不同岩相类型的空间接触关系。最常用的阈值函数是矩形，因为易于定义截止值和确定相比例。

从理论上讲，用于阈值的高斯模拟数量没有限制。但是，随着高斯模拟数量的增加，复杂性会急剧增加，因为定义与相比例和空间过渡一致的参数难度增大。两个高斯模拟是在实践中最常用的。尽管高斯模拟是定义为从负无穷到正无穷大，但这些限制对阈值没有实际影响。相模型受其他几个因素的影响，包括高斯模拟的空间相关性和所谓的岩石类型准则。后者只是阈值函数的定义。在理论上，有无限个方式来定义阈值函数和岩石类型准则，这使得该方法非常灵活，同时极易产生假象特征。

另一个重要参数是高斯模拟之间的相关性。以使用两个高斯模拟为例，它可以完全不相关，完全或适度相关。但是，当它们完全相关时，多高斯模拟将等同于截断高斯模拟，因为第二个高斯模拟不会带来更多信息。

多高斯模拟方法的前几个步骤与截断高斯模拟方法的步骤类似，包括相分析和定义，计算全局的不同相类型的比例，分析概念性变化模型和空间排序倾向，用吉布斯取样（Gibbs sampling）将井中的相数据转换为连续的高斯数据。多高斯模拟的后续步骤包括以下几步：

（1）使用适当的变差函数模型生成两个或两个以上高斯模拟，同时尊重井上经过变换的高斯数据。

（2）根据相类型的数目、空间接触关系及其全局比例定义岩石类型准则。

（3）应用岩石类型准则的阈值以产生多高斯模拟模型。

多高斯模拟的一些优点包括尊重相空间过度及井中数据。相全局比例相对容易尊重，因为它们可以直接用于定义阈值，井数据的尊重要通过吉布斯采样（一种迭代方法）来实现。

高斯模拟的变差函数模型中的空间相关程对相体大小的影响最大。定义的岩石类型准则对高斯模拟的阈截止值也影响相体大小，因为截止值直接影响每个相的比例及间接影响相体大小。因此，高斯模拟和相模型的变差函数的关系不是唯一的。

18.6.2 岩石类型准则和岩相比例

岩石类型准则是多高斯模拟的主要组成部分，因为它影响不同相类型的全局比例、相空间位置和过渡。用一个高斯模拟的话，多高斯模拟就变为截断高斯模拟 [图 18.7（a）和图 18.7（b）]。用两个或两个以上高斯模拟时，岩石类型准则可能非常复杂。图 18.7（e），图 18.7（g）和图 18.7（i）显示了用两个相同的高斯模拟生成的三个岩相模型，但使用了三种不同的岩石类型准则。由于用了不同的岩石类型准则，这三个模型具有很大的差异。可以定义其他岩石类型准则，对于每个定义的准则，其模型将有所不同。

由于相全局比例是由给定的高斯模拟的岩石类型准则下选定截止值所决定，因此在定义高斯模拟后需要根据从井的相数据中产生的相类型的比例来确定高斯模拟的截止值。不同于用截断高斯模拟的单一投影过程，从两个或两个以上的高斯模拟定义截止值没有唯一解。因此，需要综合理解类型变量和连续变量之间的关系、解释和经验。相类型比例在实际项目中有时是储层的最重要的参数之一（第11章）。至今，多高斯模拟的文献却很少注意对不同岩相类型相对比例的准确定义。

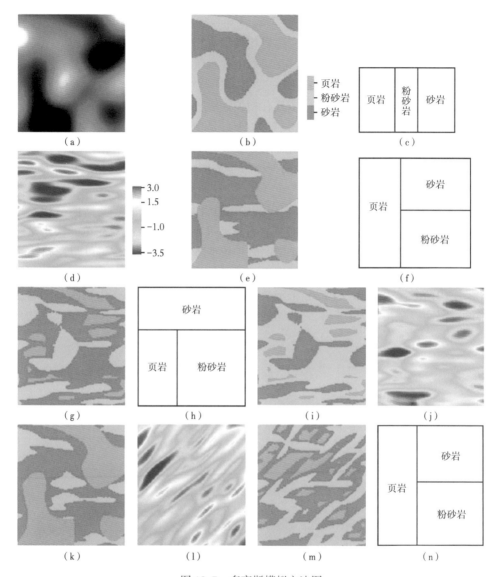

图 18.7 多高斯模拟方法图

(a) 一个用相关程等于该地区东西向长度的 1/3（大约是南北长度的 1/4）的高斯变差函数产生的高斯模拟；(b) 用截止值 [-1, 0.1] 的截断高斯模拟的岩相模型；(c) 岩石类型准则，应用于 (a) 中的高斯模拟而生成 (b) 中的岩相模型；(d) 用有几何各向异性的高斯变差函数（相关程等于东西方向长度的 1/3，等于南北方向长度的 1/8）产生的一个高斯模拟；(e) 一个岩相模型，通过应用 (f) 中的岩石类型准则于 (a) 中的高斯模拟和 (d) 中的高斯模拟而产生；(f) x 轴表示 (a) 中的高斯模拟和 y 轴表示 (d) 中的高斯模拟形成的岩石类型准则；(g) 一个岩相模型，通过应用 (f) 中岩石类型准则于 (a) 和 (d) 中的高斯模拟而产生；(i) 一个岩相模型，通过应用 (h) 中岩石类型准则（经过修改的岩石类型准则，即将页岩和泥岩淤泥切换）于 (a) 和 (d) 中的高斯模拟而产生；(j) 几乎与 (d) 一样，但它与 (a) 中的高斯模拟的相关性为 0.7（请注意，这种相关性略微降低了各向异性）；(k) 与 (e) 相同，只不过它是在 (j) 中的高斯模拟一起生成的，而不是用 (d) 中的高斯模拟；(l) 与 (d) 相同，只不过各向异性具有最长的连续性，方向为东北 45°；(m) 一个岩相模型，通过用 (n) 中的规则于 (d) 和 (l) 中的高斯模拟而产生

18.6.3 高斯随机模拟之间的相关性

不同高斯随机模拟的相关性对生成的岩相模型有相当大的影响。当使用三个或三个以上的高斯模拟时，问题变得极其复杂，在实践中很难解决。即使只用两个高斯模拟，它们之间的相关系数也可以在-1到1的范围内变化。在图18.7（a）和图18.7（d）中的两个高斯模拟没有相关性。当两个高斯模拟具有相关性时，生成的岩相模型将有所不同，即使使用相同的岩石类型准则也是如此。图18.7（k）是使用图18.7（j）中的高斯模拟生成的，后者与图18.7（a）中的高斯模拟的相关系数为0.7。尽管用了相同的岩石类型［图18.7（f）］，但其模型与两个不相关的高斯模拟生成的模型具有很大的区别［图18.7（e）和图18.7（k）中的模型］。

图18.8显示了通过两个随机模拟生成的碳酸盐生物礁沉积的多高斯模拟相模型，这两个模拟呈反相关，相关系数为-0.687。岩石类型准则是从具有相对简单的截止对两个模拟之间的剖面图定义的。与截断高斯模拟的岩相模型不一样，生物礁可以与潟湖接触（图18.6和图18.8），因为它们在第一个模拟上具有共同的截止值［图18.8（c）］。顺便说一句，如果使用两个模拟的第一主成分来定义岩石类型准则的话，那么生物礁和潟湖在相模型中将没有空间接触，因为它们缺乏共同的截止值。

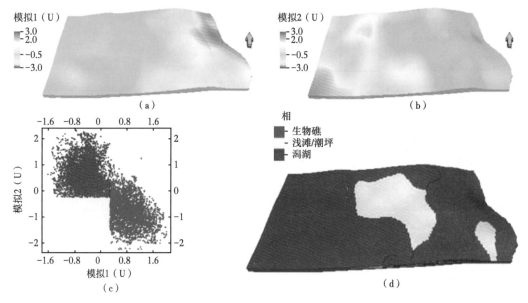

图18.8 一个碳酸盐岩边缘斜坡的多高斯模拟的模型的示例图

（a）高斯随机模拟（模拟1）；（b）另一个高斯随机模拟（模拟2）；（c）（a）和（b）中的两个模拟之间的交会图（它们具有-0.687的负相关性，这也可以用作岩石类型准则）；（d）应用（c）中的准则于（a）和（b）中的高斯模拟生成的相模型

18.6.4 在岩相模型中模拟各向异性

多高斯模拟的岩相模型中的各向异性，可通过生成各向异性的高斯模拟来实现。多高斯模拟能够通过在高斯模拟，生成不同的各向异性高斯随机模拟处理多向异性。图18.7（l）是一个用各向异性变差函数产生的高斯模拟，最长的相关程为东北45°。图18.7（m）

显示了使用图 18.7 （d） 和图 18.7 （l） 产生的一个相模型。

18.7 基于目标建模（OBM）

18.7.1 概述

基于目标建模是一种描述地质物体几何形状的相建模技术。最常见的基于目标建模的随机模拟算法称为示性点过程（Holden 等，1997），尽管也可以使用其他算法（Lantuejoul，2002）。

由于清楚地处理了相的几何形态，基于目标建模提供了一种以离散实体的方式，模拟结构复杂外形明确的相目标体的方法。基于目标建模可以比较容易地把地下地层的地质概念融合在建模中，它可以生成用于控制岩石物理变量的空间连续性的相模型。通常，相体的几何形态是应用沉积原理和油田数据分析得到的，并以概率分布（如正态、三角形或均匀分布）加以表征。用户可以用统计参数描述这些概率分布，如最小值、平均值和最大值。根据相体的形状，如河道、坝体和各种椭圆形沉积体，基于目标建模使用一些预定义的数学函数用以近似确定相体的形状。

在相建模的示性点过程中，目标相的概率密度函数可以通过几项的乘积根据以下条件进行定义（Holden 等，1997）：

$$P(u) = ch_M(u)h_I(u)h_W(u)h_S(s|u)I(u) \tag{18.4}$$

其中，c 为系数；$h_M(u)$ 描述相体几何尺寸；$h_I(u)$ 描述不同的相体之间的相互作用；$h_W(u)$ 描述井接触；$h_S(s/u)$ 为辅助条件项；$I(u)$ 描述井和体积约束条件。

模拟退火算法通常用于尊重输入，不同的输入可以在目标函数中优先处理（附录 18.1）。随着迭代次数的增加，退火算法通常达到满足总概率函数的最佳解时收敛，根据条件，在一定程度上尊重单个条件，这取决于迭代次数和不同输入的一致性。

基于目标模拟的算法原理是随机选择参考点，并根据不同的条件（如岩相比例和侵蚀规则）创建相体。而单个邻相目标通过统计参数进行几何定义，不同相目标的分布可以是随机的、丛聚的、均匀的或排斥的方式。这些相目标的分布描述了它们的空间关系。在已生成的相体中插入点的位置可以是随机的，也可以由相概率来调节。可以使用垂向、横向或三维岩相概率来约束相代码在模型中的位置。

18.7.2 河流相的基于目标建模

最常用的基于目标建模的方法之一是河流相的基于目标建模；该方法产生具有特定宽度、厚度和弯曲度分布范围的河道（Clement 等，1990；Holden 等，1997）。河道也可以与有一定宽度和厚度的附加天然堤组合模拟。基于目标模拟中定义河道的参数包括宽度、厚度、方向和弯曲度。这些参数用具有一定变化范围的概率分布进行定义。一般是根据野外数据、沉积类比、区域地质研究、地震属性分析和沉积原理来确定。之前，我们介绍过一个在对大绿河流域盆地气田河道建模时定义参数的示例（Ma 等，2011）。

图 18.9 显示具有不同输入参数的多河道河流相模型。图 18.9 （b） 中的模型的曲率比图 18.9 （a） 中要高。三维相概率可用于约束模型 ［图 18.9 （c）和图 18.9 （d）］。天然

堤可以模拟为河道两侧的附属体。根据天然堤与河道的全局比例，某些河道可能没有天然堤附属体 [图18.9 (e)]。当预先定义了水流路径或沉积优先区域时，可以将其纳入基于目标模拟以约束模拟的河道目标 [图18.9 (f)]。

河道几何形状的变化，包括方向、弯曲度、宽度和厚度都以概率分布来表示，如三角形或高斯函数。虽然只定义单河道特征，但建模算法允许单一河道横向和垂向合并形成河道复合体，尤其是在净毛比较高时。相模型可以相对容易地尊重目标比例。此外，根据输入数据的一致性，井的垂直剖面和井的岩相数据的垂直比例曲线可以在一定程度上得到尊重。

这种河道基于目标模拟技术的一个局限性是，决口扇相的几何形态可能难以真实地模拟。因为许多建模模拟的决口扇不能从河道决口处形成小型的扇体。在沉积过程模拟中，这将是一个严重的问题。然而，在储层建模中，相与直接决定碳氢化合物孔隙体积和流体流动的岩石物理特性密切相关。使用相来揭示岩石的储层质量是一个重要的考虑因素。因此，这种局限性通常不是一个关键问题。

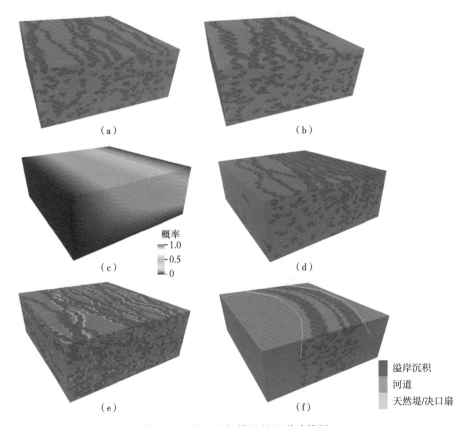

图18.9　基于目标模拟的河道建模图

(a) 使用河流相基于目标模拟构建的河道模型；(b) 与 (a) 相同，但河道的曲率较高；(c) 三维相概率；
(d) 与 (a) 相同，但受 (c) 中的相概率约束；(e) 与 (a) 相同，但一些河道模拟的有天然堤；
(f) 以定义的水流区域约束的河流相模型

18.7.3　模拟心滩

单个心滩几何形状可以使用一些常见的确定目标进行模拟，如椭圆形，但这些心滩通常沿河道方向分布。为了模拟单个心滩的几何形态和河道的延伸方向，需要采用能够把河

318

道延伸线和相目标几何形态相结合的模拟方法。比如，定义好心滩坝的中心线可以指导其在模型中的分布。图 18.10（a）显示了一个沿河道中心线设置的心滩坝组的例子。除了定义河道中心线参数，另一组参数用模拟心滩坝的几何形态，例如椭圆体。模型中的心滩坝空间分布可以设置为遵循特定的分布，如均匀分布、高斯分布或三角形分布。图 18.10（b）显示了在 x 方向、y 方向和 z 方向中以均匀分布生成的心滩坝模型示例。

岩相概率图或立方体可以作为条件对河道主轴在模型中的位置进行调节，岩相概率在垂直方向的曲线可用作条件对主轴的垂直分布调节。由于河坝沿主轴在模型中放置，因此它们在模型中的分布受到岩相概率的约束。如果使用地震数据，首先应根据地震数据与岩相概率之间的相关性得出岩相概率。图 18.10（c）和图 18.10（d）显示了一个用地震数据推导的岩相概率为条件的河坝模型示例。

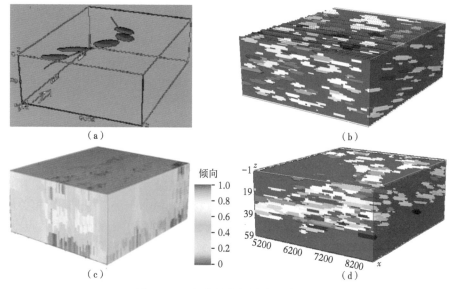

图 18.10　概率约束的辫状河建模图

（a）显示一个沿中心线设置的心滩坝组；（b）基于（a）中心滩坝组得到的心滩坝模型，红色表示背景相，所有其他颜色表示心滩坝；（c）三维心滩坝相概率；（d）根据（c）中的概率约束的心滩坝模型

18.7.4　基于目标建模方法用于模拟其他沉积相

除了对河流相进行建模外，基于目标模拟还可以对更多具有一般几何形状的相进行建模。通常，人们可以从相关露头的地质研究及相体几何形态数据库获取有关相体的几何信息。可将对沉积相特定沉积特征的分析用于从基于目标模拟中预定义的几何形体中选择类似的几何形状。常用的目标形状包括椭圆形、半椭圆形、1/4 椭圆形、管状、下半管状、上半管状、盒状、扇形朵页状、风成沙丘状和牛轭湖状。其中一些目标可以使用指定的剖面模拟，如圆形、圆形底面、圆形顶面或突变边界。

具有确定目标的基于目标模拟通常用于模拟较小长度/宽度比的相体（与较大的长/宽比的河道截然不同）。例如，风成沙丘、决口扇、冲积扇、河口坝和其他碎屑岩环境的朵状体及碳酸盐补丁礁、台地边缘孤立礁、礁塌带，都可以使用确定目标的基于目标模拟方法建模。具有已定义目标的基于目标模拟在对多相混合体建模具有很大的灵活性，可以逼真地体现地下地层。

图 18.11 显示了使用定义目标体的基于目标模拟方法得到的潮汐沙坝模拟的两个示例。其中一个模型受三维相概率的约束。在真实的储层研究中，建模人员应分析区域地质条件、沉积环境和具有类似沉积特性的露头类比，以帮助描述相体的几何形状，包括长度、宽度和比率。这些参数最好由直方图描述，并通过概率分布逼近。这些数据可用于确定模型中的相体的几何形状。

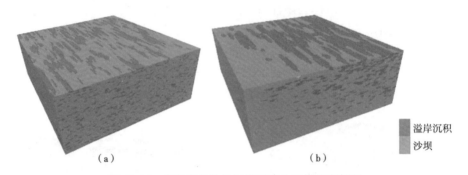

图 18.11　用户定义的目标模拟建立相模拟实例图
(a) 使用用户定义的目标（带圆形底面的椭圆形）构建的三维相模型；(b) 与 (a) 相同，但模拟
较宽的相体及用图 18.9（c）中的三维相概率的约束

18.8　多点统计（MPS）方法的相建模

多点统计（MPS）的提出是为了模拟地质沉积的复杂几何形态。传统上，变差函数被用作地质统计学中的描述空间不连续性的结构分析工具，同样地，协方差/相关函数用于描述储层属性的空间连续性（第 13 章）。变差函数和空间相关函数仅描述两点空间关系，难以有效地描述复杂的空间关系，如曲线特征。复杂的空间特征可以通过高阶统计矩模拟（Guardiano 和 Srivastava，1993；Mustapha 和 Dimitrakopoulos，2010）。多变量高阶统计也用于模拟地学中其他物理属性（Fletcher，2017；第 4 章和第 22 章）。对空间统计参数来说，要把三阶或更高阶的统计矩扩展以便描述复杂结构将要难一些，比如，将二阶空间相关性扩展到三阶和四阶空间相关性。

实现这一目标的一个思路是通过训练图像来借用复杂的空间几何学以便体现相关高阶统计特征（Strebele，2002；Daly 和 Caers，2010；Mariethoz 和 Caers，2015）。因此，多点统计是一种根据给定的训练图像产生储层模型的随机建模的方法。多点意味着同时探索一点对多点之间的关系（图 18.12）。对模型网格中相代码的模拟结果（图 18.13）。网格上局部条件概率是通过扫描训练图像计算得到的。预定义的搜索掩码用于找到匹配的模式。相代码的概率按其相对比例根据匹配的模式计算。换言之，传统来自两点统计的指示变差函数替换为多点相模拟的训练图像。另外，多点统计可以以类似于序贯指示模拟的方式集成各种数据。

18.8.1　训练图像

使用训练图像构建储层模型与前面介绍的所有其他建模方法是根本不同的，因为其他建模方法使用统计参数来构建一个模型，例如基于目标建模中岩相体的概率描述，以及指示克里金，序贯指示模拟、截断高斯模拟和多高斯模拟中用变差函数和协方差函数。使用

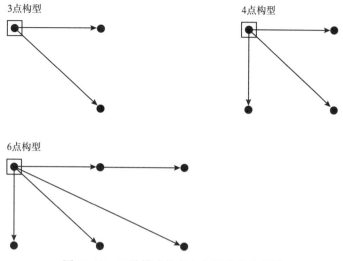

图 18.12　三种模式的多点空间关系示意图

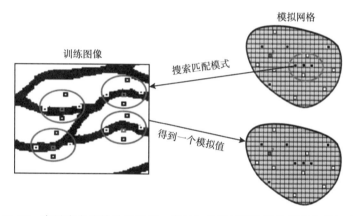

图 18.13　序贯多点统计的示意图。通过扫描训练图像计算局部条件概率图
（据 Guardiano 和 Srivastava，1993，修改）
搜索蒙版（图中的椭圆形）用于搜索匹配的图案。然后根据河道和溢岸的
匹配模式计算河道（黑色）和溢岸（白色）的概率

训练图像的前提是训练图像体现相带中一些复杂空间要素，而这些复杂空间要素不能被二阶统计矩（如变差函数或协方差函数）提供，但是它们是地质的重要几何特性。不同的相之间的关系体现在训练图像中。因此，训练图像可以考虑作为地质的理想化表达。训练图像的主要目的是描述几何体（形状和尺寸）和相体的邻近关系，即不同相体的相对位置。

　　训练图像可以是一个地质概念模型，由另一种建模方法之前生成相模型，例如基于目标模拟的模型或基于沉积过程的建模，手绘图像，航空图像或类似物。比如，图 18.9 中的基于目标模拟的模型可以是多点统计的训练图像，以便生成河流的河道相模型。构建三维相模型，通常建议使用三维训练图像，因为它既传达着横向几何形状，也传达着垂直序列模式。二维训练图像将指导多点统计的横向分布，但垂直分布不能提供训练图像的信息。

　　训练图像网格的大小不必像储层模型网格那样大，但训练图像应足够大，以覆盖多个相似形状的复制和相体的交互关系。训练图像中的网格太少会导致相体的再现效果不好，如模拟为孤立或破碎的相体的河道（知识箱 18.2）。

18.8.2　邻域蒙版、搜索树和概率计算

蒙版由一组相邻的体素（三维像素）定义，居中体素为模拟网格的单元格。两种常用邻域蒙版是椭圆形和矩形（图 18.14）。这些是最简单的蒙版，因为每一侧只有相邻的像素。

（a）　　　　　（b）　　　　　（c）　　　　　（d）

图 18.14　邻域蒙版示例图

（a）二维 1-最近邻域蒙版；（b）三维 1-最近邻域蒙版；（c）二维 1.5-最近邻域蒙版；（d）三维 1.5-最近邻域蒙版
注意：与单侧接触相比，仅与中心单元格有角点接触的邻域稍远，并且它们大约是 1.5 个
最近邻域；单侧接触单元是 1-最近邻域

搜索树用于提取事件的条件概率，并计算每个可能事件的概率。其尺寸取决于训练图像和搜索蒙版的大小。为了计算效率和大型几何特征模拟的平衡，通常使用多级网格概念用于短、中和长途搜索。

在给定邻域中具有 n 个已知数据，在序贯模拟算法中模拟单元格的局部条件概率分布，$Z(x)$ 是：

$$P[Z(x) < z | z_1, z_2, \cdots, z_n] \tag{18.5}$$

如果不对公式 18.5 中所有随机变量做多高斯分布假设，评价上述条件概率在实践中几乎难以解决。多点统计通过两种方法之一来实现（Zhang，2015；Mariethoz 和 Caers，2015）。

18.8.3　尊重硬数据和集成相概率

虽然训练图像是唯一必要的输入，但多点统计方法具有很强的集成能力。它可以尊重井中的相数据，并集成相概率和几何信息。

已经提出了几种整合辅助变量的方法（Hu 和 Chugunov，2008）。多点统计方法用相概率约束意味着在考虑附加条件 $S(x) = s$ 的情况下，计算局部条件概率，如下：

$$P[Z(x) = z | z_1, z_2, \cdots, z_n | S(x) = s] \tag{18.6}$$

其中，$S(x)$ 为辅助变量（如将相概率视为辅助变量）。

知识箱 18.2　生成训练图像的实际注意事项

对于训练图像的大小，没有简单的规则。实际经验表明，在 I 和 J 方向的大小应在 50 和 200 个网格之间。垂直方向，应该有足够的层数以便看到几个相体的重复，实际上这意味着 20 或更多个层。训练网格与模型网格之间的比值是一个很好的度量，但也取决于相的几何形状。复杂相的几何形状通常需要更大的训练图像。

其他注意事项包括使相比例接近目标比例，不要模拟太多的岩相类型/代码（少于 8 个），以及避免不必要的噪声，而且具有可重复性（如至少两个周期）。

已经有一些良好的使用 MPS 构建的相模型的例子，如 Macé 和 Mürquez（2017）所示的模拟混合沉积相，以及 Liu 等（2004）用于地震集成的多点统计方法相建模。图 18.15 显示了使用前面展示的河道模型的训练图像的多点统计方法相模型示例。从这些模型中，可以看到 MPS 生成的相体的几何形态比序贯指示模拟的更为复杂，但它难以复制高度弯曲的河道形态。另一方面，它在尊重相概率数据方面做得非常好。另请注意，当河道相的比例足够高时，河道之间的合并和叠置非常强烈，几何形态的复杂性变得不那么重要 [图 18.15（c）和图 18.15（d）]。

总之，多点统计方法依赖于训练图像的构建和选择；从训练图像中借用几何特征相当于使用高阶统计矩来模拟曲线几何形态。在设计中，训练图像是多点统计方法的唯一必须输入。原理和主要程序包括从训练图像中学习相的邻域关系，然后将模式写入树型中，在模拟中模仿它们。换句话说，多点统计方法将训练图像（如地质概念模型）转换为储层模型，同时尝试尊重其他输入，包括井数据和相概率。

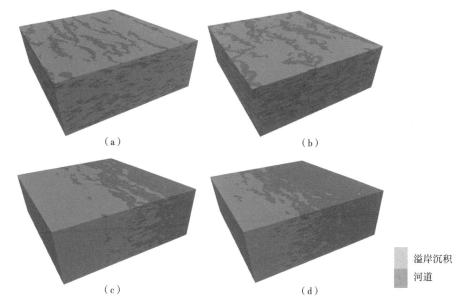

（a）　　　　　　　　　　　　　　（b）

（c）　　　　　　　　　　　　　　（d）

图 18.15　多点相建模示例图

（a）用图 18.9（a）中的河道模型作为训练图像构建的多点相模型；（b）用图 18.9（b）中的河道模型作为训练图像建的多点统计方法的相模型；（c）与（a）相同，但受图 18.2（c）的相概率约束；
（d）与（c）相同，但河道的比例较高（60%）

18.9　不同相建模方法的优缺点

所有介绍的相建模方法都有优缺点。基于目标的建模强调相体的几何形状，序贯指示模拟强调数据集成。当前，没有一种相建模技术，可以真实并准确地构建适用于所有沉积环境的相模型，建模人员不应该总是绑定使用一个"受青睐"方法构建模型，应该基于沉积环境、可用的数据和相建模的目的决定建模方法（如沉积环境的理解或岩石物理属性的约束）。

序贯指示模拟在集成各种数据方面具有很多灵活性（读者还可以看到序贯指示模拟的其他扩展内容；Doyen 等，1994），但在对复杂几何体进行建模时存在弱点，因为它主要依

靠变差函数 来对空间连续性模拟，从而模型可能不能得到逼真的地质外形。不过，当与变差函数转向功能相结合时，序贯指示模拟可以处理许多复杂的几何形状（图18.4）。因为序贯指示模拟是一种数据驱动的方法，在其集成各种数据方面非常灵活，如横向和垂直趋势，用于变差函数定向的方位数据和岩相概率等。后一种集成很重要，因为它们会对模型产生重大的影响（图18.2和图18.3）。一个项目的早期阶段，当相带结构、几何形态和规模大小等信息不可用或没有理解清楚时，序贯指示模拟可以用于生成相模型。如果地震数据质量令人满意，序贯指示模拟可以整合地震数据，同时尊重井数据。序贯指示模拟可用于碳酸盐和其他沉积环境，特别是当这些环境的相带形状和空间关系尚没有明确的定义或理解时。

截断高斯模拟方法特别适用于显示空间序列的沉积环境，即非平稳的相变，例如从前滨—上滨—下滨—远滨或者碳酸盐岩隆起和三角洲前缘相带的变化，这些地方发育显著的大规模前积和退积现象。虽然序贯指示模拟可以适应使用概率图来模拟这种相过渡［图18.3（b）］，它有时难以清晰地复制这种过渡性。但另一方面，当两个相不具有共同的截止值时，截断高斯模拟方法具有无空间接触的限制。

除了克服截断高斯模拟方法的一些缺点外，多高斯模拟方法适合于具有多种过程的沉积相建模，例如具有成岩相叠置的沉积相带。但是，创建复杂几何外形模型的灵活性同时也是多高斯模拟方法的一个缺点，因为它很难定义岩石类型准则，难以判断多高斯模拟方法所得到的模型中的几何特征是真实的，还是假象。

当相体形状可定义时，可以使用定义对象的基于目标模拟方法，因为它提供了对具有不同几何形状的混合相建模的灵活性。河道基于目标模拟方法适用于简单和复杂几何形状的河流沉积建模，对曲线（包括曲流河）进行建模相对直接。基于目标模拟方法通常可以比其他方法更好地模拟储层连通性，这对于表征流体流动十分重要（Pranter 和 Sommer，2011）。然而，它很难尊重大量的硬数据。取决于软数据和相目标之间的一致性，尊重软数据可能也不容易。

多点统计模拟方法可以很好地平衡对条件数据的尊重和几何复杂性的模拟；它可以模拟中等弯曲的曲线空间特征，也可以很好地模拟连通性。当基于目标模拟预测连通性过渡时，可以使用它。相反，多点统计模拟方法难以模拟高曲率特征。准备可靠的训练图像占据建立合理的多点统计模拟方法模型的大部分时间，但往往还是很困难的。

简而言之，序贯指示模拟拥有最强的集成能力；基于目标模拟拥有最强的模拟复杂几何形态的能力；多点统计模拟和截断高斯模拟/多高斯模拟则兼顾二者之间的平衡。表18.1总结了这些建模方法的优缺点。读者也可以参考 Falivene 等（2006）用几种建模方法对河道充填地层的建模。

表 18.1　不同相/岩相随机建模方法的对比

	序贯指示模拟	截断高斯模拟/多高斯模拟	基于目标模拟	多点统计模拟
尊重硬数据	非常好	好	差—可以	非常好
尊重软数据	非常好	好	差—可以	好—非常好
相几何形状	可以—好	差—好	好—非常好	可以—好
相过渡	差—好	好—非常好	可以	可以—好

	序贯指示模拟	截断高斯模拟/ 多高斯模拟	基于目标模拟	多点统计模拟
空间连通性	可以—好	可以—好	好—非常好	好
易用性	非常好	可以	好	可以
计算速度	好	可以	非常好	差—可以
弱点	受变差函数模型 或者导向影响	岩相类型准则和 阈值难以准确定义	目标几何体不容易准 确定义；难以尊重 许多硬数据	训练图像不易选取， 计算成本高

18.10 相建模中的实际注意事项

选择相建模方法时的注意事项包括可用井数据量、地震数据集成和相的沉积环境。用于构建地质模型的井数据往往很少，井间储层属性的预测相对不受约束。当有三维地震测量数据可用时，应该寻找可关联的地震属性数据并用于约束井间和井外相模型。构建开发初始阶段相模型尤其如此。在这些阶段，只有有限的井数据可用，三维地震数据的集成可以显著减少储层描述的不确定性。一些相建模方法可以集成地震数据，便于约束相模型。序贯指示模拟在集成各种数据方面很强，包括三维相概率和从地震数据计算水平方向的变差函数。

相建模的其他重要注意事项包括不同相的相对比例、几何形态（大小和形状）、空间关系及相体在模型中的位置。相对而言，相目标在储层模型中准确的位置，应用沉积背景及井数据得到的相概率约束相模型，通常比相目标体本身的几何形状更重要。用高阶统计矩或多高斯方法模拟复杂的几何形态可能很重要，但只有当低阶统计信息，包括相对比例和局部（空间定位）信息足够准确时才如此。仅在某些特殊情况下，高阶统计矩可能比低阶矩更重要。鉴于数据有限，而且模型中存在各种不确定性，通常最好从低阶统计数据（如相比例的准确性和全局过渡转换）开始。另请注意，尽管变差函数本身不具有曲线结构，但序贯指示模拟可以通过添加一个几何输入来把曲线结构模拟到模型中（图 18.4）。

试图同时拥有两个世界精华的方法在某些情况下很有效；不过，有时它可能会变成吸取两个世界中的糟糕部分的方法。为了避免这种情况，必须充分理解建模方法的局限性和陷阱。此外，还可能会有一个是二进制思维定势的危险（如砂岩与页岩或者白云岩与石灰岩），这是因为分类变量通常具有的信息比连续变量少。有时，模拟岩相概率可能要比对岩相建模好（第 19 章）。

18.11 相和岩相的多层次或分级次建模

当对许多种相进行建模时，单一建模技术可能无法得到对所有岩相代码令人满意的结果，尤其是模型中各种相的空间关系。可以把前面介绍的建模方法以分级次的方式结合起来模拟各种相的空间关系。例如，可以首先使用河流相基于目标模拟或截断高斯模拟先建立相模型，随后对基于目标模拟或截断高斯模拟的模型上再加上使用序贯指示模拟。基于目标模拟或截断高斯模拟可以在模型中产生大尺度的相体，序贯指示模拟可以对基于目标模拟或者截断高斯模拟模型中对小规模相的非均质性进行模拟。或者，先用序贯指示模拟产生大范围空间连续性的相模型，然后再使用基于目标模拟建模也是可以的（Cao 等，2014；Datta 等，2019）。

相同的建模方法也用于不同相的分级次模拟。图 18.16 显示了应用基于目标模拟两步的相建模示例，其最终的相模型是使用了两步基于目标模拟分层次构建的。

（a）　　　　　　　　　　（b）

相
— 泥岩
— 三角洲
— 分流河道

图 18.16　使用河流基于目标模拟法模拟的分流河道图
（a）使用流线引导基于目标模拟构建的三角洲相模型；（b）在（a）中的模型
基础上用河流基于目标模拟构建的相模型

18.12　总结和评论

在储层建模框架中，相建模方法试图对可能由多个过程产生的相体当前状态进行模拟，这些过程包括沉积、合并引起的侵蚀、压实、可能的成岩、变形等。这与沉积过程模拟不同，后者侧重于相沉积的物理过程，而不是地下地层的当前状态。所有已知的相建模方法在实现这一目标中各有长处和短处。基于目标模拟方法适用于相体的清晰形状定义，如河道和沙坝；截断高斯模拟往往更合适于具有明确空间过渡的相建模。多高斯模拟在生成各种相的几何形状上有很大的灵活性，但验证相体的真实性很难；序贯指示模拟具有好的综合性功能；多点统计方法试图平衡基于目标模拟方法的模拟复杂几何形状和序贯指示良好整合的能力，但实际应用往往很难平衡多个兼顾。

建模新手通常认为相建模是简单的任务，因为很容易按工作流程构建相模型。当作了更多实际建模工作后，人们将越来越意识到它是建模中最具挑战性的任务之一，因为很难生成准确的模型。在实践中，应该重视相模型的应用，即符合目标的模型，或者就像一位时装模特说的"我不想成为超级模特；我想成为一个行为（有用的）模特"。在后面的章节中，我们将进一步详细阐述相模型在岩石物理属性建模和资源管理项目中的作用。

附录 18.1　基于目标模拟方法中用模拟退火尊重多重约束

基于目标模拟中模拟退火方法及其应用参见 Holden 等（1997）和 MacDonald 等（1995）。在这里，我们用一个平衡尊重各种输入参数的示例，来展示模拟退火处理河道基于目标模拟中多个约束条件的主要原理（图 18.17）。当井数据不用作建模的条件时，软条件数据和目标净毛比值被视为模拟退火迭代次数的函数。该算法首先生成一定数量的河道，以大致达到目标净毛比值。这通常需要几十次迭代。然后，它开始尊重软（辅助）数据，同时允许净毛比（NTG）的波动。随着迭代增加，软数据组分降低，暗示着算法试图尊重越来越多的软数据。

当井数据集成到模型中时，通常在尊重软数据之前得到尊重。但是，尽管大多数井数据在迭代的早期阶段都得到尊重，某些井数据可能很难被尊重。因此，随着迭代次数的不断增多，算法试图同时尊重软数据和剩余的尚未被尊重的井数据。在一定的迭代中，井数据以较高的比率被接受，但代价是尊重软数据会差一点。例如，在图 18.17 中，当迭代达到 18000 和 25000 次时，尊重软数据的部分突然跳跃是由于对更多井数据的尊重而导致的。

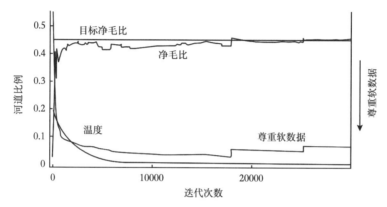

图 18.17　尊重井数据、NTG 比值和软条件数据的模拟退火曲线图

温度是模拟退火的参数，图中较低的软数据值意味着尊重效果好

参 考 文 献

Armstrong M. , Galli A. G. , Le Loc'h G. , Geffroy F. and Eschard R. 2003. Plurigaussian simulations in geosciences. Springer, Berlin.

Cao R. , Ma Y. Z. and Gomez E. 2014. Geostatistical applications in petroleum reservoir modeling. SAIMM（114）.

Clement R. , et al. 1990. A Computer Program for Evaluation of Fluvial Reservoirs. North Sea Oil and Gas Reservoirs-II, 1990.

Daly C. and Caers J. 2010. Multi-point geostatistics - an introductory overview. First Break 28：39-47.

Datta K. , Yaser M. , Gomez E. , Ma, Z. , Filak J. M. , Al-Nasheet A. and Ortegon L. D. 2018. Capturing Multiscale Heterogeneity in Paralic Reservoir Characterization：a study in Greater Burgan Field, Kuwait. AAPG Memoir 118, Tulsa, OK.

Deutsch, C. V. and Journel A. G. 1992. Geostatistical software library and user's guide：Oxford Univ. Press, 340p.

Deveugle P. E. K. et al. 2014. A comparative study of reservoir modeling techniques and their impact on predicted performance of fluvial-dominated deltaic reservoirs, AAPG Bulletin 98：4（729-763）.

Doyen, P. M. , Psaila D. E. and Strandenes S. 1994. Bayesian sequential indicator simulation of channel sands from 3-D seismic data in the Oseberg field, Norwegian North Sea：SPE-28382-MS, SPE ATCE, New Orleans.

Dubrule, O. 2017. Indicator variogram models：Do we have much choice? Mathematical Geosciences, DOI 10. 1007/s11004-017-9678-x.

Falivene, O. P. Arbues, A. Gardiner, G. Pickup, J. A. Munoz, and L. Cabrera. 2006. Best practice stochastic facies modeling from a channel–fill turbidite sandstone analog, AAPG Bulletin, v. 90, No. 7, p. 1003–1029.

Fletcher S. 2017, Data assimilation for the geosciences: From theory to application. Elsevier.

Guardiano, F. and Srivastava, R. 1993. Multivariate geostatistics: beyond bivariate moments. In: Soares, A, (Ed.) Geostatistics Troia 1992. Kluwer, Dordrecht, 133–144.

Holden L. et al. 1997. Modeling of Fluvial Reservoirs with Object Models, in AAPG Computer Applications in Geology, No. 3.

Hu L. Y. and Chugunov, T. 2008. Multiple point geostatistics for modelling subsurface heterogeneity: a comprehensive review. Water Resources Research 44, W11413.

Jones, T. and Ma, Y. Z. 2001. Geologic characteristics of hole–effect variograms calculated from lithology–indicator variables. Mathematical Geology, 33 (5): 615–629.

Journel, A. 1983. Nonparametric estimation of spatial distribution: Math. Geology, v. 15, no. 3, p. 445–468.

Lia, O. , Tjelmeland H. and Kjellesvik L. E. 1997. 'Modeling of Facies Architecture by Marked Point Models,' in Baafi and Schofield, Proceeding of 5th International. Geostatistics Congress.

Liu, Y. , Harding, A. , Abriel, W. and Strebelle, S. 2004. Multiple–point simulation integrating wells, three–dimensional seismic data, and geology, AAPG Bulletin, 88: 905–921.

Ma, Y. Z. 2010. Error types in reservoir characterization and management, J. Petrol. Sci. & Eng. , 72 (3–4): 290–301, doi: 10. 1016/j. petrol. 2010. 03. 030.

Ma, Y. Z. 2009. Propensity and probability in depositional facies analysis and modeling, Mathematical Geosciences, 41: 737–760.

Ma, Y. Z. , Seto A. and Gomez, E. 2008. Frequentist meets spatialist: A marriage made in reservoir characterization and modeling: SPE–115836–MS, SPE ATCE, Denver, CO.

Ma, Y. Z. , Seto A. and Gomez, E. 2009. Depositional facies analysis and modeling of Judy Creek reef complex of the Late Devonian Swan Hills, Alberta, Canada, AAPG Bulletin, 93 (9): 1235–1256, DOI: 10. 1306/05220908103.

Ma, Y. Z. , Seto A. and Gomez, E. 2011. Coupling spatial and frequency uncertainty analysis in reservoir modeling: Example of Judy Creek Reef Complex in San Hills, Albert Canada, AAPG Memoir 96, pp 159–173.

MacDonald, A. C. , Berg J. I. and Holden L. 1995. Constraining a Stochastic Model of Channel Geometries Using Seismic Data, EAGE 57th Conference and Technical Exhibition.

Macé, L. and Márquez, D. 2017. Modeling of a Complex Depositional System Using MPS Method Conditioned to Hard Data and Secondary Soft Probabilistic Information. Society of Petroleum Engineers. doi: 10. 2118/183838 –MS.

Massonnat, G. J. 1999. Breaking of a paradigm: Geology can provide 3D complex probability fields for stochastic facies modeling. SPE–56652–MS, ATCE, Houston, Texas, 1999.

Matheron, G. 1973. The intrinsic random functions and their applications, Adv. Appl. Prob. , vol. 5, p. 439–468.

Matheron, G. 1989. Estimating and choosing–An essay on probability in practice, Springer–Verlag, Berlin.

Matheron G. et al. 1987. Conditional simulation of the geometry of fluvio–deltaic reservoirs, SPE–16753–MS.

Mariethoz G. and Caers J. 2015. Multiple–point geostatistics. Wiley Blackwell.

Mustapha H. and Dimitrakopoulos R. 2010. Higher–order stochastic simulation of complex spatially distributed natural phenomena. Math Geosci 42: 457–485.

Papoulis, A. 1965. Probability, random variables and stochastic processes, McGraw–Hill, New York, 583p.

Pranter M. J. and Sommer N. K. 2011. Static connectivity of fluvial sandstones in a lower coastal–plain setting: An example from the Upper Cretaceous lower Williams Fork Formation, Piceance Basin, Colorado. AAPG bulletin, DOI: 10. 1306/12091010008.

Strebelle, S. 2002. Conditional simulation of complex geological structures using multiple-point statistics, Mathematical Geology, v. 34, p. 1-22.

Tolosana-Delgado R. , Pawlowsky-Glahn V. and Ecozcue J. 2008. Indicator kriging without order relation violations. Math. Geosci 40: 327-347.

Zhang T. 2015. MPS-driven digital rock modeling and upscaling. Math Geosci 47: 937-954.

第 19 章　孔隙度建模

"存储空间越大，可积累的东西就越多。"

匿名

摘要：孔隙度是最基本的岩石物理特性之一，因为它为油气的聚集提供了必要的储存空间。确定储层孔隙度分布是描述地下地层孔隙空间的一个必要步骤。通常，在对其他岩石物理属性建模之前，先对孔隙度建模是一种好的做法，因为孔隙度通常有更多的可用数据。其他岩石物理属性，如流体饱和度和渗透率，往往与孔隙度相关，可以在孔隙度模型构建后根据它们之间的关系进行建模。

19.1　概述

孔隙度模型是油气评价最关键的基础之一，源于其对储层储集能力的描述和对其他储层属性建模的影响。三维储层孔隙度模型如何建立会有多种后续影响。首先，孔隙度的分布决定着储层模型的孔隙体积，从而影响油气体积估计。其次，由于流体饱和度和渗透率与孔隙度相关，因此它们在三维储层模型中的分布受到孔隙度分布的影响。因此，孔隙度模型不仅可以影响原地资源量估计，而且也可以影响可采资源量估计和井身设计。

孔隙度可以通过估计或随机模拟方法进行建模。有几种地质统计学技术用于孔隙度建模，包括克里金、随机模拟和同位协同模拟等。这些方法可用于在井点孔隙度的约束下绘制二维图形或三维建模。相模型、地震数据或孔隙度空间趋势也可以集成到孔隙度建模过程中。这些方法和其他方法相结合的其他变化形式也可用于孔隙度建模，包括通过组合克里金和随机模拟来建模的两步孔隙度建模的工作流程。

19.1.1　对哪个孔隙度建模？

在储层研究中，通常有几种孔隙度类型，包括有效孔隙度和总孔隙度，岩心孔隙度与测井孔隙度及密度、中子、声波和核磁共振孔隙度。应该对哪种孔隙度建模呢（第 9 章）？

岩心孔隙度数据一般非常有限；可用的测井孔隙度数据较多，最好是将经过岩心孔隙度对测井数据标定后用于储层建模。如果有多种孔隙度测井可用，包括密度、中子、声波和核磁共振，应该由岩石物理分析员把它们综合起来生成总孔隙度和有效孔隙度。通常，应该对有效孔隙度进行建模，因为它更直接地决定了供给开发的可获取的资源量，并且更有利于对渗透率的标定。在某些情况下，模拟总孔隙度也有用，因为水是无孔不入，总孔隙度可能会更好地与含水饱和度标定。如果有大量岩心数据可用，则可以对岩心孔隙度进行建模。

19.1.2 孔隙度数据的空间和统计分析

孔隙度通常受沉积相和岩相控制。例如，从一个碳酸盐沉积中解释的四种沉积相，包括前缘斜坡、生物礁、浅滩和潟湖，具有不同的孔隙度分布范围［图 19.1（a）～图 19.1（d）］。潟湖的孔隙度较低，平均值为 3.1%；浅滩的孔隙度低到中等，平均值为 6.5%；生物礁孔隙度最高，平均值为 14.2%；前缘斜坡具有中等的孔隙度，平均值为 8.9%。各种沉积相的孔隙度统计差异和空间特征将影响孔隙度在空间的分布。例如，潟湖、浅滩、生物礁和前缘斜坡通常在空间上有序分布［图 19.1（a）］。这种沉积环境中的孔隙度分布很可能随着沉积相空间分布而出现相应的空间趋势。

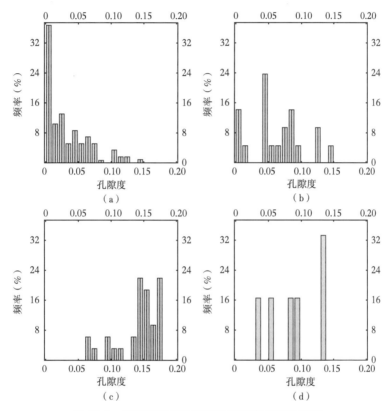

图 19.1　不同沉积相的有效孔隙度直方图示例图

孔隙度和沉积相都来自 11 口井，不同沉积相的平均有效孔隙度分别是：潟湖为 3.1%（a）
前缘斜坡为 8.9%（b）生物礁为 14.2%（c）浅滩为 6.5%（d）

同样，孔隙度的垂直分布可以用测井解释孔隙度进行分析。图 19.2 比较了来自 18 口测井解释的河流相沉积的岩相和有效孔隙度的垂直剖面。因为只有两种岩相存在，垂直剖面上岩相只是作为深度函数的砂岩体积比例（Vsand）和页岩体积比例（Vshale）。这两个垂直剖面表明砂岩体积比例与有效孔隙度具有很强的相关性。强烈的垂直方向的非均质性是显而易见的，因为储层段不同小层的平均孔隙度垂向上表现为很大的变异性。另一方面，依据孔隙度剖面，基于可用数据的孔隙度横向非均质性为中等强度，因为给定深度的孔隙度变化相对较低。在这种情况下，整个储层段的孔隙度方差较高，而给定地层的孔隙度方差只是中等。

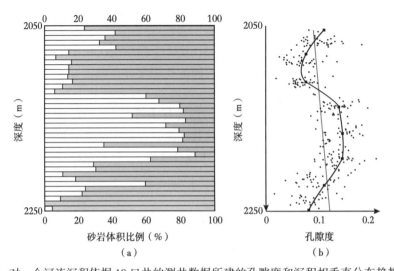

图 19.2 对一个河流沉积依据 18 口井的测井数据所建的孔隙度和沉积相垂直分布趋势比较图

(a) 岩相相对比例与深度（英尺）关系的垂直剖面，表示岩相的平均堆叠图（白色是砂岩，蓝色是页岩）；

(b) 孔隙度垂直剖面（灰色直线为整体上的线性趋势，不能准确描述垂直方向的非均质性，曲线更准确地描述
了垂直方向的趋势，特定小层孔隙度围绕曲线相对较小的分布意味着中等的横向非均质性）

19.1.3 描述孔隙度的空间（不）连续性

由于大多数储层表征工区中直井井距稀疏，水平方向的变差函数的模型拟合可能比较棘手（第 13 章）。没有必要让变差函数模型完美地拟合所有的实验变差函数点。此外，大间距的实验变差函数值通常不太可靠，也不太重要，因为克里金或随机模拟的局部邻域不会使用较大的滞后距离的变差函数值。此外，块金效应（白噪声）可能不需要用在建模中，除非建模人员确信孔隙度的空间相关性有不连续性。图 19.3 显示了用两个理论模型拟合的实验变差函数：一个具有大约 20% 的块金效应，另一个没有块金效应。在大多数应用中，没有块金效应的模型是首选，因为它意味着模型在小范围内有好的连续性。使用具有（部分）块金效应的模型意味着孔隙度的某种空间不连续性或者忽略微观连续性。

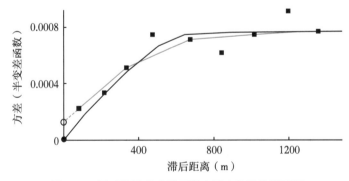

图 19.3 用于孔隙度建模而拟合的变差函数模型图

灰色是一个具有大约 20% 白噪声的变差函数模型（即块金效应相对于方差或基台值的相对比例：0.000146/
0.00075 ≈ 20%）；黑色是没有块金效应的模型，用它绘制的二维属性图或三维分布将没有白噪声分量或空间不连续
性（第 13 章）

19.1.4 孔隙度建模中纠正采样偏差

地质统计学建模方法历来强调对地质现象的空间特征的模拟。这对层面插值尤其重要。然而，对于质量（mass，物理意义上）属性（如孔隙度），频率统计非常重要，这就是为什么耦合空间和频率统计在孔隙度建模中至关重要的原因（Ma 等，2008）。频率统计必须基于无偏采样，否则如果存在采样偏差，则必须纠偏（第 3 章）。

在一个说明示例中（图 19.4），8 口直井不均匀地分布在该区域，依据井位获取的整体沉积相比例不具有代表性。例如，从井位上所得的 38.5% 生物礁是超过其（实际）比例了，因为有比较多的井在偏向生物礁相带上钻探。第 3 章介绍了两种纠正采样偏差的方法：沃罗诺伊多边形镶嵌（Voronoi polygonal tessellation）和倾向分区。在此示例中，使用图 11.1 的概念模型，可以描述倾向区，全局比例也相应地得到纠偏（表 19.1）。孔隙度可以直接使用倾向分区，也可以间接地通过全局沉积相比例纠偏来消除。表 19.2 显示了对沉积相纠偏后和未纠偏的孔隙体积（分数）的对比。在传统的地质分析中，图 19.4 可能会被视为几乎没有采样偏差，因为人们可能认为井的空间分布几乎是均匀的。但是，比较有偏模型（即直接使用原始数据的统计信息）和纠偏模型，它们的孔隙体积差为 20.9%（表 19.2）。

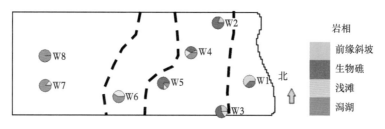

图 19.4　8 口井的沉积相比例图

工区大小是：南北约 4km，东西约 10km

另请注意，样本纠偏是指对沉积相和孔隙度的全局（即总体）统计。但是，纠偏方法不应删除局部数据。删除的数据将导致在模型得不到尊重，导致历史拟合和生产数据分析出问题。

实际应用中，从基于最近邻域方法的模型开始是很有用的，该方法与沃罗诺伊多边形镶嵌的邻域方法等同。最近邻域预测的模型的直方图与样本直方图的对比，提供了一种直接检查是否存在简单几何采样偏差的方法。当最近邻域预测具有与样本直方图相似的直方图时，样本数据通常不带有明显的采样偏差；当它们差异很大时，可能存在采样偏差。倾向性分区方法较为复杂，需要对地质倾向有良好的理解。当地质解释可靠时，它可用于对采样偏差进行更复杂的分析。此外，解决垂直方向的采样偏差可能很复杂；分层建模通常是一种有效的解决方法（第 19 章第 8 节）。

表 19.1　纠偏前后沉积相百分比

沉积相	8 口井	去偏后
前缘斜坡	15.5	11
生物礁	38.5	20
浅滩	13.4	18
潟湖	32.6	51

表 19.2　有偏和无偏模型各沉积相的孔隙体积表（分数）

沉积相	孔隙度平均值	有偏模型	无偏模型	高估[1]（%）
前缘斜坡	0.063	0.009765	0.00693	40.9
生物礁	0.101	0.038885	0.02020	92.5
浅滩	0.082	0.010988	0.01476	-25.6
潟湖	0.031	0.010106	0.01581	-36.1
合计		0.069744	0.05770	20.9

注：孔隙体积（分数）是表 19.1 中的沉积相比例乘以其平均孔隙度。无偏模型用作计算高估的基础，如在最后一行中：（0.069744-0.057700）/0.057700 = 20.9%。

[1] 负数表示低估。

19.1.5　尊重硬数据和用相关属性约束建模

虽然孔隙度通常比其他岩石物理特性有更多的数据，但由于井数据的稀疏性，其数据仍然非常有限。这样在制作二维孔隙度图和构建三维孔隙度模型时需要满足几个推理性的暗含条件。首先，必须尊重井点的孔隙度数据，以便该模型可用于油藏模拟和历史拟合。此外，使用硬数据对模型进行约束可降低孔隙度空间分布的不确定性（知识箱 17.1）。另外，尊重数据具有第二种隐含意义，即使用次要数据来约束模型（第 14 章）。后者基于建模属性和（次要）条件数据之间的相关性。在这种类型的约束中，数据不一定完全与次要条件的数值一致，而是，它们提供了约束模型的概率或趋势（第 19 章第 4 节）。

19.2　使用克里金或其他插值/外推方法建立孔隙度模型

图 19.5（a）显示了一个有 13 口井孔隙度数据的工区 [图 19.5（b）]。尽管我们知道这样的模型是不逼真的，但它作为初始参考可能很有用。这是因为最近邻域外推碰巧是与沃罗诺伊（Voronoi）镶嵌相同，可用于纠正采样偏差（第 3 章）。在此示例中，使用 13 口井孔隙度数据建立的模型的平均孔隙度为 7.91%，这意味着 13 口井没有表现出显著取样偏差，因为这些井中的 130 个孔隙度样本具有非常相似的平均孔隙度值为 7.93%。这一点也可通过两个直方图 [图 19.5（h）] 对比看出。顺便说一句，数据中的方差得以保留，尽管它不是无偏的必需条件。

最近邻域预测值很直观，其预测值与解释具有类比性。可以看到其周围区域每个数据点的"有限连续性效应"。最近邻预测的另一个优点是模型对数据的尊重，很简单，因为该方法使用样本数据外推，不会改变它们。

最近邻域预测变量的一个缺点是镶嵌多边形/体之间的突变边界，因为它们是由样本数据点之间的中线/面积形成的。这可以通过平滑来缓解 [图 19.5（c）]，平滑的迭代次数增多，就可以进一步降低多边形边界效应。

克里金是一种精确的插值方法，因此，其孔隙度模型也尊重样本数据（第 16 章）。但是，不像最近邻域预测，克里金模型非常光滑，尽管井点数据周围出现"牛眼"现象 [图 19.5（d）]。通过增加空间相关性，"牛眼"现象可以得到一定程度缓解，但模型将更加平滑。图 19.5（e）显示使用更长的相关程的模型；"牛眼"现象略有降低，但模型更加平滑。平滑和"牛眼"现象是克里金的两种对立的效应，当可用数据有限时克里金法无法

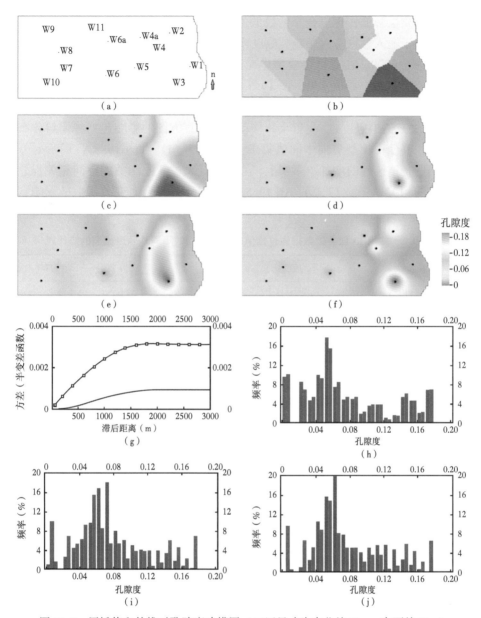

图 19.5　用插值和外推对孔隙度建模图（工区尺寸为南北约 5km、东西约 9km）

（a）底图，有 13 口井；（b）使用最近邻域外推的三维孔隙度模型平面显示；（c）（b）中的模型的平滑版本；（d）使用 13 口井的孔隙度数据进行的简单克里金插值。变差函数使用了相关程等于 1850m 的球状模型；（e）与（d）相同，但使用的变差函数在南北方向的相关程较长（2400m）；（f）用 13 口井孔隙度数据的移动平均插值；（g）输入到克里金的水平方向的变差函数（带点曲线）和（d）中的克里金模型的变差函数（实心曲线）的比较；（h）孔隙度数据的直方图（红色）和（b）中最近邻域外推模型的直方图（蓝色）；（i）孔隙度数据的直方图（红色）和（d）中克里金模型的直方图（蓝色）；（j）孔隙度数据（红色）和（f）中移动平均图（蓝色）的直方图

请注意：为了平衡显示的清晰度和逼真性，我们将各种建模方法应用于三维储层，但我们通常显示三维模型的二维图，因为模型特征在三维显示中很难看到；只有在突出显示三维特征的特定情况下，我们才会显示三维模型或横截面

克服，因为"牛眼"现象是局部效应，而平滑是全局效应，它们相互冲突。具体来说，平滑导致整体非均质性降低，克里金降低最低值和最高值的相对频率［图19.5（i）］，克里金结果的方差小于输入数据。这影响孔隙度模型中孔隙度的空间分布。在此示例中，孔隙度数据的方差为0.0029，在克里金模型中减少到0.0012，减少近59%（表19.3）。这些问题在大多数插值方法中都很常见。图19.5（f）显示了使用移动平均法的例子，并与图19.5（j）直方图进行对比，方差降低的值显示在表19.3。

与数据点的直方图相比较，克里金和移动平均对直方图的影响包括将偏斜分布更改为更对称的分布，并使得模型更向中间值集中［图19.5（i）和图19.5（j）］。此外，与光滑相伴生的问题是连续性的增加。事实上，克里金模型的变差函数的空间相关程总是大于输入变差函数的相关程（第17章）。图19.5（g）显示克里金对变差函数的影响，可观察到方差或全局非均质性降低，以及空间相关程的增加。

表19.3 使用13口井的数据通过插值或模拟建立的不同孔隙度模型的统计表

不同井数	平均值	标准差	方差	样本/网格数
井数据（13口井）	0.0793	0.0547	0.0029	130
最近邻域—13W	0.0791	0.0544	0.0029	123530
克里金—13W	0.0790	0.0351	0.0012	123530
移动平均—13W	0.0790	0.0332	0.0011	123530
模拟—13W1	0.0796	0.0557	0.0031	123530
模拟—13W2	0.0811	0.0518	0.0027	123530

注：方差和标准差都是全局非均质性的度量，但有时使用标准差比较不同模型更容易，因为方差的幅度是原始模型或变量的平方；这13口井有130个孔隙度样本。

19.3 以井点孔隙度数据为条件的随机模拟方法建立孔隙度模型

随机模拟通常可用于构建孔隙度模型。与克里金不同，随机模拟试图保留建模属性的非均质性，数据的直方图将大致在模拟的模型中得以重现。

虽然无条件模拟可以构建孔隙度模型，但通常不建议这样做，因为尊重井点孔隙度数据对储层建模非常重要。使用高斯随机函数模拟（GRFS）比序贯高斯模拟能更好地尊重输入统计参数，如平均值、方差和变差函数（第17章）。因此，本章描述的随机模型的建模都采用高斯随机函数模拟。

图19.6所示为以13口井数据为约束使用高斯随机函数模拟得到的孔隙度随机模拟结果。孔隙度数据的直方图与模型的直方图高度吻合，这意味着方差或全局非均质性得以保留［图19.6（c）］。模型的变差函数也与输入的变差函数高度匹配［图19.6（d）］。综上所述，模型区内13口直井几乎均匀分布，没有明显的采样偏差。模型和数据之间的直方图匹配意味着主要统计参数的相符，包括平均值、方差和歪度。

大多数的随机模拟算法不能识别数据中的采样偏差；如果存在采样偏差，模型中直方图对数据直方图的重现将导致有偏差的模型。因此，在建立孔隙度模型之前，建模人员必

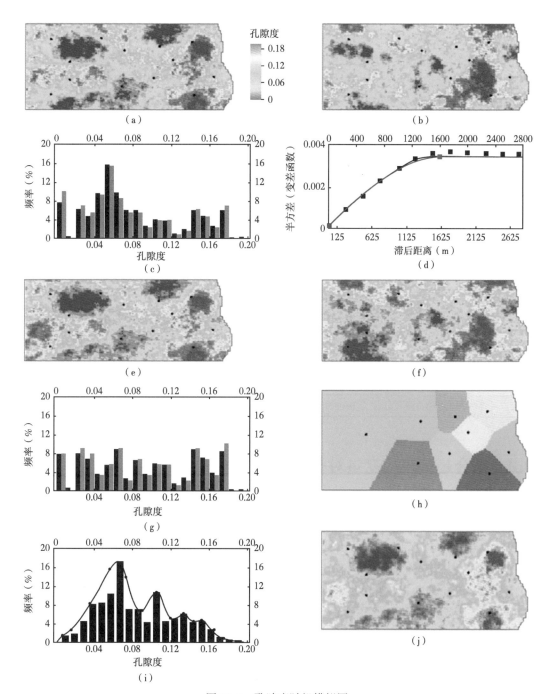

图 19.6　孔隙度随机模拟图

（a）使用高斯随机模拟（GRFS）和 13 口井 ［图 19.5（a）］的孔隙度数据构建的孔隙度模型；（b）与（a）相同，但具有不同的随机种子；（c）13 口井的孔隙度数据（灰色）和（a）中的模型（黑色）的直方图；（d）输入变差函数（实心曲线）和（a）中的孔隙度模型的变差函数（小方块）；（e）与（a）相同，但是只使用在东区的 9 口井 ［不包括西区的四口井（显示井位仅供参考），（h）中使用的九口井］；（f）与（b）相同但只使用东区 9 口井（不包括西部的 4 口井）；（g）9 口井的孔隙度数据（灰色）和（e）中的孔隙度模型（黑色）的直方图；（h）底图显示 9 口井，以及最近邻域外推模型；（i）最近邻域外推和平滑概率的直方图曲线；（j）与（e）相同，但用（i）中的去偏直方图作为高斯随机模拟的输入

须检测而且降低孔隙度数据中的采样偏差（第 19 章第 1 节第 4 小节和第 3 章）。图 19.6（e）和图 19.6（f）所示为东部 9 口直井数据使用高斯随机函数模拟创建的孔隙模型示例（排除了西部 4 口井）。模型的直方图仍然与数据的直方图相吻合 [图 19.6（g）]。但是，这样的模型是有偏差的，因为用于约束模型的 9 口井在模型区域中分布不均匀 [图 19.6（h）]。事实上，最近邻域预测的平均值为 0.0835（表 19.4），略高于 13 口井数据的平均孔隙度；但是两个模拟的模型具有高得多的平均值：0.0933 和 0.0949，如果以 13 口井数据为基准，分别代表 18% 和 20% [即（0.0949-0.0793）/0.0793≈20%] 的高估。

有些人可能想在相对密集的采样区域排除一些数据，以减轻抽样偏差。请注意，这将导致模型不尊重已删除的数据。更好的方法是使用所有可用数据和无偏的直方图，例如用图 19.6（i）所示的最近邻域得到的直方图，以减轻随机模拟中的偏差。如图 19.6（j）所示的例子，该模型尊重输入的直方图，平均值为 0.0827（表 19.4），因此，模型尊重所有数据，同时，纠偏后的直方图得到尊重，采样偏差也得到缓解/去除。

表 19.4　使用 9 口井（9W）数据的不同孔隙度模型的统计表

	平均值	标准差	方差	样本/网格数
井数据（9 口井）	0.0915	0.0591	0.0034	90
最近邻—9W	0.0835	0.0529	0.0028	123530
模拟—9W1	0.0933	0.0577	0.0033	123530
模拟—9W2	0.0949	0.0545	0.0030	123530
模拟—9W—纠偏的直方图	0.0827	0.0463	0.0022	123530

19.4　结合趋势或次变量对孔隙度建模

可以结合其他变量的地质统计学方法，包括变化均值克里金（VMK）和同位协同克里金（第 16 章）。这些方法可通过估计或随机模拟用于孔隙度建模。使用变化均值克里金时，趋势必须代表孔隙度的局部平均值。如果不是，应首先校准到变化均值的孔隙度。同位协同克里金没有此限制，因为它具有通过协方差刻度权重的机制，而不管其他变量的绝对值如何。常见的其他约束变量包括从孔隙度数据提取的趋势，从地震获得的孔隙度或地质趋势。

图 19.7 所示为使用变化均值克里金和同位协同克里金（CocoSim；第 17 章）随机模拟构建的几个孔隙度模型。孔隙度趋势源于地质解释的结果 [图 19.7（a）]。尽管趋势不平稳，但在局部平稳假设下该趋势可用于变化均值克里金（VMK）或同位协同模拟（CocoSim）（知识箱 19.1）。在变化均值克里金中，趋势定义着孔隙度的低到中频的空间变化。

知识箱 19.1　使用平稳模型对非平稳岩石物理属性进行建模

泛克里金方法和 k 阶内蕴随机函数（IRF-k）可用于非平稳现象建模，如一些插值和滤波问题（Matheron，1973；Ma 和 Royer，1994）。但是，对于随机模拟，这些技术通常比较困难。储层表征中存在许多非平稳问题，可以通过不同尺度的非均质性的分离而分级次建模来处理；在某些情况下，可结合局部平稳假设和非平稳趋势（第 14 章）。例如，传统的手绘趋势图通常是低频趋势。这些趋势可用于同位协同克里金以便对非平稳的属性建模。

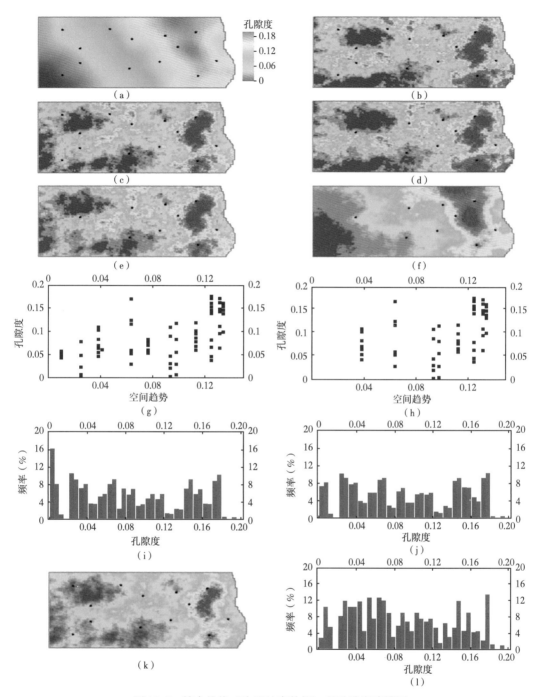

图 19.7 结合趋势（次要约束数据）的孔隙度建模图

(a) 趋势；(b) 用变化均值克里金随机模拟和 13 口井模拟的孔隙度模型平面图；(c) 用同位协同克里金构建的孔隙度模型的平面图，趋势的权重为 0.60；(d) 与 (b) 相同，但使用 9 口井；(e) 与 (c) 相同但使用 9 口井；(f) 与 (e) 相同，但次要条件数据的权重为 0.90；(g) 孔隙度 (Phie13) 和趋势之间的交会图，用所有 13 口井的数据，相关系数等于 0.57；(h) 与 (g) 相同，但仅包含来自 9 口井的数据，相关系数等于 0.45；(j) 模型 (蓝色) 和 9 口井数据 (红色) 的直方图；(k) 与 (e) 相同，但使用图 19.6 (i) 纠偏的直方图作为输入；(l) 在 (k) 中的模型的直方图 (蓝色) 和 9 口井的数据的直方图 (红色)

用基于简单克里金的模拟产生残差，主要是中到高频率成分。因此，基于变化均值克里金的模拟既包括大尺度变化又包括小尺度变化［图 19.7（b）］。虽然模型的平均值等于来自 13 口井的孔隙度数据的平均值，其标准差要高（表 19.3 和表 19.5）。

在用同位协同克里金时，应分析主变量和次变量（即，条件变量）之间的关系。在此示例中，基于在 13 口井的 130 个数据得到的孔隙度和趋势的相关系数为 0.57［图 19.7（g）］。对次变量使用加权系数 0.57 的同位协同模拟模型如图 19.7（c）所示。趋势对同位协同模拟模型的影响比对变化均值克里金的模型影响要明显一些。显然，在同位协同模拟模型中，当对趋势用较小的权重时，趋势的影响会较低，而当使用较大权重时，趋势的影响会更大。顺便说一句，在这些例子中，平均值和标准差在同位协同模拟的模型略高于 13 口井的孔隙度数据（表 19.3 和表 19.5）。

即使趋势没有全局偏差（即趋势的平均值等于无偏数据的平均值），当输入数据带有偏差时，这两种方法可能会产生有偏模型。这一点可在用 9 口井孔隙度数据构建的孔隙度模型中看到［图 19.7（d），图 19.7（e）和图 19.7（f），表 19.5］。这是因为大多数随机模拟算法，都试图在未指定显式输入直方图时尊重输入数据的直方图。从理论上讲，变化均值克里金试图通过其无偏趋势来纠偏，但它不能完全在其模型中纠偏。在这个例子中，用此方法的模型的平均值为 0.0846，低于 9 口井数据的平均孔隙度，但高于纠偏的平均值 0.0791。同位协同模拟不纠偏，其模型的平均值为 0.0937。趋势的权重越大，模型看起来越像趋势，不会降低偏差［图 19.7（f）和表 19.5］。

纠偏的最佳方法是使用无偏直方图作为同位协同模拟的输入。随机模拟或随机协同模拟可以尊重输入直方图（第 17 章）。例如，使用纠偏后的直方图［图 19.6（i）］、同样的趋势和 0.57 权重，同位协同模拟的孔隙度模型［图 19.7（k）］给出无偏平均值 0.0812（表 19.5）。由于数据中的偏差得以纠正［图 19.7（l）］，模型的直方图与数据的直方图不吻合。在不使用此纠偏的直方图作为输入的情况下，变化均值克里金和同位协同克里金模拟的模型与数据的直方图相吻合［图 19.7（i）和图 19.7（j）］，但这意味着采样偏差传递到了这些模型中。

表 19.5　使用 9 口井或 13 口井的数据和趋势建立的不同孔隙度模型统计参数表

参数	平均值	标准差	方差	样本/网格数
趋势	0.0790	0.0420	0.0020	123530
VMK_Sim-13W	0.0793	0.0624	0.0039	123530
CocoSim-13W	0.0825	0.0575	0.0033	123530
VMK_vSim-9W	0.0846	0.0641	0.0041	123530
CocoSim-9W-Cor057	0.0937	0.0586	0.0034	123530
CocoSim-9W-Cor090	0.0964	0.0575	0.0033	123530
CocoSim-9W-去偏直方图	0.0812	0.0462	0.0022	123530

19.5　克里金估值后再用随机模拟的两步孔隙度建模

克里金侧重于一阶统计矩估计的局部精度或无偏性，随机模拟侧重于非均质性的重现（即二阶统计矩：方差和空间相关性）。这里介绍一种结合克里金和随机模拟两步法孔隙度建模的工作流程。它首先用克里金产生孔隙度模型，然后使用克里金结果作为次级约束趋势，再用变均值克里金或同位协同克里金进行随机模拟。因此，工作流程具有两个领域中的精华：克里金的局部准确性和随机模拟的非均质性的重现。

图19.8（a）所示为用前面介绍的克里金模型［图19.5（e）］作为次级约束趋势，进行变化均值克里金模拟的孔隙度模型。另外，使用同一克里金模型作为约束趋势建立了两个同位协同克里金模型［图19.8（b）和图19.8（c）］。同位协同克里金模型比变化均值克里金的模拟模型得到更好的约束。同位协同克里金还可以灵活地对次级条件变量的贡献赋以不同权重［图19.8（b）和图19.8（c）］。

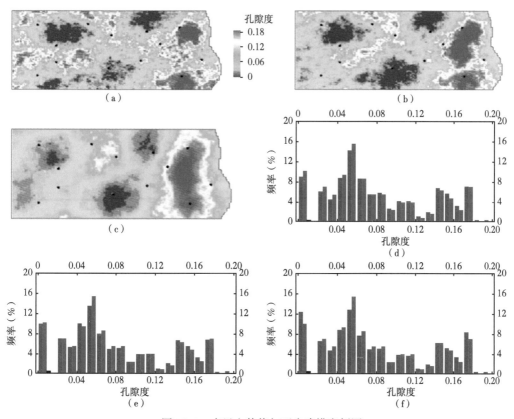

图19.8　克里金估值与两步建模实例图

（a）用图19.5（e）中的克里金结果作为变化的平均值（即变化均值克里金）的随机模拟（13口井也是输入条件数据）；（b）与（a）相同，但使用同位协同克里金模型和权重0.57；（c）与（b）相同，但权重为0.95；（d）（a）中的模型（蓝色）和数据（红色）的直方图；（e）（b）中的模型（蓝色）和数据（红色）的直方图；（f）（c）中的模型（蓝色）和数据（红色）的直方图

这一两步法工作流程使用了与克里金或随机模拟相同的数据，但它建立的模型精度和非均质性的保留比任何单一方法好。其他插值方法，如移动平均法可在流程的第一步中取

代克里金（知识箱 19.2）。

19.6 用分相或者相概率对孔隙度建模

19.6.1 分相的孔隙度建模

在多级层次的地下地层中，沉积相控制着孔隙网络，并在相当程度上决定着孔隙度的空间分布。尽管孔隙度在每种沉积相内仍可能有变化，但给定沉积相孔隙度的非均质性往往较低（图 19.1）。因此，有时候应该使用沉积相模型来引导孔隙度的空间分布。前面介绍的估计和随机模拟方法都可用于对每个沉积相的孔隙度建模。图19.9所示为一个基于

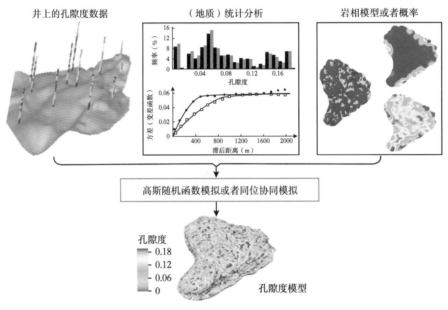

图 19.9 孔隙度建模工作流程图

该流程集成井的孔隙度数据，并使用相模型或岩相概率作为约束；用沉积相约束时，按不同沉积相对孔隙度数据的统计单独分析，以便它们能够符合沉积相；高斯随机模拟用于生成受沉积相模型约束的孔隙度模型；同位协同克里金模拟用于集成作为次级约束趋势的相概率

测井孔隙度和沉积相模型的、各个相代码应用高斯随机模拟孔隙度空间分布的通用工作流程。每一种沉积相的孔隙度数据的统计信息，必须单独分析以便使其与各种沉积相吻合。另一种工作流程是使用相概率来约束同位协同克里金，或者同位协同模拟孔隙度来建模。

用沉积相模型约束孔隙度建模具有很多优点，包括通过沉积相模型直接把概念地质模式引入相模型（第18章）和通过地质倾向解释消除采样偏差（第19章第1节第4小节）。以前曾经介绍过使用图19.9中的流程，依据其建立的孔隙度模型比不用相约束的孔隙度模型精度更高（Ma等，2008）。

然而，由于沉积相的类型化性质，用沉积相模型约束随机模拟得到的孔隙度模型，有时候包含不真实的突变（不连续）。图19.10（b）显示用图19.10（a）中的相模型约束的孔隙度模型的空间分布，具有明显的不连续性，其中一些是显而易见的假象。虽然这些假象可以通过使用描述局部方向异性的变量来缓解（第19章第7节），模型中的一些不连续性可能仍然会存在，使模型有些显得不逼真。知识箱19.3讨论使用相模型来约束孔隙度模型的优点和缺点。

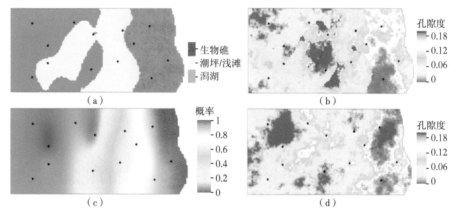

图 19.10　沉积相模型约束的孔隙度模型图

(a) 由截断高斯模拟（TGS）产生的一个碳酸盐岩斜坡的沉积相模型；(b) 使用 (a) 中的沉积相模型作为约束构建的孔隙度模型；(c) 沉积相概率（1−潟湖概率），沉积相概率作为辅助条件变量，权重为0.7；(d) 由同位协同克里金随机模拟产生的孔隙度模型

知识箱 19.3　是否应该用沉积相模型对岩石物理属性约束？

沉积相是地下多尺度非均质性中的一个中等尺度变量。它们是沉积学和地层学的特征变量，是地下孔隙网络的控制变量（第8章和第14章）。有时，对沉积相的定义和建模可以减轻孔隙度及其他岩石物理特性的非平稳性。因此，使用沉积相模型来约束孔隙度模型似乎是很自然的。这种工作流程也确实有一些优点，包括"一致性"的逻辑（即沉积相是一个对孔隙度有控制的高层次变量），可以在沉积学和岩石物理学之间建立地质联系。但是，使用沉积相模型来约束连续变量的建模也有一些缺点。因为沉积相作为类型变量存在某些特点及一些不确定性，包括模拟的沉积相规模大小、形状和位置的不确定性；这样的流程通常会导致孔隙度或渗透率模型出现明显的不连续性。在某些情况下，不使用沉积相模型约束可以建立更准确的孔隙度模型，特别是当所有沉积相都含有可生产油气时，或者当可用的沉积相数据远少于孔隙度数据时（第19章第6节第2小节）。

19.6.2 相概率约束孔隙度建模

页岩含量通常是依据岩石物理分析得到的（第9章）。当一个碎屑岩储层只有砂岩和页岩存在时，页岩含量比例（Vshale）等效于相概率：页岩含量越低，砂岩的概率就越高，页岩的概率就越低。此外，页岩含量通常与有效孔隙度成反比。不过，岩石物理分析只能得到井点处的页岩含量数据。另一方面，二维或三维页岩含量或砂岩含量也可以通过对地震属性的标定而获取（第12章）。这种二维或三维页岩含量（或砂岩含量）基于其与孔隙度的相关性可用于约束变化均值克里金、同位协同克里金或同位协同模拟对孔隙度建模。

当存在三种或更多相，并且它们的概率图或体积含量可用时，人们可能也希望使用它们来约束孔隙度模型。在碎屑岩储层中，如果存在砂岩、粉砂岩或泥质砂岩和页岩时，页岩含量大致反映这些岩相的概率或反比概率，这可以用作同位协同克里金或同位协同模拟在孔隙度建模中的次级变量。

在本章中讨论的碳酸盐岩斜坡示例中，使用相概率来约束孔隙度模型无须太多的近似考虑，因为生物礁孔隙度最高，浅滩孔隙度中等，潟湖的孔隙度最低。此外，浅滩在空间上通常位于其他的沉积相之间。因此，将第11章中所示的潟湖概率［图11.6（b）］作为与孔隙度呈反比的次级变量约束孔隙度建模是合理的。图19.10（d）所示为使用相概率作为次级变量的同位协同克里金建立的孔隙度模型［图19.10（c）］。

对比用相概率约束的模型［图19.10（d）］和用相作为约束的模型［图19.10（b）］，其空间分布具有相似性，但也存在显著的差异。它们的平均值和方差非常相似，以及高值和低值位置的全局趋势也相似。然而，它们的孔隙度的局部分布是不同的；值得注意的是，相约束模型具有假象，而相概率约束的模型则更为逼真和合理。

19.7 应用导向变差函数建立具有曲线几何形态的孔隙度模型

如第18章所介绍，在相建模中提出过两种模拟曲线特征的方法，直接几何方法（Xu，1996）和基于目标建模或训练图像法。直接几何法可以从相模型扩展到连续属性模型。请考虑以下示例。基于相模型的局部沉积方向趋势（图19.10）产生了一个方位趋势［图19.11（a）］。这种趋势也体现了各个方向连续性的差异性，这可以通过变差函数来描述。将图19.11（a）中的方位趋势作为约束的随机模拟结果如图19.11（b）所示。之前模型中的假象在新模型中得以降低［图19.10(b)和图19.11（b）］，尽管模型仍然有一些不切实际的不连续性。

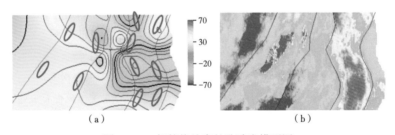

图19.11　相趋势约束的孔隙度模型图

（a）从图19.10（a）的相模型的局部沉积方向趋势生成的一个方位趋势图。这种趋势通常反映局部沉积趋势和各向异性。可依据方位趋势调整各方向不同的变差函数（椭圆）；（b）用（a）中的方位趋势图作为约束随机模拟得到的曲线几何形态；该模型还受13口井［图19.5（a）］的孔隙度数据约束

在其他曲线特征更明显的相目标体中，如曲河流河道，模拟曲线几何形态更有意义。方位图可以指示局部连续性方向，使孔隙度的空间连续性与曲流河道的方位一致。

19.8　孔隙度分层建模

确定建模中的细分地层单元可以处理垂直方向的大型非均质性，因为每个地层单元的相和岩石物理属性一般具有相对较小的非均质性（第14章）。如果存在垂直方向的采样偏差，分层建模可以纠偏（第3章）。

考察一个针对非均质性储层采用分层和不采用分层孔隙度建模的例子（图19.12）。最初，不进行分层用高斯随机模拟对孔隙度建模［图19.12（a）］。一开始，孔隙度模型的直方图和测井数据的直方图相吻合［图19.12（c）］似乎证实模型是无偏的。模型的平均孔隙度为15.04%，与样品数据的平均孔隙度15.12%近似相符。然而，每个地层的汇总统计数据显示，模型上部地层的平均孔隙度被低估了21%，模型下部地层的平均孔隙度被高估了36%；这与整个模型和数据的平均孔隙度比较时表现的无偏相矛盾［表19.6（a）］。

另一个模型是对两个地层分别用高斯随机模拟进行模拟得到的孔隙度模型，各层的孔隙度直方图得以尊重［图19.12（b），图19.12（g）和图19.12（h）］。整体上看，模型的直方图和数据的直方图似乎不吻合，模型的平均孔隙度比数据的平均孔隙度低12.6%［表19.6（b）］。但是另一方面，两个地层平均孔隙度各自是与数据的平均孔隙度相吻合的。哪个模型［图19.12（a），图19.12（b）］更准确呢？

初始模型有偏差，因为未考虑垂直采样偏差。严格地说，3口井也有可能有点水平采样偏差，但考虑到上下两个地层内孔隙度的相对均一性，这个偏差可以忽略不计。因此，这里只讨论垂直采样偏差。当存在采样偏差时，模型的直方图不应该与数据直方图吻合，完美吻合反倒具有误导性。存在的误区是可能把这个模型视为好模型，因为从整体模型的统计信息中看不到高估或低估的现象。这种类型的垂直采样偏差在勘探和开发中很常见，但是没有在储层建模中引起人们的注意。此外，与之相关的一个问题是，将两个非均质性的地层总体建模时的模型没有考虑到地层特征。另一方面，对每个地层分开建模可以根据每层的特征、尊重每个层的统计数据［表19.6（b）］，以及纠正可能的采样偏差［图19.12（b），图19.12（f），图19.12（g）和图19.12（h）］。

表19.6　测井样本数据和三维孔隙度模型的平均孔隙度对比表

（a）整体构建的模型平均孔隙度

	样品数据	模型	对比
模型	0.1512	0.1504	吻合
上部地层	0.2221	0.1754	−21.0%
下部地层	0.1052	0.1431	+36.0%

（b）分层构建的模型平均孔隙度

	样品数据	模型	对比
模型	0.1514	0.1323	−12.6%
上部地层	0.2221	0.2230	吻合
下部地层	0.1052	0.1056	吻合

注：采样数据用作对比的基数，如在（a）中的第三行：(0.1431−0.1052)/0.1052＝36.0%；（b）中平均孔隙度的辛普森反转，因为每个地层中模型的平均孔隙度要大于数据的（或相等），但整体模型的平均孔隙度较低。当然，这表明辛普森反转是具有明确的物理意义，而不是一个谬论。

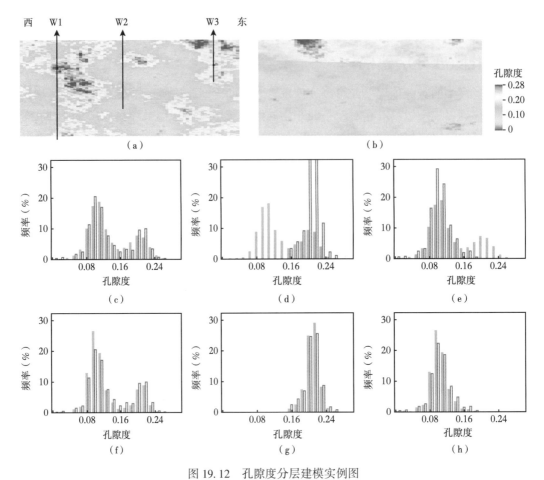

图 19.12　孔隙度分层建模实例图

(a) 整体构建的孔隙度模型（东西方向剖面视图），×3，长 2.3km，高 330m；(b) 分层构建的孔隙度模型；(c~h)比较孔隙度数据的（白色）和模型的（蓝色）直方图：(c) 用了 (a) 中的整个模型；(d) 用了 (a)模型的上部地层；(e) 用了 (a) 模型的下部地层；(f) 用了 (b) 的整个模型；(g) 用了 (b) 模型的上部地层；(h) 用了 (b) 模型的下部地层（据 Ma，2010，修改），有关 3 口井的孔隙度曲线（图 3.9）

19.9　总结

本章介绍使用和不使用辅助变量约束的一些插值和随机模拟建立孔隙度模型的方法，包括克里金、移动平均法、最近邻域法、随机模拟、同位协同模拟及克里金—随机模拟相结合的混合方法。克里金和其他插值方法通常产生平滑模型，会降低孔隙度的非均质性。随机模拟或协同模拟可以在孔隙度模型中保留非均质性。克里金和随机模拟方法可以通过导向变差函数模拟曲线型空间特征。

分层孔隙度建模是处理孔隙度垂直方向的大尺度非均质性的最好方法。同样，横向大尺度非均质性，特别是由断层引起的突然变化，可以分断块进行建模。同位协同克里金可以模拟孔隙度逐渐变化的非平稳趋势。这些趋势可以通过克里金或地质解释或地震数据等信息中提取。在实际工作中还必须平衡数据的可用性和地层的具体情况。当数据受限时，可能需要将某些区域组合在一起建模（第 14 章）。

孔隙度是一个与体积相关的属性；孔隙度直方图决定其全局平均值和整体非均质性。与岩石总体积一起，它也决定储层的总孔隙空间。当数据没有采样偏差时，数据和模型的直方图应相互吻合。当数据存在采样偏差时，数据直方图需要纠偏，或者在建立模型时，必须消除偏差。

参 考 文 献

Ma，Y. Z. 2010. Error types in reservoir characterization and management，J. Petrol. Sci. & Eng，doi：10. 1016/j. petrol. 03. 030.

Ma，Y. Z.，Seto A. and Gomez，E. 2008. Frequentist meets spatialist：A marriage made in reservoir characterization and modeling：SPE 115836，SPE ATCE，Denver，CO.

Ma，Y. Z. and Royer，J. J. 1994. Optimal filtering for non-stationary images，IEEE 8th Workshop on IMDSP，p. 88-89.

Matheron，G. 1973. The intrinsic random functions and their applications，Adv. Appl. Prob.，5?：439-468.

Xu W. 1996. Conditional curvilinear stochastic simulation using pixel-based algorithms. Mathematical Geology 28（7）：937-949.

第 20 章　渗透率建模

"最大的学习障碍可能是对图形视而不见——无法看到相互的关系或察觉其意。"

玛丽莲·弗格森（Marylyn Ferguson）

摘要：孔隙度是孔隙空间相对于岩石体积的一个度量，而渗透率是多孔材料或薄膜允许气体或液体通过的能力。在非均质性岩石中，渗透率变化很大，可能是几个数量级的变化，通常具有高度偏斜的分布，有许多低值和少量的高值。渗透率的数据一般非常有限。变异性大和数据有限使得渗透率建模变得困难。利用孔隙度和渗透率之间的关系，是构建三维渗透率模型的最实用方法。然而，从孔隙度到渗透率的标定存在几个陷阱，包括岩性的影响、尺度效应、岩心及测井渗透率之间的差异。本章介绍三维渗透率建模的方法和有关陷阱。

20.1　渗透率的基本特征及其与其他变量的关系

20.1.1　渗透率的基本特征

作为流动能力的一个度量，渗透率控制着地下流体的运动。渗透率对从地下开发油气起着显要的作用，它是油藏模拟和生产预测的一个关键变量。因此，把油气资源分类为常规和非常规储层，也是基于岩石的渗透率（Ma，2015）。与许多静态储层属性不同，渗透率的变化可以在几个数量级以上，从页岩中的纳米达西（Darcy）到有利裂缝性储层的数十个达西。从统计上看，渗透率通常具有高度偏斜的分布；正偏斜的常见，因为它通常包含许多低值和极少的高值。渗透率的频率分布通常是准对数正态。图 20.1 比较两个直方图的空气渗透率，一个在线性刻度上，另一个在对数坐标上，数据来自一个碳酸盐岩储层的岩心渗透率。

具有许多低值和较少高值的偏斜直方图有时称为长尾分布，因为它的形状具有扩展的"尾巴"。换句话说，渗透率直方图一边具有最小值的高频率（有时称为分布的头），另一边是快速降低，之后是长尾［图 20.1（a）］。请注意渗透率低值和高值有实质性的频率差异；许多高值的相对频率在线性坐标上看不到，只有对数变换后才显得明显［图 20.1（b）；附录 20.1］。

20.1.2　渗透率与其他变量之间的关系

地下地层是一个多变量系统，具有许多相互关联的变量，这通常会导致多种孔隙度—渗透率关系。渗透率受多个变量的影响（第 9 章），孔隙度和渗透率之间的复杂关系通常是由岩相、黏土含量、胶结、粒径、分选、裂缝和沉积环境引起的。

在储层研究中，渗透率和大多数其他相关变量的数据通常十分缺乏。渗透率数值经常

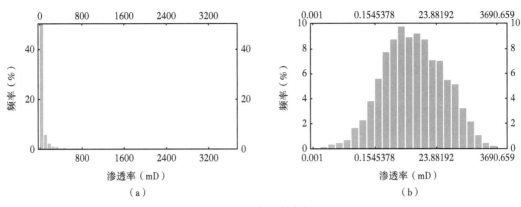

图 20.1　渗透率直方图

（a）线性坐标；（b）对数坐标（线性坐标中的直方图有许多渗透率值较大的数据看不到频率；对数坐标中的直
方图像是对称的准正态，这意味着渗透率具有准对数正态分布；高渗透率值的频率仅在对数坐标上可见，但在
线性坐标上不可见）

从岩心孔隙度和渗透率之间的经验关系而得到。由于孔隙度数据通常比其他数据更丰富，分析孔隙度和渗透率的关系尤为重要。有几个因素会同时影响孔隙度和渗透率，但影响程度不一样。这解释了为什么孔隙度和渗透率关系可能是高度变化的。孔隙度和渗透率关系的常见模式在第 9 章介绍了，其中一些模式会直接影响三维渗透率建模，包括：

（1）孔隙度—渗透率关系以单一趋势占主导地位，孔隙度—渗透率相关性很高。这种情况可能反映了单一岩性或者多个岩性的混合对孔隙度和对数渗透率的影响相似，因此孔隙度—渗透率相关性更强。有时候页砂岩和砂岩有这种效果。在这种情况下，反应不同岩性的孔隙度—渗透率关系可由一个具有相同斜率和截距的回归拟合。

（2）两个或两个以上显著的孔隙度—渗透率关系趋势，这些关系有相似的斜率，但截距不同。这些是由不同岩相和/或地层单元混合引起的［图 9.12（b）］。根据数据的两个群集之间的截距差异，最好分别模拟这些不同的关系趋势。但是，这里面也有些陷阱，将在下一节中讨论。

（3）两个或两个以上显著的孔隙度—渗透率关系趋势，这些关系具有不同的斜率和截距，例如深水浊积岩中的 Magic-7 关系或 Lucia 碳酸盐岩类型（Lucia，2007）。这通常需要对不同的关系分开拟合。

应该使用哪种孔隙度来标定渗透率呢？有效孔隙度还是总孔隙度？有效孔隙度标定渗透率比总孔隙度要好，因为黏土束缚孔隙度和渗透率不具有相关性，使得总孔隙度与渗透率的关系会降低。本章中介绍的示例使用测井推导出的有效孔隙度（Phie）或者岩心孔隙度（通常在有效孔隙度和总孔隙度之间）。

20.2　渗透率建模

精确的渗透率模型对油藏模拟和历史拟合具有十分重要的意义。大多数历史拟合都花在渗透率调整上。良好的渗透率模型可以节省大量用于拟合历史数据的时间，并提高生产动态预测的精度。在大多数资源评估和建模项目中，只有有限的岩心数据可用。此外，岩心测量的渗透率只代表几英寸的样品，而且可能变化很大。试井渗透率代表很大范围的平均值，通常不能反映足够的真实变化性。巨大的变化性和数据的有限性相结合使得渗透率建模十分困难。岩心测量数据的有效性和岩心对测井数据的校正，包括不同测量方式的尺度效应（Delfiner，2007），使得用测井渗透率建模具有不确定性。

建立储层的三维渗透率模型需要综合分析，因为渗透率与其他岩石属性的关系通常是建模的基础。最常见的方法是利用渗透率与孔隙度的关系对渗透率建模。在岩石物理分析中，通常用岩心渗透率数据建立孔隙度—渗透率的相关性，然后由测井孔隙度生成测井渗透率。在三维建模中，假定三维孔隙度模型已知或已建好了。这通常是可行的，因为孔隙度比渗透率有更多的来自岩心和测井的数据，是决定孔隙体积的主要岩石物理参数。如此，孔隙度模型是在三维渗透率模型之前构建的（第19章）。但是，渗透率也可能与岩相和其他属性相关，渗透率建模应考虑所有重要的相关变量。

用于三维渗透率模型的常用方法包括回归法（第6章）和同位协同随机模拟法（CocoSim；第17章）。在使用回归或同位协同随机模拟时，渗透率建模可以用或者不用岩相（第20章第1节第2小节）。用于渗透率建模的回归方法包括标准最小二乘法回归和主轴回归。方法的选择应基于渗透率、孔隙度、岩相和其他变量的相关性，以及如何在模型中保留极值，因为渗透率极值能显著影响流体流动。

极低的渗透率值通常表现为流动障碍（限制流动）和流动屏障（完全阻塞流动）；极高的渗透率值通常代表漏失层（高渗透层）。不能将真实存在的极值视为统计异常值，也不应将极值在建模中排除。如果模型中未能体现这些极值，模拟将被描绘成一个过于均一的储层，无法准确体现真实的流体流动。简言之，保留低值（头部）和高值（尾巴）的渗透率对其模型非常重要。

20.2.1　用孔隙度回归渗透率

储层模型中的渗透率通常使用孔隙度—渗透率转换来估计，其中对数处理的渗透率与孔隙度呈线性关系。迄今为止，文献非常关注孔隙度—渗透率转换方法及其对渗透率模型的影响，而对于转换过程中孔隙度和渗透率之间的标定关注要少。在这一节里，我们将强调标定中的分析，以及指出存在的几个陷阱。要知道，预测只是在确定标定后进行转换，因此这里不再给以强调。

在孔隙度—渗透率转换过程中不直接模拟渗透率的空间连续性。渗透率模型的空间连续性将从孔隙度模型继承。对数处理的渗透率具有与孔隙度相同的空间连续性，因为如变差函数所描述的那样，线性变换不会改变空间（不）连续性。

20.2.1.1　简单回归

经常用基于孔隙度和对数渗透率相关性的线性回归建立渗透率模型。当孔隙度和对数渗透率密切相关时，该方法对于简单的孔隙度—渗透率关系效果较好。图20.2（a）显示一个致密砂岩地层的孔隙度和渗透率之间的交会图和回归线，皮尔逊（Pearson）相关系数等于0.876。

但是，使用基础函数（如对数）将线性回归扩展为非线性回归可能会导致统计偏差（第6章）。在此示例中，渗透率的对数变换具有此效果。在使用回归方程：

$$\lg K = 36.108\phi - 4.589 \qquad (20.1)$$

表达二者的关系时［图20.2（a）］，原始渗透率数据和回归值的直方图［图20.2（b）］

表明回归整体上降低了渗透率。这一偏差是由渗透率的对数与孔隙度线性转换导致的。

回归降低渗透率的平均值和方差是总体的统计数字。在局部，尽管渗透率的总体平均值降低，但转换仍可增强有效渗透率。这是因为渗透率是一个流量度量，而不是质量变量，平均值有时并不是最重要的。平均值较低的渗透率模型比平均值较高的模型有可能具有更高的流动性（此处所说的平均是一般性的，有不同的平均值；第 3 章）。渗透率在空间上是如何连通的，往往比总体平均值更重要（第 23 章）。另请注意，回归的（对数）渗透率始终与用作解释变量的孔隙度 100%相关，这往往会导致高估采收率。

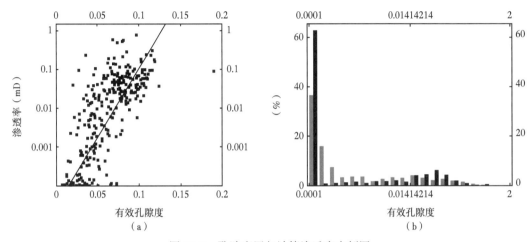

图 20.2　孔隙度回归计算渗透率实例图

（a）一个致密砂岩地层的有效孔隙度（ϕ）和渗透率（K）之间的交会图，叠加了公式 20.1 的回归线，相关系数为 0.876；（b）原始数据（黑色）与其回归（灰色）之间的直方图比较（此处的回归纯粹用作对岩心数据的标定；不涉及渗透率真实预测；两个直方图的差异是因为回归结果不尊重数据）

20.2.1.2　异常值对孔隙度—渗透率回归的影响

如第 4 章所述，相关性对异常值和缺失值很敏感。有限的渗透率数据会使异常值问题更加明显，导致渗透率难以从孔隙度精确转换。此外，由于渗透率的对数尺度，使用回归预测对异常值比线性回归更敏感。图 20.3 显示一个用了 64 个岩心样本的孔隙度—渗透率交会图。孔隙度与对数渗透率的相关系数为 0.476。通过排除 7 个异常值，相关系数增加到 0.745。这种相关性差异使得它们的标定存在显著差异。以下方程分别是基于所有数据（公式 20.2）或者不包括 7 个异常值（公式 20.3）：

$$\lg K = 12.511\phi - 1.022 \tag{20.2}$$

$$\lg K = 21.334\phi - 2.722 \tag{20.3}$$

图 20.3（b）是比较使用公式 20.2 的回归的渗透率的直方图与原始样品渗透率的直方图。回归的渗透率具有较少的低渗透值和高渗透值，而中间值更多。直方图形状的这种变化在许多统计预测中很常见，但大多数预测是无偏的，因为预测的平均值等于无偏样本的平均值（第 6 章和第 16 章）。虽然线性回归是一种无偏的预测，但渗透率的对数变换使预测的渗透率平均值低于原始样品渗透率的平均值。在此示例中，64 个岩心样本的平均值为 67mD（四舍五入），而回归渗透率的平均值为 32mD。

由于排除 7 个异常值后，孔隙度和渗透率之间的相关性增加，回归方程具有更高的斜率（公式 20.2 和公式 20.3）。虽然与岩心样本直方图相比，极低和高渗透值的相对比例降低，但回归渗透率直方图的总体形状类似。回归的渗透率平均值为 50mD。

请注意，图 20.3 所示的两个回归纯粹是对岩心数据的标定，并未涉及对模型范围的渗透率的预测。当这些回归应用于渗透率的油田预测时，渗透率模型对孔隙度模型高度敏感。这与减轻岩心数据的采样偏差有关，稍后将对此进行讨论。

示例中样本直方图和回归直方图之间的差异突出了回归的两个关键问题：（1）回归对数据不尊重（尊重数据会使两个直方图在校准中完全相同，尽管对于模型的预测不一定如此）；（2）删除一些用于校准的异常值有时有助于在模型中保留极值（或离群值）［图20.3（b）和图 20.3（c）］。第二个问题值得一些解释。在去除一些异常值后，孔隙度和渗透率的相关性得到改善，回归将能对渗透率极值在模型中保留；否则，低相关性将推动预测趋向于平均值。

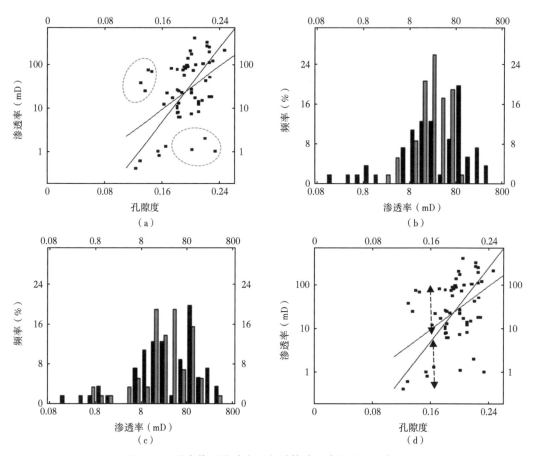

图 20.3　异常值对孔隙度回归计算渗透率影响的示例图

（a）孔隙度和渗透率（岩心数据）之间的交会图，叠加了两个回归：（1）用所有数据（短线）的回归：$\lg K = 12.511\phi - 1.022$；孔隙度与对数渗透率的相关性为 0.476；（2）使用没有 7 个异常值（圆圈内的数据）的数据的回归（较长线）：$\lg K = 21.334\phi - 2.722$，孔隙度和对数渗透率之间的相关性为 0.745；（b）直方图比较：64 个原始岩心渗透率数据的直方图为黑色，基于岩心孔隙度数据的公式 20.2 回归的渗透率的直方图为灰色；（c）直方图比较：64 个原始岩心渗透率数据的直方图为黑色；基于岩心孔隙度使用公式 20.3 回归的渗透率的直方图为灰色；（d）与（a）相同，但两个双箭头表示由于渗透率的对数尺度造成的距离不对称性；对于任何给定的孔隙度值，回归线上方的距离是回归线下方距离的 10 倍

20.2.1.3 采样偏差对孔隙度—渗透率转换的影响

采样偏差往往是勘探和生产中的一大问题（第3章和第19章）。人们可能意识到一般的抽样偏差，但仍然可能不注意细微的采样偏差。对于非质量变量（如渗透率）采样偏差的关注甚至更少，因为渗透率不会直接影响就地油气体积的估计。只取有限的低孔隙度和低渗透率岩心，甚至于根本就不取，都是很常见的。人们必须减小这一问题的影响，不仅仅是对体积有关的变量，也包括对渗透率建模。

图20.4（a）显示一个基于岩心数据的孔隙度和渗透率的交会图。请注意，数据主要是高孔隙度和高渗透率值；其相关性为0.379，因此回归线有一个小斜率。对采样进行去偏化有时可以显著地改进孔隙度—渗透率的标定。在此示例中，使用岩心孔隙度校对的测井孔隙度显示孔隙度范围较宽，具有大量低孔隙度值［图20.4（b）］。同样，测井渗透率的范围也更大。基于测井数据的孔隙度—渗透率的相关性为0.705，导致回归的斜率增大［图20.4（c）］。下面是两个回归方程：

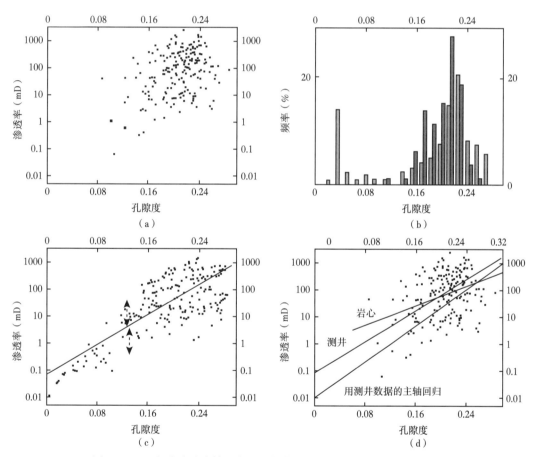

图20.4　一个碳酸盐岩储层中一口井数据的孔隙度—渗透率的关系图

（a）岩心孔隙度和渗透率的交会图（显示所有岩心数据），相关系数为0.379；（b）岩心孔隙度直方图（黑色）与测井孔隙度直方图（灰色）比较。岩心数据有限，缺乏低孔隙度值；（c）测井孔隙度和渗透率（仅显示随机选择的部分数据）的交会图，叠加了标准最小二乘法回归线，相关系数为0.705。两个双箭头说明由于渗透率的对数尺度造成的距离不对称；对于任何给定的孔隙度值，回归线上方的距离是回归线以下距离的10倍；（d）与（a）相同，但加了三条回归线：基于岩心数据（最小斜率）的回归、基于测井数据在（c）中的回归，以及基于测井数据的主轴回归（具有最小的截距和最大的斜率）

$$\lg K_{岩心} = 9.136\phi_{岩心} - 0.023 \qquad (20.4)$$

$$\lg K = 12.237\phi - 0.747 \qquad (20.5)$$

尽管相关性增加至 0.705，但标准回归仍不能令人满意地说明（数据的）趋势。可以使用主轴回归来表达双变量关系趋势，因为主轴回归受相关性强度的影响较小（第 6 章）。图 20.4（d）使用岩心数据比较交会图上的三条回归线。主轴回归是首选因为岩心数据有一个采样偏差，而采样偏差对主轴回归影响较小。一个替代方法是，如果测井数据没有采样偏差，可以从好的测井数据建立两个变量的标定关系。

孔隙度建模必须减少孔隙度数据中的采样偏差的影响（第 19 章）。正确实施缓解措施后，可使用三维 孔隙度模型检查岩心数据的采样，这可能有助于改进孔隙度和渗透率标定。当孔隙度模型可信时，岩心孔隙度数据和三维孔隙度模型的直方图之间的明显差异意味着存在着明显的岩心采样偏差。图 20.5（a）比较图 20.3（a）介绍的有偏的岩心孔隙度和从测井数据去偏后的三维孔隙度模型的直方图。与岩心孔隙度 0.12~0.25 相比，三维模型具有更广泛的孔隙度范围，介于 0~0.26 。

当岩心孔隙度数据仅限于或主要是高孔隙度数据时，标定的回归函数仅涵盖孔隙度和渗透率范围的有限部分，两者之间的相关性降低。当标定的回归函数应用于全区预测时，以及三维孔隙度范围大于岩心孔隙度范围时，渗透率值的范围可能会大大扩展。孔隙度的差异导致岩心渗透率范围和预测的三维渗透率范围之间存在显著差异，使用两个回归的渗透率模型之间有着显著的差异［图 20.5（b）］。基于公式 20.2 和三维孔隙度模型的渗透率比岩心渗透率数值范围要窄，比使用公式 20.3 的模型窄得多。

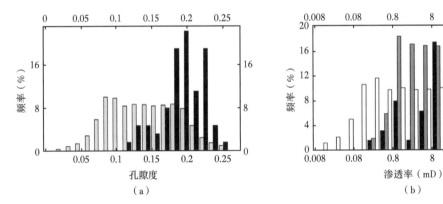

图 20.5 采样偏差对孔隙度与渗透率统计的影响

（a）孔隙度直方图比较：黑色是岩心孔隙度，灰色是三维孔隙度模型（在去偏化后构建的）；（b）渗透率直方图比较：64 个原始岩心渗透率数据（有偏采样）的直方图，以黑色显示；基于公式 20.2，使用以三维孔隙度模型［其直方图由（a）所示］回归的三维渗透率模型的直方图，以深灰色显示；基于公式 20.3，使用以三维孔隙度模型回归的三维渗透率模型的直方图，以白色显示。使用公式 20.2 回归的渗透率的平均值为 12.6mD，使用公式 20.3 的回归的渗透率的平均值为 17.0mD

总之，这个应用中存在两种采样偏差效应。第一个不希望的效应是降低孔隙度和渗透率之间的相关性，从而导致回归方法中整体降低预测的渗透率（因为对数变换）。这是因为在对数坐标下，预测中低渗透率的增大无法补偿高渗透率的降低。当使用纠偏数据改进标定后，由于孔隙度和渗透率之间的相关性较高，问题得到显著缓解［图 20.5（b）］。回归的渗透率的平均值为 12.6mD，远低于岩心渗透率平均值的 48mD。另一方面，岩心样品具有严重的采样偏差；当回归基于有偏数据时，模型中忽略了最低渗透率值。使用无偏孔隙度模型，模拟的渗透率范围得到扩展 [图 20.5 (b)]。平均渗透率等于 17mD，低于岩心渗透率平均值的 48mD，主要是因为岩心采样偏差的纠偏，其次是由于回归效应。

顺便说一句，岩心孔隙度，特别是在致密岩或页岩中，可能比其有效孔隙度高。这也可能导致孔隙度和渗透率相关性降低。

20.2.1.4 尺度对孔隙度—渗透率的相关性和回归的影响

标定岩心到测井的一个问题是所谓的支撑体效应或尺度效应。虽然对粗化的渗透率的支撑体效应和岩心—测井曲线之间的方差的差异性已有讨论（Delfiner，2007；Jennings，1999），不同支撑体对两个储层属性的相关性影响的研究却很少。两个变量之间的相关性随着空间尺度而变化，它们之间的回归也会发生变化。图 20.6 显示了一个孔隙度—渗透率交会图，其中的孔隙度和渗透率的对数在半英尺垂直支撑体的相关性为 0.628（所有数据的横向支撑尺度相同），在 5ft 支撑体上的相关性为 0.661，在 25ft 支撑体上的相关性为 0.756。相关性的变化会影响回归，回归的渗透率可能会有显著不同于原来的直方图（Ma，2010）。在此示例中，0.5ft 支撑体和 5ft 支撑体的两个线性回归，由于相关性差异很小 [0.628 与 0.661；图 20.6 (a)]，因此相似。另一方面，与 0.5ft 数据相比，25ft 或 50ft 的支撑体上的相关性变化就要明显，其回归 [图 20.6(b) 和图 20.6(c)] 也是如此。这些回归方程如下：

$$\lg K = 10.9044\phi - 1.0613 \qquad (0.5\text{ft 样品}) \tag{20.6}$$

$$\lg K = 12.2889\phi - 1.1556 \qquad (5\text{ft 样品}) \tag{20.7}$$

$$\lg K = 16.9169\phi - 1.4811 \qquad (25\text{ft 样品}) \tag{20.8}$$

$$\lg K = 14.5192\phi - 1.2201 \qquad (50\text{ft 样品}) \tag{20.9}$$

一般来说，当两个变量相关性较弱，并且它们具有短距离相关程的空间相关性时，支撑尺度变化可能会显著影响双变量相关，并有可能反转相关方向。这种支撑尺度变化将更显著地影响回归。

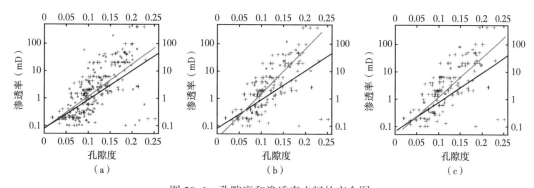

图 20.6　孔隙度和渗透率之间的交会图

黑色十字符号是半英尺支撑体尺度的所有数字；红色是 (a) 中的 5ft 支撑体，(b) 中的 25ft 支撑体，及 (c) 中的 50ft 支撑体

20.2.1.5 受其他变量约束的孔隙度—渗透率回归

有时，可观察到两个或多个孔隙度—渗透率关系的趋势，这些关系可能具有相似或不同的斜率和截距。两个或两个以上的孔隙度—渗透率关系的趋势往往是由于岩性混合物和/或地层混合造成的［图 9.12（b）］。取决于簇数据之间的斜率和截距的差异，可以单独或者一起对不同的关系趋势模拟。在 Magic-7 关系中（第 9 章），对不同关系建模通常是必要的。

图 20.7（a）显示了一个深水储层的孔隙度和渗透率的交会图，其中两个变量之间的相关性是中度，相关性为 0.635。但是，不同的聚类是可观察到的，高渗透率聚类的内在相关性为 0.470，低渗透率聚类的内在相关性为 0.931。两个聚类代表两个不同的沉积体：细粒砂岩（低渗透聚类）和砾石砂岩。总体的相关性不太有意义，但每个岩性的相关在物理上更有意义。由于两个不同聚类，分别进行孔隙度—渗透率变换是应该的。不划分两个岩性而一起按孔隙度回归的对数渗透率是：

$$\lg K = 7.725\phi - 0.206 \tag{20.10}$$

基于两个聚类分开的回归是非常不同的［图 20.7（a）］。

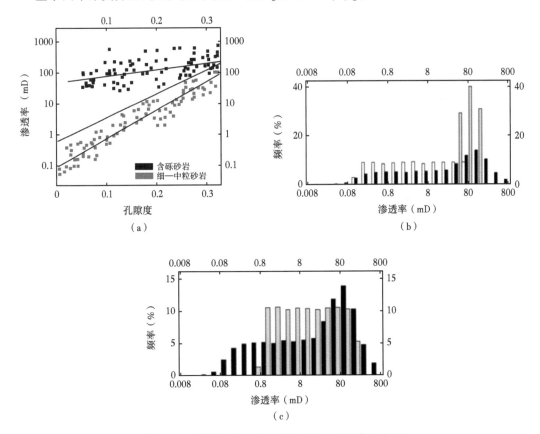

图 20.7　受两种岩性影响的孔隙度与渗透率交会图

（a）混合了两种岩性的孔隙度和渗透率之间的交会图［所谓的孔隙度和渗透率之间的 magic-7 关系（第 9 章）。还显示了三个线性回归：中间一个是用所有数据的回归（浅灰色线）；上部和下部是对两个岩性分开的两个线性回归］；（b）渗透率直方图比较：黑色是数据的，灰色是含砾石砂岩的回归，白色是细—中粒砂岩的回归；（c）渗透率直方图比较：单个回归（灰色）和岩心渗透率（黑色）

$$\lg K = 1.979\phi + 1.708 \quad (含砾砂岩) \tag{20.11}$$

$$\lg K = 9.096\phi - 1.016 \quad (细—中粒砂岩) \tag{20.12}$$

图 20.7（b）将两个回归的渗透率直方图与渗透率数据的直方图进行比较。与渗透率数据相比，回归的渗透率的低值和高值较少，这在一定程度上是预料之中的，因为回归是平滑运算。如果使用没有划分岩性的回归（公式 20.10）时，渗透率数值范围更窄，低渗透率数值的频率大大地减少［图 20.7（c）］。

对不同岩性用不同的转换方法不一定都能取得好的效果。图 20.8a 重新检查前面讨论的示例（图 20.2）。当单独分析两簇数据时，泥质砂岩和砂岩的孔隙度和渗透率之间的相关性分别为 0.497 和 0.552，而所有数据一起的话，相关性为 0.876。基于分开岩性数据簇产生的对数渗透率与孔隙度的两个线性回归是：

$$\lg K = 11.912\phi - 4.218 \tag{20.13}$$

$$\lg K = 11.759\phi - 2.431 \tag{20.14}$$

与单个回归（公式 20.1）的预测相比，这两个回归将进一步降低预测的渗透率。

即使对于具有更明显数据簇的情况，应用分开的转换可能比应用一个转换更显著地降低预测的渗透率，孔隙度和对数渗透率之间的总体相关为 0.794［图 20.8（b）］。回归方程为：

$$\lg K = 28.971\phi - 3.019 \tag{20.15}$$

当对两个分开的数据簇应用两个回归时，高孔隙度和渗透率数据簇的孔隙度—渗透率相关性为 0.808，低孔隙度和渗透率数据簇相关性为 0.776；两个对应的转换是：

$$\lg K = 16.131\phi - 0.920 \tag{20.16}$$

$$\lg K = 22.501\phi - 3.560 \tag{20.17}$$

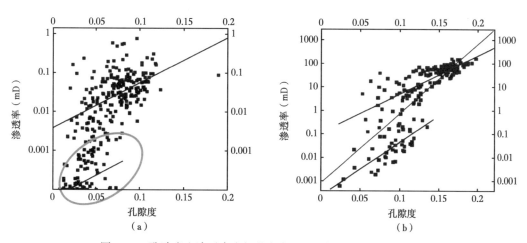

图 20.8　孔隙度和渗透率之间的交会图（叠加了可能的回归线）

（a）与图 22.2（a）相同，但叠加了岩相簇（圆形内的数据为泥质砂岩，其余为砂岩）和可能的回归线；
（b）交会图中可看到两个岩性数据簇，叠加显示了三个可能的回归：灰色是用所有数据的回归，黑色是两个不同聚类的回归

20.2.1.6　双对数变换的孔隙度—渗透率回归

　　孔隙度也可能有偏斜分布，尽管其偏斜度低于渗透率（Ma 等，2008）。在碳酸盐岩储层表征中，有人提出使用双对数变换，用于孔隙度和渗透率的标定（Lucia，2007）。在某些情况下，这可能比仅用渗透率的对数变换效果更好。但是，对数转换孔隙度可能导致反向偏斜分布，因为孔隙度分布通常不足以是极端倾斜的。

　　图 20.9（a）和图 20.9（b）显示线性和对数坐标下的测井孔隙度的直方图。与对数

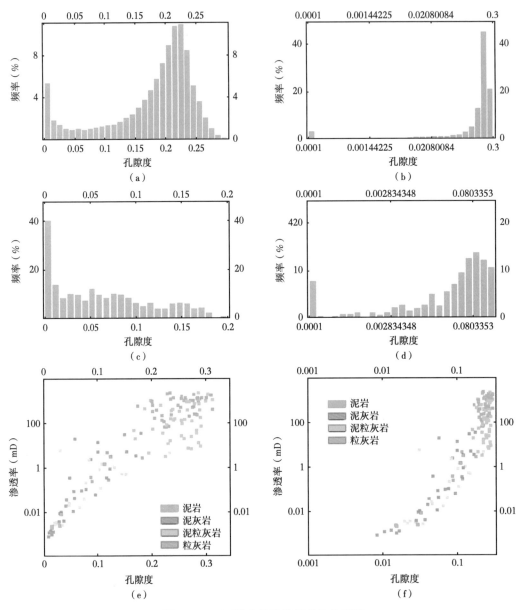

图 20.9　双对数变换孔渗相关性分析图

　　（a）有效孔隙度直方图；（b）与（a）相同，但是使用对数坐标；（c）另一个有效孔隙度直方图；（d）与（c）相同，但是使用对数坐标；（e）孔隙度和渗透率之间的交会图，仅渗透率是对数坐标，叠加岩性/相显示，孔隙度与对数渗透率的相关性为 0.905；（f）孔隙度和渗透率之间的交会图，孔隙度和渗透率都是对数坐标，叠加岩性/相显示，对数孔隙度与对数渗透率的相关性为 0.910

渗透率直方图 [图 20.1 (b)] 不同,对数孔隙度的直方图在相反的方向有一条长尾;可以称之为"长头"分布(头指小值,尾指大值)。图 20.9 (c) 和图 20.9 (d) 显示另一个示例,其中具有长尾的原始偏斜直方图在对数变换后变为长头直方图。这两个例子都是碳酸盐岩地层。因此,对数变换到孔隙度并不总是有利的。另请注意,在应用对数变换后,后续的反向变换非常敏感,并且在进行三维建模时容易产生极值,包括非物理数值。图 20.9 (e) 和图 20.9 (f) 比较有否对孔隙度进行对数变换下的孔隙度和渗透率的标定,图 20.9 (a) 和图 20.9 (b) 显示相应的直方图。在此示例中,对孔隙度进行对数变换没有明显的优势。

20.2.2　基于孔隙度—渗透率关系的同位协同模拟

20.2.2.1　概述

同位协同模拟(CocoSim)最初用于将辅助数据集成到岩石物理属性模型中(第 17 章和第 19 章),后来又扩展到渗透率建模,因为它可尊重孔隙度—渗透率的关系(Ma 等,2008;Moore 等,2015)。回想一下,同位协同克里金可以被视为克里金和线性回归的组合,而同位协同模拟是同位协同克里金的随机对应版本(第 16 章和第 17 章)。图 20.10 显示了一个典型的用孔隙度—渗透率关系对渗透率建模的工作流程。与回归比较,渗透率模型尊重测井渗透率。它还可以尊重输入数据的直方图和孔隙度与渗透率之间的相关性。

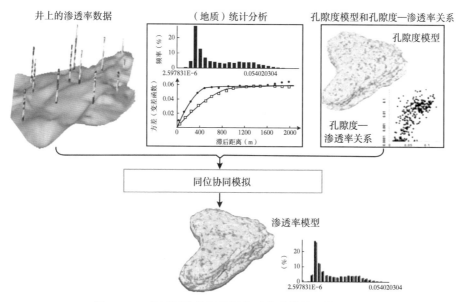

图 20.10　使用同位协同模拟渗透率建模的工作流程图

如果可能,应该使用岩心数据来定义孔隙度—渗透率关系(ϕ—K 关系);如果岩心数据过于有限或有偏差,则可以用测井数据(第 20 章第 2 节第 1 小节)

图 20.11 显示使用同位协同模拟渗透率建模的一个示例。前面介绍了线性回归应用于同一示例(图 20.2)。请注意,由公式 20.1 回归的对数渗透率模型和孔隙度模型有完美的线性关系,而由同位协同模拟的渗透率模型与孔隙度模型的关系如图 20.11 (a) 所示,与它们在数据中的关系相吻合 [图 20.11 (a) 和图 20.2 (a)]。同位协同模拟的渗透率直方图与原始样品渗透率的直方图也非常吻合 [图 20.11 (b)]。

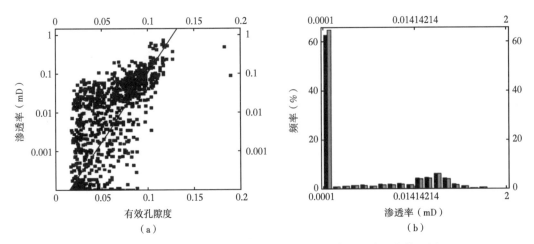

图 20.11　对图 20.2 中的示例用同位协同模拟建立的渗透率模型图

（a）同位协同模拟产生的渗透率和孔隙度的交会图；（b）同位协同模拟的渗透率模型的直方图
（灰色）与原始渗透率数据直方图（黑色）的比较图

　　图 20.12 是使用同位协同模拟对 magic-7 的关系进行建模一个示例。回想一下，假定对两个分开岩性来说，孔隙度和渗透率之间是中度到高度的相关性；两个岩性分开的回归导致渗透率平均值和方差的降低（图 20.7）。同位协同模拟没有此问题 ［图 20.12 （b）］。与孔隙度—渗透率变换相比，对不同岩性分开用同位协同模拟对相关性的敏感度较低。协同模拟的渗透率的直方图与原始样品渗透率的直方图相吻合。

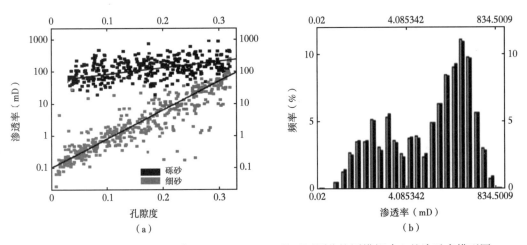

图 20.12　对图 20.7 所示的魔法-7 （magic-7） 关系用同位协同模拟建立的渗透率模型图

（a）孔隙度和渗透率的交会图（回归线仅供参考，没有在建模中使用）；（b）直方图的比较：用同位协同模拟
建立的渗透率模型直方图（灰色）和原始渗透率数据直方图（黑色）的对比

20. 2. 2. 2　同位协同模拟渗透率建模的优点

　　比较同位协同模拟与回归两种方法，使用同位协同模拟建立渗透率模型有几个优点。首先，虽然回归被认为是一种监督统计学习方法，但它不尊重数据。由于所有克里金方法和地质统计模拟方法的精确插值特性，同位协同模拟在渗透率模型中尊重数据。

　　其次，使用同位协同模拟的渗透率模型直方图可与渗透率数据的直方图相吻合（图

20.11 和图 20.12）。同位协同模拟不仅可实现无偏预测，而且不降低方差。在合适的情况下，模型也可以尊敬原始岩心或良好的测井数据的直方图，而不是粗化的测井渗透率数据直方图，这就可以解决粗化问题。因此，它可解决从岩心到测井到三维建模网格不同支撑体的变化问题。

回归是一种预测方法，对三维渗透率当然涉及预测（第 6 章）。但是，在物理属性建模中，两个物理属性之间的关系可能很重要。最近，通过孔隙度—流体饱和度建模（Ma，2018）的例子强调了这一点。同样，孔隙度和渗透率之间的物理关系也很重要。对数渗透率对孔隙度的回归施加了一对一的相关性，而与真正的内在关系无关。同位协同模拟能够用孔隙度—渗透率的关系进行建模，而不会强加一对一的相关性。

20.3 总结和评论

渗透率通常具有近似于对数正态分布的直方图，其与孔隙度的相关性通常是非线性的。其对数与孔隙度通常显示中到高度相关性。这是使用回归定义孔隙度—渗透率变换用于渗透率建模的主要基础。当孔隙度和渗透率的相关性很高时，这个方法非常适用。

回归会降低方差，因为它是一种平滑运算。由于渗透率的对数尺度，孔隙度—渗透率回归会降低渗透率的算术平均和极值。文献已经注意到回归降低渗透率，但是，人们也应该注意到，渗透率是一个描述流动的变量；平均值的降低并不一定会降低其流动性。另一方面，极值必须保留在储层模型和流动模型中，因为它们能显著地影响流动性。

同位协同模拟能够构建一个没有偏差和不降低方差的渗透率模型。标准线性回归产生的渗透率模型与渗透率数据的直方图的差异可以很大。另一方面，同位协同模拟的渗透率模型的直方图尊重无偏渗透率数据的直方图。

请注意，回归的（对数）渗透率模型与孔隙度有 100% 的相关性；在其他条件相同的情况下，当渗透率和孔隙度之间的相关性被模拟过高时，采收率会被高估。同位协同模拟用从数据得到的相关性推广到模型中，不会强加 1 对 1 的关系。

附录 20.1 一个有长尾的偏斜直方图的简短故事

一些岩石物理属性的偏斜直方图是地下非均质性的一种体现（Roislien 和 Omre，2006），其中出现有许多低值和很少的长尾高值。渗透率、裂缝长度和一些稀有金属含量通常如此。这种类型的直方图通常显示一侧的肩形和另一侧的开始频率快速衰减，然后逐渐降低［图 20.1（a）］。这通常被称为重尾分布。文献中有关定义有些出入，长尾、重尾和肥尾分布等术语的使用方式不同，有时也类似地用。对于地球科学应用，我们可能简单地将长尾分布视为具有单侧偏斜分布和相对较少的极值的直方图。总之，长尾分布有高频率的低值，然后是低频率的高值，逐渐形成较长的尾随。两个常见的长尾直方图是对数正态分布和幂次分布。

如果随机变量的对数是正态分布的，则随机变量是对数正态分布的。对数正态概率密度函数由公式 3.4 定义。对数正态分布是偏斜的，其平均值大于中位数，中位数大于其模式（第 3 章）。

幂次分布模型已越来越多地用于经济学、工程和信息理论（Easley 和 Kleinberg，

2010）。其概率密度函数满足：

$$f(x) = ax^{-b} \tag{20.18}$$

其中，x 为随机变量；a 和 b 为常量。

图 20.13 显示一个对数正态和两个幂次直方图，它们都有长尾。在线性坐标中，最小值代表近乎 60%，甚至是 80% 的数据；许多高值的频率要低得多，而且很难看出来。在对数坐标中，其中一些变得可见，但不是全部。表 20.1 比较了这些直方图的参数。虽然第一个幂次分布的算术平均值与对数直方图相似，但其最大值和标准差却要高得多。第二个幂次分布的频率与所显示的对数正态分布的前几个最小值相似，但随后会逐渐下降，这在对数坐标中能更好地看到 ［图 20.13（b）］。

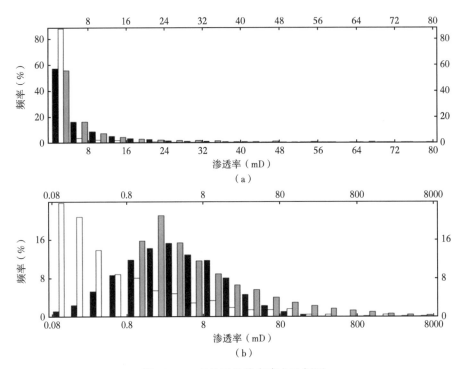

图 20.13　有长尾的偏态直方示例图

（a）线性坐标中三个直方图对比：黑色是对数正态分布，白色和灰色是两个幂次分布（表 20.1，白色是幂次分布 1），只显示属性的小值（大于 80 的值具有非常小的频率，即使显示也看不到）；（b）与（a）相同，但是是对数坐标，显示范围要广得多；未显示大于 8000 的值（有关其他统计数据，表 20.1）

一些应用地球科学家可能想知道，正态分布是否也可以说成有长尾。尽管正态分布在理论上定义为负无穷大到正无穷大，但通常不被视为长尾，因为 99.7% 的数据在三个标准差内。长尾分布的频率是逐渐下降，标准差要大得多，幂次分布尤其如此。

表 20.1　两个频率分布的比较：对数正态分布与幂次分布

不同分布	算术平均值	标准差	最小值	最大值
对数正态	9.85	23.10	0.01	479.49
幂次分布 1	10.81	597.60	0	51393.87
幂次分布 2	27244.41	1417731.67	1.00	103414160

参 考 文 献

Delfiner, P. 2007. Three pitfalls of Phi-K transforms: SPE Formation Evaluation & Engineering, Dec. 2007, p. 609-617.

Easley D. and Kleinberg J. 2010. Networks, Crowds, and Markets: Reasoning about a Highly Connected World. Cambridge University press.

Lucia, J. F. 2007. Carbonate reservoir characterization, 2nd edition, Springer, Berlin.

Ma, Y. Z. 2018. An accurate parametric method for assessing hydrocarbon volumetrics: revisiting the volumetric equation. SPE Journal 23 (05): 1566-1579, doi: 10.2118/189986-PA.

Ma, Y. Z. 2015. Unconventional resources from exploration to production, In Unconventional Oil and Gas Resource Handbook - Evaluation and Development, Y. Zee Ma and Stephen A. Holditch eds. , Elsevier, ISBN 978-0-12-802238-2, pp. 3-52.

Ma, Y. Z. , Seto A. and Gomez, E. 2008. Frequentist meets spatialist: A marriage made in reservoir characterization and modeling: SPE 115836, SPE ATCE, Denver, CO.

Moore WR, Ma YZ, Pirie I. and Zhang Y. 2015. Tight Gas Sandstone Reservoirs-Part 2: Petrophysical analysis and reservoir modeling, In Y. Z. Ma, S. Holditch and J. J. Royer, ed. , Handbook of Unconventional Resource, Elsevier.

Roislien, J. and Omre H. 2006. T-distributed random fields: a parametric model for heavy-tailed well-log data. Mathematical Geology 38 (7): 821-849.

第 21 章 含水饱和度建模和岩石类型化

"水是大自然的驱动力。"

达·芬奇（Leonardo de Vinci）

"不应该从浮力理论的书籍和讲座中学习游泳。"

乔治·博克斯（Georges Box）

摘要：本章介绍地下地层含水饱和度的建模方法。首先综述多孔介质流体分布基本物理原理。然后介绍几种含水饱和度三维建模的方法，包括各种与毛细管相关的饱和度—高度函数方法和地质统计方法。

21.1 概述

井点含水饱和度是根据基于电阻率的饱和度方程（Archie 公式或其变化形式）估算的，并辅之以其他测井和岩心数据（第 9 章）。由于不是整个油田有电阻率和其他测井数据，这些方法不能直接用于描述含水饱和度的三维分布。根据多孔介质的特性和数据的可用性，可以使用多种方法对流体的三维分布进行建模。为此，本节概述多孔介质中流体分布的基本物理原理。

地下地层的孔隙含有水、油和天然气，这些流体的含量表达为其所占孔隙体积的百分比。在常规地层中由重力和毛细管力之间的作用，造成流体分布的综合剖面在图 9.13 已介绍。常规地层中的流体分布剖面的一个特点是含有流体混合物的过渡带。过渡带的含水饱和度 (S_w) 和油气饱和度 (S_h) 作为深度和孔隙几何形态的函数而变化，且符合不同流体压力的平衡原则。过渡带的高度取决于岩石的孔隙几何形态和结构。储层质量越差的地层（低孔隙度和低渗透率），过渡带的厚度越大。在过渡带上方，水仍然存在，它描述为残余含水饱和度，受地层储层质量的影响。

浮力导致水移动于油气之下，而毛细管力则起相反的作用，并往往导致不同流体的共存。毛细管力作用是表面和界面张力的结果。这些力在流体内部和流体之间及流体与周围的固体之间发生作用。例如，插入水中的细管中的水的上升是由水分子与玻璃壁之间和水分子之间的引力引起的。毛细管压力受孔隙几何形状、界面张力和湿性的影响（Harrison 和 Jing，2001；Kennedy，2015）。孔隙特征、毛细管压力和流体饱和度之间的关系如图 21.1（a）所示。理解毛细管压力对估计常规储层过渡带的初始流体饱和度非常重要。原地油气体积估计要求知道流体饱和度。

毛细管压力 (P_c) 等于两种不混溶流体的非湿润和湿润相之间的压力差。对一个油 (P_o)—水 (P_w) 两相系统，以水作为润湿相 [图 21.1（b）]，这样：

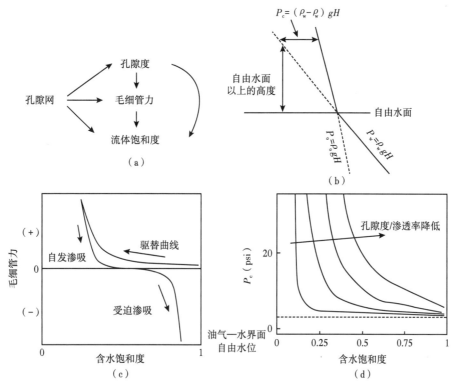

图 21.1　有关饱和度的一些基本概念图

（a）孔隙度、毛细管力和流体饱和度之间的相互关系；（b）油水两相流中的毛细管压力与高度关系；（c）毛细
管压力迟滞，包括驱替曲线和吸入曲线；（d）自由水位以上的高度和含水饱和度交会图，具有各种孔隙和渗透
率 FWL 是自由水位，HWC 是油气水界面：

$$P_c = P_o - P_w \tag{21.1}$$

流体压力可以表示为具有重力常数的流体密度和高度（或相对深度）的乘积。相态压力差异是由静水压力差引起的，后者是由流体密度的差异引起的（Larsen 和 Fabricius，2004）。自由水位（FWL）的定义是浮力和毛细管压力相等的深度。因此，油和水两相流体的毛细管压力可以计算为自由水位以上的高度（HAFWL 或 H）的函数：

$$P_c = (\rho_w - \rho_o)gH \tag{21.2}$$

其中，ρ_w 为水的密度；ρ_o 为油的密度；g 为重力常数。此方程反映了静水平衡。阈值压力表达水—油或气—水界面。油气和水的密度通常被认为是常数，这样，从 FWL 之上的高度和毛细管压力呈线性相关。

用美式油田单位，P_c 是 psi，H 是 ft，流体密度是 lbm/ft^3，公式 21.2 可以写为：

$$P_c = \frac{(\rho_w - \rho_o)H}{144} \tag{21.3}$$

在实验室条件的圆形横截面孔隙中，不混溶流体的毛细管压力由 Young-Laplace 方程描述：

$$P_c = \frac{2\sigma\cos\theta}{r} \tag{21.4}$$

其中，r 为孔径；σ 为界面张力（dynes/cm）；θ 为接触角（°），界面张力是流体的特性，接触角与润湿性及岩石和流体相互作用有关。

Young-Laplace 方程的一个含义是，对于给定的界面张力和接触角度，P_c 与孔喉半径成反比相关。此外，P_c 与水位以上高度呈正相关（公式 21.2）。从地下的流体饱和度剖面（图 9.13），含水饱和度 S_w，与高度有关。

在真实的储层中，由于地下地层岩性、孔隙度和渗透率的非均质性，含水饱和度没有基于深度或毛细管压力的单一函数的理想垂直剖面。对于大多数传统储层，在油气进入到地层之前，地层中的孔隙是充满水的（即最初水湿）。孤立孔隙中的水通常是盆地沉积过程形成的。在连通的孔隙（自由系统）中，油气在排水过程中将水驱替；浮力把油气从水中分离，形成油水界面（OWC）、气油界面（GOC）或气水界面（GWC）。在油水界面或气水界面之下，水基本上充满所有孔隙空间，因此含水饱和度通常被认为是 100%。然而，在油水界面或气水界面以上，由于过渡带以及主要储层带中孤立的孔隙空间存在水，含油饱和度或含气体饱和度一般不是 100%，水无处不在。理想化的驱替曲线与吸入曲线显示在图 21.1（c）中。

低渗透率岩石需要更大的毛细管压力 P_c，来驱替给定量的水；在给定毛细管压力下具有更高的水饱和度。水更容易在较大的孔隙中被置换；含水饱和度经常与孔径和孔隙度成反比，含水饱和度和毛细管压力之间的关系受孔径影响。换句话说，岩性、孔隙度和渗透率的变化会影响含水饱和度在垂直剖面和储层中的三维分布。图 21.1（d）显示具有四种岩性的剖面，代表不同的孔隙度和渗透率。在油水两相多孔介质中，孔隙度越小，水从自由水位向上升的越高，对于给定的自由水位，含水饱和度更高。此外，因为岩石属性的非均质性，过渡带通常没有恒定的厚度。简而言之，不同储层质量岩石在真实储层中可能导致过渡带的高度的变化，以及一系列含水饱和度、孔隙度、渗透率、岩相在自由水位以上的高度之间的各种相关性。在大多数的实际研究中通常这些数据分散在散点图上，而不是显示作为深度或毛细管压力函数的清晰含水饱和度曲线。

初始流体分布是静态建模的主要关注点，由毛细管压力滞后现象的排水曲线决定［图 21.1（c）］。由渗吸曲线（液体饱和度与负毛细管压力）描述的流体位移主要涉及动态模拟和生产预测，此处不以讨论。

由于流体饱和度和毛细管压力都受到岩石—流体和流体—流体相互作用的影响，它们通过一些常见的物理参数进行相关分析。一个众所周知的相关方法是 Leverette 函数（Leverette，1941）：

$$J(S_w) = \frac{P_c}{\sigma\cos\theta}\sqrt{\frac{K}{\phi}} \tag{21.5}$$

其中，S_w 为含水饱和度；P_c 为毛细管压力；K 为渗透率（以 mD 为单位）；ϕ 为孔隙度（分数）。

J 函数中的一个主要概念是使用 sqrt（k/ϕ）作为砂岩中孔隙的等效直径。由于大多数储层项目孔径的直接数据有限，这为模拟孔隙度、渗透率和含水饱和度之间的关系提供了一种方便的方法。最常用的 J 和 S_w 关系是指数函数：

$$J = a(S_w)^b \tag{21.6}$$

其中，a 和 b 为常量。

21.2 支撑体尺度变更对含水饱和度的影响

必须将测井数据投射到三维模型网格中，用以约束岩石物理属性建模（第15章）。建立三维含水饱和度模型时，这一点不是必需的，因为可以使用饱和度—高度函数关系，而饱和度—高度函数使用自由水位以上的高度、孔隙度和渗透率模型计算含水饱和度，它们不直接使用测井所得的含水饱和度数据构建模型。但是，使用地质统计方法的三维饱和度建模需要把井数据投射到三维网格中。此外，即使对于饱和度—高度函数方法，分析三维网格及其不同井的所有的含水饱和度数据是很方便的，而且粗化的含水饱和度数据也可用于对由饱和度—高度函数产生的三维模型进行对比和质量控制。

因为流体饱和度是流体体积与孔隙体积的比值，而不是与岩石总体积的比值，粗化时会有一些特殊的陷阱。简单算术平均可能会增大含水饱和度，导致油气的体积降低。这里展示一个简单的例子（图21.2）。使用简单算术平均给出更高的含水饱和度值，意味着粗化网格减少油气体积。当孔隙度用作粗化中对水饱和度加权时，水的体积在三维网格中与测井中的可以保持相同。在此示例中，简单算术平均对含水饱和度粗化的油气体积与含水饱和度是孔隙度加权粗化的体积相比，水的体积超过15%。

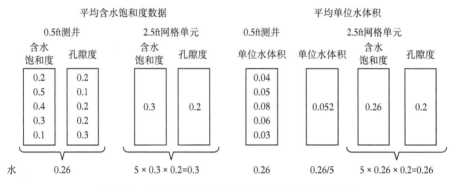

图21.2　两种方法粗化的测井的含水饱和度对比图
没有孔隙度加权对含水饱和度的算术平均导致15.38% [(0.30−0.26)/0.26] 高估的水体积

对含水饱和度的粗化可以使用两步法来消除偏差：（1）粗化单位水体积（BVW）和孔隙度；（2）由单位水体积除以孔隙度得到粗化的含水饱和度。这与用孔隙度对含水饱和度粗化加权是等同的。该过程包括：

①计算单位水体积：BVW = 孔隙度×含水饱和度；
②对孔隙度和单位水体积粗化到三维网格；
③在三维网格计算粗化的含水饱和度：

$$S_w = BVW / \phi \qquad (21.7)$$

从测井数据得出的含水饱和度的另一个警示是，如果收集数据时油田已经投入开发，其中一些含水饱和度数据可能并不代表初始的储层条件。当油气开始生产后的一些井的数据混在一起时，将会高估含水饱和度。

21.3 用基于毛细管压力/高度的方法构建初始含水饱和度的三维模型

储层模拟需要三维含水饱和度模型来分析油区的资源分布。根据有限的含水饱和度井数据对初始含水饱和度的三维建模，必须考虑相关岩石物理变量之间的物理关系。三维孔隙度通常使用地质统计方法建模（第 19 章），构建对含水饱和度的三维模型通常更为复杂，需要考虑更多的相关岩石和岩石物理特性。

三维含水饱和度模型可以使用饱和度—高度函数构建，其中高度作为饱和度的唯一预测变量；饱和度—高度—孔隙度函数用高度和孔隙度估计饱和度；或者饱和度—高度—孔隙度—渗透率函数用高度、孔隙度和渗透率估计饱和度。由于高度和毛细管压力之间的关系（公式 21.2），可以在这些方法中使用毛细管压力数据替代高度。也可以在考虑岩性或岩石类型的变化情况下用这些方法，无论是通过规范化，如 J-函数或通过显式拟合多条曲线。最好使用岩心测量数据生成这些关系，如果岩心数据有限或有偏差，可以使用良好的测井数据建立这些关系。岩心和测井数据应反映油气生产前的初始储层状况。

对于没有流体界面的储层，饱和度—高度函数不能起作用。地质统计方法可以用测井数据作为条件用于构建三维含水饱和度模型。与饱和度—高度函数相比，地质统计方法尊重井的含水饱和度数据，可以明确地模拟储层变量的相关性。

21.3.1 用饱和度—高度函数

对于有水源、相对均匀的地下地层，含水饱和度 通常在过渡区内与自由水位、油水界面或气水界面以上的高度相关。因此，可以使用以下等式（Skelt 和 Harrison，1995）估算：

$$S_w = aH^b \tag{21.8}$$

或者：

$$\lg S_w = c\lg H + d \tag{21.9}$$

其中，a、b、c 和 d 为常量；H 为自由水位以上的高度，常数 b 和 c 通常是负的；S_w 和 H 为负相关。

图 21.3 显示了实现该方法的示例。首先，请注意，我们使用油水界面以上的高度（HAOWC）代替自由水位以上的高度 HAFWL，因为在这里自由水位难以定义（Larsen 和 Fabricius，2004）。这是一个合理的近似值，因为该方法在推导高度和饱和度之间的相关性时是经验性的（当 FWL 已知时，使用自由水位以上的高度，HAFWL，可以使标定稍微容易一些，因为这种高度和流体饱和度之间的相关性往往高一点）。要找到公式 21.9 中的回归常量，把含水饱和度和油水界面以上的高度，HAOWC，绘制在对数尺度坐标上〔图 21.3（a）〕。因为含水饱和度是响应变量，HAOWC 是解释变量（要了解响应和解释变量；第 6 章），应将含水饱和度作为高度的函数，而不是将高度作为含水饱和度的函数进行拟合。顺便说一句，不应该把 HAOWC 投在 Y 轴，而把含水饱和度投在 X 轴来进行通用的回归，因为标准最小二乘法回归的不对称性（第 6 章）。在此示例中，$c = -0.5193$ 和 $d = 0.1194$。替换这些数字在公式 21.9 中得到：

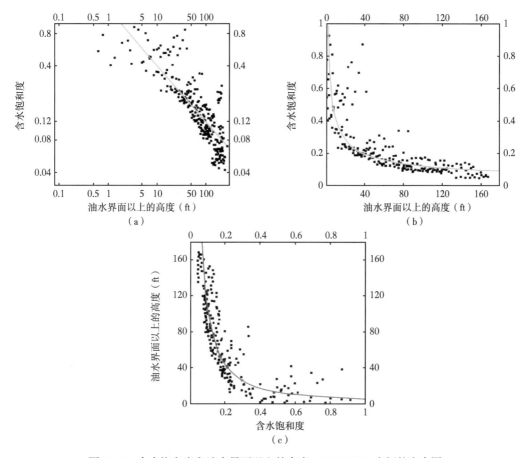

图 21.3 含水饱和度和油水界面以上的高度（HAOWC）之间的交会图

（a）以对数刻度显示含水饱和度和油水界面以上的高度（HAOWC）。当两个变量都是对数刻度时，相关性是 −0.833。绿色曲线是回归线；（b）线性比例显示。含水饱和度和油水界面以上的高度（HAOWC）相关性是 −0.713；（c）与（b）相同，除了含水饱和度显示在 X 轴上，并用作回归（红色曲线）中的解释变量

$$\lg(S_w) = -0.5193\lg H + 0.1194 \tag{21.10}$$

即：

$$S_w = \mathrm{Power}(10, \ -0.5193\lg H + 0.1194) \tag{21.11}$$

或者，可以使用主轴回归（RMA），但估计方差会稍大一些。在此示例中，此类回归将具有以下公式：

$$\lg H = -1.3350\lg(S_w) + 0.6710 \tag{21.12}$$

或者：

$$\lg(S_w) = -0.7491\lg H + 0.5026 \tag{21.13}$$

公式 21.10 和公式 21.13 之间的差异是相当大的。

含水饱和度的三维模型是简单地通过在三维网格中实现回归而生成的。唯一的输入数据是在自由水位或流体界面以上的高度。例如，公式 21.11 可以用于生成图 21.3 所示的例子的三维含水饱和度模型。

21.3.2 用饱和度—高度—孔隙度函数

在使用饱和度—高度—孔隙度函数时，含水饱和度不仅表达为自由水位以上高度的函数，还表示为孔隙度的函数，如下（Cuddy 等，1993）：

$$S_w = aH^b / \phi \tag{21.14}$$

其中，a 和 b 为常量。

公式 21.14 中的关键概念是单位水体积（BVW）和自由水位（FWL）以上的高度相关；当两者是对数时，它们是线性相关的，也就是：

$$\lg(\phi S_w) = b\lg H + c \tag{21.15}$$

其中，$c = \lg a$。

Lucia（1995）提出了更一般的含水饱和度作为自由水位以上的高度和孔隙度的函数，其中含水饱和度被描述为几个变量，包括岩石类型、孔隙度和自由水位以上的高度。对于给定的岩石类型，含水饱和度表达为自由水位以上高度和孔隙度的幂律函数，如下：

$$S_w = aH^b \phi^e \tag{21.16}$$

即：

$$\lg(S_w) = d + b\lg(H) + e\lg(\phi) \tag{21.17}$$

其中，a、b、d 和 e 为常量，它们与岩石结构有关。由于 b 和 e 通常都是负数，因此含水饱和度 与自由水位或流体界面以上的高度和孔隙度呈负相关。但是关系通常是非线性的。

图 21.4（a）所示的例子说明了含水饱和度，与油水界面以上的高度和孔隙度之间的关系。含水饱和度数据是从 Archie 方程和有限的岩心数据校对得到的。含水饱和度 和 油水界面以上的高度之间的相关性为 −0.508，孔隙度的显著效应也可观察到。此外，对于油水界面以上的高度超过 52m 以上来说，含水饱和度主要是与孔隙有关；可以说，即使对于油水界面以上的高度在 40~52m 来说也是如此。换句话说，过渡区大约有 40~52m 厚。我们将在分析中使用 52m，以便在回归中包括更多的数据。对于油水界面以上的高度在 52m 以下的数据，含水饱和度和油水界面以上的高度之间的相关性明显增大，是 −0.687，这意味着相比对整个储层厚度分析时，在过渡区的深度（毛细管）对含水饱和度有更强的效应。当油水界面以上的高度和含水饱和度均处于对数尺度时，它们的相关性为 −0.699。

在实践中，用公式 21.14 比公式 21.16 更容易建三维模型。图 21.4（b）显示了实现基于公式 21.14 对于在图 21.4（a）所示的数据。因为孔隙度和含水饱和度的乘积是单位水体积，BVW，当 BVW 和 HAOWC 都是对数尺度时，公式 21.14 是线性函数（公式 21.15），两者的相关性为 −0.716。回归拟合为：

$$\lg(\phi S_w) = -0.4081\lg H - 0.6236 \tag{21.18}$$

即：

$$\phi S_w = \mathrm{power}(10, \ -0.4081\lg H - 0.6236) \tag{21.19}$$

由于三维孔隙度模型是在构建三维含水饱和度模型之前构建的，因此使用公式 21.19 用三维网格每个单元格的孔隙度模型和高度生成三维含水饱和度模型就非常简单。请注意，公式 21.19 适用于过渡区；而不适用于油气区。为了在油气区对含水饱和度建模，应使用不同的方法。

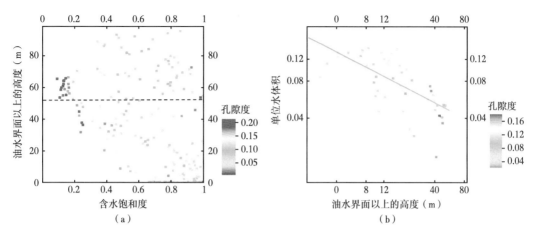

图 21.4　含水饱和度和油水界面以上的高度相关性分析图

（a）含水饱和度和油水界面以上高度的交会图，叠加了有效孔隙度。这两个变量的相关性为-0.508。对于油水
界面以上高度为 52m（虚线）以下的数据，相关性为-0.687；进一步，在对数尺度中，两者的相关性为
-0.699；（b）BVW 和 HAOWC 的交会图，叠加了有效孔隙度。BVW—HAOWC 的相关性在对数刻度中为-0.716

21.3.3　用饱和度—高度—孔隙度—渗透率函数

在大多数多孔介质中，孔隙度、流体饱和度和渗透率都是相互关联的。在某些情况下，对流体饱和度建模，除了在自由水位以上的高度之外，还应该考虑孔隙度和渗透率。这种方法包括一个经验方法和一个规范化方法。

经验方法只是对公式 21.17 的延伸（Alger 等，1989；Worthington，2002），如下：

$$\lg(S_w) = a + b\lg(H) + c\lg(\phi) + d\lg(K) \tag{21.20}$$

其中，K 为渗透率；a、b、c 和 d 为拟合的常量。

规范化函数是莱维特（Leverett）的 J 函数，如公式 21.5 和公式 21.6 所示。主要思想是 J-函数对所有毛细管压力（或高度）和饱和度曲线规范化成单个曲线 [不同的孔隙度/渗透率/岩石类型，P_c—S_w 关系具有不同的曲线；图 21.1（d）]。在实践中，J-函数的规范化通常不能将所有数据合并成单个曲线，但可以减少数据点差异并改善 P_c 或高度和含水饱和度之间的相关性以便单个幂律函数能够更好地拟合更狭窄的分散数据。如果 J—S_w 交会图上的数据散度仍然很大，则可能需要多个曲线拟合，可能需要与岩石类型或岩性组合进行。

毛细管压力 P_c 的实验室测量值可按以下等式转换为储层条件：

$$P_{cres} = P_{clab} \frac{\sigma_{res}\cos(\theta_{res})}{\sigma_{lab}\cos(\theta_{lab})} \tag{21.21}$$

其中，P_{cres} 为储层条件下的毛细管压力；P_{clab} 为实验室条件下的毛细管压力；σ_{res} 为储层条件下的界面张力；θ_{res} 为储层条件下的接触角；σ_{lab} 为实验室状态的界面张力；θ_{lab} 为实验室条件下的接触角。

我们还可以从基于实验室分析的文献中使用界面张力（IFT）和接触角度的值（表 21.1）。此外，J 函数可以表达为两个其他形式，如下：

$$J(S_w) = c \frac{(p_w - p_o)}{\sigma \cos\theta} \sqrt{\frac{K}{\phi}} \tag{21.22}$$

$$= eH \sqrt{\frac{K}{\phi}} = gH \times RQI$$

其中，c、e 和 g（$g = 31.85e$）为常数，与所用单位相关；RQI 为储层质量指数（第 9 章）。

当油或气体的密度和水的密度可用时，公式 21.22 可用于生成 J-函数。或者，使用公式 21.23 建立实验关系。如前所述，当孔隙度、渗透率和含水饱和度的岩心数据可用且无偏时，可以用于计算 J 函数（公式 21.5，公式 21.22 或公式 21.23）。否则，可以用测井解释数据。

图 21.5 显示了从图 21.4 用测井数据扩展的示例。首先，根据测井的孔隙度和渗透率计算 RQI，然后再通过近似公式 21.23 计算 J 函数作为 RQI 和 HAOWC 的乘积。因为 J 无单位，常量 31.85（e）不需要使用（它不会影响 J 函数和含水饱和度之间的相关性）。J-函数和含水饱和度 之间的相关性是 -0.730，略高于 HAOWC 和含水饱和度 之间的相关性［-0.687；图 21.4（a）］，反映了由 J 函数的规范化的效应。从幂律函数（公式 21.6），可以得到以下回归函数：

$$\lg J = \lg a + b \lg S_w \tag{21.23}$$

或者：

$$\lg S_w = q + (1/b) \lg J \tag{21.24}$$

其中，q 为常量，回归方程（公式 21.25）的截距。

在 J 函数和含水饱和度之间的交会图的常见显示中，J 函数显示为响应变量。但是，由于含水饱和度是估计值，因此它应该是目标（响应）变量。从最小二乘法方法（第 6 章），J 函数是目标变量还是预测变量，可能有显著的差异。如比较公式 21.10 和公式 21.13 时看到的，公式 21.24 不应该用于回归，因为它意味着 J-函数是目标变量。使用公式 21.25 的回归给出：

$$\lg S_w = -0.1389 - 0.2493 \lg J \tag{21.25}$$

因为孔隙度和渗透率模型通常是先构建的（第 19 章和第 20 章），RQI 和 J 函数都可以在三维地质网格中计算。因此，三维含水饱和度模型可以从以下公式生成（公式 21.26）：

$$S_w = \mathrm{Power}(10, -0.1389 - 0.2493 \lg J) \tag{21.26}$$

此示例显示过渡区的 J 函数规范化的效应。之后的示例将显示一个更明显的规范化的效应。在图 21.4（a）中，当所有数据都包括在内时，含水饱和度和 HAOWC 有中度的相关，-0.508。使用公式 21.23 计算的 J 函数和含水饱和度的相关性为 -0.825［图 21.5（c）］。叠加上的孔隙度表明孔隙度与 J 函数高度相关；J 函数的对数与孔隙度的相关系数为 0.793［图 21.5（d）］，因为高 J 值通常表示高孔隙度和高渗透率数据，而低 J 值主要代表低孔隙度和低渗透率数据。因此，J-函数方法对过渡区之上的数据（也即油气区的下部）效果还是相当好的。

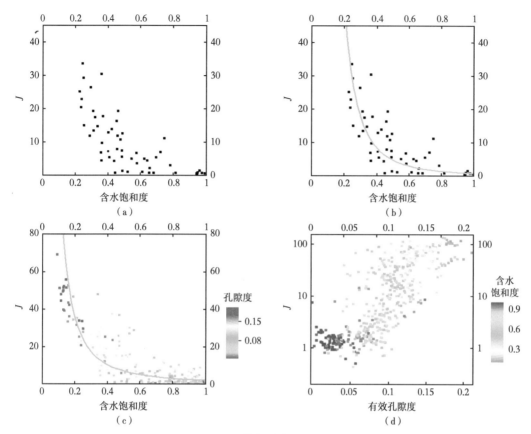

图 21.5　J 函数与含水饱和度关系图

（a）用图 21.4（a）中 HAOWC 小于 52m 的数据的 J 函数与含水饱和度的关系。J 函数和含水饱和度之间的相关性为 -0.730；（b）与（a）相同，但叠加了回归线。回归是在双对数尺度（以线性比例显示）中进行的，其中相关性为-0.814；（c）用图 21.4（a）中所有数据的 J 函数与含水饱和度的关系。双对数刻度中的 J 和含水饱和度之间的相关性为 -0.825；（d）J 函数和孔隙度的交会图，叠加了含水饱和度，J（对数）和孔隙度之间的相关性是 0.793

表 21.1　界面张力和接触角度

润湿相	非润湿相	条件	接触角（°）	IFT（dyn/cm）
水	油	实验室 T, P	30	48
水	气	实验室 T, P	0	72
水	油	储层 T, P	30	30
水	气	储层 T, P	0	50
气	汞	实验室 T, P	140	480

注：T 是温度，P 是压力。Core Laboratories（1982）；IFT（Interfacies tension）：界面之间的张力。

21.4 岩石分类和含水饱和度建模

另一种构建含水饱和度模型的方法是将含水饱和度与孔隙度、渗透率、高度和岩石类型相关联。因为这一方法也使用高度作为预测变量，它也可被视为饱和度—高度函数。在这里，把它单独提出来，以强调岩石分类。

RQI（储层质量系数）和 FZI（流动单元指数）由孔隙度和渗透率定义（第 9 章）。尽管 RQI 和 FZI 定义为连续变量，但它们可以转换为岩石类型。其他岩石分类方法包括温兰（Winland）的 R35 技术（Gunter 等，1997）和 Lucia 的碳酸盐岩结构（Lucia 等，2001）。这些方法还可以使用曲线拟合来获得每种岩石类型的含水饱和度、孔隙度、渗透率和高度之间的经验关系，而不是像传统的 J 函数只是拟合一个岩石类型。通常首先生成岩石类型，然后生成每种岩石类型的经验关系。三维含水饱和度模型是通过对所有岩石类型应用经验关系而生成的。

图 21.6 显示了使用 FZI 岩石类型进行含水饱和度建模的一个示例。从直方图或其累积的对应中，可以定义截止点，将连续 FZI 转换为离散岩石类型，也称为流体单位（FU）。在此示例中生成岩石类型在 FZI 上使用了 [0.5、2.5、4.0、6.0] 四个截止点。然后，对于每种基于 FZI 的岩石类型，使用公式 21.23 从孔隙度、渗透率（孔隙度和渗透率数据来自测井）和 HAOWC 计算 J 函数。图 21.6（c）显示了含水饱和度和 J 函数对 FZI 岩石类型 3 的关系及标定。双对数尺度中的回归拟合为：

$$\lg S_w = -0.4212 \lg J - 0.1477 \tag{21.27}$$
$$= -0.4212 \lg [HAOWC \times 0.314 \, sqrt \, (K/\phi)] - 0.1477$$

其中，0.314 为拟合常数（公式 21.23 中的 e）。

因此：

$$S_w = Power \{10, \ -0.4212 \lg [HAOWC \times 0.314 \, sqrt \, (K/\phi)] - 0.1477\} \tag{21.28}$$

以与上述方式相同的方式把回归拟合应用于每个基于 FZI 的岩石类型，拟合参数由每个 FZI 岩石类型的 J 函数和含水饱和度之间的相关性确定。由此可见，三维含水饱和度模型在三维网格是通过所有拟合方程生成的。图 21.6（e）显示 HAOWC 和含水饱和度的相关性较低，因为含水饱和度主要与油气区孔隙度相关。在过渡区（对于大约低于 120ft 的 HAOWC），HAOWC 和含水饱和度之间的相关性要高一点，为 -0.544。储层质量差异很大，孔隙度和含水饱和度之间的高相关性是存在的 [图 21.6（f）]。

图 21.7（a）显示露西亚（Lucia）对上述示例（图 21.6）的地层的岩石分类。按岩石结构编号产生了六种岩石类型。图 21.7（a）在渗透率—孔隙度双对数尺度的交会图上比较了 Lucia 的岩石结构和 FZI 岩石类型。以岩石类型 4（RRT4）为例，使用公式 21.23 的 J 函数与含水饱和度有好的相关性 [相关性在其对数尺度是 -0.771；图 21.7（b）]。双对数尺度中的回归拟合为：

$$\lg S_w = -0.3284 \lg (J) - 0.2502 \tag{21.29}$$
$$= -0.3284 \lg [HAOWC \times 0.314 \, sqrt \, (K/\phi) - 0.2502]$$

因此：

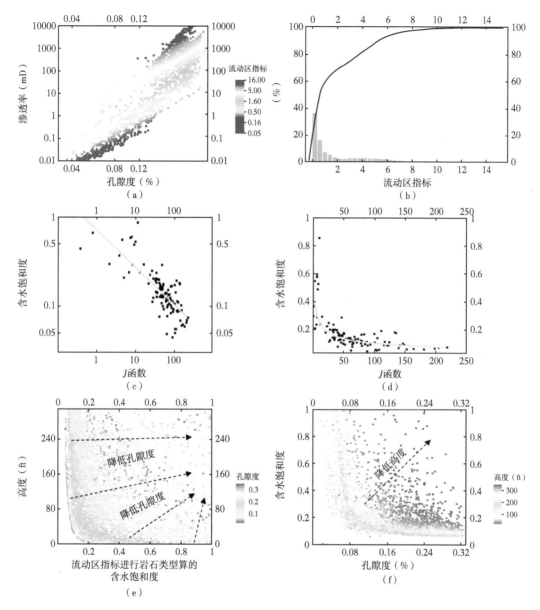

图 21.6　利用 FZI 建立含水饱和度模型示例图

（a）孔隙度—渗透率交会图，双对数坐标显示，叠加了 FZI。孔隙度—渗透率相关性为 0.908；（b）FZI 的（累积）直方图，用于定义 4 个截止值 [0.5、2.5、4.0、6.0]；（c）FZI 岩石类型 3 的 J 函数与含水饱和度 交会图，双对数坐标显示。J 函数和含水饱和度之间的相关性为 −0.785；（d）与（c）相同，但以线性坐标显示；

（e）含水饱和度（S_w_FZI）和 HAOWC（高度）的交会图，叠加了孔隙度。含水饱和度和孔隙度是三维模型的数据；（f）孔隙度—含水饱和度交会图（含水饱和度和孔隙度是三维模型数据；二者的相关性为 −0.775）；

（e）和（f）中的形状反映含水饱和度、高度和孔隙度之间幂律函数的分散性（公式 21.16）

$$S_w = \mathrm{Power}\{10, -0.3284\lg[\mathrm{HAOWC} \times 0.314\mathrm{sqrt}(K/\phi)] - 0.2502\} \qquad (21.30)$$

与使用基于 FZI 的岩石类型一样，回归应用于每个 Lucia 的岩石结构，其拟合参数由 J 函数和含水饱和度用于每个岩石类型，然后生成三维含水饱和度模型。图 21.7（c）显示了 HAOWC 和含水饱和度之间的交会图。如在 FZI 岩石类型的情况一样，含水饱和度和高度之间的相关性低，因为含水饱和度主要与油气区的孔隙度相关。在过渡区（对于大约低于 120ft 的 HAOWC），HAOWC 和含水饱和度之间的相关性要高一点，为 -0.509。

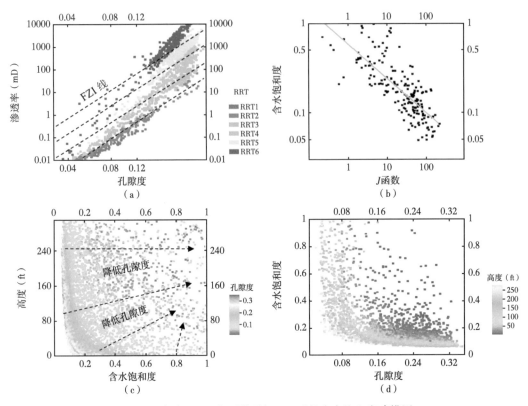

图 21.7　考虑 Lucia 岩石类型与 FZI 后的含水饱和度建模图

（a）孔隙度—渗透率交会图，显示在双对数坐标上，叠加了 Lucia 的岩石类型（RRT，反映岩石结构）和 FZI 线（流体单位）。对数中的孔隙度—渗透率相关性为 0.908；（b）J 函数与含水饱和度为 Lucia 岩石类型 4，J 函数和含水饱和度在其对数中的相关性为 -0.771；（c）高度（HAOWC）和含水饱和度的交会图，叠加了孔隙度。含水饱和度和孔隙度是三维模型数据。相关性为 -0.172。相关性低是由于油气区和过渡区的混合。在过渡区内，相关性较高一点，为 -0.509；（d）孔隙度、含水饱和度交会图。含水饱和度和孔隙度是三维模型。相关性为 -0.775

21.5　使用地质统计方法对含水饱和度建模

有些储层中油气和水存在于孔隙中，但是没有流体界面。例如，落基山盆地的许多气储层中含水饱和度高，但尚未确定全局气/水界面（Law，2002；Moore 等，2015）。在这种情况下，含水饱和度通常与深度无关，三维网格中的含水饱和度建模不能使用饱和度—高度方法。即使在具有流体界面的传统储层中的过渡区之上，含水饱和度通常不与显著高度相关，含水饱和度和孔隙度有高度相关性（图 9.14）。

在常规储层中，含水饱和度通常与孔隙度相关（J 函数和饱和度—高度—孔隙度函数之间的关系来解释；第 21 章第 4 节），在非常规储层中，含水饱和度也是通常与孔隙度相关（Cluff，2004）。从物理角度讲，当油气进入最初水饱和的地层时，油气更容易对大而相通的孔隙中的水比对较小的孔隙中的水驱走，不太连通的孔隙往往较小，导致含水饱度和孔隙度之间的负相关和油气饱和度和孔隙度之间的正相关。

地质统计方法可以在将测井的含水饱和度数据投射到三维网格上后（第 21 章第 2 节），然后生成三维含水饱和度模型。虽然克里金和随机模拟方法都可用于生成三维含水饱和度模型，但第 17 章中介绍的同位协同模拟（CocoSim）具有优点，因为它不仅尊重井中的含水饱和度数据，而且可以模拟含水饱和度和孔隙度之间的相关性，并保持含水饱和度的非均质性（Ma 等，2008；Cao 等，2014）。对两个变量的非均质性和它们之间的相关性进行建模可以显著影响估计的原地油气体积的准确性（第 22 章）。

图 21.8 介绍用同位协同模拟（Cocosim）对含水饱和度 的三维建模的工作流程。除了尊重井上的含水饱和度数据（在粗化到三维网格后）及含水饱和度和孔隙度之间的关系外，CocoSim 也可以尊重输入的含水饱和度的直方图和变差函数。

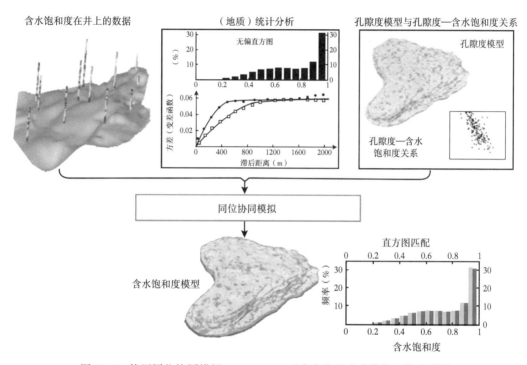

图 21.8　使用同位协同模拟（CocoSim）对含水饱和度建模的工作流程图

图 21.9 显示了使用此工作流程生成的三维含水饱和度模型的一个示例。这是一个致密气砂岩储层，其中含水饱和度与孔隙度相关 ［图 21.9（b）］。同位协同模拟可以尊重从测井数据计算的含水饱和度和孔隙度之间的相关性。此外，同位协同模拟的模型尊重井中的数据（本例中 20 口井具有从 Archie 方程产生的含水饱和度数据，它们几乎均匀地分布在储层中）和无偏的直方图 ［图 21.9（d）］。

值得注意的是，统计文献通常用相关的变量帮助预测。最近，我们指出了对物理变量模拟它们的关系的重要性（Moore 等，2015；Ma，2018）。在利用孔隙度和含水饱和度的关系对含水饱和度进行建模的情况时，人们不只是从孔隙度预测含水饱和度；而且，应该模拟它们的相关性，因为模拟流体饱和度和孔隙度之间的相关性会影响原地油气体积的估计。当两个物理变量是相关的，它们的相关性会影响其他物理属性（如体积）。

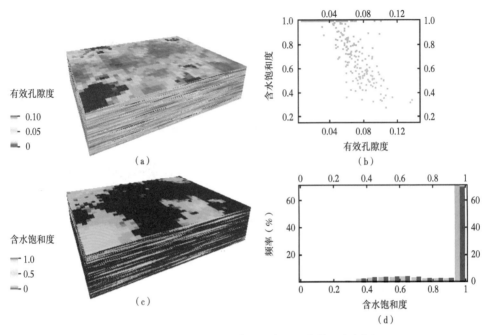

图 21.9　同位协同模拟建立含水饱和度模型实例图

（a）有效孔隙度（Phie）模型，其中的含水饱和度模型和孔隙度模型的相关性是 -0.803，基本上等于其测井数据的相关性；（b）测井数据含水饱和度和有效孔隙度（Phie）的交会图。它们的相关性为 -0.811；
（c）使用同位协同模拟（CocoSim）构建的含水饱和度模型，尊重含水饱和度和孔隙度之间的相关性；
（d）含水饱和度直方图比较（井数据直方图为黑；三维模型直方图为灰）

21.6　按地层对含水饱和度建模

有几种情况下，含水饱和度最好通过地层分层进行建模。首先，当某些地层是过渡区，而有些则不在过渡区时，通过将过渡区与油气区分离更容易对含水饱和度建模。其次，当不同的地层具有不同的流体界面时，它们会有不同的过渡区；需要按地层构建含水饱和度的模型。最后，井中的孔隙度和饱和度数据具有很高的非均质性和垂直采样偏差，由分层建模可以矫正采样偏差。在这里介绍第三种情况的例子，通过扩展第 19 章中介绍的孔隙度建模示例。在示例中三口井中的两口井不是在整个模型的地层中具有的测井数据，从而存在采样偏差［图 21.10（a）］。

图 21.10（b）和图 21.10（c）显示了使用同位协同模拟产生的两个模型，一个未分层的建模、一个分层的建模。图 21.10（b）中的含油饱和度模型是全局构建的，没有明确考虑垂直非均质性和采样偏差。另一方面，图 21.10（c）所示的模型是为每个地层分开构建的，考虑垂直采样偏差。两个模型都尊重孔隙度和含油饱和度之间的相关性，相关系数为-0.810。全局构建的模型近乎匹配样本平均值，但匹配意味着高估了含油饱和度。为两个地层分层构建的模型与各个层的平均值相匹配。总体较低的统计信息是矫正抽样偏差的结果（表 21.2）。

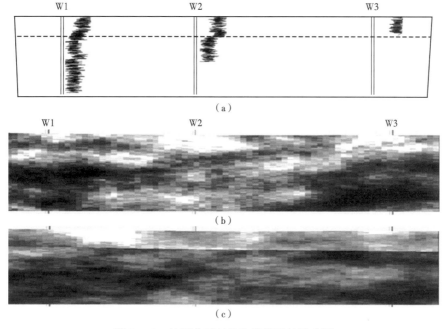

图 21.10 地层分层对饱和度模型的影响图

(a) 三口井中的含油饱和度数据；(b) 全局构建的三维模型的东西横截面视图
（灰度表示含油饱和度，浅色为高值）；(c) 分层构建的含油饱和度模型

表 21.2 含油饱和度样本数据和模型的平均值（分数）比较

(a) 全局构建的模型中按层划分的含油饱和度平均值

	样品	模型	比较
模型（两个层）	0.544	0.539	几乎匹配
上部地层	0.788	0.691	降低了
下部地层	0.384	0.451	增大了

(b) 分层构建的模型中按层划分的含油饱和度平均值

	样品	模型	比较
模型（两个层）	0.544	0.479	降低了
上部地层	0.788	0.787	匹配
下部地层	0.384	0.385	匹配

21.7 总结

有许多方法可用于三维含水饱和度建模。在为给定项目选择一种方法时，需要考虑几种可能的方法。含水饱和度在过渡区经常与油水界面或气水界面之上的高度、孔隙度、渗透率和岩性或岩石类型有关联。这些变量之间的数据分析有助于选择适当的方法。一般来说，地质统计学方法更受数据驱动，而含水饱和度—高度函数更受概念驱动。在过渡区，通常使用自由水位以上的高度—孔隙度函数或 J 函数。如果模型要输入到油藏模拟中，随

379

机模拟的模型可能会在油气和水界面附近有一些不希望的低含水饱和度的值。

在过渡区之上，高度通常与含水饱和度并不高度相关。含水饱和度通常与孔隙度呈负相关，意味着孔隙度和油气饱和度呈正相关。用随机协同模拟往往更容易模拟含水饱和度和孔隙度之间的相关性，这对原地油气储量体积的估计非常重要。

建模方法不仅影响储层模型中流体的空间分布，还影响其油气的体积（第22章）。

参 考 文 献

Alger R. P. , Luffel D. L. and Truman R. B. 1989. New unified method of integrating core capillary pressure data with well logs. SPE Formation Evaluation 4：145−152.

Cao, R. , Y. Z. Ma and E. Gomez. 2014. Geostatistical applications in petroleum reservoir modeling：SAIMM, 114, 625−629.

Cluff, S. G. , Cluff R. M. 2004. Petrophysics of the Lance Sandstone reservoirs in Jonah Field, Sublette County, Wyoming. In：K. Shanley, ed. , Jonah Field：Case Study of a Tight−Gas Fluvial Reservoir, AAPG Studies in Geology 52.

Core Laboratories. 1982. Fundamentals of special core analysis. Core Laboratory Inc. , Dallas, Texas, 265p.

Cuddy S. , Allinson, G. , Steele, R. 1993. A simple convincing model for calculating water saturation in southern North Sea gas fields, Transactions of the 34th SPWLA Annual Logging Symposium, H1−17.

Gunter, G. W. , J. N. Finneran, D. J. Hartmann and J. D. Miller. 1997. Early determination of reservoir flow units using an integrated petrophysical method：SPE−38679, SPE Annual Technical Conference and Exhibition, San Antonio, Texas.

Harrison, B. and Jing, X. D. 2001. Saturation height methods and their impact on volumetric hydrocarbon in place estimates. SPE paper 71326. ATCE, New Orleans.

Kennedy, M. 2015. Practical petrophysics, Elsevier, Amsterdam, Netherlands.

Larsen, J. K. and Fabricius, I. 2004. Interpretation of water saturation above the transitional zone in Chalk reservoirs, SPE Reservoir Evaluation & Engineering, 7：155−163.

Law, B. E. 2002. Basin−centered gas systems, AAPG Bulletin, v. 86, no. 11, p. 1891−1919.

Leverett, M. C. 1941. Capillary Behavior in Porous Media, Trans. AIME, 142, 159−172.

Lucia, J. F. 1995. Rock−fabric/petrophysical classification of carbonate pore space for reservoir characterization, AAPG Bulletin, 79 (9)：1275−1300.

Lucia, F. J. , Jennings, J. W. , Jr. , Rahnis, M. and Meyer, F. O. 2001. Permeability and rock fabric from wireline logs, Arab−D reservoir, Ghawar field, Saudi Arabia, GeoArabia, vol. 6, No. 4.

Ma, Y. Z. 2018. An accurate parametric method for assessing hydrocarbon volumetrics：revisiting the volumetric equation. SPE Journal, doi：10. 2118/189986−PA.

Ma, Y. Z. , Seto A. and Gomez, E. 2008. Frequentist meets spatialist：A marriage made in reservoir characterization and modeling：SPE 115836, SPE ATCE, Denver, CO.

Moore, W. R. , Ma, Y. Z. , Pirie, I. and Zhang, Y. 2015. Tight Gas Sandstone Reservoirs − Part 2：Petrophysical analysis and reservoir modeling, In Y. Z. Ma, S. Holditch and J. J. Royer, ed. , Handbook of Unconventional Resources, Elsevier.

Skelt, C. and B. Harrison. 1995. An integrated approach to saturation height analysis：Transactions of the 26th SPWLA Annual Logging Symposium, p. NNN1−10.

Worthington, P. F. 2002. Application of saturation−height functions in integrated reservoir description. In M. Lovell and N. Parkson, eds. , Geological Applications of Well Logs, AAPG Methods in Exploration 13, 75−89.

第 22 章　油气体积估算

"得到比你讨价还价的多，跟得到少是一样令人不快的。"

肖（G. B. Shaw）

摘要： 油田开发规划最重要的依据之一是对油气地质储量的估算。储量估算影响储层管理和投资决策。估算过于乐观，可能导致过度投资；估算过于悲观，可能导致投资不足或不合时宜的资产处置。本章介绍两种油气储量体积估算方法：参数方法和基于模型的方法。

22.1　概况

地下地层资源可以通过体积方法进行评价，用于前景评价和储层表征。不同于以生产为基础的资源估算方法，如物质平衡、下降曲线分析和动态模拟、（储量的）体积估算方法对地下地层做岩石物理分析。通常，基于生产的方法有利于可回收储量估算，而体积法对静态原地油气资源评估受到青睐。无论如何，体积法总是有用的，因为它可以提供其他估算方法的基础（Garb 和 Smith，1987；Worthington，2009）。

由于储层或地下地层的前景是一个连续场，其体积可以表达为基本体积的积分。例如，孔隙体积是储层域中孔隙度的积分；油气孔隙体积（HCPV，也可称为油气体积）是单元油气的积分或者孔隙度和油气饱和度乘积的积分，表达为：

$$HCPV = \int_R \phi(x) S_h(x) d^3x \qquad (22.1)$$

其中，$x=(x, y, z)$ 描述空间坐标；R 为三维勘探区或储层区域；ϕ 为孔隙度；S_h 为油气饱和度。

虽然这个严格的体积表达已经出现了有一段时间（Berteig 等，1988），但其未能在实践中使用，因为孔隙度和油气饱和度通常相关，而直接评估两个相关变量乘积的积分并不容易。

在实践中，地下地层的油气体积或者用确定性方法估算或者通过蒙特卡罗模拟来估算。两种方法均使用公式 22.1 的简化形式，如下：

$$HCPV = AH\phi S_h \qquad (22.2)$$

其中，A 为油田区域面积；H 为厚度或净厚度；ϕ 为孔隙度；S_h 为油气饱和度。公式 22.2 和其他经典体积公式右侧的所有输入都是这些参数各自的平均值（Murtha 和 Ross，2009）。

油气的原地地质储量（STOIIP）和可回收储量可以像公式 22.2 一样计算，只是要加上地层体积系数和回收率。还可在体积方程中添加净毛比，以去除无效的孔隙空间和不可生产的油气（Worthington 和 Cosentino，2005）。

在参数方程 22.2 中使用平均值的最常见论据是：没有储层是均质的，所以储层参数必须平均（Tiab 和 Donaldson，2012）。使用体积公式（公式 22.2）评估原地资源的优点是易用性，因为只需要参数的平均值。但是，使用平均值的主要论据是不正确的，因为储层变量通常不仅是非均质的，而且也是相关的。

从岩石物理分析中，众所周知，孔隙度和水或油气饱和度是相关的（第 9 章和第 21章）。对体积储量估算法中输入储层变量的相关性不进行模拟已注意到一段时间了（Smith Buckee，1985；Fylling，2002）。对输入储层变量之间的相关性的忽略可能导致对油气体积的不正确估算。

近几十年来，体积方程经常与不确定性分析一起讨论，因为可用于估算勘探或储层的体积的数据通常有限，估算的不确定性高。虽然体积的不确定性分析当然很重要（第 24章），但是使用蒙特卡罗模拟进行不确定性分析往往掩盖了其他影响体积估算的因素，包括尺度问题和岩石物理属性的非均质性和相关性。

本章介绍体积估算的两种方法：参数方法和基于三维模型的方法。在参数方法中，我们首先介绍体积方程的分析，然后处理估算参数的不确定性。在参数方法中，尺度问题一般不明显，而储层变量的相关性更重要；与经典体积方程比较，考虑岩石物理变量之间的相关性可以显著提高体积估算的准确性。相比，蒙特卡罗体积是一种纯粹的随机方法，关注点是不确定性。参数方法的另一个优势是可以快速计算油气储量体积，而不需要知道储层属性的空间分布。它既适用于勘探区评估也适用于储层建模。基于三维模型的方法处理储层变量的相关性及尺度对体积估算的影响。迄今为止，研究非均质性就是研究其对流体的影响，但是它却被普遍认为没有对体积有影响或者影响极小。我们将展示这种概念中的陷阱和对储层建模的影响。

22.2 估算油气储量体积的参数方法

22.2.1 参数体积方程

公式 22.1 可以用统计参数来表达（附录 22.1），如下：

$$HCPV = V_t E(\phi S_h) = V_t(m_\phi m_h + \rho \sigma_\phi \sigma_h) \tag{22.3}$$

其中，V_t 为总的储层体积；E 为数学期望运算符；$E(\phi S_h)$ 为二阶统计矩；m_ϕ 和 m_h 分别为孔隙度和油气饱和度的平均值；ρ 为孔隙度和油气饱和度之间的皮尔逊相关性；σ_ϕ 和 σ_h 分别为孔隙度和油气饱和度的标准差。

公式 22.3 是参数化表达公式 22.1，因此，它能够快速准确地计算油气体积。它也可以写成：

$$HCPV = V_t m_\phi m_h + V_t \rho \sigma_\phi \sigma_h = AH m_\phi m_h + AH\rho \sigma_\phi \sigma_h \tag{22.4}$$

当用含水饱和度时，使用 S_w 而不是 S_h，公式 22.3 和公式 22.4 成为：

$$HCPV = V_t m_\phi(1 - m_w) - V_t \rho_w \sigma_\phi \sigma_w = AH m_\phi(1 - m_w) - AH\rho_w \sigma_\phi \sigma_w \tag{22.5}$$

其中，m_w为含水饱和度的平均值；σ_w为含水饱和度的标准差；ρ_w为孔隙度和含水饱和度之间的皮尔逊相关系数。

公式22.4中的第一项$AHm_\phi m_h$与公式22.2中的第一项相同，因为经典油气体积方程假定使用输入变量的平均值。这意味着经典油气体积方程忽略了第二项$AH\rho\sigma_\phi\sigma_h$。然而，孔隙度和流体饱和度一般不是恒定的，而是相关的。如此，第二项不等于0。只有当它们的相关性可以忽略不计，或者孔隙度和油气饱和度是恒定的（暗示根本没有非均质性），这一项才能被忽略。

表22.1显示一个例子，其中平均孔隙度等于10%，平均油气饱和度等于20%。根据两个变量之间的相关性及其方差或标准差，油气体积会显著地变化。当两个变量的相关性为0.7时，单位油气体积（定义为岩石单位体积的油气体积，如立方米或立方英尺或用于给定项目的任何其他单位）为0.03008。当忽略了相关性时，此体积量将被低估33.5%[（0.02000-0.03008）/0.03008]。如果孔隙度和油气饱和度在建模中模拟为负相关，例如-0.7，油气的体积将被低估67.0%[（0.00992-0.03008）/0.03008]。如果以更强的正相关关系来建模，那么估算就会高估了。例如，假设完全相关，如果使用相同的孔隙度和饱和度标准差，油体积就被高估了14.4%[（0.0344-0.030084）/0.03008]。

参数表达的油气体积（公式22.3，公式22.4和公式22.5）用起来很方便，因为给定一个勘探区或储层或其中的一个区段，总的岩石体积是固定的，油气体积是总岩石体积和单位油气体积的乘积。因此，油气体积评估可以侧重于评估孔隙度和油气饱和度的平均值、标准差和相关性。

表22.1　比较孔隙度和油气饱和度之间具有不同相关性的单位油气体积

孔隙度		油气饱和度		相关系数	单位油气体积	相对变化
平均值	标准差	平均值	标准差			
0.10	0.08	0.20	0.18	1.0[a]	0.03440	+14.4%
				0.7	0.03008	基准案例[b]
				0	0.02000	-33.5%
				-0.7	0.00992	-67%

备注：此示例中孔隙度和油气饱和度的标准差代表一些极端情况，以说明相关性的影响。在许多自然现象中，具有高方差的不同变量的相关性往往较低，当然并不一定如此。最终，物理定律决定它们的相关性。

（1）线性变换导致两个变量之间的一对一相关性，也会降低方差，但在使用参数化方法的许多软件平台中，用户可以输入1的相关性和任意的方差/标准差值，如根据数据计算的方差（这通常是不一致的，只有两个物理变量具有1的真实相关性的极限情况除外）。

（2）在不了解真相的情况下，基准案例是给定数据的情况下，在科学上最合理的案例。

22.2.2　参数化的油气（储量）体积的意义

从体积公式22.2，公式22.3，公式22.4和公式22.5，可以得出几个要点。

（1）虽然公式22.2也是油气体积的参数表达，使用孔隙度和流体饱和度的平均值意味着对油气体积计算（公式22.3或公式22.4）中第二项的忽略。这一项定量地描述孔隙度和油气饱和度之间的相关性及其非均质性对油气体积的影响。当孔隙度和油气饱和度呈正相关时，即使有某些小孔隙的油气饱和度高于较大的孔隙（第21章），忽略它会导致低估油气体积。

（2）在实践中，油气体积仍然可以通过经典体积方程而高估。当公式 22.3 和公式 22.4 中的第一个项被高估很多时，就会发生这种情况，因为高估了面积、高度、孔隙度和/或油气饱和度的平均值，而且高估的幅度大于因忽略孔隙度和油气饱和度之间的关系而低估的幅度。

（3）因为在公式 22.3、公式 22.4 和公式 22.5 中的第二项是孔隙度和油气饱和度的标准差及其相关性的乘积，孔隙度和油气饱和度的方差也影响油气体积。当相关性为正时，孔隙度和油气饱和度较大的方差会给出更大的油气体积。当相关性为负时，较大的方差给出较小的油气体积。

（4）对于高质量的储层，如高孔隙度和低含水饱和度的常规资源，在公式 22.3 和公式 22.4 中的第一项比较大，第二项比较小。因此，由于不考虑相关性而导致的低估不像对低质量、非均质性高的储层，如致密储层和低质量油气田，那么显著。

（5）对于非均质性储层，使用恒定孔隙度或含水饱和度或者其平均值将意味着它们之间的零相关性，因此，如果平均值不严重高估，当孔隙度和油气饱和度呈正相关（即较大的孔隙通常在油气区具有较高的油气饱和度），则油气体积倾向于被低估。这与使用输入储层参数的平均值会高估油气体积的传统看法相反。

（6）公式 22.3 把油气体积表达为岩石总体积和一个未规范化的、统计矩的乘积。岩石总体积是由关注储层的边界决定的一个乘数。因此，油气体积估算相当于对单位油气体积的评估，在有两个输入变量时，后者为 $E(\phi s_h)$（稍后介绍三个变量的情况）。

22.2.3 统计参数的估算

虽然参数方程（公式 22.3，公式 22.4 和公式 22.5）是油气体积积分形式的解析表达，统计参数的真实值在实践中并不为人所知，必须从数据中估算。由于勘探和生产中的数据有限，这些统计参数的估算具有不确定性。这对于经典体积仅使用输入属性的平均值的计算（公式 22.2）和更精确的参数方法（公式 22.3，公式 22.4 和公式 22.5）都是如此。区别在于，除了估算它们的平均值外，后者要求估算输入属性的标准差和相关性。但是，这些附加统计参数的估算可以使用相同的数据。

从有限数据估算统计参数是样本统计与总体统计之间的一个问题。从大数定律（第 2 章），使用更多样本的统计数据将会有更准确地总体统计的估算，更少的样品会导致估算方差增大。但是，采样偏差会使问题复杂化。

此外，在推导参数方程（公式 22.3，公式 22.4 和公式 22.5）时，使用了遍历性假设将空间统计矩与概率统计矩等同起来了（附录 22.1），因为储层属性是地理空间随机过程，而经典统计参数是使用概率（或频率统计）定义的。在实践中，当地理空间属性不平稳且其样本数据有偏差时，就可能无法满足遍历性假设。为了克服这个问题，统计参数必须使用纠偏数据进行估算。天真地只用原始数据计算统计参数，容易导致不准确的统计参数的估算，因此，也会导致不准确的油气体积估算。下面我们举一个在储量体积估算中纠正采样偏差的例子。

两种类型的采样偏差在勘探和生产中很常见：垂直采样偏差和横向采样偏差。垂直采样偏差可以用地层分层而降低，对于横向采样偏差，如果地质解释不可用或不可靠时，可用沃罗诺伊镶嵌法（第3章）。在这里，我们给出一个用于体积估算时处理垂直井的横向采样偏差的例子。

4口直井穿透含油的低孔隙度地层区［图22.1（a）］。每口井在区域内有6个孔隙度和含油饱和度样品，没有明显的垂直采样偏差。横向上，这4口井位于该地区的东南部。使用沃罗诺伊多边形镶嵌的孔隙度模型具有与24个岩心孔隙度数据的直方图相当不同的直方图［图22.1（b）］。24个孔隙度数据的平均值为0.0571；多边形镶嵌脱偏后的平均孔隙度为0.0493。因此，24个孔隙度数据在评估该区的体积时，对孔隙体积的高估率为15.8%。

多边形镶嵌也用在了含油饱和度。然而，含油饱和度模型的直方图与24个含油饱和度数据的直方图非常相似。纠偏的含油饱和度的平均值仅降低1.57%［即（0.4591 - 0.4520）/0.4520］。人们可能会对两个纠偏之间的差异惊讶。孔隙度脱偏显示15.8%偏差，而使用相同方法对含油饱和度去偏显示的偏差怎么这么小？毕竟，它们具有相同的采样配置。

在空间设置上，判断采样的公平性一般从几何结构开始。样品的不均匀分布是几何采样偏差，它通常会导致属性的偏差。不过，几何采样偏差并不总是会导致一个属性的显著采样偏差。在此示例中，孔隙度的采样偏差比含油饱和度的偏差显著。应该注意到，这两个属性的皮尔逊相关系数为0.695［图22.1（e）］。如果它们的相关性要高得多，比如接近1，则两个属性的采样偏差程度会相似。对于中等相关性，即使使用相同的几何采样方案，它们的采样偏置度也可能不同。

表22.2比较了使用不同方法时具有各种统计参数的体积。用纠偏后的参数但没有考虑相关性的单位油体积比考虑相关性的少19.6%。另一方面，用有偏参数而考虑相关性计算的单位油体积要多出14.2%，在未计入相关性的情况下，其单位油体积少了5.4%。

应该注意，尽管原始孔隙度数据存在乐观偏差，但传统的体积法仍低估了原地油体积量（OIP，即Oil In Place）5.4%。这是因为它没有考虑到孔隙度和含油饱和度之间的相关性。如果考虑到两个属性之间0.695的相关性，孔隙度上的抽样偏差将导致对原地油体积的14.2%高估。想象一下，孔隙度稍大，或含油饱和度略微乐观；这可能导致对原地油体积的正确估算，但出于错误的原因，由于孔隙度或含油饱和度的乐观偏差导致的油体积的高估抵消了没有考虑两者之间的相关性引起的低估。表22.2中的最后两行给出了这样的例子，其中孔隙度只是比有偏的数据估算的孔隙度略高，但是就地油体积与基准案例相同。不过，如果考虑到相关性，则就地油体积将被高估19.6%。

值得注意的是，相关性本身也可能受到抽样偏差的影响。在此示例中，可能缺少小于3%的孔隙值。如果是这样的话，孔隙度的总体平均值可能更小，但孔隙度和含油饱和度之间的真实相关性可能会更高一些。另一方面，如果缺少一些大于10%的孔隙度值，则孔隙度、含油饱和度和两者之间的相关性和平均值的总体统计信息可能更高。在这种情况下，真实的油气体积也会更高。

在评估潜在油气区时，可用的数据有限，而且它们通常具有不均匀的几何分布。减轻采样偏差和评估和岩石物理变量之间的相关性对于准确估算油气体积的影响都非常重要。

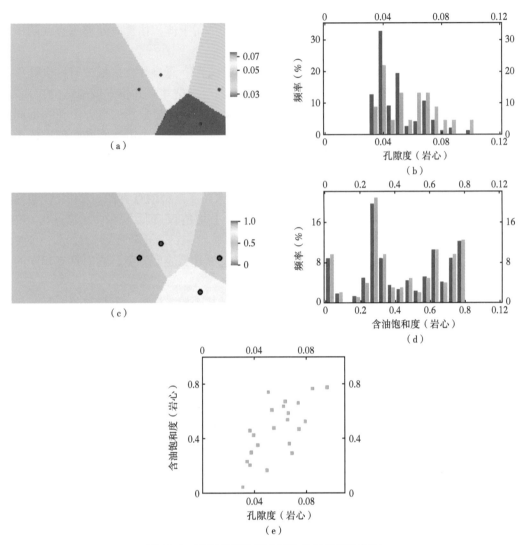

图 22.1 油气体积计算中统计参数纠偏示例图

（a）有 4 口直井（每口井有 6 个岩心孔隙度和含油饱和度数据）的底图，叠加了使用沃罗诺伊多边形镶嵌的孔隙度模型的最上层；（b）直方图比较：24 个数据的原始直方图（蓝色）和使用沃罗诺伊多边形镶嵌（红色）后的直方图；（c）使用沃罗诺伊多边形镶嵌的含油饱和度模型的最上层；（d）直方图比较：使用所有 24 个含油饱和度数据（蓝色）和沃罗诺伊多边形镶嵌后的直方图（红色）；（e）岩心孔隙度和含油饱和（So_core）的交会图，皮尔逊相关系数为 0.695

表 22.2 使用不同的统计数据（偏置和纠偏的数据）及孔隙度和油气饱和度之间的
相关性用以比较原地油气体积的估算值

孔隙度		含油饱和度		相关系数	单位油气体积	相对变化
平均值	标准差	平均值	标准差			
0.0571 （有偏数据）	0.0252	0.4591	0.3105	0	0.0262146	−5.4%
				0.695	0.0316526	14.2%

孔隙度		含油饱和度		相关系数	单位油气体积	相对变化
平均值	标准差	平均值	标准差			
0.0493 （去偏后）	0.0252[a]	0.4520	0.3105	0.000	0.0222836	−19.6%
				0.695	0.0277216	基准案例
0.0604 （有偏的，假定的）	0.0252	0.4591	0.3105	0.00	0.0277216	基准案例
				0.695	0.0331596	19.6%

注：目前没有严格的方法在估算方差和标准差时纠正采样偏差，这里是使用了有偏数据估算的标准差。

22.2.4 示例

这里给出三个不同储层特性和异质性的例子。根据储层质量和非均质性，模拟孔隙度和流体饱和度的相关性对油气体积的影响是不同的。这些例子是从 Ma（2018）扩展的。

22.2.4.1 一个低非均质性的优质储层

这个碳酸盐岩储层由颗粒灰岩和泥粒灰岩组成，孔隙度高，平均孔隙度为 23.22%，含水饱和度非常低，在油水界面以上地层的平均含油饱和度为 80.84%（表 22.3）。含水饱和度主要与自由水面以上的高度（即 HAFWL）相关，与孔隙度仅具有中低度的相关性（−0.388）。由于储层属性相对均匀，孔隙度和含水饱和度的标准差较小。所有这些特性使得参数化的油气体积（公式 22.4）中的第一项较大，第二项相对较小。因此，使用经典体积计算只会将原地油体积估算值减少不到 2%（表 22.3 中相关性等于 0 的情况）。反之，比从井数据中观察到的更高的相关性也只会给出一个很小的额外原地油储量体积估算值，如孔隙度和含油饱和度之间的完美相关性（表 22.3）。

表 22.3 孔隙度和含油饱和度的相关性对一个优质储层的原地油体积估算值的影响

孔隙度		含油饱和度（S_o）		相关系数	单位原地油体积	相对于基准 案例的变化
平均值	标准差	平均值	标准差			
0.2322	0.0545	0.8084	0.1721	1.000	0.197089850	3.0%
				0.388	0.191349627	基准案例
				0	0.187710400	−1.9%

注：不知道真相的情况下，基准案例是对给定数据来说科学上最合理的。0.388 的相关性用作基准情况是因为它是使用 20 多口井以及和岩心数据校准的测井数据计算的；相关系数等于 0 等效于经典方法算的体积；相关系数等于 1 是假设，以说明使用更高相关性的效应。

表 22.4 孔隙度和含油饱和度的相关性对一个低到中等质量的储层原地油体积估算值的影响

孔隙度		含油饱和度（S_o）		相关系数	单位原地油体积	相对于基准 案例的变化
平均值	标准差	平均值	标准差			
0.0746	0.0503	0.4926	0.4127	0.938	0.056219663	8.45%
				0.727	0.051839554	基准案例
				0	0.036747900	−29.11%

注：如果使用经典体积法作为基准案例，则相对变化会有所不同。例如，经典体积方法相对于精确参数方法的 29.11% 低估率为 41.07%〔（0.051839554−0.036747900）/0.036747900 ≈ 0.4107〕，精确参数估算相对于经典体积估算有 41.07% 更高的原地油体积。

22.2.4.2 一个有非均质性、低至中等质量的储层

在此储层中，使用岩心数据，含油饱和度和孔隙度之间的相关性为 0.727。含水饱和度数据是从电阻率测井通过阿尔奇（Archie）方程得出，在油水界面以上其与有效孔隙度的相关性为 -0.938。

使用精确的油气体积方程以及岩心数据的孔隙度—含油饱和度相关性所得到的单位原地油体积用作基本情况。经典体积方程的单位油体积低了 29.11%。使用阿尔奇（Archie）方程得出的测井的含水饱和度所代表的相关性，单位油体积比使用基于岩心数据的相关性高出 8.45%（表 22.4）。哪个相关性更现实呢？阿尔奇（Archie）方程倾向于高估孔隙度和含水饱和度之间的相关性，而岩心数据的相关性通常更准确。然而，岩心数据可能受有限的采样的影响，有时这是一个不可忽视的偏差（渗透率建模；第 20 章）。在这个例子中，低孔隙度和高孔隙度数据在岩心数据中比较少；岩心数据的相关性可能比真实相关性低一点。孔隙度—含水饱和度相关性的这种不确定性可以通过不确定性分析来评估（第 24 章）。

22.2.4.3 一个异质性高、质量低的致密气储层

这个例子是一个具有多层致密砂岩的干气田。这种类型的储层通常没有气—水界面（GWC），但含水饱和度往往很高（Moore 等，2015）。含水饱和度和孔隙度通常是负相关，如以前的文献所示（Cluff 和 Cluff，2004）。

这里对该地层单元的 20 口井的测井数据进行了分析。孔隙度和含气饱和度的平均值、标准差和它们之间的相关性是从测井数据计算的。孔隙度的平均值为 0.042，含气饱和度的平均值为 0.1200。尽管含气饱和度低，但储层在良好的完井下仍能生产气体。由于平均孔隙度和含气饱和度低，且非均质性强，因此该储层的原地含气体积按经典体积法计算比使用精确参数计算低了 41.45%（公式 22.3；表 22.5）。反之，更高的相关性会给出更高的原地气储量体积（当其他参数保持不变的话），比如在 0.9 的相关性情况下（表 22.5）。

不同的体积量是由于孔隙度和含气饱和度之间的相关性，以及这两个属性的非均质性的差异导致的。使用经典体积计算，忽略相关性，相当于在公式 22.3 中忽略了第二项，也即等于 0。与用孔隙度和含气饱和度之间的中等相关性 0.67 相比，原地气体体积被明显低估。

表 22.5 孔隙度和含气饱和度（S_g）的相关性对致密气储层的 GIP 估算值的影响

孔隙度		含气饱和度（S_g）		相关系数	单位原地气体积	相对于基准案例的变化
平均值	标准差	平均值	标准差			
0.0425	0.0275	0.1200	0.1960	0.90	0.0099510	14.23%
				0.67	0.0087113	基准案例
				0	0.0051000	-41.45%

注：经典体积法相对于精确参数方法的 41.45% 的低估比用参数估算相对于经典体积估算的原地气体积要多，等于 70.81%［(0.0087113-0.0051000)/0.0051000=0.7081]。

这三个示例与我们早期对公式 22.4 或公式 22.5 的观察是一致的。对于优质储层，孔隙度和油气饱和度较高；使用油气体积方程中所代表平均值的第一项相对较大，而第二项

则相对较小。这样，考虑储层属性之间的相关性对油气体积的影响相对较小。示例一就是这种情况。然而，对于高非均质性、低质量的储层，特别是致密的地层，由于孔隙度低和油气饱和度低，油气体积方程中的第一项很小，第二项就变得更加重要。实际数量取决于孔隙度、油气饱和度的方差及其相关性。示例二和示例三显示了在忽略孔隙度和流体饱和度之间的相关性时，原地油体积或气体积的低估率超过29%；也就是说，忽略孔隙度和流体饱和度之间的相关性，等效于仅使用这些属性的平均值。由单独使用平均值导致的体积估算的误差，将取决于储层属性的非均质性及其相关性。

22.3 使用净毛比时估算油气体积的参数方法

体积公式 22.1 的常见变通是纳入净毛比，$N(x)$，用积分表达，如下：

$$HCPV = \int_R N(x)\phi(x)S(x)d^3x \tag{22.6}$$

可以用岩性、孔隙度、流体饱和度和/或渗透率生成净毛比。最常见的方法包括：
（1）净毛比被定义为含油气储层岩性的比例，而不对岩石物理属性使用任何截止。
（2）净毛比用孔隙度截止值定义。
（3）净毛比用孔隙度和含水饱和度和/或渗透率的截止值定义。
（4）净毛比是由（1）和（2）或（1）和（3）的组合。
上述第一种方法是隐式使用净毛比，因为它使用岩性作为将储层岩性与非储层岩性分离作为基础。良好的储层质量的岩性计入体积，非或劣质储层质量的岩性被算作非储层岩石，对油气的体积没有贡献。读者可见 Worthington 和 cosentino（2005）以便参看净毛比方法。所有这些方法通常会导致净毛比和其他变量，如孔隙度和水饱和度的关系，这将影响体积估算。

公式 22.6 的统计参数形式可写为（附录 22.2）：

$$HCPV = V_t E(N\phi S) = V_t [m_n m_\phi m_s + m_n \rho_{\phi s}\sigma_\phi\sigma_s + m_\phi\rho_{ns}\sigma_n\sigma_s +$$
$$m_s\rho_{n\phi}\sigma_n\sigma_\phi + \rho_{n\phi s}\sigma_n\sigma_\phi\sigma_s] \tag{22.7}$$

其中，E（$N\phi S$）为三阶统计矩；m_n 和 σ_n 分别为净毛比 N（x）的平均值和标准差；ρ_{ns} 净毛比和油气饱和度之间的（双变量）相关系数；$\rho_{n\phi}$ 为净毛比和孔隙度之间的相关系数，$\rho_{n\phi s}$ 为净毛比、孔隙度和油气饱和度的三变量相关系数（第 4 章）。其余项目已在前文做了说明。

公式 22.7 显示有三个输入变量时体积的参数化公式涉及几个项目，其中四项（公式 22.7）被经典体积方程忽略。输入变量之间的相关性的潜在影响可以更高。当净毛比、孔隙度和油气饱和度都是双变量和三变量正相关时，所有缺失的项都是正数，经典计算方法会低估（储量）体积。

表 22.6 显示一个小型数据集，其中给出了每个输入变量的 15 个样本：孔隙度、含油饱和度和净毛比，直接可用于油气体积的计算。

首先，只考虑两个输入变量：孔隙度和含油饱和度。孔隙度数据的平均值为 0.1920，标准差为 0.0274。含油饱和度数据的平均值为 0.6350，标准差为 0.1584。孔隙度和含油饱和度的皮尔逊相关系数为 0.8241（表 22.7）。表 22.6 中数据的单位原地油体积（单位岩石体积的原地石油平均值，m^3）是 0.12565（表 22.8），这是确切的答案。孔隙度和含油饱和度的平均值的乘积等于 0.12207，这意味着它比通过孔隙度和含油饱和度对于每个数据点相乘求和（相当于连续形式的积分）的单位原地油体积低了 2.85%。经典计算方法比准确参数化公式 22.3 减少的部分等于 0.00358，这是两者之间的差异。换句话说，使用孔隙度和含油饱和度经典方法计算油体积，把原地油体积低估了 2.85%；而参数方程给出了精确的原地油体积（表 22.8）。

通过包括净毛比的数据分析，可以评估公式 22.7 参数方法所得的体积的精确性。单位原地油体积的精确解为 0.08892，而精确参数方法（公式 22.7）的估算为 0.08899（表 22.9），极小的差别是由于小数点数不够的舍入误差。采用净毛比、孔隙度和含油饱和度平均值的乘积的经典方法计算结果为 0.07544，代表了 15.26% 的低估。

将具有两个和 3 个输入变量的体积比较，有三个输入变量时忽略相关性的误差明显大于有两个输入变量，因为三个变量之间的相关性对复合结果的影响大于两个变量之间相关性的影响。即使对于高质量的储层，引入净毛比但不考虑相关性也可以将油体积的估算减少 10% 以上（由于使用相对较低的净毛比，因此超过了 15%）。

更一般地说，当净毛比、孔隙度和油气饱和度都是双变量和三变量正相关时，公式 22.23（附录 22.2）具有以下不等式：

$$E(N\phi S) > E(N)\ E(\phi)E(S) \tag{22.8}$$

表 22.10，公式 22.11，公式 22.12 和公式 22.13 显示一个非均质性的低质量的储层例子，也是用 15 个样本。用这两个例子比较优质和低质储层，低质储层对相关性要敏感的多；如果不考虑相关性，低质量储层体积的低估要高得多。

尽管我们使用了小型数据集，但对于油气区的体积估算，原理是相同的，只不过在油气区范围的资源评估中绝对体积更大。这可以从公式 22.3 和公式 22.7 看到，其中总计油气体积只是单位油气体积和总体岩石体积相乘。由于仅使用平均值，经典计算将油气体积与平均值的乘积等同起来。当输入变量呈正相关时，平均值的乘积小于乘积的平均值。

在实际油气区评估中，统计参数必须使用无偏的数据进行体积估算第 22 章第 2 节第 3 小节。当可用数据有采样偏差时，估算统计参数时的纠偏很重要。第 3 章介绍了使用 Voronoi 多边形镶嵌或倾向分区方法对空间数据进行去偏化的更多详细信息。

对可回收储量估算的评论：在可回收储量的体积估算方程中，回收率也是一个输入。如果它被视为变量，而净毛比不是（净毛比被退出或用作常数），则公式 22.7 还可以是有效的。回收系数通常也与孔隙度和油气饱和度相关，尽管从物理上它与渗透性有更直接的关系。这是因为渗透性通常与孔隙度密切相关。因此，介绍过的净毛比对油体积影响对于储量估算的原理仍然有效。使用回收率将类似于表 22.9 和表 22.13 所示，但回收率的值可能比净毛比小。当净毛比和回收率两者都是输入变量时，体积积分的参数化变得繁琐，因为它涉及四阶统计矩。在实践中，可回收储量在动态建模中计算比较常见。

表 22.6　优质油储层合成示例

注：**SoPhie** 是孔隙度和 S_o 的乘积；净（**Net**）**SoPhie** 是净毛比（**NTG**）和 **SoPhie** 的乘积；
　　由于体积对输入变量的分数敏感度不同

序号	有效孔隙度	含油饱和度	净毛比	含油饱和度和有效 孔隙度的乘积	净毛比、含油饱和度 和有效孔隙度的乘积
1	0.160	0.50	0	0.080	0
2	0.170	0.55	0.355	0.094	0.033
3	0.175	0.51	0.616	0.089	0.055
4	0.178	0.54	0.264	0.096	0.025
5	0.192	0.57	0.451	0.109	0.049
6	0.212	0.52	0.083	0.110	0.009
7	0.233	1.00	1.000	0.233	0.233
8	0.260	1.00	1.000	0.260	0.260
9	0.162	0.51	0.495	0.083	0.041
10	0.176	0.59	0.677	0.104	0.070
11	0.164	0.61	0.965	0.100	0.097
12	0.196	0.53	0.368	0.104	0.038
13	0.205	0.73	1.000	0.150	0.150
14	0.213	0.67	1.000	0.143	0.143
15	0.189	0.69	1.000	0.130	0.130

表 22.7　表 22.6 中的数据计算的统计参数的值（公式 4.2，公式 4.3 和公式 4.8）

参数	平均值	标准差	双变量相关系数	三变量相关系数
孔隙度	0.192	0.0274	$\rho_{\phi s} = 0.8241$	
含油饱和度	0.635	0.1584	$\rho_{\phi n} = 0.4561$	$\rho_{n\phi s} = 0.5824$
净毛比	0.618	0.3484	$\rho_{Sn} = 0.7147$	

表 22.8　表 22.6 中的孔隙度和含油饱和度数据计算的单位原地油体积

参数	单位原地油体积	相对于真实单位原地油体积的差异
仅使用平均值	0.12207	-2.85%
使用精确的乘积之和〔（孔隙度 ×含油饱和度）的和〕	0.12565	真实单位原地油体积
考虑相关性的参数方法	$m_\phi m_s + \rho\sigma_\phi\sigma_s = 0.12565$	与真实单位原地油体积相同

注：储层或储层区段总的原地油体积只是储层或其区段的岩石体积和单位原地油体积的乘积。

表 22.9 使用孔隙度、含油饱和度和净毛比计算的单位原地油体积（OIP）

参数	单位原地油体积	相对于真实单位原地油体积的差异
仅使用平均值	0.07544	−15.26%
使用精确的乘积的总和［（净毛比×孔隙度×含油饱和度）的和］	0.08892	真实单位原地油体积
考虑相关性的参数方法	$m_n m_\phi m_s + m_n \rho_{\phi s} \sigma_\phi \sigma_s + m_\phi \rho_{ns} \sigma_n \sigma_s + m_s \rho_{n\phi} \sigma_n \phi_\phi + \rho_{n\phi s} \sigma_n \sigma_\phi \sigma_s = 0.07544 + 0.00221 + 0.00759 + 0.00277 + 0.0088 = 0.08889$	与真实单位原地油体积相同（由于小数不足而导致有舍入的误差）

表 22.10 低质量气储层的合成例子

参数	Phie	Sg	NTG	SgPhie	Net SgPhie
1	0.0100	0	0	0	0
2	0.0200	0.0500	0.2368	0.00100	0.00024
3	0.0250	0.0100	0.4105	0.00025	0.00010
4	0.0280	0.0400	0.1763	0.00112	0.00020
5	0.0420	0.0700	0.3005	0.00294	0.00088
6	0.0620	0.0200	0.0552	0.00124	0.00007
7	0.0830	0.5200	0.9360	0.04316	0.04040
8	0.1100	0.7900	0.9270	0.08690	0.08056
9	0.0120	0.0100	0.3302	0.00012	0.00004
10	0.0260	0.0900	0.4515	0.00234	0.00106
11	0.0140	0.1100	0.6431	0.00154	0.00099
12	0.0460	0.0300	0.2454	0.00138	0.00034
13	0.0550	0.2300	0.8386	0.01265	0.01061
14	0.0630	0.1700	0.7996	0.01071	0.00856
15	0.0390	0.1900	0.7946	0.00741	0.00589

注：SgPhie 是孔隙度和含气饱和度的乘积或单位气体体积，净单位气体体积，Net SgPhic，是净毛比 NTG 和 SgPhie 的乘积。由于体积对输入变量分数的敏感性，我们根据灵敏度使用 4 到 6 位小数。

表 22.11 表 22.10 的数据计算的统计参数值

参数	平均值	标准差	双变量相关系数	三变量相关系数
孔隙度	0.0423	0.0274	$\rho_{\phi s} = 0.8459$	
含气饱和度	0.1553	0.2131	$\rho_{SN} = 0.6012$	$\rho_{N\phi S} = 0.8733$
净毛比	0.4763	0.3100	$\rho_{\phi N} = 0.7631$	

表 22.12 使用孔隙度和含气饱和度计算的单位气体体积

参数	单位气体体积	与真实单位气体体积的差异
仅使用平均值	0.006569	−42.93%
使用精确的乘积的总和［（孔隙度×气饱和度）之和］	0.011511	真实单位气体体积
考虑相关系数的参数方法	$m_\phi m_s + \rho \sigma_\phi \sigma_s = 0.011511$	与真实单位气体体积相等

注：储层或其区段的总气体的体积只是储层或其区段的岩石的体积和单位气体体积的乘积。

表 22.13 使用表 22.10 中孔隙度、含气饱和度和净毛比计算的单位原地气体体积

参数	单位气体体积	与真实单位气体体积的差异
仅使用平均值	0.003129	−68.71%
使用精确的乘积的总和 [(净毛比×孔隙度×气饱和度)的和]	0.010000	真实单位气体体积
考虑相关性的参数方法	$m_n m_\phi m_s + m_n \rho_{\phi s} \sigma_\phi \sigma_s + m_\phi \rho_{ns} \sigma_n \sigma_s + m_s \rho_{n\phi} \sigma_n \sigma_\phi + \rho_{n\phi s}$ $\sigma_n \sigma_\phi \sigma_s = 0.003129 + 0.002354 + 0.000794 + 0.002134 +$ $0.001578 = 0.009992$	与真实单位气体体积相同（由于小数不足而导致有舍入误差）

22.4　基于三维模型的方法

除了参数估算之外，另一种评估积分（公式 22.1）的方法是基于三维模型的体积。当三维模型中对必要的岩石物理属性建模后，可以计算各种体积。如果三维模型是小网格的，则生成的体积计算应该可以是基于积分的体积的近似值。在实践中，储层模型的网格单元大小（的选择）可能有主观性，因为人们一般不关注它对体积的影响。本节将显示油气体积估算对网格单元大小和岩石物理属性建模方法的敏感性。我们首先给出各种体积的离散表达，然后我们使用非均质性的油气藏例子，以展示网格单元的大小和建模方法对油气体积估算的影响。

下面先定义三维模型框架中的常见资源体积。

岩石体积：

$$BulkVolume = \sum\nolimits_{i=1}^{n} V_i \tag{22.9}$$

孔隙体积：

$$PoreVolume = \sum\nolimits_{i=1}^{n} V_i P_i \tag{22.10}$$

净孔隙体积：

$$NetPoreVolume = \sum\nolimits_{i=1}^{n} V_i P_i N_i \tag{22.11}$$

油气体积：

$$HCPV = \sum\nolimits_{i=1}^{n} V_i P_i N_i S_{oi} = \sum\nolimits_{i=1}^{n} V_i P_i N_i (1 - S_{wi}) \tag{22.12}$$

地质储量（STOIIP）：

$$STOIIP = \sum\nolimits_{i=1}^{n} V_i P_i N_i S_{hi}/B_{oi} = \sum\nolimits_{i=1}^{n} V_i P_i B_i (1 - S_{wi})/B_{oi} \tag{22.13}$$

可回收储量：

$$Reserve = \sum\nolimits_{i=1}^{n} \{ V_i P_i N_i (1 - S_{wi})/B_{oi} \} r_i \tag{22.14}$$

其中，i 为三维模型中网格单元的索引；n 为模型中的网格单元总数；V_i 为网格单元体积；

P 为孔隙度；N 为净毛比；S_h 为油气饱和度（可以为含油饱和度 S_o 或者含气饱和度 S_g）；S_w 为含水饱和度；B_o 为储层的体积系数；r 为采收率。

22.4.1 三维网格单元大小对体积的影响

从公式 22.3，公式 22.4 和公式 22.5，不仅孔隙度与油气饱和度的相关性影响油气体积，而且这些属性的标准差也如此。如第 15 章所介绍，地质模型网格单元厚度一般在 1~15ft 之间，油藏模拟网格通常具有较厚的网格单元，范围可能为 3~50ft。因此，将岩心和测井数据投射到模型网格涉及一个粗化过程，因为岩心和测井数据具有较小的样本。粗化通常导致降低数据的变化性因为粗化涉及平均，这就会降低方差（第 3 章）。第 21 章介绍了一个天真的粗化孔隙度和流体饱和度的示例，其中显示了计算的油气体积的减少。此外，如下面所介绍，网格单元越厚，模型的油气体积的减小程度越高。

表 22.14 对比较致密砂岩气田的几种原地气体的体积（表 22.5）。具有单元网格厚度为 5ft 的三维网格把原地气体的体积减少 7.17%，具有单元网格厚度为 50ft 的网格把原地气体的体积减少 29.66%。样品支撑体大小对油气体积的影响显著，因为储层模型使用较厚的网格时，方差（非均质性）显著减少。

表 22.14　一个致密砂岩气储层的三个具有不同网格单元厚度的三维网格的气体体积比较表

网格	孔隙度		含气饱和度		相关系数	单位原地气体体积	相对变化
	平均值	标准差	平均值	标准差			
0.5ft 厚的网格	0.0426	0.0274	0.1165	0.1964	0.780	0.0091603	基准案例
5ft 厚的网格	0.0426	0.0256	0.1165	0.1773	0.780	0.0085031	−7.17%
50ft 厚的网格	0.0426	0.0173	0.1165	0.1097	0.780	0.0064431	−29.66%

注：使用平均值的经典体积法计算的原地气体体积甚至更低，等于 0.0049629。

因此，三维储层模型应具有精细的单元，以保留储层主要变量的方差或非均质性，因为大单元的方差往往较小，因而当孔隙度和油气饱和度之间的相关性为正时就会有降低油气体积的倾向（公式 22.3，公式 22.4，公式 22.5 和公式 22.7）。孔隙度和油气饱和度在不同尺度上的相关性可能不同，这也会影响计算的油气体积（第 22 章第 4 节第 3 小节）。

大约 20 年前，有一种直接构建粗化的储层模拟网格模型的热潮。迄今为止，研究人员只关注非均质性对流体的影响，而不是对油气体积的影响。此示例通过对孔隙度和流体饱和度的非均质性的影响，清楚地显示了样品或网格单元支撑体大小对体积的影响。此示例中粗化的网格模型对油气体积的降低幅度为构建非常粗糙的网格提供了警示性说明，尤其是对于低质量非均质性储层。

22.4.2 模拟储层属性的非均质性对油气体积的影响

由于孔隙度和流体饱和度的非均质性会影响油气体积估算，而储层模型的非均质性则受建模算法的影响，这样，建模方法就会影响油气体积估算。如在第 6 章，第 16 章和第 19 章所介绍，克里金和线性回归都可以降低三维模型中储层属性的变化性。另一方面，随机模拟可以保持储层属性的非均质性。选择模拟相关属性的方法，可以在两个方面影响油气体积估算：模拟储层属性的非均质性及它们之间的相关性。

从公式 22.3，公式 22.4 和公式 22.5，孔隙度和流体饱和度模型的方差影响油气的体积。由于建模方法会影响这些建模属性的方差，因此它们也会影响体积。综上所述，三维孔隙度通常先建模，然后再对三维含水或油气饱和度构建模型。后者经常利用其与孔隙度和高于自由水位的高度的关系而建模（第21章）。为了评估常用的建模方法的影响，这里我们来检查用克里金或者随机模拟对孔隙度建模，而用随机协同模拟和线性回归对油气饱和度建模。

表22.15 比较对5ft单元厚度的网格的致密气砂岩储层模型一个分区的几个建模方法。克里金、协克里金和线性回归会降低孔隙度和气体饱和度的方差（或标准差）。因此，它们会减少原地气体体积，尽管它们增加了三维建模的孔隙度和气体饱和度之间的相关性。这些建模方法在科学和工程中有着广泛的应用。至今，研究人员并没有足够注意它们所有的效应。例如，地球科学家们已经知道克里金和回归会降低非均质性，但是这些方法对（储量）体积的影响还没有报道。一般的看法是，这些技术对属性有平滑效应，也就有对体积估算乐观的趋势。此示例显示情况相反。

表 22.15 不同建模方法的油气体积比较（致密砂岩气藏）

网　格	孔隙度		含气饱和度		相关系数	原地气体体积（$\times 10^6 \, ft^3$）	相对变化
	平均值	标准差	平均值	标准差			
5ft 厚的网格单元	0.0426	0.0256	0.1165	0.1773	0.780	120.34	基准案例
克里金/协克里金	0.0426	0.0185	0.1165	0.1232	0.920	99.91	−16.98%
克里金/线性回归	0.0426	0.0185	0.1165	0.1092	1	98.82	−17.88%
随机模拟/协同模拟	0.0426	0.0255	0.1165	0.1797	0.780	120.44	0.08%

注：储层地层区段的总岩石体积为 $14152 \times 10^6 \, ft^3$，孔隙体积为 $602.87 \times 10^6 \, ft^3$。

虽然回归或克里金方法增加孔隙度和油气饱和度之间的相关性，因此对油气体积估算具有乐观偏向，但它通常不能抵消由于孔隙度和油气饱和度的方差减小而造成的体积降低（表22.9）。随机模拟和协同随机模拟允许保留孔隙度和气体饱和度的非均质性，以及它们的相关性；它们的模型一般不会减少油气体积估算。

总之，通过插值或回归方法降低孔隙度和流体饱和度的方差，从而有减少油气体积估算的趋势，这些方法增加两个属性之间的相关性而导致增加油气体积估算。但是，两者通常不会相互抵消。当这种情况发生巧合时，这是一个因错误的原因而得到正确估算的复合错误（Ma，2010）。

22.4.3 模拟岩石物理属性之间的相关性对储量体积的影响

为了评估模拟孔隙度和油气饱和度的相关性（对体积）的影响，我们使用随机模拟，因为它允许保留孔隙度和流体饱和度在三维模型中的非均质性和某种程度的相关性。为此，首先对孔隙度在上面讨论的网格单元为5ft厚的三维网格上建模，三维孔隙度模型的平均值和标准差与数据的平均数和标准差基本相同（表22.16）。然后，用同位协同模拟产生4个具有不同相关性的含气饱和度模型。这4个模型的原地气体体积随着相关性程度的变化而发生显著变化，而孔隙度和气体饱和度模型的平均值和标准差完全相同。从表22.16中可以看到相关性对油气体积计算的影响非常大。

表 22.16　孔隙度与气体饱和度（致密气砂岩储层）之间不同相关系数的体积比较

网　格	孔隙度		含气饱和度		相关系数	原地气体体积（×10⁶ft³）	相对变化
	平均值	标准差	平均值	标准差			
5ft 厚的网格单元	0.0426	0.0256	0.1165	0.1773	0.78	120.34	参照案例
模拟 1	0.0426	0.0255	0.1165	0.1773	0.78	120.14	−0.17%
模拟 2	0.0426	0.0255	0.1165	0.1773	0.40	95.83	−20.37%
模拟 3	0.0426	0.0255	0.1165	0.1773	0	70.24	−41.63%
模拟 4	0.0426	0.0255	0.1165	0.1773	0.90	127.82	6.22%

注：储层地层区段的岩石总体积为 $14152×10^6 ft^3$，孔隙体积为 $602.87×10^6 ft^3$。

22.5　总结

影响油气体积的岩石物理变量通常是相关的。因为这些岩石物理变量的相关性未被考虑，经典体积方程会给出不准确的体积估算。对于相对均匀的高质量储层，误差可能很小，但对于非均质、低质量的储层来说，误差可能会很大。完整的参数方程包括岩石物理属性的标准差和相关性，这样它们可以给出更准确的油气体积估算，因为它们考虑储层属性的非均质性和它们之间的相关性。对于参数体积估算方法，三维模型不是必需的。参数可以从可用数据进行估算。当数据携带采样偏差时，去偏是必要的，以准确估算在体积计算中使用的统计参数。

构建三维储层模型及相关的岩石物理属性，也可以计算出（储量）体积。需要精细的三维储层模型，以保持岩石物理属性的非均质性。粗化的网格由于支撑体（尺度）效应而降低非均质性，因此，可以降低油气的体积估算。参数化方法对时间要求要少得多，因为基本的统计参数可以直接从数据进行估算。它可用于指导流体饱和度在三维建模中保留非均质性及其与孔隙度之间的相关性。

储量体积受许多变量的影响，容易发生复合性错误。高估是一个假阳性误报，低估是假阴性误报。对于复合变量，有时两个错误相互抵消，如孔隙度的乐观偏差可能会抵消油气饱和度的悲观偏差。由于孔隙度和油气饱和度之间的相关性较高导致的乐观偏差，可能和非均质性的降低导致的悲观偏差而抵消。两个相反的错误可以使总体估算值正确，但是正确的原因是错误的。在其他情况下，两个错误可以复合，使总体油气体积的估算甚至更不准确。

附录 22.1　有两个输入变量的体积方程的参数化

（据 Ma，2018）

公式 22.1 可以重写为：

$$HCPV = \int_R H(x) d^3x \qquad (22.15)$$

其中，$H(x) = \phi(x) S_h(x)$ 为油气的单位体积。

$H(x)$，$\phi(x)$ 和 $S_h(x)$ 可视为坐标 x 上的随机过程，在三维空间域 R 中定义。当我们对一个给定空间域假设一个固定的总岩石体积 V_t 时，公式 22.15 可以写成：

$$HCPV = V_t \left[\frac{1}{V_t} \int_R H(x) d^3 x \right] = V_t m_h(x) \qquad (22.16)$$

其中，$m_h(x)$ 为单位油体积的空间平均值。

要对公式 22.16 参数化，我们需要建立空间统计和集（概率）统计之间的关系，因为统计参数在传统上是使用频率概率定义的（第 2 章和第 4 章）。可以使用遍历性假设（附录 17.1）建立二者的等价，根据该假设，空间平均等于集平均，因此 $m_h(x) = E[H(x)] = E[\phi(x) S_h(x)]$。

在通信、电气工程和统计力学的统计理论中，讨论过集平均和基于坐标的平均（空间或时间平均）的相等性（Lee，1967；Papoulis，1965；Lebowitz 和 Penrose，1973）。在地球科学方面，Matheron（1989）提出了使用遍历性理论的论点，指出"从经典的观点来看，统计推理的可能性，在最终实践中，始终基于一些遍历性特征。"

因此，公式 22.16 可以简化为：

$$HCPV = V_t m_h(x) = V_t E[H(x)] = V_t E[\phi(x) S_h(x)] \qquad (22.17)$$

只有当孔隙度 $\phi(x)$ 和含油气饱和度 $S_h(x)$ 不相关时，乘积的平均值是平均值的乘积，也即 $E[\phi(x) S_h(x)] = E[\phi(x)] E[S_h(x)]$。否则 $E[\phi(x) S_h(x)]$，可以使用协方差、相关性和方差的定义（第 3 章和第 4 章）来参数化。

对于两个随机变量，$\phi(x)$ 和 $S(x)$，它们的协方差定义为它们与相应的数学期望的差的乘积的数学期望（附录 4.1）：

$$Cov(\phi, S) = E\{[\phi - E(\phi)][S - E(S)]\} = E[\phi S] - E(\phi) E(S) \qquad (22.18)$$

因此：

$$E(\phi S) = E(\phi) E(S) + Cov(\phi, S) \qquad (22.19)$$

从皮尔逊（Pearson）相关系数的定义（公式 4.3）：

$$Cov(\phi, S) = \rho \sigma_\phi \sigma_s \qquad (22.20)$$

把公式 22.20 代入公式 22.19 得到：

$$E(\phi S) = E(\phi) E(S) + \rho \sigma_\phi \sigma_s = m_\phi m_s + \rho \sigma_\phi \sigma_s \qquad (22.21)$$

其中，m_ϕ 和 m_s 分别为 ϕ 和 S 的数学期望值。

把公式 22.21 乘以岩石总体的体积就会得到在正文中的公式 22.3。

附录 22.2 对具有三个输入变量的体积方程的参数化

在计算静态体积时，考虑净毛比、孔隙度和油气饱和度，积分体积方程等于总体的岩石体积乘以三个乘积的数学期望值，三个输入变量为，N，ϕ 和 S：

$$HCPV = \int_R N(x) \phi(x) S(x) d^3 x = V_t E(N\phi S) \qquad (22.22)$$

其中，$E(N\phi S)$ 为非标准化的三阶统计矩。

要参数化方程22.22，我们可以简单地重新排列公式4.8而得到：

$$E(N\phi S) = E(N)E(\phi)E(S) + E(N)\mathrm{Cov}(\phi, S) + E(\phi)\mathrm{Cov}(N, S)$$
$$+ E(S)\mathrm{Cov}(N, \phi) + \rho_{N\phi s}\sigma_N\sigma_\phi\sigma_s \qquad (22.23)$$

引进双变量协方差和相关性（公式22.20~公式22.23），就得到具有三个输入变量的体积参数方程：

$$E(N\phi S) = m_n m_\phi m_s + m_n \rho_{\phi s}\sigma_\phi\sigma_s + m_\phi \rho_{ns}\sigma_n\sigma_s + m_s \rho_{n\phi}\sigma_n\sigma_\phi + \rho_{n\phi S}\sigma_n\sigma_\phi\sigma_s \qquad (22.24)$$

参 考 文 献

Berteig V., Halvorsen, K. B., More, H., Jorde, K., Steinlein, O. A. 1988. Prediction of hydrocarbon pore volume with uncertainties. SPE Annual Technical Conference and Exhibition, Houston, Texas. SPE-18325-MS.

Cluff, S. G., Cluff R. M. 2004. Petrophysics of the Lance Sandstone reservoirs in Jonah Field, Sublette County, Wyoming. In: K. Shanley, ed., Jonah Field: Case Study of a Tight-Gas Fluvial Reservoir, AAPG Studies in Geology 52.

Fylling, A. 2002. Quantification of petrophysical uncertainty and its effect on in-place volume estimates: Numerous challenges and some solutions. SPE Annual Technical Conference and Exhibition, San Antonio, Texas. SPE-77637-MS.

Garb, F. A. and Smith, G. L. 1987. Estimation of Oil and Gas Reserves. In? Petroleum Engineering Handbook,? ed. Howard B. Bradley (Chap. 40), Richardson, Texas: Society of Petroleum Engineers.

Lee, Y. W. (1967) Statistical theory of communication. John Wiley & Sons, 6th Print, 509p.

Lebowitz J. L. and Penrose O. 1973. Modern ergodicity theory, Physics Today/February 1973: 23-29.

Ma, Y. Z. 2018. An accurate parametric method for assessing hydrocarbon volumetrics: revisiting the volumetric equation. SPE Journal 23 (05): 1566-1579, doi: 10.2118/189986-PA.

Ma, Y. Z. 2010. Error types in reservoir characterization and management. J. Petrol. Sci. and Eng. 72 (3-4), 290-301, doi: 10.1016/j.petrol.2010.03.030.

Matheron, G. 1989. Estimating and choosing - An essay on probability in practice Springer-Verlag, Berlin.

Moore W. R., Ma, Y. Z., Pirie I. and Zhang Y. 2015. Tight gas sandstone reservoirs, Part 2: Petrophysical analysis and reservoir modeling, in YZ Ma and S Holditch (eds.) *Unconventional Resource Handbook: Evaluation and Development*, Elsevier, p 429-449.

Murtha, J. Ross, J. 2009. Uncertainty and the volumetric equation. J. Pet Technology 61 (9): 20-22. doi: 10.2118/0909-0020-JPT.

Papoulis A. 1965. Probability, random variables, and stochastic processes. McGraw Hill Book Company.

Smith, P. J. Buckee, J. W. 1985. Calculating in-place and recoverable hydrocarbons: A comparison of alternative methods. SPE Hydrocarbon Economics and Evaluation Symposium, Dallas, Texas. SPE-13776-MS.

Tiab D. and Donaldson E. C. 2012. Petrophysics, 3th edition, Gulf Professional Pub.

Worthington, P. F. 2009. Net pay: What is it? What does it do? How do we quantify it? How do we use it? SPE paper 123561.

Worthington, P. F., Cosentino L. 2005. The role of cutoffs in integrated reservoir studies. SPE Res Eval & Eng 8 (4): 276-290.

第 23 章　模型粗化、验证和历史拟合简介

> "不管你的理论有多漂亮，不管你有多聪明。如果和实验不一致，那就是错的。"
>
> 理查德·费曼

摘要：本章介绍模型粗化、验证和历史拟合。当储层模型是以非常精细的尺度制成，而且其网格单元计数对于动态模拟过度大的时侯，粗化是必要的。许多地质网格模型有几千万到几亿个网格单元，无法用当前的数学算法和计算技术在合理的时间内进行数值模拟。粗化的主要原则是用粗化模型准确地表达精细模型的特征，包括保留体积方面的属性，以及精细模型和粗化模型在流体流动和生产配置上的等价性。

储层模型的最终用途是生产功能预测。由储层模型拟合过去的生产数据是模型符合现实最关键的一步。这被称为历史拟合，是一个有病态的逆问题，没有唯一的解决方案。因此，在构建模型和科学验证方法时，应强调多学科整合，而不是为了拟合历史数据而对模型进行巨大的修改。

23.1　模型粗化

从精细网格模型获取重要地质信息到储层模拟模型的关键点包括保留地质和地层结构、岩石物理属性中的重要非均质性及潜在的流动障碍。主要的粗化问题包括体积验证、最佳层组合垂直分层，使用结构化或非结构化网格单元，识别边界条件，以及建立精细网格和粗网格之间的流动等效性。

一个好的粗化模型需要一个良好的粗化网格，能够保持储层的主要特性，并将细网格的有效特性复制到粗网格中。因此，粗化包括创建几何上合理的粗化网格及依据精细网格中的相应属性精确计算粗网格中的储层属性。粗化的主要原理是建立一个保存孔隙体积、油气储量（HCPV）、流体传导能力、储层几何特征和地质特征的模拟模型。合理粗化的模型可以再现地质模型的主要流动性能。

三维网格的几何方面包括模型的分层方案、网格大小和网格形状。通常，地质网格模型是精细分层的，并且在储层属性中具有垂直非均质性。而粗化的网格具有较少的分层，和减少的网格单元数目。如何将细层合并为更厚的层而且保留主要的非均质性是第一个关键步骤。横向上，地质网格通常是方形（偶尔是矩形）网格单元。粗化模型可以具有四边形结构网格或具有多边形非结构化网格。在许多情况下，非结构化网格是首选，因为非结构化网格单元有助于对连通性和流动性在模型中体现。

粗化时区分了两种主要属性类型：静态属性和动态属性。粗化静态属性需要保留体积，而粗化动态属性需要保留流体行为。与体积有关的属性包括结构框架、岩性、孔隙

度、流体饱和度和净毛比（NTG）。主要的动态属性是渗透率；结构框架也是一个因素，因为网格影响流动（图 23.1）。

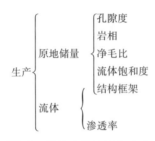

图 23.1　岩石物理、结构变量和油气生产之间的关系图

23.1.1　为什么可能需要粗化?

储层是连续地理空间实体，但其（储层模型）是由离散单元组成的地质网格的表示。地质网格有小网格单元用以描述地下非均质性，这经常导致模型的网格单元的巨大计数。动态模拟这样的大型模型计算成本高，不切实际。在储层模拟的早期，数值模拟仅运行非常小的网格单元计数的模型；粗化是极其重要的。随着计算功能的迅速发展，许多模拟算法和软件可以运行更大的模型；但是同时，地质网格变得越来越大因为需要更大的油气区和更小的网格单元以便模拟规模较小的非均质性。因此，储层模型经常要粗化一到几个数量级。这样，在地质模型中，用于动态模拟的网格单元数量从地质模型的数千万到数亿个减少到动态模拟模型中的数百万个或更少的网格单元。图 23.2 说明了粗化储层模型的主要原则。减少网格单元计数同时要保留地质网格模型主要特征，以便粗化模型具有与精细网格模型类似的生产动态，包括油气采收率、含水率和其他与生产有关的属性。

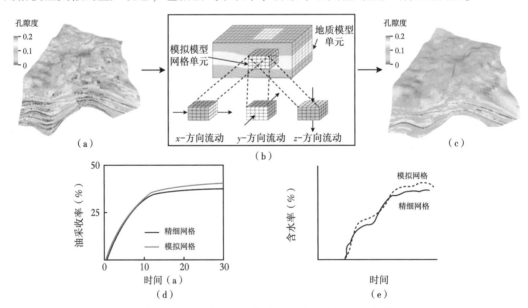

图 23.2　将地质网格模型粗化为更粗糙的模型图

（a）地质网格单元模型（精细网格）；（b）地质网格和模拟网格考虑流动时的差异；（c）动态模拟模型；
（d）比较精细网格模型和粗网格模拟模型的采收率；（e）与模拟模型的含水率相比，地质网格单元
模型的含水率曲线显著差异意味着粗化模型较差

作为第一个近似值，网格大小决定了模型的空间分辨率。较小的单元可为储层模型实现更高的分辨率。粗化是更改储层模型的单元大小，从精细到相对粗糙的表达形式。粗化的主要原理是模拟网格模型的生产结果应该准确反映详细地质模型。将粗化视为仅仅将属性从精细的网格转移到更粗糙的网格低估了其重要性和难度。事实上储层的粗化模型与几个科学推理问题和技术技巧密切相关（King 等，2005；Lake 和 Srinivasan，2004）。百万（在一些罕见的情况下，甚至数十亿）桶储量可能会丢失或虚构地添加在粗化岩石物理属性的过程中（第 21 章和第 22 章）。

23.1.2　为什么不直接构建一个粗化模型呢?

对是否直接构建一个粗化的模拟模型有两种思想流派存在，他们的观点本质上是相反的。一种流派强调通过建造精细模型来保留储层属性的非均质性。另一种流派主张直接构建粗模型，因为在构建地质网格单元模型时，一些粗化已经发生。它通常采用比测井采样率（通常为半英尺）大得多的网格单元，更不用说岩心尺度了。

作为第二种流派的具体反映，一些地质科学家和工程师直接构建粗网格模拟模型。直接构建模拟模型的主要优点是减少时间和避免与粗化相关的任务。一个显而易见的缺点是错过建高分辨率地质网格单元模型的机会。此外，直接构架粗化模型在实践中通常意味着学科的整合程度较低，倾向于更少强调储层特性和数据分析。在许多情况下，细节的准确建模对流体流动至关重要。粗化模型倾向于有更多的平均储层属性（无论是隐式还是显式），可能不会有与流动行为有关的足够精细的信息。

首先构建一个详细的模型，基于流动的平均可以捕获流体流动（回收和流动曲线）很重要的大部分细节。一个反面观点是，在粗化过程中会失去信息。事实上，信息丢失是不可避免的。然而，许多案例研究显示关键信息是可以保留的。一个微妙的网格设计可以保留所需要的细节和准确性级别。人们应该验证测试平均化模拟网格模型和精细网格模型具有模拟结果的一致性。

23.1.3　垂直方向几何处理：粗化中的细层组合

在大多数地下地层中，储层属性的垂直非均质性远远高于横向非均质性。一个地质网格模型通常基于地层特征，用许多层构建（第 15 章）。精确尺度的必要条件是精细网格表达了主要储层属性的非均质性，特别是渗透率。垂直方向粗化的目的是创建一个能够大致表示精细网格的岩石物理属性的垂直非均质性的粗化网格。

更特别地，在粗化地质网格模型时，关键点包括保留地层图形架构和流体的潜在障碍。因为小层对模型中的流动性有相当大的影响，小层在地质网格单元网格中应该是以最佳方式组合，以便粗化网格模型近似地逼近精细网格模型。总之，粗化的一个原则是保留精细网格模型的地层框架并进行最佳层系组合。

储层模型框架中模拟层的设计包括确定粗网格的层数和标识要保留的精细网格中的强非均质性层（渗透率屏障层或超级流动层）。这可能需要基于流动的分析。如果粗网格模型中的分层太少或精细网格的小层未以最佳方式组合，粗模型将歪曲精细网格模型，可能导致在历史拟合中有更多的困难。

作为第一个近似，岩性的垂直比例剖面（VPP）可用于标识可能组合的分层（第 11 章）。例如，在传统的砂岩、泥质砂岩和页岩的碎屑岩层中，从细网格模型创建的垂直比例剖面将显示这些岩性的平均堆叠模式（图 23.3）。但是，由于垂直比例剖面除了每个图层的总体层状比例外，没有描述横向非均质性，因此检查每个小层或潜在组合的小层的水平方向的岩相图可以进一步优化小层组合。

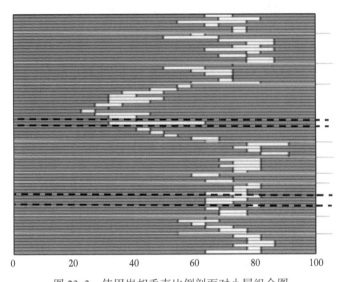

图 23.3 使用岩相垂直比例剖面对小层组合图

橙色是砂岩，黄色是泥质砂岩，灰色是页岩，细线是地质网格层，粗蓝线被标识为组合细层的首选；
根据横向非均质性，黑虚线可能是必要的组合层

当解析分层流体障碍是必要的时候，在粗化网格中的小层可以比地质精细网格模型中的层更精细，这是一种精细化。

图 23.4 显示了最佳层系划分组合的一个示例。初始的 100 层网格的图层合并为 20 层网格。由于波及系数和采收率存在显著差异，10 层网格不能令人满意地表示原始网格（表 23.1）。还要注意，小层以最佳方式组合与非最佳的组合的微小差异（将精细网格的每五层组合成粗网格的一层）。

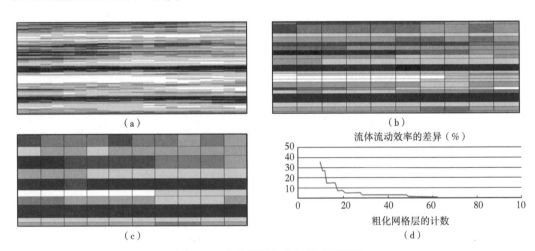

图 23.4 优化图层组合的横截面插图

（a）具有 100 层的地质网格单元模型；（b）具有 20 层的粗化模型；（c）具有 10 层的粗化模型；
（d）流体流动效率的差异（百分比）作为图层计数的函数

表 23.1 采收率的差别（%）

方法	10 层	20 层
最佳	15.2%	3.1%
均匀	17.5%	10.3%

23.1.4 水平方向的几何处理

地质网格单元网格通常使用正方形网格单元；用于动态模拟的粗网格有时使用正方形网格单元，但是越来越倾向于增加使用非结构化网格单元。将地质网格粗化到模拟网格并不总是从小网格单元升到更大的网格单元；而更是网格单元的几何形状的改变，从横向四边形网格单元到非结构化网格单元，在不太关键的区域有显著的粗化。非结构化网格保持精度优于结构化（四面单元）网格，它可以更好尊重地质特征，如复杂断层、河道、尖灭、流体界面、复杂井轨迹。由于非结构化网格与四面地质网格不对齐，分辨率更大，可能需要在局部区域（断层、通道和井周围等）优化性更大；否则，可能会导致严重的采样错误。因此，在横向"粗化"（或精细化）中，首先应侧重于局部网格优化的标识和定义。当地质网格单元模型在渗透率相对均匀或不太重要的区域中，可以使用较大的网格单元。这消除了非必需的网格单元，同时在强非均质性和关键区域提供细节。

图 23.5 显示了从四边形网格单元更改到具有不同网格单元大小的多边形网格单元，并将精细的地质网格粗化到非结构化粗网格的示例。非结构化网格化和网格大小通常结合在一起，来处理井附近的详细建模，因为在储层模拟中，对井中储层性能建模的准确性对历史拟合和性能预测尤为重要。模拟模型为采出或注入流体的油井提供边界条件。在许多情况下，井周围区域需要特殊的网格。例如，要准确模拟井周围的锥进或凝析油析出，可能需要在井眼周围设置局部精细的网格。图 23.6 显示了在垂直和水平井周围几种特殊的网格样式。

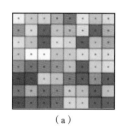 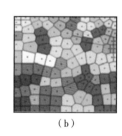 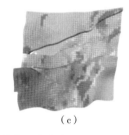 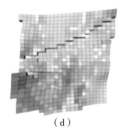

（a）　　　　　　（b）　　　　　　（c）　　　　　　（d）

图 23.5 非结构化网格的插图

（a）具有四面网格单元的地质网格；（b）具有多边形网格单元的非结构化网格；
（c）精细的地质网格结构网；（d）粗化的模拟结构化网格

23.1.5 粗化与体积有关的属性

影响体积的变量包括岩相或岩石类型、净毛比、孔隙度和流体饱和度。体积属性是质量变量，而粗化这些属性的关键是质量保留。这要求这些属性在从精细的网格到粗糙的网格的尺度变化中保持体积一致。孔隙度、净毛比和含水饱和度（S_w）都是体积属性，在粗化这些属性时必须小心，以便粗化的模型和精细网格模型具有相同的孔隙体积和流体体积。

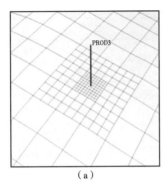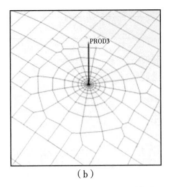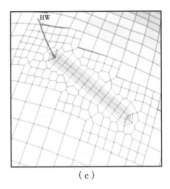

图 23.6 直井与水平井周边的特殊网络图

(a) 结构化，多层次，笛卡尔网格围绕直井局部细化；(b) 围绕直井的非结构化局部网格细化；
(c) 围绕水平井的非结构化局部网格细化

23.1.5.1 粗化岩相和其他分类变量

岩相和岩石类型是分类变量，因此将它们粗化是非常棘手的。没有用于粗化分类变量的准确数学算法；如果实现了全局的准确，就会发生局部偏差，反之亦然（第 15 章）。在某些情况下，可以避免粗化分类变量。例如，当从连续变量生成分类变量时（第 10 章），连续变量可以粗化到目标三维网格使用无偏平均方法，然后在粗化网格用于生成分类变量。这个想法最初提出的是在从测井到地质网格单元的粗化（Ma 等，2011），当由连续变量生成分类变量时，同样的原则可以应用于从地质网格模型到粗化模拟模型的变化。

23.1.5.2 粗化与体积有关的连续性变量

根据中心极限定理（CLT）及其扩展，支撑体尺度增加，方差减小，直方图范围变紧（第 3 章）。此外，粗化对变差函数的影响是很强的（图 23.7）。通常，平均是平滑运算，倾向于增加空间相关程。因此，空间相关程受粗化网格单元大小的影响。

由于多变量和多尺度非均质性的复杂性，粗化对多变量相关性的影响各不相同。在粗化中，两个变量之间的交叉相关性可能或可能不会显著变化。这会导致分析粗化属性的复杂性。

净毛比、孔隙度和流体饱和度通常是相关的变量，它们都直接影响体积。因此，它们不能独立粗化。通常，第一个属性可以独立粗化，这通常是净毛比。然后，对与净毛比相关联的孔隙度进行粗化。最后流体饱和度相对于净毛比和孔隙度进行粗化。也可以粗化流

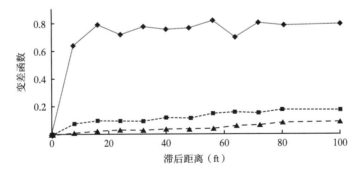

图 23.7 变差函数与滞后距离关系图

虚线是原测点间距半英尺的测井数据，带正方形的虚线为测点间距 5ft 的测井数据，带三角形
的虚线为测点间距 20ft 的测井数据

体的体积或流体的净体积以在粗化网格上得到孔隙度和流体饱和度。

23.1.6 粗化流体属性

对质量变量粗化要保持质量，而对在多孔介质中的传输属性粗化要保持精细网格属性和粗化网格属性之间的流体流动具有等价性。尽管网格单元的体积大小有所不同，但粗化不应导致流体流量的显著差异。如果差异较大，则粗化属性无法模拟原始模型的流动行为。

渗透率的重要性在于它对地下地层的连通性的影响及其对流体流动的控制。所介绍，渗透率有长尾偏斜频率分布，是将地质网格模型粗化为动态模型时最重要、最具挑战性的参数之一，因为它具有非线性性质、影响连通性、控制流体流动（第 20 章）。第 3 章讨论了渗透率粗化的不同平均方法的不足。简而言之，算术平均法往往高估粗化模型的渗透率。几何平均和调和平均往往会低估它，最佳解决方案往往在它们之间。

流量可以由极高和极低值控制。如果消除极值，则可能会更改模型中的流动连通性和流动行为。例如，大多数储层在真实储层中的水突破比模拟的预测要早。由于消除高渗透率优先流动通道而增加了平均值的频率，模拟不允许水像在现场那样快速向井移动。

在精细网格单元无论如何排列具有 0 渗透率的值，通过简单平均方法均得到同样的结果（图 23.8）。尽管有时渗透率的分布确实对平均方法的结果有一定的影响，但这种效应是在非常粗糙的级别捕获的。例如，如果图 23.8 中一个网格单元的位置改变，流动特征可以显著改变，但统计平均方法的粗化渗透率值将不改变。另一方面，基于流动的方法可以捕获分布中的变化。经验表明，与精细网格模型相比，基于流动的平均值通常具有 1%～5% 的流量上的差异，而统计方法通常导致 10%～30%的差异。这是因为基于流动的张量粗化用于渗透率的粗化时保证粗网格中给定压力梯度的平均流量与更精细网格中的平均流量相同。由于其在粗化时对流动的考虑，粗化模型中的连通性与精细模型的连通性一样。基于流量的张量粗化得到的渗透率通常比算术平均值低，但高于几何和调和平均值。它位于几何和算术平均值之间，具体取决于储层的非均质性和流量。基于流动的粗化平均值（FBSA）和简单平均技术之间最关键的区别是，渗透率的详细分布基于流动的方法考虑。它可以更好地保留极限值和渗透率的空间连续性。

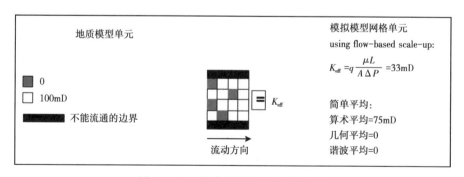

图 23.8 比较渗透率粗化的平均方法

在使用矢量方法对垂直渗透率粗化时，边界条件很重要。开放边界条件允许流体通过单元各面，并倾向于在粗化模型中提供高垂直渗透率 K_v。另一方面，闭合边界仅允许流体通过垂直于压降方向的单元面。需要施加边界条件才能进行模拟。通常，不可能将局部边界条件与全局流动相拟合，这是在粗化中精度损失的关键原因。不同边界条件可能提供不同的粗化渗透率和传导率。由于不同的边界条件导致的粗化结果在模型内部的重要性不如靠近边界。粗化结果差异在边界层其厚度与非均质性尺度相同时最显著。

影响粗化精度的其他因素包括网格分辨率、流动的规律性及数值离散流动方程或网格的质量。常见的数值问题包括流向的快速变化、渗透率分布的棋盘化、奇点、非正交网格，不一致的离散化。人们应该在 x, y 和 z 方向解决单相渗透率以便精细网格中的主要渗透非均质性在粗糙模型中再现。简单的平均方法忽略了渗透率的空间排列，基于流动的均值方法给出了更好的流动近似值。

一些用于验证粗化的基本措施包括精细网格和粗网格之间体积和属性分布直方图的对比。然而，验证和排列粗化模型的更有力的方法就是比较在精细和粗化模型上执行的流线模拟运行的动态结果（Samantray 等，2003；Fanjul 和 Vicente，2013）。流线模拟比有限差分模拟更有效，因为流体运动是沿着一维流线求解的。用流线模拟可以用合理的运行时间对具有数百万个单元的精细地质模型进行模拟。

用于精细模型和粗模型之间比较的重要简化模拟结果包括流动模式、井间连通、水出现时间和采收率。从动态验证和筛选过程中，选择最佳粗化模型，以便使用有限差分模拟进行进一步的详细模拟和历史拟合。图 23.9 给出了一个比较精细模型及其粗化模型的流线模拟结果的例子。

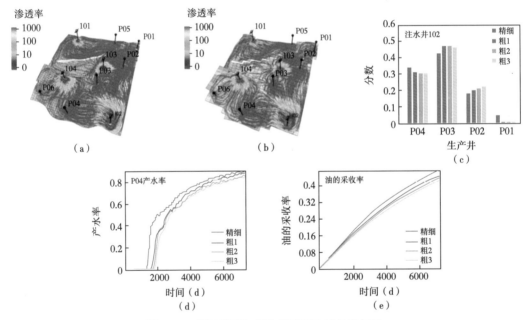

图 23.9　精细模型与粗化模型对比结果实例图

（a）精细模型中的流线模式；（b）粗化模型中的流线模式；（c）井 I02 中支持生产井的注入水的比例；

（d）生产井 P04 的含水率；（e）油田采收率

23.2　模型验证和历史拟合

由于构建储层模型涉及数据整合及从数据到模型区的推演，因此该模型对地下地层的表征具有不确定性以及其验证可能具有挑战性。因为储层模型是使用科学方法构建的，涉及许多学科，有些人可能想知道为什么它需要另一个步骤的验证。应该明白，构建储层模型涉及不同的输入数据、多学科、多理论、替代方法的选择和每个步骤不确定性。通常，模型从一个角度看起来不错，但从其他角度来看，不是那么好。尽管模型是现实的表示，但它不是每个细节和每个方面全部真实。因此，储层模型应该通过综合科学分析和历史数据拟合进行验证。

储层模型的验证应遵循以下一般准则：

（1）检查建模中使用的假设。

（2）了解模型不是全部现实，但它应该适合业务和/或研究需求。

（3）当模型明显错误时，愿意放弃掉。

（4）发现问题时修改模型；建模者必须愿意做一个多次或重新建模者；事实上，所有的储层建模者也必须是一个重新建模者。

验证储层模型应包括精细网格模型和粗化模型（如果未直接构建动态模拟模型）。从合理的地质模型开始，人们应该期望模型相对微小的变化。精细网格模型和粗化模型的体积值应大致相同。

现场生产历史记录可以显著增强对储层的了解。大多数模拟通常可以提供反馈功能，以帮助用户提高静态和动态模型的准确性。这些功能可以使储层模型同时尊重初始储层描述数据和现场生产历史记录。

储层模型如何拟合动态数据和生产历史是储层管理的一个关键方面。在石油工业中，储层模型结合动态数据校准的过程被称为历史拟合。历史拟合的主要目标是测试和验证储层模型。根据历史数据测试模型是评估其有效性、可靠性、稳健性和准确性的一种方式。在气象学和海洋学中，这称为倒推（与预报相反）。在金融行业，根据历史数据测试财务模型通常被称为回溯测试或回溯（而不是预测）。

历史数据的拟合过程为进一步了解储层及其模型提供了契机。不匹配一方面由于模型中的参数和属性分布不正确，另一方面由于区段数据报告可疑，或两者兼而有之。因此，首先应该尝试使用构建模型所涉及的所有学科从整体的角度验证模型。其次，现场数据应该进行质量控制，因为在实践中，常常各种流体向油井分配可能不当。

当储层模型与储层的历史数据拟合而不对模型的主要参数进行重大调整时，就有信心将其用于储层性能预测、现场开发规划和油藏管理。另一方面，当储层模型与历史数据不拟合时，应对其进行修改，以改进模型或重建模型。

当从集成方法验证储层模型并拟合历史数据时，它可以保持常新，并在新数据进来时进行更新。该模型可用于性能预测、完成规划和动态监控。另一方面，当需要数百次运行才能产生中等质量的历史拟合时，并且具有显著的孔隙体积乘数或非常小或较大的渗透率乘数（<0.01 或>100），则模型是值得怀疑的；一些根本问题可能潜伏在下面。修改过多和过大的历史拟合往往是坏储层模型的预兆。使用这种模型进行开发计划，会产生不太好的影响。

23.2.1 储层模型的科学验证

23.2.1.1 验证结构模型

储层是一个连续场，其模型离散表示可能有一定的几何问题。结构模型应具有适当的精确级别。比如，它应包括主要地层的分层和断层。地层的顶底面不应具有不切实际的凸起和凹陷。断层的几何特征应该符合实际，但不要过于复杂。一个常见的问题是三维网格的几何分层。不当的分层可能导致储层模型中的地层隔离。这些导致孤立的油气不能排出。当小区仅通过垂直流量与储层的其余部分相连时，可能由于网格粗化造成这些区域隔离。这在薄油层中尤其常见，因为网格中的粗糙度会显著地影响储层地连惯性，产生孤立的油气区域。平行于地层顶部的分层网格经常使储层的下部分离。比例分层保持连续性，尽管不一定平滑的网格，但层厚度可以显著变化。

23.2.1.2 验证岩相和岩石物理属性模型

岩相模型最重要的方面是不同岩相的相对比例、横向连续性/岩体大小和几何体、岩相转换和岩相垂直堆叠模式。指示克里金、序贯指示模拟、基于目标建模、基于流程过程建模、截断高斯模拟和多点统计的建模方法的选择对岩相的空间分布有显著影响（第18章）。

储层模型中的其他关键特性包括孔隙度、流体饱和度和渗透率。孔隙度和流体饱和度决定了油气资源储量。渗透率决定了储层的流量、产量和采收率及更广泛地说，决定了如何从储层中采出油气。要为这些属性提供符合实际的模型，基于全面的多学科数据分析的建模方法选择很重要，因为方法影响岩石物理属性的频率和空间的分布（第19章，第20章和第21章）。

23.2.2 储层模拟和历史拟合

动态储层模拟包括模型构建（第23章第1节）、初始化、校准、历史拟合和预测未来井和现场生产情况与某些开发前景。储层模拟的目标可以包括：

（1）获得令人满意的历史拟合（模型与实际生产之间的差异小于5%~15%）；

（2）预测现有井和加密井的性能；

（3）提出油气区的最佳开发计划。

历史记录拟合尝试将储层模型与历史数据拟合。历史数据通常不用于建立静态储层模型，该模型通常是通过整合地质、岩石物理和地震数据来构建的。不过，在构建储层模型时可以使用动态数据（第23章第3节）。

动态数据是在储层生产过程中获取的。这些数据包括井的生产压力、产油量或产水量及四维地震监测数据。储层模拟的输入数据通常包括流体属性（PVT和黏度），相对渗透率，毛细管压力，岩石压缩性，初始化参数（压力、油水界面、油气界面），井位置和完井间隔，设施网络，井筒压力系统，具有岩石物理特性的静态模型和三维动态模拟网格。储层模拟输出包括井的产量，压力（井底流压、套压），三维压力和饱和度。

历史拟合的常用方法是调整储层属性的数值，使模型产能与测量值合理一致。人们经常预测局部和区域属性乘数，并应用到模型中拟合观察到的生产数据。在历史拟合中一些常见的问题包括无法产生合理的储层模型，模型校准的周期太长和无法处理不确定性分析的多重实现。

储层的生产功能可能很复杂，历史拟合是一个耗时的过程。选择调整参数特别具有挑战性。虽然有一个综合的视角，一起考虑许多参数非常重要，建议使用一个逐步解决具体问题的策略，如以下程序（据Mattax和Dalton，1990，修改）：

（1）拟合体积平均压力以确定整体可压缩性。在这个阶段，近似拟合足够好。

（2）进行压力梯度的总拟合以建立流体模式。调查储层和含水层的大片区域。如有必要，可应用大渗透率乘数。

（3）更紧密地拟合压力，在小组网格单元中进行修改。此时可能会对储层描述进行重大调整。更改应结合案例进行，并且合理。

（4）在一定范围内拟合界面运动、饱和度和 WOR、GOR 或 WGR。

（5）对个别井的行为拟合。

提倡对历史拟合采用两个阶段的方法（Saleri 和 Toronyi，1988；Mattax 和 Dalton，1990；Ertekin 等，2001；Gilman 和 Ozgen，2013），包括总拟合和详细的拟合，如一些人所提出的，或压力拟合和饱和度拟合，如其他人所指的。第一阶段旨在拟合平均储层压力，第二阶段是尝试拟合单井的历史。

分层、结构化方法（Williams 等，1998）已被提出用于复杂的历史拟合。储层属性的调整从全局水平开始，然后移动到流动单元和小层，然后考虑井周围的局部变化（图23.10）。整个模型的全局调整旨在解决全局问题，如总体能量（压力）和总区生产。流动单元的调整侧重于主要地质区，从最深处开始。在单个小层的调整中，自下而上的分析变得至关重要。储层属性的最终调整水平针对单井。压力或饱和度拟合的程序需要以下步骤：（1）收集数据；（2）准备分析工具；（3）识别关键井；（4）从观测数据中解释储层行为；（5）运行模型；（6）将模型结果与观测数据进行比较；（7）调整模型参数。

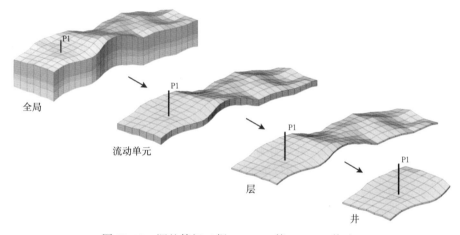

图 23.10　调整等级（据 Williams 等，1998，修改）

近年来，计算能力的增强使得自动历史拟合方法的应用增加，以利用动态数据校准储层模型（Oliver 和 Chen，2011）。但是，历史拟合过程可能因储层而异。很难只将一个优化算法应用于不同的储层。历史拟合过程的完全自动化仍然遥遥无期，业界采用了辅助历史拟合（AHM）的概念。在 AHM 过程中，储层工程师负责储层模型校准，并借助强大的优化工具，系统、高效地列举所有可能的参数组合，以获得合理的解决方案（Cancelliere 等，2011）。手动和辅助历史记录拟合的比较在表 23.2 中总结。

AHM 算法通常可以分为基于梯度的方法和随机的方法（Oliver 和 Chen，2011；Alpak 等，2009；Schulze-Riegert 等，2001）。基于梯度的方法利用目标函数参数的灵敏度。由于历史拟合的非独特性，在评估地下不确定性时生成多个储层模型是有利的。为了生成多个历史拟合模型，AHM 技术涉及工作流到每个模型实现的迭代应用，并且通常需要大量计算。这些方法在处理不同类型的动态数据时通常有困难。另一方面，随机方法，如马尔科夫链蒙特卡罗（MCMC）方法，模拟退火和遗传算法依赖于统计过程。它们收敛缓慢，需要过多的时间才能进行模型校准。由于其公式和相关的计算复杂，它们通常难以同化数据。

表 23.2　两种历史拟合方法的比较

手动历史记录拟合	辅助历史记录拟合
试错过程，耗时	优化流程，高效
参数数量有限	许多参数
一次使用一个参数进行灵敏度分析	一次包含所有参数的灵敏度分析
参数搜索空间有限	参数的宽搜索空间
灵活	由优化工具控制
工程师的合理调整	算法可能不切实际的调整
单一或几个确定性解决方案	多种、可能的、概率的解决方案

储层建模的数据同化需要计算效率更高的算法，这些算法可以通过生成多个看似合理的储层模型来提供不确定性评估；这些方法应具有集成不同类型的数据的能力。Ensemble Kalman 滤波器（EnKF）方法使用蒙特卡罗方法提供了这些功能，以生成与数据相融合的一组看似合理的地下模型（Devegowda 和 Gao，2011）。储层模型是从先前获得的样本统计信息的模型更新的。

在 AHM 中，使用误差的平方和度量构造单个目标函数，以量化观测数据和模拟数据之间的匹配程度：

$$f(\vec{x}) = \sum_i w_i \left[\frac{y_i^{\text{obs}} - y_i^{\text{cal}}(\vec{x})}{\sigma_i} \right]^2 \qquad (23.1)$$

其中，i 表示每组数据，例如，单个井和数据类型（产油量、含水率、井底压力和含水率）；y_i^{obs} 为观测数据；y_i^{cal} 表示使用校准的模拟运行计算的参数；σ_i 为表示数据测量误差的标准差；w_i 为用于特别强调特定数据点的加权因子。历史拟合可以通过使用优化技术最小化目标函数来实现。

在某些情况下，选择一组适当的加权因子具有挑战性。此外，从各种权重因子中可以实现不同的合理拟合。在多目标优化过程中，可以规避权重因素。目标函数分为同步最小化的单个函数，如下所示：

$$F(\vec{x}) = \left\{ f(\vec{x})_1 = \sum \left[\frac{y_i^{\text{obs}} - y_1^{\text{cal}}(\vec{x})}{\sigma_1} \right]^2 , \cdots, f(\vec{x})_M = \sum \left[\frac{y_M^{\text{obs}} - y_M^{\text{cal}}(\vec{x})}{\sigma_M} \right]^2 \right\} \quad (23.2)$$

但是，AHM 工具的应用没有任何按等级调整方法和工程判断，可能会导致过度修改和不符合物理规律的解决方案。已经提出了概率 AHM 过程的结构化方法（Cheng 等，2008）。工作流从所有可能的历史记录拟合参数和范围开始。执行敏感性分析以确定最具影响力的参数。在历史拟合的第一阶段，将具有全局和区域观测数据的客观功能最小化，以拟合关键的全局和区域参数。下一阶段是使用第一阶段参数与精细范围和敏感性分析引入的新参数在较低级别拟合历史数据。最后阶段旨在改进个别井的历史拟合。历史记录拟合参数包括来自所有前几个阶段的参数和新的局部参数。

23.2.2.1　储层模拟模型校准和数据准备

动态模型的初始化涉及从统计模型和工程分析中整合储层特性。综上所述，将静态模型粗化到模拟模型时，应捕获主要非均质性，保持储层的储量和流量。应确定和描述流动障碍及其横向范围。最终从精细网格模型粗化得到的动态模型应具有一致的孔隙度、含水饱和度和渗透率。

当特殊岩心分析（SCAL）数据可用时，可以使用 Corey 的相关性公式（Brooks 和 Corey，1964）和饱和函数端点生成相对渗透率曲线。油—水和油—气系统的相对渗透率和流体饱和度终点可以从数据库中得到。可以使用选定的端点和 Corey 指数生成标准化的相对渗透率曲线。

在没有实验室 PVT 数据（油黏度，溶液 GOR）的情况下，标准文献相关性公式(Tarek，2006）可用于推导流体特性，以输入储层模拟。生产报告应包括初始生产测试数据、API 重度、GOR 及油、水和气的生产数据。已完成的油井的生产测试提供地面流体属性。

动态模拟的其他输入参数包括油水界面和射孔深度以及每口井在完井测试时的油、水和气的产量。井测试数据，包括可用于辅助历史拟合过程的流体生产、吸水、和生产记录图（CHFR，PLT）。这些数据也可以用于检查模型预测的精度。

23.2.2.2 全局范围历史拟合

从结构化的分阶段方法，对全局和区域一级的储层属性进行初步调整。全局和区域调整的过程主要涉及与储层压力或油气区整体能量拟合的问题。这个过程也称为压力拟合阶段。要评估储层的整体能量水平，应确保从储层中所有液体的总产量正确。这可以通过令所有井以储层体积或孔隙流体流量生产（即储层条件下观察到的油、气和水产量的总和）来实现。

要拟合的储层压力可能来自各种来源，静态压力是可靠的来源之一。通过液位测量或井底压力传感器，可以从观察井获得静态压力。对于生产油气井，静态压力可以从压力动态分析（PTA）中解释。PTA 提供测试井泄油区域内的平均储层压力。模拟可以报告井周围多个网格块的平均储层压力，将其与 PTA 静态压力比较。

储层压力的另一个宝贵来源是沿井轨迹获得的压力与深度剖面，使用电缆式地层测试工具（如重复地层测试仪或模块化动态测试仪）获得。这些数据的最佳用途是识别垂直流动障碍或跟踪流体界面的移动。模拟还可以沿井轨迹报告试测的储层压力曲线，以便进行比较。

从本质上讲，压力拟合过程是历史拟合期间的整体物质守恒测试。压力拟合会影响模型行为，例如油藏压力低于气泡点压力时刻、流体膨胀和岩石压实作用。在生产期间，压力应精确拟合。通常，体积参数可以在物质守恒计算中进行调整（表 23.2）。

在历史拟合的压力拟合阶段，对各时间的平均储层压力、区域储层压力和储层压力剖面进行拟合。为了拟合平均储层压力，通常调整的参数是含水体大小和连通性、全局孔隙体积、岩石压缩性和渗透率。在历史拟合的这个阶段，区域储层压力和压力梯度也要拟合。要调整的储层参数包括含水层连通性、储层水平渗透率、断层的传导性和区域孔隙体积。还应该拟合压降或压恢测试（PTA）和电缆式地层测试仪得到的压力。可以调整区域水平渗透率、定向层水平渗透率、孔隙体积和小层的垂直传导性。

图 23.11 显示了通过全局调整含水层大小或体积、储层孔隙度或孔隙体积、岩石压缩性和储层渗透率，在历史拟合过程中对储层压力的影响。

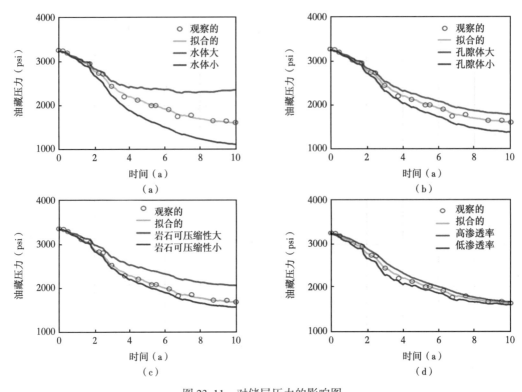

图 23.11　对储层压力的影响图

(a) 含水层大小；(b) 全局孔隙体积；(c) 全局岩石压缩性；(d) 全局渗透率

表 23.3　影响历史记录拟合的参数（据 Gilman 和 Ozgen，2013，修改）

体积参数	流动参数
孔隙体积	流动障碍
含水层	高渗透率区段，流通性断层
孔隙体积压缩性	渗透率分布
流体界面	孔隙度分布
毛细管压力曲线	裂缝属性
划分分区	基质—裂缝交换
流体成分，PVT 属性	渗吸毛细管压力曲线

23.2.2.3　井的历史拟合

良好的全区历史拟合并不意味着单个井的拟合良好，因为不同井的相反误差可能会相互抵消。事实上，当有许多井有生产数据时，单井的历史拟合可能非常复杂。

历史拟合的第二阶段称为详细阶段或饱和度拟合阶段。第二阶段的历史拟合目标是通过评估多相流体在井周围的运动来拟合各个井的生产性能。在第二阶段的历史拟合过程中遇到的问题可能包括生产井产出太少或过多的气或水，生产井见气或水太早或太晚，井底流压过低或过高，有的井不能生产历史数据量的油。

与第一阶段生产井设定为以观测储层体积生产速度进行储层压力评估的历史拟合不同，在第二阶段，建议将油井设置为以主要生产流体的观测速率生产。通过这种方式，储层工程师可以专注于天然气和水生产的历史拟合，因为油生产已经被考虑。但是，定液量生产选项可以在整个历史拟合中使用，包括第一阶段和第二阶段。只是可能需要更多的工作拟合三相的产量，即油、气和水。

一般来说，在第二阶段拟合的井历史包括含水率、生产油气比（GOR）和井底流压（BHP）。储层中流体流动的参数对含水率、GOR 和 BHP 的影响最大。这些流动参数在第二阶段通常根据表 23.3 中的建议进行调整以实现历史拟合。

为了拟合水/气产量或突破时间，必须了解储层中水或气体生产的机制，以便确定适当的拟合参数。例如，如果产水是由来自底驱动含水层的水锥进引起的，或者如果气体生产是由气体盖的气体锥进引起的，则应调查流体的垂直流动。可调整垂直渗透。如果合适，可以修改垂直传导性以表示垂直渗透率障碍，如页岩。此外，分析锥进模型或单井模拟模型可以深入了解历史拟合所需的数据变化。

但是，如果产水是由边水或相邻的注水井的横向水驱造成的，则横向连通性可能是一个主导因素，可以调整区域水平渗透率；因为油藏注水会影响水驱前缘的移动，区域孔隙体积可作为拟合参数。如果在粗化过程中，高渗透率区段和低渗透区段平均，则可能需要调整区域水平渗透率和孔隙体积，以模拟横向连通。

图 23.12 显示了高度分层储层的水驱和强底水锥进现象的历史拟合示例。

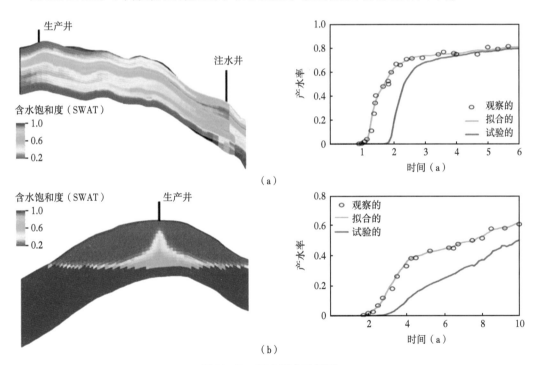

图 23.12　历史拟合示例图

（a）多层油藏水驱过程中，水通过高渗透条带快速驱动，通过调整水平渗透率拟合早期突破时间；

（b）水从强底水层进入井中，修改垂直渗透率以拟合突破时间和含水率

对相对渗透率进行调整应作为最后手段，以拟合井的生产情况，如含水率、GOR 和突破时间。储层网格单元中的相对渗透率曲线影响突破时间，而应用于井的相对渗透率曲线影响含水率曲线的形状。对相对渗透率曲线的更改必须在技术上合理。

井底流动压力（BHP）受多种因素影响，例如近井眼区域内的储层属性（渗透率、净厚度等）、井筒的表皮因子及井周围的储层压力。储层压力、含水率和生产 GOR 充分拟合后，重点可转移到 BHP 拟合。从 PTA 解释的任何有效渗透厚度值和表皮因子都可以应用于模拟模型。油井产液指数（PI）可直接通过乘数进行调整，以拟合流动的 BHP 测量值。

某些油井可能无法以模型中观察到的产油量生产。这些"死亡"井可能是由于低估了孔隙度和/或渗透率造成的。从地质学上讲，其原因可能是高质量储层太少、渗流通道太窄和传导裂缝或断层缺失。可能需要对孔隙体积和渗透率进行重大调整，最好是通过更新或重建模型。

饱和度拟合阶段更加困难，因为拟合单个井的生产所做的调整可能会影响压力拟合阶段已经达到的压力拟合的质量。在为单个井执行历史拟合时，油藏工程师应重新检查储层压力。如果储层压力拟合不再可接受，则可能需要第二次历史拟合过程。

在历史拟合期间，包括压力和饱和度拟合阶段，一般不鼓励对井周围储层属性进行局部调整，因为更改不是基于地质考虑。然而，在实践中，在历史拟合中无法避免局部变化。建议对数据进行等级调整，以减少近井眼区域的修改（Ertekin 等，2001；表 23.4）。

表 23.4　数据调整的层次结构（据 Ertekin 等，2001，修改）

垂直更改	水平更改
1. 全局（所有网格层）	1. 全局（所有网格单元）
2. 储层（垂直堆叠）	2. 储层/含水层
3. 流动单元	3. 储层内的断层
4. 岩相（分层储层）	4. 岩相（水平向岩相）
5. 模拟网格层	5. 区域（井群）
	6. 单井

23.3　模型更新的评论

更新模型是根据储层模拟和历史拟合的新数据或者反馈重建储层模型。更新储层模型可以使地质网格模型和储层模拟模型更加一致，使储层模型常新，用于油气区开发和储层管理。

真实油田生产历史记录大大增加了对储层的了解。反馈功能可用在许多模拟中，帮助工程师和地质科学家提高静态和动态（模拟）模型之间的一致性。对模拟模型所做的更改以拟合区段生产历史记录可以反馈为附加限制数据，以更新地质网格单元模型。反馈过程可以维护储层模型，以尊重初始储层描述数据和油区生产历史记录。对于大型模型，历史拟合中的主要障碍是如何有效地检查和更新地质和岩石物理属性。自动化或半自动化方法可用于快速更新储层模型。储层模型可以在局部或全局更新。

23.3.1　局部更新

在某些情况下，局部更新储层模型是有意义的。例如，当大多数井与历史数据拟合良好且模型经过科学验证时，最好在局部修改模型，关注不拟合的井。此外，当历史拟合的模型存在，并且使用新数据钻取了一口井时，在不更改整个模型的情况下对模型进行局部更新可能是可取的。局部更新模型比全局更新模型具有优势，因为后者可能导致完全重建模型，并重新对所有井做历史拟合；当存在许多生产井时，要求的成本可能非常高。

在执行局部更新之前，应首先调查新数据是否显著改变了沉积概念模型、全局净毛比、孔隙度和流体饱和度的平均值和直方图及渗透率直方图。如果发生重大更改，建议全局更新或重构模型。如果区域或全局范围无重大变化发生，可以定义新数据的影响区域，例如，围绕新的井或有问题的井进行历史拟合，然后更新该区域模型。

23.3.2 全局更新和重建储层模型

当很难拟合大多数油井的历史数据时，储层模型可能需要重建。当有大量新数据可用时，可以全局更新储层模型。例如，已经进行了新的高分辨率三维地震反演，需要使用反演结果来约束岩性和孔隙度模型。所有这些情况都意味着对储层模型的全面重建。理想情况下，只要有新数据可用，模型就更新，因为新的结构数据、新的测井、也许新的岩心和新的压力/移动数据都可以提供额外的认识和进一步理解地下系统。然而，由于对储层整体模型的更新要求很高，完成困难，因此并不经常这样做。实际上，当模型不再有效时，它就会更新，这意味着旧模型提供真实预测的能力已经变得不那么可靠了。模型的有效性可以根据与新生产数据的拟合程度分析。

有一些需要更频繁地更新储层模型的特定实例。例如，在生产优化中，人们侧重于瞬时或接近实时的生产，模型的有效性对重点区域或区段优化生产的能力有直接影响，例如试井过程，模型更新的频度非常高。在生产改造中，人们侧重于中期生产预测，如与完井或水力压裂，模型更新的频率通常相当高。

23.3.3 更新模型时的生产数据集成

生产数据与模拟结果的比较，为地质模型与生产数据更加一致提供了一种机制。当使用生产数据来约束地质网格模型时，可以快速实现历史拟合。整合生产数据、油井测试数据和钻井结果数据到地质和动态模型中，有利于维持地质模型和模拟模型一致性，并形成改进的模拟模型，有利于历史拟合、油藏模拟、油田开发规划和油藏管理。

23.4 总结

粗化储层模型应该对模拟网格优化，以增强精细地质网格模型中的非均质性在粗化模型中的保留，包括结构框架的体系结构，最佳层系组合、横向局部网格优化和岩石物理属性。粗网格模型应保留精细网格模型的孔隙体积、油气原地储量、储层几何特征和流体属性。

从数学上讲，历史拟合是一个病态问题。不应为了将储层模型与历史数据相拟合而拟合，而应该是一个利用综合的多学科方法验证储层模型的过程。

历史拟合可以帮助进一步理解地下地层。不应只关注修改渗透率；初始模型可能无论是局部还是全局都无法准确表示储层属性，因为地质特征表示的不足，如薄层或较宽或较窄的高渗透率通道。在动态模拟中根据新的理解来更新地质网格单元模型可以帮助改善储层的数字表示，优化油区开发。储层模型应不断更新，以用于生产预测和油藏管理。

注：本章由下列作者撰写。张旭就职于斯伦贝谢，休斯敦，得克萨斯州。马元哲就职于斯伦贝谢，丹佛，科罗拉多州。曹仁义就职于中国石油大学（北京）。

参 考 文 献

Alpak, F. O. , van Kats, F. and Hohl, D. 2009. Stochastic History Matching of a Deepwater Turbidite Reservoir. Paper SPE119030 presented at the SPE Reservoir Simulation Symposium, 2-4 February, The Woodlands, TX.

Brooks, R. J. and A. T. Corey. 1964. Hydraulic properties of porous media: Hydrol, Paper 3, Colorado State University, Fort Collins, Colorado.

Cancelliere, M. , Verga, F. and Viberti, D. 2011. Benefits and Limitations of Assisted History Matching, Paper SPE 146278, Proceedings of SPE Offshore Europe Oil and Gas Conference and Exhibition, 6-8 September, Aberdeen, UK.

Cheng, H. , Dehghani, K. and Billiter, T, C. 2008. A Structured Approach for Probabilistic-Assisted History Matching Using Evolutionary Algorithms: Tengiz Field Applications, Paper SPE 116212, Proceedings of SPE Annual Technical Conference and Exhibition, 21-24 September, Denver, Colorado, USA.

Devegowda D. and Gao C. 2011. Reservoir Characterization and Uncertainty Assessment Using the Ensemble Kalman Filter: Application to Reservoir Development. in Y. Z. Ma and P. LaPointe, eds. , Uncertainty Analysis and Reservoir Modeling: AAPG Memoir 96: 235-248.

Ertekin, T. , Abou-Kassem, J. H. and King, G. R. 2001. Basic Applied Reservoir Simulation, Vol. 7. Richardson, Texas: Textbook Series, SPE.

Fanjul, J. P. and Vicente, M. G. 2013. Reservoir Connectivity Evaluation and Upscaled Model Screening Using Streamline Simulation, Paper SPE 164312, Proceedings of SPE Middle East Oil and Gas Show and Conference, 10-13 March, Manama, Bahrain.

Gilman, J. R. and Ozgen, C. 2013. Reservoir Simulation: History Matching and Forecasting. Richardson, Texas, SPE.

King M. J. , Burn K. S. , Wang P. , Muralidharan V. , Alvarado F. , Ma X. and Data-Gupta A. 2005. Optimal coarsening of 3D reservoir models for flow simulation. SPE paper 95759.

Lake L. W. and Srinivasan S. 2004. Statistical scale-up of reservoir properties: concepts and applications: Journal of Petroleum Sci. & Eng. , v. 44, p. 27-39.

Ma, Y. Z. , Gomez, E. , Young, T. L. , Cox, D. L. , Luneau, B. and Iwere, F. 2011. Integrated reservoir modeling of a Pinedale tight-gas reservoir in the Greater Green River Basin, Wyoming. In Y. Z. Ma and P. La Pointe (Eds), Uncertainty Analysis and Reservoir Modeling, AAPG Memoir 96, Tulsa

Mattax, C. C. and Dalton, R. L. 1990. Reservoir Simulation, Vol. 13. Richardson, Texas, USA: Monograph Series, SPE.

Oliver D. S. and Chen Y. 2011. Recent progress on reservoir history matching: a review. Computational Geosci. 15: 185. https: //doi. org/10. 1007/s10596-010-9194-2.

Saleri, N. G. and Toronyi, R. M. 1988. Engineering Control in Reservoir Simulation: Part I, Paper SPE 18305, Proceedings of the SPE Annual Technical Conference and Exhibition, 2-5 October, Houston, USA.

Samantray, A. K. , Dashti, Q. M. Ma, E. D. C. and Kumar, P. S. 2003. Upscaling and 3D Streamline Screening of Several Multi-Million Cell Earth Models for Flow Simulation, Paper SPE 81496, Proceedings of the 2003 SPE 13th Middle East Oil Show & Conference, Bahrain.

Schulze-Riegert, R. W. , Axmann, J. K. , Haase, O. , Rian, D. T. and You, Y. -L. 2001. Optimization Methods for History Matching of Complex Reservoirs, Paper SPE 66393, Proceedings of SPE Reservoir Simulation Symposium, 11-14 February, Houston, Texas.

Tarek, A. 2006. Reservoir engineering handbook, 3rd edition, Houston, Gulf Professional Publishing, 1376p.

Williams, M. A. , Keating, J. F. , and Barghouty, M. F. 1998. The Stratigraphic Method: A Structured Approach to History Matching Complex Simulation Models, SPE Reservoir Evaluation & Engineering, Volume 1, Issue 02.

第 24 章　不确定性分析

"探索未知需要容忍不确定性。"　　　　　　　　　　　*布赖恩·格林*

"尽管我们的智力总是渴望清晰和确定性，但我们的天性往往发现不确定性令人着迷。"

卡尔·冯·克劳塞维茨

摘要：不确定性分析包括不确定性的量化和减少。在资源评价和储层管理中，不确定性普遍存在。储层特征和建模涉及使用有限数据描述储层属性，因此在预测中具有不确定性。最佳储层管理需要精确的储层模型以便详细描述地下地层。同时，生产预测和油田优化需要了解在储层表征和建模中的不确定性。

　　本章涵盖以下主题：不确定性分析中的一般问题、各种储层表征学科的不确定性分析、储量体积不确定性的量化、从静态不确定性评价到动态不确定性分析的转换。另外，还讨论不确定性分析对油田开发方案的影响。

24.1　概述

　　凯恩斯说过"我宁愿含糊其词地正确，也不愿精准地犯错"。这很好地说明了不确定性分析在预测中的重要性。图 24.1 所示的四个预测结果，说明了凯恩斯的观点。人们期望准确而精确（完美的解决方案）；但风险是那可能恰恰是精确地犯错［错误的解决方案；图 24.1（b）］。当问题过于复杂，而数据的质量和数量有限时，这种错误往往发生。应该定义基于项目范围、业务影响和数据可用性的现实目标，以便找到一种相对准确的解决方案（最好比凯恩斯的"模糊地正确"的要好）。

　　从以上分析中，与不确定性分析相关的两个概念是准确性和精确性。预测应该准确，同时相对精确，这通常意味着要降低储层表征和建模的不确定性。更多的高质量数据和更好的建模方法可以有机地集成各种数据，帮助减少不确定性。

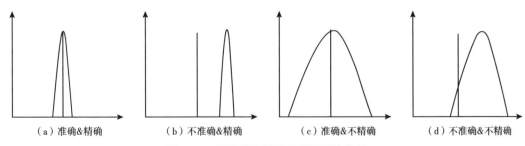

（a）准确&精确　　　（b）不准确&精确　　　（c）准确&不精确　　　（d）不准确&不精确

图 24.1　用准确和精确来表达不确定性

［垂直线条表示事实，曲线表示估计函数（估计值范围）］

24.1.1　不确定性和变化性之间的关系

变化性描述变量的变化程度，如各种地质非均质性或者岩石物理属性的非均质性。地下地层的变异性通常由构造、地层、沉积相、岩性、孔隙网和流体各种尺度的非均质性决定（第8章，第9章，第10章和第11章）。

不确定性与变异性不同，因为不确定性只是我们对关注问题认识不足的结果。它们的不同之处在于，即使参数没有变化性（即常数），不确定性可能仍然存在，因为我们对它一无所知。相反，即使当空间属性具有很高的变化性，当有大量数据可用时，它的不确定性很小。当然，对于给定的数据量，不确定性往往与变异性高度相关，因为高变异性往往导致更多的未知数，从而造成更多的不确定性。储层属性中的高非均质性水平往往导致更高的资源评估和建模不确定性水平。

同样，随机性和不确定性的区别是什么？这是两个虽然相关但非常不同的概念。可以有一个没有随机性的随机过程或自然现象，但有很多不确定性；如果我们没有信息/数据，我们仍然不能准确地描述信号。另一方面，对于纯白噪声（由块金效应描述），如果对其函数的各处都有测量，它就没有不确定性。除了这些极端情况，对于给定的可用数据来说，高随机性确实会导致更多的不确定性。

24.1.2　不确定性和误差之间的关系

有时，文献里把不确定性和误差或差错当作同义词，这是不正确的。事实上，尽管不确定性和差错之间存在密切的关系，但它们本质上是不同的。不确定性表示一个未知状态，它不一定带有任何差错。但是，输入数据中的差错会增加解释储层属性的不确定性。不确定性，反过来，可能在空间预测相同的储层属性或其他相关的属性时潜在地导致更多的错误。在实践中，一些测量可能同时包含差错和不确定性。应该尽可能将两者分开，并且同时，系统地分析它们的来源和传播。储层建模和资源估计的输入数据有时是直接的测量，但在其他情况下，它们是处理和解释的结果。测量、处理和解释中的不确定性和潜在误差应该被描述。

在综合储层研究中，必须消除由任何单个学科或工具引起的系统偏差。例如，需要对不同的井之间的岩石物性进行一致的分析，以便考虑钻孔效应、工具和供应商类型、分辨率差异、深度偏移和其他获取因素。虽然不确定性与随机误差存在于单个学科的结果中，不确定性和误差应该通过减轻系统性偏差而得以最小化。随后，从单学科描述的不确定性用以在资源评估和建模中描述模型的不确定性。

24.1.3　不确定性分析中的信息价值

除了测量不确定性外，推理不确定性也可以解释为一个不够确定的问题。数据越多，不确定性就会越低，这称为信息价值（VOI），这可以使用随机系统显示。彩票抽签类比用于显示在随机建模中尊重数据的重要性（知识箱17.1）。同样的类比可以解释为信息价值可以降低不确定性。

信息价值强调整合的重要性，这通常是准确进行储层研究的关键，因为储层表征通常缺乏硬数据。每个学科都只能"看到"储层的某些方面；精心设计的集成可解决不同数据源之间的不一致性，通过利用来自岩石物理、地质、地球物理和储层工程分析的补充信息。

在储层表征和建模中使用更多的数据来减少不确定性存在陷阱。与彩票不同，储层不是随机的，数据多有时导致更多显现的不确定性。这是因为不确定性最初被低估（经常是由于低估了非均质性）。在许多情况下，基于有限的数据，最初生成的平滑表面和储层模型没有完全描述储层属性的非均质性，并且输入参数的不确定性范围定义得过于狭窄。因此，研究人员错误地认为不确定性很低。当其他数据显示出储层属性的意外值和较大的变化性时，输入参数的不确定性范围增加，然后复合不确定性显著地增加。显然，不确定性首先没有被彻底分析，不确定性空间的定义不现实。在许多情况下，这个问题与采样不足和采样偏差有关。因此，不确定性分析中的信息价值必须考虑数据的采样偏差（第 3 章和第 22 章）和在物理过程和属性中的非随机性（第 2 章和第 11 章）。

24.1.4　已知的已知、已知的未知和未知的未知

在不确定性和风险评估中三种类型的变量有时被区分："已知的已知"，"已知的未知"和"未知的未知"（Girard 和 Girard，2009）。在这里，我们将通过扩展储层建模的含义来不太严格地使用这些术语。已知的已知变量包括岩心和测井数据、岩心和测井对储层属性的直方图以及储层属性之间的经验相关性。已知的未知变量，在原始含义中，是我们知道我们并不知道的变量，但我们可以不太严格地使用它们来表示我们只知道一点的变量。例如，一般地质原理对于特定区域的可用性和用有限数据的直方图描述岩石物理属性的不确定性可被视为已知的未知变量。

严格地说，未知的未知变量是完全不可预测的变量，但可能对结果产生大的影响，它们有时被称为"黑天鹅"（Taleb，2007）。在储层建模中，概念沉积模型的不同解释的不确定性可以不太严格地视为这一类。例如，地球科学家最初可能使用有限的数据将储层沉积环境解释为碳酸盐斜坡，但随着得到更多的数据，沉积环境后来认定为一个碳酸盐平台。

当未知的未知事物占主导时，不确定性分析极具挑战性。重要的是，首先整理一下不确定性分析项目中的已知的已知、已知的未知和未知的未知，然后尝试增加已知的已知数量，同时减少已知的未知和未知的未知数量。例如，通过获取更多数据和使用更好的数据分析方法。当所有输入不确定性都定义良好时，不确定性分析将成为一种敏感性分析，根据输入不确定性范围和分布评估各种可能结果。

24.2　储层表征中的不确定性分析

从前几章可以看出，在储层表征中不确定性无处不在。它存在于各种学科中，包括地震处理、解释、深度转换、岩石物理分析、地质解释、流体界面测定、储层属性的空间分布、断层和压力/体积/温度。除了个别学科的不确定性分析外，综合储层表征和建模在将有限的数据扩展到全区方面也有推理不确定性。储层建模是执行集成不确定性分析的最佳方式。通过分层次工作流程的每个步骤构建的三维模型可能具有不确定性，但是可以量化。

将不确定性分析置于科学过程的框架之下是很有用的。即目标储层变量的不确定性是由输入数据的不确定性和整合输入数据并生成科技成果的推理的不确定性引起的。因此，不确定性分析应包括对输入数据不确定性的分析以及从数据到储层模型的推理不确定性。图 24.2 显示了它们的关系。储层表征中两个常见的不确定性包括与数据关联的和与解释

关联的（不确定性）。

图 24.2 说明输入数据、储层表征和建模过程与输出结果之间的关系。结果的不确定性
是由输入数据的不确定性和推理中的不确定性导致的

24.2.1 测量不确定性

数据的不确定性主要与测量的不确定性有关，尽管数据处理也会导致不确定性（Ma，2010）。国际重量和计量局（BIPM，2009）提出了报告测量不确定性的准则。BIPM 准则的主要原理是"没有测量是精准的"。这些准则建议对测量进行有关不确定性的最佳估计。不确定性通常用测量的分散来定义，可以用概率函数描述，如三角形、正态、对数正态和均匀分布（第 2 章）。与原始数据有关的不确定性与单独学科有密切的联系而且非常特定，此处不予讨论。软数据的不确定性不仅受到采集（测量）的影响，而且经常受到处理和解译的影响。

24.2.2 解释的不确定性

解译本身容易产生偏差，但它是地球科学的重要组成部分，包括地质学、岩石物理学和地震解释。这是因为地球科学家不能直接看到他们正在评估的地下地层。为了获得地下地层的信息，进行测井、地震勘探和地质类比研究。来自这些工具或方法的数据提供了间接和部分的描述，需要解释才能了解地下地层的真实图像。此外，由于地质、岩石物理、地震解释往往受到质量和数量的限制，它们倾向于有认知偏差，如确认偏差（Ma，2010）和框架偏差（Alcalde 等，2017）。一个好的解译可以缩小从获取和处理数据中继承的不确定性的范围，而不准确的解释可能会导致额外的不确定性。

24.2.2.1 地质解释不确定性

虽然尊重数据是储层建模的一项基本原则，但地下属性的地质解释在很大程度上是由地质概念驱动的。仅在一些情况下，数据才可以"自己说话"；在许多情况下，基于相同数据的解释由不同的地球科学家可以非常不同，这显示地质解释的不确定性。由于钻井费用高昂，地球科学家经常面临数据有限的问题，而必须做出假设来构思一个合理的沉积模型。因此，概念模型通常包含重大的不确定性，如第 2 章中提出的解释偏差（或所谓的"检察官谬误"）。图 24.3 显示了在采用沉积模型时的不确定性，其中强调了对占主导地位的岩相带的两种解释。绘制其他主要岩相带也是可能的。解释不同的岩相带会影响储层模型中的岩相比例、孔隙体积和油气储量体积（第 11 章，第 18 章，第 19 章和第 22 章）。

420

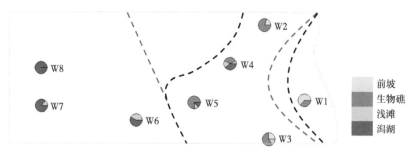

图 24.3　沉积相解释不确定性的例子

对岩相边界的解释并非是唯一的；红色虚线是一套解释，黑色虚线是沉积相的另一组解释，其他的解释也是可能的

　　图 24.4 显示了一个对砂岩连通性的解释不确定性的示例。解释不确定性影响如何建模，以及孔隙度和渗透率在三维储层模型中的分布方式。此外，地层对比的不确定性也会影响地下地层的分层和垂直划定储层，因此毛和净油气体积。

　　地质解释中的其他不确定性包括断层区块之间的依赖关系、岩相类型、其比例和堆叠模式、密封与传导断层及传导性断裂的存在。

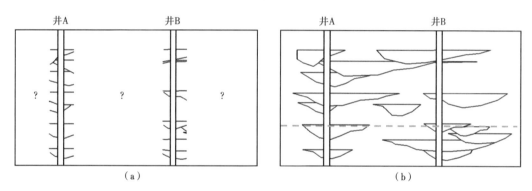

图 24.4　地层对比不确定性示例图

（a）砂体从测井（也可能有岩心数据）在地层对比中的不确定性（形状、尺寸及横向和垂直延伸的不确定性）；（b）许多可能的解释之一

24.2.2.2　地震数据分析和解释的不确定性

　　地震分辨率和数据质量导致解释地层和结构界面以及断层的不确定性。对主导频率为 40Hz 的地震数据，一个从地震波中自动追踪或手动解释的界面可以有 2ms 的偏差。即使主导频率为 70Hz，也可能有 1mm 的偏差。根据地层的速度，这样的偏差将导致深度的偏差。此外，地层的速度往往是地震最大的不确定性之一，这进一步增加深度界面的不确定性。

　　解释的层位不完全与井上的分层吻合。许多因素可能会导致地震解释和井上解释之间的差异，包括井上分层解释的精准性、地震分辨率、地震数据中的假象、解释不准确（自动追踪或手动解释）、速度不确定性和时深转换问题。一般的做法是，储层建模把深度界面调节到井上的分层。然而，这两个学科之间的差异已经说明不可忽略的不确定性和解释的不准确性，问题很可能来自这两者。在老油区，也许有许多口井，从几十到几千口，即使最好的地震处理、制图、速度建模和时深转换也不会与所有的井分层相吻合。强制的吻合会导致非常不规则、地质上不切实际的界面（在界面的井点处向上拉或向下推；第 15 章）。地震测区中可能存在的误差和与井的相对位置的误差（不匹配）可能是其原因。

提高地震解释精度的一个常用方法是使用自动追踪。在良好的零相位数据中，误差可能小到 0.5mm 或更小。但是，如果波峰和波谷移动的波形不一致（通常是叠加速度和静态分辨率低的结果），则断裂面可能不切实际地不规则，这可以导致地质在地图上不准确的表达。

深度转换的潜在误差可能很大。典型的分层速度模型通常是解释性的。即使有许多井控制，速度模型也可能包含重大的不确定性。深度转换完整性的质量控制的一个基本方法是查看每个地层区域速度场是否符合地质。在一致的地层框架中，速度图应具有与构造图类似的外观。地震数据与地质特征的不一致性不一定意味着数据不好，而是可能意味着地震数据测绘的不确定性更高。

构造和地层解释的不确定性影响储层模型构型和体积。这些不确定性是地层的地质解释、地层界面的地震解释及其时深转换引起的。图 24.5 显示了两个解释界面（储层的顶部和底部），使用三角形分布描述不确定性。第 12 章介绍了利用地震属性提取沉积相的例子，其中略有不同的地震输入导致不同的生物礁相带的大小（图 12.5）。

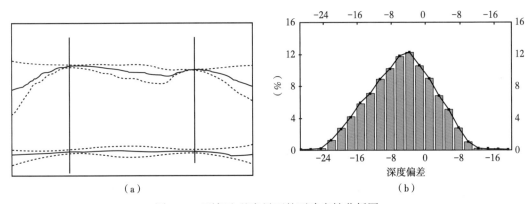

(a)   (b)

图 24.5　顶部和基底界面的不确定性分析图

（a）从地层解释和地震解释得出的顶部和底部界面的可能范围（剖面图），两条实线表示 P50，偏差用虚线曲线围绕实线表示；（b）用三角形分布描述构造面的偏差

24.2.2.3　测井和岩石物理分析中的不确定性

岩石物理分析为综合储层表征和资源评估提供主要输入数据。储层建模者经常假定岩石物理数据是没有不确定性的硬数据，包括最重要的岩石物理数据——孔隙度、含水饱和度、渗透率和矿物成分。这些属性并不总是由测井记录工具直接测量，而是由许多步骤派生得到，包括处理和解释（Theys，1997；Fylling，2002）。原始或处理不当的测井数据可能导致高估或低估岩石物理属性中的数值。测井必须进行校准和环境校正（Moore 等，2011）。测井数据必须与其他数据（如岩心数据、压力数据和流量测试）进行校准。此外，岩石物理属性在岩层内可能有很大差异，分析中的参数选择通常出于多种考虑而进行权衡。所有这些过程都具有不确定性，并导致岩石物理数据的不确定性。

具有不同年代、不同品质和敏感度的工具获取的测井的校对有时可以减少不确定性，但它们也可能会导致更多的不确定性，这取决于它们是如何不同的——互补或冲突，以及它们有多大的不同。数据年份可能是不确定性评估的一部分。例如，页岩校正，用于从旧油井进行有效的孔隙度计算可能比现代测井有更多不确定性。

以孔隙度为例，因为它是油气资源评价最基本的岩石物理参数。孔隙度可以使用多种方法推导出，具体取决于测井的可用性（第 9 章）。测井记录的孔隙度中常见的不确定性与钻孔条件（如发生冲刷）有关。这在密度测井中尤为明显，但即使是中子测井也会受到显著影响。此外，由于压力变化、含水层流体的流入及各种冲刷类型（Moore 等，2011），用于孔隙度估计的流体参数可能有所不同。通常，最好使用两个或三个孔隙度测井来通过平均和交会图方法获得孔隙度。

通过岩石物理分析对岩石物理属性的不确定性进行描述时，可将其用于综合不确定性评价和储层建模。图 24.6 显示了孔隙度和含水饱和度不确定性的三个剖面的例子，包括 P10、P50、P90，可作为储层建模和储量体积评价中不确定性分析的输入。其他关于岩石物理不确定性量化的方法也是可能的。

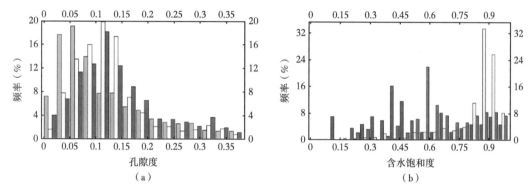

图 24.6　使用多个直方图描述不确定性［每个直方图描述属性的非均质性（而不是不确定性）］
（a）孔隙度（绿色是悲观情况或者 P90，黄色是最有可能的案例或 P50，紫色是乐观情况或 P10）；
（b）含水饱和度（青色是悲观的案例，红色是最有可能的案例，蓝色是乐观的案例）

24.2.3　方案不确定性与统计不确定性的综合分析

文献中经常区分两种不确定性：方案（或情景）和统计不确定性。方案不确定性不同于统计不确定性，因为它往往与现象的物理解释有关。它可以是一个具有更广泛含义的宏观变量。在储层表征中，方案不确定性可能由地质解释的不确定性引起，如替代沉积环境、替代深度图或替代地质模型。方案可能包括模型的可能地质结果和模型中的参数。可以携带进一步的分解，如总体上的高与低净毛比方案。及早识别方案或储层复杂性将有助于确定方案的不确定性。

方案不确定性意味着对有关变量的可能状态的一些了解，因此可以定义多个方案。在实践中，方案不确定性通常通过概率树图表示为离散模型，以考虑替代模型。在某些情况下，方案不确定性可以使用建模方法执行。例如，可以通过不同的相位建模技术实现沉积环境和目标的几何形态，如图 24.7 所示的基于目标建模和序贯指示模拟（SIS）方法。另一方面，不确定性参数通常使用概率分布函数定义（图 24.6 和图 24.7）。

当数据有限时，在选择分布函数之前，学科专业知识对于定义不确定性范围至关重要。通常，学科专家可以给出一个有根据的猜测，即不确定范围的低值、最可能的值和高值，但重要的是使用一致的基础，因为对一些专家的低值、最可能的值和高值可能是 P10、P50 和 P90，而对另一些专家，可能是 P25、P50 和 P75。当低值、最可能的值和高值明确定义后，可以制定概率分布或方案的选择。在一些实验设计中，参数不确定性分为两个或三个层次，如低、中、高，而不是使用概率分布（Hollis 等，2011）。下一节将显示统计不确定性和方案不确定性都可以在三维储层建模的多层次结构工作流程中恰当地处理。

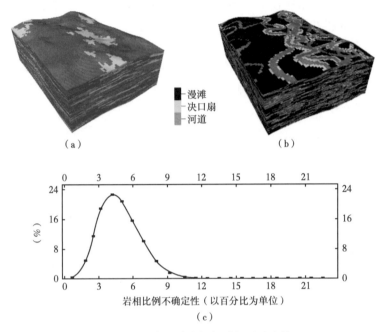

图 24.7　方案不确定性与随机不确定性

（a~b）通过不同的建模技术来模拟方案/情景不确定性的示例；（c）由对数正态分布描述的决口扇（岩相）比例的不确定性（百分比）

24.3　量化储量评估的不确定性

作为油田开发方案制定和油藏管理的重要基础，资源量依据一个油藏变量计算得到的，这些变量从有限的数据解释和模拟得到，带有不确定性。因此，它们通常从有关的输入储层属性中传递而导致复合不确定性。油气体积在资源评价中包括模型总体积、孔隙体积、原地储量、地表储量和可采储量（第 22 章）。这些体积变量的不确定性分析需要分析有关输入变量数据不确定性，并依据有限数据的不确定性扩展推导出整个油田的不确定性。

24.3.1　蒙特卡罗计算体积方法的评判

首先，我们将用一个简单的地下地层孔隙体积计算的例子来研究体积计算的分析参数。孔隙体积（PV）只是三维储层域或关注前景的孔隙度的积分，如下：

$$PV = \int_R \phi(x) d^3x \qquad (24.1)$$

其中，$x = (x, y, z)$描述空间坐标；R 为三维前景或储层域；$\phi(x)$为孔隙度。公式 24.1 可以简化为：

$$PV = V_t m_\phi \qquad (24.2)$$

其中，V_t 为储层的总岩石体积；m_ϕ 为孔隙度的平均值。

现在，如果我们要对孔隙体积进行不确定性分析；应该如何使用公式 24.2 呢？

根据 SPE 关于体积和储量评估的专题会议，多年来，人们错误地用了蒙特卡罗方法评估体积不确定性，因为不正确的输入参数的分布定义（Murtha 和 Ross，2009）。这部分是因为在文献中，有些人把公式 24.2 写成总体积和孔隙度（而不是孔隙度的平均值）所导致。在评价孔隙体积的不确定性时，有些人用孔隙数据的直方图定义了平均孔隙度的概率分布，这等于使用非均质性作为不确定性。应该强调的是，孔隙度数据的直方图描述了孔隙度数据的非均质性（虽然这不一定是孔隙度的总体非均质性，但这是一个不同的问题），而不是孔隙度的不确定性。综上所述，尽管不确定性可能受非均质性的影响，并且它们通常相关，但两个概念根本不同。使用非均质性作为不确定性是不正确的。

从公式 24.2，评估孔隙体积不确定性应该评估孔隙平均值和总岩石体积的不确定性。例如，在图 24.8 中，孔隙度直方图的最小值为 0，最高值为 21%，平均值为 7.3%。考虑一个地下地层，其岩石总体积是固定的，为 $1\times10^8 m^3$。当孔隙度数据的直方图用于描述不确定性时，孔隙体积的不确定性范围将在 $0\sim2100\times10^4 m^3$ 的孔隙体积之间。但是，最低的孔隙体积和最高的孔隙体积都是不现实的。鉴于超过 92% 的孔隙度数据大于 0（图 24.8），体系的总孔隙度不可能为 0。同样，99.8% 数据的孔隙度低于 0.21，所以总计孔隙体积不可能高达 $2100\times10^4 m^3$。$0\sim2100\times10^4 m^3$ 的范围与输入数据相矛盾，最低值和最高值都是站不住脚的。

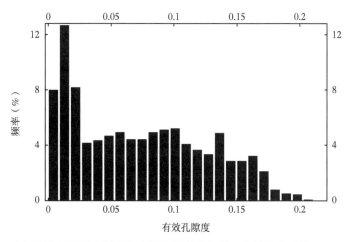

图 24.8　来自 2030 个测井孔隙度样本所建的有效孔隙度直方图（它的平均值为 0.073，标准差为 0.0526）

事实上，使用公式 24.2 评估孔隙体积的不确定性等于评估总体积 V_t 和平均孔隙度的不确定性。当给出岩石的总体积（在实践中，通常由横向边界和垂向界面而确定），评估就降到评估平均孔隙度的不确定性。后者通常小于数据的变化性，具体取决于储层属性的变化性和可用数据的数量。

因此，使用储层属性的样本数据的直方图来定义平均值的概率分布是不正确的。中心极限定理（CLT；第 3 章）指出，当样本空间足够大时，无论样品是如何分布，平均值趋向正态分布，而且其分布具有相同的平均值与降低的标准差，降低到 $\sigma/\mathrm{sqrt}\ (n)$，即样本平均值的标准差等于样品的标准差除以样本计数的平方根。顺便说一句，另一种频繁使用蒙特卡罗体积的实践是主观地定义输入变量的概率分布。更准确的方法是一种平衡的方法，它通过集成分析来定义不确定性，而不是直接使用数据直方图或选择纯粹设想的概率分布。

此外，只使用储层属性的平均值来估计油气体积（这比孔隙体积要复杂一点，因为涉及的变量更多；第 22 章）是不正确，原因有两个：（1）储层是连续场，使用平均值忽略储层属性的非均质性；（2）使用平均值忽略储层属性之间的相关性。只有当储层属性不相关时，使用平均值的体积计算方法才正确。如文献所述（Ma，2018），在蒙特卡罗计算体积方法中用相关性是不准确的，因为使用输入变量的平均值和模拟其相关性的假设是相互矛盾的。

24.3.2　确定输入参数的不确定性

在第 24.2 节中，在提出解释不确定性时我们讨论了不确定性的一些定义。在这里进一步讨论以便进行更系统的分析体积不确定性评估。影响资源体积的输入参数包括地质界面、横向分隔边界、孔隙度、净毛比（NTG）、流体饱和度、流体界面、储层的体积系数（FVF）和采收率。输入数据通常是采集、处理和解释的结果，具有一些假设及参数的选择。每个变量的不确定性应该整合各种不确定性及用统计分布对其进行详细的表达。

储层范围的定义影响储层的总体积，受储层横向分隔界线和垂向范围的影响。垂向范围包括储层的顶部界面和底部界面。这些变量由地质和地震解释决定，其不确定性应根据其解释来确定。如在地质和地震解释的不确定性分析中所示（图 24.4 和图 24.5），岩性并不直接表达在（储量）体积方程中，但其相对比例和空间分布影响净毛比、孔隙度，因此影响估计的体积，可使用概率分布定义相对比例 [图 24.7（c）]。

资源体积由岩石物理属性直接定义。一般来说，两种类型的非均质性和不确定性在储层建模中很重要：包括空间非均质性和不确定性及频率非均质性和不确定性（Ma 等，2011）。对于全区资源储量的不确定性分析，岩石物理属性频率统计的非均质性和不确定性通常比空间非均质性和不确定性更重要。它们可以通过概率函数来描述。孔隙度和含水饱和度的不确定性可以用多个直方图来表示（第 24 章第 2 节第 2 小节）。但是，空间的不确定性和非均质性也很重要，因为它们影响井位和油区发展规划（第 24 章第 5 节）。

通常很难获得多概率分布来描述储层属性的不确定性。一种克服这个问题的方法是使用根据可用数据计算的属性的直方图作为定义不确定性的基础。例如，图 24.6（a）中的 P50 孔隙度直方图被扩展以便定义 P10 和 P90 直方图。此方法中的一个缺陷是边界效应。含水饱和度通常具有偏斜分布，最小值等于 0，最高值等于 1。岩石物理分析师经常用±1或者±2p.u.（孔隙度单位，1p.u. 表示百分之一的孔隙度为 1%）的偏差来描述孔隙度不确定性。这将导致（在 P90 中的）一些负孔隙度值。同样，在此方法中，含水饱和度可能超过 100%。避免这些非物理值的一种简单方法是对最小值和最大值应用截断。另一种方法是使用基本情况平均值的乘法。例如，对于平均孔隙度为 0.1 的数据集，乘数（0.9，1.1）大约等效于 ±1p.u.，但不会造成负的孔隙度值。

流体界面是影响油气体积估计的另一个变量。流体界面的解释，包括油水界面（OWC）、油气界面（OGC）和气水界面（GWC）可能模棱两可，这就是为什么地球科学家有时定义"油下降到"或"水上升到"，而不是定义特定界面。流体界面的不确定性影响流体饱和度的建模方式，并影响油气体积估计（第21章）。流体界面中的不确定性可以通过概率分布来描述。油水界面的不确定性通常是不对称的。图24.9显示了使用对数正态分布定义油水界面不对称的不确定性。

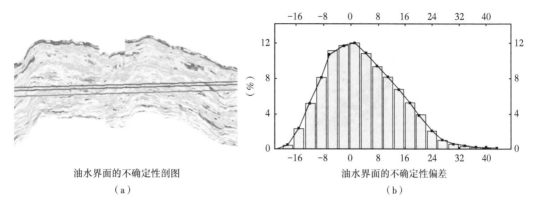

油水界面的不确定性剖图

（a）

油水界面的不确定性偏差

（b）

图 24.9　油水界面不确定性分析实例图

（a）油水界面的不确定性分析（剖图）。上线表示油水界面的悲观的可能深度，中线表示最大可能的油水界面，下线表示乐观的油水界面的深度；（b）用一个合成三角形（-25、-5、10）和对数正态（1，2）的分布的组合函数来描述油水界面的不确定性偏差

24.3.3　确定输入变量相关性的不确定性

储层变量之间的依赖性会对油气体积产生显著影响。在实践中，一个常见的疏忽是隐形相关性。不管变量的相关性是否被显式模拟，它们可能会有一定的相关性，尽管很小，但不一定可以忽略不计。这可能导致不准确的油气体积估计，或者过高或者过低。

在基于三维模型的随机框架进行体积估计时，可以模拟岩石物理变量之间相关性的不确定性。孔隙度和含水饱和度（S_w）在评估油气体积时尤为重要；一般来说，它们的相关性的程度有不确定性。评估相关性的不确定性应该是体积不确定性工作流程的一部分。考虑图24.10显示的孔隙度和含水饱和度的关系；从测井用阿尔奇（Archie）方程产生含水饱和度和孔隙度的相关系数为0.92，但基于岩心数据，这两个属性的相关系数为0.65。即使排除了异常值，基于岩心数据的相关系数为0.7。这一相关性差异对油气体积的估计有显著影响，这可在敏感性分析中进行评估（第24章第3节第6小节）。

24.3.4　量化基于三维模型的体积不确定性

每个储层表征学科都有其自身的数据不确定性和推理不确定性（第24章第2节）。由于各个学科为储层建模提供数据，因此各个学科中的不确定性通常成为储层建模的输入的数据不确定性，即使它们最初可能代表数据的不确定性和学科推理的不确定性。储层建模中主要推理不确定性更多地与"数据到模型"的不确定性有关。因为数据通常只代表从资源区段取样的一小部分，预测总是会带有推理不确定性，使用有限数据对整个区段或其部分区段进行建模始终涉及预测中的不确定性。简而言之，建模中的不确定性包括输入数据的不确定性传播在建模中及从有限数据到全区三维储层模型的推理不确定性。在基于三维建模的体积不确定性量化时，建模层次结构的每个步骤的不确定性（图14.2）必须进行评估和整合。

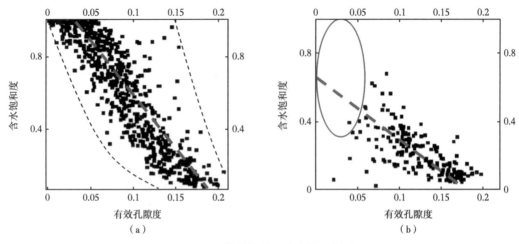

图 24.10　相关性的不确定性示例图

（a）基于油水界面上方几千个测井数据（并非所有数据都显示）的含水饱和度和孔隙度的交会图。含水饱和度源自阿尔奇（Archie）方程。尽管有一些异常值，相关系数还是非常高，为 0.920。直线是主轴线性回归，两条虚线曲线表示区段范围数据可能存在较低的关系带（即在总体中未知的数据）；（b）基于岩心样本的含水饱和度和孔隙度的交会图，相关系数为 0.652。排除几个异常值（一些孔隙度和含水饱和度都低的数据），相关系数为 0.703。请注意低孔隙度缺失值。如果把岩心数据校准的测井数据显示低孔隙度值，孔隙度和含水饱和度之间的真实相关性应该要高一些

　　由于通常不可能通过不确定性工作流程对输入变量的物理重要性进行排序，因此在执行不确定性分析之前必须定义基准案例。对不确定性量化的物理理解是定义基准方案的关键。当使用三维建模进行体积不确定性评估时，基本物理参数是分层建模工作流程中的属性，包括储层界面、模型边界、岩性、孔隙度、含水饱和度和流体界面。

　　在不确定性工作流程中，每个参数的不确定范围都根据基准方案定义，但不确定范围不是由基准案例决定的。在设置基准案例时，建模者应全面分析数据，尽最大努力整合所有数据，而不是构建随机性过多的模型，而对地质和其他有关的数据的不确定性却不完全纳入。基准案例并不一定会推动 P50 不确定性模型等同于它。实际上，储量体积的不确定性是由工作流程中影响体积的所有输入参数的定义所决定的。

　　在第 14 章中显示的分层次建模工作流程的框架下，三维模型方法中对体积不确定性的第一级别不确定性是结构不确定性，后者决定着储层的总体范围和模型框架。这些包括顶部和底部界面以及其他重要的界面和断层，这些界面和断层把高储层质量区与低储层质量或非储层区分开。第二级别的不确定性是沉积相和岩性，它们受沉积环境的影响很大。这种不确定性也可以包括净毛比，尤其是当净毛比是基于岩性来定义的情况下。第三级别的不确定性涉及岩石物理属性，即孔隙度和含水饱和度。第四级别的不确定性与流体分布的界面有关，即用于体积评估的油水界面和气水界面或者油气界面。第五级别的不确定性包括储层体积系数，如果可采收储量也估计的话，还有可采收率。图 24.11 显示使用基于三维建模方法的体积不确定性的量化工作流程。

　　除了根据属性的地质和岩石物理顺序分层次地在建模中模拟非均质性外，还可以在该方法中模拟输入变量的相关性。综上所述，孔隙度和含水饱和度之间的相关性在评价油气体积方面很重要，而且此相关性的程度通常存在着不确定性。

428

与采用经典方程的蒙特卡罗方法相比，基于三维储层模型的体积不确定工作流程具有以下优点：

（1）（储量）体积评估中的每个实现都尊重测井数据，除非数据被定义为带有不确定性。

（2）输入变量的直方图是由数据客观地构建的，每个直方图描述各变量的总体非均质性。不确定性可以根据非均质性来定义，但它们是不同的，是可以区别地对待的。

（3）如果采样有偏差，则输入变量的直方图可以去偏（第 3 章和第 19 章），这减轻了建模的不确定性。

（4）地质和岩石物理非均质性是通过地质建模模拟，而不是使用岩石物理属性的平均值。

（5）输入变量之间的依赖及相关性可以通过地质变量和岩石物理变量的层次和随机协同模拟来基于物理特征进行建模。

（6）多学科整合，包括地震解释中的不确定性分析、岩相的地质解释和地层相关。

（7）可以选取其中的一些模型做进一步分析或实际用途，也可以将静态不确定性分析转换在动态不确定性分析中。相比之下，蒙特卡罗体积不确定法不产生储层模型。

使用基于三维模型的方法的一个缺点是需要构建精细的三维网格，其计算成本要高一些。

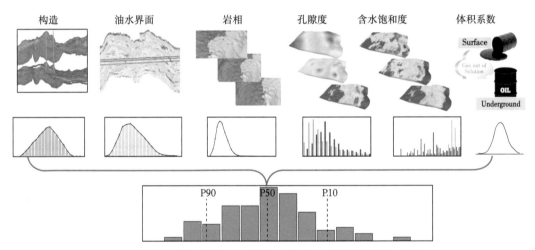

图 24.11　基于模型的资源（储量）体积不确定性评估的工作流程

24.3.5　评估不确定性量化的结果

储层或勘探前景的各种体积包括（研究区）岩石体积、孔隙体积、净孔隙体积、油气体积、储量（STOIIP）和可采储量，其不确定性可以用概率分布进行量化。在这一点上，基于三维模型方法的不确定性的概率报告表达式与蒙特卡罗方法相同。图 24.12 显示一个油气体积不确定性描述的示例。从这一不确定性的概率描述，很容易得出任何概率标记，如 P90、P50 和 P10。也可以计算超过临界体积阈值的概率。

在有关蒙特卡罗方法使用的文献中，研究者介绍了一些基本的概率理论来分析不确定性的分布形态。其中包括由于中心极限定理（Papoulis，1965）而得出多个随机变量相加产生正态分布和许多变量的相乘产生对数正态分布（Aitchison 和 Brown，1957）。在基于三维建模的方法中，尽管这些概率定律在计算过程中发挥作用，但是，最终的体积不确定性描述的形态更多地受各个输入变量的分布、其关系和其他规范的影响。当实的模型现数量不太大时，不确定性直方图将不会平滑。

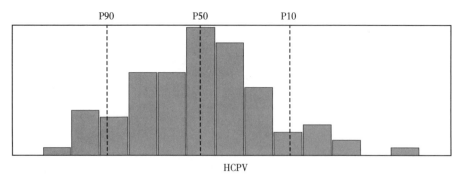

图 24.12　从基于三维建模的工作流程计算的油气体积不确定性示例

24.3.6　输入变量不确定性的敏感性分析

在分析各种体积对输入变量的敏感性时，首先应该区分输入变量对体积的相对重要性与它们的不确定性对体积的相对影响之间的差异。前者由其物理关系所决定，不能由不确定性工作流程来确定。可以在一些在技术性会议上看到人们演示常犯一个错误，就是把输入变量对体积的重要性进行排名。事实上，只能评估输入变量的不确定性对体积的相对影响。顺便说一下，这也是定义基准案例的原因。输入变量对体积的重要性只能由物理关系来表示（公式 22.1～公式 22.5）。

在不丧失一般性的情况下，这里讨论油气体积对孔隙度、含水饱和度及其相关性的敏感性进行分析。在图 24.13 的例子中，含水饱和度的不确定性对油气体积的影响最高，孔隙度不确定性的影响最小。这并不意味着孔隙度对油气体积的重要性低于含水饱和度，而它仅意味着含水饱和度的不确定性较高，并且具有对油气体积的不确定性的影响大于孔隙度的不确定性。

此外，研究人员传统上专注于分析输出对物理变量的敏感性，如孔隙度和含水饱和度，而不是它们的相关性。通常，输入变量被隐式地假定为独立，而对输入变量相关性的影响进行调查被认为是困难的，甚至是不可行的。仅一些有限的研究提出了分析线性回归和体积评估中的相关输入变量的相对重要性的方法（Gromping，2007；Martinelli 和 Chugunov，2014）。但是，基于三维模型的不确定性方法的一个优点就是能够直接对相关性的不确定性的相对重要性与物理属性的不确定性进行比较。在以上示例（图 24.13）中，相关性不确定性排序低于含水饱和度的不确定性而高于孔隙度的不确定性。

基于三维模型的工作流程在储量体积不确定性分析中的另一个陷阱是基准案例模型的构建。一些人批评基准案例模型的要求是该方法的缺点，因为 P50 模型是由基准案例模型驱动的。事实上，P50 模型可以与基准案例模型非常不同，这主要取决于输入参数中定义的不确定性分布及如何定义基准案例模型。在图 24.13（a）中，P50 模型的储量低于基准案例模型。另一方面，在图 24.13（b）所示的示例中，P50 模型的油气储量体积比基准案例模型高得多。这是因为图 24.13（b）中的基准案例代表经典体积计算，忽略了孔隙度和含水饱和度相关性。简而言之，基准案例模型只是一个参考模型，它可以是一个代表性模型，也可以是一个基于有限数据构建并用于评估的平均模型。敏感性分析的目的是分析目标变量对输入变量变化的敏感度。显然，只要有可能，人们就更应该尽量使用接近事实的基准案例模型。这样，敏感性分析更容易解释，而且可以更有效地评价和管理不确定性。

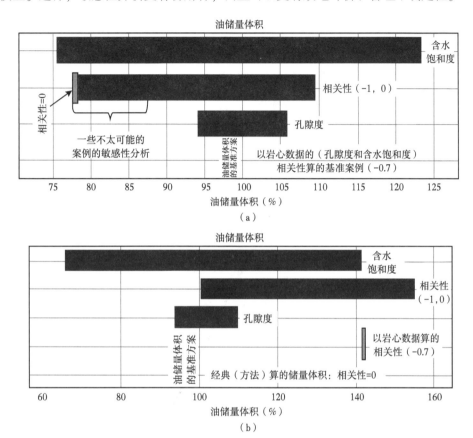

图 24.13　油气储量体积对输入变量的不确定性及其相关性的不确定性的敏感性分析图
（a）基准案例模型使用从岩心数据计算的孔隙度和含水饱和度之间的相关性，为-0.7。经典体积计算的储量只
是基准案例模型的78%的油气储量；（b）基准案例模型是经典油气体积，代表孔隙度和含水饱和度之间的相关
性为0。基于岩心数据的相关性 -0.7 的模型代表的油气储量比"基准案例"的油气体积多42%

24.4　从静态不确定性评估到动态不确定性评估

储层表征中的不确定性分析还包括将储层模型中的地质不确定性传递到油藏（生产）性能预测中（Ballin 等，1993），处理地质和工程不确定性的历史拟合（Holtz，1993；Amudo 等，2008），以及使用模型更新与生产数据一体化以便降低和量化不确定性。由于动态模拟工作量很大，以及静态模型处理不确定性空间的可能数量很大，对静态模型进行排名是储层管理中预测生产特点不确定性分析和风险分析的前提。有几种提出过的处理多维排名和静态不确定性传输到动态不确定性的方法（Deutsch 和 Scrinivasan，1996；Caers 和 Scheidt，2011），包括实验设计（Hollis 等，2011）、逐渐变形（Hu 等，2001）、替代的近似模型（Vanegas 等，2011）、卡尔曼滤波器（Devegowda 和 Gao，2011）和线性工作流

程（Thiele 和 Batycky，2016）。

24.4.1　在不确定性空间验证和选择模型

将静态建模的不确定性分析传输到动态建模中是一个广泛的课题。首先，由于综合的地球科学分析所描述的不确定性空间巨大，动态模拟不可能从综合地球科学分析所描述的不确定性空间执行每个可能的情况，而是需要选择数量有限的静态模型。从许多实现的模型中选择模型用于动态模拟可能极具挑战性，因为对相同的油气体积模型的选择并非是唯一的组合（图 24.14）。例如，油气储量体积的 P50 一般不是由孔隙度的 P50、含水饱和度的 P50 和储层体积系数的 P50 的模型组成的。油气储量体积的 P50 可以是孔隙度的 P10、含水饱和度的 P90 和储层体积系数的 P55 模型形成，或者孔隙度的 P70、含水饱和度的 P40 和储层体积系数的 P60 的模型形成等。当涉及许多输入变量时，这是一个普遍的反向（非唯一性）问题。

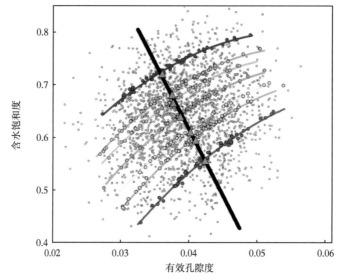

图 24.14　从油气储量体积不确定性的结果建的平均含水饱和度和平均
有效孔隙度之间的交会图（灰色小圆点）
由于有效孔隙度和含水饱和度的不确定性被定义为准正态分布，结果的分布在密度中向中心增加。颜色是油气体积的概率标记（蓝色：P10；水蓝：P25；青绿色：P33.3；绿色：P50；黄色：P66.6；橙色：P75；红色：P90）。
彩色趋势线对应于点的颜色。每个颜色编码的案例的平均有效孔隙度和含水饱和度值绘制为灰色三角形。
黑色趋势线表示通过三角形的最佳拟合。靠近这些交叉点的案例是更具代表性的案例

预测精度使得选择具有一定储量体积的模型的复杂性变得更加复杂。事实上，预测通常试图通过平衡正确的阳性和正确的阴性相对于假阳性和假阴性来提高准确性（Ma，2010）。有些不确定性案例显然是误报，不应选择它们进行动态模拟。模型的选择应平衡所有基本的覆盖范围，同时避免选择"不可能"的情况。

Belobraydic 和 Kaufman（2014）提出了一种方法，在一个非常规的储层中可以使用类似的油气体积结果来定义孔隙度和含水饱和度的不确定性的概率函数集，用以避免选择"不可能案例"来缓解此问题（图 24.14）。各个案例按概率分组以便用于表示案例的常见值（即 P10、P25、P33.3、P50、P66.6、P75 和 P90）。分组概率以孔隙度和含水饱和度

求平均值，以确定概率中点。最接近最佳趋势线的情况被认为更具代表性，这样可以避免选择更极端的情况。

24.4.2 从静态模型到动态模拟的标定中的不确定性分析

从前面描述的过程中，可以选择合理数量的静态模型，以便平衡不确定空间的覆盖和动态模拟的可行性。通常，选择三到五个静态模型，如 P10、P30、P50、P70 和 P90。这些模型用于表达地球科学中的不确定性。在评价储层性能不确定性时，要将静态不确定性与动态属性定义的不确定性相结合。

具有不确定性的动态属性通常包括断层传导性乘数、压力、体积、温度、饱和度函数和生产方案。尽管流体界面已纳入静态建模，但在动态建模中可能会进行修改。动态属性不确定性通常由概率标记（如 P10、P50 和 P90）来描述。描述动态属性不确定性的完整概率分布是困难的，原因有二：缺乏数据和无法对许多模型执行动态模拟。表 24.1 显示了使用 P10、P50 和 P90 对常见动态属性定义的不确定因素的一个示例。

表 24.1　常见动态属性的不确定性定义示例

	P10	P50	P90
流体界面（ft）	5800	6000	6200
断层传导性乘数	0.8	2	5
溶液中气油比（m^3/t）	0.8	1.2	2
压实表	低	中	高
垂直渗透率与水平渗透率的比率	0.02	0.1	0.5
不可降低的含水饱和度	0.125	0.25	0.4
井下底部压力（bf/ft^2）	400	600	1000

所选静态模型可通过生产历史的拟合对其岩石物理属性进行校准。历史拟合将静态模型与油藏工程参数集成，通常包括断层的可导性、压力、体积、温度和流体饱和度函数。由于其综合性能及生产数据的拟合，历史拟合可以缩小大多数参数的不确定性范围。虽然它不能准确地告诉每个参数应该是什么，它可以排除许多不可能的情况。因此，可以显著降低不确定性空间。如此，P50 模型的大多数参数通常是使用历史拟合来定义的；P10 和 P90 在有关参数的合理范围内定义，这些参数可以完全拟合或大致拟合历史记录。生产数据、实验测量或经验都用于确定参数的不确定性范围。例如，溶液中气—油比的基准值来自某些油井的历史拟合，但是可以因油田的不同区域而异，溶液中气—油比的可变性范围可以从整个区的观测值中获得。当然，参数的不确定性与其可变性有关；但是它们不是一回事，详细定义一个参数的不确定性范围相对于其可变性和数据的可用性是最合理的方法。

由于许多地球科学学科的不确定性通常纳入静态建模中，静态模型通常位于不确定性"龙卷风"图的顶部（图 24.15）。这也意味着整合多个地球科学学科在减少不确定性和明智地选择可靠的静态模型作为动态模拟的输入的重要性。

历史拟合并非唯一，导致生产预测的不确定性。现场开发规划必须考虑历史拟合后的剩余不确定性。

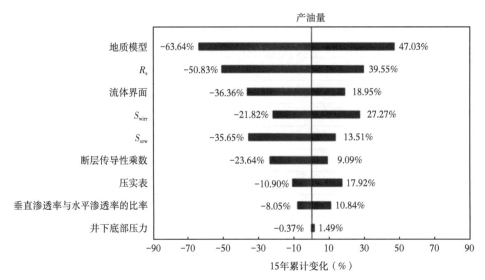

图 24.15　不确定性分析的"旋风"图

R_s 是溶液气油比，一个压力体积温度参数；S_{wirr} 是不可降低的含水饱和度；

S_{orw} 是残余油饱和度，即岩石饱和度函数的极点；K_V/K_H 为垂直渗透率/水平渗透率

24.5　油田开发方案编制中不确定性分析的讨论

企业决策使用不确定性评估是通过应用于风险分析，风险有两个组成部分：不确定性和决策后果，因为决策通常是在不确定性下进行（Bailey 等，2011）。其他条件一样的情况下，不确定性越高，风险越高。但是，风险有时可能很高，即使不确定性较低，反之亦然，因为决策的结果可能不同。例如，油气储量体积有限、储层属性变化小的小型油藏往往具有相对较小的不确定性，但投资风险可能相当高。另一方面，储量大且岩石物理属性变化率高的油田可能具有较高的不确定性，但是如果可靠预测中的最低储量超过经济门槛，则风险相对较低。当经济阈值落入 P50 或更低的模型时，可能需要更多的数据和进一步研究，以降低投资决策的不确定性。

在油田开发方案编制和油藏管理中，信息价值和"信息成本"（COI or Cost Of Information）一般一起分析。信息价值和信息成本之间的差异称为"信息净值"（NVOI）。在储层表征中，一些经常出现考虑信息价值和信息成本的问题包括：（1）获取更多高质量的地震数据、钻新井以划定储层或远景、从钻井中取更多的岩心及对更多的井进行测井。通常，当信息价值超过信息成本时，值得获取新数据。更多的数据和改进的研究可以帮助更准确地储层表征，减少不确定性。

储层建模和模拟可以帮助优化开发一个油田，以降低大型资本投资的风险。生产预测和最佳开发油区要求了解储层表征的不确定性，以便用于业务决策分析。资源开发项目有时由于在描述地下非均质性方面的缺失、缺乏对资源估算的不确定性分析、储层管理中缺乏进行风险缓解而失败。从资产生命周期的各个阶段，在生产预测和油田开发成本上的不确定性应该使用集成的方法和考虑非均质性进行量化，以便改进储层管理（Meddaugh 等，2011）。

对于大型复杂储层油田的开发，在油田开发规划中应严格遵循不确定性分析过程（图24.16）。地质特征的不确定性对储层油气储量生产的动态预测有影响。需要考虑储层生产预测的不确定性，以管理油田开发和资本投资的风险。其中，从多个实现中说明油气体积和流动行为的不确定性，在石油生产预测方面差异很大（图24.17）。

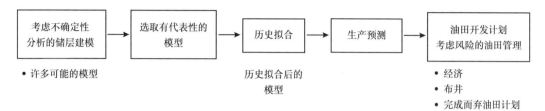

图 24.16　从基于三维模型的不确定性分析到油藏管理

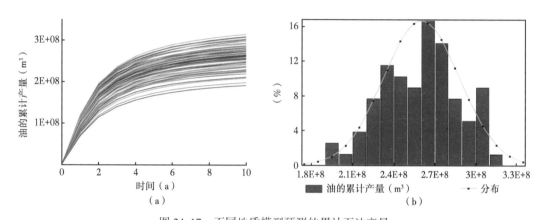

图 24.17　不同地质模型预测的累计石油产量
（a）从不同地质模型预测的累计石油产量；（b）累计油产量的直方图和分布

正如我们前面所说，在全油田的储量体积不确定性评估中，储层属性的频率分布影响较为大。在一个油田的优化开发中，空间非均质性和不确定性变得更加重要。由于空间非均质性，从油田范围内不确定性分析中选择的 P50 模型通常不是区段的 P50 模型，P10 或 P90 模型也是如此。无论使用静态属性（如油气储量体积）、使用动态属性或者使用静态和动态组合的度量，即使储层属性是平稳的，也是这样；但是当储层属性非平稳时，差异会更大。简而言之，空间非均质性使得最佳开发变得困难。然而，耦合不确定性分析和储层建模仍然是改善储层管理最有希望的平台。此外，基于三维模型的不确定性分析过程很重要，而且基于新数据、新解释、生产反馈和历史拟合频繁更新模型也很重要（图24.16）。

图 24.18 说明了一个修改的研究示例，该模型具有更新的模型，有助于更好地了解储层属性的空间分布。由于新模型和先前模型在储层空间分布上的差异，由于非均质分布和局部不确定性，对两个模型的开发方案应该有所不同。例如，基于修改后的模型进行择优钻井可能是更好的开发方案。

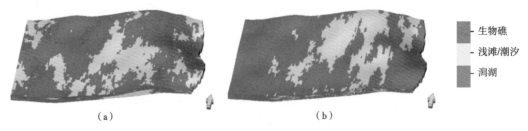

图 24.18　岩相建模示例图

（a）没有整合地质概念模型而构建的岩相模型；（b）用新数据和整合地质概念模型而构建的岩相模型

24.6　总结

从岩心、测井和岩石物理分析中推导出岩石和物理属性都需要合理的解释。地质、地震和岩石物理解释都有不确定性。解释不确定性影响资源评估和建模。

油气资源不确定性的量化包括使用统计分布对输入参数不确定性的确定。与蒙特卡罗方法相比，基于三维建模的储量体积不确定性评估具有许多优点，因为它能够整合多种地球科学学科进行分析。

地球科学的不确定性评估被传递到动态模拟中，用于历史拟合，从而考虑所有重要的不确定性。在储层建模框架中对不确定性进行综合分析，可以进行更好的油田开发方案设计和油藏管理。

注释：本章的作者包括 Y. Z. Ma（马元哲），W. R. Moore，D. Phillips，Q. Yan，M. Belobraydic，E. Gomez，O. Gurpinar 和 X. Zhang（张旭）。张在斯伦贝谢的得克萨斯州休斯敦。所有其他作者都位于科罗拉多州丹佛的斯伦贝谢。

参 考 文 献

Aitchison, J. and Brown, J. A. C. 1957. The lognormal distribution, Cambridge University Press, Cambridge, UK.

Amudo, C., T. Graf, N. R. Harris, R. Dandekar, F. Ben Mor and R. S. May. 2008. Experimental design and response surface models as a basis for stochastic history match – A Niger Delta experience, IPTC 12665, International Petroleum Tech. Conf., 3–5 December 2008, Kuala Lumpur, Malaysia.

Alcalde J., Bond C. E. and Randle C. H. 2017. Framing bias: The effect of figure presentation on seismic interpretation. Interpretation 5 (4), T591–T605.

Bailey, W. J., B. Cou? t and M. Prange. 2011. Forecast optimization and value of information under uncertainty, In Ma Y. Z. and La Pointe P. (Eds), Uncertainty Analysis and Reservoir Modeling, AAPG Memoir 96, Tulsa.

Ballin, P. R., Aziz, K., Journel, A. G. and Zuccolo, L. 1993. Quantifying the impact of geologic uncertainty on reservoir performance forecasts. Paper SPE 25238.

Belobraydic M. and P. Kaufman. 2014. Geomodeling unconventional plays: Improved selection of uncertainty cases: Presented at the Unconventional Resources Technology Conference. doi: 10. 15530/URTEC – 2014 – 1922075.

BIPM. 2009. Evaluation of measurement data – An introduction to the "Guide to the expression of uncertainty in measurement" and related documents, Joint Committee for Guides in Metrology, JCGM 104: 2009, 28p.

Caers, J. and C. Scheidt. 2011. Integration of engineering and geological uncertainty for reservoir performance prediction using a distance-based approach, in Y. Z. Ma and P. LaPointe, eds. , Uncertainty Analysis and Reservoir Modeling: AAPG Memoir 96, 191-202.

Deutsch C. V. and Srinivasan S. 1996. Improved reservoir management through ranking stochastic reservoir models, SPE paper 35411, SPE/DOE 10th Symposium on Improved Oil Recovery, Tulsa.

Devegowda and Gao. 2011. Reservoir Characterization and Uncertainty Assessment Using the Ensemble Kalman Filter: Application to Reservoir Development. in Y. Z. Ma and P. LaPointe, eds. , Uncertainty Analysis and Reservoir Modeling: AAPG Memoir 96: 235-248.

Fylling, A. 2002. Quantification of petrophysical uncertainty and its effect on in-place volume estimates: Numerous challenges and some solutions. SPE Annual Technical Conference and Exhibition, San Antonio, Texas. SPE-77637-MS.

Girard J. P. and Girard J. L. 2009. A leader's guide to knowledge management. Strategic Management Collection, Business Expert Press, New York.

Gromping, U. 2007. Estimators of relative importance in linear regression based on variance decomposition, The American Statistician, 61 (2).

Hollis C. , et al. 2011. Uncertainty management in a giant fractured carbonate field, Oman, using experimental design, In Ma Y. Z. and La Pointe P. (Eds), Uncertainty Analysis and Reservoir Modeling, AAPG Memoir 96, Tulsa.

Holtz, M. H. 1993. Estimating Oil Reserve Variability by Combining Geologic and Engineering Parameters. Society of Petroleum Engineers. doi: 10. 2118/25827-MS.

Hu, L. Y. , G. Blanc and B. Noetinger. 2001. Gradual deformation and iterative calibration of sequential stochastic simulations, Math Geology 4: 475-489.

Ma, Y. Z. 2018. An accurate parametric method for assessing hydrocarbon volumetrics: revisiting the volumetric equation. SPE Journal: paper 189986.

Ma, Y. Z. 2011. Uncertainty analysis in reservoir characterization and management: How much should we know about what we don't know? In Ma Y. Z. and La Pointe P. (Eds), Uncertainty Analysis and Reservoir Modeling, AAPG Memoir 96, Tulsa.

Ma, Y. Z. 2010. Error types in reservoir characterization and management, J. Petrol. Sci. & Eng, doi: 10. 1016/j. petrol. 2010. 03. 030.

Ma, Y. Z. , Seto, A. and Gomez, E. 2011. Coupling spatial and frequency uncertainty analyses in reservoir modeling: Example of Judy Creek Reef Complex in the Late Devonian Swan Hills, Alberta, Canada, AAPG Memoir 96: 159-173, Tulsa.

Martinelli G. and Chugunov N. 2014. Sensitivity analysis with correlated inputs for volumetric analysis of hydrocarbon prospects. In the Proceeding of ECMOR XIV- 14th European Conference on the Mathematics of Oil recovery.

Meddaugh, W. S. , Champenoy, N. , Osterloh, W. T. and Tang, H. 2011. Reservoir Forecast Optimism - Impact of Geostatistics, Reservoir Modeling, Heterogeneity, and Uncertainty. Society of Petroleum Engineers. doi: 10. 2118/145721-MS.

Moore W. R. , Y. Z. Ma, J. Urdea and T. Bratton. 2011. Uncertainty analysis in well log and petrophysical interpretations, In Ma Y. Z. and La Pointe P. (Eds), Uncertainty Analysis and Reservoir Modeling, AAPG Memoir 96, Tulsa.

Murtha, J. and Ross, J. 2009. Uncertainty and the Volumetric Equation. Society of Petroleum Engineers. doi: 10. 2118/0909-0020-JPT.

Papoulis, A. 1965. Probability, random variables and stochastic processes, McGraw-Hill, New York, 583p.

Powerball. 2018. www. powerball. com/games/home, last accessed September 6, 2018.

Taleb, N. 2007. The black swan: The impact of highly improbable, Random House, New York, 366p.

Theys, P. 1997. Accuracy — Essential information for a log measurement, SPWLA 38th Annual Logging Symposium, Paper V.

Thiele, M. R. and Batycky, R. P. 2016. Evolve: A Linear Workflow for Quantifying Reservoir Uncertainty. Society of Petroleum Engineers. doi: 10. 2118/181374-MS.

Vanegas, J. W. , L. Cunha and C. V. Deutsch. 2011. Proxy models for fast transfer of static uncertainty to reservoir performance uncertainty, in Y. Z. Ma and P. LaPointe, eds. , Uncertainty Analysis and Reservoir Modeling: AAPG Memoir 96, 203-216.

总附录：练习和问题的解决方案和扩展讨论

第 2 章

（1）在由石灰岩和白云岩组成的一个碳酸盐岩地层中，整体解释的白云岩占地层的40%，解释的石灰岩占地层的60%。白云岩的解释准确度为100%，石灰岩的解释准确度为80%。估计地层中的白云岩的真实比例。

答案：让 x 为白云岩的真实比例。求解方程 $x = 0.4 - (1 - 0.8)(1 - x)$ 给出 $x = 0.25$，即25%。或者，让 y 成为石灰岩的真实比例。求解方程 $0.8y = 0.6$，我们得到 $y = 0.75$。因此，白云岩的真实比例为0.25。

讨论：本练习试图加强综合思维。有些人最初可能被白云岩解释为100%准确度所迷惑。关键点是，人们必须一起思考相关的事情。当两个事物在一个固定系统中时，它们是相关的。对石灰岩的错误解释意味着，即使白云岩的解释准确度为100%，某些解释的白云岩也不是白云岩。换句话说，对于给定的白云岩，它是100%解释为白云岩，但对于给定的石灰岩，它可能被解释为白云岩，因为它的解释准确度不是100%。鼓励读者思考这个问题的变化，如白云岩的解释准确率为90%。当存在三个或更多岩相代码，并且其解释准确度不是100%时，类似的问题在数学上可能要复杂。

（2）一个地层中含有50%的砂岩，50%的页岩。一个地球科学家对该地层解释的砂岩比例是60%。对于给定的一个样本，该地球科学家解释砂岩的准确率是80%。该地球科学家对给定页岩样品解释的准确率是多少？解释你的答案。

答案：60%。砂岩解释为砂岩代表地层的40%（0.5×0.8）；要达到60%解释的砂岩，必须有40%的页岩解释为砂岩（0.5×0.4 = 0.2）。因此，页岩解释的准确率为60%。或者，假设页岩解释的精度为 x，则 $0.5 \times 0.8 + 0.5(1 - x) = 0.6$，因此 $x = 0.6$。

（3）一个地层整体上有10%的岩石是砂岩。一位地球科学家在解释砂岩时有80%的准确率，他有20%的解释非砂岩为砂岩的错误。对于给定一个这位科学家解释为砂岩的样品，计算其是砂岩的概率。

答案：这个问题是关于如何得到岩石被解释为砂岩时它确实是砂岩的概率［可以称为 $P(Sand|I = Sand)$，I 代表解释，P 表示概率］；应将它与岩石是砂岩时解释为砂岩的概率相关联［可以记作 $P(I = Sand|Sand)$］。这应该用贝叶斯公式来解决，因为它们与先验概率相关联，还有一个标准化。从贝叶斯方法，有：

$P(Sand|I = Sand) = P(Sand)P(I = Sand|Sand)/[P(Sand)P(I = Sand|Sand) + P(NonSand)P(I = Sand|NonSand)] = 0.1 \times 0.8/[0.1 \times 0.8 + 0.9 \times 0.2] = 0.08/(0.08 + 0.18) = 0.308.$

讨论：请注意，与地球科学家的砂岩的解释准确度80%相比，解释的砂岩是砂岩的概率为30.8%，要低得多。这是因为砂岩的总体比例低，以及非砂岩可能被解释为砂岩的不准确性。当某物的总体比例较低时，就更难准确找到或识别到它（想一想在露头上寻找钻石，与寻找黏土比较）。

（4）一个城市有两家医院。在大医院出生的婴儿每天是在小医院出生的婴儿的4倍。虽然大约50%的婴儿是男孩，50%是女孩，但每家医院一天出生的男孩比例可能有所不同。在1年的时间里，两家医院都记录60%以上男孩出生天数的纪录。哪家医院会记录更多这样的日子？

答案：小医院。这是大数定律的结果。大医院有更多的天会有出生婴儿接近50%的男孩；小医院出生的婴儿往往更容易偏离50%的平均比例，因此会有更多的天数出生的孩子超过60%是男孩。

讨论：一般来说，数据较少的统计参数更有可能偏离真正的总体统计参数；数据较多的统计参数更有可能接近真正的总体统计参数。但是，人们还必须考虑潜在的抽样偏差，因为偏置抽样会导致更多的数据的统计参数的计算与真正的总体统计偏离更远（第3章）。

（5）你与好友玩纸牌游戏，游戏规则是，每场比赛都是一个新的开始。假设你们俩在这个纸牌游戏中都有完全相同的技能。但他/她刚刚连胜8场比赛。你赢得下一场比赛的概率会更大吗？解释你的答案。

答案：没有。因为每场比赛都是作为一个新的开始，你和你的朋友有相同的技能，每个人仍然有50%的机会赢得下一场比赛。你的朋友已经连续赢了8场比赛，这不会影响下一场比赛的结果。这样想，就是"赌徒谬误"或对大数定律误解的表现。此外，随机序列可以显示局部相似性；从这样的序列解释模式有时被称为"在没有模式时看到模式，或者，把虚假的相关性解释为真实的相关性。"

（6）综合储层表征课的教室里有60名学生。猜一下，或者如果可以的话，写出方程来，计算两个或两个以上学生有相同生日（忽略出生年份）的概率；假设人们的生日在一年的365天中均匀分布（忽略2月29日）。

（7）在和（6）同样的教室里，猜一猜，或者如果可以的话，写出方程来，计算其他人和你的生日相同的概率，假设你的生日不是2月29日。

问题（6）和（7）的答案：

（6）中的问题可以重新表述为"房间里至少有两个人共享同一生日的概率是多少？"

统计文献中讨论了这个问题的几个变种，但在统计界之外可能并不为人所知。因为对于不熟悉概率的人来说，这可能并不是那么简单，所以我们要求"猜测……"。许多人猜测一个很小的概率，因为直觉上，从60人在一年有366天匹配一个生日似乎有一个非常小的可能性。当概率计算出来时，人们常常感到惊讶，如下所示。

如果我们忽略闰年（2月29日），一年有365天，这样，至少两个人有相同生日的概率是1减去没有人在房间里与其他人共享同一个生日的概率。

可以使用乘法原则计算 n 个人的不匹配的总数，如下：

$$365 \times 364 \times \cdots \times (365-n+1)$$

n 个人的可能性总数为 365^n。

因此，共享生日（两人或以上）的概率为1减去两者的比率，或：

$$P(n) = 1 - 365! / [(365-n)! \, 365^n]$$

此方程如图A1（a）所示。可以看出，对于有超过58人的房间，两个或两个以上的人有同一个生日的概率超过99%或者近乎100%！

其他应该注意到的数字包括（1）41人在房间里有相同生日的概率超过90%；（2）有23人在房间里有相同生日的概率超过50%。

现在，问题（7）可以重新表述为"房间里至少有1个人和你的生日相同的概率是多少？"

综上所述，不包括 2 月 29 日，我们每年有 365 天。n 个人与特定生日不匹配的概率为 $(364/365)^n$。因此，n 个人匹配该特定生日的概率为：

$$P(n) = 1 - (364/365)^n$$

此方程如图 A1 (b) 中的绘制。对于 60 人，概率约为 0.15，即其他人与你生日相同的概率约为 15%。

附加的问题：（1）如果你的生日是 2 月 29 日，其他人有相同生日的概率是多少？（2）对于更多概率问题，读者可参阅弗雷德里克·莫特勒的著作《解决概率的五十个具有挑战性的问题》，多佛出版物，修订版（1987 年）。

（8）比较问题（6）和（7），并讨论其关键差异，将概率与可能性联系起来。

答案：这两个问题之间的主要区别是匹配的可能性数。在问题（7）中，其他 $n-1$ 人中的每一个都会与特定的生日（你的）进行比较。在问题（6）中，房间里的所有 n 人都有机会进行可能的匹配，比较生日的次数为 $n(n-1)/2$。对于 n 大于 2 时，后者较大。这解释了为什么在问题（6）中，60 人匹配的机会接近 100%，而在问题（7）中，机会仅为 15%。从哲学上讲，区别是一般和具体的。对于几乎任何类型的问题，具体而特定的答案要正确比一般性的答案正确要难。

趣闻：几年前，一个房间里有 57 个人。我请他们猜测两个或两个以上的人有共同生日的可能性，在他们猜测之后，我告诉他们，我几乎 100% 确信会有共同的生日。许多人甚是惊讶，甚至不太相信。结果有两对共同的生日。另一方面，在那个房间和另一个类似的场合，没有人和我的生日相同。

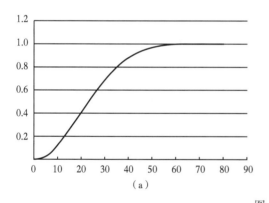
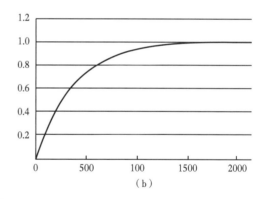

图 A1

（a）两个或两个以上具有相同生日（y 轴）作为人数（x 轴）的函数的概率；（b）其他人和你的生日相同的概率，作为人数的函数

第 3 章

（1）在下图所示的区域中，白云岩体积比例（Vdolomite）在两个位置给出。Vdolomite =0.1 的位置完全位于正中间；Vdolomite =0.9 的位置位于东侧的 1/6 处。假设没有地质解释可用，估计图中整个区块的 Vdolomite。

答案：在估计地图的目标分数时，Vdolomite =0.1 的样本应具有比 Vdolomite =0.9 样本的权重多一倍，因为它不仅应表示中心区域，还应表示西部地区，因为那里没有可用的

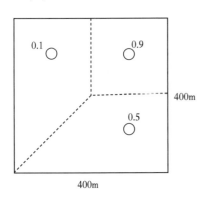

样本。因此，应使用以下加权平均值来估计目标 Vdolomite：0.1×2/3 + 0.9×1/3 = 0.367。相比，简单平均值的估计值为 0.5。

讨论：有些人可能想知道解决方案是否会有所不同。因为没有人知道真相，问题是什么是最合乎逻辑的解决方案。在地质环境中，有可能基于地质的解释有不同于上述的解决方案。在这个问题中，因为我们指出没有进行地质解释（见第 11 章），因此，上述基于几何的解是最合乎逻辑的解决方案。

（2）在问题（1）中，石灰岩体积比例（Vlime）等于（1-Vdolomite），石灰岩的平均孔隙度为 0.1、白云岩平均孔隙度为 0.2。如果图的整体 Vdolomite 是按简单未加权平均值估计，计算对孔隙体积（百分比）的高估。当石灰石的孔隙度为 0 时，高估的百分比是多少？

答案：对于 Vdolomite 高估案例，当白云岩体积比例 = 0.5 时，其分数孔隙体积是 0.5×0.2 = 0.1；

石灰岩体积比例 = 0.5，其分数孔隙体积为 0.5×0.1 = 0.05。

对于非高估案例，当白云岩体积比例 = 0.367 时，其分数孔隙体积是 0.367×0.20.0734；石灰岩体积比例 = 0.633，其分数孔隙体积是 0.633×0.1 = 0.0633。

（a）孔隙体积的高估是（0.1+0.05-0.0734-0.0633)/(0.0734+0.0633) ≈ 9.73%。

（b）当石灰岩的孔隙度为 0 时，高估为（0.1-0.0734）/0.0734 ≈ 36.24%。

（c）首先注意，白云岩的高估也是 36.24% ≈（0.5-0.367)/0.367。（b）比（a）大得多，因为在（b）中白云岩和石灰岩之间的孔隙差别要大得多。当孔隙度差别小的时候，高估也小。换句话说，非均质性越大，采样偏差的影响越大。

（3）给定 400m×400m 图中 3 个位置的砂岩体积比例（Vsand），使用多边形棋盘网格方法估计目标 Vsand。这三个数据位置距离其两个最近的边界都是 100m。将其与非加权平均值进行比较。想象一下地质解释与纯几何解释如何不同。

答案：目标砂岩体积比例应为使用多边形镶嵌的加权平均值：0.9×1/4+0.5×(1/4+1/8)+0.1×(1/2-1/8) = 0.45。

非加权平均值（0.1+0.9+0.5)/3 = 0.50 是有偏的估计。

多边形镶嵌是一种纯粹的几何方法，不考虑地质。可以有几个不同的地质解释，它们可能导致目标砂岩体积比例的不同的估计（第 11 章）。

第 4 章

（1）给定以下相关矩阵，计算其协方差矩阵。标准差如下：孔隙度为 0.05，密度为 0.15，含油饱和度为 0.20（表 4.6）。

	孔隙度	密度	含油饱和度
孔隙度	1		
密度	-0.7	1	
含油饱和度	0.6	-0.5	1

答案：使用相关性与协方差关系（公式4.3），协方差是相关系数和相应的标准差的乘积。因此，协方差矩阵如下所示：

	孔隙度	密度	含油饱和度
孔隙度	0.00250		
密度	-0.00525	0.0225	
含油饱和度	0.00600	-0.0150	0.0400

我们鼓励读者从协方差中计算相关系数。

（2）举一个日常生活中的虚假相关性的例子和地球科学的例子。

答案：当人们足够重视时，人们很容易就可在日常生活中和地球科学中看到虚假的相关。我们在这里不举例，希望读者能够仔细观察。

（3）举一个日常生活中和地球科学中共同原因导致的相关性的例子。

答案：同样，我们希望读者能够观察。第4章、第9章和第12章给出了几个例子。

（4）变量 X 和 Y 的正相关系数为0.6，变量 Y 和 Z 的正相关系数为0.5。变量 X 和 Z 一定是正相关吗？

答案：否。使用公式4.4，我们得到：$0.6^2 + 0.5^2 = 0.36 + 0.25 = 0.61 < 1$。因此，$X$ 和 Z 不一定呈正相关（尽管它们可以是）。

（5）变量 X 和 Y 的相关系数为0.6，Y 和 Z 之间的最小相关性是多少，以便变量 X 和 Z 必然呈正相关？

答案：使用公式4.4的一个变动，我们有：$0.6^2 + r^2 = 1$，因此 $r = 0.8$。如此，Y 和 Z 之间的相关系数大于0.8将确保 X 和 Z 呈正相关。

（6）表4.6包含27个动物的体重和脑重。

（A）计算体重和脑重量之间的相关系数，可以使用微软 Excel 或使用计算器。

（B）做与（A）相同的练习，但不包括最后6个数据（从 Human 到 Triceratops）。

（C）与（B）一样，但包括人类（Human）。

（D）与（C）一样，但包括亚洲象（Asian elephant）。

（E）为（A）、（B）和（C）作交会图。

（F）比较这3个案例，并得出一些关于相关性、奇异值及人类作为动物等的结论。

（G）你认为在统计分析中排除异常值是否有时可以？解释为什么这样做是好或不好。

（H）在（C）中计算数据中的协方差值。

（I）在（C）中计算数据协方差值，但脑重量用千克为单位。

（J）比较（G）和（H）。

答案：这些练习可帮助读者了解个别数据如何影响计算的相关系数，并在多变量分析中了解异常值的处理。

（A）使用所有 27 个数据对计算的相关系数为 −0.013。

（B）如果不用最后的 6 个数据对（从人之后），相关系数为 0.801。

（C）添加人之后，相关系数为 0.490。

（D）添加亚洲象后，相关系数为 0.948。

（E）请参阅之后的交会图。

（F）比较上述前三种情况，可以得出结论，相关系数受到"异常值"的严重影响。人是一个异常值，因为其大脑的重量与其他动物相比是不成比例的。另一方面，与其他动物相比，布拉基龙的体重不成比例。

（G）有时可以排除统计分析中的异常值；然而，人们不应该完全忽视它们。人们应该质疑异常值的原因，如果可能的话，在后续的进程中应该把它们放回去并加以解释。

（H）到（J）：这些练习供读者查看单位对协方差的影响。它们可以在 Excel 中完成。顺便说一下，相关性不受单位的影响。

下图是体重（x 轴/kg）和脑重（y 轴/g）的交会图，cc 代表相关系数。

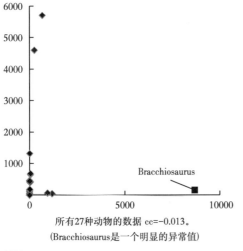

所有27种动物的数据 cc=−0.013。
（Bracchiosaurus是一个明显的异常值）

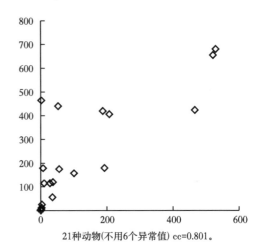

21种动物(不用6个异常值) cc=0.801。

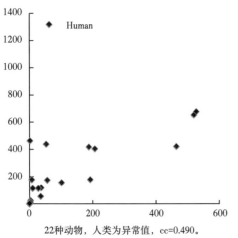

22种动物，人类为异常值，cc=0.490。

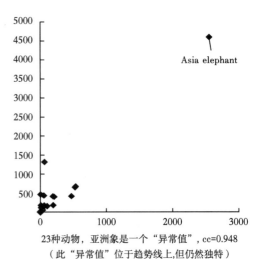

23种动物，亚洲象是一个"异常值"，cc=0.948
（此"异常值"位于趋势线上,但仍然独特）

第 5 章

（1）两个变量之间的 Pearson 相关性为 0.8。给出这两个变量的相关矩阵的两个特征值。

答案：特征值和特征向量不是唯一的。一个常见的附加条件是使特征值的总和等于变量数目。在这种情况下，大特征值为 $1+0.8=1.8$，小特征值为 $1-0.8=0.2$。如果应用不同的条件，将获得两个不同的特征值。例如，可以用特征值的总和等于 1 的条件。这样，两个特征值分布是 0.9 和 0.1。

（2）使用相关性（而不是协方差）的主成分分析应用于两个变量。第一主成分表达（解释）90% 的方差。两个原始变量的 Pearson 相关系数（绝对值）是多大？

答案：这是一个与问题（1）相对应的反向问题。对于两个主成分解释的方差的比例：0.9:0.1，两个变量之间的相关性为 0.8 或 -0.8。请注意，方差始终为正，因此从解释的方差的相对比例到估计相关性的问题并非唯一，因为相关性可以是正的或负的。换句话说，值相等的正相关和负相关将给出两个主成分所解释的相同的方差值和相对比例。

（3）对两个变量使用相关性的主成分分析。第一主成分表示（解释）50% 的方差。两个原始变量之间的 Pearson 相关系数是多少？

答案：0。换句话说，当输入变量之间没有相关性时，主成分分析无法压缩数据。

第 6 章

（1）从许多样本计算的孔隙度平均值为 0.12（即 12%），计算的标准差为 0.05。孔隙度与地震属性的相关系数为 -0.8。此地震属性的平均值为 1，其标准差为 1.5。线性回归用于使用地震属性预测孔隙度。写出线性回归方程。使用 $P(x)$ 作为孔隙度，使用 $S(x)$ 作为地震属性。当地震属性值为 2 时，线性回归的预测孔隙度是多少？

解答：线性回归方程可以写成：

$$[P^*(x) - m_p]/\sigma_p = r[S(x) - m_s]/\sigma_s \text{ 或者 } P^*(x) = m_p + r\sigma_p[S(x) - m_s]/\sigma_s$$

其中，m_p 和 σ_p 为孔隙度的平均值和标准差；m_s 和 σ_s 为地震属性的平均值和标准差；r 为孔隙度和地震属性之间的相关系数。

估计孔隙度值为：

$$P^*(x) = 0.12 - 0.8 \times 0.05[2 - 1]/1.5 \approx 0.0933$$

（2）两个地震属性用于多变量线性回归来估计孔隙度。属性 1 和孔隙度相关系数为 0.8；属性 2 和孔隙度 的相关系数为 -0.7。两个属性都标准化为零平均值和等于 1 的标准差，它们的相关系数为 -0.6。孔隙度平均值为 0.1，其标准差为 0.01。写出用这两个属性对孔隙度线性回归的方程。

解答：具有两个解释变量的回归的一般方程是：

$$P^*(x) = m_p + a\sigma_p[S_1(x) - m_{s1}]/\sigma_{s1} + b\sigma_p[S_2(x) - m_{s2}]/\sigma_{s2}$$

由于这两个属性都标准化为零均值和标准差等于 1，上述方程简化为：

$$P^*(x) = m_p + a\sigma_p S_1(x) + b\sigma_p S_2(x)$$

由于两个地震属性的相关系数为-0.6，因此我们有两个变量的两个线性方程：

$$a-0.6b=0.8$$
$$-0.6a+b=-0.7$$

上述方程组的解为：

$$a \approx 0.594, \ b \approx -0.344$$

$$P^*(x) = 0.1+0.594 \times 0.01 \times S_1(x) - 0.344 \times 0.01 \times S_2(x) = 0.1+0.00594 S_1(x) - 0.00344 S_2(x)$$

讨论：人们可能会天真地认为，两个解释变量的权重与它们与目标变量的各自相关性成正比。但是当它们相关时，情况并非如此。与目标变量具有较高相关性的变量相对于另一个解释变量会得到更高的权重。在此示例中，S_1 的权重为 0.594，明显高于其与目标变量的相关性（0.8）的一半；S_2 的权重是 -0.344，略低于其与目标变量的相关性（-0.7）的一半。这与第 6 章中讨论的方差膨胀或抑制现象有关。在极端情况下，权重的符号可以与其和目标变量的相关性的符号相反（第 6 章）。

第 13 章

（1）分别计算 A 和 B 以下两个数据集的平均值和标准差。

A：1   3   5   7   9   8   6   4   2

B：4   1   6   8   2   5   9   3   7

答案：A 和 B 数据集的平均值相同，方差也相同：平均值=5，方差≈6.67。

讨论：两个数据集具有相同的数字，但它们的排列不同。经典统计参数（如平均值和方差）不考虑排列和顺序，这解释了为什么两个数据集具有相同的平均值和方差。

（2）计算上述每个数据集 A 和 B 的变差函数，最大滞后距离h=5。注意：数据点之间的距离相等，相距1m。

答案：

对于数据集 A：

$$\gamma(1) = 1/16 \left[(1-3)^2 + (3-5)^2 + \cdots + (4-2)^2 \right] \approx 1.8$$
$$\gamma(2) = 1/14 \left[(1-5)^2 + (3-7)^2 + \cdots + (6-2)^2 \right] \approx 6.4$$
$$\gamma(3) = 1/12 \left[(1-7)^2 + (3-9)^2 + \cdots + (8-2)^2 \right] \approx 11.9$$
$$\gamma(4) = 1/10 \left[(1-9)^2 + (3-8)^2 + \cdots + (9-2)^2 \right] \approx 14.8$$
$$\gamma(5) = 1/8 \left[(1-8)^2 + (3-6)^2 + \cdots + (7-2)^2 \right] \approx 10.5$$

对于数据集 B：

$$\gamma(1) = 1/16 \left[(4-3)^2 + (1-6)^2 + \cdots + (3-7)^2 \right] \approx 9.4$$
$$\gamma(2) \approx 9.6; \ \gamma(3) \approx 2.0; \ \gamma(4) \approx 7.9; \ \gamma(5) \approx 9.4$$

（3）为每个数据集制作变差函数图（作为滞后距离的函数）。

答案：以下图中显示了两个变差函数。实心曲线是手绘和近似；真正的拟合将需要一个正定函数，如球形或指数模型。

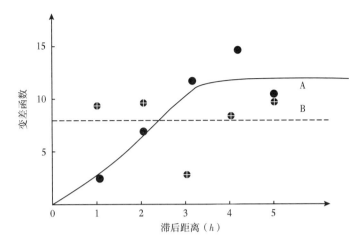

（4）比较两个变变差函数。解释为什么它们是不同的。

解答：数据集 A 显示了一个空间相关性，其相关程约为 3m，可以用球形（或者也可以是高斯）模型拟合（灰色曲线只是手绘曲线，它是有点像球形模型，但它有点高斯风味）。但是，数据集 B 基本显示纯块金效果，没有空间相关性。实际上，对于 $h=1$，变差函数值已经远远大于方差：9.40 相比 6.67（方差）。

（5）计算以下数据集 C 的变差函数，算到最大滞后距离 $h=7$，对变差函数绘图为滞后距离的函数。比较此变差函数和练习 1 中数据集 A 的变差函数。注意：数据点之间的距离相等，相距 1m。

C：1 3   5 7 9 8 6 4 2 0 1 3 4 6 5 2

解答：计算方式与问题（1）相同，此处不显示。变差函数图如下所示。请注意，滞后距离小的变差函数值与数据集 A 类似。计算了两个较大滞后距离的变差函数值时，变差函数显示一个更平稳的趋势，因为它有向方差值（等于 6.67）收敛的趋势。

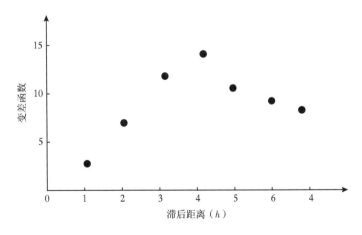

（6）从练习 2 中的变差函数中，计算相应的协方差函数，最大滞后距离为 $h=5$。在同一图形中绘制相关图（协方差除以方差）和标准化的变差函数（除以方差），并进行比较。

解答：可以使用公式 13.5 从方差和变差函数值获得协方差值。综上所述，首先计算协方差值，然后使用公式 13.5 将它们转换为变差函数值更容易（在这里，我们并没有要求这样做，因为我们希望读者用一次正常方式）。变差函数如下所示。灰点是变差函数值，黑点是相关值（协方差值除以方差）。

请注意，变差函数的值始终为正值或零，但相关函数的值可以是正数或负数。它们彼此呈现镜像关系，镜像是 0.5，或如果不规范化，则是方差的一半（公式 13.5）。

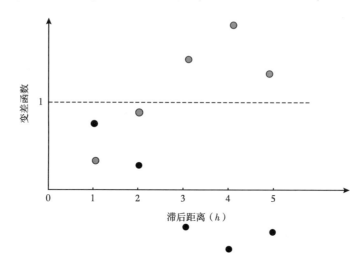

第 16 章

（1）在下面的配置中，使用简单克里金法从两个已知的孔隙度值中估计未知的孔隙度值；计算估计方差。孔隙度平均值为 0.08，孔隙度方差为 0.0001。使用给出的相关图查找相关值。

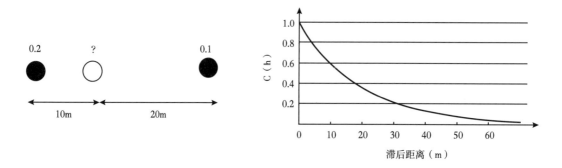

答案：估计值：$P^*(x) = 0.08 + w_1(P_1 - 0.08) + w_2(P_2 - 0.08)$
简单克里金方程组：

$$w_1 C_{11} + w_2 C_{12} = C_{01}$$
$$w_1 C_{21} + w_2 C_{22} = C_{02}$$

从相关图中，我们得到 $C_{11} = C_{22} = 1$，$C_{12} = C_{21} = 0.2$，$C_{01} = 0.6$，$C_{02} = 0.35$。
将这些数字放入上面的简单克里金方程中，我们得到：

$$w_1 + w_2 0.2 = 0.6$$
$$w_1 0.2 + w_2 = 0.35$$

448

因此，$w_1 \approx 0.55$，$w_2 \approx 0.24$。这样，我们就得到估计值：

$$P^*(x) \approx 0.08 + 0.55(0.2 - 0.08) + 0.24(0.1 - 0.08)$$
$$= 0.08 + 0.066 + 0.005 = 0.151$$

简单克里金的估计方差为：

$$\sigma_{sk}^2 = \sigma^2 - c_z^t \Lambda_{sk} = \sigma^2(1 - 0.6 \times 0.55 - 0.35 \times 0.24)$$
$$\approx 0.0001(1 - 0.6 \times 0.55 - 0.35 \times 0.24) \approx 0.0000586$$

请注意，协方差函数等于同一物理变量的相关函数乘以方差，比如 0.6×0.0001 和 0.35×0.0001。

讨论：使用相关函数而不是协方差函数来解克里金方程组更容易。但是，估计误差的方差必须基于协方差，因为相关函数不考虑变量的单位和幅度。

附加：想一想尽管相比孔隙度值 0.1，它的距离更接近孔隙度值 0.2，为什么它只有 0.151。此外，使用普通克里金法用于估计并且比较克里金的权重和估计误差的方差与使用简单克里金法的权重和估计误差的方差。

（2）在下面的配置中，使用简单克里金、普通克里金和反向距离方法（章节中未介绍，但很直观：已知点的权重为和其与估计点的距离成反比）从两个已知孔隙值估计未知孔隙值。平均孔隙度为 0.15。使用给定的相关图查找相关性。比较三种方法的估计值。

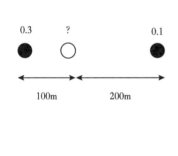 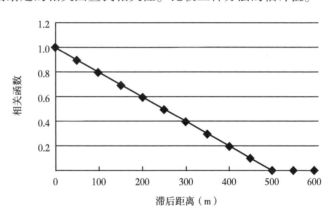

解答： 从相关图中，我们得到 $C_{11} = C_{22} = 1$，$C_{12} = C_{21} = 0.4$，$C_{01} = 0.8$，$C_{02} = 0.6$。

简单克里金方程组如下：

$$w_1 + w_2 0.4 = 0.8$$
$$w_1 0.4 + w_2 = 0.6$$

因此，$w_1 = 2/3$，$w_2 = 1/3$。我们通过简单克里金法获得估计值：

$$P_{sk}^*(x) = 0.15 + 2/3(0.3 - 0.15) + 1/3(0.1 - 0.15) = 0.15 + 0.1 - 0.0167 = 0.2333$$

普通克里金方程组为：

$$w_1 + w_2 0.4 + L = 0.8$$
$$w_1 0.4 + w_2 + L = 0.6$$
$$w_1 + w_2 = 1$$

其中，L 为拉格朗日乘数。

求解上述线性方程组会得到 $w_1 = 2/3$，$w_2 = 1/3$ 和 $L = 0$。

因此，普通克里金法的估计值为 $P_{ok}^*(x) = 2/3 \times 0.3 + 1/3 \times 0.1 = 0.2333$

反向距离法的估计值是：

$$P_{id}^*(x) = 200/300 \times 0.3 + 100/300 \times 0.1 = 2/3 \times 0.3 + 1/3 \times 0.1 = 0.2333$$

这三种方法给出的估计值完全相同！首先，在比较简单克里金和普通克里金时，请注意，尽管在估计中使用平均值，但平均值没有起作用，平均值的权重等于零。另请注意，拉格朗日乘数为零，这也解释了为什么普通克里金法使用线性变差函数/相关函数等同于简单克里金法。然而，这种线性变差函数具有中等的相关程；如果没有相关程，则不应使用简单克里金法，因为线性变差函数所代表的现象就不是平稳的。

反距离方法未在本章中介绍，但它很直观，因为在此方法中，数据点的权重和其与所估计的未知数据点的距离相反。比较普通克里金法和反向距离法，两种方法均不使用估计值中的平均值，用线性变差函数进行一维的估计的普通克里金法对已知数据点的权重相同。这个变差函数/相关函数在一维是正定的，但在二维或三维不是正定的。

（3）在问题（2）中，如果使用块金效应变差函数，则通过简单克里金法和普通克里金法估计值是多少？解释为什么简单克里金在线性变差函数和块金效应之间有大的差异。

解答：用块金效应变差函数时，在简单克里金中所有的权重都等于零，估计值等于全局的平均值，等于 0.15。在普通克里金法中，用块金效应变差函数时，所有权重都相等，等于 0.5，因此估计值为 0.20。使用两个变差函数的显著区别是，简单克里金的估计值等于此示例中较小的全局平均值。

（4）在下面的配置中，使用简单克里金从两个已知的孔隙度值估计未知孔隙度值。平均孔隙度为 0.08。使用给定的相关图查找相关值。

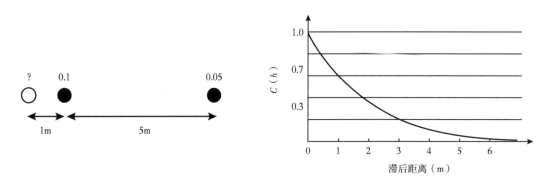

解答：从相关图中，我们得到 $C_{11} = C_{22} = 1$，$C_{12} = C_{21} = 0$，$C_{01} = 0.6$，$C_{02} = 0$。

简单克里金方程组如下：

$$w_1 + w_2\,0 = 0.6$$
$$w_1\,0 + w_2 = 0$$

因此，$w_1 = 0.6$，$w_2 = 0$，我们用简单克里金得到估计值：

$$P_{sk}^*(x) = 0.08 + 0.6(0.1 - 0.08) + 0(0.1 - 0.08) = 0.092$$

讨论：请注意，平均值的权重为 0.4。相比之下，它在练习 2 中为 0，在练习 1 中其权重为 0.21。换句话说，当估计从数据得到的信息较少时，平均值对估计的贡献就较大。

（5）下图显示了 5 个孔隙度值（我们通常喜欢使用分数，但最好使用百分比做一次练习）。使用克里金邻域（圆）中的两个已知孔隙度值用简单克里金估计未知孔隙度值 $P(x)$。但是，使用所有 5 个已知值来估计平均值。使用规范化的变差函数（它是各向同质性）来获得相关性。网格大小为单位距离（与变差函数的滞后距离相同）。

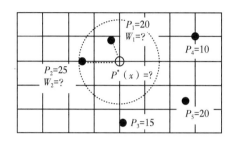
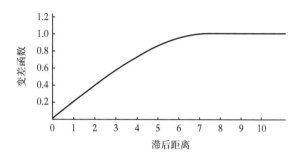

答案： 平均值：$m = 18\%$，估计值为 $P^*(x) = 18 + w_1(P_1 - 18) + w_2(P_2 - 18)$
简单克里金方程组：

$$w_1 C_{11} + w_2 C_{12} = C_{01}$$
$$w_1 C_{21} + w_2 C_{22} = C_{02}$$

从变差函数和利用相关函数和变差函数的关系，我们得到：

$$C_{11} = C_{22} = 1，\quad C_{12} = C_{21} = 0.6，\quad C_{01} = 0.8，\quad C_{02} = 0.67$$

因此，我们有：

$$w_1 + w_2 0.6 = 0.8$$
$$w_1 0.6 + w_2 = 0.67$$

如此，$w_1 = 0.62$，$w_2 = 0.3$
估计值为：

$$P^*(x) = 0.66 \times 20 + 0.34 \times 25 = 13.2 + 8.5 \approx 21.7(\%)$$

（6）与练习 5 相同，但使用普通克里金来估计未知的孔隙度值。

答案： 普通克里金法的估计值是 $P^*(x) = w_1 P_1 + w_2 P_2$ 及 $w_1 + w_2 = 1$
普通克里金方程组：

$$w_1 + w_2 0.6 + m = 0.8$$
$$w_1 0.6 + w_2 + m = 0.67$$
$$w_1 + w_2 = 1$$

因此，$w_1 = 0.66$，$w_2 = 0.34$

$$P^*(x) = 0.66 \times 20 + 0.34 \times 25 = 13.2 + 8.5 \approx 21.7 (\%)$$

（7）与练习 5 相同，但使用反向距离方法（附加的；本章未介绍，但相当直观）。

答案： 反向距离估计为 $P^*(x) = w_1 P_1 + w_2 P_2$
权重从下面的方程组的解中得到：

$$w_1 = 1.5/(1 + 1.5) = 0.6$$
$$w_2 = 1/(1 + 1.5) = 0.4$$

因此，估计值为 $P^*(x) = 0.66 \times 20 + 0.4 \times 25 = 22$（%）。

（8）与练习 5 相同，但使用块金效应变差函数。

答案：使用纯块金效应的简单克里金法的权重都将等于零。因此，估计值是全局平均值：

$$P^*(x) = 18 + W_1 + (P_1 - 18) + W_2(P_1 - 18) = 18(\%)$$

$$0.5 \times 20 + 0.5 \times 25 = 22.5(\%)$$

（9）与练习 5 相同，但使用普通克里金法和块金效应变差函数。

答案：使用纯块金效应的普通克里金法将导致所有权重相等。因此，估计是局部平均值：

$$P^*(x) = 0.5 \times 20 + 0.5 \times 25 = 22.5(\%)$$